# Inhaltsverzeichnis




Vorwort zur 5., überarbeiteten Ausgabe 8

**Teil A Einleitung** **11**

1 Grundlagen 12
1.1 Das System Projektmanagement 12
1.2 Was ist ein Projekt? 14
1.3 Was versteht man unter Programm und Portfolio? 16
1.4 Projektarten 18
1.5 Was ist Projektmanagement? 20
1.6 Wozu eigentlich Projektmanagement? 20
Repetitionsfragen 21

**Teil B Praktiken** **23**

Einleitung Kompetenzbereich Praktiken 24

2 Projektdesign 25
2.1 Erfolgskriterien 26
2.2 Lessons Learned 30
2.3 Projektkomplexität 30
2.4 Genereller Projektmanagement-Ansatz 31
2.5 Projektdurchführung 36
Messgrössen 37
Repetitionsfragen 37

3 Anforderungen und Ziele 39
3.1 Projektziele 40
3.2 Projektanforderungen 46
3.3 Abnahmekriterien 50
Messgrössen 51
Repetitionsfragen 51

4 Leistungsumfang und Lieferobjekte 52
4.1 Lieferobjekte 53
4.2 Leistungsumfang 55
4.3 Arbeitspakete 59
4.4 Konfiguration des Leistungsumfangs 61
Messgrössen 63
Repetitionsfragen 63

5 Ablauf und Termine 64
5.1 Aktivitäten 65
5.2 Aufwand und Dauer 66
5.3 Termine und Phasen 68
5.4 Abfolge der Projektaktivitäten 71
5.5 Fortschritts-Controlling 75
Messgrössen 80
Repetitionsfragen 81

6 Organisation, Information und Dokumentation 82
6.1 Information und Dokumentation 83
6.2 Projektorganisation 86
6.3 Kommunikationsinfrastruktur und Projekt-Meetings 94
6.4 Organisation im Projekt einführen 98
Messgrössen 99
Repetitionsfragen 99

| | | |
|---|---|---|
| 7 | Qualität | 101 |
| 7.1 | Qualitätsmanagementplan | 102 |
| 7.2 | Prüfung der Lieferobjekte | 104 |
| 7.3 | Verifikation | 106 |
| 7.4 | Validierung | 108 |
| 7.5 | Qualitäts-Controlling | 108 |
| | Messgrössen | 109 |
| | Repetitionsfragen | 110 |
| 8 | Kosten und Finanzierung | 111 |
| 8.1 | Projektkosten | 112 |
| 8.2 | Projektbudget | 114 |
| 8.3 | Projektfinanzierung | 115 |
| 8.4 | Finanzmanagement | 117 |
| 8.5 | Finanz-Controlling | 118 |
| | Messgrössen | 121 |
| | Repetitionsfragen | 121 |
| 9 | Ressourcen | 122 |
| 9.1 | Strategische Ressourcenplanung | 123 |
| 9.2 | Qualität und Menge | 124 |
| 9.3 | Ressourcenbeschaffung | 125 |
| 9.4 | Kapazitätsplanung | 126 |
| 9.5 | Ressourcen-Controlling | 127 |
| | Messgrössen | 129 |
| | Repetitionsfragen | 129 |
| 10 | Beschaffung | 130 |
| 10.1 | Beschaffungsbedarf | 131 |
| 10.2 | Evaluation und Auswahl | 133 |
| 10.3 | Vertragsverhandlungen | 135 |
| 10.4 | Lieferanten-Controlling | 137 |
| | Messgrössen | 138 |
| | Repetitionsfragen | 139 |
| 11 | Planung und Steuerung | 140 |
| 11.1 | Projektstart | 141 |
| 11.2 | Phasenübergänge | 143 |
| 11.3 | Plan-Ist-Vergleiche | 144 |
| 11.4 | Projektstatusbericht | 146 |
| 11.5 | Projektänderungen | 147 |
| 11.6 | Phasen- und Projektabschluss | 154 |
| | Messgrössen | 157 |
| | Repetitionsfragen | 158 |
| 12 | Chancen und Risiken | 159 |
| 12.1 | Chancen- und Risikomanagementstruktur | 160 |
| 12.2 | Identifikation von Chancen und Risiken | 161 |
| 12.3 | Analyse und Bewertung | 162 |
| 12.4 | Strategien und Massnahmen | 165 |
| 12.5 | Trends und Massnahmen-Controlling | 166 |
| | Messgrössen | 168 |
| | Repetitionsfragen | 169 |
| 13 | Stakeholder | 170 |
| 13.1 | Stakeholder, Interessen, Einfluss | 171 |
| 13.2 | Strategie und Kommunikation | 178 |
| 13.3 | Geschäftsleitung, Auftraggeber und höheres Management | 180 |
| 13.4 | Benutzer, Partner und Lieferanten | 181 |
| 13.5 | Netzwerke und Allianzen | 183 |
| | Messgrössen | 183 |
| | Repetitionsfragen | 184 |

14 Change und Transformation 185
14.1 Adaptationsfähigkeit 186
14.2 Widerstand 189
14.3 Veränderungsstrategien 191
14.4 Umsetzung 194
Messgrössen 199
Repetitionsfragen 199

**Teil C Menschen 201**

Einleitung Kompetenzbereich Menschen 202

15 Selbstreflexion und Selbstmanagement 203
15.1 Werte und Erfahrungen 204
15.2 Stärken und Schwächen 206
15.3 Persönliche Motivationen 206
15.4 Selbstorganisation 207
15.5 Weiterentwicklung 209
Messgrössen 210
Repetitionsfragen 210

16 Persönliche Integrität und Verlässlichkeit 212
16.1 Ethik 213
16.2 Nachhaltigkeit 214
16.3 Verantwortung 216
16.4 Widerspruchsfreiheit 216
16.5 Vertrauen 217
Messgrössen 217
Repetitionsfragen 217

17 Persönliche Kommunikation 218
17.1 Informationsweitergabe 219
17.2 Offene Kommunikation 221
17.3 Kommunikationsarten und -kanäle 222
17.4 Virtuelle Teams 222
17.5 Humor und Perspektivenwechsel 223
Messgrössen 224
Repetitionsfragen 224

18 Beziehungen und Engagement 226
18.1 Beziehungspflege 227
18.2 Soziale Netzwerke 229
18.3 Empathie 229
18.4 Vertrauen und Respekt 230
18.5 Visionen und Ziele 231
Messgrössen 232
Repetitionsfragen 233

19 Führung 234
19.1 Führungsrolle 235
19.2 Ownership und Commitment 237
19.3 Coaching und Mentoring 237
19.4 Macht und Einfluss 238
19.5 Entscheidungen 240
Messgrössen 241
Repetitionsfragen 242

20 Teamarbeit 243
20.1 Teamzusammenstellung und -entwicklung 244
20.2 Zusammenarbeit 247
20.3 Entwicklung der Teammitglieder 248
20.4 Delegation 249
20.5 Lernen aus Fehlern 250
Messgrössen 250
Repetitionsfragen 251

| | | |
|---|---|---|
| **21** | **Konflikte und Krisen** | **252** |
| 21.1 | Antizipation und Prävention | 253 |
| 21.2 | Konfliktbearbeitung, Konfliktarten und Konfliktstile | 255 |
| | Messgrössen | 262 |
| | Repetitionsfragen | 263 |
| **22** | **Vielseitigkeit** | **265** |
| 22.1 | Offenheit und Kreativität | 266 |
| 22.2 | Konzeptionelles Denken | 268 |
| 22.3 | Analytische Techniken | 269 |
| 22.4 | Kreative Techniken | 271 |
| 22.5 | Ganzheitliche Sicht | 273 |
| | Messgrössen | 274 |
| | Repetitionsfragen | 274 |
| **23** | **Verhandlungen** | **275** |
| 23.1 | Interessen | 276 |
| 23.2 | Optionen und Alternativen | 277 |
| 23.3 | Verhandlungsstrategie | 278 |
| 23.4 | Harvard-Konzept | 279 |
| 23.5 | Chancen von Verhandlungen | 281 |
| | Messgrössen | 281 |
| | Repetitionsfragen | 282 |
| **24** | **Ergebnisorientierung** | **283** |
| 24.1 | Ausrichtung auf den Projekterfolg | 284 |
| 24.2 | Einteilung der Ressourcen | 285 |
| 24.3 | Gesunde, sichere und produktive Arbeitsumgebung | 285 |
| 24.4 | Projektmarketing | 288 |
| 24.5 | Ergebnisse und Akzeptanz | 289 |
| | Messgrössen | 290 |
| | Repetitionsfragen | 290 |
| **Teil D** | **Kontext** | **291** |
| | Einleitung Kompetenzbereich Kontext | 292 |
| **25** | **Strategie** | **293** |
| 25.1 | Einklang mit Mission und Vision | 294 |
| 25.2 | Beeinflussung der Strategie | 296 |
| 25.3 | Rechtfertigung des Projekts | 297 |
| 25.4 | Kritische Erfolgsfaktoren | 298 |
| 25.5 | Key Performance Indicators | 299 |
| | Messgrössen | 300 |
| | Repetitionsfragen | 300 |
| **26** | **Governance, Strukturen und Prozesse** | **301** |
| 26.1 | Grundlagen des Projektmanagements | 302 |
| 26.2 | Grundlagen des Programmmanagements | 307 |
| 26.3 | Grundlagen des Projektportfoliomanagements | 310 |
| 26.4 | Projektsupport | 312 |
| 26.5 | Vorgaben zu Entscheidungen, Berichterstattung und Qualität | 313 |
| 26.6 | Human Resources Management | 314 |
| 26.7 | Unternehmerisches Finanz-Controlling | 314 |
| | Messgrössen | 316 |
| | Repetitionsfragen | 316 |
| **27** | **Compliance, Standards und Regulationen** | **318** |
| 27.1 | Rechtsvorschriften | 319 |
| 27.2 | Sicherheit, Gesundheit und Umweltschutz | 320 |
| 27.3 | Verhaltensregeln und Berufsvorschriften | 322 |
| 27.4 | Nachhaltigkeit | 323 |
| 27.5 | Standards und Tools | 324 |
| 27.6 | Projektmanagement-Kompetenz der Organisation | 325 |
| | Messgrössen | 326 |
| | Repetitionsfragen | 326 |

28 Macht und Interessen 327
28.1 Persönliche Ambitionen und Interessen 328
28.2 Informeller Einfluss 329
28.3 Persönlichkeiten und Arbeitsstile 330
Messgrössen 331
Repetitionsfragen 331

29 Kultur und Werte 332
29.1 Gesellschaftskultur 333
29.2 Formelle organisatorische Auswirkungen 336
29.3 Informelle organisatorische Auswirkungen 336
Messgrössen 338
Repetitionsfragen 338

**Teil E Anhang 339**

Antworten zu den Repetitionsfragen 340
Glossar 361
Stichwortverzeichnis 370

# Vorwort zur 5., überarbeiteten Ausgabe

### Inhalt und Aufbau dieses Buchs

Die International Project Management Association (IPMA) hat Standards für kompetentes Projekt-, Programm- und Portfoliomanagement entwickelt. Basis für dieses Buch ist die Version 4.0 der Individual Competence Baseline (ICB4) für die Kompetenzdomäne **Projektmanagement**[1], die Ende 2016 in deutscher Sprache veröffentlicht wurde. Die ICB4 beschreibt 28 Kompetenzen, die ein Projektleiter entwickeln muss, um Projekte erfolgreich zu führen.

In der ICB wird Kompetenz wie folgt definiert:

**«Individuelle Kompetenz ist die Anwendung von Wissen, Fertigkeiten und Fähigkeiten, um die gewünschten Ergebnisse zu erzielen.»**

Der Aufbau des vorliegenden Bands orientiert sich an den drei Kompetenzbereichen des Projektmanagements nach ICB4:

- Kontext: Die Interaktion mit der Stammorganisation und der Gesellschaft
- Menschen: Die persönlichen und sozialen Kompetenzen
- Praktiken: Die technischen Managementkompetenzen

Dieses Lehrmittel behandelt **sämtliche Kompetenzen** und ergänzt diese mit der praktischen Erfahrung der Autoren in der Projektabwicklung. Zur besseren Orientierung entsprechen die hier verwendeten Kapiteltitel den Kompetenzbereichen bzw. den Kompetenzen.

Jedes Kapitel beginnt mit der **Definition, dem Zweck und einer ausführlichen Beschreibung der entsprechenden Kompetenz aus der ICB4.** Die folgenden Unterkapitel entsprechen den Kompetenzindikatoren nach ICB4, womit sich dieses Buch auch als idealer Begleiter für die Vorbereitung auf eine Zertifizierung nach IPMA eignet.

In den einzelnen Kapiteln wird nicht nur aufgezeigt, was kompetentes Projektmanagement bedeutet, vielmehr werden **konkrete Handlungsoptionen** vorgestellt und mit diversen Beispielen untermalt. Bei der Auswahl der Optionen liessen sich die Autoren durch ihre in der Praxis gemachten Erfahrungen leiten.

Viele Konzepte, Methoden und Verfahren werden in diesem Buch nur kurz beschrieben. Es geht aber in erster Linie darum, sie kennenzulernen, und nicht darum, sie vollständig zu beherrschen. Entsprechend wird auf wesentlich umfangreichere Standardwerke und zahlreiche weitere Quellen verwiesen.

Den Abschluss jedes Kapitels bilden die **Messgrössen** gemäss ICB4 und Repetitionsfragen.

Zu jedem Bereich gibt es verschiedene Kompetenzen, die zusammen das neue IPMA «Eye of Competence» ergeben:

[1] Für die Domänen Programm- und Portfoliomanagement wurden von der IPMA eigene ICBs veröffentlicht.

**Kompetenzbereich Kontext («Perspective»)**

1.01 Strategie
1.02 Governance, Strukturen und Prozesse
1.03 Compliance, Standards und Regulationen
1.04 Macht und Interessen
1.05 Kultur und Werte

**Kompetenzbereich Menschen («People»)**

2.01 Selbstreflexion und Selbstmanagement
2.02 Persönliche Integrität und Verlässlichkeit
2.03 Persönliche Kommunikation
2.04 Beziehungen und Engagement
2.05 Führung
2.06 Teamarbeit
2.07 Konflikte und Krisen
2.08 Vielseitigkeit
2.09 Verhandlungen
2.10 Ergebnisorientierung

**Kompetenzbereich Praktiken («Practice»)**

3.01 Projektdesign
3.02 Anforderungen und Ziele
3.03 Leistungsumfang und Lieferobjekte
3.04 Ablauf und Termine
3.05 Organisation, Information und Dokumentation
3.06 Qualität
3.07 Kosten und Finanzierung
3.08 Ressourcen
3.09 Beschaffung
3.10 Planung und Steuerung
3.11 Chancen und Risiken
3.12 Stakeholder
3.13 Change und Transformation

Die **Reihenfolge**, nach der die ICB die Kompetenzbereiche gliedert, ist **Kontext**, **Menschen** und **Praktiken**. Aus didaktischen Gründen haben sich die Autoren entschlossen, mit den **Praktiken** zu beginnen, sich dann mit den **Menschen** zu beschäftigen und zum Abschluss aus einer grösseren Perspektive den **Kontext** zu betrachten. Damit soll das Buch leichter lesbar werden:

- Im **Teil A** werden Ihnen die wichtigsten Grundlagen zu Projekt und Projektmanagement vorgestellt.
- Im **Teil B** erfahren Sie, welche Fach- und Methodenkompetenzen beim Managen von Projekten erforderlich sind (Kompetenzbereich Praktiken).
- **Teil C** bietet einen Überblick über die Verhaltenskompetenzen, die von Projektleitenden erwartet werden (Kompetenzbereich Menschen).
- Der **Teil D** befasst sich mit der Eingliederung von Projekten in Organisationen und Unternehmen (Kompetenzbereich Kontext).
- Im **Teil E** finden Sie Antworten zu den Repetitionsfragen, ein Glossar mit wichtigen Begriffen und ein Stichwortverzeichnis zum Nachschlagen.

### Zielpublikum

Dieses Lehrbuch wendet sich an alle, die

- Projekte leiten.
- in Projekten mitarbeiten oder sich mit der Projektabwicklung befassen.
- ihre Kompetenz zum Thema «Projektmanagement» verbessern wollen.
- eine IPMA-Zertifizierung Level D oder C in Projektmanagement erlangen wollen.
- Trainingskurse in Projektmanagement geben oder entwickeln.

### Zur 4., komplett überarbeiteten Auflage

Die Überarbeitung dieses Buchs war für uns Beteiligte ein Lehrstück. Nicht zuletzt dadurch, dass die IPMA die Kompetenzen komplett neu strukturiert hat, mussten wir gegenüber der 3. Auflage weit **mehr Inhalte** neu bereitstellen, als wir ursprünglich erwartet und geplant hatten. Die neue Zusammensetzung des Autorenteams, das dem engen Zeitplan geschuldete stark parallelisierte Vorgehen und der eigene Qualitätsanspruch haben ihr Übriges getan. Das Projektziel haben wir zeitlich im Plan erreicht. Jedoch war dazu ein weit höherer Aufwand notwendig als vorgesehen. Ein Umstand, den wir mit so mancher Abend- und Wochenendstunde bezahlen durften. Dass dieses Lehrbuch nun so vorliegt, hat uns auch unser Umfeld ermöglicht: Wir bedanken uns herzlich bei

- Martin Sedlmayer als Lead Editor der IPMA ICB4 für sein Review der Kapitel und seine konstruktiven Hinweise zu Inhalt und Gestaltung des Lehrmittels.
- Clarisse Pifko als unserer Redaktorin für ihre zahlreichen didaktischen und verständnisbezogenen Hinweise.
- Andrea Jenni, Denise Künzle, Ernesto Ruggiano für ihre tatkräftige Unterstützung und ihre wertvollen fachlichen Beiträge.
- unseren Ehefrauen und Partnerinnen sowie unseren Familien für ihre Geduld und den moralischen Beistand.
- der Führung der AWK Group AG, die uns die Autorenschaft überhaupt erst ermöglichte.

### Zur aktuellen Auflage

Wir haben das Buch aufgrund der Inputs überarbeitet, die wir von Dozenten und Studierenden seit dem Erscheinen der 4., komplett überarbeiteten Auflage erhalten haben.

Unseren Lesern und Studenten wünschen wir eine spannende Reise in die reichhaltige Welt des Projektmanagements.

Josef Gubelmann, Heiko Scherler, Claus-J. Sommer, Autoren

### In eigener Sache

Haben Sie Fragen oder Anregungen zu diesem Lehrmittel? Sind Ihnen Tipp- oder Druckfehler aufgefallen? Über unsere E-Mail-Adresse postfach@compendio.ch können Sie uns diese gerne mitteilen.

Zürich, im September 2018

Clarisse Pifko, Redaktorin

# Teil A
Einleitung

# 1 Grundlagen

**Lernziele**

Nach der Bearbeitung dieses Kapitels können Sie …

- die Merkmale von Projekten nennen.
- die Begriffe «Projekt», «Programm» und «Portfolio» voneinander unterscheiden.
- die Projektarten aufzählen.
- die Elemente des Projektmanagements beschreiben.

**Schlüsselbegriffe**

Eventprojekte, Forschung-und-Entwicklungs-Projekte, Investitionsprojekte, operatives Projektmanagement, Organisationsprojekte, Portfolio, Programm, Projekt, Projektarbeit, Projektarten, Projektmanagement, Projektmerkmale, Tagesgeschäft

## 1.1 Das System Projektmanagement

Projektmanagement einerseits als Organisationsform, andererseits als Methode und Vorgehen gewinnt seit Jahren in allen Bereichen des beruflichen Alltags immer mehr an Bedeutung. Warum? Immer häufiger werden Organisationen mit komplexen, zeitlich begrenzten und neuartigen Aufgabenstellungen konfrontiert, die in der Linienorganisation nicht mehr optimal gelöst werden können. Solche Aufgaben verlangen oft die **bereichs- und abteilungsübergreifende Zusammenarbeit von Mitarbeitenden mit spezialisiertem Wissen,** die nur durch Projekte gewährleistet werden kann.

Dieses Kapitel vermittelt Ihnen die Grundlagen zum Verständnis des Systems Projektmanagement in Organisationen.

### 1.1.1 Entwicklung des Projektmanagements

Obwohl aus heutiger Sicht sensationelle Werke wie Pyramiden oder die Chinesische Mauer aus der Perspektive des Projektmanagements betrachtet werden können, ist Projektmanagement eine relativ **späte, aber erfolgreiche «Erfindung».**

#### A] Blick auf die Geschichte des Projektmanagements

Projektmanagement als spezifisches Managementkonzept und spezifische Managementmethode entstand in den 1950er-Jahren in den USA. Die zum grössten Teil aus der Waffen- und Verteidigungsindustrie stammenden Auftraggeber wollten ihre komplexen und vielfältigen Vorhaben immer schneller fertigstellen, damit ihre Investitionen so früh wie möglich Gewinne bringen. Einen weiteren Vorteil des Projektmanagements sah man in der besseren Abschätzbarkeit von Zeit- und Kostenrahmen, da Projekte diese meist sprengten.

**Bekannte Projekte** aus dieser Zeit sind

- im militärischen Bereich das Projekt «Polaris» und die «Atlas-Raketen» und
- in der Raumfahrt das «Gemini-» und das «Apollo-Projekt».

Allgemein gilt aber als **erstes Projekt der Neuzeit,** das nachweislich mit Projektmanagement bearbeitet wurde, die Entwicklung der Atombombe im «Manhattan Engineer District»-Projekt der amerikanischen Streitkräfte von 1941. Der Erfolg dieses Projekts führte zur schnellen Verbreitung des Projektmanagements primär bei anderen Regierungsaufträgen und kurze Zeit darauf auch in der Privatwirtschaft.

In den frühen 1960er-Jahren wurde Projektmanagement auch erstmals in Europa eingesetzt. Im Lauf der letzten Zeit entstanden und entstehen immer noch neue Projektmanagement-Methoden, die vielfach durch die IT perfektioniert und weiter beschleunigt wurden.

### B] Aktuelles aus der Projektwelt

**Projekte, Programme und Portfolios** stehen bei den Veränderungen unserer modernen Welt an vorderster Front. Projekte treiben heute die Entwicklung neuer Produkte und Dienstleistungen voran, sind das Hauptwerkzeug für das geordnete Abwickeln von Investitionen und Expansionen und stellen neue Fähigkeiten bereit. Sie sind das richtige Instrument für die Einführung neuer oder für die Anpassung bestehender Strategien und erlauben die effiziente Bereitstellung neuer Generationen von Infrastrukturen.

Jedes Projekt, und sei es noch so technisch, beginnt und endet mit **Menschen,** deren Kompetenzen bei der erfolgreichen Durchführung im Zentrum stehen. Die Belastung für Projekt-, Programm- und Portfoliomanager, überprüfbare Ergebnisse pünktlich, unter Einhaltung des Budgets sowie des festgelegten Leistungsumfangs zur Realisierung des Nutzens und bei gleichzeitiger Erfüllung der Qualitätskriterien zu produzieren, war noch nie so hoch wie heute.

Für viele Unternehmen ist das erfolgreiche Managen von Projekten ein wichtiger **Wettbewerbsfaktor** geworden. Die Herausforderungen an die Projektarbeit nehmen weiter zu. Wichtige Stichworte dazu sind:

- **Komplexität:** Projekte sind Systeme, die Systeme gestalten und in einer zunehmend vernetzten und einer sich dynamisch verändernden Systemumwelt realisieren. Projektmanagement ist deshalb auch das Management von Komplexität.
- **Beschleunigung:** Die Märkte fordern ständig neue Produkte und Dienstleistungen. Projekte sind Instrumente, die die Wettbewerbsfähigkeit eines Unternehmens sichern und fördern. Ausrichtung auf das Business und enge Anbindung an die Strategie sind ein Muss.
- **Ressourcen:** Die finanziellen und personellen Ressourcen werden auch für Projekte immer knapper. Nicht selten entstehen in einem Unternehmen zwischen Projekten Ressourcenkonflikte, die man lösen muss.
- **Internationalisierung:** Projekte sind zunehmend international, d. h., sie finden in einem internationalen Raum statt und / oder werden von einem international besetzten Team durchgeführt. Das fordert von den Projektmitarbeitenden internationale und interkulturelle Kompetenzen.
- **Erfolgsdruck:** Obwohl die Risiken im Projektmanagement steigen, stehen Projekte unter grossem Erfolgsdruck. Die Projektleitenden sind deshalb besonders gefordert, Projekte vom Anfang bis zum Abschluss professionell zu führen.

### C] Zukunft des Projektwirtschaftens

Nur dank Projekten sind die Unternehmen in der Lage, ihre Wertschöpfungsketten zu verbessern, neue Businessmodelle zu implementieren sowie neue Produkte auf den Markt zu bringen.

Die Arbeitsform «Projekt» wird auch in Zukunft gewählt werden, wenn es um **Entwicklung und Wandlung im Unternehmen** geht («Change the business»). Beherrscht man das Projektmanagement nicht, führt das rasch zu Wettbewerbsnachteilen.

Das hat viele Konsequenzen. Zwei wichtige davon sind:

- Viele Organisationen werden eine **stärkere Projektorientierung** einschlagen müssen, d. h., Projektarbeit und Wandel werden Normalität.
- Die Projektarbeit muss von angemessen **qualifizierten Mitarbeitenden** geleistet werden, d. h., Projektmanagement wird zu einer allgemeinen Schlüsselkompetenz.

## 1.2 Was ist ein Projekt?

Gemäss ICB4 ist ein Projekt «... definiert als ein **einmaliges, zeitlich befristetes, multidisziplinäres und organisiertes Unterfangen, um festgelegte Arbeitsergebnisse im Rahmen vorab definierter Anforderungen und Randbedingungen zu erzielen.** Um die Projektziele zu erreichen, müssen diese Arbeitsergebnisse bestimmte Anforderungen erfüllen und sind im Rahmen von zahlreichen Einschränkungen und Vorgaben wie Zeit, Kosten, Ressourcen und Qualitätsstandards oder -anforderungen zu liefern.»

Hier einige **prominente Beispiele für Projekte:**

**Beispiel**

**Historische Grossprojekte**

- Bau der Chinesischen Mauer: 7300 km Länge zur Abgrenzung, mehrere Hundert Jahre Bauzeit, neuartige Konstruktion und Verwendung von neuen Bauelementen
- Bau der Pyramiden: bis zu 147 m hoch, 2.3 Mio. Steinquader, 20 Jahre Bauzeit, ca. 100 000 Teilzeitmitarbeiter
- Turmbau zu Babel: mächtige Stadt soll entstehen, Spitze bis in den Himmel, Misserfolg

**Neuere (Gross)projekte**

- Flughafenneubau Berlin «Willy Brandt»: grösstes Infrastrukturprojekt Deutschlands, Kapazität 27 Mio. Passagiere pro Jahr, Planungsbeginn 1996, erster Spatenstich 2006, Flugbetrieb hätte im Oktober 2011 starten sollen, bis zur Drucklegung dieses Buchs noch kein bestätigter Eröffnungstermin
- Gotthard-Basistunnel: mit 57 km Länge längster Eisenbahntunnel der Welt, offizieller Baubeginn 1999, Durchstich 2010 / 2011, Eröffnung 2016, Baukosten 12.2 Mrd. CHF; ein erfolgreiches Projekt
- Elbphilharmonie Hamburg: Konzerthaus und neues Wahrzeichen der Stadt Hamburg, Bauzeit 2006–2016, Höhe 110 m, 26 Etagen, 120 000 qm Nutzfläche, Baukosten 789 Mio. Euro (ursprünglich geplant 186 Mio. Euro)

Alle Vorhaben

- haben technische, wirtschaftliche, finanzielle oder terminliche Rahmenbedingungen,
- haben eine definierte Dauer mit einem Anfang und Ende,
- sind neuartig, erstmalig, stossen an die Grenzen des (technologisch) Machbaren,
- sind risikoreich (technisch, wirtschaftlich, terminlich),
- sind komplex, d. h., es gibt viele Beteiligte verschiedenster Disziplinen, eventuell mehrere Organisationen,
- arbeiten gemeinsam an unterschiedlichen Aufgabenstellungen,
- sind während der Durchführung Änderungen und Störungen unterworfen,
- haben eine grosse Bedeutung für die Auftraggeber und
- stehen unter Erfolgs- und Termindruck.

### 1.2.1 Definition Projekt

Aus diesen gemeinsamen Merkmalen kann eine allgemeingültige Definition abgeleitet werden, die nach der deutschen Industrienorm DIN 69901-05:2009 wie folgt lautet:

«Ein Projekt ist ein Vorhaben, das im Wesentlichen durch **Einmaligkeit der Bedingungen** in ihrer Gesamtheit gekennzeichnet ist, wie z. B.

- Zielvorgabe,
- zeitliche, finanzielle, personelle und andere Begrenzungen,
- projektspezifische Organisation.»

### 1.2.2 Projektmerkmale

Was bedeutet diese nüchterne Definition konkret?

- Projekte sind **zeitlich begrenzt,** d. h., sie haben einen klar definierten Anfang und ein Ende.
- Ein weiteres wesentliches Merkmal eines Projekts ist seine **Einmaligkeit, Besonderheit und Komplexität** für die betroffene Organisation (Unternehmen, Abteilung, Verwaltung usw.).
- Das Projekt hat ein **beschriebenes Ziel,** das möglichst uneingeschränkt erreicht werden soll.
- Projekte **beeinflussen die Kultur** im Sinn von Normen und Verhalten in einer Organisation. Die Organisation hat Einfluss auf das Projekt und das Projekt beeinflusst auch die Organisation.
- Dem Projekt stehen **begrenzte, eindeutig definierte Ressourcen** zur Verfügung.
- Aufgrund der Einzigartigkeit und Komplexität birgt jedes Projekt ein gewisses **Risiko des Scheiterns** in sich.
- In einem Projekt arbeiten **unterschiedliche Fach- und Methodenspezialisten** im Team zusammen.
- Projekte haben eine **hohe Dynamik.**
- Projekte bilden eine **temporäre, eigene, geschlossene Organisationseinheit** innerhalb der Organisation.

**Abb. [1-1]** **Merkmale von Projekten**

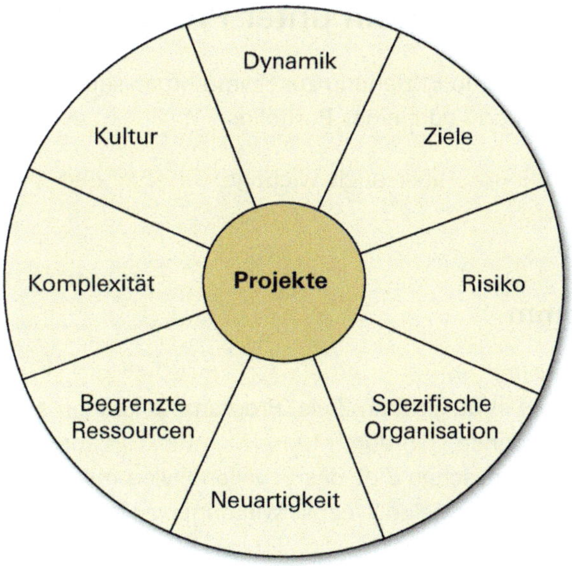


### 1.2.3 Tagesgeschäft und Projektarbeit im Vergleich

Eine weitere Möglichkeit, Merkmale von Projekten aufzuzeigen, bietet die Gegenüberstellung der **Aufgaben in Projekten und im Tagesgeschäft** in einer Organisation. Die folgende Tabelle gibt einen Überblick verschiedener Merkmale.

Abb. [1-2] **Aufgaben in Projekten und im Tagesgeschäft**

| Merkmal | Tagesgeschäft | Projekt |
|---|---|---|
| Ziele | Oft unklar | Konkret |
| Zielvorgabe | Auf Dauer | Zeitlich begrenzt |
| Zeiteinschätzung | Relativ einfach kalkulierbar, da Routine | Schwierig kalkulierbar, da viele Unbekannte |
| Abwicklung | Tagesarbeit | Kampagnenarbeit |
| Art der Aufgabe | Wiederholend, in sehr ähnlicher Form immer wiederkehrend | Neu, einmalig |
| Kosten | Bekannt, kalkulierbar | Am Anfang nur schätzbar |
| Budget | Festlegbar, da vergleichbare Erfahrungswerte vorliegen | Schwierig fixierbar aufgrund der Schätzung |
| Kontrolle | Systemimmanent | Durch Vorgaben |
| Messgrösse | Funktionale Effizienz | Endergebnis, Resultat |
| Ganzheitliche Lösung | Bedingt | Wesentliches Ziel |
| Agieren | Oft schwerfällig, Formalismus, Dienst nach Vorschrift | Flexibel, dynamisch |
| Mitwirken | Funktions- und stellenorientiert | Interdisziplinäre Teams |
| Delegation | Klassisch hierarchisch | Hierarchiearm |

## 1.3 Was versteht man unter Programm und Portfolio?

Ein Projekt steht nicht nur in Beziehung zur Stammorganisation, es ist möglicherweise auch Teil eines Programms und / oder eines Portfolios.

Es gibt **Gemeinsamkeiten,** aber auch wichtige **Unterschiede zwischen Projekten, Programmen und Portfolios.**

### 1.3.1 Programm

Ein Programm beinhaltet **mehrere miteinander in Beziehung stehende Projekte** und dient der Realisierung eines strategischen Ziels. Programme können eine Laufzeit von mehreren Jahren haben und zeichnen sich durch **hohe Komplexität** aus. Die besondere Komplexität resultiert aus dem strategischen Ziel, das in vielen Fällen mit einer tief greifenden Veränderung verbunden ist, und den vielen Wechselwirkungen zwischen zahlreichen Faktoren, die im Prozess zu berücksichtigen sind.

Die **Gliederung des Programms in einzelne Projekte** soll helfen, die Komplexität zu reduzieren. Der Erfolg eines Programms hängt von der Konzeption ab, aber auch von der Koordination der verschiedenen Projekte und vom Schnittstellenmanagement, um Synergieeffekte zu erzielen.

**Hinweis** Für Details zum Programmmanagement lesen Sie die Ausführungen zur Kompetenz «Governance, Strukturen und Prozesse», Kapitel 26, S. 301.

### 1.3.2 Portfolio

Als Portfolio bezeichnet man die Gesamtheit aller Projekte und / oder Programme einer Organisation. Das Ziel des Projektportfoliomanagements ist,

- die Anknüpfung der verschiedenen Projekte und Programme an die Unternehmensstrategie zu sichern,
- deren effiziente Bearbeitung zu verbessern,
- die Abstimmung zwischen den Projekten herbeizuführen,
- die Synergien zu erzielen.

Ressourcenkonflikte zwischen den Projekten können durch das Projektportfoliomanagement erheblich reduziert werden.

Projektportfoliomanagement ist eine Querschnittsaufgabe in einem Unternehmen. Aufgrund seiner strategischen Aufgabe und Relevanz ist das Projektportfoliomanagement in der Hierarchie sehr weit oben angesiedelt und übernimmt dort etwa in der Form eines Stabs die Koordination der Projekte und Programme.

**Hinweis** Für Details zum Portfoliomanagement lesen Sie die Ausführungen zur Kompetenz «Governance, Strukturen und Prozesse», Kapitel 26, S. 301.

### 1.3.3 Projekt, Programm, Portfolio im Vergleich

Ein einzelnes Projekt steht oft in direktem oder auch indirektem Zusammenhang mit einem Programm oder auch Portfolio. Für das Projektmanagement ist es wichtig, den Rahmen des Projekts und möglicherweise bestehende Schnittstellen zum Programm oder auch Portfolio zu kennen. Die folgende Übersicht hilft, das Projekt einzuordnen.

Abb. [1-3] **Vergleich von Projekt, Programm und Portfolio**

| | Projekt | Programm | Portfolio |
|---|---|---|---|
| **Beziehung** | Kann Teil eines Programms und / oder Portfolios sein. | Umfasst mehrere miteinander in Beziehung stehende Projekte einer strategischen Initiative. | Beinhaltet die Projekte und Programme eines Unternehmens. |
| **Ziel** | Realisiert vereinbarte Projektergebnisse. | Bewirkt eine strategische Veränderung. | Stellt die Koordination und Optimierung der Projekte und Programme sowie ihre Auswahl und Ausrichtung gemäss der Unternehmensstrategie sicher und reduziert Ressourcenkonflikte zwischen den Projekten bzw. Programmen. |
| **Vision und Strategie** | Sind durch den Businessplan mit dem Projekt verbunden. | Werden durch den Beitrag von Programmen realisiert. | Liefern die Grundlage für die Abstimmung des Portfolios und werden in diesem überwacht. |
| **Erträge** | Werden nur mittelbar in ein Projekt einbezogen. | Werden bei einem Programm weitgehend einbezogen. | Können in ein Portfolio unmittelbar oder mittelbar einbezogen sein. |
| **Zeitplan und Ressourcen** | Sind definiert und begrenzt, Änderungen müssen mit Programm und Portfolio abgestimmt werden. | Sind im Rahmen der Strategie grob umrissen und werden auf die Projekte innerhalb des Programms heruntergebrochen. | Basieren auf strategischen Zielen des Unternehmens und den damit verbundenen Prioritäten. |
| **Organisation** | Ist temporär – entsprechend dem gesetzten Projektzeitrahmen. | Ist temporär, aber meistens längerfristig angelegt. | Permanent und meistens der Geschäftsleitung zugeordnet, ggf. als Stab organisiert. |
| **Ebene des Projektmanagements** | Operativ | Strategisch | Strategisch |

Lesen Sie dazu auch die Ausführungen zur Kompetenz «Strategie», Kapitel 25, S. 293.

**Hinweis** In diesem Buch werden das Managen von Programmen und Projektportfolios nicht detailliert vorgestellt.

Die Zusammenhänge zwischen Projekt, Programm und Projektportfolio sind in der nachfolgenden Grafik nochmals zusammengefasst.

**Abb. [1-4]** **Projekt, Programm, Projektportfolio**

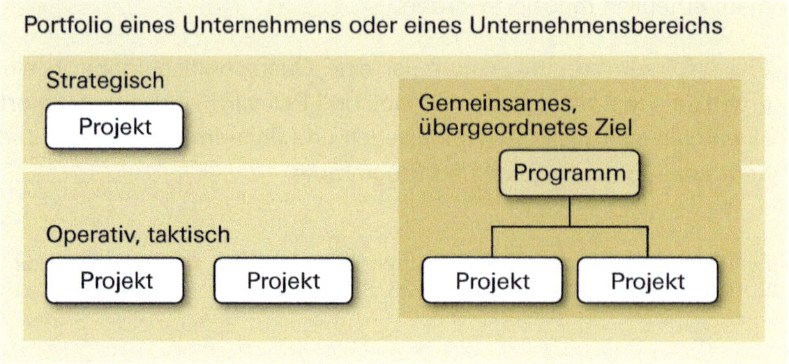


## 1.4 Projektarten

Projekte können nach verschiedenen Kriterien klassifiziert werden, die je nach Unternehmen stark variieren. Einige allgemeingültige **Unterscheidungskriterien** sind:

- Projektinhalt
- Grösse und Umfang (kleines, mittleres, grosses Projekt)
- Laufzeit (kurz-, mittel- oder langfristiges Projekt)
- Bedeutung für das Unternehmen (strategische Wichtigkeit)
- Räumliche Ausdehnung (regional, national, international)
- Stellung des Kunden bzw. Auftraggebers (externe und interne Projekte)
- Komplexität (hoch oder gering)

Projektarten werden häufig durch ihre Inhalte differenziert. Auf diese Weise unterscheidet man **vier Projektarten:**

- Investitionsprojekte
- Forschung-und-Entwicklungs-Projekte
- Organisationsprojekte
- Eventprojekte

### 1.4.1 Investitionsprojekte

Aufgabe der Investitionsprojekte ist die **Herstellung, Errichtung oder individuelle Beschaffung von Sachanlagen.** Investitionsprojekte sind durch vorwiegend ingenieurmässig definierbare Objektspezifikationen sowie qualitativ und quantitativ beschreibbare Projektziele charakterisiert. In der Regel geht man nach dem verfügbaren Stand der Technik vor.

**Beispiel**

- Bauvorhaben
- Fertigungs- und Produktionsanlagen
- Die Umstellung eines manuellen Lagersystems auf ein vollautomatisches Hochregallager

### 1.4.2 Forschung-und-Entwicklungs-Projekte

Forschung-und-Entwicklungs-Projekte (FE) verfolgen das Ziel, auf kreativem und experimentellem Weg **neue Kenntnisse und Fertigkeiten** zu erlangen oder Produktentwürfe mit verbesserter Beschaffenheit zu entwickeln. Bei diesen Projekten wird bewusst der Stand von Wissenschaft und Technik vom Projektziel überschritten.

**Beispiel**

- Medizinische Forschung
- Die Entwicklung eines Prototyps
- Das Entwerfen einer neuen Software

**Hinweis**

Forschung-und-Entwicklungs-Projekte (FE) sind «klassische» Projektarten, da bei ihnen der Innovationsgrad, die Interdisziplinarität und das Projektrisiko am höchsten sind.

FE-Projekte haben einen **bestimmten Erkenntnisgewinn oder die Erstellung eines neuen Produkts** zum Ziel. Die Neuheit des Projektgegenstands ist dabei das entscheidende Charakteristikum für ein FE-Projekt, wobei «neu» auch schon bedeuten kann, dass es sich um ein neues Produkt für das Unternehmen handelt, während es andere schon auf dem Markt haben.

### 1.4.3 Organisationsprojekte

Organisationsprojekte haben die Aufgabe, eine **Aufbau- bzw. Ablauforganisation** zu schaffen oder zu verändern, um die Leistungen einer Organisationseinheit zu verbessern. Charakteristikum dieser Projektart sind **immaterielle Strukturen** (z. B. Unternehmenskultur, Strategien), die teilweise mit materiellen Veränderungen einhergehen. Häufiges Ziel eines Organisationsprojekts ist ein neuer oder veränderter Zustand einer Gruppe von Personen. Ist dieser Zustand erreicht, kann das Projekt als abgeschlossen gelten. Kommunikation, Information und Schulung sind wesentliche Bestandteile dieser Projektart.

**Beispiel**

- Einführung von IT-Organisation
- Reorganisation einer Abteilung mit Personalabbau
- Einführung von Projektmanagement
- Einführung eines Qualitätsmanagementsystems
- Gründung eines Start-up-Unternehmens
- Übernahme oder Kauf eines Unternehmens
- Zusammenlegen von Standorten nach Fusion

**Hinweis**

Die Grenzen und Werte zwischen diesen Bezeichnungen hängen vom jeweiligen Unternehmen ab. Als Abgrenzung bringen wir hier noch einige Beispiele von typischen Nichtprojekten:

- Die Produktion von Autos
- Die einmalige Lieferung von Gütern
- Die Wartung einer Produktionsanlage
- Das Erbringen von einmaligen Dienstleistungen
- Die anspruchsvolle Reparatur von Computern in einem Rechenzentrum unter Zeitdruck

### 1.4.4 Eventprojekte

Ziel dieser Art von Projekten ist, einen Event[1], also eine **Veranstaltung, in einem zeitlich exakten Rahmen und eventuell dafür speziell errichteten Ort** zur Erfüllung der zielgruppenspezifischen Bedürfnisse zu veranstalten.

[1] «Veranstaltungen aller Art, die durch Inszenierung, Interaktion zwischen Veranstalter, Teilnehmer und Dienstleistern sowie multisensorische Ansprache erlebnisorientierte Kommunikationsbotschaften an die Zielgruppe herantragen. Der Begriff ‹Veranstaltung› bezeichnet ein organisiertes, zweckbestimmtes, zeitlich begrenztes Ereignis, an dem eine Gruppe von Menschen vor Ort und / oder über Medien teilnimmt.» Vergleiche Springer Gabler Verlag (Herausgeber), Gabler Wirtschaftslexikon, Stichwort: «Event», online: http://wirtschaftslexikon.gabler.de/Archiv/81537/event-veranstaltung-v10.html.

**Beispiel**

- Kulturfestival
- Konzerttournee
- Sportturnier
- Open-Air-Konzert
- Olympiade
- Wirtschaftsgipfel
- Kongress
- Messe
- Fernsehshow

Ein besonderes Charakteristikum dieser Art von Projekten ist, dass der **Termin,** an dem der Event stattfinden soll und somit das Projekt seinen Abschluss finden soll, **schon sehr früh fixiert** wird. In der Regel ist eine Verschiebung des Termins ausgeschlossen, da ansonsten grosse finanzielle Verluste und Imageschäden drohen.

## 1.5 Was ist Projektmanagement?

Projektmanagement bedeutet nach DIN 69901-05:2009:

«Die Gesamtheit von Führungsaufgaben, -organisation, -techniken und -mitteln für die Initiierung, Definition, Planung, Steuerung und den Abschluss von Projekten.»

Die swiss.ICB4 beschreibt Projektmanagement so: «Das Projektmanagement befasst sich mit der **Anwendung von Kompetenzen, Methoden, Tools und Techniken für ein Projekt, um die definierten Ziele zu erreichen.** Es wird mithilfe von Prozessen umgesetzt und umfasst die Integration verschiedener Phasen des Projektlebenszyklus.

**Effektives Projektmanagement** bringt der Organisation und den Stakeholder-Gruppen zahlreiche Vorteile. Es erhöht die Wahrscheinlichkeit, dass die Ziele erreicht werden, und es gewährleistet eine effiziente Ressourcennutzung, um die unterschiedlichen Bedürfnisse der Projektbeteiligten zu befriedigen.»

Projektmanagement hat **viele Dimensionen und Ausprägungen.** Die ICB4 hat die dazu notwendigen Kompetenzen zusammengetragen und einen Standard definiert. Dieses Lehrmittel soll dazu beitragen, sich diese Kompetenzen anzueignen und anhand der Handlungsoptionen in der Projektpraxis zu üben.

## 1.6 Wozu eigentlich Projektmanagement?

Gemäss der Definition beinhaltet Projektmanagement also nicht die Aktivitäten, die die zu lösende Aufgabe selbst betreffen, insbesondere nicht die fachlichen, inhaltlichen Beiträge, sondern das **Management aller Aufgaben innerhalb eines Projekts.** Es umfasst folgende **Tätigkeiten:**

- **Komplexität bewältigen:**
  Aufgrund der Einmaligkeit und Komplexität eines Projekts muss zunächst ein Lösungsweg ermittelt werden, über den die Projektziele erreicht werden können. Dieser Planungs- und Problemlösungsvorgang wird durch Methoden des Projektmanagements vereinfacht und gesteuert.
  Ausserdem erlauben Methoden des Projektmanagements, den Planungsaufwand gering zu halten, obwohl mehrere Personen an der Planung und Ausführung eines Projekts beteiligt sind.

- **Transparenz schaffen:**
  Ein Projekt muss Ziele unter Berücksichtigung der zeitlichen, finanziellen und personellen Begrenzungen erreichen. Projektmanagement zeigt die im Lauf des Projekts auftretenden Schwierigkeiten und Abweichungen vom geplanten Soll- zum jetzigen Ist-Zustand auf und erlaubt es, frühzeitig einzugreifen, um Soll- und Ist-Zustand so gut wie möglich zusammenzubringen.
- **Risiken managen:**
  Projektmanagement hilft, vorhandene Risiken frühzeitig zu erkennen, diese zu reduzieren und durch geplante Massnahmen gezielt dagegen anzusteuern.

## Repetitionsfragen

1 Handelt es sich bei den in der Tabelle erwähnten Vorhaben um Projekte? Begründen Sie Ihre Antwort.

| Vorhaben | Projekt | | Begründung |
|---|---|---|---|
| | Ja | Nein | |
| Verlegung des Tempels von Abu Simbel beim Bau des Assuanstaudamms | ☐ | ☐ | |
| Aufbau eines neuen Verschlüsselungssystems für Zeichnungen, Teile, Materialien, Stücklisten, Arbeitspläne in einem Maschinenbauunternehmen | ☐ | ☐ | |
| Pflegen von Kundenstammdaten für 50 000 Kunden auf einer vorliegenden Vordrucksammlung | ☐ | ☐ | |
| Evaluation einer IT-Anlage | ☐ | ☐ | |
| Abwicklung einer Fusion zweier Unternehmen | ☐ | ☐ | |
| Erweiterung der Gehaltsabrechnung um eine weitere Statistikauswertung | ☐ | ☐ | |

2 Ordnen Sie in der folgenden Tabelle die aufgeführten Merkmale jeweils dem Tagesgeschäft im Unternehmen oder einem Projekt zu.

| Tagesgeschäft | Projekt | Merkmal |
|---|---|---|
| ☐ | ☐ | Dynamisch |
| ☐ | ☐ | Kalkulierbare Kosten |
| ☐ | ☐ | Wenig Hierarchie |
| ☐ | ☐ | Dauerhaft |
| ☐ | ☐ | Einmalig |
| ☐ | ☐ | Funktions- oder stellenorientiert |

3 Nennen Sie drei Elemente des Projektmanagements und beschreiben Sie diese in Stichworten.

# Teil B
Praktiken

# Einleitung Kompetenzbereich Praktiken

Projektmanagement ist eine anspruchsvolle Aufgabe. Es steht nicht nur in einem Kontext mit vielen Beziehungen, es handelt sich auch um eine **Querschnittsaufgabe.** Querschnittsaufgabe heisst, dass das Projektmanagement viele Ansätze des allgemeinen und des spezifischen Managements nutzt.

Das allgemeine Management befasst sich mit der Gestaltung, Lenkung und Entwicklung von Organisationen. Projektmanagement befasst sich mit der **Gestaltung, Steuerung und erfolgreichen Durchführung von Projekten** und trägt damit zur Entwicklung von Organisationen bei. Für diesen Zweck wendet Projektmanagement zahlreiche **Managementansätze** an, z. B. Personal-, Finanz-, Qualitäts-, Vertragsmanagement etc.

Vor dem Hintergrund allgemeiner und spezifischer Managementansätze hat das Projektmanagement eine eigene technische Kompetenz mit **Methoden und Techniken** entwickelt. Nach der ICB4 wird der Kompetenzbereich Praktiken von 13 Kompetenzen gebildet.

Dieser Kompetenzbereich umfasst die spezifischen Methoden, Werkzeuge und Techniken, die in Projekten eingesetzt werden, um sie erfolgreich durchzuführen («Handwerk des Projektmanagements»).

**Kompetenzbereich Praktiken («Practice»)**

1 Projektdesign
2 Anforderungen und Ziele
3 Leistungsumfang und Lieferobjekte
4 Ablauf und Termine
5 Organisation, Information und Dokumentation
6 Qualität
7 Kosten und Finanzierung
8 Ressourcen
9 Beschaffung
10 Planung und Steuerung
11 Chancen und Risiken
12 Stakeholder
13 Change und Transformation

# 2 Projektdesign

**Lernziele**

Nach der Bearbeitung dieses Kapitels können Sie ...

- die Kriterien des Magischen Dreiecks aufzählen.
- kritische Faktoren der Projektarbeit nennen.
- Lessons Learned aus und mit anderen Projekten überprüfen, anwenden und austauschen.
- die Projektkomplexität und ihre Konsequenzen für den Projektmanagement-Ansatz bestimmen.
- die Vorgehensmodelle Wasserfallmodell, V-Modell und Scrum beschreiben.

**Schlüsselbegriffe**

Erfolgskriterien, Ergebnis, gebundene Rationalität, genereller Projektmanagement-Ansatz, Kritische Erfolgsfaktoren, Lessons Learned, Meilensteine, Projektdesign, Projektdurchführung, Projekterfolg, Projektkomplexität, Projektmanagement-Ansatz, Projektmanagement-Erfolg, Scrum, V-Modell, Vorgehensmodelle, Wasserfallmodell

### Definition gemäss ICB4

«Projektdesign» beschreibt, wie Bedürfnisse, Wünsche und Einflüsse der Organisation interpretiert, gewichtet und in die Grundprinzipien des Projekts übertragen werden, um die höchste Erfolgswahrscheinlichkeit sicherzustellen. Abgeleitet vom externen Kontext wird festgelegt, wie Ressourcen, Finanzmittel, Ziele der Stakeholder, Nutzen und Veränderungen der Organisation, Risiken und Chancen, Governance, Lieferung(en) sowie Prioritäten und Notfälle auf geeignete Art und Weise berücksichtigt werden und wie das Projekt eingerichtet wird. In einer «groben Skizze», in einem «Blueprint» oder in einem Architekturdokument wird dargestellt, wie das Projekt schlussendlich umgesetzt werden soll.

### Zweck gemäss ICB4

Die Kompetenz «Projektdesign» versetzt den Einzelnen in die Lage, alle kontextuellen und menschlichen Aspekte erfolgreich zu integrieren und daraus das Vorgehen abzuleiten, das am meisten Vorteile für das Projekt bringt, um Engagement und Erfolg sicherzustellen.

### Beschreibung gemäss ICB4

Die Kompetenz «Projektdesign» befasst sich mit der **Entwicklung, Einführung und Aufrechterhaltung eines Projektmanagement-Ansatzes,** der den Zielen der Organisation am besten dient. Das Design berücksichtigt alle formellen und informellen Faktoren, die die Unternehmensziele und den Erfolg des Projekts unterstützen oder behindern.

Es umfasst auch die Berücksichtigung von **Vorgehensmodellen,** Governance, Strukturen und Prozessen, relevanten Standards und Regulationen, kulturellen Aspekten sowie persönlichen Interessen und Gruppeninteressen in der Organisation und in der Gesellschaft.

Bei der Auswahl des Vorgehens spielen auch die **Komplexität des Projekts** und die **Lessons Learned aus anderen Projekten** innerhalb oder ausserhalb der Organisation oder Branche eine wichtige Rolle.

Die Wahl des Ansatzes und der Designaktivitäten muss erfolgen, **bevor mit den Planungen** respektive mit der Organisation und der Durchführung des Projekts **begonnen wird.** Diese Aktivität erfolgt nicht allein durch den Projektleiter, sondern entsteht gemeinsam mit den wichtigen und einflussreichen **Schlüsselfiguren.**

Da sich alle externen Faktoren und Erfolgskriterien (und die Wahrnehmung für deren Relevanz) häufig im Projektverlauf verändern, muss das Design in regelmässigen Abständen überprüft und wenn nötig angepasst werden.

### Zusätzliche Erläuterungen

Im **Design** wird festgelegt, wie geplant und umgesetzt werden soll.

Die Kompetenz «Projektdesign», die an den Einfallsreichtum der Ersteller appelliert, kann durch die folgenden **Aktivitäten** beschrieben werden:

- Erfolgskriterien anerkennen, priorisieren und überprüfen.
- Lessons Learned aus und mit anderen Projekten überprüfen, anwenden und austauschen.
- Projektkomplexität und ihre Konsequenzen für den Projektmanagement-Ansatz bestimmen.
- Generellen Projektmanagement-Ansatz auswählen und anpassen.

Die nachfolgende Grafik veranschaulicht diesen Prozess:

Abb. [2-1] **Projektdesign**

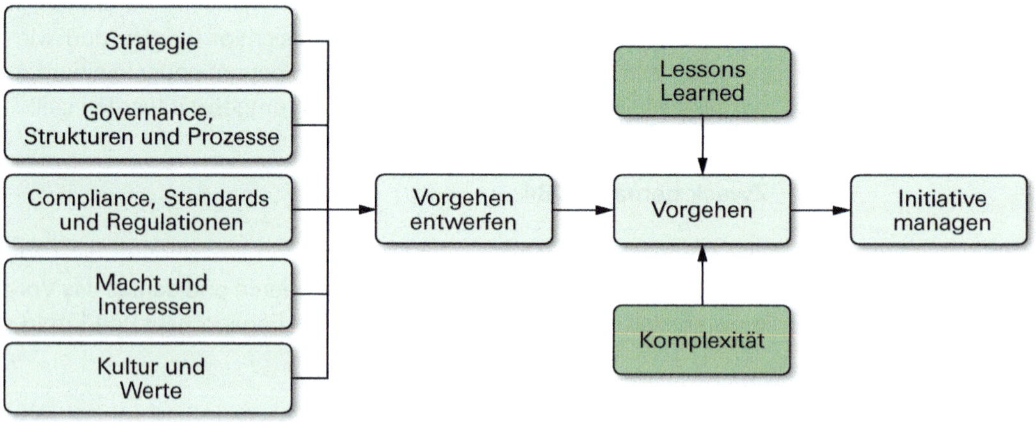


**Hinweis**

Folgende Kompetenzen sind mit «Projektdesign» verknüpft. Wir behandeln sie in den entsprechenden Kapiteln:

- Alle folgenden Kapitel des Kompetenzbereichs Praktiken, Teil B, S. 23
- Alle Kompetenzen des Kompetenzbereichs Kontext, Teil D, S. 291
- Kompetenz «Führung», Kapitel 19, S. 234
- Kompetenz «Vielseitigkeit», Kapitel 22, S. 265
- Kompetenz «Verhandlungen», Kapitel 23, S. 275
- Kompetenz «Ergebnisorientierung», Kapitel 24, S. 283

## 2.1 Erfolgskriterien

Die bekanntesten formalen Restriktionen, denen ein Projekt unterworfen ist, sind:

- Ergebnis und dessen Qualität
- Zeitdauer
- Budget

Sie werden auch als «Magisches Dreieck» bezeichnet. Nach dieser sehr vereinfachten Betrachtungsweise gilt das Projekt als erfolgreich, wenn es das erwartete Ergebnis rechtzeitig und innerhalb des Budgets abliefert. Auch wenn das Magische Dreieck inzwischen zu einem stehenden Begriff im Projektmanagement geworden ist, wird es in der Praxis regelmässig um weitere Kriterien ergänzt, sodass aus dem Magischen Dreieck ein Vieleck wird. Besonders häufig findet sich das Magische Fünfeck «QUARZ», bestehend aus Qualität, Umfang, Aufwand, Risiko und Zeit:

Abb. [2-2] **«Magisches Fünfeck»**

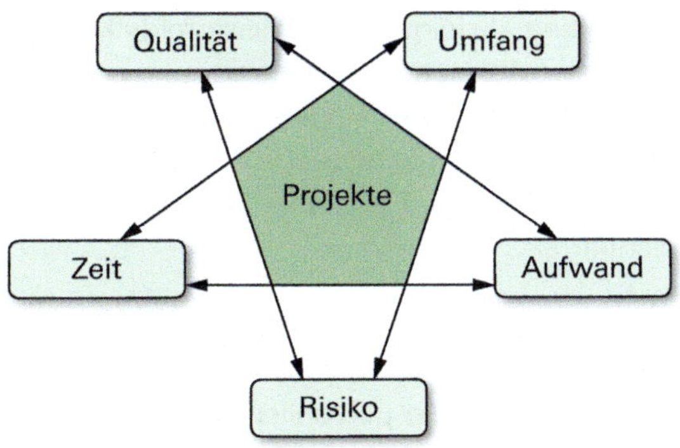


Die Wichtigkeit und den Stellenwert dieser fünf Erfolgskriterien kann man durch eine Umfrage oder ein Interview erheben. Zur Darstellung der Ergebnisse bietet sich ein Spinnendiagramm (siehe Abbildung) an. Im abgebildeten Diagramm ist ersichtlich, dass die Qualität am wichtigsten und die Einhaltung des zeitlichen Rahmens am wenigsten wichtig ist.

Abb. [2-3] **Beispiel für Darstellung der Erfolgskriterien als Spinnendiagramm**

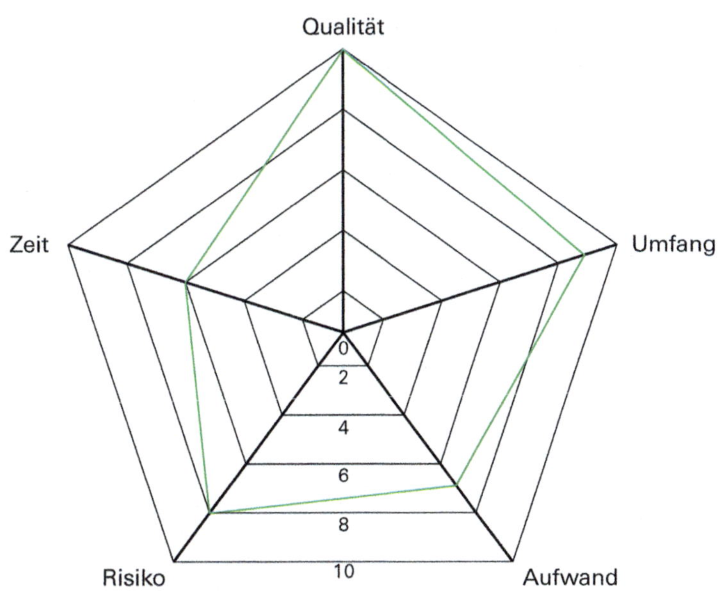


In der Praxis müssen wir aber feststellen, dass das Thema weit komplexer ist und sich «Erfolg» nicht allein auf solchen vergleichsweise einfach messbaren Kriterien wie im Magischen Drei- oder Fünfeck beschränkt.

Da «Erfolg» bzw. «Misserfolg» häufig gebrauchte Bewertungskategorien sind, die oft ohne differenzierte Betrachtung verwendet werden, gehen wir in diesem Kapitel auf die «gebundene Rationalität» ein und unterscheiden zwischen Projektmanagement-Erfolg und Projekterfolg.

Projektmanagement-Erfolg befasst sich mit der Anerkennung der Projektergebnisse durch die massgeblichen Stakeholder. Die Zuschreibung von Erfolg und Misserfolg ist oft von Interessen geleitet, die nicht auf der Ebene der Projektrationalität geäussert werden. Sie kann aber weitreichende Konsequenzen für Projektleitende und Organisationen haben.

Ergänzend skizzieren wir einige Erfolgsfaktoren, die helfen, Projektmanagement-Erfolg in seiner Abhängigkeit wahrzunehmen (s. Kap. 2.1.3, S. 29).

## 2.1.1 Gebundene Rationalität

Bei genauerer Betrachtung sind «Erfolg» bzw. «Misserfolg» keine eindeutig und konsistent definierten Begriffe, sondern vieldeutige soziale Konstrukte von grosser Beliebigkeit. «Erfolg» und «Misserfolg» werden in der Regel Personen oder personifizierten Systemen zugeschrieben und nehmen darum gerne politische Dimensionen an. Das gilt ganz besonders für die Projektarbeit, die sich durch ihre Einmaligkeit anbietet. Denn die Einmaligkeit macht Projekte schwer vergleichbar.

Die Erfolgs- oder Misserfolgsdefinition kann über die Karriere der Projektmitarbeitenden, über die Weiterführung eines Veränderungsprojekts, über grundlegende organisatorische Umstrukturierungen oder auch über die persönlichen Zukunftsperspektiven der Beteiligten entscheiden.

Es wird oft ausgeblendet, dass bei komplexen, grösseren Projekten viele Personen mit verschiedenen Voraussetzungen und Motiven über unterschiedliche Zeiträume, unter günstigen und ungünstigen Bedingungen arbeiten und wirken. Die Zuschreibung von Erfolg bzw. Misserfolg sagt dann oft mehr über die wertende Person bzw. Gruppe aus als über das Projekt bzw. das Projektmanagement.

Welche Aspekte des Ergebnisses zur Definition herangezogen werden, hängt von den jeweils aktuellen, kulturellen, wirtschaftlichen, professionellen, sozialen oder individuellen Hintergrundmerkmalen der beteiligten Personen und Gruppen ab. Das bedeutet auch, dass die Bewertung nicht nur auf der projektbezogenen Sachebene (z. B. anhand der definierten Projektergebnisse) erfolgt, sondern auch auf der sozialen oder gar emotionalen Ebene. Auf der sozialen und emotionalen Ebene geht es dann um unerfüllte Erwartungen oder eingetretene Befürchtungen, d. h., der persönliche oder gruppenbezogene Nutzen (etwa in der Form von Aufstiegschancen, Imagegewinn) ist dann der eigentliche, in den meisten Fällen tabuisierte Referenzmassstab. Das heisst, die Zuschreibung von «Erfolg» oder «Misserfolg» erfolgt unter den Bedingungen der «gebundenen Rationalität».

Abb. [2-4] **Einfluss der gebundenen Rationalität**

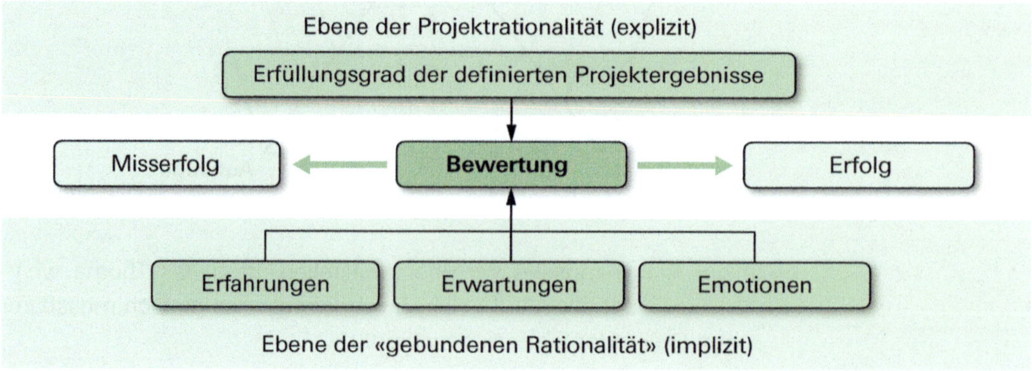

Die «gebundene Rationalität» ist von unreflektierten Erfahrungen und Emotionen aus der Vergangenheit und von Erwartungen an die Zukunft beeinflusst. Sie kann Bewertungen und Zuschreibungen stark beeinflussen. Die Kriterien der «gebundenen Rationalität» bleiben in den meisten Fällen implizit, d. h. unausgesprochen, und können vom Projektmanagement nur vermutet werden.

**Beispiel**

- Ein Veränderungsprojekt, das von der Projektleiterin selbst als «Erfolg» interpretiert wird, kann sogar wenn die konkreten Ergebnisse ähnlich beschrieben werden, von einflussreichen Projektmitarbeitenden oder ihren Vorgesetzten als «Misserfolg» gesehen werden.
- Eine Organisation beauftragt ein Beratungsunternehmen, eine Projektstudie zu erstellen. In der Studie wird die Problemsituation differenziert betrachtet und ein Projekt mit radikalen Organisationsmassnahmen empfohlen. Die Studie wird von den Entscheidungsträgern als unzutreffend abgewertet und in die Schublade gelegt. Die Situation verschlimmert sich zunehmend und ein anderes Beratungsunternehmen wird beauftragt, eine zweite Studie durchzuführen. In der zweiten Studie wird etwas anders vorgegangen, aber die Empfehlung, die ausgesprochen wird, ist nahezu identisch. Das Ergebnis wird nun für gut und richtig befunden und ein entsprechendes Projekt durchgeführt.

### 2.1.2 Projektmanagement-Erfolg vs. Projekterfolg

Projekterfolg ist die Anerkennung der Projektergebnisse durch die massgeblichen Stakeholder. Das heisst, dass man den Erfolg an den definierten Ergebnissen misst. Es ist wichtig, den Projektmanagement-Erfolg vom Projekterfolg zu trennen.

**Beispiel**

- Ein laufendes Projekt wird abgebrochen. Das Projekt war nicht erfolgreich, weil es seine Ziele nicht erreicht hat – somit also ein Projektmisserfolg. Der Projektabbruch wurde mit einer Strategieänderung im Unternehmen begründet. Durch diese Änderung hat sich der strategiebezogene Nutzen des Projekts bei gleichbleibenden Kosten stark reduziert. Die Wirtschaftlichkeit ist somit nicht mehr gegeben. Der Abbruch des Projekts macht daher Sinn und ist als Projektmanagement-Erfolg zu werten.
- Ein Projektleiter schlägt den Abbruch des Projekts vor, weil die Komplexität unterschätzt wurde bzw. Risiken zu wachsenden Problemen werden. Die zur Behebung der Probleme erforderlichen Mittel würden bei gleichbleibendem Nutzen zu massiven Kostenüberschreitungen führen. Der Projektleiter stellt mit seinem Antrag die zusätzlichen Investitionen in das Projekt infrage. Auch in diesem Beispiel wäre ein Abbruch des Projekts als Projektmanagement-Erfolg zu werten.

Das Projektmanagement ist also lenkbaren und nicht lenkbaren Faktoren ausgesetzt. Es muss versuchen, die wesentlichen Erfolgsfaktoren zu identifizieren und positiv zu beeinflussen, um den Projekterfolg und auch den Projektmanagement-Erfolg zu sichern.

### 2.1.3 Kritische Erfolgsfaktoren in der Projektarbeit

Faktoren, die ausschlaggebenden Einfluss auf den Erfolg bzw. den Misserfolg eines Vorhabens haben, werden Kritische Erfolgsfaktoren genannt. Kritische Erfolgsfaktoren sind von Projekt zu Projekt verschieden. Allerdings zeigen sich immer wieder einige allgemeine Faktoren, die auf die Projektpraxis nachhaltig einwirken können. Die allgemeinen Erfolgs- bzw. Misserfolgsfaktoren sind:

- Aufgabenstellung, die sich für ein Projekt eignet
- Projektauftrag
- Unterstützung durch das (höhere) Management
- Kompetente und motivierte Projektmanager und -teammitglieder
- Grösse und Dauer des Projekts
- Zeitliche Freistellung
- Klare Rollenverteilung
- Gezielte Projektkommunikation
- Angemessene Ausstattung
- Projektmanagement-Kultur

## 2.2 Lessons Learned

Jedes Projekt ist etwas Einzigartiges und kann nicht in der Routine des Tagesgeschäfts abgewickelt werden. Deshalb geniesst es auch die erhöhte Aufmerksamkeit durch das Management. Trotzdem gibt es zumindest in Teilen gleiche oder ähnliche Initiativen, die man zum Vergleich heranziehen kann. Diese dort gemachten Erfahrungen muss man nutzen und im eigenen Vorgehen berücksichtigen.

Quellen für solche Erfahrungen und Expertisen sind **Kollegen,** das **Project Management Office** oder die **zukünftigen Teammitglieder,** denn sie sind die Experten und wissen, was alles «schiefgehen» und wie man das vermeiden kann.

Der besondere Charme bei diesen Recherchen ist, dass auch ein **gescheitertes Projekt** einen wertvollen Hinweis dafür liefern kann, was man vermeiden sollte; es leistet daher im Nachhinein einen positiven Beitrag.

Ein weiterer Ansatz, der sich in der Praxis bewährt hat, ist, nach jeder Projektphase mit dem Team eine **Rückschau** zu halten. Eine mögliche Methode dazu ist die gemeinsame Diskussion folgender zwei Fragen:

- Was lief gut?
- Was können wir verbessern?

Damit lassen sich **Verbesserungsvorschläge** aufnehmen, Hindernisse aus dem Weg räumen und Bewährtes festigen. So sind die Teammitglieder für ihre weiteren Aufgaben besser gerüstet.

Der **Austausch von Erfahrungen** funktioniert in beide Richtungen. Wir haben bisher nur davon gesprochen, wie man von den Erfahrungen anderer profitieren kann. Es gilt aber auch die Verantwortung, **andere an den eigenen Erfahrungen teilhaben zu lassen.** Das kann auf vielfältige Weise geschehen:

- Geben Sie Ihr Wissen und Ihre Erfahrung an weniger erfahrene Kollegen weiter, indem Sie sie **coachen.**
- Bieten Sie **«Peer Reviews»** an und tragen Sie so zu einer Verbesserung der Qualität bei.
- Gründen Sie eine **«Community of Practice»**[1] zum Austausch unter Interessierten und zur Weiterentwicklung des Projektmanagement-Systems in Ihrer Organisation.

## 2.3 Projektkomplexität

Das Projektvorgehen wird wesentlich durch die **Komplexität der Aufgabe** bestimmt. Die Gründe für Komplexität können sehr vielfältig sein, z. B.:

- Interne Prozesse
- Verwendete Technologie
- Anzahl der involvierten Personen
- Anzahl der Entscheidungsträger
- Anzahl der Zulieferer
- Unsicherheit in den zugrunde liegenden Aufwandsschätzungen
- Kurze Projektdauer
- Nicht ausreichendes Budget
- Zeitliche Verfügbarkeit von Personen
- Abhängigkeiten zu anderen Projekten
- Politisches oder ökonomisches Umfeld
- Unklare Anforderungen und Ziele

[1] Community of Practice: Arbeitsgruppe mit einem gemeinsamen Interesse an einem Thema, die Erfahrungen austauscht und so Lösungen und Innovationen entwickelt.

All das **beeinflusst die optimale Wahl des Projektvorgehens.** Ein knappes Budget wirkt sich darauf aus, wie das Projekt mit Qualität umgeht. Eine hohe Anzahl von involvierten Entscheidungsträgern wird Beschlüsse eher verzögern («Zu viele Köche verderben den Brei»).

Hinzu kommt, dass Komplexität ein relatives Phänomen ist. Ein **erfahrenes Projektteam** wird sich mit komplexeren Sachverhalten leichter tun als ein weniger erfahrenes Team.

Wird ein unpassendes Projektvorgehen gewählt, kann sogar das ein Grund für eine zu hohe Komplexität sein. Daher sollte der **Komplexitätsgrad** nicht nur zu Beginn eines Projekts beurteilt werden, sondern in regelmässigen Abständen während des Projektverlaufs – z. B. nach Abschluss einer Projektphase – überprüft werden, um das weitere Vorgehen bei Bedarf anzupassen.

Um Komplexität sichtbar und durchschaubarer zu machen, lohnt es sich, mithilfe von **Ursache-Wirkungs-Diagrammen** wesentliche Abhängigkeiten und Wechselwirkungen zu veranschaulichen. Dabei sollte man immer bedenken, dass ein Modell die Realität nicht 1 : 1 widerspiegelt.

**Abb. [2-5]** **Illustratives Beispiel eines Ursache-Wirkungs-Diagramms**

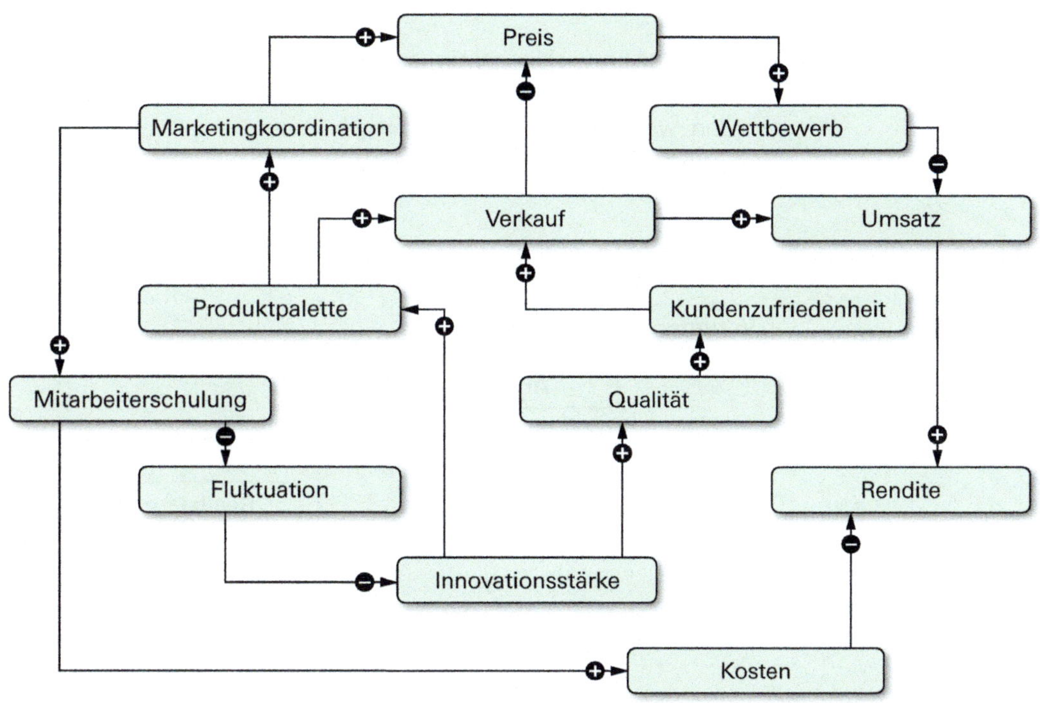


## 2.4 Genereller Projektmanagement-Ansatz

Ein Vorgehensmodell stellt Methoden und Elemente des Projektmanagements zu Prozessen und Phasen eines standardisierten Projektablaufs zusammen. Es ist eine aufeinander abgestimmte **Menge von Prozessen, Standards, Mustern, Methoden und Werkzeugen.**

Voraussetzung für ein sinnvolles Vorgehensmodell ist die Abstimmung auf die Projektart. Neben der Projektart sind auch **Besonderheiten des Unternehmens** zu berücksichtigen.

Grundsätzlich dienen **Vorgehensmodelle** dazu,

- den Systementwicklungsprozess zu strukturieren,
- Hauptaktivitäten, Zwischenergebnisse und Qualitätssicherungsmassnahmen festzulegen und
- den Beteiligten eine Orientierungshilfe zu geben, um Projekte erfolgreich zu planen, abzuwickeln, zu bewerten und aus ihnen lernen zu können.

Es stehen diverse Vorgehensmodelle zur Auswahl. Je nach Problemstellung, Entwicklungsart und Projektart muss für ein bestimmtes Vorhaben ein adäquates Modell ausgewählt werden.

Bei den Vorgehensmodellen gibt es zwei grundsätzliche Ausprägungen:

- Den flussorientierten Ablauf (Wasserfallmodell)
- Das agile (iterative) Vorgehen

Wir stellen folgende Modelle kurz vor:

- Wasserfallmodell
- V-Modell
- Scrum

## 2.4.1 Wasserfallmodell

Das Wasserfallmodell ist zweifellos das unter theoretischen Gesichtspunkten am meisten studierte und auch das de facto am häufigsten eingesetzte Projektmodell.

### A] Phasen

Der gesamte Entwicklungsprozess wird in mehrere, in sich abgeschlossene Phasen zerlegt. Diese Phasen werden nacheinander durchlaufen. Mit einer neuen Phase kann erst begonnen werden, wenn die vorhergehende abgeschlossen ist. Der Phasenverlauf ist in der reinen Form also strikt sequenziell, eine Iteration[1] ist ausgeschlossen.

Abb. [2-6] **Das Wasserfallmodell**

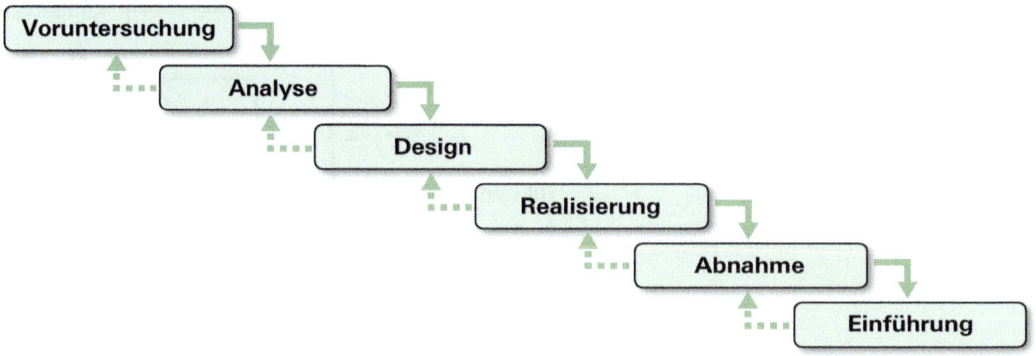


Ist eine Phase beendet, wird ein Meilenstein durchlaufen, in dem über den Projektfortschritt berichtet und über die nächste Phase entschieden wird. Man überprüft, ob die vereinbarten Ziele durch die Projektergebnisse erreicht wurden. Sind die Ergebnisse ungenügend, wird die jeweilige Phase fortgeführt, bis die Ziele erreicht sind. Das Ergebnis wird anschliessend «eingefroren», d. h., es wird nicht angetastet. Es kann nur durch eine formelle Änderungsanforderung modifiziert werden, es bildet also eine Grenzlinie.

### B] Meilensteine

Ein Meilenstein ist ein überprüfbares Zwischenergebnis, das inhaltlich und terminlich definiert ist und eine Gesamtbeurteilung des Projekts erlaubt. Meilensteine markieren den Fortschritt eines Projekts. Deshalb müssen sie eindeutig identifizierbar sein. Sie kennzeichnen das Ende einer Abfolge von Arbeitspaketen, die notwendig sind, um eine nächste Phase (nicht zwingend Projektphase) zu beginnen.

[1] Iteration: Wiederholung.

Meilensteine können

- zur Wiederholung der letzten Phase,
- zur Nachbesserung bei festgestellten Abweichungen bis zu einem definierten Termin,
- zur Genehmigung der nächsten Phase oder
- zum Abbruch des Projekts führen.

**Hinweis**

Es ist wichtig, die richtige Anzahl von Meilensteinen festzulegen. Es sollten ausreichend viele sein, damit der Projektverlauf in nicht zu grossen Abständen überprüft wird. Andererseits sollen es aber nicht zu viele werden, damit die Projektumsetzung effizient bleibt.

**Abb. [2-7]** **Konzeptionelle Übersicht**

| | | | | | | |
|---|---|---|---|---|---|---|
| **Phase** | **Phase 1** Akquisition | **Phase 2** Planung | **Phase 3** Spezifikation | **Phase 4** Realisierung | **Phase 5** Einführung | **Phase 6** Abschluss |
| **Meilenstein** | $M_0$ Auftrag | $M_1$ Projektplan | $M_2$ Spezifikation | $M_3$ (31) (32) (33) Freigabe | $M_4$ Abnahme | $M_5$ Projektabschluss $M_6$ |
| **Phasenziel** | Auftragserteilung | Konzeptionelle Umsetzung geklärt | Technische Umsetzung geklärt | Alle Komponenten des Ergebnisses liegen getestet vor | Kunde hat das Ergebnis abgenommen | Das Ergebnis wird zufriedenstellend eingesetzt |
| **Ergebnis** | • Erstes Lastenheft | • Überarbeitetes Lastenheft<br>• Pflichtenheft | • Technische Spezifikation | • Entwicklung, Codierung | • Produktabnahme | • Abnahme |

### C] Grenzen des Wasserfallmodells

Das Wasserfallmodell ist in der Praxis sehr beliebt, weil es die Projektumsetzung beherrschbar macht.

Wesentliche **Kritikpunkte** an diesem Modell sind folgende:

- Es wird unterstellt, dass die Anforderungen und Ziele sich im Lauf des Projekts nicht ändern.
- Am Ende einer Phase wird unterstellt, dass die in der jeweiligen Phase zu lösenden Probleme vollständig erkannt sind.
- Reale Projekte folgen nicht notwendig diesem Phasenablauf. Das Modell wird dann nicht umgesetzt und Theorie und Praxis des Projektablaufs klaffen auseinander.
- Die Phasen sind in der Praxis schwer voneinander abzugrenzen. Das führt häufig dazu, dass das Ende einer Phase durch den geplanten Endtermin definiert wird.
- Der Kunde sieht das System erst, wenn es fertig ist.

## 2.4.2 V-Modell

Das V-Modell ist eine erweiterte Variante des Wasserfallmodells. V-Modelle haben eine besondere Bedeutung in der Softwareentwicklung und für die Qualitätssicherung. Dabei trennt man konstruktive Aktivitäten von prüfenden Aktivitäten. Die prüfenden Aktivitäten sind **Verifikations- und Validierungsaktivitäten.** Einer Phase mit mehrheitlich konstruktiven, vorausschauenden Aktivitäten wird eine Phase mit den entsprechenden prüfenden Aktivitäten gegenübergestellt. Die so entstandene **Phasenzuordnung** kann bildhaft als «V» dargestellt werden, wobei die linke Achse **konstruktive Aktivitäten** (vom Groben ins Detail führende Entwicklungsaktivitäten) und die rechte Achse mehrheitlich **prüfende Aktivitäten** (vom Detail zum Gesamtsystem führende Integrationstätigkeiten) enthält.

Das V-Modell gibt **konkrete Vorgehensweisen** vor und definiert Ergebnisse sowie die dafür verantwortlichen Rollen. Dabei legt es **vier Tätigkeitsbereiche** fest: Systemerstellung, Qualitätssicherung, Konfigurationsmanagement und Projektmanagement.

Zur Qualitätssicherung werden Verifikation und Validierung eingesetzt:

- **Verifikation,** mehrheitlich durch statische Testverfahren, dass die Ergebnisse einer Phase den Vorgaben der Vorphase entsprechen.
- **Validierung,** mehrheitlich durch dynamische Testverfahren, dass die entwickelten Systemelemente die Spezifikationen erfüllen.

Abb. [2-8] **Das V-Modell (Testansatz)**

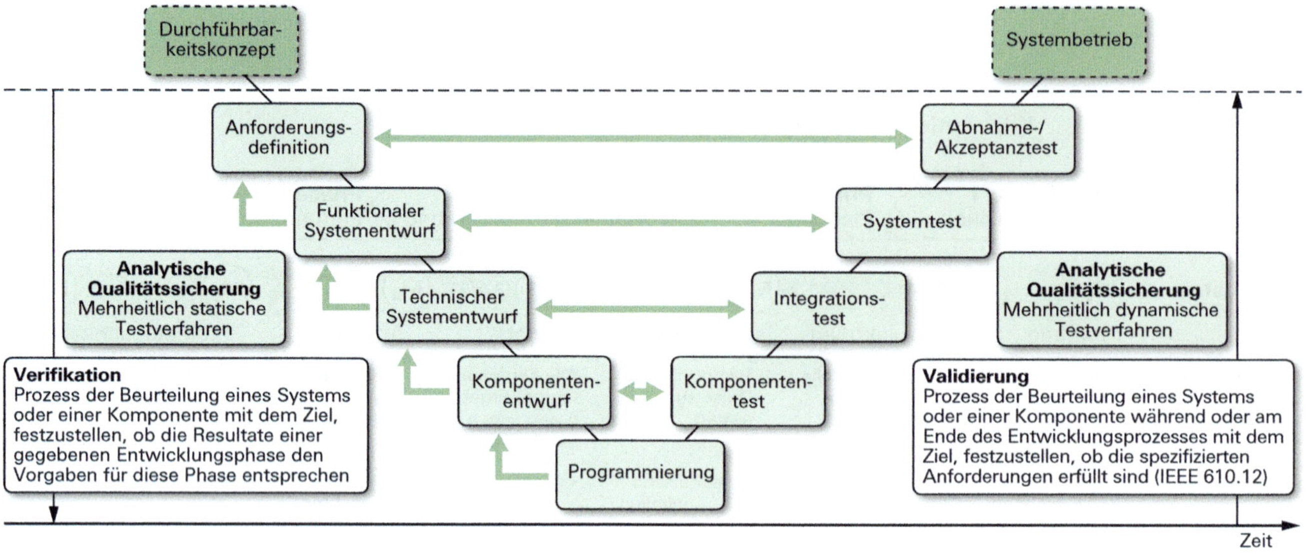


Die Verbindung zwischen den Phasen der Systementwicklung und den Testaktivitäten ist gut zu erkennen: Die Testfälle der Validierung leiten sich aus den Spezifikationen und dem Design der korrespondierenden Entwicklungsphase ab.

### 2.4.3 Scrum

Scrum ist die populärste Form **agiler Vorgehen** und kommt insbesondere in der Softwareentwicklung zum Einsatz. Der Begriff «agil» verweist auf eine **flexible und dynamische Vorgehensweise,** die mit dem traditionellen, streng planungsorientierten Projektmanagement bricht.

Der Ansatz basiert auf dem 2001 veröffentlichten **«Manifesto for Agile Software Development»**[1] und basiert auf den **vier Grundwerten:**

- Menschen und ihre Zusammenarbeit sind wichtiger als Prozesse und Tools.
- Eine funktionierende Software ist wichtiger als eine umfassende Dokumentation.
- Zusammenarbeit mit den Kunden ist wichtiger als Vertragsverhandlungen.
- Reaktion auf Veränderungen ist wichtiger als die Einhaltung eines Plans.

Das Vorgehen basiert darauf, dass ein **überschaubares, interdisziplinär zusammengesetztes Team** seine Aufgaben selbst organisiert und in kurzen zeitlichen Abständen, **«Sprints»,** lauffähige Software entwickelt. Nach jedem Sprint wird dem Kunden das Ergebnis vorgestellt und sein Feedback fliesst in die weitere Entwicklung mit ein.

[1] Kent Beck et al., http://agilemanifesto.org/.

Die Vorteile gegenüber dem Wasserfallmodell sind

- höhere Flexibilität und schnellere Reaktionszeiten auf Anforderungsänderungen (Kundenwünsche),
- bessere Erkennung von Risiken durch praktische Erprobung und Rückmeldung des Kunden zum Produkt (Prototyp) und
- die Fähigkeit, Prozessverbesserungen zu erkennen und während des Projekts durchzuführen.

Scrum stellt höhere methodische Ansprüche an die Projektbeteiligten als das Wasserfallmodell. Die Qualifikation der Mitarbeitenden spielt daher eine wichtige Rolle bei der Wahl eines Modells. Agile Vorgehen eignen sich daher besonders für ein evolutionäres, d. h. organisch wachsendes Vorgehen in Entwicklungsprojekten.

**Abb. [2-9]** **Übersicht Scrum**

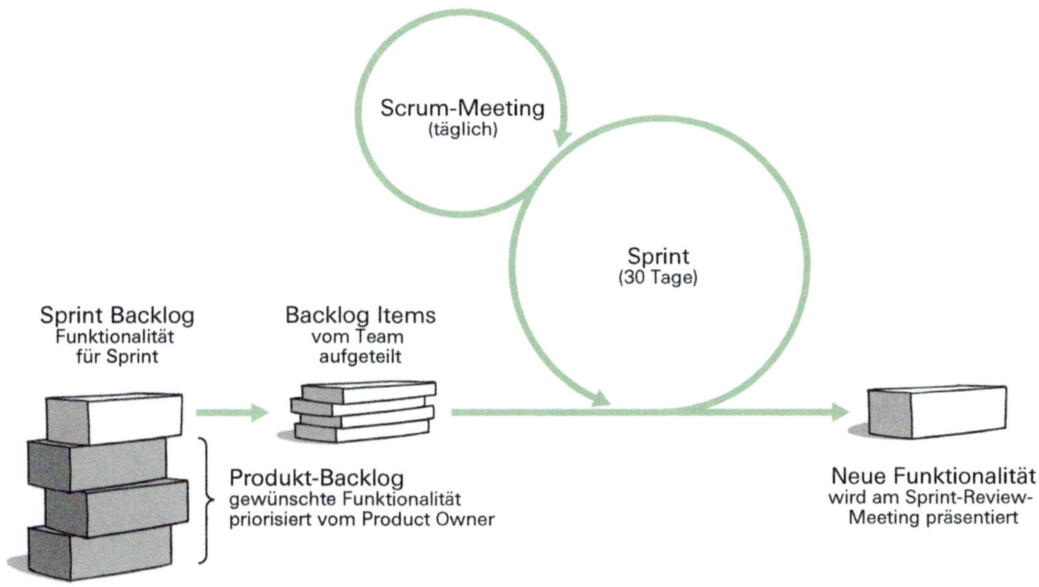


In der Praxis werden auch unterschiedliche Ansätze miteinander kombiniert. So kann eine Konzeptphase im Wasserfall durchlaufen werden (einmalig und komplett), die anschliessenden Phasen jedoch nach Scrum bearbeitet werden (Entwicklung des Produkts in Iterationen mit engem Einbezug des Kunden).

Zumindest in der Schweiz hat HERMES[1] als Projektmanagement-Methode eine grosse Bedeutung. Seit 2015 sind alle Bundesstellen verpflichtet, die Methode HERMES für ihre Projekte (auch Nicht-IT-Projekte) anzupassen und einzusetzen. HERMES ist modular aufgebaut, leicht verständlich und frei verfügbar, sodass zunehmend kleinere und mittlere Unternehmen in der Schweiz und in Süddeutschland HERMES für ihre Projektarbeit verwenden. Mit Version 5.1 wurde die Methodik u. a. um die Möglichkeit zur agilen Entwicklung z. B. mit Scrum ergänzt.

[1] Für weiter reichende Informationen siehe auch: www.hermes.admin.ch.

## 2.5 Projektdurchführung

Die Berücksichtigung der Wechselwirkung eines Projekts mit seinem Kontext beeinflusst die Erfolgschancen massgeblich. Wie im Teil D aufgeführt beinhaltet der Kontext die fünf Elemente

- Strategie,
- Governance, Strukturen und Prozesse,
- Compliance, Standards und Regulationen,
- Macht und Interessen,
- Kultur und Werte.

Die gemachten Erfahrungen aus früheren Projekten und die Komplexität des aktuellen Kontexts müssen berücksichtigt werden. Daraus können wir die relevanten **Erfolgskriterien und Erfolgsfaktoren** ableiten.

Zur Erinnerung: **Erfolgskriterien sind ein Mass,** mit dem der Erfolg beurteilt wird. **Erfolgsfaktoren sind Bedingungen,** die vorhanden sein müssen, um die Erfolgschancen zu erhöhen. Das Vorgehen dient dem Zweck, die Erfolgsfaktoren so zu organisieren, dass die Erfolgskriterien erfüllt werden.

Ziel ist es, ein Vorgehen zu wählen, das die grösste Chance auf Erfolg hat. Damit kommt ein wichtiges Element ins Spiel, nämlich **Wahrscheinlichkeit und Unsicherheit.** Projektmanager müssen mit vielen Unsicherheiten und Risiken umgehen:

- Wie viel Arbeit ist aufzuwenden?
- In welcher Reihenfolge muss sie durchgeführt werden?
- Wie lange dauert das?
- Reichen die finanziellen Mittel dafür?
- Welchen Einfluss haben die Stakeholder?
- Wie viele Mitarbeitende braucht es?

Diese Liste lässt sich beliebig verlängern.

Welche **Risiken** sind die wichtigsten? Es sind diejenigen, die der Projektkontext vorgibt. Wir werden im Zusammenhang mit den Kontextkompetenzen nochmals darauf zurückkommen.

Wir begegnen den **Hauptrisiken** mit einer groben Skizze des Projektvorgehens, das im Wesentlichen die folgenden Punkte umfasst:

- Nutzen und organisatorische Ziele
- Umgang mit Interessengruppen
- Leistungsumfang des Projekts (Scope)
- Qualitätsanforderungen und -erwartungen
- Grobe Skizzierung der Projektorganisation
- Kommunikation und Dokumentation
- Eigenfertigung oder Zukauf, interne oder externe Ressourcen
- Wasserfall oder iterativ
- Risikotoleranz

All das kann in einem **einzelnen Dokument** (z. B. einem Projekthandbuch) beschrieben werden, muss aber nicht. Es stellt aber die Basis für die später folgenden Detailpläne dar.

Da sich die Rahmenbedingungen und die darauf getroffenen Annahmen im Projektverlauf ändern können, müssen das Vorgehen und Teilbereiche davon **regelmässig überprüft** und gegebenenfalls angepasst werden.

**Messgrössen**

- Identifiziert, klassifiziert, evaluiert und priorisiert die Einflüsse aus jeder der fünf Kontextkompetenzen, die für das Projekt erfolgsrelevant sind
- Erkennt und beurteilt sowohl formelle als auch informelle Einflusselemente
- Evaluiert und priorisiert Erfolgskriterien aus jeder der fünf Kontextkompetenzen
- Erkennt und beurteilt sowohl formelle als auch informelle Erfolgskriterien
- Kennt und nutzt relevante Erfolgsfaktoren
- Beurteilt die Relevanz von Erfolgskriterien regelmässig neu
- Bewertet die Relevanz von Erfolgsfaktoren regelmässig neu
- Würdigt und sammelt Lessons Learned aus früheren Projekten
- Nutzt relevante Lessons Learned
- Kennt und nutzt Forschung und Benchmarking-Methoden für die Verbesserung der Projektleistung
- Identifiziert Lessons Learned aus dem Projekt und gibt diese an die Organisation weiter
- Identifiziert die Komplexitätsstufe des Projekts
- Erkennt Komplexitätstreiber
- Identifiziert und definiert den Einfluss von bestimmten Prozessen, Rahmenbedingungen oder Ergebnissen auf die Komplexität
- Identifiziert und definiert den Einfluss von bestimmten externen und internen Parametern auf die Komplexität
- Beurteilt und nutzt Massnahmen zur Reduzierung der Komplexität
- Bewertet und beurteilt verschiedene mögliche Projektmanagement-Ansätze
- Wählt den Ansatz mit der grössten Erfolgschance aus
- Erklärt und begründet den gewählten Ansatz sowie dessen Beziehung zum Projekterfolg
- Erklärt die wesentlichen Auswirkungen des gewählten Ansatzes auf die Projektorganisation
- Erklärt die wesentlichen Auswirkungen des gewählten Ansatzes auf die Stammorganisation
- Evaluiert den gewählten Ansatz basierend auf kontextuellen und internen Entwicklungen in regelmässigen Abständen neu
- Nimmt notwendige Änderungen am Ansatz vor und erklärt, warum diese durchgeführt wurden
- Erstellt ein Konzept für die Projektdurchführung mit zugehörigen Ergebnissen
- Legt die Geschäftsregeln und die Steuerungsphilosophie fest
- Überwacht das Projekt anhand des Konzepts
- Aktualisiert das Konzept auf Grundlage von Veränderungen

## Repetitionsfragen

4 Über welche expliziten und impliziten Kriterien wird der Projekterfolg beurteilt?

5 Vergleichen Sie das Wasserfallmodell mit dem Scrum-Modell. Nennen Sie fünf Entscheidungskriterien, die tendenziell für das eine oder das andere Modell sprechen.

| Eher Wasserfallmodell | Eher Scrum-Modell |
|---|---|
| | |
| | |
| | |
| | |
| | |

6 Was besagt die «gebundene Rationalität»?

7 Die Projektkomplexität beeinflusst die Wahl des Projektmanagement-Ansatzes. Notieren Sie jeweils zwei Beispiele zu den unten aufgeführten Dimensionen, die die Komplexität im Projekt erhöhen.

| Dimension | Erhöht Komplexität im Projekt |
|---|---|
| Projektteam | |
| Projektziel | |
| Projektumfeld | |
| Projektrisiken | |

8 Was ist der Unterschied zwischen Erfolgskriterium und Erfolgsfaktor?

# 3 Anforderungen und Ziele

**Lernziele**

Nach der Bearbeitung dieses Kapitels können Sie ...

- beschreiben, wie man ein Projekt abgrenzen kann.
- Projektziele mithilfe von fünf Kriterien adäquat formulieren.
- drei Projektzielarten nennen und erläutern.

**Schlüsselbegriffe**

Abnahmekriterien, Anforderungen, Anforderungskatalog, Ermittlung von Anforderungen, Formulierung von Anforderungen, Gewichtung der Ziele, Machbarkeitsprüfung, Projektabgrenzung, Projektanforderungen, Projektziele, SMART, Wechselwirkung der Ziele, Zielarten, Zielfindung, Zielhierarchie

### Definition gemäss ICB4

«Anforderungen und Ziele» beschreiben das «Warum» des Projekts – welche Projektziele erreicht werden müssen, welcher Nutzen realisiert werden soll und welche Anforderungen der Stakeholder realisiert werden müssen. Sie werden von den Rechtsgrundlagen, Bedürfnissen, Erwartungen, Anforderungen und den strategischen wie auch organisatorischen Zielen der Stakeholder abgeleitet.

### Zweck gemäss ICB4

Die Kompetenz «Anforderungen und Ziele» versetzt den Einzelnen in die Lage, die Beziehung zwischen den Elementen zu erkennen, die die Stakeholder erreichen wollen, und denen, die das Projekt erfüllen wird.

### Beschreibung gemäss ICB4

Der Einzelne wird auf viele Definitionen für Ziele, Nutzen, Einflüsse, Arbeitsergebnisse, Wert, Anforderungen, Ergebnis und Wirkung stossen und wie sie zueinander in Beziehung stehen. Sie alle haben eine unterschiedliche Sichtweise auf die Brücke zwischen dem, was die Stakeholder erreichen wollen, und dem, was das Projekt liefern wird. Der Einzelne ist sich dieser Tatsache bewusst und wird zum Zweck des Projekts eindeutig definieren, was benötigt wird, um die Fragen «warum, wie, was, wann, wer, wo und für wen ...?» zu beantworten.

Der Einzelne wird einen Prozess mit allen Stakeholdern einleiten, um eine gute Definition zu erarbeiten, was das Projekt für sie erreichen wird. Dies muss dann in eindeutig definierte Ergebnisse des Projekts übertragen werden, die dann wiederum an die Stakeholder kommuniziert werden, um die Erwartungen zu definieren und zu steuern. Dieser Prozess wird iterativ durchgeführt. Es wird zu Veränderungen der Sichtweisen der Stakeholder, der Ergebnisse und der Wirkung des Projekts kommen, was regelmässige Aktualisierungen notwendig macht. Dieser Prozess wird daher zu Beginn ausgeführt und in regelmässigen Abständen wiederholt.

Kommunikation, Verhandlungsgeschick und analytische Fertigkeiten sind von entscheidender Bedeutung. Um ein Gleichgewicht zwischen den Stakeholdern zu erreichen, werden häufig Workshops anstelle von Einzelgesprächen durchgeführt. Die Bedürfnisse und Anforderungen der Stakeholder müssen eruiert und priorisiert werden, um eindeutig zu definieren, was das Projekt realisieren muss und aus welchen Gründen.

**Hinweis**

Folgende Kompetenzen sind mit «Anforderungen und Ziele» verknüpft und werden in den entsprechenden Kapiteln behandelt:

- Alle folgenden Kapitel des Kompetenzbereichs Praktiken, Teil B, S. 23
- Kompetenz «Strategie», Kapitel 25, S. 293
- Kompetenz «Governance, Strukturen und Prozesse», Kapitel 26, S. 301
- Kompetenz «Compliance, Standards und Regulationen», Kapitel 27, S. 318
- Kompetenz «Persönliche Kommunikation», Kapitel 17, S. 218
- Kompetenz «Führung», Kapitel 19, S. 234
- Kompetenz «Vielseitigkeit», Kapitel 22, S. 265

## 3.1 Projektziele

Wenn wir ein Projekt starten, müssen wir uns überlegen, welches **organisatorische Ziel** bzw. welche organisatorischen Ziele mit dem Projekt unterstützt werden.

Sind die für das Projekt relevanten organisatorischen Ziele identifiziert (z. B. Steigerung der Kundenzufriedenheit), muss man daraus weitere Unterziele ableiten, z. B. verkürzte Ausfallzeiten bei der Umstellung auf ein neues Telefonieprodukt. Bei Bedarf kann eine weitere Ebene von Zielen bestimmt werden, bis man zu **Projektzielen** gelangt, die klar definiert sind.

Eine **exakte Zieldefinition** ist einer der wichtigsten Schritte innerhalb der **Projektinitialisierung.** Alles, was hier an Vorarbeit versäumt wird, muss später mühsam nachgeholt werden. Nur durch eindeutig definierte Projektziele wird eine realistische Planung möglich.

Neben den Zielen, die aus der **Strategie** der Organisation abgeleitet werden, dürfen die Ziele nicht vernachlässigt werden, die sich aus den Erwartungen und Anforderungen der Stakeholder des Projekts ergeben. Alle diese Ziele müssen wir so exakt wie möglich definieren, um **unrealistische Erwartungen** schon in der Zieldefinitionsphase zu erkennen und entsprechend zu behandeln. Nicht aufgedeckte, unrealistische Erwartungen, die im späteren Verlauf des Projekts erkannt werden, können leicht zu Konflikten führen, die das ganze Projekt gefährden können.

Daher ist dem Prozess der Zieldefinition entsprechende Aufmerksamkeit und Zeit zu widmen.

### 3.1.1 Ziel, Anforderung und Bedürfnis

Ziele beschreiben, welcher Zustand nach Abschluss des Projekts erreicht werden soll. Zudem muss man in den Zielen auch die Projektdurchführungsziele definieren. Hier sind die Ziele zu nennen, die den Weg zur Erreichung des Projektergebnisses beschreiben, z. B.: «Die Prozessoptimierung ist bis Ende des Jahres abgeschlossen.» An **Zielen** kann und muss der Projekterfolg gemessen werden. Projektziele können meist erst nach Abschluss des Projekts geprüft werden. Das Ziel «Verkürzung der durchschnittlichen Ausfallzeit beim Kunden um 40%» kann z. B. erst nach Abschluss des Projekts geprüft werden.

**Anforderungen** sind spezifische (eindeutige) Vorgaben darüber, welche Eigenschaft ein Projektergebnis haben soll. Auch rechtliche Vorgaben sind als Anforderungen aufzunehmen, z. B.: «Der $CO_2$-Ausstoss bei neuen Autos soll den gesetzlichen Wert nicht überschreiten.» Anforderungen können messbar sein, müssen es aber nicht.

**Beispiel**

«Die durch einen Techniker auszufüllenden Muss-Felder sind hinterlegt» ist eine messbare, aber keine spezifische Anforderung. Spezifisch wäre sie mit dem Zusatz «sind blau hinterlegt». Eine Anforderung ist üblicherweise vorausgesetzt oder verpflichtend.

Ein **Bedürfnis** ist ein Gefühl des Mangels (z. B. Hunger, Durst), verbunden mit dem Wunsch, den Mangel zu beseitigen, z. B. durch Trinken oder Essen. Im Gegensatz zu Anforderungen und Zielen sind Bedürfnisse meist nicht offensichtlich, sondern müssen im Gespräch durch den Projektleiter «erspürt» werden. Wird ein Bedürfnis explizit formuliert, ist es entweder eine Anforderung oder ein Ziel im Projekt und muss entsprechend formuliert, aufgenommen und kommuniziert werden.

**Beispiel**

«Die Wartezeit bei der Hotline für die Kunden ist zu lang.» Das ist zunächst die Wahrnehmung eines Mangels, der durch entsprechende Zahlen erhärtet werden muss und dann als Anforderung oder wie hier als Ziel im Projekt formuliert werden kann: «Die Wartezeit bei Anrufen bei der Hotline muss auf durchschnittlich 35 Sekunden reduziert werden.»

Es ist wichtig, **Bedürfnisse in Anforderungen oder Ziele umzuwandeln,** damit frühzeitig unrealistische Erwartungen an das Projekt erkannt und entsprechend reagiert werden kann.

Im Folgenden beschäftigen wir uns zunächst mit den Zielen.

### 3.1.2 Zielfindung als Prozess

Ziele müssen erarbeitet werden. Dazu ist ein systematisches und umsichtiges Vorgehen erforderlich. Bei der Zielfindung wird von der **Projektidee bzw. vom Grobziel** ausgegangen. Es geht darum, alle relevanten Ziele zu erfassen und zu konkretisieren und damit das Projekt klar abzugrenzen.

Dabei müssen folgende Fragen bearbeitet werden:

- Was gehört zum Projekt – was nicht?
- Was sind die Projektziele – was sind Nichtziele?

Die **Grenzen des Projekts** müssen allen Projektbeteiligten klar sein. Die Benennung und Beschreibung der **Nichtziele** hilft, die Grenze zu klären. Nichtziele helfen beispielsweise, unrealistische Erwartungen an das Projekt und an das Projektmanagement von vornherein auszuschliessen. Wichtig ist in diesem Zusammenhang auch zu definieren, ob **Schnittstellen** Teil des Projekts sind oder nicht und somit ausserhalb des Projekts oder in anderen Projekten behandelt werden müssen.

Abb. [3-1] **Projektabgrenzung**

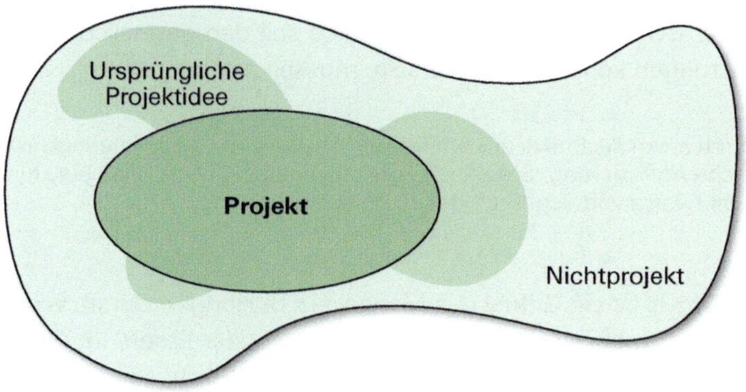


Für die Zielfindung bzw. -präzisierung und Projektabgrenzung empfiehlt sich die Durchführung von **Workshops mit wichtigen Stakeholdern.** Die Teilnehmenden sollen alle relevanten Sichtweisen vertreten. Wichtige Sichten sind

- die Sicht der Fachexperten,
- die Sicht des Managements und
- die Sicht relevanter Stakeholder (z. B. spätere Nutzer bzw. Kunden).

Die Beteiligung der Stakeholder hat den Vorteil, dass zu Beginn des Projekts **mehrere Perspektiven und Bedingungen** im Umfeld berücksichtigt werden können. Das stärkt die Zieldefinition. Zudem wird somit auch ein **gegenseitiges Verständnis** der unter Umständen konvergierenden Anforderungen gefördert und Zielkonflikte können direkt angesprochen werden.

### 3.1.3 Zielarten

In Workshops erarbeiten wir von allen akzeptierte Ziele. Diese können wir in folgende Arten unterteilen:

Abb. [3-2] **Zielarten**

| Zielart | Beschreibung | Beispiel |
|---|---|---|
| System- oder inhaltliche Ziele | System- und inhaltliche Ziele beschreiben, welche Eigenschaften das Projektergebnis haben soll. Diese Ziele sind teilweise sehr technisch und können sich sowohl aus Rahmenbedingungen als auch aus spezifischen Anforderungen und Wünschen der Stakeholder ergeben. | • Die Umweltverträglichkeit eines Produkts muss nachgewiesen sein.<br>• Die Wartezeit eines Kunden bei der Hotline darf max. 35 Sekunden betragen.<br>• Das System muss 99.9% verfügbar sein. |
| Prozess- oder Vorgehensziele | Vorgehensziele beschreiben den Weg zur Erreichung des Projektergebnisses, d. h. alle Forderungen und Randbedingungen, die im Lauf des Projekts zu erfüllen sind, die aber beim Erreichen des Projektergebnisses nicht mehr relevant sind. Hier sind alle Zwischenziele (Meilensteine), die verfügbaren finanziellen Mittel und personelle und sachliche Ressourcen einzuordnen. | • Die Installation des Systems soll Ende des Jahres erfolgreich abgeschlossen sein.<br>• Das Projekt wird nach HERMES umgesetzt.<br>• Das Kostendach von 75 000 CHF ist einzuhalten. |
| Mehrwert-Ziele | Mehrwert-Ziele sind nicht direkt bestimmt, sondern ergeben sich aus anderen Zielen. Es sind positive Nebenerscheinungen, die durch das Projekt erzielt werden. Diese Ziele sind tendenziell nicht direkt messbar und somit keine Ziele gemäss Definition, für die Organisation aber unter Umständen sehr wichtig. | • Erfahrungen im Umgang mit agilen Methoden machen.<br>• Know-how im Bereich Kundenbetreuung auf andere Bereiche ausweiten.<br>• Sprach- und Kulturkenntnisse durch international tätige Projektmitarbeitende fördern. |

Jedes Ziel ist anschliessend als «Muss-», «Soll-» oder «Kann-Ziel» einzustufen. Die sich daraus ergebende Priorisierung wird für die weitere Planung als Basis genutzt und fördert die Zielklarheit. Diese Klarheit ist nötig, damit allen Projektbeteiligten bewusst ist, mit welchen Zielen (Ergebnissen) gerechnet werden kann. Zudem müssen Ziele objektiv messbar sein, um die Zielerreichung im Verlauf des Projekts oder an dessen Ende zu prüfen. Dabei gilt:

- Muss-Ziele müssen umgesetzt werden. Wird durch eine Lösung ein Muss-Ziel nicht erreicht, muss man diese Lösung verwerfen oder die Festlegung des entsprechenden Ziels als Muss hinterfragen.
- Soll-Ziele muss man auch durch das Projekt umsetzen, allerdings müssen nicht alle Soll-Ziele durch das Projekt erreicht werden.
- Kann-Ziele sind Wunschziele und werden auf Basis des «Best Effort»-Ansatzes (Bearbeitung, wenn noch Zeit ist) im Projekt bearbeitet. Diese Ziele dienen primär der Zufriedenheit einzelner oder mehrerer Stakeholder und werden bei Projektabschluss nicht explizit geprüft.

### 3.1.4 Zielhierarchie

Ziele können, wie bereits zu Beginn des Kapitels beschrieben, als hierarchisches System abgebildet werden. Man unterscheidet dann mindestens drei Ebenen:

- Projektgesamtziel:
  Das Projektgesamtziel beschreibt die Zielsetzung in sehr komprimierter Form. Im Idealfall hat sie einen Bezug zu einem strategischen Firmenziel, das durch das Projekt unterstützt wird.
- Projektziel:
  Die Projektziele beschreiben die Lieferobjekte eines Projekts.
- Messbare Ergebnisse:
  Die messbaren Ergebnisse benennen die konkreten Outputs des Projekts (Arbeitsauftrag).

**Abb. [3-3]** **Die Zielhierarchie**

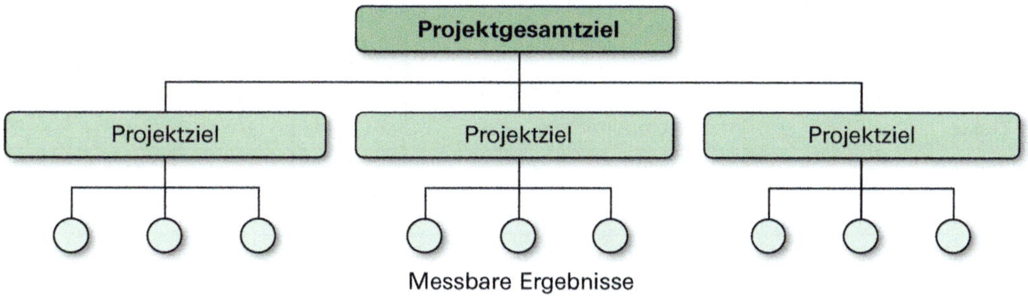


Die Zielhierarchie hat den Vorteil, dass sie einen Überblick über das Ganze und seine Teile gewährt und damit für das operative Projektmanagement eine gute Grundlage schafft.

**Beispiel** **Optimierung Lager I**

Für das Projekt zur Optimierung des Lagers in einem Unternehmen wurden Muss- und Soll-Ziele formuliert und strukturiert. Es ergibt sich folgende Zielhierarchie (M = Muss-Ziele):

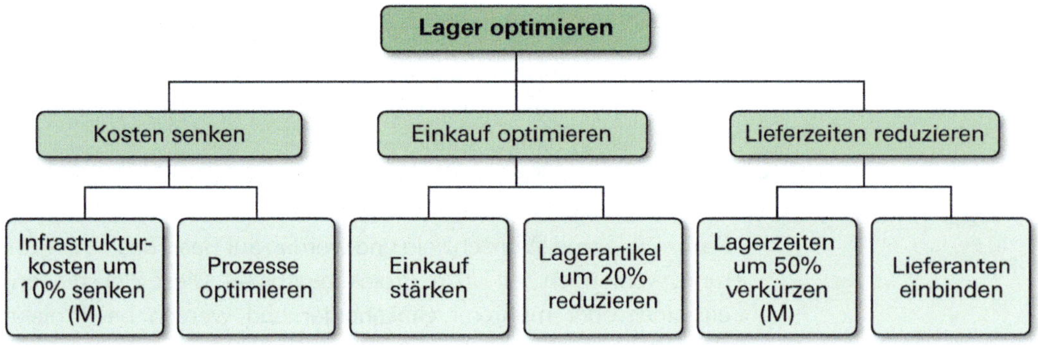


### 3.1.5 Wechselwirkung der Ziele

Oft gibt es zwischen Zielen synergetische, aber auch behindernde Wirkungen. Dann ist es notwendig, diese Wechselwirkung zwischen den Zielen zu betrachten. Dazu und auch zur Verdeutlichung der Abhängigkeiten hilft eine **Einfluss-Matrix.** Die Grundidee dieser Anwendung geht dabei auf den «Vester'schen Papiercomputer» zurück.

Die Betrachtung der Wechselwirkung der Ziele hilft, den Fokus des Projekts sowohl auf Synergien als auch auf die stärkste Hebelwirkung zu legen.

**Beispiel** **Optimierung Lager II**

Die für das Projekt zur Optimierung des Lagers in einem Unternehmen gefundenen Soll-Ziele sind bezüglich ihrer Wechselwirkung zueinander mittels einer Einfluss-Matrix zu überprüfen. Dabei wird die Beziehung zwischen den Zielen paarweise betrachtet, um herauszufinden, ob sie sich gegenseitig eher unterstützen (Synergie) oder eher behindern.

| | Ziel | Ziel 1 (M) | Ziel 2 | Ziel 3 | Ziel 4 | Ziel 5 (M) | Ziel 6 |
|---|---|---|---|---|---|---|---|
| **Ziel 1 (M)** | Infrastruktur um 10% senken | | A | A | S | S | S |
| **Ziel 2** | Prozesse optimieren | A | | S | S | S | S |
| **Ziel 3** | Einkauf stärken | A | S | | S | S | B |
| **Ziel 4** | Lagerartikel um 20% reduzieren | S | S | S | | B | S |
| **Ziel 5 (M)** | Lagerzeiten um 50% verkürzen | S | S | S | B | | S |
| **Ziel 6** | Lieferanten einbinden | S | S | B | S | S | |

Legende: A = ist autonom, S = synergetischer Einfluss, B = behindernder Einfluss

Wir erkennen zum Beispiel, dass sich das Muss-Ziel «Lagerzeiten um 50% verkürzen» und das Soll-Ziel «Lagerartikel um 20% reduzieren» gegenseitig eher behindern. Es kann daher sein, dass im Projektverlauf das geringere Erreichen von Ziel 4 zugunsten von Ziel 5 in Kauf genommen werden muss.

### 3.1.6 Gewichtung der Ziele

Ein weiterer Schritt im Zieldefinitionsprozess ist die **Gewichtung der einzelnen Soll- und Kann-Ziele.** Die Muss-Ziele fliessen nicht in die Gewichtung ein, da sie ja erreicht werden **müssen. Ziele sollten gewichtet werden.** Die Gewichtung der Ziele fördert den Blick für Prioritäten und hilft bei Entscheiden oder Bewertungen. Mit gewichteten und priorisierten Zielen wird eine effiziente und effektive Zielerreichung unterstützt.

**Beispiel**

**Optimierung Lager III**

Die für das Projekt zur Optimierung des Lagers in einem Unternehmen gefundenen Soll-Ziele werden mittels einer Präferenzmatrix gewichtet. Die Ziele werden dabei paarweise verglichen und es wird entschieden, welches der beiden wichtiger ist (Präferenz der Ziele). Daraus ergibt sich eine Anzahl der Nennung der Ziele, aus der das rechnerische Gewicht abgeleitet wird. Die Summe der Gewichtungen ergibt immer 100%. Das effektive Gewicht der Ziele kann abschliessend modifiziert werden (gewähltes Gewicht), wobei die Rangfolge und das Total der Gewichtung beizubehalten sind.

| | Ziel | Präferenz der Ziele | | | Anzahl Nennung | Gewicht | Gewähltes Gewicht |
|---|---|---|---|---|---|---|---|
| **Ziel 2** | Prozesse optimieren | – | – | – | 1 | 16.7 | 15.00% |
| **Ziel 3** | Einkauf stärken | Z3 | – | – | 2 | 33.3 | 35.00% |
| **Ziel 4** | Lagerartikel um 20% reduzieren | Z4 | Z4 | – | 2 | 33.3 | 35.00% |
| **Ziel 6** | Lieferanten einbinden | Z2 | Z3 | Z6 | 1 | 16.7 | 15.00% |

Es ergibt sich somit folgende gewichtete Zielhierarchie:

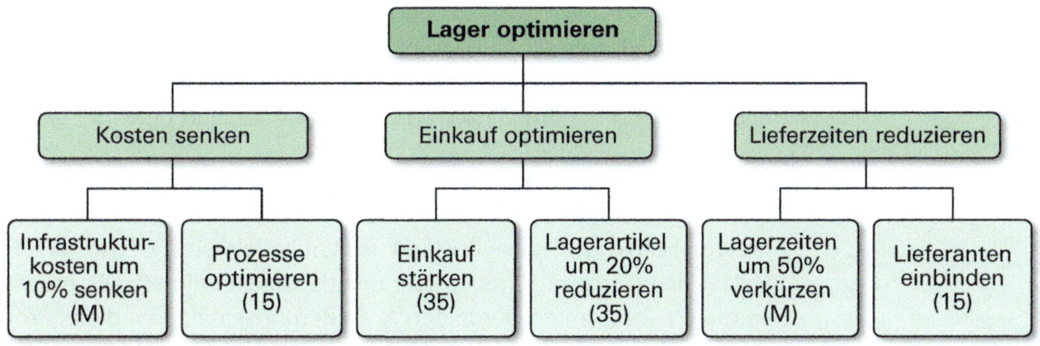


### 3.1.7 Ziele richtig formulieren

Nachdem die **Stakeholder** befragt und die Ziele und **Rahmenbedingungen** erhoben wurden, müssen diese richtig ausformuliert werden. Dabei ist äusserste Sorgfalt geboten, denn genau so, wie falsche und fehlende Ziele ein Projekt gefährden, behindern schlechte, zweideutige und falsch formulierte Ziele die Projektarbeit. Die Praxis hat gezeigt, dass Ziele, die **SMART** definiert wurden, gut geeignet sind, um einen späteren **Projekterfolg** zu messen. Bei SMART-Zielen sind folgende Kriterien an die Ziele gestellt:

**Abb. [3-4]** **Die SMART-Kriterien**

| Kriterium | Beschreibung |
|---|---|
| Spezifisch | Präzise und eindeutig |
| Messbar | Nach definierten, klaren Kriterien |
| Akzeptiert | Angemessen und attraktiv |
| Realistisch | Möglich, erreichbar |
| Terminiert | Klare Terminvorgabe |

Erfüllt ein Ziel alle fünf Kriterien, so ist es ein «SMART-Ziel» und für die Bewertung, Ausrichtung und Führung eines Projekts geeignet.

Nach der Erarbeitung der Ziele müssen diese vom Auftraggeber schriftlich bestätigt («abgesegnet») werden. Der so entstandene Zielkatalog ist die Ausgangsbasis für das weitere Handeln.

**Beispiel**

- Die Umstellung des Kunden darf nur 30 Minuten betragen. – Hier ist nicht klar, ab wann die Zeit gemessen wird. Daher ist dieses Ziel nicht spezifisch und somit kein SMART-Ziel.
- Bei der Umstellung eines Kunden auf das neue Produkt darf die Zeit für die Umstellung gemessen von der Deaktivierung des bestehenden Produkts bis zur Verfügbarkeit des neuen Produkts beim Kunden maximal 30 Minuten betragen. – Dieses Ziel ist SMART.
- Der Prozess muss schneller werden. (nicht SMART)
- Der Prozess muss bei 20 Durchläufen im Schnitt um 10% schneller werden. (SMART)
- Der Stromverbrauch des Geräts muss um 5% reduziert werden. (nicht SMART)
- Der Stromverbrauch des Geräts zur Messung des Sättigungsgrads muss um 5% reduziert werden. (SMART)

## 3.2 Projektanforderungen

Im Anforderungskatalog werden die Anforderungen an das Projekt beschrieben. Danach werden die Anforderungen erhoben, formuliert und ihre Machbarkeit wird geprüft.

### 3.2.1 Anforderungskatalog

Im **Anforderungskatalog** werden die Anforderungen an das Projekt bzw. das Produkt aus Anwendersicht einschliesslich aller Rahmenbedingungen detailliert beschrieben. Diese Anforderungen sollten so weit wie möglich quantifiziert werden. Nur so können die Ergebnisse während der Projektrealisierung gemessen und bewertet werden.

Für die Inhalte eines **Anforderungskatalogs** (auch Lastenheft genannt) ist grundsätzlich der Nutzer der Projektergebnisse verantwortlich (etwa der Auftraggeber oder Endbenutzer / Kunde). Häufig wird diese Zuständigkeit aber delegiert, z. B. an eine Fachabteilung. Wenn der Nutzer den **Anforderungskatalog** nicht selbstständig erstellt, muss man die Inhalte mit ihm sorgfältig abstimmen. Durch den Anforderungskatalog wird das Projektziel weiter präzisiert.

Da der Anforderungskatalog eine erste Planungsgrundlage ist, muss darin das **Projektziel** so genau wie möglich präzisiert sein. Damit die Realisierung nicht unnötig eingeschränkt wird, sollten die Anforderungen zudem lösungsneutral formuliert sein.

Die **Detaillierung** der Anforderungen kann abhängig von Problemstellung und Kenntnisstand unterschiedlich tief sein. Es kann auch für das weitere Konzipieren nützlich sein, wenn bei jeder Anforderung aufgeführt wird, ob es sich um eine **Muss- oder eine Kann-Anforderung** handelt. Aus Gründen der Wirtschaftlichkeit kann es sich später als vorteilhaft herausstellen, eine bestimmte Kann-Anforderung fallen zu lassen oder sie für eine spätere Version vorzusehen. Anhand des **Anforderungskatalogs** wird eine erste **Aufwandsschätzung** vorgenommen, die aber wegen der erheblichen Unsicherheiten in der Leistungsdefinition noch nicht als verbindlich angesehen werden darf. Häufig wird aber diese erste Aufwands- und Kostenschätzung bereits als Massstab bei den späteren Projektbetrachtungen herangezogen. Daher sollte die Schätzung sorgfältig vorgenommen und hinsichtlich der möglichen Projektrisiken genau abgewogen und mit einem entsprechenden Risikopuffer ergänzt werden.

### 3.2.2 Ermitteln von Anforderungen

Bei grossen, komplexen Vorhaben kann die Erstellung eines Anforderungskatalogs erhebliche **finanzielle und personelle Ressourcen** binden und sich über einen längeren Zeitraum erstrecken. Die Erstellung des Anforderungskatalogs kann gegebenenfalls als eigenständiges Teilprojekt abgewickelt werden. Auch in diesem Fall wendet man alle Phasen des Projektmanagements an: Es werden Ressourcen geplant, ein separates Budget zugeteilt, ein Projektteam gebildet, ein Terminablaufplan erstellt und der Bearbeitungsfortschritt wird periodisch überwacht und gesteuert.

Für die Ermittlung der Anforderungen bieten sich verschiedene Möglichkeiten an.

**Abb. [3-5]** **Methoden zur Anforderungsermittlung**

| Methode | Beschreibung |
|---|---|
| Interviews | Mitarbeitende werden direkt befragt; Auswahl verschiedener Mitarbeitender mit verschiedenen Aufgaben. |
| Brainstorming | Neue Ideen zu bestehenden Arbeitsprozessen |
| Fragebögen | Mitarbeitende bekommen, z. B. per Mail, einen Fragebogen zugeschickt, den sie ausfüllen und zurücksenden. |
| Berichtsmethode | Mitarbeitende erläutern schriftlich eine Thematik (Formfreiheit vs. Vorgabe); Anforderungskatalog. |
| Inventurmethode | Studium schriftlicher Unterlagen (abhängig von Qualität, Vollständigkeit, Aktualität …) |
| Beobachtung | Mitarbeitende werden beobachtet (offen, verdeckt [Achtung, ggf. illegal!], quantitative / qualitative Erfassung). |

In jedem Fall sollte ein **persönliches Gespräch** stattfinden, um die gewählte Methode zu unterstützen und um Missverständnisse zu vermeiden. Am effizientesten sind **Workshops.** In kritischen Fällen (z. B. bei sich widersprechenden Anforderungen oder bei Personen, die einen persönlichen Konflikt haben und damit den Workshop negativ beeinflussen können) ist es ratsam, einen solchen Workshop in **Einzelgesprächen** vorzubereiten. Der Vorteil eines Workshops zur Klärung und Festlegung der Anforderungen ist, dass jeder seine Sicht darlegen kann und die Information für alle verfügbar ist.

Die Zeitdauer eines solchen Workshops ist stark vom Projekt und von den involvierten Stakeholdern abhängig. Es empfiehlt sich, mindestens einen halben Tag zu reservieren und die Ressourcen entsprechend zu planen.

Sind alle Anforderungen festgelegt und beschrieben, ist es wichtig, von allen Beteiligten die **Freigabe des Anforderungskatalogs** zu erhalten. Änderungen der Anforderungen muss man nach der endgültigen Festlegung in Form eines **Änderungsantrags** prüfen und entscheiden, ob und wie die Änderung ins Projekt integriert wird.

**Beispiel**

Für unser Projekt zur Verkürzung der Ausfallzeiten beim Wechsel eines Telefonieprodukts könnte ein **Anforderungskatalog** z. B. folgende Themen enthalten:

- Anwendungs- bzw. Einsatzumgebung (welche Kunden / Produkte sind betroffen?)
- Geforderte Funktionen und Eigenschaften (was soll der Techniker alles machen können?)
- Benutzeroberfläche
- Benutzerschnittstellen
- Datenbasis
- Mengengerüst
- Qualitätsanforderungen
- Realisierungsvorgaben
- Prozessanpassungen
- Dokumentationsanforderungen
- Zeit- und Kostenrahmen

### 3.2.3 Formulieren von Anforderungen

Wie bei den Zielen ist es auch bei den Anforderungen von entscheidender Bedeutung, dass sie **korrekt und verständlich formuliert** werden. Wird Raum für Annahmen gelassen, werden diese Annahmen von den bearbeitenden Personen auch getroffen. Diese stimmen in der Regel jedoch nicht mit den eigentlichen Anforderungen überein.

**Beispiel**

**Anforderung: Das Gehäuse muss stabil sein**

Hier ist nicht festgelegt, ob Metall, Stein, Holz, Plastik oder ein sonstiges hartes Material verwendet wird. Arbeitet der Mitarbeiter, der das Gehäuse erstellt, gern mit Plastik, so wird er dieses Material verwenden. Der Auftraggeber wollte aber Glas. Er hatte es aber nicht entsprechend definiert.

Daher muss die Formulierung der Anforderungen wie die der Ziele bestimmte Kriterien erfüllen. In der folgenden Übersicht werden die **Kriterien** genauer erläutert.

Abb. [3-6] **Kriterien für die Formulierung von Anforderungen**

| Kriterium | Erläuterung |
|---|---|
| Vollständig | Alle Anforderungen mit einem nennenswerten Bedarf müssen bekannt sein. |
| Eindeutig | Anforderungen müssen so formuliert werden, dass sie unmissverständlich sind. |
| Widerspruchsfrei | Anforderungen dürfen sich nicht widersprechen oder gegenseitig ausschliessen. |
| Lösungsneutral | Anforderungen sollen keine Vorgabe bzgl. der effektiven Umsetzung machen. |
| Redundanzfrei | Identische Anforderungen sind zusammenzufassen. Wichtig ist hier auch, die Begrifflichkeiten klar zu regeln, damit nicht mehrere Begriffe für dasselbe genannt werden. |
| Prüfbar | Jede Anforderung muss durch eine Abnahme geprüft werden können. |
| Gültig und aktuell | Es sind nur die Anforderungen aufzuführen, die noch gültig und aktuell sind. |
| Bewertet | Jede Anforderung ist als Muss-/Kann-/Soll-Anforderung zu bewerten. |

**Beispiel**

Die Umstellung des Kunden auf ein neues Produkt muss ohne Medienbruch erfolgen.

Der Techniker muss die gesamte Umstellung über dasselbe Gerät vornehmen können.

### 3.2.4 Machbarkeit prüfen

Liegen alle Ziele und Anforderungen vor, muss man noch die Machbarkeit des Projekts prüfen. Da sich Projekte von Routinetätigkeiten unterscheiden und oft tief greifende Eingriffe in die bestehende Organisation sind, besteht ein erhebliches **Risikopotenzial.** Deshalb ist eine Machbarkeitsprüfung unerlässlich.

Bei der **Machbarkeitsprüfung** wird zu Beginn des Projekts, bei der Zieldefinition und während der Konzeptphase überprüft, ob die Projektziele realistisch sind. Sie wird auch **Projektstudie** genannt.

Meistens stehen folgende Aspekte im Mittelpunkt der Betrachtungen zur Machbarkeit:

- Technische und fachliche Machbarkeit
- Organisatorische Machbarkeit
- Wirtschaftliche Machbarkeit

Die folgende Abbildung gibt einen Überblick über wichtige und mögliche Aspekte der Machbarkeitsprüfung.

Abb. [3-7] **Aspekte der Machbarkeitsstudie**

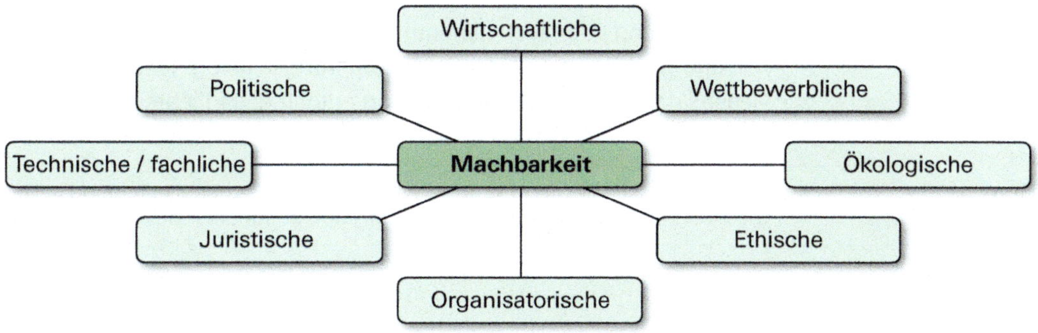


Bei ausgedehnten Machbarkeitsprüfungen wird zusätzlich das **weitere Projektumfeld** hinsichtlich der Marktsituation und der politischen, ökologischen, juristischen und ethischen Aspekte betrachtet.

Abb. [3-8] **Fragestellungen bei der Machbarkeitsprüfung**

| Art der Machbarkeit | Mögliche Fragestellungen |
|---|---|
| Technisch / fachlich | • Sind die technischen Anforderungen überhaupt erfüllbar?<br>• Wie sehen grob die Alternativen aus und was sind die jeweiligen Voraussetzungen?<br>• Sind die fachlichen Annahmen und Anforderungen überhaupt realistisch?<br>• Sind alle fachlichen Anforderungen der Nutzer berücksichtigt?<br>• Wo liegen die grössten technischen bzw. fachlichen Risiken?<br>• Kann dem Projekt ausreichend Fachpersonal zugeführt werden? |
| Organisatorisch | • Welche organisatorischen und personellen Veränderungen kann das Projekt für das Unternehmen haben?<br>• Wie veränderungsfähig sind die Organisationseinheiten und Personen?<br>• Was sind die wichtigsten unterstützenden Massnahmen?<br>• Ändert sich die Aufbau- bzw. Ablauforganisation oder die bisherige Zusammenarbeit von Organisationseinheiten?<br>• Ändern sich Stellen, Funktionen oder Rollen?<br>• Können wir das Projekt (System) gleichzeitig in allen Bereichen bzw. Niederlassungen einführen?<br>• Werden zusätzliche personelle Ressourcen benötigt? Wo können diese rechtzeitig beschafft werden?<br>• Wo liegen die grössten organisatorischen Risiken? |
| Wirtschaftlich[1] | • Wurde eine Wirtschaftlichkeitsbetrachtung einschliesslich der Dokumentation der Annahmen z. B. über Wachstum, Zinsen etc. durchgeführt?<br>• Was wird an liquiden Mitteln benötigt?<br>• Was sind die grössten Kosten- und Terminrisiken? |

[1] Zur wirtschaftlichen Machbarkeit lesen Sie auch die Ausführungen zur Kompetenz «Kosten und Finanzierung», Kapitel 8, S. 111.

## 3.2.5 Konsequenzen

Wird das Projekt als **machbar** eingeschätzt und sind die Abnahmekriterien (s. Kap. 3.3, S. 50) definiert, wird ein **Projektauftrag** erteilt. Wenn sich **Zweifel an der Machbarkeit** ergeben, entscheidet der Auftraggeber oder der Lenkungsausschuss im Wesentlichen zwischen den drei Möglichkeiten:

- Durchführung einer detaillierten Machbarkeitsstudie
- Projektabbruch
- Projektdurchführung trotz hohen Risikos

### 3.2.6 Abgrenzung zum Pflichtenheft

Während der **Anforderungskatalog** das Was und Wofür beschreibt, wird im **Pflichtenheft** definiert, wie und womit die Anforderungen zu realisieren sind. Das Pflichtenheft (in der Schweiz vielfach mit Offerte / Angebot gleichgesetzt) baut auf dem Anforderungskatalog auf und wird in der Konzeptphase (2. Hauptphase) erstellt. Es ist die Aufgabe des Auftragnehmers (Projektleitung oder auch Lieferant), bei der Erstellung des Pflichtenhefts die Widerspruchsfreiheit und Realisierbarkeit der im Anforderungskatalog genannten Anforderungen zu prüfen. Im Gegensatz zum Anforderungskatalog enthält das Pflichtenheft auch schon **Lösungsansätze.**

**Hinweis**

Die Machbarkeitsprüfung und die Risikoanalyse sind eng miteinander verbunden. Das Ergebnis der Machbarkeitsprüfung liefert die Datengrundlage für ein realistisches Risikomanagement.

## 3.3 Abnahmekriterien

Nach der Aufnahme aller Anforderungen werden die Abnahmekriterien definiert und priorisiert.

### 3.3.1 Abnahmekriterien definieren

Sind alle Anforderungen aufgenommen und besteht mit den Beteiligten ein Konsens, muss man aus dem Anforderungskatalog **Abnahmekriterien** ableiten. Diese legen fest, wann und wie ein Projektergebnis durch den Kunden oder den Auftraggeber abgenommen wird. Einige Anforderungen können direkt in Abnahmekriterien «umbenannt» werden, wie z. B. die Anforderung, dass das Ausfüllen einer Maske in einer bestimmten Reihenfolge zu erfolgen hat. Andere Anforderungen müssen jedoch zunächst als Abnahmekriterium formuliert werden.

**Beispiel**

Anforderung: Die Umstellung eines Kunden auf ein neues Produkt muss über eine Maske durch den Techniker erfolgen.

Aus dieser Anforderung lassen sich zwei Abnahmekriterien ableiten:

Abnahmekriterien: (1) Die Maske zur Umstellung enthält alle relevanten Informationen bzw. bietet Felder, um diese einzutragen. (2) Die Maske ist aus einem Bildschirmabstand von 30 cm gut zu lesen.

Die Ergebnisse müssen entsprechend dokumentiert werden, z. B. in Form eines **Abnahmeprotokolls,** in dem alle abzunehmenden Kriterien aufgeführt sind.

Nicht immer sind alle Anforderungen für die Abnahme relevant. Welche Anforderungen in ein Abnahmeprotokoll aufgenommen werden, ist ein Entscheid des Projektleiters und der betroffenen Stakeholder.

### 3.3.2 Anforderungen und Abnahmekriterien priorisieren

Wie schon bei den Zielen und Anforderungen ist auch bei den Abnahmekriterien eine **Priorisierung** unerlässlich. Diese sollte nach Möglichkeit von allen Stakeholdern akzeptiert und unterstützt werden. Die Wichtigkeit eines Abnahmekriteriums kann aus der Priorisierung der zugrunde liegenden Ziele bzw. Anforderungen abgeleitet werden. Am Ende müssen sich alle Stakeholder auf eine Priorisierung einigen.

Qualität und das Streben nach «First Time Right» sind Kriterien, die in agilen Methoden sehr stark ausgeprägt sind. **«First Time Right»** bedeutet, dass man schon bei der ersten Auslieferung (Ergebnis eines Sprints) eine hohe Qualität erreicht. Dazu wird eine **«Definition of Done»** (oder Liste der Abnahmekriterien) erstellt. Diese legt fest, wann ein Ergebnis eines Sprints fertig ist. Die Definition of Done wird vom Entwicklungsteam auf Basis der Wünsche des Kunden erstellt. Das Ziel ist, dem Kunden schon bei der ersten Auslieferung (First Time Right) das Produkt zu übergeben, das dieser erwartet.

| | |
|---|---|
| **Hinweis** | Für Details zu agilen Methoden, insbesondere zu Scrum lesen Sie die Ausführungen zur Kompetenz «Projektdesign», Kapitel 2, S. 25. |

**Messgrössen**

- Stellt eine Beziehung zwischen den Zielen der Organisation und des Projekts her
- Stellt eine Beziehung zwischen den strategischen und operativen Zielen des Projekts her
- Definiert eine Zielhierarchie für das Projekt
- Erklärt die Relevanz und den Inhalt der Zielhierarchie
- Kennt den Unterschied zwischen Bedürfnissen, Erwartungen und Anforderungen
- Identifiziert und dokumentiert die Bedürfnisse und Anforderungen der Stakeholder
- Baut Strukturen auf, um Arbeitsergebnisse zu den Anforderungen zurückverfolgen zu können
- Analysiert die Bedürfnisse und Anforderungen der Stakeholder
- Priorisiert die Bedürfnisse und Anforderungen der Stakeholder
- Dokumentiert und vereinbart die Bedürfnisse und Anforderungen der Stakeholder
- Unterstützt und überwacht die Übersetzung der Anforderungen in Abnahmekriterien

## Repetitionsfragen

| | |
|---|---|
| 9 | Warum macht es Sinn, die Projektziele mit einer Gewichtung zu versehen? |
| 10 | Nennen Sie fünf Kriterien, die berücksichtigt werden sollen, wenn man Projektziele adäquat formulieren möchte. |
| 11 | Beschreiben Sie zusammenfassend den Inhalt von Anforderungskatalog und Pflichtenheft. |
| 12 | Welche der folgenden Aussagen sind falsch bzw. richtig? Bitte kreuzen Sie in der entsprechenden Spalte an und begründen Sie kurz Ihre Antwort. |

| Aussagen | Falsch | Richtig | Begründung |
|---|---|---|---|
| Projektziele sind wichtig. Es ist aber vollkommen unnötig, die Nichtziele zu beschreiben. | ☐ | ☐ | |
| Projektziele müssen eine konkrete Lösung beschreiben. | ☐ | ☐ | |
| Ein Projektziel ist ein Kann-Ziel, es muss nicht erreicht werden. | ☐ | ☐ | |
| Die wirtschaftliche Machbarkeit eines Projekts wird normalerweise nicht geprüft. | ☐ | ☐ | |

| | |
|---|---|
| 13 | Sie erhalten eine Projektstudie, in der einige Zweifel an der Machbarkeit dargelegt werden. Sie sind Auftraggeber und müssen nun entscheiden. Welche drei Möglichkeiten haben Sie? |

# 4 Leistungsumfang und Lieferobjekte

**Lernziele**

Nach der Bearbeitung dieses Kapitels können Sie …

- den Leistungsumfang erklären.
- Lieferobjekte in vier Prioritäten einteilen und diese beschreiben.
- erläutern, was man unter dem Plan der Pläne versteht.
- die drei Formen des Projektstrukturplans unterscheiden.
- beschreiben, was ein Arbeitspaket ist.

**Schlüsselbegriffe**

agile Vorgehensmodelle, Arbeitspakete, aufgabenorientierter Projektstrukturplan, gemischtorientierter Projektstrukturplan, iterative Vorgehensmodelle, Kanban, Kanban-Board, Konfigurationsmanagement, Leistungsumfang, Lieferobjekte, objektorientierter Projektstrukturplan, phasenorientierter Projektstruktuplan, Plan der Pläne, Produkt-Backlog, Projektstrukturplan, Scope Creep, Scrum, Sprints, Strukturform, User Stories, Versionenmanagement

### Definition gemäss ICB4

Die Kompetenz «Leistungsumfang und Lieferobjekte» beschreibt den spezifischen Fokus und den Inhalt des Projekts. Sie beschreibt die Ergebnisse, die Wirkung und den Nutzen des Projekts sowie die Arbeit, die nötig ist, um diese zu erzeugen. Deutlich ist auch zu beschreiben, was nicht im Projekt enthalten oder Teil des Projekts ist. Der Leistungsumfang beschreibt damit klar die Grenzen des Projekts.

### Zweckgemäss ICB4

Die Kompetenz «Leistungsumfang und Lieferobjekte» versetzt den Einzelnen in die Lage, Einblicke in Inhalt und Umfang des Projekts sowie dessen Grenzen zu erhalten, den definierten Leistungsumfang zu steuern sowie zu verstehen, wie der Leistungsumfang Entscheidungen bezüglich des Managements und der Durchführung des Projekts beeinflusst (und davon beeinflusst wird).

### Beschreibung gemäss ICB4

Der Leistungsumfang umfasst den Prozess des Verstehens, Definierens und Steuerns der spezifischen Projektinhalte. Der Leistungsumfang definiert alle Grenzen – oft von entscheidender Bedeutung –, um zu verstehen und zu entscheiden, ob etwas Teil des Projekts ist oder nicht.

Der Leistungsumfang umfasst die Definition der Projektliefergegenstände, die Erstellung einer Struktur, die Inhalt und Umfang definiert (Projektstrukturplan), und, davon abgeleitet, die Definition von Arbeitspaketen.

Der Leistungsumfang umfasst auch die Entwicklung des Konfigurationsmanagements von Inhalt und Umfang, um die kontinuierliche Steuerung des Leistungsumfangs zu unterstützen und sicherzustellen. Die Überwachung und Steuerung der Konfiguration des Leistungsumfangs kann bei manchen Projekten das Risiko eines ungewollten Anstiegs des Leistungsumfangs (Scope Creeping) verhindern. Die meisten Projekte finden in einer dynamischen Umgebung statt und folglich wird auch der Leistungsumfang nicht statisch bleiben. Um den Fortbestand der Relevanz für die Stammorganisation sicherzustellen, wird der Leistungsumfang durch kontinuierliche Überwachung und Steuerung der Bedürfnisse, Wünsche und Erwartungen der (wichtigsten) Stakeholder aufrechterhalten.

**Hinweis**

Folgende Kompetenzen sind mit «Leistungsumfang und Lieferobjekte» verknüpft und werden in den entsprechenden Kapiteln behandelt:


- Alle weiteren Kompetenzen des Kompetenzbereichs Praktiken, Teil B, S. 23
- Kompetenz «Strategie», Kapitel 25, S. 293
- Kompetenz «Governance, Strukturen und Prozesse», Kapitel 26, S. 301
- Kompetenz «Compliance, Standards und Regulationen», Kapitel 27, S. 318
- Kompetenz «Führung», Kapitel 19, S. 234
- Kompetenz «Vielseitigkeit», Kapitel 22, S. 265
- Kompetenz «Verhandlungen», Kapitel 23, S. 275
- Kompetenz «Ergebnisorientierung», Kapitel 24, S. 283


## 4.1 Lieferobjekte

Wurden die Projektgrenzen, die Ziele und Anforderungen eines Projekts festgelegt, können die erwarteten **Ergebnisse** spezifiziert und konkrete Lieferobjekte definiert werden. Lieferobjekte können materieller oder immaterieller Natur sein. Lieferobjekte sind **messbare Ergebnisse des Projekts,** die auch eine qualitative Beurteilung zulassen. Sie können sich auf das Projektergebnis oder auch auf das Vorgehen beziehen.

Alles, was in einem Projekt erzeugt wird, muss als Lieferobjekt definiert sein. Die Summe aller Lieferobjekte bildet das **Projektergebnis,** also den Leistungsumfang eines Projekts (engl. «scope»). Dabei sind einige Lieferobjekte nach Abschluss des Projekts nicht mehr relevant. Dazu zählen z. B. Projektpläne, Besprechungsprotokolle und Offene-Punkte-Listen. Diese Lieferobjekte werden nach Abschluss archiviert, aber nicht mehr aktualisiert. Andere Lieferobjekte werden im weiteren Lebenszyklus des (Projekt)ergebnisses weiter aktualisiert und genutzt. Zu diesen Lieferobjekten zählen z. B. der Software-Code, das neue Haus, die erweiterte Brücke, der neue Prozess, das Betriebshandbuch oder das Benutzerhandbuch.

Einen ersten Hinweis oder sogar schon konkrete Lieferobjekte liefert die **Zielhierarchie.** Daraus können erste Lieferobjekte entnommen oder einfach abgeleitet werden.

Werden im Lauf des Projekts **Änderungen** eingereicht oder erforderlich, muss überprüft werden, welchen Einfluss die Änderungen auf den Leistungsumfang und die Leistungsinhalte haben. Diese Prüfung erfolgt in einem definierten Änderungsprozess und mündet in neuen oder geänderten Lieferobjekten.

**Hinweis**

Für Details zu Änderungen lesen Sie die Ausführungen zur Kompetenz «Planung und Steuerung», Kapitel 11, S. 140.

**Beispiel**

**Garage I**

Für den Bau einer Garage sind folgende Ergebnisse zu erarbeiten:

Konstruktionspläne, Zugang und Verbindung zum Haupthaus, Anforderungskatalog, Terminplan, Kostenplan, Einsatzplan, Offerten, Materialliste, Wände, Fundament, Elektrik

Weitere Beispiele für Lieferobjekte sind: Marketingkonzept und -materialien, Geschäftsprozessmodelle, Trainingsmassnahmen, Verbesserungsvorschläge, Managementinformationssystem, E-Learning-Module, Eingabemaske, Businessplan, Studie, Rechtsgrundlage etc.

Neben den Lieferobjekten, die ein oder mehrere Ziele unterstützen, gibt es Lieferobjekte, die **nicht direkt einem Ziel zugeordnet** werden können. Hier sind u. a. auch die Projektplanung sowie weitere Projektmanagement-Dokumente oder auch Materiallisten zu nennen.

Wurden die Lieferobjekte definiert, können diese die Zielhierarchie ergänzen, indem sie bei den jeweiligen Zielen «angehängt» werden. Das schafft eine Übersicht darüber, welche Ziele durch welches Lieferobjekt unterstützt werden. Durch die **Zuordnung zu mindestens einem Ziel** hat man immer einen direkten Bezug zum Projektergebnis.

### 4.1.1 Lieferobjekte priorisieren

Wie schon die Projektziele sind auch die Lieferobjekte in Absprache mit dem Projektauftraggeber zu priorisieren. Einen ersten Hinweis auf die **Priorität** eines Lieferobjekts kann das zugehörige Ziel liefern. Lieferobjekte können wie Anforderungen in die folgenden **Prioritäten** eingeteilt werden:

- **«Muss»-Lieferobjekte** bilden die Voraussetzung für ein konsistentes Ergebnis und sichern den Projekterfolg.
- **«Soll»-Lieferobjekte** tragen zur Zufriedenheit der Kunden, Nutzer und Interessengruppen bei.
- **«Kann»-Lieferobjekte** stärken die Zufriedenheit der Kunden, Nutzer und Interessengruppen.
- **«Nice to have»-Lieferobjekte** sind Lieferobjekte, die erstellt werden, wenn die zeitlichen Puffer nicht verbraucht wurden. Diese werden im Allgemeinen nicht umgesetzt.

Die Priorisierung der Lieferobjekte kann in Problemsituationen (z. B. bei Ressourcenengpässen) dabei helfen, das Richtige zu tun. Dabei muss man immer Abhängigkeiten zu anderen Lieferobjekten beachten.

### 4.1.2 Lieferobjekte dokumentieren

Neben einer Priorisierung müssen Lieferobjekte auch dokumentiert werden. Der Zugriff auf die **Dokumentation** muss jederzeit möglich sein und es muss möglich sein, Änderungen an den Lieferobjekten zu verfolgen. Es muss stets klar sein, was von einer Version zur nächsten geändert wurde. Werden die Lieferobjekte nicht dokumentiert, dann wird das Projekt schnell von einzelnen Wissensträgern abhängig und ein **Scope Creep** (schleichender Inhalts- und Leistungszuwachs eines Projekts) ist unvermeidlich.

Handelt es sich bei den Lieferobjekten um Dokumente, so kann die Dokumentation der Änderungen direkt im Dokument vorgenommen werden, etwa in einem separaten Absatz **Historie.** Dort ist aufgeführt, wer wann was geändert hat und was die neue Version ist. Ein einmal von allen Beteiligten abgenommenes Dokument erhält die Versionsnummer 1.0.

Um Scope Creep zu vermeiden, ist es wichtig, dass Änderungen nicht per se Inhalt des Projekts werden. Änderungen sind über einen Änderungsantrag im Projekt nachzuführen und bei den betroffenen Lieferobjekten zu dokumentieren.

**Beispiel**

Die Definition der Garage bzgl. Grösse, Dicke der Wände, Drainage, Verkabelung und Türen und Fenstern wurde nach einem Review von allen Beteiligten akzeptiert und liegt somit in der Version 1.0 vor. Einen Monat später hat der Bauherr die Idee eines Freunds aufgegriffen, die Fahrräder und den Rasenmäher ebenfalls in der Garage unterzubringen. Dabei handelt es sich um eine Änderung, die Auswirkungen auf mehrere Lieferobjekte der Garage hat. Die Garage muss grösser werden, einen separaten Raum und eventuell ein Waschbecken erhalten. Da das Auswirkungen auf Kosten und Zeit haben kann, werden die neuen Anforderungen erst nach Prüfung und Genehmigung des neuen Plans und der zusätzlichen Kosten im Projekt aufgenommen. Nach der Anpassung der betroffenen Lieferobjekte werden diese Lieferobjekte als Version 1.1 geführt. Die Version 1.0 wird archiviert.

## 4.2 Leistungsumfang

Nachdem die Lieferobjekte definiert und priorisiert wurden, muss man sie noch **strukturieren.** Dazu bietet sich die Form eines **Projektstrukturplans (PSP)** an. Der PSP kann dabei objekt-, phasen- oder aufgabenorientiert oder als Mischform aufgebaut sein.

### 4.2.1 Plan der Pläne

Der Projektstrukturplan wird auch Plan der Pläne genannt. Er schafft eine **Gesamtübersicht** und gibt dem Projekt eine **Ordnungsstruktur,** in der alle Lieferobjekte aufgeführt sind. Zudem bildet er die Grundlage für alle weiteren Projektpläne.

Die folgende Abbildung weist auf wichtige Zusammenhänge hin.

Abb. [4-1] **Zusammenhänge der Pläne im Projekt**

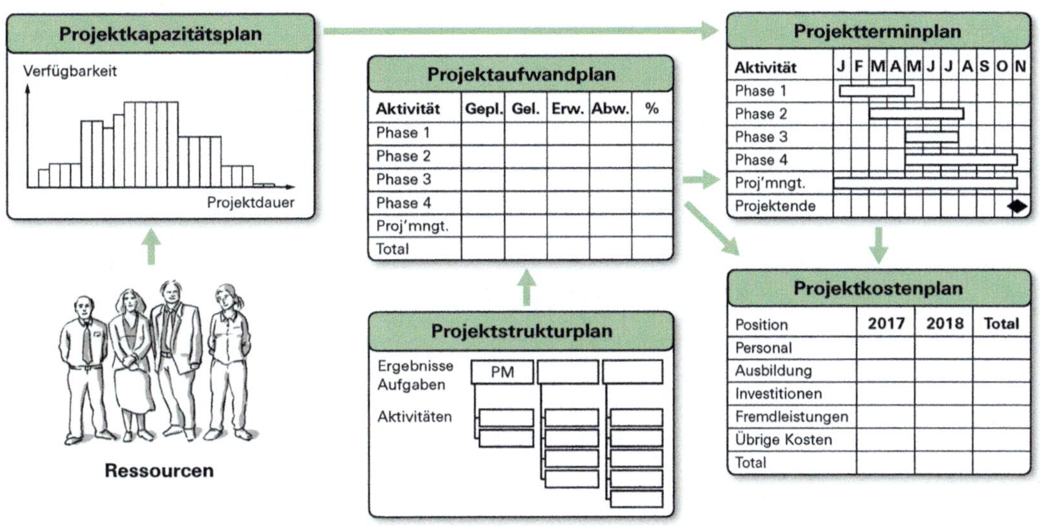


Ändert sich eine Planungsgrösse (z. B. wenn neue Anforderungen aufgenommen werden oder ein Arbeitspaket wegen fehlender Personalressourcen nicht termingerecht fertiggestellt werden kann), dann müssen alle anderen Pläne ebenfalls geprüft und aktualisiert werden.

### 4.2.2 Ebenen des Projektstrukturplans

Der **Projektstrukturplan (PSP)** erlaubt eine Aufteilung bzw. eine Gruppierung in mindestens **drei Ebenen:**

- Projekt
- Lieferobjekte
- Arbeitspakete

Wird das Projekt mithilfe eines PSP strukturiert, so sind folgende **Regeln** zu beachten:

- **Vom Groben zum Detail:**
  Man geht von der **obersten Ebene eines Projekts** aus und erarbeitet die Details Schritt für Schritt. Das hilft bei der Übersicht und unterstützt die Vollständigkeit.

**Beispiel** **Garage II**

Die Garage ist die oberste Ebene. Sie besteht aus dem Fundament, den Aussenwänden, Innenwänden und Zugängen, die die zweite Ebene bilden. Die unterschiedlichen Komponenten der Aussenwände (Dämmung, Mauerwerk, Verputz …) beschreiben die dritte Ebene usw.

- **Immer zuerst in die Breite:**
  Die zweite Regel besagt, dass zunächst **eine Ebene vollständig ausgearbeitet** werden muss, bevor man zur nächsten Ebene übergeht. Wird diese Regel missachtet und anders vorgegangen, läuft man Gefahr, wichtige Arbeitspakete zu vergessen oder die Übersicht zu verlieren.
  Für die Aufbereitung des Projektstrukturplans benötigen Sie genaue Angaben zum Leistungsumfang und zu den erwarteten Projektergebnissen.
- **Festlegen der Arbeitspakete:**
  Die festgelegten Lieferobjekte werden im letzten Schritt in **Arbeitspakete** (s. Kap. 4.3, S. 59) gepackt. Diese können ein oder mehrere Lieferobjekte enthalten und werden einem Verantwortlichen übertragen, der die Erstellung sicherstellen muss.

Abb. [4-2] **Projektstrukturplan Aufbau**

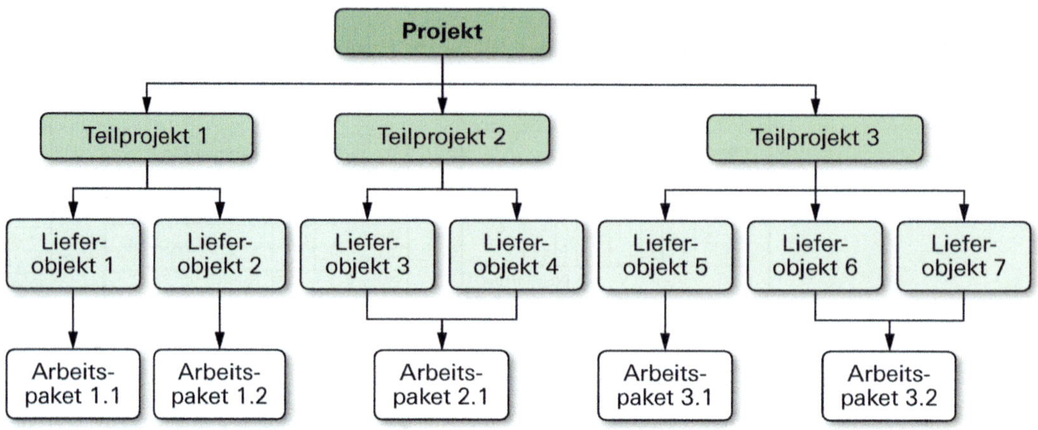


### 4.2.3 Formen des Projektstrukturplans

Bei der Gestaltung des Projektstrukturplans kann, wie bereits zu Beginn des Kapitels erwähnt, von **drei Grundformen** ausgegangen werden:

- Objektorientierter Projektstrukturplan
- Aufgaben- bzw. phasenorientierter Projektstrukturplan
- Gemischtorientierter Projektstrukturplan

#### A] Der objektorientierte Projektstrukturplan

Beim objektorientierten Projektstrukturplan werden die Arbeitspakete nach Bestandteilen des Systems ausgerichtet. Der objektorientierte Projektstrukturplan beantwortet die Frage: Was muss alles **geschaffen** werden?

Das Projekt wird in seine **einzelnen technischen Bestandteile zerlegt.** Das Ergebnis ist somit **produkt- oder objektorientiert.** Im objektorientierten Projektstrukturplan werden alle Objekte genannt, die geschaffen werden müssen.

---

Beispiel **Garage III**

Zur Erstellung der Garage wurde der folgende PSP erstellt. Zunächst suchen wir eine grobe Aufteilung des Objekts «Garage» in **kleinere Teilprojekte.** Eine mögliche Aufteilung in Teilprojekte der Garage ist die Aufteilung in Fundament, Wände und Decken sowie Boden. Nachdem alle Teilprojekte erfasst worden sind, werden die einzelnen **Lieferobjekte der Teilprojekte** bestimmt.

Im letzten Schritt werden nun beim Teilprojekt «Wände» zwei Arbeitspakete definiert, da die Lieferobjekte «Aussenwände» und «Dämmung» in einem Arbeitspaket zusammengefasst werden können. Dieses Arbeitspaket kann nun dem zuständigen Unternehmen übergeben werden.

Abb. [4-3] **Objektorientierter PSP «Garage»**

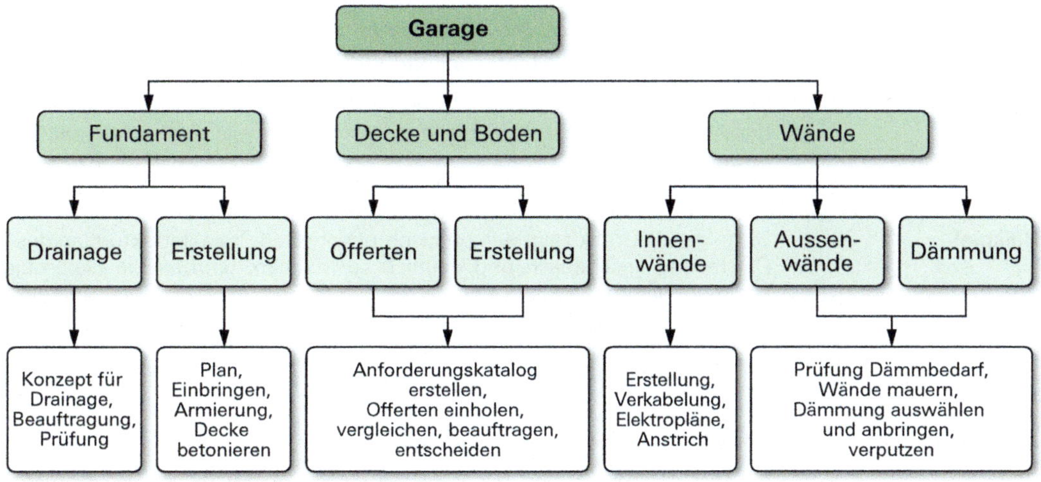


### B] Der aufgabenorientierte oder phasenorientierte Projektstrukturplan[1]

Beim aufgaben- oder phasenorientierten Projektstrukturplan werden die **Arbeitspakete nach Aufgaben bzw. Phasen aufgeteilt.** Als Ergebnis erhält man eine Antwort auf die Frage: Was muss alles **getan** werden?

Im aufgabenorientierten Projektstrukturplan wird das Projekt phasenweise in Aufgaben aufgeteilt, die dann den jeweils **zuständigen Personen oder Bereichen** zugeordnet werden. Wird der Projektstrukturplan **phasenorientiert** erstellt, so bilden die Projektphasen die oberste Ebene.

**Beispiel** Im aufgaben- oder phasenorientierten PSP ist das Arbeitspaket «Elektroplan» der Leistung «Innenausbau» zugeordnet, im objektorientierten PSP der Leistung «Innenwände».

**Beispiel** **Garage IV**

Wir gehen vom selben Beispiel wie beim objektorientierten PSP aus. Zunächst werden alle durch das Projekt betroffenen Personen oder Bereiche zusammengestellt. Nachdem wir alle betroffenen Bereiche erfasst haben, stellen wir fest, welche Funktionen diese im Zusammenhang mit dem Projekt haben werden. Sind alle Funktionen der Bereiche genannt, werden diese geordnet.

Abb. [4-4] **Aufgabenorientierter PSP «Garage»**

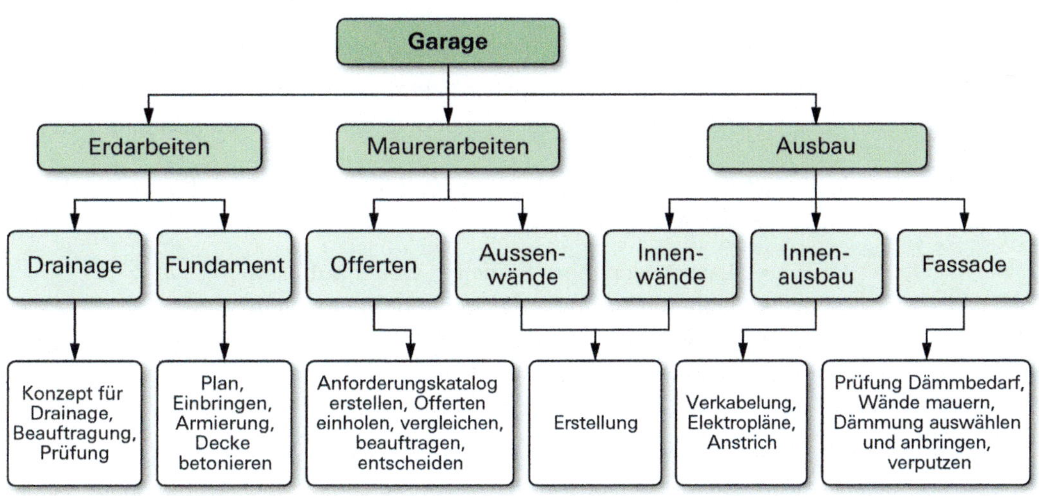


[1] Die Nutzung eines PSP bei agilen Umsetzungsmethoden wird in Kapitel 4.3.1, S. 60 erläutert.

### C] Der gemischtorientierte Projektstrukturplan

In der Praxis wird oft der gemischtorientierte Projektstrukturplan gewählt, da er mehr Möglichkeiten bietet, die Lieferobjekte zu strukturieren. Im gemischtorientierten Projektstrukturplan wird das gesamte **Projekt zunächst in Objekte aufgeteilt.** Jedes Objekt wird wieder in die **Funktionen aufgeteilt,** die dann den jeweils **zuständigen Personen oder Bereichen zugeordnet** werden.

**Beispiel**

Die folgende Grafik zeigt den gemischtorientierten Projektstrukturplan des Projekts «Garage». Um die Darstellung anschaulich und deutlich zu machen, wurden die Lieferobjekte leicht angepasst und stimmen nicht genau mit denen aus den anderen Strukturplänen überein. So wurde z. B. das Objekt Fundament durch die Phase Planung ersetzt. Der Verkabelungsplan ist im Beispiel unter der Phase «Planung» zu finden und nicht wie in den anderen Beispielen unter «Innenausbau» (aufgabenorientiert) bzw. «Innenwände» (objektorientiert).

Abb. [4-5] **Gemischtorientierter PSP «Garage»**

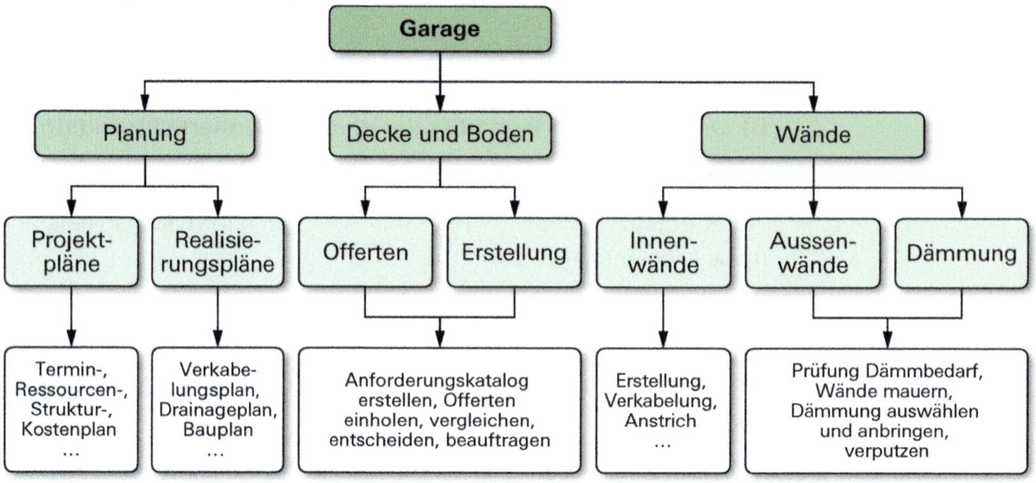


## 4.2.4 Wahl der Strukturform

Welche Strukturform letztlich für das Projekt gewählt wird, hängt von der Zweckmässigkeit des jeweiligen Strukturplans und von der Zielsetzung des Projekts ab. In der Praxis werden viele Mischformen verwendet.

Zwei Faktoren sollten bei der Arbeit mit dem Projektstrukturplan immer bedacht werden:

- **Vollständigkeit,** d. h., als Plan der Pläne muss der Projektstrukturplan eine umfassende Sicht auf das ganze Projekt ermöglichen.
- **Klare Abgrenzung** zwischen den Einheiten, d. h., jedes Objekt, jede Funktion oder jedes Arbeitspaket muss eindeutig von allen anderen abgegrenzt werden können.

Können die Einheiten nicht eindeutig voneinander abgegrenzt werden, können folgende Fragen helfen:

- Lassen sich diese Einheiten weiter aufteilen?
- Gehören sie zu bereits genannten Einheiten?
- Liegt das Abgrenzungsproblem auf der nächsthöheren Ebene (Abgrenzung der Teilaufgabe)?

**Hinweis**

Grundsätzlich können Projekte frei strukturiert werden. In der Praxis gibt es auch Strukturierungen nach Prozessen oder vordefinierten Vorgehensmodellen (zumindest auf der obersten Strukturebene). Dabei muss man Folgendes beachten: Die **Art des Projektstrukturplans sollte zu Beginn des Designs festgelegt werden.** Eine Änderung dieser grundsätzlichen Entscheidung ist später mit sehr viel Aufwand verbunden. Deshalb soll aufgrund der im Projektauftrag beschriebenen Ziele zunächst bestimmt werden, welche Form des Projektstrukturplans verwendet werden soll.

## 4.3 Arbeitspakete

Die **unterste Einheit des Projektstrukturplans** ist das Arbeitspaket (AP). Dabei handelt es sich um eine Aufgabe, die klar abgrenzbar ist und genau **einer** organisatorischen Einheit zugeordnet werden kann (einer Person, einer Abteilung, einem Bereich oder einer externen Stelle), die für die Einhaltung der geplanten Termine, Kosten und die Erbringung der vereinbarten Leistung verantwortlich ist.

Das bedeutet jedoch nicht, dass das Arbeitspaket von nur einer Person ausgeführt werden muss.

Arbeitspakete zeichnen sich durch folgende **Eigenschaften** aus:

- Sie sind klar gegenüber anderen Arbeitspaketen abgegrenzt.
- Sie sind in sich geschlossen.
- Sie sind die Basis für die Projektplanung.
- Sie können einem Verantwortlichen zugeordnet werden.

Bei der Definition von Arbeitspaketen sind folgende **Angaben** festzulegen:

- Welches Lieferobjekt wird mit dem Arbeitspaket erstellt?
- Welche Anforderungen sind abgedeckt? Was soll gemacht werden?
- Wer ist verantwortlich für die Erstellung?
- Wie soll es gemacht werden? (Wird es durch den Verantwortlichen ausgefüllt?) Hier können aber auch Vorgaben gemacht werden. Zum Beispiel: «Das Einführungskonzept ist in Word zu erstellen.»
- Bis wann ist es gemacht?
- Ist das Arbeitspaket von anderen abhängig? Wenn ja, von wem?
- Was wird für die Bearbeitung des Arbeitspakets benötigt?
- Wie wird die Qualität geprüft (abnahmerelevant)?

Abb. [4-6] **Beispiel einer Arbeitspaketbeschreibung**

**Arbeitspaketbeschreibung**

**AP-Nr.:** 1.2 **Phase:** Analyse und Planungsphase

| | | | |
|---|---|---|---|
| **Bezeichnung:** | Projektplanung | | |
| **Verantwortliche:** | Bettina Müller | | |
| **Start Soll:** | 10.1.xx | Start: | ________ |
| **Termin Soll:** | 28.1.xx | Termin Ist: | ________ |
| **Aufwand Soll:** | 10 PT | Aufwand Ist: | ________ |

**Voraussetzungen (Vorgänger, Bedingungen etc.)**

Voraussetzungen sind zunächst eine auf Plausibilität geprüfte Geschäftsidee und das Vorliegen konkreter Ziele. Das Arbeitspaket «Zielfestlegung» muss abgeschlossen sein.

**Leistungsbeschreibung**

- Projektstrukturplanung
- Ablauf- und Terminplanung
- Ressourcenplanung
- Kosten- und Finanzmittelplanung

**AP-Ergebnisse**

Ergebnis dieses Arbeitspakets ist eine Projektplanung, die für Verhandlungen mit Kapitalgebern herangezogen werden kann und als solide Basis für die Steuerung und Kontrolle dient.

**Erforderliche Ressourcen**

Unternehmensgründer, PC, Papier, Raum

### 4.3.1 Weitere Modelle und Tools

In den vergangenen Jahren haben sich **iterative (agile) Vorgehensmodelle** in der Umsetzung von Projekten immer weiter durchgesetzt. Zu den aktuell bekanntesten zählen **Kanban** und **Scrum.** Diese werden in den folgenden Kapiteln kurz erläutert. Bei beiden Methoden werden die Arbeitspakete und ihr Fortschritt **visualisiert** und somit für alle sichtbar gemacht.

#### A] Arbeitspakete in Kanban

**Kanban** ist ein Vorgehen, das zuerst bei Toyota eingesetzt wurde und ursprünglich der Prozesssteuerung in der Produktion diente. Ziel war, die **Vorräte vor Ort so gering wie möglich** zu halten. Im Lauf der Zeit wurde es für immer mehr Bereiche angepasst und ist mittlerweile sehr beliebt. Auch im Projektmanagement, insbesondere im Zusammenhang mit Lean, Scrum oder anderen iterativen Vorgehen, trifft man die Darstellung der Aufgaben mithilfe eines **«Kanban-Boards»** immer häufiger an. Der Vorteil eines Kanban-Boards ist die **schnelle Übersicht über den Status der einzelnen Arbeiten.** Zudem ist immer deutlich zu erkennen, wer aktuell an welchem Arbeitspaket arbeitet.

Jedes **Arbeitspaket wird auf ein Kärtchen geschrieben** (z. B. Post-it®). Anschliessend wird das Kärtchen **an ein Board geheftet,** auf das z. B. drei Spalten gezeichnet werden («Vorrat», «In Bearbeitung», «Abgeschlossen»). Zu Beginn befinden sich alle Kärtchen in der Spalte «Vorrat». Jedes Teammitglied kann sich eines der Arbeitspakete nehmen (oder sie werden durch den Projektleiter zugeteilt). Das Kärtchen wird mit dem Namen des Mitarbeiters versehen und in die Spalte «In Bearbeitung» verschoben. Ist das Arbeitspaket abgeschlossen, wird es in die Spalte «Abgeschlossen» verschoben. Es können weitere Arbeitsschritte als Spalten aufgenommen werden, z. B. «Im Test», «Getestet», «Bereit für Produktion». Erweitert man das Board noch um die Swimlaines[1] Muss, Kann und Soll, können die Arbeitspakete auch visuell in diese drei Kategorien unterteilt werden. In dem Fall muss sichergestellt sein, dass zunächst alle «Muss»-Arbeitspakete bearbeitet werden, bevor mit den «Kann»-Arbeitspaketen begonnen wird.

**Abb. [4-7]** **Beispiel eines Kanban-Boards**

| Status | Vorrat | In Bearbeitung | Bereit für Test / Abnahme | Im Test / Abnahme | Erledigt |
|---|---|---|---|---|---|
| Muss | • Elektrik verlegt<br>• Tor eingebaut | • Decke verschalen | • Dämmung anbringen | • Aussenwände mauern | • Fundament ausheben<br>• Baupläne erstellen |
| Kann | • Vordach anbringen | | | | |
| Nice2Have | • Innenwände gestrichen | | | | |

#### B] Arbeitspaket in Scrum

Wird ein agiles Vorgehen, z. B. Scrum, gewählt, bildet die Gesamtheit der Arbeitspakete («User Stories») den **Projekt- oder Produkt-Backlog**[2]. Der Product Owner oder Produktmanager legt fest, welche Arbeitspakete dem Kunden den grössten Nutzen bringen. So ergibt sich eine priorisierte Liste. In Scrum werden die Arbeitspakete in **«Sprints»** abgearbeitet, d. h.,

[1] Swimlaines (dt. «Schwimmbahnen») sind horizontale oder vertikale Bereiche, die einer Rolle oder – wie im Beispiel – einer Kategorie zugeordnet werden. Es handelt sich um einen Begriff aus dem Prozessmanagement.

[2] Unter Backlog ist die Summe aller Anforderungen zu verstehen. In Scrum wird zwischen Produkt-Backlog und Sprint Backlog unterschieden. Während im Produkt-Backlog alle Anforderungen aufgeführt sind, befinden sich im Sprint Backlog nur die Anforderungen, die in einem Sprint bearbeitet werden. Somit ist der Sprint Backlog immer eine Teilmenge des Produkt-Backlogs.

es werden für einen festgelegten Zeitraum (z. B. 30 Tage) «User Stories»[1] festgelegt, die in diesem Sprint bearbeitet werden. Diese bilden den Sprint Backlog und werden durch das Team bearbeitet. Alle anderen User Stories werden dabei nicht berücksichtigt. Der Sprint Backlog darf während eines Sprints nicht geändert werden.

Der Status des Sprints wird häufig mithilfe eines Kanban-Boards visualisiert. Hat ein Teammitglied eine Story gewählt, wird diese mit dem Vermerk «In Bearbeitung» versehen. Ist die Bearbeitung abgeschlossen, wird ein entsprechender Vermerk gemacht («Done») und es kann eine neue User Story aus dem Sprint Backlog gewählt werden. Welche User Stories vom Produkt- in den nächsten Sprint Backlog kommen, wird in einem Planungs-Meeting festgelegt. In diesem wird aufgrund der Priorität und der benötigten bzw. verfügbaren Ressourcen der User Stories entschieden, welche User Stories aus dem Produkt-Backlog in den Sprint Backlog übertragen werden.

Im Gegensatz zum Sprint Backlog ist der Produkt-Backlog nicht statisch, sondern «lebt». So kann es während der Projektlaufzeit zu einer neuen Priorisierung der User Stories kommen oder es werden ganze User Stories entfernt bzw. neue aufgenommen. Wichtig ist, dass die umgesetzten User Stories immer einen Mehrwert bringen und unabhängig von anderen User Stories «produktiv» genutzt werden können.

**Hinweis** Für Details zu Scrum lesen Sie die Ausführungen zur Kompetenz «Projektdesign», Kapitel 2, S. 25.

## 4.4 Konfiguration des Leistungsumfangs

Die Konfiguration von Projekten muss gemanagt und abgenommen werden.

### 4.4.1 Konfigurationsmanagement

Da Projekte komplexe Gebilde sind, können Teilergebnisse und Änderungen weitreichende Folgen haben, d. h., sie können das ganze Unternehmen betreffen. Deshalb ist ein Konfigurationsmanagement erforderlich. Eine Konfiguration ist ein Gebilde (z. B. eine Garage, ein Computer), dessen Teile (z. B. Wände, Türen, Fenster) so zusammengefügt sind, dass ein bestimmter Zweck (z. B. Einstellmöglichkeit für ein Auto) gut erfüllt werden kann. Das Konfigurationsmanagement stellt sicher, dass die Ergebnisse konsistent und funktionstüchtig sind.

In IT-Projekten wird die Bedeutung des Konfigurationsmanagements besonders deutlich, da nahezu jedes Teilergebnis mit anderen Teilergebnissen zusammenhängt.

Daraus ergeben sich folgende Aufgaben für das Management der Konfiguration:

- Den Zusammenhang aus vielen Ergebnissen aufzeigen (Konfiguration) und Arbeitsteilung ermöglichen.
- Versionen und Releases erstellen und managen, um sie vergleichen und gegebenenfalls reproduzieren zu können.
- Informationen über alle Erweiterungen, Korrekturen und Änderungen erstellen und sichern, um Probleme und ihre Ursachen rasch identifizieren zu können.
- Parallel bearbeitete Ergebnisse zusammenführen bzw. verhindern, dass aus Parallelarbeiten Probleme erwachsen.
- Die Konsistenz der neuen Konfiguration sicherstellen.

[1] Mit einer User Story wird eine Anforderung in einem agilen Vorgehen beschrieben. Diese haben immer die Form: «Als Rolle möchte ich Ziel / Wunsch, um Nutzen.» Damit wird neben den Anforderungen auch gleich der Nutzen genannt und kann entsprechend bei der Lösungsfindung berücksichtigt werden. Beispiel: Als Autor möchte ich Korrekturen nachvollziehen können, um selbst zu entscheiden, ob ich eine Korrektur annehme oder nicht.

**Beispiel** **Garage V**

Zu Beginn des Bauprojekts Garage wurde der Platz für ein Auto festgelegt. Nun hat sich gezeigt, dass ein zweites Auto nötig ist. Zudem sind da noch die Fahrräder, die Stauraum im Keller wegnehmen, der dringend für das geplante zweite Badezimmer benötigt wird. Durch diese Anpassungen ändert sich die Konfiguration des Gebildes Garage (weitere Wände, grösseres Tor, grössere Fläche ...).

Diese Änderungen müssen berücksichtigt und die entsprechenden Lieferobjekte und Arbeitspakete mit den Änderungen aktualisiert werden. Es muss also die Gesamtkonfiguration des Objekts «Garage» angepasst werden. Wird das nicht konsequent gemacht, wird z. B. ein falsches, zu kleines Tor geliefert, weil das entsprechende Lieferobjekt «Garagentor» nicht an die neue Konfiguration des Objekts «Garage» angepasst wurde.

### 4.4.2 Lieferobjekte konfigurieren

Die erbrachten Ergebnisse müssen immer wieder überprüft werden. Sie müssen einen Beitrag zum Gesamtergebnis erbringen. Das Konfigurationsmanagement klärt im Projektverlauf die **Konsistenz der Lieferobjekte und identifiziert Mängel.** Änderungen an einem Lieferobjekt müssen durch das Konfigurationsmanagement nachvollziehbar gemacht, bewertet und dokumentiert werden.

**Beispiel** **Garage VI**

Die weiter oben angegebenen Änderungen für die Garage (zwei statt ein Auto und Platz für mind. drei Fahrräder) sind nun auf Anpassungen bzgl. der Lieferobjekte und Arbeitspakete zu prüfen. Auswirkungen auf das Magische Dreieck (Zeit, Kosten und Qualität) muss man besonders beachten.

In unserem Garagenbeispiel wird der Bau vermutlich teurer, da die Garage insgesamt grösser werden muss. Zudem werden unter Umständen zwei Tore und ein abgetrennter Bereich für die Fahrräder benötigt. Diese Änderungen sind – nach Bestätigung durch den Bauherrn – nachzuführen und die neuen Pläne und Konstruktionszeichnungen müssen unter einer neuen Version angelegt werden.

Neben der reinen Aufnahme der Änderungen müssen auch **weitere Aspekte** durch das Konfigurationsmanagement geprüft werden. Steigen die Kosten? Kann der Termin noch gehalten werden? Bleibt die Statik gleich? Braucht es ein anderes Dach? ...

Das Konfigurationsmanagement ist also verantwortlich für das Ganze und die Beziehungen seiner Elemente. Es ist abhängig von **transparenten und nachvollziehbaren Informationen** und Dokumentationen zu Ergebnissen und zu Änderungen. Diese Informationen zum Stand der Entwicklungen müssen mittels **Versionenmanagement** verwaltet werden, um einen schnellen Zugriff zu ermöglichen. Eine Version ist eine Fassung oder eine Variante.

In grossen bzw. komplexen Projekten kann es sinnvoll und wichtig sein, die Aufgaben des Konfigurationsmanagements Spezialisten anzuvertrauen.

**Beispiel** **Garage VII**

Beim Abendessen mit Freunden zeigen Sie Ihre Pläne. Nun bemerkt einer Ihrer Freunde, dass ein Fenster eine gute Idee wäre. Sie sind begeistert und lassen die Pläne anpassen. Die angepassten Pläne erhalten eine neue Versionsnummer. Zusätzlich muss man die Auswirkungen auf die Aussenwände (neuer Stutz) und die Statik der Wände insgesamt prüfen. Diese baulichen Prüfungen und weitere Auswirkungen auf die Konfiguration des Objekts «Garage» lassen Sie durch einen Statiker machen, da er die Verantwortung für die Konsistenz des Bauprojekts hat. Er ist in Ihrem Projekt der «Konfigurationsmanager».

### 4.4.3 Lieferobjekte abnehmen

Wichtige Ergebnisse durchlaufen einen Abnahmeprozess. Sie werden vom Auftraggeber anhand der vereinbarten Kriterien geprüft und abgenommen. In einem **Abnahmeprotokoll** wird die Abnahme dokumentiert. Wird die Abnahme verweigert, dann müssen die Mängel benannt und Massnahmen zur Mängelbeseitigung definiert werden.

| | |
|---|---|
| Messgrössen | • Definiert die Lieferobjekte<br>• Kennt und erklärt den Unterschied zwischen Zielen und Lieferobjekten<br>• Ordnet die Ziele den dazugehörenden Lieferobjekten zu<br>• Kennt und wendet die Zielhierarchie und ihren Zweck an<br>• Kennt und erklärt den Zweck und Nutzen einer Struktur für den Leistungsumfang<br>• Kennt und wendet die Gliederungsprinzipien für das Erstellen des Projektstrukturplans (PSP) an<br>• Erklärt die Unterschiede zwischen verschiedenen Gliederungsprinzipien des PSP<br>• Erklärt die Merkmale der Projektgrenzen<br>• Argumentiert, warum und wann ein bestimmtes Vorgehensmodell (z. B. agiles Vorgehen) für das Projekt gewählt wurde<br>• Definiert Arbeitspakete<br>• Erklärt den Zweck und den Nutzen gut definierter Arbeitspakete<br>• Nennt und erklärt Möglichkeiten, um ein Arbeitspaket zu definieren<br>• Managt die Konfiguration des Leistungsumfangs<br>• Definiert Rollen und weist diesen Verantwortlichkeiten für das Konfigurationsmanagement des Leistungsumfangs zu<br>• Stellt einen Zusammenhang zwischen der Konfiguration des Leistungsumfangs und dem Gesamtprojekt her (sequenziell oder iterativ) |

## Repetitionsfragen

14 Erklären Sie den Ausdruck «Scope Creep».

15 Bei der Behandlung des Projektstrukturplans haben wir zwei Regeln kennengelernt. Notieren Sie in der Tabelle, was man darunter versteht.

| Regel | Erklärung |
|---|---|
| Vom Groben zum Detail | |
| Immer zuerst in die Breite | |

16 Erklären Sie, warum der Projektstrukturplan auch «Plan der Pläne» genannt wird.

17 Erklären Sie den aufgabenorientierten oder phasenorientierten Projektstrukturplan in eigenen Worten. Zeichnen Sie dazu ein Beispiel für ein Projekt «Online-Shop aufbauen». Verwenden Sie dafür als oberste Struktureinheiten die Phasen «Konzeption», «Realisierung», «Start» und «Weiterentwicklung».

# 5 Ablauf und Termine

**Lernziele**

Nach der Bearbeitung dieses Kapitels können Sie ...

- die für die Ablieferung des Projekts notwendigen Aktivitäten bestimmen.
- die verschiedenen Verfahren zur Aufwandsschätzung von Projekten beschreiben.
- die vier Phasen im Phasenmodell erläutern.
- einen Ablauf- und einen Terminplan erstellen.
- Fortschritte im Projekt überwachen und eventuell anpassen.

**Schlüsselbegriffe**

Abfolge der Projektaktivitäten, Ablaufplan, Aktivitäten, Aufwand, Aufwandsschätzung, Balkendiagramm, Burn-Down-Chart, Dauer, Earned-Value-Analyse, Fortschritts-Controlling, Gantt Chart, Kritischer Pfad, Netzplantechnik, Phasen, Phasenmodelle, Planned Value, Planungspoker, Projektphase, Termine, Terminplan

### Definition gemäss ICB4

«Ablauf und Termine» umfasst die Identifizierung und Strukturierung aller Elemente eines Projekts in zeitlicher Reihenfolge, um die Durchführung sicherzustellen und sie zu optimieren.

### Zweck gemäss ICB4

Die Kompetenz «Ablauf und Termine» versetzt den Einzelnen in die Lage, alle Aktivitäten, die für die Lieferung der vereinbarten Ergebnisse des Projekts notwendig sind, in eine zeitliche Abfolge zu bringen, zu optimieren, zu überwachen und zu steuern.

### Beschreibung gemäss ICB4

Das Ziel der Zeitplanung ist es, zu bestimmen, welche Vorgänge wann ausgeführt werden müssen, um die Durchführung des Projekts zu optimieren. Projekte umfassen normalerweise Vorgänge, Arbeitspakete oder Phasen. Diese Vorgänge müssen analysiert und in eine zeitliche Abfolge gebracht werden, ihre Dauer muss geschätzt und in einem **Ablaufplan** dargestellt werden. Sie werden Personen oder Teams zugewiesen, damit sie in optimaler Reihenfolge ausgeführt werden.

«Ablauf und Termine» deckt auch die Überwachung von Varianzen und Abweichungen ab.

Abweichungen bei der Ausführung des Ablauf- und Terminplans, entweder verursacht durch externe Einflüsse (Änderungen der Lieferobjekte, Anforderungen, Ressourcen- oder Geldknappheit usw.) oder interne Einflüsse (z. B. spätere oder nicht den Anforderungen entsprechende Lieferungen) können eine neue Terminplanung erforderlich machen. Der Ablauf- und Terminplan sollte in regelmässigen Abständen mit der Bezugsbasis verglichen und wenn nötig angepasst werden.

Bei iterativer Planung kann der Ablauf- und Terminplan in Zeitfenster mit einer bestimmten Länge eingeteilt werden. Bei jeder Iteration kann eine bestimmte Abfolge von Vorgängen (z. B. Design, Durchführung, Test und Einführung) definiert werden. Die allgemeine Projektplanung konzentriert sich dann auf die Zahl der Iterationen und anderer Vorgänge (z. B. Vorbereitung, Überwachung usw.).

Wenn Unsicherheit bezüglich des benötigten Zeitrahmens für eine bestimmte Phase oder Tätigkeit besteht, sollte ein Zeitpuffer oder Spielraum in den Ablauf- und Terminplan eingefügt werden.

**Hinweis**

Folgende Kompetenzen sind mit «Ablauf und Termine» verknüpft. Wir behandeln sie in den entsprechenden Kapiteln:

- Alle folgenden Kapitel des Kompetenzbereichs Praktiken, Teil B, S. 23
- Kompetenz «Governance, Strukturen und Prozesse», Kapitel 26, S. 301
- Kompetenz «Compliance, Standards und Regulationen», Kapitel 27, S. 318
- Kompetenz «Persönliche Kommunikation», Kapitel 17, S. 218
- Kompetenz «Führung», Kapitel 19, S. 234
- Kompetenz «Vielseitigkeit», Kapitel 22, S. 265
- Kompetenz «Verhandlungen», Kapitel 23, S. 275

### Zusätzliche Erläuterungen

Ein Projekt zeichnet sich dadurch aus, dass **Personen aus unterschiedlichen Fachrichtungen und Organisationen** darin zusammenarbeiten. Diese Zusammenarbeit findet oft nur zeitweise statt. Daher ist es wichtig zu wissen, wann wer gebraucht wird. Dafür brauchen wir einen **Terminplan.** Das ist leichter gesagt als getan, denn um eine vernünftige Schätzung des Aufwands zu bekommen, braucht es die jeweiligen Experten. Und die werden eventuell erst aufgeboten, wenn der Terminplan genehmigt ist. Ein typisches Henne-Ei-Problem!

Die Kompetenz «Ablauf und Termine» befasst sich mit der **Entwicklung eines Terminplans,** der leicht zu lesen und verständlich ist. Aufgabe des Plans ist es zunächst, die Entscheidungsträger so weit zu überzeugen, dass sie ihn genehmigen. Während der Ausführung dient er dazu, Aktivitäten pünktlich zu starten, finanzielle Ressourcen rechtzeitig zur Verfügung zu stellen und zu überprüfen, ob wir in der Lage sind, die gesteckten Ziele zu erreichen.

Basis für diesen Plan ist im Optimalfall der **Projektstrukturplan mit seinen Arbeitspaketen.** Jedes Arbeitspaket kann seinerseits in Aktivitäten heruntergebrochen werden, die es braucht, um das im Arbeitspaket definierte Resultat zu liefern. Zwischen diesen Aktivitäten kann es Abhängigkeiten geben, sodass sich eine Sequenz ergibt. Diese stellen wir schematisch dar.

## 5.1 Aktivitäten

Wir haben in der Kompetenz «Leistungsumfang und Lieferobjekte» gesehen, wie man den Leistungsumfang (Scope) in **Arbeitspakete** aufgliedert. Danach brechen wir die Arbeitspakete in einzelne Aktivitäten auf. Oft ist es zu Beginn eines Projekts aber noch gar nicht möglich, alle Arbeitspakete zu definieren, weil die erforderlichen Informationen noch nicht vorliegen. Es empfiehlt sich dann, mit Platzhaltern, **Planungspaketen,** zu arbeiten, die erst zu einem späteren Zeitpunkt genauer beschrieben werden.

Der Prozess, Arbeitspakete in einzelne Aktivitäten zu untergliedern, setzt noch mehr detaillierte Informationen voraus. Statt gleich zu Beginn alle Aktivitäten bis zum Ende des Projekts zu planen, ist es gegebenenfalls sinnvoller, das **pro Projektphase** zu machen. Wenn auch das noch nicht möglich ist, kann eine Projektphase auch in Teilphasen unterteilt werden. Diese **Unterteilung** erfolgt am besten durch die Personen, die später auch für die Ausführung der Aktivitäten vorgesehen sind. So findet der Plan auch am ehesten Unterstützung.

Bei einer **iterativen Planung** konzentriert man sich nur auf die Aktivitäten, die nötig sind, um die vereinbarten Lieferobjekte der aktuellen Iteration zu erzielen.

Um eine Aktivität zu beschreiben, verwendet man am besten ein **Verb.** So wird deutlich, dass etwas zu tun ist.

**Beispiel**

Nehmen wir an, wir planen eine Schulung. Im Rahmen der Schulung sind Trainingsunterlagen zu erstellen. Vergleichen wir zwei Beschreibungen für Aktivitäten:

- Schulungsunterlagen
- Schulungsunterlagen erstellen

Weil das Verb fehlt, ist unklar, ob die Schulungsunterlagen entworfen, erstellt oder verteilt werden sollen. Die zweite Beschreibung ist präziser und es ist unmittelbar ersichtlich, welche Aktivität sie beinhaltet. Trotzdem ist es wichtig, dass alle Beteiligten verstehen, was unter «erstellen» gemeint ist.

**Hinweis**

Lieferobjekte werden von Projektergebnissen abgeleitet, die von den Projektzielen hergeleitet sind, die ihrerseits von den übergeordneten Zielen der Organisation bestimmt werden. In jeder Ableitungsrunde besteht die Gefahr, dass das übergeordnete Ziel ausser Sichtweite gerät. Daher sollte regelmässig überprüft werden, ob das, was man tut, im Einklang mit der Strategie der Organisation steht, für die man das Projekt durchführt.

## 5.2 Aufwand und Dauer

Es gibt einen signifikanten Unterschied zwischen Arbeitsaufwand und Arbeitsdauer. Wenn das Mauern einer Wand 8 Stunden Arbeitsaufwand bedeutet, können zwei Maurer die Wand in der Dauer von 4 Stunden fertigstellen.

**Schätzen** ist eine notwendige Tätigkeit bei der Planung von Projekten. Schätzfehler können schwerwiegende Folgen für Termine, Kosten und Ergebnisse haben. Im Wesentlichen muss eine zentrale Frage so genau wie möglich beantwortet werden: Wie viel Aufwand benötigt die Bearbeitung eines Lieferobjekts bzw. eines Arbeitspakets?

Es ist eine besondere **Herausforderung,** den Arbeitsaufwand zu schätzen. Vorzugsweise lässt man diejenigen, die die Aktivität ausführen werden, den Aufwand schätzen. Die Experten neigen jedoch dazu, eher vorsichtig zu sein und zeitliche Puffer einzubauen, um später nicht für die Verletzung einer selbst gesetzten Deadline verantwortlich gemacht zu werden.

Um dieser Tendenz entgegenzuwirken, empfiehlt sich der **Einsatz von Schätzmethoden** (s. Abb. 5-1, S. 67).

Die dann **effektiv festgelegte Dauer** sollte ausreichend herausfordernd sein. Ist das nicht der Fall, arbeiten die Leute weniger hart und es wird wertvolle Zeit verschwendet. Zitat von Cyril Northcote Parkinson[1] (1909–1993), einem britischen Soziologen: «Arbeit dehnt sich in genau dem Mass aus, wie Zeit für ihre Erledigung zur Verfügung steht.» Das ist auch als Parkinsons Gesetz bekannt.

Das Schätzen ist bei Projekten äusserst schwierig, weil vieles neu ist und auf Annahmen beruht, die noch nicht in der Realität überprüft werden konnten. Darum wurden und werden immer wieder neue Schätzverfahren entwickelt, mit denen die **Schätzgenauigkeit** erhöht wird.

Es gibt eine Vielzahl von Verfahren. Nachfolgend werden einige **praxiserprobte Verfahren zur Aufwandsschätzung von Projekten** aufgelistet.

[1] C. Northcote Parkinson: Parkinsons Gesetz und andere Untersuchungen über die Verwaltung, Düsseldorf 2005.

**Abb. [5-1]** **Verfahren zur Aufwandsschätzung von Projekten**

| Methode | Beschreibung |
|---|---|
| Analogieverfahren | Das zu schätzende Projekt wird auf der Basis von Faktoren, die den Erstellungsaufwand wesentlich beeinflussen, mit bereits abgeschlossenen Projekten verglichen. Die Projekte müssen miteinander vergleichbar sein. |
| Relationsmethode | Diese Methode ist der Analogiemethode ähnlich. Der Unterschied liegt in der Vorgehensweise bei der Aufwandsanpassung. Während das bei der Analogiemethode dem Schätzenden allein überlassen bleibt, ist die Relationsmethode durch einen formalisierten Ablauf gekennzeichnet. Die Faktoren liegen meist als Indizes mit Durchschnittswerten vor. |
| Drei-Punkt-Schätzung | Die Experten werden aufgefordert, eine pessimistische, eine optimistische und eine am ehesten wahrscheinliche (realistische) Schätzung abzugeben. Der gewichtete Mittelwert wird dann in die Planung übernommen. |
| Planungspoker | Ist im Bereich der agilen Softwareentwicklung sehr verbreitet. Teammitglieder schätzen die Komplexität und damit indirekt den Aufwand, indem sie entsprechend nummerierte Karten verdeckt auf den Tisch legen, statt den geschätzten Wert laut auszusprechen. Die Karten werden anschliessend aufgedeckt und die Schätzungen diskutiert, bis man sich auf einen Wert einigt. |
| Multiplikator-methode | Sie wird oft auch als «Aufwand-pro-Einheit-Methode» bezeichnet. Das Gesamtsystem wird in Teilprodukte zerlegt, denen ein Aufwand zugeordnet ist (z. B. Anzahl der Anweisungen). Die Gesamtzahl dieser Teilprodukte wird dann mit dem Aufwand pro Teilprodukt, der bereits feststehen muss, multipliziert, um den Gesamtaufwand zu erhalten. Es werden nur einzelne, in sich geschlossene Elemente geschätzt, nicht das Zusammenführen oder das Ganze als solches. |
| Gewichtungs-methode | Zunächst muss ein System von Faktoren erstellt werden, die für die Abschätzung wesentlich sind. Diese Faktoren sind subjektiv (z. B. Personalqualität) oder objektiv (z. B. Vorliegen bestimmter Bedingungen) zu bewerten. Der Beurteilung sind wertmässige Faktorausprägungen zugeordnet, die nach vorgegebener mathematischer Verknüpfung den zu erwartenden Gesamtaufwand ergeben. |
| Parametrische Schätzgleichungen | Mithilfe von Korrelationsanalysen wird versucht, Einflussfaktoren zu finden, deren Wert in engem Zusammenhang mit dem angefallenen Aufwand abgewickelter Projekte steht. Es müssen viele Projekte und Faktoren untersucht werden. Aus den Faktoren mit der höchsten Korrelation wird eine Gleichung zusammengestellt, in der der zugehörige Koeffizient die Stärke des Einflusses des jeweiligen Faktors ausdrückt. |
| Prozentsatzmethode | Aus realisierten Projekten wird die durchschnittliche Aufwandsverteilung auf die einzelnen Projektphasen ermittelt. Nun wird entweder eine Projektphase detailliert geschätzt und von diesem Teilaufwand auf den Gesamtaufwand geschlossen oder die erste Phase wird abgeschlossen und danach der Gesamtaufwand ermittelt. |

**Hinweis**

Schätzfehler: Auch mit einem noch so raffinierten System lassen sich Schätzfehler nicht vermeiden. Einige offensichtliche Fehler lassen sich aber mit einem professionellen Vorgehen, wie Sie es oben kennengelernt haben, verhindern.

Fehler können auftreten, wenn

- zu früh geschätzt wird,
- nur einmal geschätzt wird oder
- eine Schätzung falsch korrigiert wird.

Daher gilt:

- Erst schätzen, wenn genug Wissen da ist,
- eine Schätzung laufend aktualisieren und dabei richtig korrigieren und
- mehrere Köpfe schätzen besser als einer!

Neben der Schätzung ist auch die Auswahl der richtigen Ressourcen für den Erfolg des Projekts ausschlaggebend. Die Prüfung der nötigen Kompetenzen für eine Aktivität sowie die darauf aufbauende Ressourcenauswahl ist ebenfalls von entscheidender Bedeutung.

**Beispiel**

Soll ein Geschäftsprozess überarbeitet oder neu gestaltet werden, braucht man einen Mitarbeiter mit Kenntnissen im Prozessmanagement, um diese Aufgabe effizient zu bearbeiten. Ein Softwareentwickler oder ein Maurer wird diese Aufgabe nicht zufriedenstellend lösen können.

## 5.3 Termine und Phasen

Der Hauptgrund, warum man Projekte in Phasen aufteilt, ist **Unsicherheit.** Je weiter man in die Zukunft schätzen muss, desto ungenauer ist die Schätzung. Hohe Unsicherheit führt tendenziell zu mehr Phasen. Daher ist es notwendig, eine Anzahl von Entscheidungspunkten zu definieren, bei denen ausreichend Informationen vorliegen, um das Projekt neu zu bewerten.

Es gibt eine ausreichende Anzahl an unterschiedlichen **Phasenmodellen,** die sehr mit der Art des Projekts und der damit verbundenen Unsicherheit verknüpft sind. In den meisten Fällen wird damit gleichzeitig auch die Art und Weise definiert, wie das Management das Projekt steuert. Ein sehr gebräuchliches Modell unterscheidet **vier Hauptphasen:**

- Vorprojekt- oder Initialisierungsphase
- Planungsphase
- Durchführungs- oder Realisierungsphase
- Abschlussphase

Der **Abschluss einer Projektphase** definiert einen Zeitpunkt, an dem entschieden wird, ob mit dem Projekt fortgefahren werden soll oder nicht. Eventuell muss man auch entscheiden, wie man das Projekt fortsetzen soll. Daher ist eine Entscheidung auf höherer Ebene erforderlich.

Hinter der **Aufteilung in Phasen** steckt die Absicht, die Risiken des Projekts zu limitieren. Auf diese Weise bekommt das Management einer Organisation ein Instrument in die Hand, mit dem es in den Projektablauf eingreifen und somit eine gewisse Kontrolle über das Projekt ausüben kann.

Der Abschluss einer Phase definiert einen **Meilenstein.** Darüber hinaus können Meilensteine innerhalb einer Projektphase sinnvoll sein, z. B., wenn die Lieferung eines wichtigen Lieferobjekts oder Produkts abgeschlossen wird. Oft ist damit auch die **Freigabe einer Zahlung aus einem Vertrag** verbunden.

**Abb. [5-2]** **Phasen im Projektmanagement**

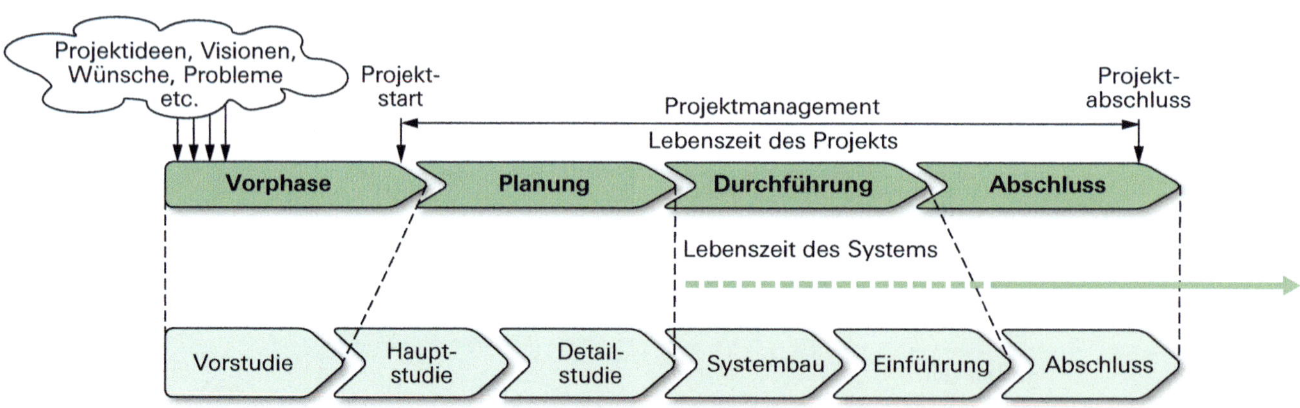


Im folgenden Text beschreiben wir die typischen Phasen eines Projekts im Einzelnen.

### 5.3.1 Vorprojekt- oder Initialisierungsphase

Die Vorprojektphase findet – wie der Name schon sagt – vor dem tatsächlichen Projekt statt. Sie steht unter dem Motto «Von der Idee zum Projekt».

**Typische Aufgaben der Vorprojektphase** sind:

- Situationsanalyse
- Stakeholder-Analyse
- Projektzielsetzung
- Machbarkeitsanalyse
- Erste Aufwands- und Kostenschätzung
- Projektorganisation
- Projektantrag bzw. -auftrag

**Hinweis** Nicht aus jeder Vorprojektphase muss auch zwingend ein Projekt entstehen – im Gegenteil. Es zeugt von ausgeprägter Projektkultur, wenn Projektideen kritisch durchleuchtet, mit den strategischen Zielsetzungen des jeweiligen Unternehmens abgeglichen und ggf. vom Auftraggeber / Entscheidungsträger auch abgelehnt oder auf einen späteren Zeitpunkt vertagt werden.

In der Regel werden die Aufgaben der Vorprojektphase vom **späteren Projektleiter** und von einem kleinen Kernteam (zwei bis drei Personen) durchgeführt. Bei komplexen Grossprojekten müssen diese Aufgaben oft auch im Rahmen eines «Vorprojekts» (auch Machbarkeitsstudie genannt) durchgeführt werden, da sie zu umfangreich wären, um «nebenbei» erledigt zu werden.

### 5.3.2 Planungsphase

Die Planungsphase dient der weiteren **Konkretisierung und Detaillierung** der Vorprojektphase. Ziel der Planungsphase ist ein **detaillierter Projektplan,** der verschiedene Detailpläne enthält, z. B. Risikoplanung, Aufwandsplanung, Termin- und Meilensteinplanung, Kosten- und Ressourcenplanung.

Typische **Ergebnisse der Planungsphase** sind:

- Projektstrukturplan (PSP)
- Aufwandsplan
- Termin- und Meilensteinplan
- Kosten- und Ressourcenplan
- Kommunikationsplan
- Risikoabschätzung

**Hinweis** Planung ist ein kontinuierlicher Prozess in einem Projekt. Die Planungsintensität ist in der Vorprojekt- und Planungsphase am höchsten. Allerdings ist auch in den Realisierungsphasen eine Anpassung der Planung zwingend notwendig! Man spricht von **rollender Planung,** wenn laufend die Ist-Werte mit den Soll-Werten verglichen werden und die Planung regelmässig angepasst und aktualisiert wird.

### 5.3.3 Durchführungs- oder Realisierungsphase

Nach Abschluss der Planungsphase wird das Projekt realisiert. Eine Unterteilung in mehrere Realisierungsphasen, wie z. B. Systembau, Einführung, Abnahme, ist häufig. Während der Projektrealisierung fallen folgende **kontinuierlichen Projektmanagement-Aufgaben** an:

- Projektführung
- Steuerung (Information und Kommunikation)
- Controlling
- Dokumentation

Parallel dazu muss die Planung immer wieder überarbeitet und aktualisiert werden.

### 5.3.4 Abschlussphase

In der Abschlussphase werden sämtliche Massnahmen getroffen, um ein Projekt **offiziell zu beenden.** Diese letzte Phase eines Projekts beginnt mit der Erreichung der Projektziele und endet mit der Auflösung des Projektteams durch den Auftraggeber bzw. durch den Lenkungsausschuss.

**Typische Projektmanagement-Aufgaben** der Abschlussphase sind:

- Evaluierung und Reflexion
- Projektabschlussbericht
- Entlastung und Auflösung der Projektorganisation

### 5.3.5 Iterative oder zyklische Phasen

Bei einem iterativen Vorgehen werden Zyklen mehrfach durchlaufen. Ein Zyklus kann z. B. aus folgenden Phasen bestehen:

- Anforderungen
- Design
- Realisierung
- Test

Dabei ist ein Zyklus häufig **zeitlich begrenzt** (time boxed). Der Vorteil dabei ist, dass der Endbenutzer bereits in einem frühen Stadium Einblick in die spätere Funktionalität bekommt.

---

**Hinweis**

Bei der Erstellung eines Prototyps, der in mehreren Iterationen geliefert wird, geht man zyklisch vor. So bekommt der Endbenutzer früh einen Eindruck vom Endprodukt und kann seine Bedürfnisse klarer formulieren.

---

**Agile Methoden** sind eine spezielle Form des zyklischen Vorgehens. Die Iterationen werden **Sprints** genannt. Der Endbenutzer ist in die Priorisierung der Anforderungen, die bei den Sprints umgesetzt werden, involviert. Nach jedem Sprint wird ein vom Kunden nutzbares Ergebnis / Produkt ausgeliefert und kann direkt verwendet werden.

Abb. [5-3] **Iteratives Vorgehen**

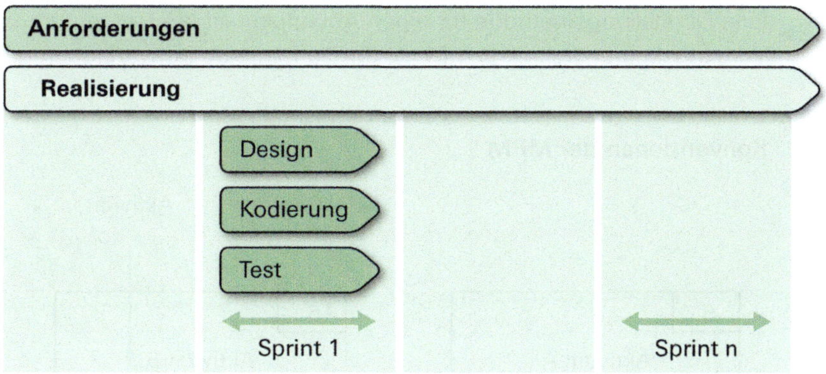


**Hinweis** Für Details zu agilen Methoden, insbesondere zu Scrum, lesen Sie die Ausführungen zur Kompetenz «Projektdesign», Kapitel 2, S. 25.

## 5.4 Abfolge der Projektaktivitäten

Um einen Ablauf- und Terminplan zu erstellen, sind drei Schritte notwendig:

1. Die Abfolge der Aktivitäten und ihre Abhängigkeiten darstellen.
2. Den Kritischen Pfad bestimmen.
3. Ressourcen gemäss Verfügbarkeit zuordnen.

In einem Projekt gibt es eine **Vielzahl von Abhängigkeiten.** Mit manchen Aktivitäten kann erst begonnen werden, sobald eine andere abgeschlossen ist. Um diese Abhängigkeiten darzustellen, empfiehlt sich eine grafische Darstellung.

Abb. [5-4] **Ablaufplan**

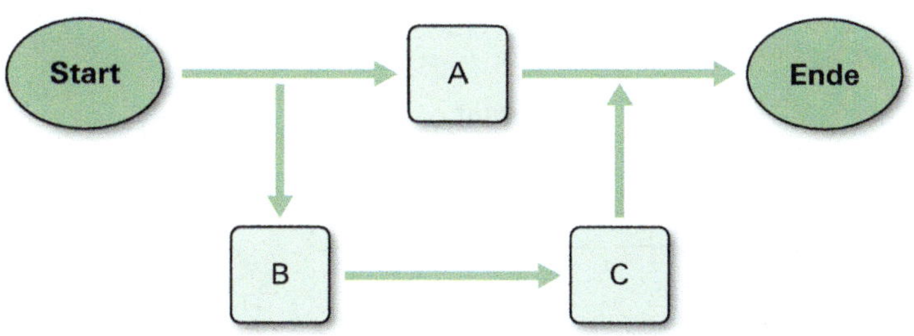


Schauen wir uns die oben dargestellte Grafik an. Es gibt zwei parallele (Aktivitäts)pfade, um das Ende zu erreichen. Jeder Pfad hat eine bestimmte Dauer und der längste Pfad bestimmt die Dauer des Projekts. Nehmen wir an, Aktivität A dauert 7 Tage, B 4 Tage und C 6 Tage. Dann dauert das Projekt insgesamt 10 Tage, denn C kann nicht vor dem Ende von B beginnen.

Das bedeutet auch, dass es für A keine Rolle spielt, ob seine Dauer überzogen wird, solange sich dadurch nicht die Gesamtdauer des Projekts verlängert.

Aktivitäten, von denen die Dauer des Projekts abhängt, werden **kritische Aktivitäten** genannt und ihre Aneinanderreihung bezeichnet man als **Kritischen Pfad.**

Um die Dauer eines Projekts zu überwachen, muss man den Kritischen Pfad im Auge behalten. Der Kritische Pfad kann sich im Verlauf eines Projekts ändern, in dem vorher unkritische Aktivitäten länger dauern als geplant.

### 5.4.1 Netzplantechnik

Eine Darstellungsmethode für einen Ablaufplan ist die **Netzplantechnik.** Wir zeigen hier die Vorgangsknotentechnik **(MPM[1])**, für die folgende Konventionen gelten:

**Abb. [5-5]** **Konventionen der MPM**

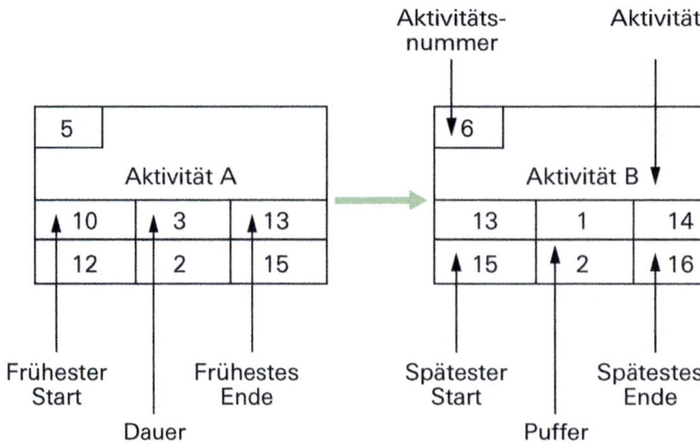


Um den Kritischen Pfad, und damit die minimale Dauer des Projekts, zu bestimmen, führen wir folgende Schritte aus:

1. **Berechnung des frühesten Start- und Endtermins:**
   In unserem Beispiel ist der früheste Start von A am Tag 0 und der früheste mögliche Endtermin das Ende von Tag 7. B kann frühestens am Tag 0 starten und am Tag 4 enden. C startet frühestens am Tag 4 und endet damit frühestens am Tag 10. Das heisst, man orientiert sich am frühesten Ende aller vorangegangen Aktivitäten, addiert die Dauer dazu und bekommt so das früheste Ende.

**Abb. [5-6]** **Berechnung des frühesten Start- und Endtermins**

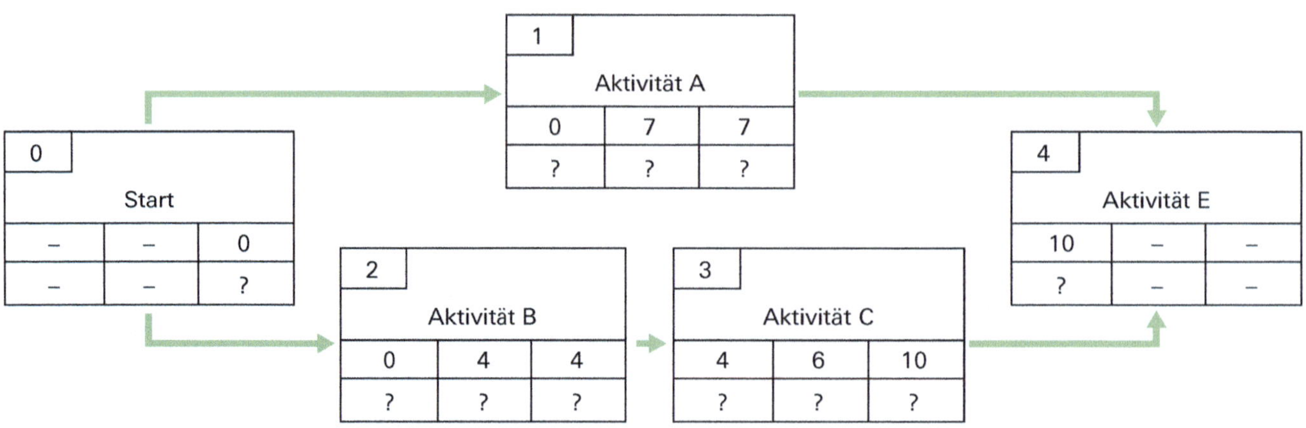


Das Projekt kann also frühestens am Tag 10 enden. Für diese **Vorwärtsrechnung** verwenden wir immer die obere der beiden Zahlenreihen.

[1] Abkürzung für «Metra-Potenzial-Methode».

2. **Berechnung des spätestmöglichen Start- und Endtermins:**
   Für die **Rückwärtsrechnung** benutzen wir die untere Reihe. Wir gehen von der minimalen Dauer des Projekts aus und rechnen zurück, bis wann spätestens jede Aktivität beendet sein muss, ohne dass das Projektende gefährdet ist. Das früheste Ende der letzten Aktivität übertragen wir auf das späteste Ende der letzten Aktivität. Mit der Rechnung «spätestes Ende – Dauer = spätester Start» wird der späteste Beginn der Aktivität berechnet, der gleichzeitig das späteste Ende der Vorgängeraktivität ist.

**Abb. [5-7]** **Berechnung des spätestmöglichen Start- und Endtermins**

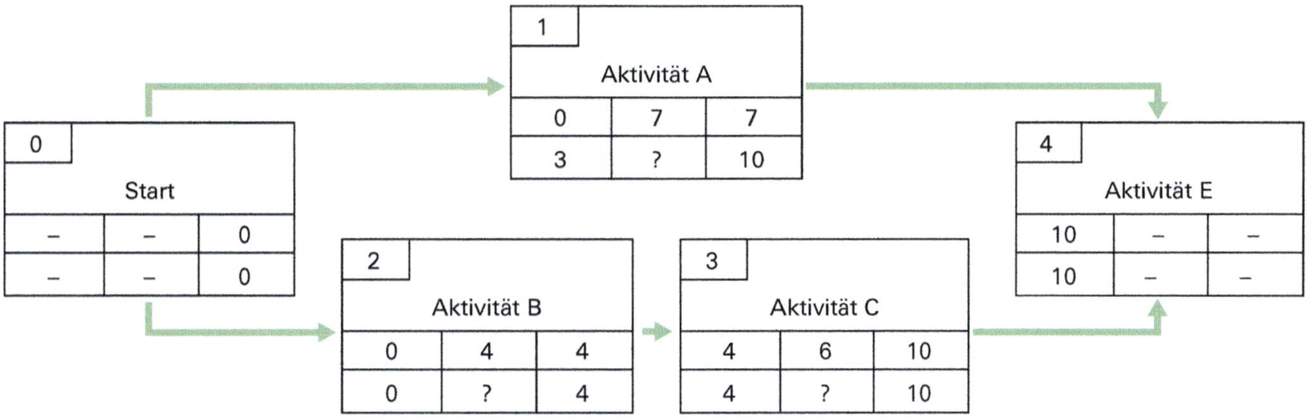


3. **Berechnung des Puffers:**
   Als letzten Schritt berechnen wir, wie viel Puffer die einzelnen Aktivitäten haben. C (und damit das Projekt) muss spätestens am Tag 10 beendet sein. Diese Aktivität hat keinen Puffer; jede Verzögerung bedeutet eine Verschiebung des Endtermins des Projekts. Das Geiche gilt für B. Nur A hat einen Puffer von 3 Tagen. A muss lediglich bis zum Tag 10 abgeschlossen sein.

**Abb. [5-8]** **Berechnung des Puffers**

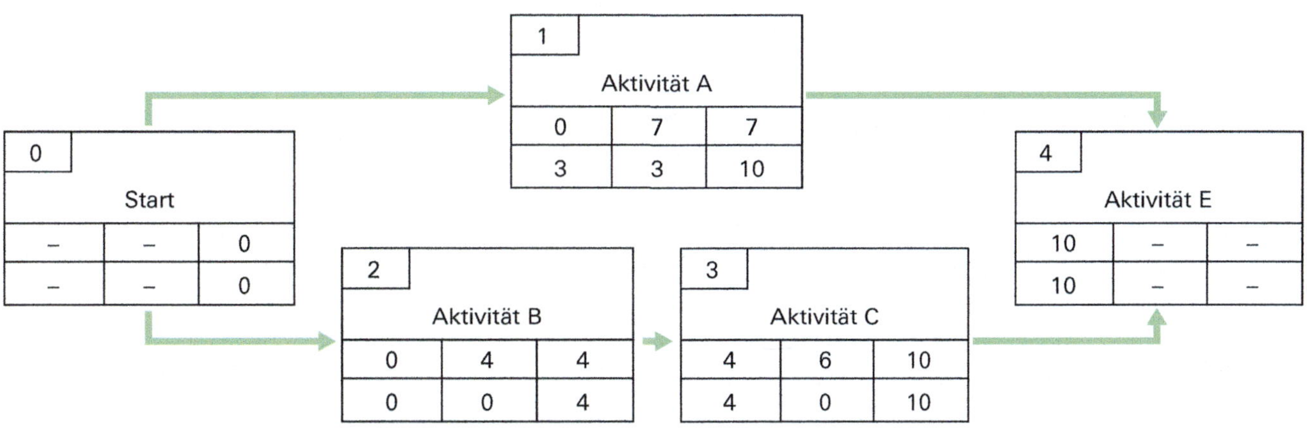


Wenn der Projektleiter genau wissen will, welchem Datum die definierten Anfangs- und Endzeitpunkte entsprechen, muss er beachten, dass die Dauer der Vorgänge in Arbeitstagen angegeben wird und deshalb auf den Kalender Rücksicht genommen werden muss. Auch offizielle Feiertage müssen berücksichtigt werden. Sobald alle frühesten und spätesten Anfangszeitpunkte und alle frühesten und spätesten Endzeitpunkte einen Kalendertermin enthalten, ist die Terminplanung abgeschlossen.

### 5.4.2 Balkendiagramm

Das Balkendiagramm, auch Gantt Chart genannt, ist eine transparente Darstellung der Aktivitäten auf der Zeitachse.

Jeder Vorgang wird mit einem Balken auf der Zeitachse angezeigt. Meilensteine werden in der Regel als Rauten dargestellt. Damit möglichst viel Platz für die Balken übrig bleibt, werden pro Vorgang nur wenige Informationen wie Vorgangsbezeichnung und Vorgangsdauer angezeigt. Das Balkendiagramm ist sehr einfach zu erstellen und zu verstehen. Zusätzlich ist es möglich, mit Pfeilen Abhängigkeiten zwischen den Vorgängen aufzuzeigen oder den Balken von Vorgängen auf dem Kritischen Pfad mit einer auffallenden Farbe darzustellen.

Das Balkendiagramm oder Gantt Chart ist stärker verbreitet als die Netzplantechnik, weil bei der Netzplantechnik die zum selben Zeitpunkt parallel durchzuführenden Vorgänge nicht einfach ersichtlich sind. In der Praxis wird die Netzplantechnik nur noch sehr selten angewendet.

**Beispiel** Wir haben unser Beispiel zur Netzplantechnik hier als Balkendiagramm dargestellt.

**Abb. [5-9]** **Balkendiagramm**

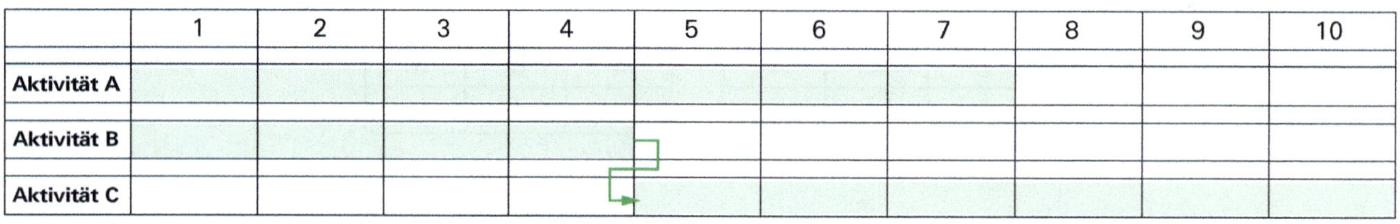


Bei der Ermittlung des Kritischen Pfads haben wir keine Rücksicht auf die Verfügbarkeit von Ressourcen genommen. Falls Aktivitäten, die parallel ausgeführt werden könnten, von ein und derselben Person ausgeführt werden, müssen diese sequenziell abgearbeitet werden. Dadurch kann sich der Kritische Pfad ändern.

Im nachfolgenden Diagramm wurde ein Ablaufplan in ein Kapazitätsdiagramm übertragen.

**Abb. [5-10]** **Gantt Chart**

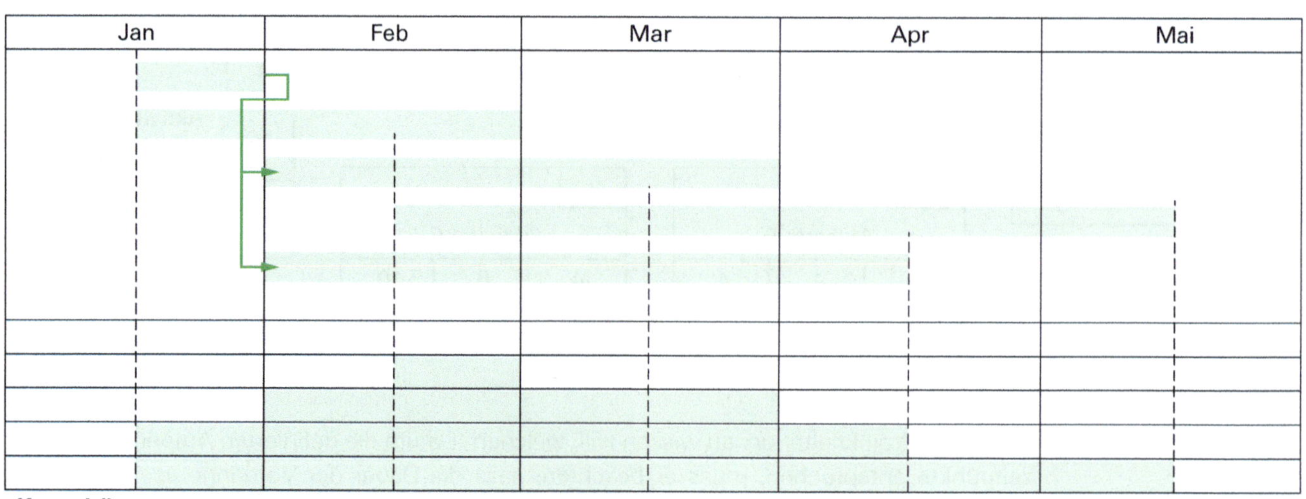


**Kapazität**

Stehen nicht ausreichend Ressourcen zur Verfügung, müssen Aktivitäten verschoben werden. Gelingt es, für die zu verschiebenden Aktivitäten Puffer von Aktivitäten zu nutzen, die nicht auf dem Kritischen Pfad liegen, sind die Auswirkungen am geringsten.

## 5.5 Fortschritts-Controlling

Der Terminplan ist eine gute **Basis für die tägliche Überwachung und Steuerung.** Es ist normal, dass die Realität vom Plan abweicht. Es ist Aufgabe des Projektmanagers, diese Abweichungen zu identifizieren und zu bewerten. Sollte sich herausstellen, dass grundlegende Annahmen und Voraussetzungen nicht mehr gültig sind, muss man den Auftraggeber über diesen Tatbestand informieren.

Eine Vielzahl von Ereignissen kann Einfluss auf den Terminplan haben. Diese muss man rechtzeitig erkennen:

- **Der Kritische Pfad:** Jede Verspätung einer Aktivität auf dem Kritischen Pfad führt grundsätzlich zu einer **Verspätung** des gesamten Projekts. Daher muss man diesen Aktivitäten erhöhte Aufmerksamkeit widmen.
  Schauen Sie sich die Aktivitäten auf dem Kritischen Pfad an, die kurz vor ihrem Abschluss stehen, und diejenigen, die in Kürze starten sollen. Da die Planung immer mit Unsicherheiten behaftet ist, stellen Sie sicher, dass die Experten, die gerade mit der aktuellen Aktivität beschäftigt sind, Ihnen Indikatoren dafür geben, ob sie rechtzeitig liefern werden. Besonders wenn sie früher als geplant fertig werden, sollten diejenigen, die die Arbeit fortsetzen sollen, unmittelbar starten können. Auf diese Weise gewinnen Sie einen wertvollen Puffer für spätere Verzögerungen.
- **Die tatsächlichen Umstände:** Jeder Plan ist mit Unsicherheiten behaftet und durch Annahmen geprägt. Stellt sich heraus, dass ein Team nicht so effizient arbeiten kann wie geplant, weil die Erfahrungen fehlen, muss dieser Tatbestand genauso in eine **Plananpassung** einfliessen wie eine Abhängigkeit, die man übersehen hatte.
- **Potenzielle Risiken:** Genauso wie den Kritischen Pfad muss man in regelmässigen Abständen auch die **unkritischen Pfade** überprüfen. Wenn eine Aktivität auf einem unkritischen Pfad eine wesentliche Verzögerung hat und ihren Puffer verbraucht, wird das eventuell doch kritisch.
- **Viele kleine Änderungen:** In den meisten Fällen werden kleine Änderungen in den Anforderungen, die jede für sich genommen keinen Einfluss auf die Dauer, das Budget oder die Qualität haben, als unkritisch angesehen und fliessen daher «unterhalb des Radars» in die Arbeit eines Projekts ein (Scope Creep, siehe auch Kompetenz «Leistungsumfang und Lieferobjekte», Kap. 4, S. 52).
- **Externe Abhängigkeiten:** Abhängigkeiten ausserhalb des Einflussbereichs des Projekts werden bei der Planung in der Form von Annahmen oder Bedingungen berücksichtigt oder als Meilensteine vermerkt. Jede dieser Abhängigkeiten ist ein Risiko für das Projekt und muss beobachtet werden.

### 5.5.1 Earned-Value-Analyse

Sie ist eine wichtige Methode zur Überwachung des **Projektfortschritts.** Nach DIN 69901[1] wird «Earned Value» mit **«Fertigstellungs-Wert»** übersetzt. Wir verwenden den gebräuchlicheren englischen Begriff.

Die Earned-Value-Methode ist eine **Technik,** mit der die Leistung und der Fortschritt eines Projekts gemessen werden. Sie ermöglicht präzise Vorhersagen über mangelnden Projektfortschritt und liefert damit einen wichtigen Beitrag für das erfolgreiche Steuern eines Projekts. Mithilfe diverser **Kennzahlen** wird der geplante mit dem tatsächlichen Projektfortschritt abgeglichen und eine Trendanalyse ermöglicht.

[1] DIN 69901-3:2009-01, Tabelle 2 – Die wichtigsten internationalen Abkürzungen und Kennzahlen.

Abb. [5-11] **Kennzahlen der Earned-Value-Analyse**

| Kennzahl | Abkürzung | Definition |
|---|---|---|
| Planned Value (Plan-Kosten) | PV | Die Plan-Kosten werden zu Beginn des Projekts in den Arbeitspaketen definiert und über die Projektdauer verteilt. Somit ergibt sich zu jedem Zeitpunkt im Projekt ein geplantes Budget, das bis dahin verbraucht sein darf. |
| Actual Costs (Ist-Kosten) | AC | Tatsächlich bisher aufgelaufener Aufwand (auch «budget burned» genannt). |
| Earned Value | EV | Ist ein Mass für den tatsächlichen Projektfortschritt. Gibt den Wert der bisher abgeschlossenen Arbeitspakete auf Basis der Plan-Werte an. |

Es gibt verschiedene **Ansätze für die Bewertung des Earned Value:**

- **Ganz oder gar nicht:** Die Arbeitspakete fliessen nur dann in den Earned Value ein, wenn sie vollständig abgeschlossen sind.
- **Halbe-halbe:** 50% des Planned Value fliessen nach der Hälfte der geplanten Dauer des Arbeitspakets ein, die andere Hälfte erst nach kompletter Fertigstellung.
- **20-60-100:** Begonnene Arbeiten gehen zu 20% ein, solche in Bearbeitung mit 60, die, die abgeschlossen sind, zu 100%.

Um zu vermeiden, dass es zu Missverständnissen kommt, empfehlen wir die **«Ganz oder gar nicht»-Methode.** Halb fertige Arbeiten zählen nicht, da mit ihnen noch keine Wertschöpfung stattgefunden hat. Der Projektfortschritt wird eher konservativ und damit meist realistischer ausgewiesen.

**Beispiel**

Im nachfolgenden Beispiel werden nur Arbeitspakete als Fortschritt vermerkt, die zum Berichtstermin wirklich abgeschlossen waren:

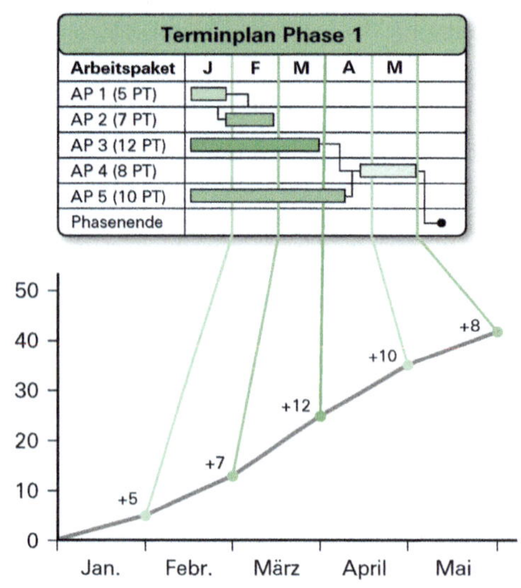

### A] Grafische Darstellung

Aus der Earned-Value-Analyse resultieren **Fortschrittsgrafiken,** die sehr aussagekräftig sind und sich sehr gut für die Berichterstattung eignen.

Abb. [5-12] **Earned-Value-Fortschrittsgrafik**

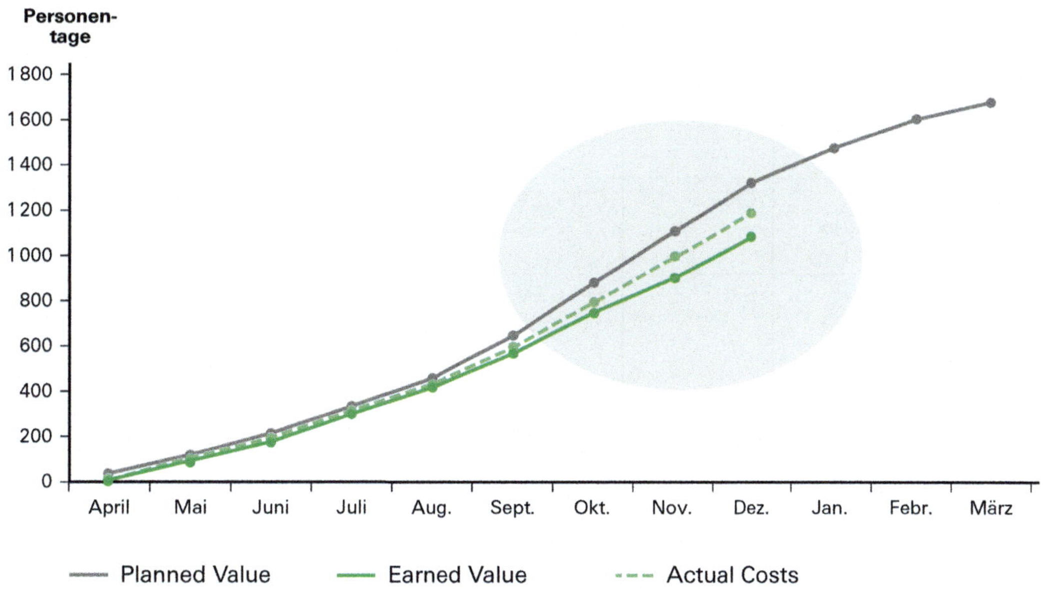


### B] Analyse der Grafik

Werden die oben genannten Kennzahlen zueinander in Beziehung gebracht, lassen sich **Abweichungen** und mögliche Ursachen dafür leicht ermitteln. Betrachten wir dazu einen Ausschnitt der obigen Grafik genauer:

Abb. [5-13] **Vergrösserter Ausschnitt**

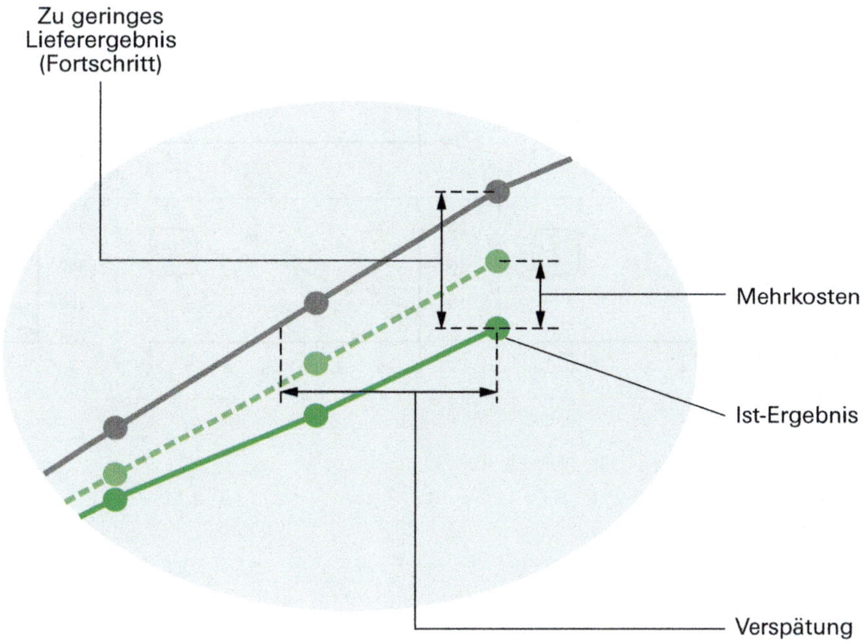

Aus den Basiskennzahlen lassen sich für Analysezwecke weitere Kennzahlen ermitteln, die uns bei der Suche nach den Ursachen der festgestellten Abweichungen behilflich sein können:

**Abb. [5-14]** **Weitere Kennzahlen der Earned-Value-Analyse**

| Kennzahl | Abkürzung | Formel | Aussage |
| --- | --- | --- | --- |
| Cost Variance (Kostenabweichung) | CV | CV = EV – AC | Gibt Hinweis darüber, ob das Projekt die Kosten überschreitet oder nicht. Ist der Wert <0, liegt eine Überschreitung vor. |
| Schedule Variance (Planabweichung) | SV | SV = EV – PV | Deutet auf zeitliche Abweichungen hin und gibt an, ob das Projekt im Verzug ist. Werte <0 deuten darauf hin, dass das Projekt Verzug hat. |
| Cost Performance Index (Kosteneffizienz) | CPI | CPI = EV / AC | Gibt einen Hinweis auf die Kostenentwicklung. Ein Wert >1 deutet auf eine Kostenersparnis im Projekt hin; ein Wert <1 bedeutet, dass das Projekt teurer wird als geplant. |
| Schedule Performance Index (Zeiteffizienz) | SPI | SPI = EV / PV | Dieser Wert zeigt an, wie sich das Projekt gegenüber dem Plan entwickelt. Ein Wert >1 deutet an, dass das Projekt schneller voranschreitet als ursprünglich geplant. Umgekehrt ergibt ein Wert <1 einen Projektverzug. |

Dies führt zu folgenden möglichen Szenarien:

**Abb. [5-15]** **Mögliche Szenarien**

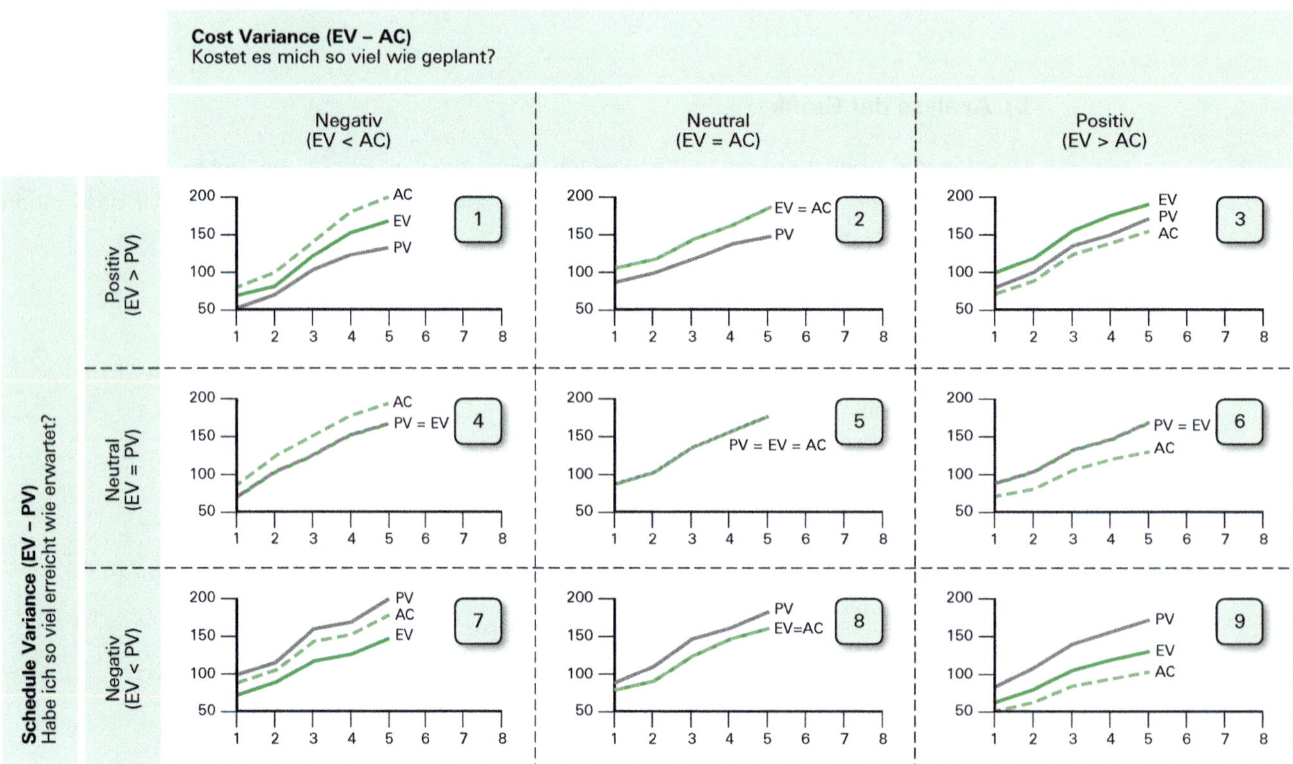

Abb. [5-16] **Mögliche Gründe und Lösungen für Szenarien**

| Szenario | Synopse | Mögliche Gründe | Mögliche Lösungen |
|---|---|---|---|
| 1 | Schneller als geplant, aber Mehrkosten | • Team macht Überstunden.<br>• Zeit wird nicht effizient genutzt.<br>• Es wird zu viel Zeit für einzelne Aktivitäten verwendet.<br>• Zu viele Experten einem Task zugeordnet. | • Zeiterfassung überprüfen.<br>• Überstunden begrenzen.<br>• Anzahl Experten reduzieren.<br>• Zeitvorgaben straffen. |
| 2 | Schneller als geplant, aber keine Mehrkosten | • Grundsätzlich positiv. Falls es Abhängigkeiten zwischen Aktivitäten gibt, besteht die Gefahr, dass Arbeiten begonnen werden, die auf eine andere Aktivität hätten warten sollen. | • Abhängigkeiten überprüfen.<br>• Sicherstellen, dass die Experten an den richtigen Dingen arbeiten.<br>• Entschleunigen, nicht unnötig Überstunden anfallen lassen. |
| 3 | Schneller als geplant, aber Minderkosten | • Bei einem erfahrenen Team positiv, kann aber auch Symptom sein für:<br>– Scope wird nicht richtig verstanden.<br>– Es wird «abgekürzt» und Aufgaben werden auf später verschoben. | • Sicherstellen, dass Aktivitäten wirklich abgeschlossen sind.<br>• Sicherstellen, dass der Scope klar definiert ist.<br>• Sicherstellen, dass die Experten an den vorgesehenen Aufgaben arbeiten und nicht einfache Aktivitäten vorziehen. |
| 4 | Im Plan, aber Mehrkosten | • Ein unerfahrenes Team verbraucht zu viel Zeit.<br>• Der Terminplan ist zu grosszügig (Parkinsons Gesetz). | • Überstunden überwachen und Effizienz erhöhen.<br>• Terminplanung straffen.<br>• Ausbildungsgrad durch Training oder Coaching erhöhen. |
| 5 | Voll im Plan | • Die Performance ist nur so gut wie der Plan. Sind die Schätzungen korrekt und stimmt die Qualität der Lieferobjekte?<br>• Wurde etwas übersehen? | • Stichproben von Lieferobjekten erheben und Qualität und Vollständigkeit überprüfen. |
| 6 | Im Plan, aber Minderkosten | • Ein erfahrenes Team arbeitet hocheffizient oder:<br>• Experten brauchen weniger Zeit als geplant.<br>• Experten kürzen ab, um Termine einzuhalten. | • Lieferobjekte auf Qualität und Vollständigkeit überprüfen.<br>• Vollständigkeit der Zeiterfassung überprüfen.<br>• Überprüfen, ob das Team überqualifiziert ist. |
| 7 | Hinter Plan und Mehrkosten | • Zu viele kleine Änderungen (Scope Creep).<br>• Fehlende Erfahrung im Team.<br>• Unklarer Scope führt zu Doppelarbeiten<br>• Zu viel Aufwand für Reviews. | • Meistbetroffene Aktivitäten überprüfen.<br>• Erfahrene Experten als Mentoren einsetzen.<br>• Sicherstellen, dass das Team den Scope versteht.<br>• Abnahmeregeln überprüfen. |
| 8 | Hinter Plan, aber keine Mehrkosten | • Zu wenig Ressourcen.<br>• Experten brauchen weniger Zeit als geplant. | • Zusätzliche Ressourcen beantragen.<br>• Zeiterfassung überprüfen. |
| 9 | Hinter Plan und Minderkosten | • Erfahrenes und effizientes Team.<br>• Experten arbeiten an einfachen Aufgaben zuerst.<br>• Ressourcen sind ausgefallen. | • Arbeitsaufteilung im Team überprüfen.<br>• Zusätzliche Ressourcen einsetzen. |

### 5.5.2 Burn-Down-Chart

In Projekten mit agilen Vorgehen wird zur Feststellung des Projektfortschritts das Burn-Down-Chart[1] eingesetzt.

Das folgende Burn-Down-Chart stellt die im Projekt zur Preisplananpassung geleisteten Arbeiten dar. Die Diagonale zeigt den idealen Verlauf der Arbeitsleistung auf, damit der Endtermin gehalten werden kann. Es ist immer der Restaufwand dargestellt, der noch zu leisten ist. Die graue Linie zeigt die realen Restaufwände an, die aufgrund der bereits geleisteten Aufwände noch verbleiben. Solange die graue Linie unterhalb der grünen Ideallinie bleibt, ist das Projekt im Plan. Kreuzt die graue Linie die grüne, deutet das auf einen Verzug im Projekt hin.

Im Beispiel unten ist dieser Fall im Verlauf der aktuellen Woche (in der Grafik mit «Heute» gekennzeichnet) eingetreten. Spätestens jetzt muss der Projektleiter das Gespräch mit dem Team suchen und die Gründe für den Verzug in Erfahrung bringen.

Abb. [5-17] **Burn-Down-Chart**

Projekt: Preisplananpassung

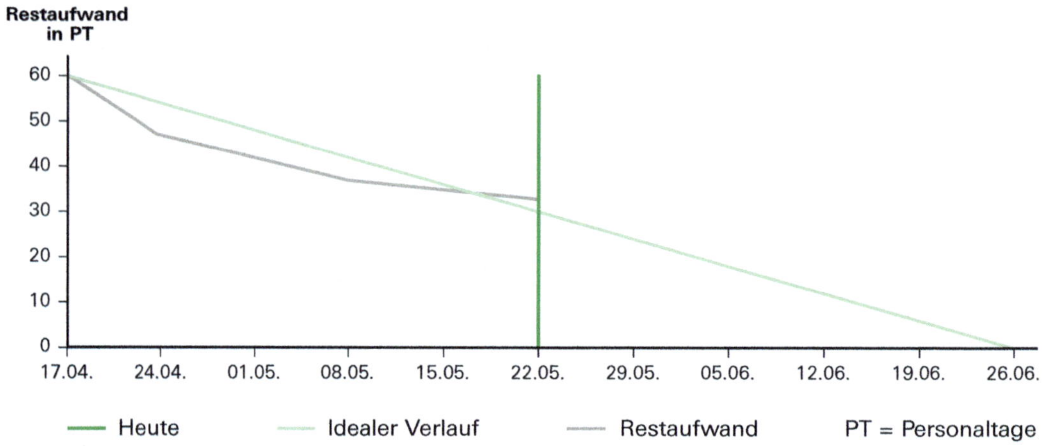


**Messgrössen**

- Definiert die Aktivitäten für die Realisierung der Projektergebnisse
- Leitet Aktivitäten aus den Arbeitspaketen ab
- Bestimmt den Arbeitsaufwand und die Dauer von Aktivitäten
- Identifiziert die zur Durchführung einer Aktivität benötigten Arten von Ressourcen
- Identifiziert und entscheidet zwischen verschiedenen Ressourcenoptionen
- Kennt unterschiedliche Planungstechniken
- Wählt die passenden Planungstechniken aus
- Legt entsprechende Phasen, gegebenenfalls Sprints, fest
- Kennt die Auswirkungen von Unsicherheit auf die Planung und weiss, was zu tun ist, um die Auswirkungen zu minimieren
- Legt die zeitliche Abfolge der Projektaktivitäten fest
- Bestimmt die Abhängigkeiten und wechselseitigen Beziehungen
- Berechnet den Kritischen Pfad
- Gleicht die Ressourcenauslastung mit dem Ressourcenbedarf des Projektplans ab
- Weiss, wann und wie unterschiedliche Systeme der Terminsteuerung eingesetzt werden
- Passt die Planung als Reaktion auf verschiedene Arten von Störungen an
- Vergleicht den Fortschritt und den Earned Value mit den Plan-Werten

[1] In einem Burn-Down-Chart wird der Fertigstellungsgrad eines Arbeitspakets in % angegeben. Der bearbeitende Mitarbeiter ist für die korrekte Erfassung des Fertigstellungsgrads verantwortlich. Aus den Angaben ergibt sich das Burn-Down-Chart (s. Abb. 5-17, S. 80).

18 Oft ist es zu Beginn eines Projekts nicht möglich, alle Arbeitspakete zu definieren. Wie gehen Sie damit um?

19 Welche Umstände sollten berücksichtigt werden, um die Genauigkeit von Aufwandschätzungen zu erhöhen?

20 Was ist notwendig, um eine Analogieschätzung zu tätigen?

21 Wie unterscheiden sich ein Sprint und eine Phase?

22 Berechnen Sie aufgrund des folgenden Projektablaufplans die Projektdauer in Monaten.

Hinweis: In den Spalten «Vorgänger» und «Nachfolger» ist jeweils nur eine Nummer aufgeführt.

| Nr. | Arbeitspaket | Vorgänger | Nachfolger | Dauer in Monaten |
|---|---|---|---|---|
| 1 | Projekt initialisieren | – | 2 | 2 |
| 2 | Umsetzungsvarianten prüfen | 1 | 4 | 2 |
| 3 | Rechtsgrundlage prüfen | 1 | 4 | 2 |
| 4 | Projektauftrag erstellen | 3 | 5 | 5 |
| 5 | Schutzbedarf festlegen | 4 | 6 | 1 |
| 6 | Restrisiken ermitteln | 5 | 8 | 2 |
| 7 | Schutzmassnahmen definieren | 5 | 8 | 2 |
| 8 | Schutzmassnahmen umsetzen | 7 | 10 | 1 |
| 9 | Realisierungsphase planen | 7 | 10 | 1 |
| 10 | Software entwickeln | 4 | 11 | 8 |
| 11 | Infrastruktur bestellen | 9 | 12 | 1 |
| 12 | Infrastruktur installieren | 11 | 14 | 2 |
| 13 | Software auf Infrastruktur integrieren | 11 | 14 | 2 |
| 14 | Neue Software einführen | 13 | | 2 |

23 Ordnen Sie die folgenden Aufgaben den einzelnen Projektphasen zu.

A] Stakeholder-Analyse

B] Erstellen eines Projektstrukturplans

C] Projektführung

D] Machbarkeitsanalyse

E] Projektabschlussbericht

F] Erstellen eines Aufwandsplans

G] Auflösung der Projektorganisation

H] Controlling

| Projektphase | Aufgaben |
|---|---|
| Initialisierung | |
| Planung | |
| Realisierung | |
| Abschluss | |

# 6 Organisation, Information und Dokumentation

**Lernziele**

Nach der Bearbeitung dieses Kapitels können Sie ...

- die Bedeutung der Information und Dokumentation in Projekten beschreiben.
- die Rollen und Verantwortlichkeiten in der Projektorganisation darstellen.
- die drei Formen der Projektorganisation beschreiben.
- erfolgreiche Projekt-Meetings planen und durchführen.

**Schlüsselbegriffe**

Auftraggeber, Begleitgruppe, Dokumentation, Fachausschuss, Formen der Projektorganisation, Governance, Information, Kommunikationsinfrastruktur, Lenkungsausschuss, Matrix-Projektorganisation, Moderator, Organisation im Projekt, Projektdokumentation, Projekthandbuch, Projektleitende, Projekt-Meetings, Projektmitarbeitende, Projektorganisation, Protokollführer, RACI-Diagramm, reine Projektorganisation, Rollen, Sachverständige, Stabsorganisation, Versionsmanagement

### Definition gemäss ICB4

«Organisation, Information und Dokumentation» umfasst die Definition, Einführung und Steuerung der temporären Projektorganisation und umfasst die Definitionen der erforderlichen Rollen und Verantwortlichkeiten sowie einen effektiven Informationsaustausch für die temporäre Organisation.

Die Kompetenz beinhaltet auch die Erstellung und Speicherung von Dokumentation, Strukturen für die Berichterstattung und die projektinternen Kommunikationsabläufe.

### Zweck gemäss ICB4

Die Kompetenz «Organisation, Information und Dokumentation» versetzt den Einzelnen in die Lage, eine leistungsfähige temporäre Organisation aufzubauen inkl. Organisationsstruktur, Kommunikationsprozessen und Dokumentationsstrukturen.

### Beschreibung gemäss ICB4

«Organisation, Information und Dokumentation» beschreibt, wie das Projekt organisiert ist, und umfasst das Personal und die zugehörigen Kommunikationsprozesse. Die Organisation deckt auch die Rollen, Verantwortlichkeiten und Mandate im Projekt auf verschiedenen Ebenen ab. Meist unterscheidet sie (mindestens) zwischen der Auftraggeberebene, der Projektebene und der Ausführungsebene. Sie beschreibt den (formellen) Informationsfluss zwischen diesen Ebenen, sodass jede Ebene in der Lage ist, die ihr zugewiesene Verantwortung zu übernehmen und Entscheidungen auf der Grundlage qualitativ hochwertiger Informationen zu treffen. Im Normalfall ist die Auftraggeberebene für die Definition von Zielen und Leistungsumfang des Projekts verantwortlich und die Projekt- und Ausführungsebene für die Lieferung qualitativ hochwertiger Ergebnisse.

Damit alle Ebenen optimale Entscheidungen treffen können, sollten sie durch die richtigen, rechtzeitigen und qualitativ hochwertigen Informationen unterstützt werden. Der Einzelne ist für den zeit- und qualitätskonformen Fluss der Informationen verantwortlich. Interne Information, Dokumentation und Kommunikation ist eng mit dem Management der Organisation verknüpft und umfasst die Identifizierung von Informationsbedürfnissen, den Aufbau erforderlicher Prozesse und Informationsstrukturen sowie letztendlich die Überwachung des sicheren internen und externen Informationsflusses (z. B. bei klassifizierten Daten und Informationen).

**Hinweis**

Folgende Kompetenzen sind mit «Organisation, Information und Dokumentation» verknüpft und werden in den entsprechenden Kapiteln behandelt:

- Alle weiteren Kompetenzen des Kompetenzbereichs Praktiken, Teil B, S. 23
- Kompetenz «Governance, Strukturen und Prozesse», Kapitel 26, S. 301
- Kompetenz «Compliance, Standards und Regulationen», Kapitel 27, S. 318
- Kompetenz «Persönliche Kommunikation», Kapitel 17, S. 218
- Kompetenz «Führung», Kapitel 19, S. 234
- Kompetenz «Teamarbeit», Kapitel 20, S. 243
- Kompetenz «Vielseitigkeit», Kapitel 22, S. 265
- Kompetenz «Verhandlungen», Kapitel 23, S. 275

## 6.1 Information und Dokumentation

In diesem Kapitel behandeln wir die Bedeutung von Information und Dokumentation in Projekten.

### 6.1.1 Bedeutung von Information in Projekten

Informationen und ihr Management tragen zum projektbezogenen Wissen bei. Aus vergangenen Projekten haben wir gelernt, dass sorgfältig bedacht werden muss, wem welche Informationen zur Verfügung gestellt werden: Es gibt die Tendenz, die Leute mit zu vielen Informationen zu überschütten. Die Interessengruppen sollten nur die für sie **notwendigen Informationen** erhalten, und zwar in der für sie **passenden Form.**

Eine Information kann viele **Formen** haben. Es kann sich beispielsweise um eine Nachricht, einen Hinweis oder eine Mitteilung handeln. Information ist **Wissen,** das in einer bestimmten Situation (z. B. bei einem Projekt) Bedeutung hat.

Informationen helfen, Ungewissheiten im Projekt zu verringern und das Denken und Handeln des Empfängers im Sinn des Projekts zu beeinflussen. Um das zu gewährleisten, müssen mindestens drei Merkmale erfüllt sein:

- **Übertragbarkeit:** Eine Information muss übermittelbar sein.
- **Erkennbarkeit:** Eine Information muss beim Empfänger als Information erkennbar sein.
- **Neuigkeitsgehalt:** Eine Information muss einen Wissensgewinn darstellen.

**Hinweis**

Eine Information ist zunächst unidirektional, d. h., sie hat eine Richtung und beruht auf der Annahme, dass der Empfänger die Information richtig interpretiert. Erst mittels der Kommunikation kann ermittelt werden, ob die Information beim Empfänger angekommen ist. Lesen Sie dazu die Ausführungen zur Kompetenz «Stakeholder», Kapitel 13, S. 170.

**Daten** sind das Rohmaterial der Information. Eine Information besteht aus selektierten Daten. Informationen bilden das Wissen eines Systems (z. B. Projekt). Die folgende Abbildung zeigt diesen Zusammenhang.

Abb. [6-1] **Daten, Informationen, Wissen**

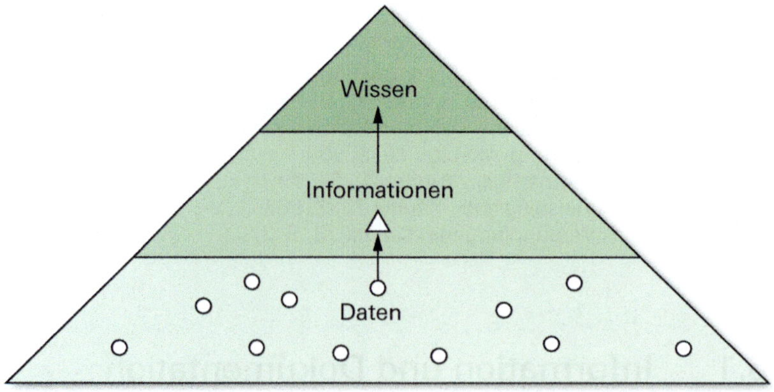


Zur Information in einem Projekt gehört auch das **Identifizieren von vertraulichen und sensiblen Daten.** Allen Projektmitarbeitenden muss klar sein, welche Informationen gegenüber Dritten geschützt bleiben müssen. Es müssen entsprechende Vorkehrungen getroffen werden.

### 6.1.2 Bedeutung von Dokumentation in Projekten

Ein Projekt kann eine Vielzahl an Dokumenten nutzen und auch erzeugen. Die **Dokumentation** beinhaltet alle Daten und Informationen sowie das Wissen und die Einsichten, die im Projektverlauf gewonnen werden, besonders bezüglich Projektkonfiguration und Änderungen, sowie die gesamten Managementunterlagen.

**Beispiel** Pflichtenheft, Machbarkeitsstudie, Vorgehensmodelle, Pläne (Projektstrukturplan, Meilensteinplan etc.), Grafiken (z. B. Projektorganisation), Protokolle (z. B. Sitzungsprotokolle, Abnahmeprotokolle), Anträge und Genehmigungen (z. B. Projektantrag, Änderungsantrag), Projektzeitung, Presseerklärungen, Präsentationen, Informationen für Interessengruppen, Kostenvoranschläge, Angebote von Lieferanten, Auswertungen zur Kundenzufriedenheit, Gutachten etc.

Die **Dokumentation** stellt sicher, dass **relevante Informationen** zugänglich sind, bildet die Voraussetzung für die **Ergebnissicherung** und ermöglicht damit das Managen der **Konfiguration.** Die Dokumentation eines Projekts muss auf die Grösse, die Komplexität und auch die Laufzeit des Projekts abgestimmt werden.

Sie gehört zur Ergebnissicherung und hat viele **Aufgaben:**

- Schaffen einer Übersicht über die Projektergebnisse
- Verwalten aller Projektergebnisse
- Sicherstellen, dass jede Änderung nachvollziehbar ist
- Sicherstellen, dass Standards oder auch gesetzliche Anforderungen erfüllt werden

Die Dokumentation hält also nicht nur den neusten Ergebnisstand fest, sie gewährleistet auch **Transparenz bezüglich des Prozesses.** In diesem Zusammenhang hat das **Versionsmanagement** eine grosse Bedeutung.

### 6.1.3 Versionen managen

Projekte haben einen **Entwicklungsprozess.** Es gibt verschiedene Ergebnisstände und auch Versionen. Die verschiedenen **Versionen** haben mehrere Anlässe:

- Neue Erkenntnisse werden eingearbeitet (z. B. bei der Konzeptentwicklung).
- Mit dem Projekt nimmt der Detaillierungsgrad zu, d. h., aus dem Grobkonzept wird ein Feinkonzept.
- Genehmigte und durchgeführte Änderungen erhöhen die Variation.

Das Versionsmanagement stellt sicher, dass jede Änderung an den Ergebnissen nachvollzogen werden kann. Damit sind folgende Tätigkeiten verbunden:

- Zugriffe auf die Projektergebnisse regeln und kontrollieren.
- Änderungen an den Projektergebnissen dokumentieren.
- Sicherstellen, dass alte Versionsstände jederzeit wiederherstellbar sind.
- Datenschutz und Datensicherheit gewährleisten.

In einem Projekt müssen klare Richtlinien für den Umgang mit Versionen formuliert werden. Ein einfaches Versionsmanagement kann mittels Verzeichnissen und Dateinamen realisiert werden.

**Beispiel**

Die Vorgabe für die Versionsnummern für die Dokumentation könnte folgendermassen erfolgen:

Abb. [6-2] **Beispiel für die Dokumentation von Versionsständen**

| Status des Ergebnisses | Version | Bemerkungen |
|---|---|---|
| Dokument in Bearbeitung | 0.1–0.9 | Arbeitsversionen |
| Dokument projektintern begutachtet | 1.0 | Erste Version, bereit zur Prüfung |
| Dokument nach Änderungen | 1.X | Änderungen eingearbeitet |
| Dokument nach substanzieller Überarbeitung | 2.0 | Stelle vor dem Punkt zeigt die Anzahl |

### 6.1.4 Informations- und Dokumentationsbedürfnisse der Stakeholder

Es gibt immer Unternehmen, Organisationseinheiten, Gruppen und Personen, die zwar an einem Projekt nicht unmittelbar beteiligt, aber von ihm in positiver oder negativer Weise betroffen sind. Das sind relevante Stakeholder. Die Interessen der Stakeholder sind unterschiedlich oder sogar diametral. Das gilt auch in Bezug auf Informationen und Dokumentationen. Das aktive und frühzeitige Einbinden der Stakeholder(-Gruppen) bildet die Basis

- für die Planung des projektspezifischen Informationsflusses und
- für das Berücksichtigen der Vorgaben für die Dokumentation der Projektergebnisse.

**Hinweis**

Für Details zu Identifikation und Interessenanalyse der Stakeholder lesen Sie die Ausführungen zur Kompetenz «Stakeholder», Kapitel 13, S. 170.

#### A] Stakeholderbezogene Informationsplanung

Die stakeholderbezogene Informationsplanung definiert für jeden Stakeholder bzw. jede Stakeholder-Gruppe folgende Aspekte:

- Sender / Verantwortung: Wer sind die Sender der Information bzw. wer trägt die Informationsverantwortung?
- Zweck und Inhalt: Worüber wird informiert, welcher Effekt wird damit beabsichtigt und welche Ziele sollen damit erreicht werden?
- Form und Medium: In welcher Form wird informiert bzw. welche Medien und Instrumente werden eingesetzt?
- Zeitpunkt / Häufigkeit: Wann und in welcher Frequenz werden Informationen weitergegeben?

Ziel der stakeholderbezogenen Informationsplanung ist es, Stakeholder mit den relevanten Informationen zu versorgen, damit sie das Projekt bzw. die Projektergebnisse unterstützen. Stakeholder können aber auch Nachteile befürchten. Die geeignete **Informationsplanung** hilft hier, den Widerstand gegenüber dem Projekt zu mindern und somit den Projekterfolg zu gewährleisten.

**Beispiel** Die beiden unten stehenden Tabellen zeigen die spezifisch geplanten Informationen für die Einführung eines neuen Projektmanagement-Standards in einem Unternehmen sowie ihre Zuteilung zu den Stakeholdern.

| Medium | Verantwortung | Zweck / Inhalt | Häufigkeit |
|---|---|---|---|
| Unternehmensbrief | Auftraggeber | Vorstellung des Projekts und der sich daraus ergebenden Veränderungen | Einmalig |
| Poster | Kommunikationsfachstelle | Übersicht über neuen Projektmanagement-Standard, Aufzeigen der Zusammenhänge (Governance, Prozesse, Ergebnisse) | Einmalig |
| Roadshow | Projektleiter | Vermittlung der Stossrichtung und Ziele des neuen Projektmanagement-Standards, Aufzeigen der zu erwartenden Veränderungen | Nach Konzeption, vor Rollout |
| Projektinfobrief | Projektleiter | Information zum Status der Arbeiten im Projekt, Ankündigung der nächsten zu erwartenden Veränderungen | 1× pro Quartal |
| Schulung / Seminare | Trainigsabteilung | Wissensvermittlung und Anwenderschulung von jeweiligen neuen Vorgaben aus der SI-PM / PPM. Art und Weise der Schulungen / Seminare ist auf die jeweiligen Stakeholder-Gruppen ausgerichtet. | Jeweils vor Rollout |

| Stakeholder | Unternehmensbrief | Poster | Roadshow | Projektinfobrief | Schulung | Seminare |
|---|---|---|---|---|---|---|
| Geschäftsführung | ☒ | ☐ | ☐ | ☐ | ☐ | ☒ |
| Bereichsleiter | ☒ | ☐ | ☒ | ☒ | ☐ | ☒ |
| Projektleiter | ☒ | ☒ | ☒ | ☒ | ☒ | ☐ |
| Projektmitarbeiter | ☒ | ☒ | ☐ | ☒ | ☐ | ☐ |

### B] Anforderungen der Projektdokumentation

Neben den Anforderungen der Stakeholder gibt es noch weitere Anforderungen an die Dokumentation eines Projekts. Das könnten einerseits formale Vorgaben (z. B. unternehmensbezogene Vorgaben, regulatorische Vorgaben, Normen usw.) oder **inhaltliche Anforderungen** (z. B. welche Informationen werden in welchen Dokumenten verlangt?) sein.

## 6.2 Projektorganisation

### 6.2.1 Aufgaben der Projektorganisation und Governance

Die Projektorganisation hat folgende **Aufgaben:**

- Ergebnis- und sachorientierte Festlegung der Funktionsstruktur des Projekts
- Klare Zuordnung von Aufgaben, Verantwortung und Kompetenzen[1]
- Effektive Zusammenarbeit und Abstimmung der am Projekt Beteiligten
- Schnelle Anpassung der Projektorganisation an geänderte Ziele und Randbedingungen

[1] In der Organisationslehre wird der Begriff «Kompetenz» im Sinn von «Dürfen» interpretiert. Die IPMA verwendet Kompetenz im Sinn von «Können». Im Kontext des Kapitels 6.2, S. 86 verwenden wir Kompetenz im Sinn der Organisationslehre.

Diese Punkte können nur in enger Zusammenarbeit des übergeordneten Managements mit dem Projektleiter und dem am Projekt beteiligten Linienmanagement erfüllt werden. Wichtige **Voraussetzungen** für die Erfüllung der Aufgaben der Projektorganisation sind:

- Klarer Projektauftrag
- Angemessene Verantwortung

Die Projektorganisation (Struktur, Rollen, Funktionen) ist Teil der projektbezogenen **Governance.** Unter Governance versteht man den Ordnungsrahmen für die Leitung und Überwachung von Unternehmen.

Das hat folgende **Vorteile:**

- Missverständnisse über Aufgaben, Verantwortungen und Zuständigkeiten werden vermieden.
- Die Art und Weise der Zusammenarbeit im Projekt ist definiert und abgestimmt. Das heisst, es ist klar, wer für eigentliche Projektarbeiten eingesetzt werden kann und wer nur beratend oder unterstützend tätig ist. Falls Fachkräfte zu bestimmten Terminen oder nur punktuell eine definierte Leistung erbringen müssen, ist das speziell zu erwähnen.
- Die Verfügbarkeit und der Umfang des Einsatzes sind umrissen: Die Daten für die Projektplanung liegen vor.

Alle Personen finden sich in einem **projektbezogenen organisatorischen Gesamtzusammenhang.** Das erhöht die Transparenz für alle und gibt den einzelnen Mitwirkenden Orientierung. Dieser Zusammenhang wird in einem Organigramm visualisiert.

### 6.2.2 Formen der Projektorganisation

Eine Projektorganisation folgt ganz besonders dem Prinzip **«Form follows function»,** d. h., die Form der Projektorganisation wird im Idealfall ganz auf das Ziel des Projekts ausgerichtet sein. Die Projektorganisation ist **temporär,** d. h., sie wird für das Projekt entwickelt und wird bei Abschluss des Projekts wieder aufgelöst. Darüber hinaus kann die Projektorganisation gemäss Projektlebenszyklus geändert und modifiziert werden, damit sie stets eine optimale Bedingung für das Erbringen der Projektergebnisse bildet.

**Beispiel**

Die folgende Abbildung zeigt eine Organisation eines grösseren Projekts nach HERMES[1] und umfasst mehrere Hierarchiestufen und verschiedene Rollen. Auf die Bedeutung der Rollen wird im weiteren Verlauf dieses Kapitels vertieft eingegangen.

Abb. [6-3] **Beispiel einer Projektorganisation nach HERMES 5**

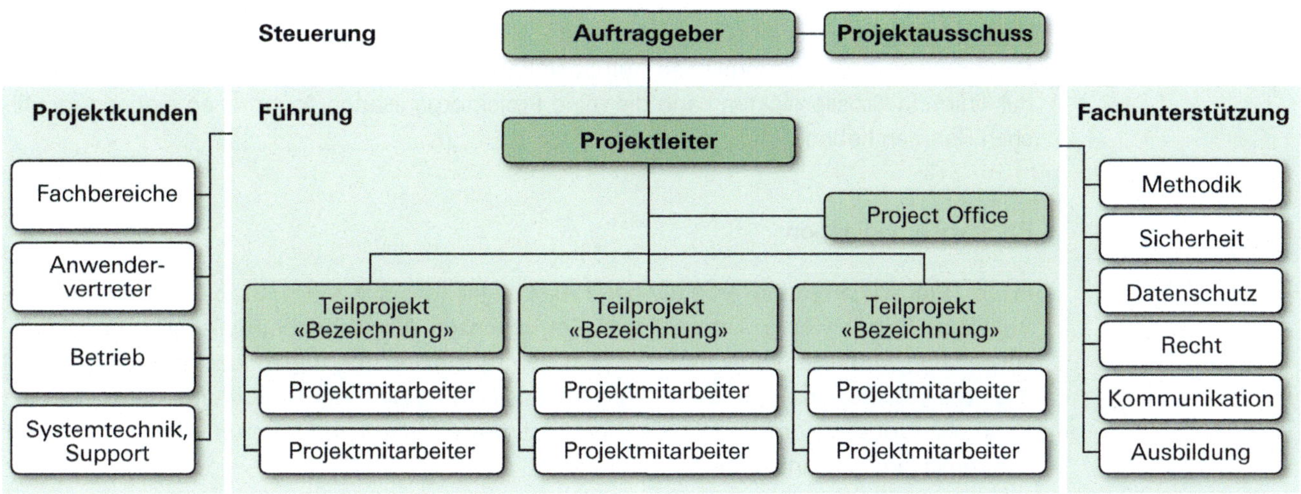


[1] Für weiter reichende Informationen siehe auch: www.hermes.admin.ch.

In der Praxis kommen drei Formen der Projektorganisation am häufigsten vor:

- Reine Projektorganisation
- Stabsorganisation
- Matrix-Projektorganisation

Die einzelnen Grundformen der Projektorganisation sind mit Vor- und Nachteilen verbunden. Es ist von Vorteil, diese bei der Gestaltung der Organisation eines Projekts zu berücksichtigen.

### A] Reine Projektorganisation

Bei der reinen Projektorganisation wird für ein Projekt praktisch eine eigenständige Organisation gebildet, die vom Projektleiter in voller Verantwortung selbstständig geleitet wird. Die Projektmitarbeitenden arbeiten während der Dauer des Projekts ausschliesslich für das Projekt und erhalten ihre Anweisungen ausschliesslich vom Projektleiter. Dieser hat alle notwendigen Kompetenzen, um das Projekt rasch und wirksam durchführen zu können.

Abb. [6-4] **Die reine Projektorganisation**

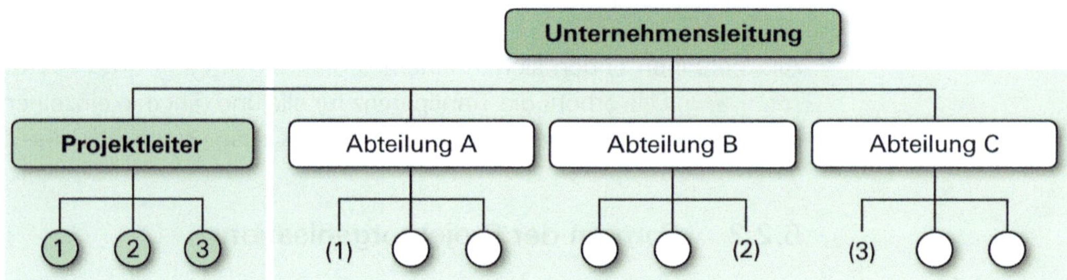


Abb. [6-5] **Vor- und Nachteile der reinen Projektorganisation**

| Vorteile | Nachteile |
|---|---|
| Besseres Know-how im Projekt bezüglich Umsetzung, Kommunikation, Konfliktlösung und Entscheidungsfindung | Reduzierte Aufstiegsmöglichkeiten und Arbeitsplatzsicherheit der Projektmitarbeitenden |
| Alle Projektmitarbeitenden berichten direkt dem Projektleiter | Abteilungsübergreifende Fachkenntnisse fehlen |
| Schnellere, gemeinsame Identität der Teammitglieder innerhalb des Projekts | Höhere Kosten durch nicht voll ausgelastete Mitarbeitende im Projekt möglich |

Die reine Projektorganisation eignet sich für Projekte mit grossem Umfang, die relativ wenig Berührung zu den herkömmlichen Aufgaben haben (z. B. Entwicklung einer völlig neuen Produktlinie). In Grossprojekten kann die reine Projektorganisation sogar einen eigenen rechtlichen Rahmen haben.

### B] Stabsorganisation

In der Stabsorganisation arbeitet der Projektleiter in Form eines Stabs mit Beratungsfunktion. Er hat wenig Autorität und Kompetenzen (Weisungsbefugnis). Die Projektverantwortung wird einem oder mehreren Linienvorgesetzten übertragen (der oder die nicht Teil des Projektteams sind). In dieser Organisationsform fungiert der Projektleiter daher eher als Projektkoordinator. Im Projekt arbeiten bestimmte Mitarbeitende teilweise oder temporär aus verschiedenen Linienabteilungen mit.

Abb. [6-6] **Die Stabsorganisation**

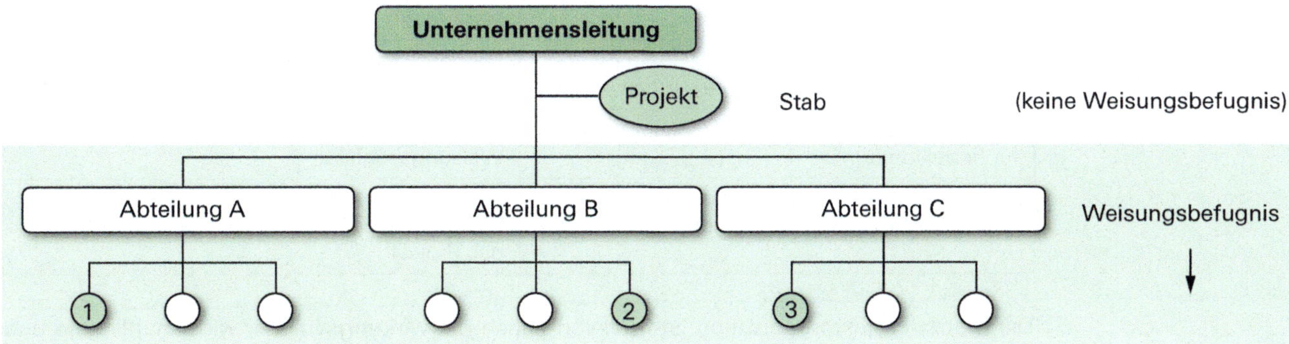


Abb. [6-7] **Vor- und Nachteile der Stabsorganisation**

| Vorteile | Nachteile |
|---|---|
| Integration der Linie fördert zielorientiertes und hilfreiches Arbeitsumfeld | Überschneidungen und Doppelspurigkeiten möglich |
| Fachwissen aus der Linie wird direkt ins Projekt integriert | Fehlende Unterstützung für das Projekt aus der Linienhierarchie |
| Kommunikation und Entscheidungen können durch Nutzen der Linie begünstigt werden | Grössere (technische) Investitionen sind schwieriger zu tätigen |

Obwohl diese Organisationsform für die Projektdurchführung ungünstige Voraussetzung (siehe Nachteile) schafft, wird sie häufig angewendet, weil sie problemlos und ohne (linien)organisatorische Umstellung eingeführt werden kann.

### C] Matrix-Projektorganisation

Gewisse Projekte betreffen **mehrere funktionale Bereiche** eines Unternehmens, was eine Zusammenarbeit dieser Bereiche nötig macht. Die Matrix-Projektorganisation lässt eine Verbindung der verschiedenen Unternehmensbereiche und von deren Fachwissen zu.

Die **Projektleiterin** ist dabei für die Planung und Kontrolle der Projektaufgaben zuständig, während die **Linienverantwortlichen** primär für das Tagesgeschäft verantwortlich sind. Daraus resultieren Kompetenzüberschneidungen zwischen dem Projektleiter und der Linie. Das Projekt bedient sich zur Aufgabenerfüllung bei den Ressourcen der Linie. Diese Projektorganisation verlangt darum gute Abstimmung und Zusammenarbeit, da jede Organisationseinheit mit Linie und Projekt **zwei Instanzen unterstellt** ist.

Abb. [6-8] **Die Matrix-Projektorganisation**

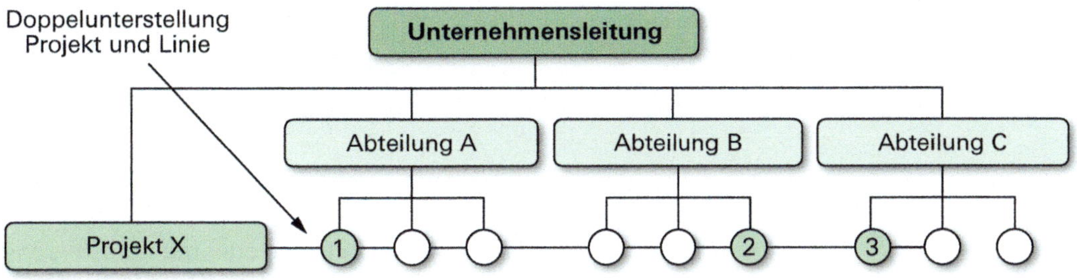

Abb. [6-9] **Vor- und Nachteile der Matrix-Projektorganisation**

| Vorteile | Nachteile |
|---|---|
| Benötigte Fachkenntnisse können bedarfsgerecht auf verschiedene Projekte verteilt werden | Längere Teambildungsphase bei Projektbeginn |
| Einbindung der Linie erhöht die Zustimmung für Projektmitarbeit | Doppelunterstellung schafft Koordinations- und Weisungskonflikte |
| Schnelles Zusammenstellen von Projektteams (grosse Ressourcenpools in Linie) | Eingeschränkte Konzentration einzelner Teammitglieder mit mehreren Aufgaben auf das Projekt |

Die Matrix-Projektorganisation ist in vielen Fällen die wirkungsvollste, wirtschaftlichste und unter Berücksichtigung der verfügbaren knappen Ressourcen die **einzig durchsetzbare Lösung.** Denn einerseits müssen die Unternehmen das in den Fachbereichen vorhandene Wissen erhalten und weiterentwickeln, andererseits müssen die Projektdurchführenden auf dieses Know-how zurückgreifen können, um im Interesse des Projekts – und damit des Unternehmens – den grössten Nutzen daraus ziehen zu können.

### 6.2.3 Rollen und Verantwortlichkeiten

Um die effiziente Zusammenarbeit im Projekt zu fördern, muss allen Personen eine spezielle Rolle (Aufgaben-, Verantwortungs-, Kompetenzprofil) zugeordnet werden. In einer **Rollenbeschreibung** sind mindestens folgende Punkte geregelt:

- Aufgaben bezogen auf das Projekt
- Zuständigkeiten und Verantwortung
- Kompetenzen

Eine Rollenbeschreibung entspricht sinngemäss einer Stellen- bzw. Funktionsbeschreibung. Es haben sich folgende, typischen Rollen kristallisiert:

Abb. [6-10] **Typische Rollen und Aufgabenträger in einem Projekt**

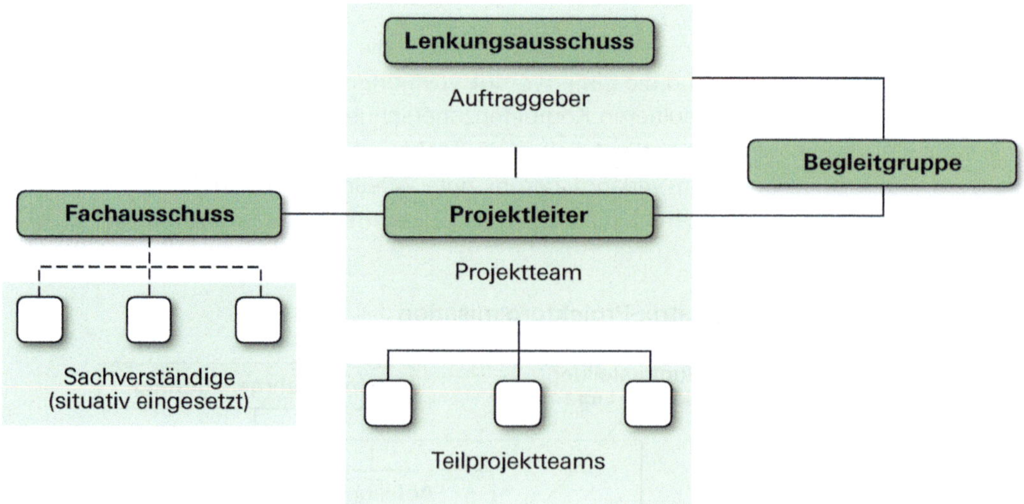


Die einzelnen **Projektrollen** können durch eine oder mehrere Personen besetzt werden. Diese Tatsache und die Besetzung weiterer, teilweise methodenspezifischer Rollen hängt von der Grösse des Projekts ab. Bei grösseren Projekten können **Teilprojekte** gebildet werden, die von Teilprojektleitenden geführt werden. Diese haben im (Haupt)projekt die Rolle der Projektmitarbeitenden, erhalten aber im Rahmen eines Teilprojekts zusätzliche Aufgaben, Kompetenzen und Verantwortungen.

### A] Auftraggeber

Der Auftraggeber ist in letzter Konsequenz verantwortlich für das Initiieren und das Durchführen des Projekts innerhalb des gesetzten Kosten- und Terminrahmens. Um das zu gewährleisten, muss der Auftraggeber über die oberste Entscheidungsinstanz im Projekt verfügen. Der Auftraggeber ist der «Vertragspartner» für den Projektleiter. Im guten Fall einigen sich die beiden «Vertragsparteien» mittels eines Projektauftrags über die relevanten Projektstellgrössen (Ziele, Ergebnisse, Kosten, Termine usw.). Aus unserer Erfahrung ist die kontinuierliche, gute Zusammenarbeit zwischen Auftraggeber und Projektleiter ein wesentlicher Faktor in erfolgreichen Projekten.

Ein Auftraggeber nimmt zudem Einsitz im Lenkungsausschuss des Projekts, der ihn bei der Ausübung seiner Verantwortung unterstützt.

Die Verantwortungen des Auftraggebers sind:

- Beantragen, Initiieren und Steuern des Projekts
- Abstimmung der Projektziele mit den übergeordneten Strategien und Prioritäten des Unternehmens bzw. der massgebenden Linienorganisation(en)
- Gesamtverantwortung für das Projekt und das Erreichen der damit verbundenen Ziele
- Beschaffung und Sicherstellen der wirtschaftlichen Rahmenbedingungen und Voraussetzungen (Finanzen, Ressourcen, Infrastruktur)
- Vertretung der Projektinteressen im Unternehmen
- Rechtzeitige Entscheidungen über Anträge und Massnahmen
- Akzeptanz des Projektleiters
- Mitwirkung der Fachunterstützung sicherstellen

### B] Lenkungsausschuss

Der Lenkungsausschuss (auch Projektausschuss, Steuerungsausschuss oder Steuergruppe genannt) ist eine Instanz, die den Auftraggeber bei zu treffenden Entscheidungen unterstützt. Für jedes grössere Projekt gibt es einen Lenkungsausschuss, der seine Arbeit nach Abschluss der Projektaufgabe wieder beendet. Der Lenkungsausschuss ist also ein temporäres, das Projekt begleitendes Gremium.

Im Lenkungsausschuss sind die Entscheidungs- und Verantwortungsträger für das Projekt zusammengefasst. Die abschliessende Entscheidungsinstanz verbleibt beim Auftraggeber. Dabei berücksichtigt er die Anliegen und Meinungen des Lenkungsausschusses bestmöglich.

Die Projektaktivitäten (Führung und Ausführung) werden vom Lenkungsausschuss zusammen mit dem Auftraggeber geleitet und überwacht (gesteuert).

Die Verantwortungen des Lenkungsausschusses sind:

- Beratung und Unterstützung des Auftraggebers in seinen Aufgaben
- Sicherstellen, dass Anliegen der Linie ins Projekt fliessen
- Sicherstellen, dass die Linie über das Projekt ausreichend informiert ist
- Frühzeitiges Einbringen von Anliegen der vertretenen Organisation
- Prüfung und Genehmigung der erstellten Ergebnisse und der Statusberichte
- Mitwirkung bei der Erarbeitung von Problemlösungen

Um diese Verantwortungen erfüllen zu können, muss der Lenkungsausschuss regelmässig zusammentreten. Je nach Projektdauer empfehlen wir dafür monatliche bis dreimonatliche Meetings an im Voraus festgesetzten Terminen. Abgesehen von dieser allgemeinen Regel sollte das Gremium auf Anforderung der Projektleitenden oder Auftraggeber auch kurzfristig zu ausserordentlichen Sitzungen bereit sein. Die Mitglieder können sich nicht vertreten lassen, weil sonst die Fähigkeit zur effizienten Unterstützung für den Auftraggeber durch fehlende Verantwortungs- und Entscheidungsbefugnis infrage gestellt wird.

### C] Projektleiter

Die Projektleitenden (auch Projektmanager genannt) sind die **Hauptverantwortlichen für das Projektmanagement.** Zu ihren wichtigsten Aufgaben gehören Planung, Koordination, Steuerung, Organisation sowie das Controlling des jeweiligen Projekts. Der Projektleiter vertritt das Projekt auch nach aussen.

In vielen Fällen ist der **fachliche Experte eines Projektthemas auch der Projektleiter.** Wir stellen jedoch immer wieder fest, dass diese Situation kontraproduktiv sein kann: Der Projektleiter involviert sich dadurch primär in die fachliche Lösung des Problems und vernachlässigt Leitungsaufgaben im Projektmanagement. Es ist förderlich, dass ein Projektleiter ein gewisses fachliches Verständnis hat. Dadurch kann er die für die Bewältigung eines Projekts erforderliche technische Kompetenz besser zusammenführen und koordinieren (statt zu dominieren). Eine Projektleitung kann auch von zwei Personen oder von einem kleinen Team wahrgenommen werden. Das ist dann hilfreich, wenn mehrere Sichtweisen in der Projektleitung vertreten sein sollen.

Die **Verantwortungen des Projektleiters** sind:

- Führen des Projekts zur Erreichung der System- (Projektziele, Ergebnisse) und der Vorgehensziele (Zeit, Kosten, Qualität) im Projekt
- Geeigneter Einsatz der wirtschaftlichen Mittel (Finanzen, Ressourcen, Infrastruktur)
- Führen des Berichtswesens und umfassende, regelmässige und situative Information der Projektsteuerung, damit sie ihre Steuerungs- und Entscheidungsaufgaben wahrnehmen kann
- Führen des Qualitäts-, Chancen-, Risiko- und Stakeholder-Managements
- Regelung der einzusetzenden Methoden, Praktiken und Werkzeuge und Sicherstellung von deren Anwendung
- Durchführen von Beschaffungen unter Einhaltung der Vorgaben
- Vorbereitung und Ausführen der Entscheidungen

### D] Fachausschuss

Der Fachausschuss soll das Projektteam informieren, unterstützen und beraten. Die Arbeit der Projektteams wird erleichtert, wenn das Projekt in den Phasen der Planung, Realisierung und Kontrolle von einem über das Projektteam hinausgehenden **Kreis von Führungskräften** unterstützt wird. Der Fachausschuss trägt dazu bei, **Fachwissen und Fachinformationen** insbesondere im Hinblick auf Auswirkungen, Risiken und Begleiterscheinungen an das Projektteam zu vermitteln. Andererseits soll er die Ergebnisse des Teams in die Fachbereiche hineintragen, sodass der Einführungs-, Informations- und Schulungsprozess erleichtert und verkürzt werden kann. Der Fachausschuss hilft, wichtige **Schnittstellen zu erkennen** und zu bearbeiten. Wenn die Fachbereiche, die durch Führungskräfte der operativen Ebene vertreten werden, die Lösungen des Projektteams mittragen, werden die Einführung und Durchsetzung der neuen Verfahren, die Abläufe und die Systeme günstig beeinflusst.

Die Mitglieder eines Fachausschusses werden vom **Lenkungsausschuss ernannt.** Damit der Fachausschuss eine sachbezogene Wirkung auf ein Projekt ausüben kann, sollte er bei Bedarf, mindestens jedoch vierteljährlich einberufen werden. Unterschiedliche Meinungen im Fachausschuss werden protokolliert, sind aber für das Projekt nicht bindend. Der Fachausschuss hat **Einspruchsrecht und -pflicht in Bezug auf Lösungsvorschläge des Projektteams,** das er gegenüber dem Lenkungsausschuss vertreten muss. Das soll vor allem Schaden abwenden, wenn eine Lösung aus Sicht der Fachbereiche den angestrebten Zweck nicht oder nur unzulänglich erreicht. Die letzte Entscheidungsinstanz bleibt beim Lenkungsausschuss.

### E] Sachverständige

Viele Projekte benötigen zur Bearbeitung von spezifischen Fragen Sachverständige, die **punktuell** oder **situativ** eingesetzt werden. Das können beispielsweise Juristen, Datenschutzfachleute oder Medienexpertinnen sein. Sie führen dem Projekt spezifisches Know-how zu oder helfen, ein Projektergebnis zu begutachten.

### F] Begleitgruppe

Die Begleitgruppe wird auch **Resonanzgruppe oder Sounding Board** genannt. Eine Begleitgruppe ist vor allem dann sinnvoll, wenn ein Projekt viele **Stakeholder-Gruppen** hat, die sehr unterschiedliche Erwartungen an das Projektergebnis haben. In der Begleitgruppe sind dann die verschiedenen Stakeholder-Gruppen vertreten. Sie setzt sich mit dem Projekt auseinander und gibt Feedback, bringt Erwartungen einschliesslich Befürchtungen vor und hilft, mögliche Akzeptanzprobleme frühzeitig zu erkennen und zu bearbeiten. Sie sorgt für eine Berücksichtigung der Stakeholder und fördert damit die Integration und Nutzung der Projektergebnisse.

### G] Projektmitarbeitende

Die Projektmitarbeitenden, die zum Projektteam vereint werden, sind **wichtige Aufgabenträger im Projekt.** In mittleren und grossen Projekten erfordert das anfallende Aufgabenvolumen in den meisten Fällen den Einsatz von Personengruppen zur Durchführung der Projektaufgaben. Die Projektmitarbeitenden sollten über die fachliche Kompetenz verfügen, um die Projektzielsetzung zu realisieren. Sie können intern oder extern rekrutiert werden. Grundsätzlich sind die Projektmitarbeitenden im Rahmen und für die Dauer eines Projekts dem Projektleiter hierarchisch unterstellt. Im Einzelfall hängt das aber von der unternehmensspezifischen Projektmanagement-Organisation ab.

## 6.2.4 RACI-Diagramm

Das **RACI-Diagramm** eignet sich gut, um die rollenspezifische Zuordnung von Aufgaben und Kompetenzen zu klären. RACI steht für:

- **R = Responsible =** Durchführungsverantwortung: Rolle (Person), die für die Durchführung verantwortlich ist. Sie kann die Aktivität selbst durchführen oder delegieren. Die Verantwortung verbleibt jedoch immer bei der entsprechenden Rolle.
- **A = Accountable =** Kosten- bzw. Gesamtverantwortung: Rolle (Person), die im rechtlichen oder kaufmännischen Sinn die Verantwortung trägt. Sie genehmigt, billigt oder unterschreibt das Ergebnis der Aufgabe.
- **C = Consulted =** Konsultationspflicht: Rolle (Person), die vielleicht nicht direkt an der Umsetzung beteiligt ist, aber relevante Informationen für die Umsetzung hat und deshalb befragt werden soll bzw. muss.
- **I = Informed =** Informationsrecht: Rolle (Person), die Informationen über den Verlauf bzw. das Ergebnis der Aufgabe erhält oder die Berechtigung besitzt, Auskunft zu erhalten.

Abb. [6-11] **Beispiel eines RACI-Diagramms**

| | Auftraggeber | Projektleiter | Leiter PL-Pool | Mitarbeiter | Sachverständige |
|---|---|---|---|---|---|
| **Projektauftrag erstellen** | R / A | C | I | | C |
| **Projektleiter ernennen** | A | C | R | | |
| **Projektorganisation definieren und vereinbaren** | A | R | C | I | I |
| **Projektziele definieren und vereinbaren** | A | R | I | I | C |
| **Lieferergebnisse vereinbaren** | A | R | I | C | |
| **Usw.** | | | | | |

## 6.3 Kommunikationsinfrastruktur und Projekt-Meetings

### 6.3.1 Festlegen projektbezogener Grundlagen

Die Regeln und Richtlinien der projektinternen Kommunikation werden im Rahmen der Projektinitialisierung definiert und in einem **Projekthandbuch** dokumentiert. Das Projekthandbuch dient als einheitliche Handlungsgrundlage für alle Projektbeteiligten und legt damit den allgemeingültigen technischen, methodischen und organisatorischen Rahmen fest.

**Beispiel**

Die Kommunikationsprozesse im Projekt sind stark durch **Projekt-Meetings** geprägt. Ein geordneter Informationsfluss lässt sich gut über einen geeigneten Meeting-Plan steuern. Das folgende Beispiel zeigt eine mögliche Umsetzung eines **Meeting-Plans** und die Dokumentation in einem Projekthandbuch.

Abb. [6-12] **Meeting-Plan und Dokumentation in einem Projekthandbuch**

| Meeting-Typ | Zweck | Inhalt | Teilnehmende | Häufigkeit |
|---|---|---|---|---|
| Lenkungsausschuss | Meeting zur Kontrolle des Projekts bezüglich Terminen, Projektfortschritt, Qualität und Kosten sowie zur Behandlung von Projektanträgen und Problemen, Eskalationsstufe | • Statusbericht<br>• Meilensteine, Phasenplan<br>• Kostenübersicht<br>• Ergebnisse, Lieferobjekte<br>• Probleme, Risiken<br>• Anträge, Entscheidungen, Aufträge<br>• Pendenzen<br>• Nächste Termine | • Lenkungsausschuss<br>• Projektleiter<br>• Qualitäts- und Risikomanager | Nach Bedarf, mind. 3× jährlich |
| Status-Meeting | Meeting zur Koordination des Projekts und der Teilprojekte untereinander | • Statusberichte zum Projekt und zu Teilprojekten<br>• Projektplanung<br>• Probleme, Risiken<br>• Aktuelle Themen<br>• Pendenzen | • Projektleiter<br>• Teilprojektleiter<br>• Projektassistenz | Monatlich |
| Arbeitsgruppen-Meeting (AGS) | Meeting zur Koordination der Arbeitsgruppe bzw. des Arbeitspakets | • Besprechung der Arbeiten<br>• Planung<br>• Qualitätssicherung<br>• Probleme, Risiken<br>• Pendenzen | • AG-Verantwortlicher<br>• Mitarbeitende in Arbeitsgruppe bzw. am Arbeitspaket | Nach Bedarf |
| Workshops, sonstige Meetings | Nach Thema | Nach Thema | Nach Bedarf | Nach Bedarf |

**Hinweis** Lesen Sie die Ausführungen zur Kompetenz «Projektdesign», Kapitel 2, S. 25, «Planung und Steuerung», Kapitel 11, S. 140 und «Stakeholder», Kapitel 13, S. 170.

### 6.3.2 Erfolgreiche Projekt-Meetings

Projekt-Meetings sind feste Bestandteile eines Projekts. Sie sind offizielle Zusammenkünfte von Personen aus dem Projektkern und dem Projektumfeld, bei denen projektbezogene Informationen ausgetauscht, Probleme erörtert oder Entscheidungen gefällt werden.

**Beispiel** **Projekt-Meetings**

Kick-off-Meeting, Status-Meeting, Lenkungsausschuss-Meeting, periodisches Team-Meeting, Workshops, Review-Meeting, Problemlösungs-Meeting, Meilenstein-Meeting, Arbeitsgruppen-Meeting, Abschluss-Meeting, Daily Scrum, Sprint Review, Sprint-Retrospektive usw.

#### A] Erfolgsfaktoren

Unabhängig von der Art und dem Ziel der Projekt-Meetings gibt es Voraussetzungen für erfolgreiche Projekt-Meetings, also Meetings, in denen die gesteckten Ziele erreicht werden. Das folgende Mindmap zeigt die Einflussfaktoren auf den Meeting-Erfolg:

**Abb. [6-13] Einflussfaktoren für erfolgreiche Projekt-Meetings**

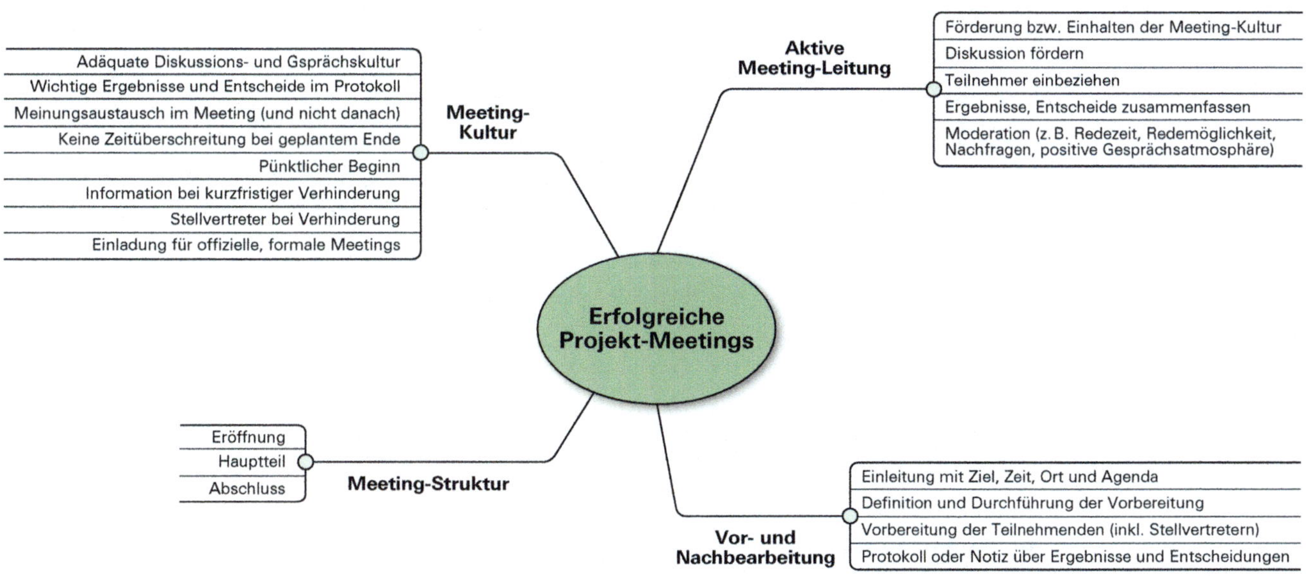


Zur Klärung des Ablaufs eines Projekt-Meetings dient nachstehende Checkliste.

Abb. [6-14] **Ablauf einer Projektsitzung – eine Checkliste**

| Phase | Aspekte | Aufgaben / Fragen |
|---|---|---|
| Eröffnung | Begrüssung | • Begrüssung der Teilnehmenden |
| | Vorstellung | • Sitzungsleiter und (neue) Teilnehmende vorstellen (lassen) |
| | Absenzen | • Absenzen und Einfluss auf Sitzungsverlauf abklären |
| | Einführung in das Thema | • Grund der Projektsitzung erläutern |
| | Abgrenzung des Themas | • Was gehört zum Thema?<br>• Was gehört nicht zum Thema?<br>• Welches sind die Schnittstellen zu anderen Projekten? |
| | Zielsetzung | • Welche Ziele sollen erreicht werden? |
| | Ablauf und Zeitplan | • Ablauf und Zeitplan der Projektsitzung aufzeigen |
| | Funktionen | • Wer beantwortet ggf. methodische Fragen?<br>• Wer beantwortet ggf. fachliche Fragen?<br>• Wer leitet die Diskussion? |
| | Regelungen | • Welche Umgangs- bzw. Spielregeln gelten?<br>• Was ist ausdrücklich erlaubt bzw. erwünscht?<br>• Was ist ausdrücklich nicht erlaubt bzw. nicht erwünscht? |
| | Protokoll | • Wer protokolliert die Sitzung?<br>• Wer redigiert und verteilt das Sitzungsprotokoll bis wann? |
| | Fragen | • Feedback der Teilnehmenden abholen |
| Hauptteil | Methode | • Mit welcher Methode wird das Thema behandelt? |
| | Arbeitstechniken | • Welche Arbeitstechniken werden eingesetzt? |
| | Bearbeitung | • Themen im Plenum oder in Gruppen bearbeiten<br>• Alle Sichtweisen bzw. erarbeiteten Aspekte zusammentragen |
| | Präsentation der Zwischenergebnisse | • Zwischenergebnisse aufzeigen<br>• Zwischenergebnisse visualisieren |
| | Fragen | • Feedback der Teilnehmenden abholen |
| Abschluss | Zusammenfassung der Ergebnisse | • Welche Ergebnisse wurden erzielt?<br>• Welche Erkenntnisse werden daraus gezogen? |
| | Entscheidung(en) | • Welche Beschlüsse werden gefasst? |
| | Fazit | • Welche Ziele wurden erreicht?<br>• Welche Ziele wurden nicht erreicht? |
| | Fragen | • Feedback der Teilnehmenden abholen |
| | Ausblick | • Nächste Projektsitzung vereinbaren |
| | Verabschiedung | • Dank oder Anregung an die Teilnehmenden |

### B] Rollen in Projekt-Meetings

Die **Zuteilung von klaren Rollen** hat einen wesentlichen Einfluss auf die Zielerreichung und die Effizienz von Projekt-Meetings. Je nach Art des Meetings gibt es mehr oder weniger Rollen zu verteilen. In den meisten Fällen sind jedoch folgende Rollen vertreten:

- **Meeting-Leiter (oder Moderator):** Der Meeting-Leiter leitet das Meeting. Er hilft den Teilnehmenden, sich durch die vorgesehene Agenda zu arbeiten. Projektleitende müssen in der Lage sein, diese Rolle auszuführen. Je nach Ziel des Meetings kann sie jedoch auch von einer anderen Person oder von einem neutralen Moderator übernommen werden.
- **Protokollführer:** Das Ziel vieler Projekt-Meetings ist die Entscheidungsfindung in unterschiedlichen Ausprägungen und Bereichen. Sobald das der Fall ist, muss man die Rolle des Protokollführers zwingend einer teilnehmenden Person zuweisen. Der Protokollführer dokumentiert möglichst **objektiv** die wichtigsten Diskussionspunkte bzw. getroffenen Entscheidungen.

- **Teilnehmende:** Die Teilnehmenden leisten den grössten sachbezogenen Beitrag zum Erfolg des Meetings. Dazu ist die **Vorbereitungsarbeit jedes Teilnehmers** notwendig. Die Vorbereitung leitet sich aus den jeweiligen Meeting-Zielen ab. Es hilft den Teilnehmenden, sich gut auf ein Meeting vorzubereiten, wenn der erwartete Beitrag pro Teilnehmer explizit kommuniziert wird.

### C] Adäquate Vor- und Nachbereitung

Die Bedeutung der sorgfältigen Vorbereitung von Projekt-Meetings wird oft unterschätzt. **Zwingend** sind mindestens folgende Aspekte zu klären:

- Notwendigkeit beurteilen.
- Themen und Ziele festlegen.
- Teilnehmende bestimmen.
- Methoden und Arbeitstechniken auswählen.
- Zeitplan aufstellen.
- Einladung erstellen und verschicken.
- Räume und Sachmittel vorbereiten.

Der Projektleiter kann einen grossen Lerneffekt erzielen, wenn er ein Meeting unmittelbar nach dem Abschluss selbstkritisch auswertet. Die folgende Tabelle beinhaltet Schlüsselfragen für die Nachbereitung.

Abb. [6-15] **Meeting nachbereiten – Schlüsselfragen**

| Aspekt | Fragen |
|---|---|
| Vorbereitung | • War ich ausreichend vorbereitet?<br>• Worauf war ich nicht vorbereitet? |
| Durchführung | • Wie schätze ich meine Leistung als Sitzungsleiterin ein?<br>• Wie verlief die Sitzung aus Sicht der Teilnehmenden?<br>• Wie verlief die Sitzung aus Sicht der Leitung?<br>• Gab es methodische Probleme bei der Durchführung?<br>• Gab es technische Probleme bei der Durchführung?<br>• Gab es organisatorische Probleme bei der Durchführung?<br>• Gab es zwischenmenschliche Probleme bei der Durchführung? |
| Teilnehmende | • Waren die «richtigen» Teilnehmenden anwesend?<br>• Waren die Teilnehmenden zu Beginn motiviert?<br>• Wie verhielten sich die Teilnehmenden im Verlauf des Meetings? |
| Ziele | • Welche Ziele wurden erreicht und welche nicht?<br>• Warum wurden bestimmte Ziele nicht erreicht?<br>• Was könnte anders gemacht werden? |
| Fazit | • War die Sitzung ein Erfolg oder Misserfolg?<br>• Welches waren die Gründe für einen Erfolg oder Misserfolg?<br>• Wo besteht am meisten Verbesserungspotenzial? |
| Erkenntnis | • Was nehme ich für das nächste Meeting mit?<br>• Was mache ich anders und wie? |

## 6.4 Organisation im Projekt einführen

Die Organisation eines Projekts endet nicht mit der Festlegung eines Organigramms. Es ist die Verantwortung der Projektleitenden, die **Effektivität und Effizienz der Projektorganisation** zu gewährleisten. Dazu empfehlen wir diese **Aktivitäten:**

### 6.4.1 Organisation implementieren und bekannt machen

Die Personen, die eine Rolle in einem Projekt wahrnehmen sollen, müssen wissen, was von ihnen erwartet wird. Dabei helfen einerseits **Rollenbeschreibungen** (z. B. AKV = Aufgaben, Kompetenzen, Verantwortung oder RACI = Responsible, Accountable, Consulted, Informed). Andererseits müssen die geplanten Rollen unbedingt mit den verantwortlichen Personen abgemacht werden. Holen Sie dazu von allen Personen das **eindeutige Einverständnis** bezüglich Willen (Interesse) und Möglichkeit (Fähigkeit, Kapazität) zur Teilnahme am Projekt auf Basis der Organisation und der Rollenbeschreibung ein.

### 6.4.2 Organisation überwachen

Es gibt verschiedene Gründe, warum eine Projektorganisation nicht «funktioniert». Wir empfehlen die laufende Überwachung über diese Fragestellungen:

- **Effektivität:** Erfüllen die Projektbeteiligten die Erwartungen bezüglich Fachwissen, Kapazität und Willen?
- **Effizienz:** Werden die zu erarbeitenden Projektergebnisse bezüglich Arbeitsabfolge, Delegation und Zusammenarbeit der Projektbeteiligten wie geplant erstellt? Wenn nein: Wiederholen sich Muster?
- **Unterstützung und Entscheidungen:** Werden die angefragten Unterstützungen durch das Projektumfeld geleistet? Werden die notwendigen Entscheidungen auf allen Stufen gefällt?
- **Information und Kommunikation:** Fliessen die notwendigen Informationen? Ist die Kommunikation zwischen den Projektbeteiligten adäquat?
- **Anforderung an Projektorganisation:** Haben sich im Verlauf des Projekts die Anforderungen an die Projektorganisation verändert?

### 6.4.3 Organisation anpassen

Aufgrund der Antworten auf die Fragestellungen bei der Überwachung der Organisation und weiterer organisationsbedingter Feststellungen empfiehlt sich erst mal eine **Analyse der spezifischen Ursachen.** Weist die Ursachenanalyse auf die aktuelle Projektorganisation hin (z. B. nicht wahrgenommene Entscheidungsverantwortungen, fehlende oder überzählige Rollen, ungenügende Rollenbesetzung, nicht erfüllte Kapazitäten), sollte der Projektleiter den Mut haben, diese infrage zu stellen. In den meisten Fällen kann der Projektleiter nicht selbst über eine Veränderung in der Projektorganisation entscheiden. Er muss das beim entsprechenden Entscheidungsgremium (Auftraggeber und / oder Lenkungsausschuss) beantragen. Mittel dazu sind beispielsweise:

- Risikomanagement
- Berichterstattung
- Änderungsantrag

Messgrössen

- Beurteilt und dokumentiert den Informations- und Dokumentationsbedarf des Projekts
- Führt unterschiedliche formelle und informelle Kommunikationsarten ein
- Legt auf Basis der Bedürfnisse der Organisation die Merkmale des Projekts fest
- Erklärt die grundsätzlichen Möglichkeiten, eine temporäre Organisation zu strukturieren
- Entwickelt ein Governance-System
- Definiert die Verantwortlichkeiten der Schlüsselpersonen im Projekt
- Identifiziert Beziehungen und Schnittstellen zu den Corporate-Governance-Regeln
- Identifiziert und dokumentiert die Unterschiede zwischen den Linien- und den Projektbefugnissen
- Erklärt Zweck und Inhalt von Informationsprozessen
- Verteilt interne Informationen mithilfe verschiedener Methoden
- Stellt sicher, dass redundante Informationen begrenzt und / oder verhindert werden
- Erklärt die Vorteile verschiedener Arten von Meetings
- Erklärt, was eine Kommunikationsinfrastruktur umfasst
- Führt Planungs- und Steuerungsmechanismen ein (z. B. Dokumentation wichtiger Entscheidungen)
- Führt neue Organisationsstrukturen ein
- Überwacht die Organisation einschliesslich der beteiligten Rollen
- Passt bei Bedarf die Organisation einschliesslich der beteiligten Rollen an

Repetitionsfragen

24 Welche drei Merkmale müssen Informationen erfüllen?

25 Warum ist eine Projektorganisation erforderlich?

26 Sie haben verschiedene Formen der Projektorganisation kennengelernt. Notieren Sie in der Tabelle je den grössten Vor- und Nachteil der einzelnen Formen aus Ihrer Sicht als Projektleiter.

| Organisationsform | Grösster Vorteil | Grösster Nachteil |
|---|---|---|
| Reine Projektorganisation | | |
| Stabsorganisation | | |
| Matrix-Projektorganisation | | |

27 Nennen Sie die wichtigsten drei Aufgaben des Auftraggebers eines Projekts. Begründen Sie Ihre Antwort.

| Wichtigste Aufgaben | Begründung |
|---|---|
| | |
| | |
| | |

28 Ordnen Sie die folgenden Begriffe den Erklärungen in der Tabelle zu. Notieren Sie nur den entsprechenden Buchstaben.

A] Fachausschuss

B] Reine Projektorganisation

C] Lenkungsausschuss

D] Begleitgruppe

E] Stabsorganisation

F] Matrix-Projektorganisation

| Erklärung | Wahl |
|---|---|
| Organisationsform, bei der die Stammorganisation bestehen bleibt und nur durch eine projektleitende Stabsstelle ergänzt wird | |
| Organisationsform mit eigenständiger Linienorganisation für ein Projekt | |
| Organisationsform, bei der sowohl eine vertikal, nach Funktionen gegliederte Organisationsstruktur als auch eine horizontal wirkende und projektbezogene Organisationsstruktur besteht | |
| Gremium, das sich insbesondere bei vielen Stakeholder-Gruppen mit dem Projekt auseinandersetzt und Feedback gibt | |
| Gremium, das bei grösseren Projekten den Auftraggeber bei Entscheidungen unterstützt | |
| Gremium, das das Projektteam informiert, unterstützt und fachlich berät | |

# 7 Qualität

**Lernziele**

Nach der Bearbeitung dieses Kapitels können Sie …

- die vier Hauptaktivitäten zur Förderung der Qualität nennen.
- Vorgehen zur Festlegung von Qualitätsschwerpunkten beschreiben.
- erläutern, wie Qualitätsmanagement in agilen Projekten funktioniert.
- bei Qualitätsmängeln ein Qualitätsreview durchführen und Massnahmen ergreifen.

**Schlüsselbegriffe**

agiles Projektvorgehen, Prüftechniken, Qualität, qualitätsbezogene Berichterstattung, Qualitäts-Controlling, Qualitätslenkung, Qualitätsmanagementplan, Qualitätsplanung, Qualitätsprüfung, Qualitätsschwerpunkte, Qualitätssicherung, Qualitätsziele, Validierung, Verifikation

### Definition gemäss ICB4

«Qualität» umfasst zwei massgebende Einflussgrössen. Einerseits geht es um die Qualität des Prozesses, also die Art und Weise, in der das Projekt organisiert wird, sowie um die Entwicklung, Einführung und Prüfung von Standards für das Qualitätsmanagement in Teilprojekten und Aufgaben. Andererseits geht es um die Resultate, die Sicherung und Kontrolle von Ergebnissen (Produkte) und Wirkung des Projekts. Qualität umfasst alle Teile des Projekts über den gesamten Lebenszyklus von der Einleitung bis hin zur Übergangsphase und zum Abschluss des Projekts.

### Zweck gemäss ICB4

Die Kompetenz «Qualität» versetzt den Einzelnen in die Lage, die Qualität der zu erbringenden Ergebnisse sowie des zu organisierenden Lieferprozesses festzulegen und zu steuern. Die Qualität stellt ein unerlässliches Instrument für das Management der Nutzenrealisierung dar.

### Beschreibung gemäss ICB4

Qualität in Projekten betrifft einerseits die Sicherung der geforderten Qualität von erbrachten (intermediären) Dienstleistungen oder gelieferten Produkten. Andererseits geht es um die Gewährleistung der ordnungsgemässen Einführung von Qualitätsprozessen im gesamten Projekt.

Die Sicherstellung, dass Qualitätsprozesse ordnungsgemäss eingeführt sind, besteht darin, einen Standard festzulegen und dessen Effizienz zu messen. Normalerweise beruht dieser Vorgang auf den Qualitätsstandards und -methoden der Organisation hinter dem Projekt, als Auftraggeber oder als Lieferant. Diese müssen auf das jeweilige Projekt zugeschnitten und anschliessend eingeführt, gemessen und angepasst werden.

**Hinweis**

Folgende Kompetenzen sind mit «Qualität» verknüpft und werden in den entsprechenden Kapiteln behandelt:


- Alle weiteren Kompetenzen des Kompetenzbereichs Praktiken, Teil B, S. 23
- Kompetenz «Governance, Strukturen und Prozesse», Kapitel 26, S. 301
- Kompetenz «Compliance, Standards und Regulationen», Kapitel 27, S. 318
- Kompetenz «Kultur und Werte», Kapitel 29, S. 332
- Kompetenz «Teamarbeit», Kapitel 20, S. 243
- Kompetenz «Vielseitigkeit», Kapitel 22, S. 265
- Kompetenz «Ergebnisorientierung», Kapitel 24, S. 283

## 7.1 Qualitätsmanagementplan

Qualitätsmanagement in Projekten umfasst alle Massnahmen und Aktivitäten, mit denen man die **Qualitätsziele und -erwartungen** erreichen kann. Dazu gehören auch bestimmte Vorgehensweisen zur Qualitätsplanung, Qualitätslenkung (beeinflusst primär die Prozessqualität), Qualitätsprüfung (beeinflusst primär die Ergebnisqualität) sowie Qualitätsverbesserung. Mit einem adäquaten Qualitätsmanagement stellen wir in Projekten sicher, dass die Projektresultate der geplanten (= von Stakeholdern erwarteten) Qualität genügen.

Die folgende Grafik zeigt die **Hauptaktivitäten zur Förderung der Qualität** nach dem Prinzip des Regelkreises. Dieser dient zur Verifikation und Validierung der vereinbarten Qualitätsziele für ein Projekt.

Abb. [7-1] **Hauptaktivitäten zur Förderung der Qualität**

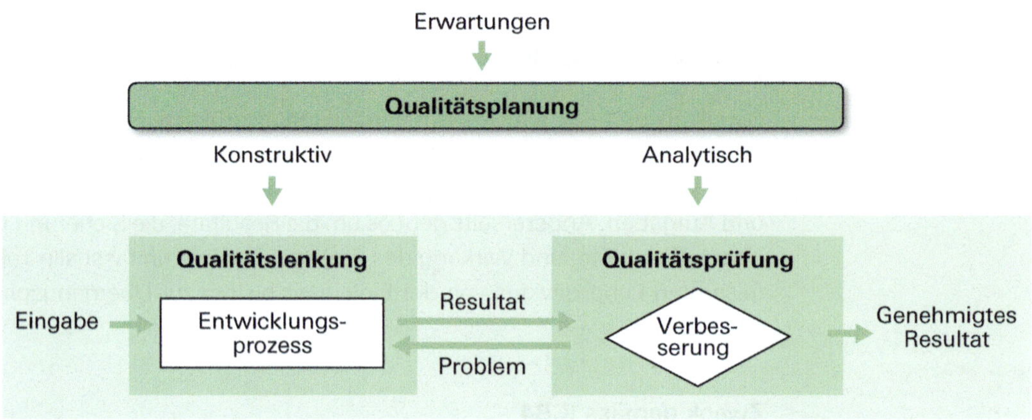


Wir erklären die in der Grafik verwendeten Begriffe im folgenden Text:

- **Qualitätsplanung:** Die Qualitätsmanagementplanung hat zum Ziel, die für das Projekt relevanten Qualitätsstandards zu identifizieren und festzulegen, wie diese erreicht werden können. Dazu wird ein **Qualitätsplan** erstellt. In diesem werden spezifische Vorgaben gemacht und das gewählte Vorgehen für die konstruktive (Fehler verhindern) und analytische (Fehler finden) Planung wird beschrieben.
  Basierend auf den Projektanforderungen und einer Risikoanalyse werden die **Qualitätsschwerpunkte** festgelegt, die Qualitätsorganisation (Rollen, Aufgaben, Kompetenzen, Verantwortungen) und der Umfang der Qualitätslenkung und Qualitätsprüfung werden definiert.
- **Qualitätslenkung:** Die Qualitätslenkung übernimmt die Steuerung, Korrektur und Überwachung von auf Qualität ausgerichteten Prozessen. Sie beinhaltet somit vorbeugende, überwachende und korrigierende Methoden, Arbeitstechniken und Tätigkeiten, um die geforderte Qualität zu erzielen. Das bedeutet, dass die Qualitätslenkung **möglichst optimale Bedingungen** für das Erstellen eines qualitativ hochwertigen Ergebnisses «konstruiert». Entsprechend bildet die Qualitätslenkung den konstruktiven Teil des Qualitätsmanagements ab.
- **Qualitätsprüfung:** Die Qualitätsprüfung deckt **Qualitätsdifferenzen** zwischen dem Ergebnis und der Planung auf. Bei der Qualitätsprüfung wird kontrolliert, ob ein Ergebnis den definierten Anforderungen entspricht oder nicht. Die Arbeitsweise der Qualitätsprüfung ist vergleichend und analytisch. Ebenfalls zur Qualitätsprüfung gehören Entscheidungen darüber, wie mit festgestellten Mängeln oder Abweichungen verfahren werden soll (z. B. Korrekturen, Erweiterungen, Rückweisungen).

**Hinweis** Details zu Verifikation und Validierung finden Sie in den entsprechenden Kapiteln 7.3, S. 106 und 7.4, S. 108.

## 7.1.1 Anforderungs- und risikobasierte Qualitätsziele

An ein Projekt werden implizite (stille Erwartungen) und explizite (Ziele) Erwartungen / Anforderungen gestellt. Die Erfüllung der Anforderungen wird von verschiedenen Faktoren (Chancen und Risiken) beeinflusst. Ist die Erfüllung einer wichtigen **Projektanforderung** durch ein Risiko gefährdet, wird das als Qualitätsschwerpunkt betrachtet, der zu konkreten Qualitätszielen führt. Durch die Fokussierung auf Qualitätsschwerpunkte wird für das spezifische Projekt ein effektives und angemessenes Vorgehen sichergestellt (siehe Abbildung).

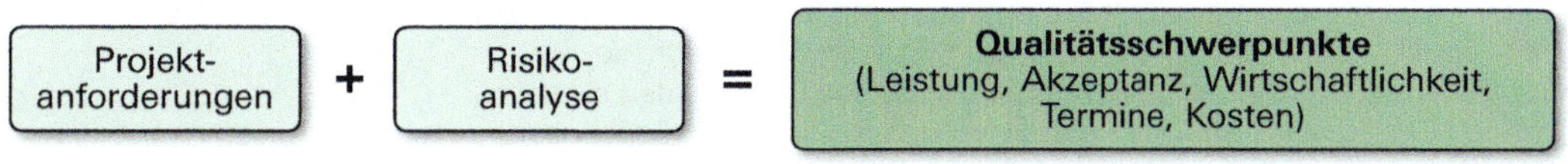


Die möglichen **Qualitätsschwerpunkte** werden aus Erfolgsfaktoren wie Leistung, Akzeptanz, Wirtschaftlichkeit, Kosten und Termine ausgewählt. Dazu kann wie folgt vorgegangen werden:

- Die Qualitätsschwerpunkte werden gemäss den Projektanforderungen als **sehr wichtig, wichtig oder weniger wichtig** eingestuft und damit priorisiert. Die so eingestuften Anforderungen sind ein erster Lenkungshinweis für Schwerpunkte.
- Anhand einer separaten **Risikoanalyse** werden die Projektgrössen nach bedrohlichen, beachtlichen und akzeptablen Risiken beurteilt.
- Aufgrund der Projektanforderungen und der **Risikobeurteilung** wird festgelegt, ob eine Projektgrösse ein Qualitätsschwerpunkt ist oder nicht.

**Beispiel**

**Qualitätsschwerpunkte**

Das unten stehende Beispiel zeigt ein ausgefülltes Schema zur Festlegung von Qualitätsschwerpunkten anhand bestimmter, für ein Projekt relevanter Erfolgsfaktoren.

| Erfolgsfaktor | Projektanforderung | Risikobeurteilung | Qualitätsschwerpunkt |
|---|---|---|---|
| Erfüllung Leistung und Funktionalität | ☒ Sehr wichtig<br>☐ Wichtig<br>☐ Weniger wichtig | ☐ Bedrohliches Risiko<br>☒ Beachtliches Risiko<br>☐ Akzeptables Risiko | ☒ Ja<br>☐ Nein |
| Akzeptanz | ☒ Sehr wichtig<br>☐ Wichtig<br>☐ Weniger wichtig | ☐ Bedrohliches Risiko<br>☒ Beachtliches Risiko<br>☐ Akzeptables Risiko | ☒ Ja<br>☐ Nein |
| Wirtschaftlichkeit | ☐ Sehr wichtig<br>☐ Wichtig<br>☒ Weniger wichtig | ☐ Bedrohliches Risiko<br>☐ Beachtliches Risiko<br>☒ Akzeptables Risiko | ☐ Ja<br>☒ Nein |
| Kosteneinhaltung | ☐ Sehr wichtig<br>☐ Wichtig<br>☒ Weniger wichtig | ☐ Bedrohliches Risiko<br>☐ Beachtliches Risiko<br>☒ Akzeptables Risiko | ☐ Ja<br>☒ Nein |
| Termintreue | ☐ Sehr wichtig<br>☒ Wichtig<br>☐ Weniger wichtig | ☐ Bedrohliches Risiko<br>☒ Beachtliches Risiko<br>☐ Akzeptables Risiko | ☒ Ja<br>☐ Nein |

## 7.1.2 Massnahmen im projektbezogenen Qualitätsmanagement

Damit nur Massnahmen ergriffen werden, die **notwendig** sind, muss der Projektleiter diese Massnahmen direkt von den vorgängig bestimmten Qualitätsschwerpunkten im Projekt ableiten.

Für jeden Qualitätsschwerpunkt werden **Massnahmen** mit den zu erbringenden Nachweisen und den verantwortlichen Personen definiert.

Die folgende Tabelle zeigt mögliche Massnahmen pro Qualitätsschwerpunkt und ihre Zuordnung zu den Aufgabenbereichen Qualitätslenkung und Qualitätsprüfung.

**Beispiel** **Massnahmen pro Qualitätsschwerpunkte**

| Q-Schwerpunkte | Massnahmen Qualitätslenkung | Massnahmen Qualitätsprüfung |
|---|---|---|
| Leistung | • Prüfung der Aufgabenpakete bezüglich Vollständigkeit bei Projektbeginn<br>• Beurteilung der fachlichen Eignung der Projektmitarbeitenden bei Projektbeginn oder am Ende der Analysephase<br>• Stichprobenweise Prüfung des methodischen Vorgehens für formelle Reviews | • Formelle Reviews aller Konzepte, Spezifikationen, Pflichtenhefte, Verträge<br>• Vernehmlassung von Prüfplan, Testkonzept und Testplan |
| Akzeptanz | • Prüfung, ob alle relevanten Stakeholder ins Projekt einbezogen sind<br>• Stichproben bezüglich Projektmarketing | • Formelles Review des Anforderungskatalogs und des Pflichtenhefts durch Benutzervertreter |
| Wirtschaftlichkeit | • Sicherstellen, dass Business Case erstellt wird und periodisch nachgeführt wird | • Formelle Reviews des Business Case durch Stakeholder auf Business-Seite nach Projektbeginn, vor Realisierungsphase und vor Projektende |
| Projekttermine | • Periodische Kontrolle der Einsatzplanung auf Aktualität und Vollständigkeit<br>• Coaching des Projektleiters | • Vernehmlassung der Projektplanung bei Projektbeginn und vor Realisierungsphase |

## 7.2 Prüfung der Lieferobjekte

Im Rahmen der Qualitätsprüfung begibt der Projektleiter die projektbezogenen Lieferobjekte zur Prüfung. Er erhält damit die Rückmeldung der Prüfer, ob das Lieferobjekt gegenüber den Vorgaben Fehler aufweist oder nicht. Diese Überprüfung ist sowohl bezogen auf die Systemziele (z. B. funktionale Anforderungen) als auch auf die Verfahrensziele (z. B. Einhaltung von Normen) hin durchzuführen.

### 7.2.1 Prüftechniken

Zur Qualitätsprüfung der Lieferergebnisse können verschiedene **ergebnis- und prozessbezogene Techniken** eingesetzt werden. Welche Technik zur Anwendung kommt, hängt ab von

- der Art des Prüflings (Ergebnis / Prozess),
- dem mit einem Fehler verbundenen Risiko und
- der Menge zur Verfügung stehender qualifizierter Gutachter.

Die geeignete **Auswahl der Techniken** ist Teil der ergebnisbezogenen Qualitätsmanagementplanung. Prüftechniken können in drei Kategorien eingeteilt werden. Die folgende Grafik zeigt diese und die am häufigsten eingesetzten Prüftechniken.

Abb. [7-2] **Kategorien von Prüfungen und wichtige Prüftechniken**

| Kategorie | Beschreibung | Techniken |
|---|---|---|
| Statische Prüfungen | Bei den statischen Prüfungen wird das eigentliche Prüfobjekt nicht geprüft. Die Prüfung erfolgt durch das Studium der Beschreibungen. Beschreibungen können in der Form von Texten oder auch Modellen vorliegen. Statische Prüfungen werden eher zu Beginn eines Projekts eingesetzt. | • Formales Review<br>• Vernehmlassung<br>• Walkthrough<br>• 4-Augen-Prinzip<br>• Audit |
| Dynamische Prüfungen | Bei den dynamischen Prüfungen wird das Prüfobjekt «ausgeführt», d. h. in Betrieb genommen (z. B. werden mit einer neu entwickelten Kaffeemaschine 1 000 Tassen Kaffee zubereitet). In der Softwareentwicklung werden Programme gestartet und von ausgewählten Nutzern bedient. Zu den dynamischen Prüfungen gehören Techniken wie Tests oder auch Leistungsmessung. | • Test<br>• Leistungsmessung |
| Simulation | Im Rahmen von Simulationen wird nicht das eigentliche Prüfobjekt ausgeführt, sondern ein repräsentatives Modell. Simulationen erlauben relativ gute Aussagen über das eigentliche Prüfobjekt. | • Prototyping<br>• Funktionsmuster |

**Hinweis** Pilotprojekte sind auch eine Art von Qualitätstechniken. Sie sind die Synthese aus dynamischer Prüfung und Simulation.

### 7.2.2 Qualitätsbezogene Berichterstattung

Wie wir in den vorangegangenen Kapiteln gesehen haben, gehört die geeignete Qualitätsplanung zu jedem Projekt. Dasselbe gilt auch für die Berichterstattung bezogen auf die Qualität. Wir empfehlen, dafür auf die **Umsetzung der Aktivitäten aus der Qualitätslenkung und Qualitätsprüfung** zu fokussieren. Damit folgt der Projektleiter dem gedanklichen Konzept, dass die Durchführung der qualitätsbezogenen Aktivitäten gemäss Planung zur geforderten Qualität führt.

**Hinweis** Für Details zu Berichterstattung in Projekten lesen Sie auch die Ausführungen zur Kompetenz «Planung und Steuerung», Kapitel 11, S. 140.

### 7.2.3 Qualitätsmanagement im agilen Projektvorgehen

Nach agilen Grundsätzen durchgeführte Projekte müssen genau gleich wie in konventionellen Vorgehen die Qualitätsanforderungen erfüllen, um den Projekterfolg sicherzustellen. Das heisst, die Überlegungen bezüglich Qualitätslenkung und Qualitätsprüfung gelten in gleichem Mass. Allerdings hat es sich als gängige Praxis herausgestellt, diese Überlegungen nicht in einem Qualitätsmanagementplan zu dokumentieren, sondern auf die **verschiedenen Elemente des agilen Vorgehens zu verteilen.**

Beispiel

Die nachfolgende Tabelle konkretisiert das am Beispiel von Scrum.

Abb. [7-3] **Qualitätsmanagement in der Agilität**

| Element | Empfehlung |
|---|---|
| Product Owner | Der Product Owner ist u. a. dafür verantwortlich, dass die Anforderungen der Stakeholder im Projekt umgesetzt werden. Dazu gehören auch die Anforderungen an die Qualität. Folglich ist der Product Owner in erster Linie dafür verantwortlich, dass diese **Anforderungen in den entsprechenden Artefakten** (z. B. Vision, Produkt-Backlog, Epics, User Stories) enthalten sind. |
| Artefakte: Vision, Epics, User Stories, Sprint Backlog | In den produktdefinierenden Artefakten wie Vision, Epics, User Stories sind **Beschreibungen zu qualitätsbezogenen Anforderungen** enthalten (z. B. über inhaltliche Vorgaben an die Artefakt-struktur). Das beginnt mit verständlichen und messbaren Definitionen der Projektziele und pflanzt sich bis hin zur Formulierung von Akzeptanzkriterien für die User Stories fort. So ist genau festgelegt, welche Punkte erfüllt sein müssen, damit die Qualitätsanforderungen der Stakeholder erfüllt werden. |
| Definition of Done | In der Definition of Done (DoD) dokumentiert das Scrum-Team sein gemeinsames Verständnis, **unter welchen Bedingungen eine Arbeit als fertig bezeichnet** werden kann. Sie sollte somit neben Einschränkungen und allgemeinen, nichtfunktionalen Anforderungen auch Qualitäts-kriterien enthalten. Mit zunehmender Erfahrung des Scrum-Teams entwickelt sich die Definition of Done weiter. Sie enthält dann meist strengere Kriterien für höhere Qualität. |
| Sprint-Planung | In der Sprint-Planung sind die Überlegungen bezüglich der konstruktiven qualitätssichernden Massnahmen einzubeziehen. Aus der Definition of Done kann man zu Beginn eines Sprints die Anzahl und den Umfang der spezifischen Aktivitäten festlegen. |
| Sprint-Durchführung | In der Sprint-Durchführung sind insbesondere die **analytischen qualitätssichernden Aktivitäten** zu berücksichtigen. Dazu gehören beispielsweise die Überprüfung der Einhaltung von Code-Konventionen, das Durchführen von Funktions-, Integrations-, Unit-Tests, aber auch die Umsetzung der vereinbarten Deployment-Prozesse (Einbringen der Projektergebnisse in die betriebliche Nutzung). Konkret stehen in der Sprint-Durchführung für gewöhnlich Qualitäts-kriterien, Einschränkungen und allgemeine nichtfunktionale Anforderungen im Fokus. |
| Sprint-Retrospektive | Die Sprint-Retrospektive dient dazu, den vorangegangenen **Sprint zu analysieren,** um sowohl aus Fehlern als auch aus positiven Geschehnissen zu lernen. Das gilt insbesondere auch für das zukünftige Vermeiden von Qualitätsproblemen, die sich bei der Sprint-Durchführung ergeben haben. Das kann beispielsweise zur Erweiterung der Definition of Done oder zur Anpassung der analytischen Qualitätssicherung führen. |

**Hinweis**

Für Details zu Vorgehensmodellen lesen Sie auch die Ausführungen zur Kompetenz «Projektdesign», Kapitel 2, S. 25.

## 7.3 Verifikation

Die Qualitätsziele eines Projekts verifizieren heisst im Wesentlichen

- die im Qualitätsmanagementplan definierten Massnahmen zur Ergebnisprüfung durchführen und
- die festgestellten Befunde in den betroffenen Ergebnissen korrigieren.

**Beispiel**

**Elektromotor I**

Im Pflichtenheft ist vorgegeben, dass ein Elektromotor mit bestimmten Spannungs- und Stromwerten betrieben werden muss. Mittels einer Messung wird nun verifiziert, ob die spezifizierte Spannung vorliegt und der richtige Strom fliesst. Die erarbeiteten Ergebnisse werden somit gegenüber einer Spezifikation geprüft.

Die Verifikation allein garantiert nicht, dass ein entwickeltes Produkt **fehlerfrei im Sinn der Konsumenten** ist. Man prüft, ob Fehler gegenüber bereits erstellten Spezifikationen entstanden sind. In einigen Fällen kann die Spezifikation jedoch bereits Fehler beinhalten, was teilweise zu sehr hohen Fehlerkosten führen kann:

Abb. [7-4]

**Fehlerkosten im Projektverlauf[1]**

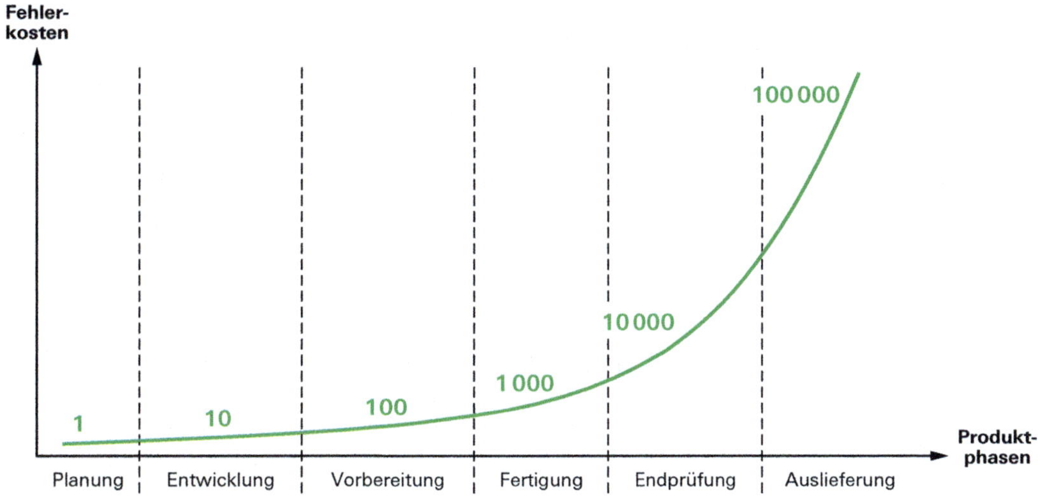


Ziel ist daher, die Verifikation mittels des Qualitätsmanagementplans so zu gestalten, dass insbesondere in Entwicklungsprojekten **Fehler möglichst früh gefunden und behoben** werden. Damit optimiert das Projekt die Kosten der Korrekturen abhängig vom Projektverlauf. Es ist Aufgabe des Projektmanagements, die dafür geeigneten Massnahmen zu definieren (Qualitätsmanagementplan) und die Fehlerbehebung konsequent nachzuverfolgen.

**Beispiel**

Die unten stehende Abbildung zeigt die mögliche Dokumentation des Reviews eines Lieferobjekts inkl. Adressierung der Fehlerbehebung.

Abb. [7-5]

**Dokumentation eines Reviews**

| Befunde | | | | | | Entscheidungen | | Behebung | |
|---|---|---|---|---|---|---|---|---|---|
| Nr. | Prüfer | Seite | Kapitel | Wichtigkeit | Beschreibung | Entscheid | Korrekturmassnahme | Status | Bemerkung |
| 1 | DE | 5 | 1.1 | sehr hoch | Gesamte Funktionalität widerspricht der F-Analyse | akzeptiert | Ergebnisse aus der Fehleranalyse berichtigen | gelöst | Kapitel 1.1 angepasst |
| 2 | EF | 5 | 1.1 | hoch | Verständnis in technische und Business-Funktionalität fehlt | akzeptiert | Ergänzungen einfügen | | |
| 3 | EF | generell | | mittel | JZV-Prinzipien sind nicht beantwortbar | mehr Info | Meeting mit Businessvertretern einberufen | | Meeting per 15.2. geplant; Einladung verschickt |
| 4 | AB | generell | | klein | H-Applikation ist ein falsch verwendeter Begriff | abgelehnt | Entspricht C-Vorgaben → keine Korrektur | gelöst | |

[1] Quelle: Die 10er-Regel der Fehlerkosten aus Lexikon zur öffentlichen Haushalts- und Finanzwirtschaft, Burth, Andreas; Gnädiger, Marc, Taunusstein 2012

| Befunde | | | | | | Entscheidungen | | Behebung | |
|---|---|---|---|---|---|---|---|---|---|
| **Nr.** | **Prüfer** | **Seite** | **Kapitel** | **Wichtigkeit** | **Beschreibung** | **Entscheid** | **Korrekturmassnahme** | **Status** | **Bemerkung** |
| 5 | DE | 6 | 1.3 | klein | Geschichte nicht korrekt wiedergegeben | mehr Info | Meeting mit Business-vertretern einberufen | | |
| 6 | GH | 10 | 2.1 | mittel | Fehlende Angaben zum Servicelevel | akzeptiert | Servicelevel-Konzept mit Betrieb abstimmen | | Meeting per 15.2. geplant; Einladung verschickt |
| 7 | GH | 13 | 2.5 | klein | Schreibfehler in Grafik | akzeptiert | Anpassen | gelöst | Grafik angepasst |

## 7.4 Validierung

Bei der Validierung wird überprüft, ob das primäre Projektergebnis (z. B. Prozess, System, Produkt) die vorher spezifizierten Anforderungen (Akzeptanzkriterien) reproduzierbar im praktischen Einsatz erfüllt. Das heisst, es soll die **Eignung bzw. der risikoarme Einsatz** von Prozessen, Systemen oder Produkten in der aktuellen oder zukünftigen Praxis belegt werden. Je nach Branche gelten dafür unterschiedliche und teilweise umfangreiche **Vorgaben.** Beispielsweise definiert die Europäische Norm EN 50128, welche Prinzipien man bei der Entwicklung von Software für Eisenbahnsteuerungs- und Überwachungssysteme anwenden muss und wie die konkrete Validierung der Software bzw. des Gesamtsystems zu erfolgen hat.

Abhängig von den gültigen Vorgaben und Normen muss man **spezifische Leistungen** erbringen bzw. Lieferobjekte erstellen, die der Validierung von Projektergebnissen dienen. Diese Leistungen muss man bei der Projektstrukturierung und der Definition der Lieferobjekte für das Projekt berücksichtigen.

**Hinweis**

Für Details zu Leistungen und Lieferobjekten lesen Sie auch die Ausführungen zur Kompetenz «Leistungsumfang und Lieferobjekte», Kapitel 4, S. 52.

**Beispiel**

**Elektromotor II**

Die Validierung anhand des obigen Beispiels des Elektromotors hiesse: Zunächst wurde verifiziert, dass Spannung und der Strom wie spezifiziert vorliegen. Danach wird durch die Validierung überprüft, ob die Auslegung des Elektromotors die gewünschte Wirkung bzw. den geforderten Nutzen – beispielsweise das Anheben einer Last in einem Gabelstapler – auch wirklich erzielen kann.

## 7.5 Qualitäts-Controlling

Das Sicherstellen der Qualität im Verlauf des Projekts bedeutet, dass man die Wirkung des projektspezifischen Qualitätsmanagements überprüft. Letztendlich möchten Sie als Projektleiter Qualitätsprobleme in Ihrem Projekt vermeiden. Dazu haben Sie konkrete Massnahmen für die **Qualitätslenkung und -prüfung** definiert. Treten trotzdem Probleme auf, empfehlen wir als Erstes die Zuweisung der primären Auswirkung zu den Qualitätsschwerpunkten wie z. B. Erfüllung Leistung und Funktionalität, Akzeptanz, Wirtschaftlichkeit, Kosteneinhaltung, Termintreue. Anschliessend folgt die Analyse der Wirksamkeit der durchgeführten Massnahmen pro Qualitätsschwerpunkt über Fragestellungen wie:

- Sind Vorgaben und Massnahmen definiert?
- Eignen sich die gewählten Vorgaben und Massnahmen zur Erfüllung der Qualitätsanforderungen?
- Wurden die Vorgaben eingehalten?
- Wurden die Massnahmen wie vorgesehen (geplant) durchgeführt?
- Wurden die Ergebnisse der Massnahmen (insbesondere Qualitätsprüfung mittels Reviews, Tests usw.) genügend berücksichtigt?
- Gibt es projektinterne oder -externe Faktoren, die die Durchführung der Massnahmen erschweren?

Aufgrund der Antworten auf die Fragestellungen muss man die **Änderung bzw. Erweiterung des Qualitätsmanagementplans** in Erwägung ziehen. Beachten Sie dabei, dass das wieder Konsequenzen auf die terminliche oder finanzielle Zielerreichung im Projekt haben kann. Ist das der Fall, muss die Änderung bzw. Erweiterung beim entsprechenden Entscheidungsgremium (Auftraggeber und / oder Lenkungsausschuss) beantragt werden.

**Hinweis**

In grösseren Projekten ist der Einsatz eines dedizierten Qualitätsmanagers angebracht, der für die Überwachung der Qualität und die Einhaltung der definierten Massnahmen zuständig ist und den Projektleiter hinsichtlich des projektspezifischen Qualitätsmanagements berät.

**Messgrössen**

- Entwickelt und überwacht einen Qualitätsplan
- Benennt verschiedene Arten von Qualitätszielen
- Führt Massnahmen zur Erreichung der definierten Qualitätsziele ein
- Definiert und führt Qualitätsmassnahmen ein
- Erläutert und benennt die verschiedenen Tools / Techniken zum Erreichen der Qualitätsziele
- Erläutert und benennt Verfahren zum Erreichen der Qualitätsziele
- Erläutert, wie die Qualitätsmanagementaktivitäten mit den allgemeinen Projekttätigkeiten in Einklang zu bringen sind
- Erläutert die verschiedenen Methoden zur Überprüfung der Projektergebnisse und -prozesse
- Benennt die wesentlichen Faktoren für ein wirksames und effizientes Projektreview
- Legt fest, wie die Qualitätsziele des Projekts kommuniziert werden
- Nennt verschiedene Gründe für die Durchführung eines Projektaudits
- Führt ein Qualitätsaudit durch
- Analysiert die Ergebnisse des Qualitätsaudits und formuliert Massnahmen oder Change Requests
- Beschreibt das Ergebnis eines geplanten und durchgeführten Nachweisverfahrens
- Erläutert Inhalt und Ergebnis einer Fehler-Ursachen-Analyse für entdeckte Probleme
- Erläutert den Ablauf und die Ziele von Begutachtungsverfahren
- Erbringt Nachweise und empfiehlt Korrekturmassnahmen
- Beschreibt die Inhalte und Schritte bei der Kommunikation von bevorzugten und empfohlenen korrektiven Massnahmen und Change Requests
- Erläutert den Unterschied zwischen Verifizierung und Validierung
- Dokumentiert die verschiedenen Typen der für die Qualitätsvalidierung geeigneten Qualitätsziele
- Führt eine Validierung der Projektergebnisse durch
- Holt die Abnahmebedingungen beim Kunden ein
- Beurteilt, adaptiert und integriert die von Organisationen verwendeten Qualitätsstandards
- Führt Qualitätsprozesse im Projekt ein
- Führt regelmässige Beurteilungen der eingeführten Prozesse durch und optimiert diese bei Bedarf
- Führt Qualitätsbewusstsein im Projekt ein, damit alle Beteiligten wissen, welche Qualität gefordert ist
- Führt regelmässige Beurteilungen des Qualitätsbewusstseins durch und trifft bei Bedarf korrektive Massnahmen

29 Auf welchen zwei Ebenen wirkt das Qualitätsmanagement?

30 Sie haben drei wichtige Bereiche des Qualitätsmanagements kennengelernt. Beschreiben Sie zu jedem Bereich das damit verbundene Ziel.

| Bereich des Qualitäts-managements | Ziel |
|---|---|
| | |
| | |
| | |

31 Ordnen Sie folgende Massnahmen der Verifikation bzw. der Validierung zu.

| Verifikation | Validierung | Massnahme |
|---|---|---|
| ☐ | ☐ | Reviews mit dem Kunden zur Aufdeckung von Unklarheiten und irrtümlichen Annahmen |
| ☐ | ☐ | Inkrementelle Entwicklung für schnelles Kundenfeedback |
| ☐ | ☐ | Formale Reviews von Konzept und Spezifikation |
| ☐ | ☐ | Permanente Anwesenheit des Kunden (Scrum / agile Methoden) |
| ☐ | ☐ | Fehlersuche durch Tests |
| ☐ | ☐ | Lasttests |
| ☐ | ☐ | Erstellen von Prototypen und Funktionsmustern |
| ☐ | ☐ | Nutzerakzeptanztests |
| ☐ | ☐ | 4-Augen-Prinzip |

32 Was ist das Ziel von Qualitätsschwerpunkten? Nennen Sie drei Beispiele von Qualitätsschwerpunkten.

33 Worin unterscheidet sich das Qualitätsmanagement in agilen Projekten von dem in klassischen Projektvorgehen?

# 8 Kosten und Finanzierung

**Lernziele**

Nach der Bearbeitung dieses Kapitels können Sie …

- erklären, wie man bei der Kostenplanung vorgeht.
- ein Projektbudget erstellen und die Finanzen sichern.
- zentrale Informationen für das Berichtswesen nennen.
- die Finanzen überwachen und Abweichungen vom Projektplan korrigieren.

**Schlüsselbegriffe**

Crowdfunding, externe Finanzierung, Finanz-Controlling, Finanzmanagement, Führen nach Ausnahmenansatz, Gesamtkostenschätzung, Gruppenfinanzierung, interne Finanzierung, Kostenarten, Kostenplanung, öffentliche Finanzierung, Management-by-Exception-Approach, Personalkosten, Projektbudget, Projektfinanzierung, Projektkosten, Public Private Partnership (PPP), Puffer, Relative Slip Chart, Total Cost of Ownership, Sachmittelkosten

### Definition gemäss ICB4

«Kosten und Finanzierung» umfasst sämtliche Tätigkeiten zur Schätzung, Planung, Beschaffung, Verwendung und Kontrolle finanzieller Ressourcen, sowohl der Zuflüsse (Finanzierung) als auch der Abflüsse (Kosten) des Projekts. Daher betreffen die Finanzdaten sowohl die Kostenverwaltung (Abflüsse, die häufig mit einem Budget verbunden sind) als auch die Finanzierung (ausserhalb oder innerhalb der Organisation), die für das erfolgreiche Management des Projekts erforderlich sind.

### Zweck gemäss ICB4

Die Kompetenz «Kosten und Finanzierung» versetzt den Einzelnen in die Lage, sicherzustellen, dass das Projekt jederzeit über ausreichende finanzielle Ressourcen verfügt, sodass die finanziellen Ziele des Projekts erfüllt werden können und dass der Finanzierungsstatus überwacht, in einem Bericht festgehalten und so angemessen bewirtschaftet werden kann.

### Beschreibung gemäss ICB4

Zunächst werden die zur Ausführung des Projekts benötigten Kosten geschätzt, also das Budget definiert. Des Weiteren sind Massnahmen im Zusammenhang mit der Art und Weise der Finanzierung des Projekts zu treffen. Folglich muss der Einzelne wissen, wie hoch die geplanten (bzw. erwarteten) und die tatsächlichen Kosten des Projekts sind und wie sie mit dem Fortschritt der verrichteten Arbeit und den erreichten Zielen im Zusammenhang stehen.

Zusätzlich sind innerhalb der Projektorganisation Kostenmanagementsysteme festzulegen. Diese werden eingesetzt, um den Finanzierungsstatus zu überwachen und eine Einschätzung der zu erwartenden Finanz- und Leistungsergebnisse bereitzustellen, damit fundierte Entscheidungen getroffen werden können.

Der Einzelne muss jederzeit wissen, wie hoch die vertraglich vereinbarte und die erwartete Finanzierung ist. Dazu können die Leistungsindikatoren genutzt werden, um die künftige Leistung des Projekts einzuschätzen, und falls kostenbezogene Verstösse gemeldet werden, sollten diese gemäss der Organisation und Governance des Projekts mit Lösungsvorschlägen festgehalten werden.

Für jedes Projekt ist die ordnungsgemässe Verwaltung des Zahlungsflusses bezüglich der Aufwendungen und Einnahmen eine grundlegende Voraussetzung. Die Mittelzuflüsse und -abflüsse müssen regelmässig berechnet und beurteilt werden, um ausreichende Finanzressourcen zu gewährleisten. Das Finanzmanagementsystem muss in Zusammenarbeit mit der Finanzabteilung und anderen relevanten Teilen der Stammorganisation ausgearbeitet und eingeführt werden.

Die Betriebskosten für die Nutzungsphase und die Liquidation von Systemen, Technologien und Produktpaletten sind auszuweisen und entsprechend durch die Stammorganisation rechtzeitig budgetieren zu lassen.

**Hinweis**

Folgende Kompetenzen sind mit «Kosten und Finanzierung» verknüpft und werden in den entsprechenden Kapiteln behandelt:

- Alle weiteren Kompetenzen des Kompetenzbereichs Praktiken, Teil B, S. 23
- Kompetenz «Governance, Strukturen und Prozesse», Kapitel 26, S. 301
- Kompetenz «Compliance, Standards und Regulationen», Kapitel 27, S. 318
- Kompetenz «Führung», Kapitel 19, S. 234
- Kompetenz «Vielseitigkeit», Kapitel 22, S. 265
- Kompetenz «Verhandlungen», Kapitel 23, S. 275
- Kompetenz «Ergebnisorientierung», Kapitel 24, S. 283

## 8.1 Projektkosten

Der **Projektstrukturplan** und eine Einsatzmittelplanung sind Voraussetzungen für eine korrekte Kostenplanung. Die **Einsatzmittelplanung** definiert, welche Ressourcen zu welchem Zeitpunkt erforderlich sind und deshalb zur Verfügung stehen müssen. Die Planung sollte so früh wie möglich erfolgen, um Engpässen vorzubeugen.

Wer den Einsatz seiner Ressourcen **zu spät plant,** muss damit rechnen, dass

- aufgrund langer Lieferzeiten keine Sachmittel zur Verfügung stehen und
- das gewünschte Personal in anderen Projekten gebunden ist.

Die Folgen sind **Verzögerungen und Verschleppungen** des Projektverlaufs.

### 8.1.1 Kostenarten

Häufig werden in Projekten folgende Kostenarten unterschieden:

- Personalkosten
- Sachmittelkosten

#### A] Personalkosten

Personalkosten sind alle Kosten, die durch den **Einsatz von Menschen in Projekten** entstehen.

Die **Arbeitspakete,** in die wir die Lieferobjekte des Projekts aufgespalten haben, bilden die Basis für die Personalkostenschätzung. Wie wir die Aufwände je Arbeitspaket ermitteln, haben wir in der Kompetenz «Ablauf und Termine» besprochen. Da Aufwände für gewöhnlich in Zeiteinheiten (Personentage oder Arbeitsstunden) ermittelt werden, benötigen wir **Preise je Zeiteinheit,** damit wir die Kosten ermitteln können.

### B] Sachmittelkosten

Die meisten Sachmittelkosten sind ausgabenwirksame Kosten, die das **Projekt direkt belasten.**

Beispiele für Sachmittelkosten:

- Hardwarekosten (Anschaffung, Installation, Leasing, Wartung)
- Softwarekosten (Anschaffung, Lizenzen)
- Materialkosten (Maschinenzubehör, Büromaterial)
- Infrastrukturkosten (Gebäude, Schulungsräume, Miete, Versicherung, Energie)
- Externe Dienstleistungen (Druck von Trainingsmaterial, Service)

Wie Sie in der obigen Aufzählung sehen, enthalten die Sachmittel sowohl einmalige (Anschaffung) als auch wiederkehrende Kosten (Lizenzen, Mieten, Versicherungen etc.).

**Hinweis**

Betrachtet man isoliert die Kosten des Projekts, kann es passieren, dass man bei Sachmitteln auf den günstigsten Anschaffungspreis schaut, ohne die **Folgekosten** im Auge zu haben. Es empfiehlt sich, die **Total Cost of Ownership** zu betrachten, also die gesamten Lebenszykluskosten. Die Betriebskosten für die Nutzungsphase und die Liquidation von Systemen, Technologien und Produktpaletten muss man ausweisen und durch die Stammorganisation rechtzeitig budgetieren lassen.

## 8.1.2 Vorgehen bei der Kostenplanung

Die Kosten werden in zwei Schritten geplant:

- Kosten den Arbeitspaketen zuweisen.
- Kostenplan erstellen.

### A] Kosten den Arbeitspaketen zuweisen

Die Personalkosten und die Sachmittelkosten werden **separat dem Arbeitspaket zugewiesen.** Die Kosten werden aufgrund eines Mengengerüsts ermittelt. Dieses Mengengerüst kann z. B. Anzahl Personentage, Anzahl Sachmittel sein. Das ermittelte Mengengerüst wird mit dem Preis pro Einheit multipliziert und dem Arbeitspaket beigefügt.

Abb. [8-1] **Beispiel für Kosten eines Arbeitspakets**

**Arbeitspaket**

| Aktivitäten | Personalkosten | Sachmittelkosten |
|---|---|---|
| • Bestehende Masken analysieren<br>• Bestehende Masken mit Benutzer besprechen<br>• Anpassungsvorschläge beschliessen<br>• Anpassungsvorschläge dokumentieren | 32 000 CHF | 4 600 CHF |

### B] Kostenplan erstellen

Der Kostenplan wird nach **Kostenarten** und nach **Zeiteinheiten** aufgeteilt. Damit kann eine Kontrolle vereinfacht sichergestellt werden. Pro Kostenart werden die Kosten aller Arbeitspakete addiert und in den Kostenplan übertragen.

Abb. [8-2] **Beispiel Kostenplan**

| Kostenart | August | September | Oktober | November | Dezember | Total/Jahr |
|---|---|---|---|---|---|---|
| Personal intern | 8 000.00 | 7 000.00 | 3 000.00 | 8 000.00 | 4 000.00 | 30 000.00 |
| Personal extern | 2 000.00 | 1 500.00 | 1 000.00 | 3 000.00 | 2 500.00 | 10 000.00 |
| Hardware | – | 15 000.00 | 6 500.00 | 2 000.00 | – | 23 500.00 |
| Software | – | 1 500.00 | – | 12 000.00 | – | 13 500.00 |
| Verbrauchsmaterial | 1 100.00 | 1 100.00 | 1 100.00 | 1 100.00 | 1 100.00 | 5 500.00 |
| Total | 11 100.00 | 26 100.00 | 11 600.00 | 26 100.00 | 7 600.00 | 82 500.00 |

Wir zählen die Ergebnisse zusammen und erhalten so eine Gesamtkostenschätzung.

Bei der Summierung der Aufwände müssen wir berücksichtigen, wie genau die zugrunde liegenden Schätzungen sind. Allen Beteiligten im Prozess muss klar sein, dass eine Schätzung immer eine Schätzung bleibt und mit Unsicherheiten verbunden ist. Die effektiven Kosten eines Projekts stehen immer erst am Ende des Projekts fest. Daher empfehlen wir, unterschiedliche Szenarien durchzurechnen und anstelle einer «exakten» Zahl ein Minimum und ein Maximum anzugeben.

Wir führen Kostenschätzungen zu unterschiedlichen Zeitpunkten im Projekt durch: zu Beginn eines Projekts und am Ende einer jeden Phase. Falls während einer Projektphase etwas Unvorhergesehenes passiert, ist es eventuell notwendig, eine neue Schätzung bis zum Ende der Phase zu ermitteln.

Wir ermitteln immer die Projektgesamtkosten, die sich aus den aufgelaufenen Kosten und den geschätzten künftigen Kosten bis Projektende zusammensetzen. Wie bereits erwähnt, empfiehlt sich der Ausweis von Minimal- und Maximalkosten. Je mehr man sich dem Ende des Projekts nähert, desto enger wird die Differenz, da die Unsicherheit abnimmt.

**Hinweis** In einigen Branchen gibt es Kostenberechnungsstandards, die man beachten soll, z. B. in der Baubranche oder im Maschinenbau.

## 8.2 Projektbudget

Wenn alle Informationen vorliegen, kann nach der Kostenplanung das Projektbudget erstellt oder überarbeitet werden.

Im Projektbudget laufen alle projektrelevanten Kosten zusammen. Mithilfe der finanziellen Mittel können die für das Projekt benötigte Ausrüstung und die erforderlichen Werkzeuge und Materialien beschafft werden. Sie sind eine wichtige Voraussetzung dafür, dass wir die richtigen Mitarbeitenden mit den erforderlichen Fähigkeiten und Möglichkeiten im richtigen Zeitpunkt einsetzen können.

Alle Arbeitspakete sollten im Rahmen der geschätzten Aufwände und Kosten umgesetzt werden. Die Schätzungen müssen realistisch und herausfordernd zugleich sein. Es ist wichtig, dass die jeweilige Schätzung von den Betroffenen, sei es von den Mitarbeitenden oder den Zulieferern, akzeptiert wird. Eine Zielvorgabe, mit der man sich identifizieren kann, ist weit motivierender als eine, die einem auferlegt wurde.

**Hinweis** Für Details der Schätzungen lesen Sie die Ausführungen zur Kompetenz «Ablauf und Termine», Kapitel 5, S. 64.

Um der in der Kostenschätzung enthaltenen **Unsicherheit** zu begegnen, empfiehlt es sich, Vorkehrungen zu treffen und

- einen Puffer sowie
- eine Managementreserve

einzuplanen.

### A] Puffer (Contingency)

Es ist legitim, bestimmte Risiken bewusst einzugehen. Falls ein solches Risiko Auswirkungen auf die Kosten hat und man diese abschätzen kann, ist es gängige Praxis, einen entsprechenden Puffer in das Budget mit aufzunehmen. Das sind dann **genehmigte Budgeterhöhungen** für «bekannte Unbekannte», die ausschliesslich für diesen Zweck verwendet werden dürfen. Dieser Puffer kann einem Arbeitspaket oder dem ganzen Projekt zugewiesen werden. Im Statusbericht werden die aufgelaufenen Kosten immer sowohl mit den geplanten Kosten als auch mit dem vorgesehenen Puffer verglichen.

### B] Managementreserve

Die Managementreserve dient dem Zweck, **Unvorhergesehenes abzufedern** und die ausreichende Finanzierung des Projekts sicherzustellen. Die Managementreserve ist nicht Bestandteil des Soll-Ist-Vergleichs der Kosten. Sie soll beispielsweise Scope-Erweiterungen ermöglichen. Sobald die Verwendung der Managementreserve genehmigt ist, ist sie Bestandteil der neuen Kostenbasis des Projekts.

Es wird immer wieder heiss diskutiert, ob man dem Auftraggeber **Einblick in diese Reserven** geben soll oder nicht. Wir sind der Meinung, dass man die Reserven offenlegen sollte, denn nur dann sind sie steuerbar. Das bewirkt, dass die Projektorganisation sie auch nutzt. Wenn Ihr Auftraggeber aber eher zu jenen gehört, die Reserven jeder Art als Erstes aus dem Budget streichen, halten auch wir das für ein gutes Argument, etwas weniger offenherzig zu sein.

Ist die Kostenplanung abgeschlossen, sind Puffer und Reserven eingerechnet, steht das Projektbudget. Sobald dieses genehmigt und abgenommen wurde, können Ausgaben gemacht werden.

## 8.3 Projektfinanzierung

Sobald die Termin- und Kostenplanung abgeschlossen ist, können wir die **Geldflüsse des Projekts** ermitteln. Das ist für die Beurteilung der Investitionsentscheidung und für die Liquiditätsplanung der Stammorganisation wichtig. Schliesslich muss die Stammorganisation sicherstellen können, dass die erforderlichen Finanzmittel zur Verfügung stehen, sobald der Projektleiter eine Rechnung zur Zahlung abzeichnet. Somit ist das Projektbudget ein wichtiges **Kommunikationsmittel zwischen Finanzabteilung und Projekt.**

Grundsätzlich gibt es **vier häufig verwendete Finanzierungsarten:**

- Die interne Finanzierung
- Die externe Finanzierung
- Die öffentliche Finanzierung
- Die Finanzierung über Gruppen

### A] Interne Finanzierung

Unternehmen finanzieren Projekte in der Mehrzahl **intern,** d. h., das Geld stammt aus dem Zahlungsstrom (Cashflow), den das Unternehmen selbst generiert.

### B] Externe Finanzierung

Bei einer **externen Finanzierung** stammt das Geld aus einem zusätzlichen Zahlungsstrom von ausserhalb des Unternehmens und wird durch einen Bankkredit oder eine Anleihe generiert. Am Ende muss das Unternehmen diese Mittel inkl. Verzinsung wieder zurückzahlen.

Ein **externer Geldgeber** ist daran interessiert, dass er sein Geld auch wieder zurückbekommt. Er wird überprüfen, ob das Unternehmen kurzfristig und langfristig seine finanziellen Verpflichtungen erfüllen kann. Die Bilanz und die Gewinn- und Verlustrechnung des Unternehmens geben darüber Auskunft. Darüber hinaus wird sich der Investor anschauen, welchen Einfluss das Projekt auf die Zahlungsströme des Unternehmens hat.

Falls das dem Geldgeber immer noch zu unsicher erscheint, wird er weitere **Garantien oder Sicherheiten** verlangen. Das kann von der Abtretung von Forderungen bis zur Hypothek auf ein Grundstück gehen. Erfüllt das Unternehmen seine Verpflichtungen aus der Zahlungsverpflichtung nicht mehr, wird der Geldgeber die Sicherheiten zu Geld machen.

Grundsätzlich ist der **Auftraggeber** für die Bereitstellung der erforderlichen finanziellen Ressourcen verantwortlich. Der Projektleiter hat eher eine unterstützende Rolle, indem er die notwendigen Daten und Informationen liefert. Die Art der Finanzierung ist letztendlich eine Entscheidung, die die Geschäftsleitung trifft.

### C] Öffentliche Finanzierung (Public Private Partnership, PPP)

Für **grosse Infrastrukturmassnahmen,** für die die öffentliche Hand nicht die gesamte Investition übernehmen will oder kann, gibt es Formen der **Public Private Partnership (PPP).**

Beim PPP-Modell steht eine partnerschaftliche Erfüllung einer **öffentlichen Aufgabe** im Vordergrund, bei der öffentliche und private Partner ihr Wissen und ihre Erfahrung einbringen. Bei Beschaffungen steht dabei immer eine **Lebenszyklusbetrachtung** im Mittelpunkt, die Planung, Finanzierung, Bau und Betrieb über eine längere Zeitspanne (z. B. 20 Jahre) gegen ein fixes Entgelt umfasst. Konkret vergibt die öffentliche Hand eine **Konzession an einen privaten Betreiber,** z. B. eine Mautstrasse oder einen Hafen. Das Risiko liegt in erster Linie beim privaten Betreiber. Der öffentliche Partner erhält im Gegenzug Infrastruktur, die er seinen Bürgern zur Verfügung stellen kann.

PPP wird u. a. in **folgenden Bereichen** angewendet: Hochbau, Agglomerations-, Schienen- und Strassenverkehr, Bildung, Kultur, Sportanlagen, Gesundheitswesen, Soziales, Justizeinrichtungen, Armee (Logistik, Informatik, Ausbildung), Versorgung und Entsorgung.

In der Schweiz ist PPP nicht sehr verbreitet. Einer der Gründe dafür liegt in der im Vergleich zum Ausland guten finanziellen Lage, in der sich Bund, Kantone und Gemeinden befinden. Zudem gibt es in der Schweiz mit den verbreiteten **Miet- und Investorenmodellen** diverse Alternativen, die es in dieser Form im Ausland aufgrund strengerer Beschaffungsregeln nicht gibt.

**Beispiel**

Das erste und immer noch herausragendste PPP-Projekt in der Schweiz ist das 2012 eröffnete Verwaltungszentrum Neumatt in Burgdorf. Hier hat der Kanton Bern für rund 150 Mio. CHF 19 verschiedene Dienststellen von der Kantonspolizei über das Steueramt bis zum Regionalgefängnis mit rund 450 Arbeitsplätzen zusammengefasst. Das Inhabermodell wurde umgesetzt. Planung, Bau, Finanzierung und Teile des Betriebs für die Gebäude und Anlagen werden über 25 Jahre an eine Projektgesellschaft übertragen. Diese erhält dafür ein **Nutzungsentgelt,** mit dem die Investitions- und Finanzierungskosten sowie die Unterhalts- und Betriebskosten vergütet werden. Nach Ablauf der Vertragsdauer gehen alle Liegenschaften in betriebsbereitem, genau definiertem Zustand ohne weitere Abgeltung an den Kanton Bern über.[1]

[1] Quelle: https://www.nzz.ch/schweiz/public-private-partnership-wenn-staat-und-private-zusammenspannen-ld.125614

### D] Gruppenfinanzierung (Crowdfunding)

Crowdfunding ist eine relativ junge Form der Finanzierung. Der Begriff setzt sich aus crowd (= Gruppe, Schwarm) und funding (= Geldbeschaffung) zusammen. Die Methode dient der **zweckgebundenen Geldbeschaffung** für Projekte, Produkte oder der Umsetzung einer Geschäftsidee («Aktionen»). Kapitalgeber (Crowdfunder) sind dabei eine **Vielzahl von Personen oder Organisationen** – in der Regel Internetnutzer, die über das World Wide Web zum Crowdfunding aufgerufen werden.

Eine Aktion ist durch eine **Mindestkapitalmenge** gekennzeichnet, die durch die Masse fremdfinanziert sein muss, bevor die Aktion startet. Im Verhältnis zur Mindestkapitalmenge leistet jeder Crowdfunder nur einen geringen finanziellen Anteil.

Für diese Leistung erhält der Crowdfunder eine **Gegenleistung,** die verschiedene Formen annehmen kann, z. B. Rechte, Geld, Sachleistungen. Die Gegenleistung kann auch einen ideellen oder altruistischen Wert haben.

Die Kommunikation zwischen Geldgeber und Geldnehmer wird über eine **Plattform im Internet** realisiert. In der Regel veröffentlicht der Geldnehmer über diese Plattform eine weitgehend offene Ausschreibung, die sich an alle geschäftsfähigen Internetnutzer richtet – ohne Ein- oder Ausgrenzung möglicher Geldgeber.

In der Schweiz hat Crowdfunding in den letzten Jahren einen enormen Aufschwung erlebt. Allein 2015 haben über 90 000 Crowdfunder 27.3 Mio. CHF für 1 342 Projekte gesammelt.[1]

## 8.4 Finanzmanagement

Wurde das Budget genehmigt, steht es dem Projekt zur Verfügung.

Ausgehend von der Kostenplanung müssen die Projektfinanzen kontinuierlich überwacht werden. Der Umfang dieser Überwachung im Sinn von Häufigkeit und Intensität hängt von den Ergebnissen einer **Risikoanalyse** ab. Falls die Wahrscheinlichkeit hoch ist, dass die Kosten steigen werden, oder die Unsicherheit bei der ersten Kostenschätzung relativ hoch war, ist eine enge Überwachung notwendig.

Abgesehen davon ist die **Kostenüberwachung** abhängig von den Gepflogenheiten und den Regeln des Unternehmens.

Das Finanzmanagement in Projekten hat folgende **Aufgaben:**

- Zahlungsbedingungen mit Projektkunden und Lieferanten klären und vereinbaren.
- Zahlungseingänge und -ausgänge prüfen.
- Abweichungen vom Kostenplan feststellen (Plan-Kosten vs. Ist-Kosten).
- Kostenentwicklung analysieren und prognostizieren.
- Abweichungen und Entwicklungen bewerten.
- Reserven und ihren Verbrauch beobachten.
- Massnahmen zur Korrektur entwickeln und bewerten.
- In angemessenen Perioden Bericht erstellen.

In vielen Unternehmen gibt es eine **Finanzabteilung,** die die Projekte in Fragen zum Controlling unterstützt oder sogar einen **Controller für wichtige Projekte** zur Verfügung stellt. Ist das der Fall, müssen auch diese Kosten in die Kostenplanung eingehen und genehmigt werden.

[1] Vergleiche Institut für Finanzdienstleistungen Zug IFZ, Crowdfunding Monitoring Schweiz 2016, www.hslu.ch/crowdfunding.

## 8.5 Finanz-Controlling

Das Managen des Budgets ist eine **permanente Aufgabe.** Darüber hinaus gibt es wiederkehrende Ereignisse, die man berücksichtigen muss:

- Die jährliche Budgetrunde der Stammorganisation
- Die Erstellung und Anpassung des Projektbudgets
- Die Erstellung und Anpassung des Projektphasenbudgets
- Der Steuerungsrhythmus des Projektleiters
- Der Steuerungsrhythmus der Entwicklungsteams

Es ist primär die Aufgabe des Auftraggebers, das Budget zu validieren und die Kosten abzudecken. Die **Validierung des Budgets** findet gewöhnlich vor Beginn einer neuen Projektetappe statt. Der Projektleiter erstellt für den Auftraggeber bzw. den Steuerungsausschuss rechtzeitig einen **Bericht,** der im Wesentlichen Folgendes beinhaltet:

- Die tatsächlich aufgelaufenen Kosten (Ist-Kosten)
- Noch erwartete Kosten bis zur nächsten Genehmigungsrunde (Obligo)
- Eine Kostenschätzung für das gesamte Projekt
- Ein Budget für die kommende Projektphase / Etappe
- Externe Verpflichtungen, die man eingehen will

Auf dieser Basis können die Entscheidungsträger festlegen, ob sie mit dem **Projekt weiterfahren** wollen oder nicht. Die Entscheidung, finanzielle Mittel bereitzustellen, wiederholt sich vor jeder neuen Etappe. Die bereits investierten Summen mögen durchaus von Interesse sein. Allerdings sollten die Entscheidungsträger sich bei ihren Überlegungen, ob das Projekt weitergeführt werden soll oder nicht, davon leiten lassen. Diese **Kosten** sind bereits angefallen und können auch nicht mehr rückgängig gemacht werden. Das Gleiche gilt für **Verpflichtungen,** die man schon eingegangen ist und die nicht rückgängig gemacht werden können.

Ist die Entscheidung zur Fortführung des Projekts positiv, ist das Budget für die folgende Etappe für den Projektleiter verfügbar und er kann die erforderlichen Verpflichtungen eingehen.

Für die **Berichterstattung** sind folgende Punkte wichtig:

- Budgetierte Kosten für den erreichten Projektfortschritt
- Die tatsächlich aufgelaufenen Kosten
- Erwartete Rechnungen
- Eingegangene Verpflichtungen
- Vorausschau auf die erwarteten Kosten für die laufende Etappe und das gesamte Projekt

Um frühzeitig auf mögliche **Fehlentwicklungen** reagieren zu können, sollte die Kostenüberwachung so gestaltet sein, dass ein **Trend für weitere Kostenentwicklung** ermittelt werden kann. Nur dann ist es möglich, erforderliche Massnahmen zu ergreifen, um einer negativen Entwicklung entgegenzuwirken oder eine positive Entwicklung zu verstärken. Eine geeignete Methode dafür ist die **Earned-Value-Methode,** die wir bereits in der Kompetenz «Ablauf und Termine» vorgestellt haben.

Neben der Earned-Value-Methode gibt es noch andere Hilfsmittel, um Kostenabweichungen festzustellen. Im Folgenden stellen wir das **Relative Slip Chart** vor. In dieser Grafik werden die relativen Beträge für aufgelaufene und noch erwartete Kosten eingetragen. Die Diagonale entspricht dabei der Ideallinie. Schauen wir uns das in einem Beispiel an.

**Beispiel** Das Projekt startet Anfang Jahr und hat eine geplante Dauer von 10 Monaten. Es gibt fünf Kontrollpunkte: nach 2, 4, 6, 8 und 10 Monaten. Das veranschlagte Budget für das Projekt ist 1 Mio. CHF. Die Diagonale entspricht der Ideallinie und zeigt an, wo wir sein sollten, wenn alles nach Plan läuft.

Abb. [8-3] **Relative Kostenabweichung**

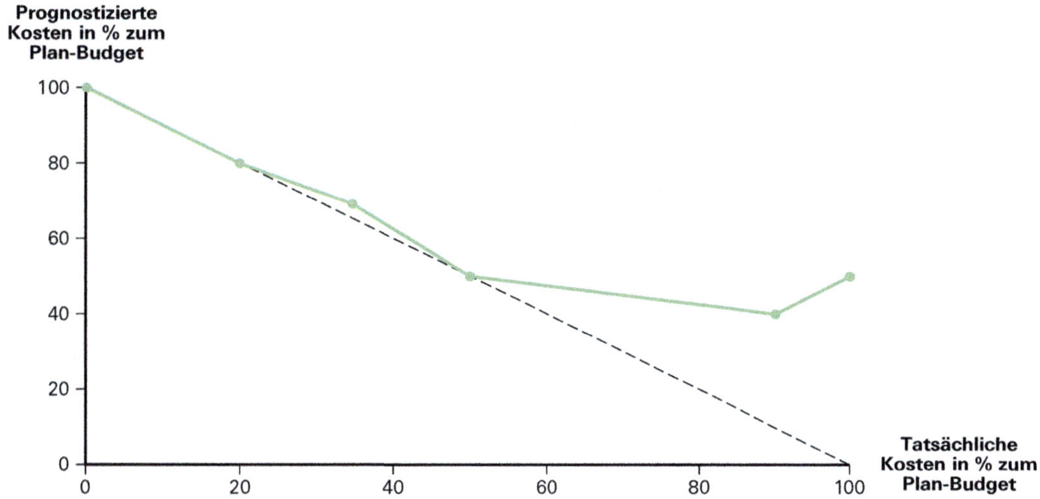


In unserem Beispiel sehen wir, dass wir beim zweiten Kontrollpunkt eine kleine Abweichung haben, die aber in der Folgeperiode wieder revidiert wurde. Danach liefen die Kosten des Projekts komplett aus dem Ruder. Unter der Diagonale zu bleiben, ist gut, über der Diagonale ist schlecht.

| Daten | | | | Berechnung |
|---|---|---|---|---|
| Monat | Tatsächliche Ist-Kosten | Erwartete Gesamtkosten | % noch benötigt | % verbraucht |
| Feb | 200 | 1 000 | $\frac{1\,000-200}{1\,000} = 80\%$ | $\frac{200}{1\,000} = 20\%$ |
| Apr | 350 | 1 050 | $\frac{1\,050-350}{1\,000} = 70\%$ | $\frac{350}{1\,000} = 35\%$ |
| Jun | 600 | 1 200 | $\frac{1\,200-600}{1\,000} = 50\%$ | $\frac{500}{1\,000} = 50\%$ |
| Aug | 900 | 1 300 | $\frac{1\,300-900}{1\,000} = 40\%$ | $\frac{900}{1\,000} = 90\%$ |
| Oct | 1 000 | 1 500 | $\frac{1\,500-1\,000}{1\,000} = 50\%$ | $\frac{1\,000}{1\,000} = 100\%$ |

| Monat | Prognose | noch benötigt | % noch benötigt | % verbraucht |
|---|---|---|---|---|
| Feb | Oct | $10-2 = 8$ | $\frac{8}{10} = 80\%$ | $\frac{2}{10} = 20\%$ |
| Apr | Oct | $10-4 = 6$ | $\frac{6}{10} = 60\%$ | $\frac{4}{10} = 40\%$ |
| Jun | Nov | $11-6 = 5$ | $\frac{5}{10} = 50\%$ | $\frac{6}{10} = 60\%$ |
| Aug | Jan | $12+1-8 = 6$ | $\frac{6}{10} = 60\%$ | $\frac{8}{10} = 80\%$ |
| Oct | Mar | $12+3-10 = 5$ | $\frac{5}{10} = 50\%$ | $\frac{10}{10} = 100\%$ |

Die Prozentwerte «verbraucht» und «noch benötigt» werden regelmässig neu bestimmt und in Relation zur ursprünglichen Planung gesetzt.

In der gleichen Art und Weise können wir uns den Zeitplan des Projekts anschauen. Auch hier entspricht die Diagonale dem Ideal.

Abb. [8-4] **Relative Planabweichung**

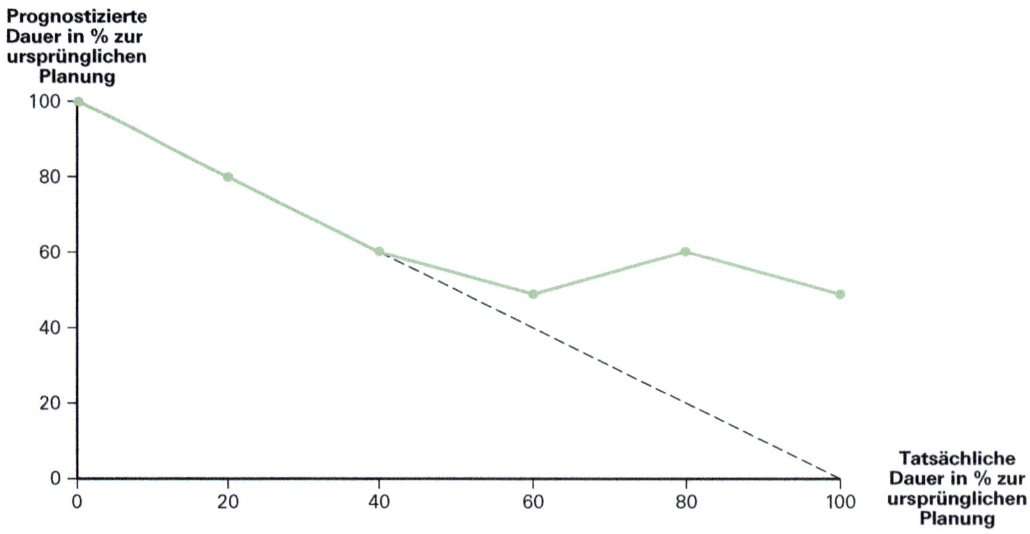


Der Vorteil eines Slip Chart ist, dass es einfacher zu verstehen ist als die Kennzahlen der Earned-Value-Methode. Beiden gemeinsam ist, dass sie die Entwicklung im Zeitverlauf zeigen. Ausserdem kann man die Wirksamkeit von Interventionen beobachten. In unserem Beispiel hat der Projektleiter im April überreagiert, um die Kosten im Griff zu behalten, mit der Folge, dass das Projekt in Verzug geraten ist. Im November intervenierte er erneut auf die Zeitverzögerung, was die Kosten aber endgültig ausbrechen liess.

Idealerweise vereinbaren Sie mit dem Auftraggeber einen **«Führen nach Ausnahmenansatz»** (oder **«Management by Exception Approach»**), d. h., dass für jede Phase oder Etappe (und damit auch für das gesamte Projekt) eine **Kostentoleranz** definiert ist. Sie berichten wie gewohnt periodisch. Sollte sich zwischendurch abzeichnen, dass die Kostentoleranz überschritten werden sollte, berichten Sie diese Ausnahmesituation unmittelbar.

**Beispiel**

Für die laufende Projektphase wurde ein Budget von 200 000 CHF genehmigt. Die Phase dauert gemäss Plan 4 Monate. Als Kostentoleranz wurden mit dem Steuerungsausschuss 5% vereinbart. Berichtet wird üblicherweise monatlich.

In der Mitte des zweiten Monats wurden bereits 80 000 CHF ausgegeben. Aufgrund der überarbeiteten Schätzung ergibt sich, dass Gesamtkosten von 225 000 CHF anfallen werden. Damit ist die Kostentoleranz von 5% überschritten. Sie erstellen einen ausserordentlichen Bericht an den Steuerungsausschuss. In diesem wird auf die Kostenüberschreitung hingewiesen und es werden mögliche Alternativen angegeben, mit denen Sie die Kosten wieder in den Griff bekommen können. Das kann entweder eine Projektbudgeterhöhung sein oder Vorschläge, wie im weiteren Projektverlauf die Kosten wieder in die definierten Grenzen geführt werden können.

Die **jährliche Budgetrunde der Organisation** hat Einfluss auf ein Projekt. Gewöhnlich stammen Projektbudgets von Abteilungs- oder Bereichsbudgets, die jährlich festgelegt werden. Eine Schwierigkeit besteht dann, wenn die Laufzeit von Projekten – was häufig vorkommt – **über den Jahreswechsel hinausgeht.** Da unser Budget aus dem Budget der Stammorganisation gespeist wird, müssen Sie am Ende des Geschäftsjahrs darauf achten, dass Sie an die Mittel kommen, damit Sie Ihr Projekt im neuen Jahr weiterführen können.

Dabei muss man die entsprechenden **Zyklen** berücksichtigen. Im Bereich des Bundes z. B. wird das Budget für das Folgejahr jeweils bis spätestens Ende Februar des jeweiligen Jahres festgelegt. Werden Kosten im kommenden Jahr benötigt, müssen diese rechtzeitig beantragt werden.

| | |
|---|---|
| Messgrössen | • Erstellt Kostenstrukturen und identifiziert Kostenkategorien<br>• Wählt die geeignete Kostenkalkulationsmethode aus<br>• Legt die Kostenziele anhand relevanter Standards und / oder interner Richtlinien fest<br>• Stellt Budgetpläne auf<br>• Entwickelt Budgetszenarien auf der Grundlage kostenrelevanter Positionen<br>• Beurteilt das Budget unter Berücksichtigung der Termine und der Finanzierung und nimmt gegebenenfalls Anpassungen vor<br>• Legt das endgültige Budget fest<br>• Erarbeitet die Finanzierungsstrategie für das Projekt<br>• Identifiziert potenzielle Finanzierungsquellen<br>• Befolgt die Genehmigungsprozesse der Organisation<br>• Kooperiert, pflegt engen Kontakt und verhandelt gegebenenfalls mit potenziellen Kapitalgebern, um die Finanzierung sicherzustellen<br>• Definiert Prozesse und Governance für das Finanzmanagement<br>• Definiert finanzielle Leistungsindikatoren für das Projekt<br>• Setzt die Projektkostenstruktur in Bezug zur Kostenstruktur der Organisation<br>• Entwickelt geeignete Berichte passend zur Organisation und Governance des Projekts<br>• Erarbeitet und evaluiert Kostenberichte<br>• Analysiert und interpretiert die finanzielle Situation<br>• Verwendet Finanzkennzahlen zur Überwachung und Steuerung des Projekts<br>• Prognostiziert Projektergebnisse auf der Grundlage der Finanzkennzahlen<br>• Weist auf Kostenüberziehung hin und schlägt in Übereinstimmung mit der Organisation und Governance des Projekts Massnahmen für alle Arten von Kostenüberziehungen vor, die nicht durch das Budget für Unvorhergesehenes abgedeckt sind |

## Repetitionsfragen

34 Nennen Sie zu den Finanzierungsarten Beispiele zu möglichen Quellen.

| Finanzierungsart | Beispiele für Quellen |
|---|---|
| Interne Finanzierung | |
| Externe Finanzierung | |
| Öffentliche Finanzierung | |
| Gruppenfinanzierung | |

35 Wer bestimmt (meist) über den Einsatz von bewilligten Puffern und (Management)reserven?

36 Warum wird bei der Kostenplanung vom Detail (Arbeitspaket) aus vorgegangen?

# 9 Ressourcen

**Lernziele**

Nach der Bearbeitung dieses Kapitels können Sie …

- die Zusammenhänge zwischen der strategischen Ressourcenplanung und der Ressourcenplanung im Projekt erkennen.
- die Möglichkeiten für die Beschaffung von Ressourcen nennen.
- den Ressourcenbedarf bezüglich Qualität und Menge ermitteln und eine Kapazitätsplanung erstellen.

**Schlüsselbegriffe**

Kapazitätsplanung, Menge, Personaleinsatz, Personalressourcen, Qualität, Ressource, Ressourcenbeschaffung, Ressourcen-Controlling, Ressourcenplanung

### Definition gemäss ICB4

«Ressourcen» umfasst Personal, Know-how, Anlagen, Ausrüstungen, Materialien, Infrastruktur, Werkzeuge und andere Vermögenswerte, die zur zielgerichteten Durchführung der Tätigkeiten im Projekt erforderlich sind. Die Kompetenz umfasst Definition, Beschaffung, Kontrolle und Entwicklung von Ressourcen. Dazu gehören auch die Festlegung einer Strategie zur Beschaffung und Nutzung der Ressourcen, die Optimierung der Ressourcennutzung angesichts der zeitlichen und finanziellen Rahmenbedingungen sowie deren kontinuierliche Überwachung und Kontrolle.

### Zweck gemäss ICB4

Die Kompetenz «Ressourcen» versetzt den Einzelnen in die Lage, sicherzustellen, dass die benötigten Ressourcen verfügbar sind und nach Bedarf zugewiesen werden, um die Ziele zu erreichen.

### Beschreibung gemäss ICB4

Um seine Ziele zu erreichen, benötigt ein Projekt Ressourcen. Das Ressourcenmanagement besteht darin, geeignete Massnahmen zu treffen, um diese Ressourcen zu definieren und zu beschaffen. Die Zuweisung von Ressourcen muss in der Planungsphase vorbereitet und im Laufe des gesamten Projektlebenszyklus regelmässig überwacht und angepasst werden. Der Einzelne stellt sicher, dass das Personal über die notwendigen Kompetenzen verfügt und die geeigneten Informationen, Instrumente und Schulungen erhalten hat, um die zugewiesenen Aufgaben erfolgreich zu bewältigen. Da die Bedürfnisse und Verfügbarkeiten von Ressourcen aus kontrollierbaren oder nicht beherrschbaren Gründen ständigen Änderungen unterworfen sind, ist die Mittelbeschaffung ein kontinuierlicher bzw. regelmässiger Prozess.

Im Rahmen von Projekten muss der Einzelne oftmals mit der Stammorganisation oder externen Dienstleistern verhandeln, um die benötigten Ressourcen zu erhalten. Dabei können im Zusammenhang mit der Verfügbarkeit Konflikte auftreten, die auf unerwartete Ereignisse, wie Mittelknappheit, Leistungseinschränkungen, Ausrüstungsdefekte, Wetter, Arbeiterunruhen usw. zurückzuführen sind. Infolge dieser Ereignisse kann eine Umstrukturierung der Aktivitäten und der in die aktuellen und künftigen Tätigkeiten eingebundenen Ressourcen erforderlich sein, insbesondere, wenn kritische Aktivitäten von diesen Ereignissen betroffen sind. Daher sind Massnahmen einzuleiten, um solche unerwarteten Ereignisse zu identifizieren und um sicherzustellen, dass die erforderlichen Anpassungen so früh wie möglich vorgenommen werden.

**Hinweis** Folgende Kompetenzen sind mit «Ressourcen» verknüpft und werden in den entsprechenden Kapiteln behandelt:


- Alle weiteren Kompetenzen des Kompetenzbereichs Praktiken, Teil B, S. 23
- Kompetenz «Governance, Strukturen und Prozesse», Kapitel 26, S. 301
- Kompetenz «Compliance, Standards und Regulationen», Kapitel 27, S. 318
- Kompetenz «Kultur und Werte», Kapitel 29, S. 332
- Kompetenz «Führung», Kapitel 19, S. 234
- Kompetenz «Teamarbeit», Kapitel 20, S. 243
- Kompetenz «Vielseitigkeit», Kapitel 22, S. 265
- Kompetenz «Verhandlungen», Kapitel 23, S. 275


## 9.1 Strategische Ressourcenplanung

Der Begriff **«Ressource»** im Projektmanagement bezieht sich auf Menschen, Materialien und auf die für die Durchführung von Projektaktivitäten erforderliche Infrastruktur. Zur Infrastruktur gehören die Einrichtung (etwa eines Projektbüros), die Ausrüstung und die Informationstechnologie. Auch Informationen, Wissen und Geldmittel können zur Infrastruktur gezählt werden.

**Hinweis** Für Details zum Personalmanagement lesen Sie die Ausführungen zur Kompetenz «Governance, Strukturen und Prozesse», Kapitel 26, S. 301.

Ressourcenmanagement umfasst die **Planung von Ressourcen,** verbunden mit der **Ermittlung des Ressourcenbedarfs** und der **Zuweisung von Ressourcen.** Darüber hinaus gehören zum Ressourcenmanagement die **Steuerung und Kontrolle der Ressourcen** sowie das kontinuierliche Bemühen um eine **optimale Nutzung** der zur Verfügung stehenden Ressourcen, denn Ressourcen sind in den meisten Projekten bzw. Programmen ein knappes Gut.

Vor allem die **Personalressourcen** sind im Rahmen eines Projekts ein Kritischer Erfolgsfaktor. Das Projektmanagement ist deshalb gefordert, dafür zu sorgen, dass die Mitarbeitenden sowohl über die erforderlichen fachlichen Qualifikationen verfügen als auch die notwendigen Projektmanagement-Kompetenzen (fachlich, kontext- und verhaltensbezogen) haben, um im Projekt ihre Aufgabe erfolgreich erfüllen zu können. In vielen Fällen ist eine gezielte **Projektpersonalentwicklung** als Teil des Personalmanagements erforderlich. Diese sollte sich nicht ausschliesslich an den Bedürfnissen des Projekts, sondern auch an der **strategischen Personalplanung der Organisation** ausrichten. Auch die Reintegration der Ressourcen in die Stammorganisation bei reinen Projektorganisationen muss berücksichtigt werden. Insbesondere bei reinen Projektorganisationen sind diese Überlegungen wichtig, damit die im Projekt eingebundenen Mitarbeitenden nach Abschluss des Projekts keine Nachteile haben.

Insbesondere bei der Ressourcenplanung steht der Projektleiter in **Konkurrenz mit weiteren Projekten,** die häufig dieselben Ressourcen benötigen. Zudem ist bei internen Ressourcen das Tagesgeschäft in den meisten Fällen von höherer Wichtigkeit als das Projekt. Das stellt besondere Herausforderungen an den Projektleiter und die Organisation der Ressourcen.

Sind interne Ressourcen nicht in ausreichendem Mass verfügbar, müssen diese **extern beschafft** werden. Auch hier muss man die strategische Ressourcenbeschaffung der Organisation berücksichtigen. Das kann z. B. die Beschaffung auf Firmen einschränken, mit denen ein **Rahmenvertrag** besteht oder die als verlängerte Werkbank[1] in Form von Partnerschaften festgelegt sind. Finden sich auch hier keine geeigneten Ressourcen, kann eine **Ausschreibung** der benötigten Ressourcen erfolgen. Werden die Ressourcen direkt durch

[1] Als verlängerte Werkbank bezeichnet man die Auslagerung von vor- oder nachgelagerten Arbeiten an Partner. Dabei werden entweder ganze Produkte extern entwickelt bzw. gefertigt oder einzelne Fertigungsschritte. Im Projekt kann etwa eine Teilprojektleitung oder auch die Entwicklung / Fertigung von bestimmten Teilen an einen Partner ausgelagert werden (z. B. Programmierung einer Benutzeroberfläche oder Fertigung der Elektronik für einen Kühlschrank).

das Projekt extern beschafft, stehen dem Projekt auch weitere Kanäle offen. Hier sind insbesondere **Freelancer** zu nennen sowie **Hochschulabsolventen und Studenten,** die im Rahmen Ihres Studiums Praxiserfahrung vorweisen müssen.

**Beispiel**

In einem Projekt zur Einführung eines neuen Preisplans für ein Produkt wurden die Ressourcen bei den betroffenen Bereichen beantragt und zugewiesen. Bei der Einführung neuer Mehrwertsteuersätze ist ein Fehler aufgetreten. Darum müssen nun alle Preise im System kontrolliert werden. Die zugesagten Ressourcen werden nun für diese Anpassung benötigt und stehen ihrem Projekt nicht zur Verfügung. Sie müssten extern beschafft werden.

Der **Projektleiter** bereitet den Entscheid für die Beschaffung und Bereitstellung der benötigten Ressourcen vor. Der Entscheid wird dann vom **Auftraggeber** eventuell zusammen mit dem **Steuerungsausschuss** getroffen.

## 9.2 Qualität und Menge

Um die benötigten Ressourcen zu definieren, müssen die definierten und geschätzten **Arbeitspakete** betrachtet werden. Es ist nicht nur wichtig, die **benötigten Personentage,** sondern auch die **benötigten Kompetenzen und Fähigkeiten** zu bestimmen. Sollte sich herausstellen, dass die benötigten Ressourcen oder Fähigkeiten nicht ausreichend bereitgestellt werden können, müssen Alternativen mit den betroffenen Abteilungen besprochen werden. Auch die Diskussion mit dem Auftraggeber über mögliche Alternativen ist in diesem Fall zu suchen. Werden externe Ressourcen benötigt, kann es durch die Einarbeitungszeit zu einer grösseren Verzögerung im Projekt kommen, als wenn auf die Verfügbarkeit der internen Ressourcen gewartet wird. Hier muss der Projektleiter entscheiden, welche die für das Projekt bessere Alternative ist.

In einem ersten Schritt hin zu einer Übersicht werden die detaillierten Schätzungen der Arbeitspakete zusammengezählt.

**Beispiel**

Für die Anpassung des Preisplans ist die Zuteilung eines Mitarbeiters, der bisher noch nicht oder kaum in diesem Bereich gearbeitet hat, nicht geeignet, da alle erfahrenen Mitarbeitenden mit der Problembehebung für die nächsten Wochen gebunden sind und der neue Mitarbeiter von niemandem eingeführt werden kann.

Für die Beschaffung bzw. Rekrutierung der erforderlichen Ressourcen wird eine **zusammenfassende Übersicht** benötigt. Dazu wird die benötigte Kapazität aller gleichartigen Ressourcen durch Addition ermittelt. Die benötigte Kapazität aller gleichartigen Einsatzmittel wird addiert, wie z. B. «Benutzervertreter Verkauf». Daraus ergeben sich **Kapazitätsgruppen.** Wichtig ist, dass die Personalressourcen und die Sachmittel auf der Grundlage ihrer spezifischen Anforderungen und Leistungen sauber getrennt werden. Benutzervertreter für den Verkauf sind nicht gleich Benutzervertreter für Prozesse. Es macht aber auch wenig Sinn, jede Personalressource einzeln zu bezeichnen. Die folgende Abbildung zeigt eine mögliche Darstellung des zusammengefassten Einsatzmittelbedarfs.

Abb. [9-1] **Ressourcenbedarfsübersicht**

| Art der Ressource | Bezeichnung der Ressource | Arbeitspakete | Kapazität (in Tagen) |
|---|---|---|---|
| Personal | Wirtschaftsinformatikerin | P3.1, P3.2, P3.4 | 30 |
| | Benutzervertreter Verkauf | P3.1, P3.4 | 15 |
| | Benutzervertreter Prozesse | P3.3 | 8 |
| | | | |
| Sachmittel | Planungssoftware | Alle | |
| | Präsentationssoftware | | |
| | Prozessmodellierungssoftware | P3.3 | |
| | Notebook für Testing | P5.2 | |

Damit die anschliessende Beschaffung bzw. Rekrutierung der Ressourcen strukturiert ablaufen kann, empfiehlt sich besonders bei grösseren Projekten, dass die Projektleitung für jedes Einsatzmittel ein **Pflichtenheft** erstellt. Im Pflichtenheft werden die Anforderungen genau beschrieben. Bei Personalressourcen nennt man dieses Pflichtenheft in der Praxis auch **Stellenbeschreibung oder Anforderungsprofil.**

## 9.3 Ressourcenbeschaffung

Sind alle benötigten Profile erstellt und die benötigten Sachmittel identifiziert, müssen diese beschafft werden. Hier bieten sich verschiedene Möglichkeiten an.

Abb. [9-2] **Beschaffung der Ressourcen**

| Was? | Wie oder wo? |
|---|---|
| Personal Interne | Beantragung der benötigten Profile bei den Abteilungsleitern |
| Personal Externe | Ausschreibung der Stellenprofile oder Beschaffung über Partnerunternehmen, mit denen ein Rahmenvertrag o. Ä. besteht. Bei der externen Beschaffung muss ein Vertrag abgeschlossen werden, der je nach Bedarf unterschiedlich ausfallen kann (Werk-, Dienstleistungs- oder Personalverleih-Vertrag). Hier sind Richtlinien der Organisation zu berücksichtigen. |
| Sachmittel intern | Beschaffung nötiger Sachmittel innerhalb der Organisation (z. B. Reservation von Projekträumen, Beantragung Ablage) |
| Sachmittel extern | Müssen Sachmittel extern beschafft werden (z. B. Lizenzen oder Software, Rohstoffe), muss man die Vorgaben der Organisation berücksichtigen. In der Regel gibt es hier eine zentrale Beschaffungsabteilung, über die die Beschaffung abgewickelt wird. |

Zunächst muss geklärt werden, ob eine Ressource **intern** beschafft werden kann oder ob sie **extern** beschafft werden muss. Insbesondere bei Sachmitteln ist diese Frage wichtig. Wird ein Gehäuse für ein neues Produkt selbst erzeugt oder gekauft? Soll eine Standardsoftware eingekauft werden oder wird sie selbst entwickelt? Wird die Bedienungsanleitung von einem externen technischen Redakteur erstellt oder wird sie intern erstellt?

Um diese Frage zu klären, muss der Projektleiter die **Vor- und Nachteile** gegenüberstellen und bewerten. Das kann mithilfe einer **SWOT-Analyse** oder einer **Entscheidungsmatrix**[1] vorbereitet werden. Ein Entscheid, ob etwas intern erstellt oder extern eingekauft wird, ist dann in Abstimmung mit dem Auftraggeber und bei Bedarf mit dem Steuerungsausschuss zu treffen.

[1] Bei der Nutzwertanalyse werden Kriterien für die Auswahl definiert und gewichtet. Jede Alternative wird mit den Kriterien bewertet und das Summenprodukt aus Gewichtung und Bewertung wird pro Alternative bestimmt. Die Alternative mit dem höchsten Summenprodukt wird gewählt.

**Hinweis** Für Details zu SWOT-Analyse lesen Sie die Ausführungen zur Kompetenz «Chancen und Risiken», Kapitel 12, S. 159.

Besonders bei der externen Beschaffung ist das Kriterium **Qualität** zu berücksichtigen. Werden z. B. Halbfertigprodukte, etwa Motoren für Kühlschränke, zugekauft, so müssen diese den Qualitätsvorgaben der Organisation entsprechen. Daneben müssen sie auch in der benötigten Menge lieferbar sein. Der qualitativ hochwertigste Motor nützt nichts, wenn nur 100 Stück pro Monat geliefert werden können, die Produktion der Kühlschränke aber mit 500 pro Monat geplant ist. In diesem Fall muss man einen zusätzlichen Lieferanten für Motoren wählen (z. B. der mit der zweitbesten Qualität).

**Beispiel** Entscheidet sich der Projektleiter im vorherigen Beispiel für den unerfahrenen internen Mitarbeiter, muss er mit dem Vorgesetzten sprechen und über Alternativen verhandeln. Er muss folgende Alternativen analysieren und gemeinsam mit dem Vorgesetzten des internen Mitarbeiters die für das Projekt optimale Lösung finden:

- Coaching durch einen erfahrenen Mitarbeiter
- Schulung des Mitarbeiters
- Ein längerer Einsatz, da die Bearbeitung tendenziell länger dauern wird als mit einem erfahrenen Mitarbeiter
- ...

**Hinweis** Für Details zur Beschaffung lesen Sie die Ausführungen zur Kompetenz «Beschaffung», Kapitel 10, S. 130.

## 9.4 Kapazitätsplanung

### 9.4.1 Ressourcen zuweisen

In der Einsatzmittelplanung wird definiert, **welche Ressourcen in welchem Zeitpunkt erforderlich** sind und deshalb zur Verfügung stehen müssen. Die Planung sollte so früh wie möglich erfolgen, um Engpässen vorzubeugen.

Wer den Einsatz seiner Ressourcen **zu spät plant,** muss damit rechnen, dass

- aufgrund langer Lieferzeiten keine Sachmittel zur Verfügung stehen und
- das gewünschte Personal in anderen Projekten gebunden ist.

Die Folgen sind Verzögerungen und Verschleppungen des Projektverlaufs.

Für die Planung des Ressourceneinsatzes ist das **Ressourcenkapazitäts-Diagramm** ein hilfreiches Instrument. Das Diagramm basiert auf einer Zeitschiene und zeigt, welche Personalressourcen genau für welches Arbeitspaket in welchem Zeitraum benötigt werden.

Abb. [9-3] **Kapazitätsdiagramm**

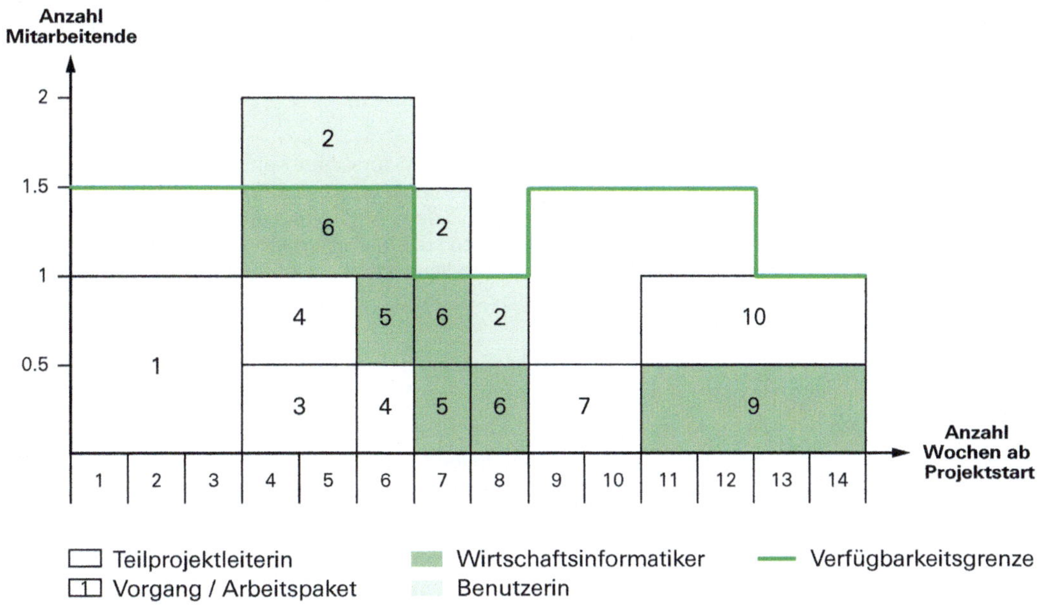


Die **Visualisierung** hilft, die Verfügbarkeit, d. h. Über- und Unterbelastung, rasch zu erfassen, zu kontrollieren und ausgleichende Massnahmen zu entwickeln.

### 9.4.2 Personaleinsatz ausgleichen

Das obige Kapazitäts-Diagramm zeigt, dass Arbeitspakete nicht erledigt werden können, weil die nötigen Personalressourcen nicht zur Verfügung stehen. Gleichzeitig haben wir bei der Terminplanung festgestellt, dass nicht alle Arbeitspakete auf dem Kritischen Pfad sind, sondern noch Pufferzeiten frei haben. Im Rahmen der Pufferzeiten kann der Projektleiter nun versuchen, die Arbeitspakete auf der Zeitachse zu verschieben, ohne den Zeitpunkt des Projektendes zu gefährden. Diesen Vorgang nennt man **Kapazitätsausgleich.** Für diese Arbeit ist es jedoch nötig, pro Kapazitätsgruppe ein separates Belastungs-Diagramm zu erstellen.

Bei den ausgleichenden Massnahmen muss das Projektmanagement klären, ob die Linienorganisation, das Programm- bzw. Portfoliomanagement oder externe Personalressourcen betroffen sind. Wenn ja, muss man sofort Gespräche mit den entsprechenden Verantwortlichen in den Organisationseinheiten führen, um ungünstige Folgeeffekte abzuwenden. Dabei kann das Projektmanagement die möglichen Optionen aufzeigen.

**Beispiel**

Wenn die Möglichkeit besteht, den Preisplan in einem späteren Zeitpunkt anzupassen (Arbeitspaket liegt nicht auf dem Kritischen Pfad), kann auch die Verschiebung des Arbeitspakets auf einen späteren Zeitpunkt, wenn ein erfahrener Mitarbeiter verfügbar ist, eine Lösung sein. Diese Option muss mit dem Vorgesetzten des betroffenen Mitarbeiters besprochen werden, damit die Ressource entsprechend gebucht werden kann.

## 9.5 Ressourcen-Controlling

Ist das Projekt mit den nötigen Ressourcen (Personal und Sachmittel) ausgestattet, ist das Ressourcenmanagement noch nicht beendet. **Während der gesamten Projektlaufzeit** muss überprüft werden, ob ausreichend Ressourcen für die Abwicklung zur Verfügung stehen und ob die benötigten Kompetenzen und Fähigkeiten vorhanden sind. Es gibt verschiedene Möglichkeiten für die Erfüllung dieser Aufgabe.

### 9.5.1 Qualifikationen prüfen

Wird bei einem Arbeitspaket **Verzug** festgestellt, muss geprüft werden, was die **Gründe** dafür sind. Der Ausfall eines Mitarbeiters wegen Krankheit kann ein Grund sein, ein anderer fehlende Fähigkeiten des Mitarbeiters.

**Beispiel**

Ein Mitarbeiter soll einen Schaltplan für einen Kühlschrank erstellen, ist aber mit den konkret geforderten Anforderungen nicht vertraut, weil er bisher mehrheitlich Schaltpläne für Lastwagen erstellt hat. Der Projektleiter muss mit dem Mitarbeiter und dessen Vorgesetztem (intern oder extern) ein Gespräch führen und Lösungen suchen. Lösungen können in diesem Fall eine Schulung des Mitarbeiters oder der Austausch des Mitarbeiters gegen einen anderen mit entsprechenden Qualifikationen sein.

Im Lauf eines Projekts kann es zu **Verschiebungen bei den geforderten oder benötigten Fähigkeiten** kommen. Der Projektleiter muss diese erkennen und Massnahmen ergreifen, z. B. die Schulung der Mitarbeitenden, der Austausch durch einen Mitarbeiter, der die neuen Anforderungen besser erfüllt, etc.

### 9.5.2 Qualität überwachen

Auch bei der Überwachung der Qualität ist der Projektleiter gefordert. Werden Arbeitspakete im Plan fertiggestellt, haben aber eine **schlechte Qualität,** führt das auch zu einem Verzug. Auch hier ist der Projektleiter gefordert, mit dem Mitarbeiter und seinem Vorgesetzten das Gespräch zu suchen, um die Gründe für die schlechte Qualität zu erfahren. Vorschnelle Begründungen können das Verhältnis zwischen der Projektleitung und dem Mitarbeiter langfristig schädigen, etwa wenn der Projektleiter mangelnde fachliche Kenntnis für den Qualitätsmangel verantwortlich macht, der Mitarbeiter jedoch alles gemäss (schlechten oder unzureichenden) Anforderungen umgesetzt hat.

### 9.5.3 Grundsatz

Egal in welche Richtung sich das Projekt bewegt, der Projektleiter muss immer wissen, was und wen er in welchem Zeitpunkt benötigt und wo er korrigierend eingreifen muss – immer mit Blick auf **Qualität <u>und</u> Quantität.** Die Berücksichtigung nur eines Kriteriums kann fatale Folgen für das Projekt haben, wenn beispielsweise an einem verfügbaren Mitarbeiter festgehalten wird, der die nötigen Kompetenzen und Fähigkeiten nicht hat, aber als einziger aus einem Bereich verfügbar ist.

Zwingend ist häufig das Gespräch mit dem Vorgesetzten des Mitarbeiters. Die Vorgesetzten sind wichtige Stakeholder im Projekt und müssen regelmässig informiert werden.

**Beispiel**

Durch einen Änderungsantrag des Auftraggebers ist die Anpassung des Preisplans nicht mehr nötig. Stattdessen soll der Funktionsumfang geändert werden. Nun wird der Mitarbeiter, der für den Preisplan zuständig war, nicht mehr benötigt. An seiner Stelle wird nun ein Produktmanager und / oder ein Entwickler benötigt.

**Hinweis**

Für Details zum Thema «Stakeholder» lesen Sie die Ausführungen zur Kompetenz «Stakeholder», Kapitel 13, S. 170.

| | |
|---|---|
| Messgrössen | • Ermittelt auf der Grundlage der Ressourcenplanung die für das Projekt erforderlichen Ressourcen<br>• Legt die Bezugsbasis für bestehende und beantragte Ressourcen fest<br>• Überprüft und analysiert die Ressourcenkapazität der Organisation und ermittelt Trends<br>• Koordiniert mit der jeweiligen Organisation oder den Portfoliomanagement-Prozessen<br>• Beschreibt die für das Projekt benötigten Ressourcen<br>• Erstellt auf der Grundlage einer ausführlichen Projektplanung eine Ressourcenplanung<br>• Definiert Menge und Qualität der benötigten Ressourcen<br>• Trifft Make-or-Buy-Entscheidungen<br>• Schafft und evaluiert Beschaffungsalternativen<br>• Definiert eine Beschaffungsstrategie<br>• Setzt sich mit Ressourcenlieferanten in Verbindung<br>• Verhandelt die Verfügbarkeit von Ressourcen<br>• Setzt die Ressourcen mit der Projektstruktur in Beziehung<br>• Erstellt Terminpläne bzw. Aufgabenlisten für Ressourcen<br>• Vermittelt in ressourcenbezogenen Konflikten<br>• Definiert eine systematische Vorgehensweise, um den Ressourcenverbrauch zu bewerten<br>• Ermöglicht die Förderung von Kompetenzen / Fertigkeiten<br>• Weist mit den entsprechenden Teammitgliedern und ihrem Linienmanagement auf eine Kompetenzknappheit hin |

## Repetitionsfragen

37 Was können Vor- und Nachteile beim Einsatz von internen oder externen Personalressourcen sein? Nennen Sie jeweils zwei Vor- und Nachteile.

| Personalressourcen | Vorteile | Nachteile |
|---|---|---|
| Interne | | |
| Externe | | |

38 Was wird im Projekt unter Infrastruktur verstanden? Nennen Sie zwei Beispiele.

39 Nennen Sie zwei mögliche Folgen einer verspäteten Ressourceneinsatzplanung.

40 Was ist der Nutzen der strategischen Ressourcenplanung? Geben Sie drei Nutzen an.

# 10 Beschaffung

**Lernziele**

Nach der Bearbeitung dieses Kapitels können Sie …

- die vier Phasen des Beschaffungsprozesses beschreiben.
- Beschaffungsaufträge gemäss Ihren Wünschen mit einem Lieferanten aushandeln.
- Lieferanten vergleichen und bewerten.
- die Einhaltung des Beschaffungsauftrags überprüfen und Konsequenzen ziehen.

**Schlüsselbegriffe**

Anfragearten, Ausschreibung, Ausschreibungsunterlagen, Auswahl, Bedarfsanalyse, Beschaffungsbedarf, Beschaffungsprozess, Dienstleistungsvertrag, Evaluation, Lieferanten-Controlling, Make-or-Buy-Betrachtungen, Partnerschaft, Personalverleih, Rahmenvertrag, Überwachung der Vertragserfüllung, verlängerte Werkbank, Vertragserfüllung, Vertragsverhandlungen, Werkvertrag

### Definition gemäss ICB4

«Beschaffung» umfasst Vorgänge, bei denen Güter und / oder Dienstleistungen von externen Parteien eingekauft oder bezogen werden. Dazu gehören alle Prozesse von der Einkaufsplanung über den Einkaufsvorgang bis hin zur Vertragsverwaltung. Da sich die Beschaffung hauptsächlich an Lieferanten ausserhalb der Stammorganisation richtet, werden Ressourcen (Personal, Werkzeuge, Materialien und Teillieferungen) beschafft, die innerhalb der Organisation nicht verfügbar sind. Beschaffung umfasst zudem das Auswählen bzw. Einschlagen der optimalen Beschaffungswege in Übereinstimmung mit der langfristigen Zielsetzung der Organisation (z. B. Partnerschaft, Joint Ventures usw.). Diese Wege bieten den Vorteil der geteilten Finanzierung, der gemeinsamen Expertise usw., bergen jedoch auch die Risiken, auf dem Markt zu scheitern.

### Zweck gemäss ICB4

Die Kompetenz «Beschaffung» versetzt den Einzelnen in die Lage, von den ausgewählten Lieferanten oder Partnern einen möglichst hohen Nutzen zu erhalten und somit einen möglichst hohen Mehrwert für den Käufer und die Organisation zu erbringen.

### Beschreibung gemäss ICB4

Durch den Beschaffungsprozess haben Organisationen die Möglichkeit, die erforderlichen Ressourcen, die sie nicht besitzen oder selbst produzieren können oder wollen, zu erwerben. Die Beschaffungsrichtlinien der Organisation werden häufig von übergeordneten Strukturen veranlasst. Wenn die Aspekte der Beschaffung einen massgebenden Anteil eines Projekts einnehmen oder wenn es mehrere Beschaffungskomponenten gibt, sollte der Beschaffungsvorgang in einem Beschaffungsplan dokumentiert werden, der mindestens Folgendes beinhaltet:

- Zu verwendende Vertragstypen
- Rollen und Verantwortlichkeiten
- Lieferantenauswahlverfahren
- Vorschriften zur Vergabe von Unteraufträgen

Das Beschaffungsmanagement wird entweder von dem für das Projekt verantwortlichen Einzelnen ausgeführt, an Experten oder Abteilungen (z. B. an die Rechts- oder Finanzabteilung) übertragen, vom Zuständigen der Programmebene für organisationsweite Beschaffung und strategische Partnerschaften geleitet oder sogar von der Portfolioebene beeinflusst. Strategische Überlegungen wie Nachhaltigkeit, Lebenszykluskosten und der reduzierte Mehraufwand durch die Entwicklung positiver Beziehungen zu Lieferanten, Partnern oder Käufern und die damit verbundenen Risiken müssen ebenfalls in Betracht gezogen werden.

Für jede zu beschaffende Ressource umfasst der grundlegende Prozess die Ermittlung der Bedürfnisse, die Festlegung potenzieller Lieferanten oder Partner, die Einholung technischer und finanzieller Angebote, die Auswahl eines bevorzugten Lieferanten oder Partners und die Verhandlung einer Vereinbarung mit dem bevorzugten Lieferanten, den Einkauf sowie die Vertragsverwaltung. Der Arbeitsaufwand sollte dabei der Grösse und Komplexität der beschafften Komponente entsprechen.

Auch ein Austausch von Gütern oder Dienstleistungen zwischen Einheiten derselben Rechtsperson kann in einigen Fällen als Beschaffung angesehen werden. In diesen Fällen sollte die Beschaffung so behandelt werden, als würde sie zwischen unabhängigen Parteien stattfinden und daher demselben Mass an Kontrolle unterzogen werden.

### Zusätzliche Erläuterungen

Die Kompetenz «Beschaffung» (engl. «procurement») befasst sich mit dem projektbezogenen Beschaffungsmanagement und den damit verbundenen Vertragsfragen.

Projekte sind oft angewiesen auf externe Lieferanten und Dienstleister. Viele Lieferanten und Dienstleister können zur Komplexität im Projektmanagement beitragen und ein Risiko darstellen. In manchen Branchen (z. B. in der Bauwirtschaft) werden deshalb auch oft Generalunternehmen mit einem Projekt beauftragt. Die Generalunternehmen tragen dann die Verantwortung für die koordinierte Beschaffung. In vielen Projekten werden die Beschaffung und die Verträge vom Projektleiter gemanagt.

**Hinweis**

Für Details zu Verträgen lesen Sie die Ausführungen zur Kompetenz «Compliance, Standards und Regulationen», Kapitel 27, S. 318.

**Hinweis**

Folgende Kompetenzen sind mit «Beschaffung» verknüpft und werden in den entsprechenden Kapiteln behandelt:

- Alle weiteren Kompetenzen des Kompetenzbereichs Praktiken, Teil B, S. 23
- Kompetenz «Governance, Strukturen und Prozesse», Kapitel 26, S. 301
- Kompetenz «Compliance, Standards und Regulationen», Kapitel 27, S. 318
- Kompetenz «Kultur und Werte», Kapitel 29, S. 332
- Kompetenz «Beziehungen und Engagement», Kapitel 18, S. 226
- Kompetenz «Führung», Kapitel 19, S. 234
- Kompetenz «Vielseitigkeit», Kapitel 22, S. 265
- Kompetenz «Verhandlungen», Kapitel 23, S. 275

## 10.1 Beschaffungsbedarf

Projekte können nur geplant und realisiert werden, wenn die für die Durchführung erforderlichen Ressourcen (Personen, Material ...) bereitgestellt und die notwendigen Dienstleistungen erbracht werden. In vielen Fällen muss dabei auf externe Lieferanten und Dienstleister zurückgegriffen werden.

**Beispiel**

- Für ein geplantes Projekt werden Materialien und Maschinen benötigt, die im Haus nicht zur Verfügung stehen.
- Ein laufendes Projekt wird immer wieder verzögert, weil das interne Projektteam zeitlich überlastet ist. Externe Mitarbeitende werden gesucht, die tatkräftig helfen, die Arbeitspakete zu bewältigen.
- In einem Projekt zeigen sich immer mehr Widerstände bei der Umsetzung. Das zuständige Projektteam möchte die Unterstützung eines erfahrenen Coachs in Anspruch nehmen, um einen angemessenen Umgang mit der neuen Herausforderung zu finden.
- Aus Kostengründen werden für die Bearbeitung von Arbeitspaketen externe Unternehmen beauftragt.
- Interessengruppen erwarten ein von autorisierten Sachverständigen durchgeführtes Gutachten.

Oft werden Beschaffungsaufträge unter Zeitnot erteilt. Es ist besser, wenn bereits in der Planungsphase differenzierte **Make-or-Buy-Betrachtungen** erfolgen, d. h., wenn die jeweiligen Vor- und Nachteile von Eigenleistung und Fremdbezug herausgearbeitet wurden.

Bei der Beschaffung für ein Projekt kann man oft auf das **Know-how in der Stammorganisation** bauen. Die Stammorganisation verfügt über professionelle Prozesse für die Beschaffung.

Vor und während des Beschaffungsprozesses müssen viele Fragen geklärt werden. **Wichtige Fragen** sind:

- Was genau wird vom externen Lieferanten bzw. Dienstleister erwartet (Leistungsbeschreibung)?
- Was muss der Lieferant bzw. Dienstleister über das Projekt wissen (z. B. Internationalität)?
- Welche Qualitätskriterien sind an das Produkt bzw. die Dienstleistung geknüpft? Wie erfolgen die Qualitätssicherung und die Abnahme?
- Wann bzw. in welchem Zeitraum wird das Produkt bzw. die Dienstleistung zwingend erwartet?
- Mit welchen Folgen muss im Projekt gerechnet werden, wenn das vereinbarte Werk nicht oder nur mangelhaft geliefert wird?
- Welche Kriterien müssen das anbietende Unternehmen und seine Mitarbeitenden erfüllen (z. B. Referenzen, Zertifizierung)?
- Wer kommt als Lieferant bzw. Dienstleister infrage? Wie werden potenzielle Lieferanten bzw. Dienstleister informiert (z. B. öffentliche Ausschreibung)?
- Was ist bei der Auswahl der Lieferanten bzw. Dienstleister wichtig (z. B. eher Qualität oder eher Preis)?
- Wie wird bei der Auswahl vorgegangen, wer wirkt mit und wer trifft die Entscheidung?
- Was muss wie detailliert vertraglich geregelt werden (z. B. Mitwirkungspflicht des Auftraggebers, Strafen bei Nichterfüllung)?

In der Regel besteht der **Beschaffungsprozess** aus folgenden Phasen, die sequenziell durchlaufen werden.

**Abb. [10-1] Phasen des Beschaffungsprozesses**

| Phase | Beschreibung |
|---|---|
| Bedarfsanalyse | In dieser Phase wird analysiert, was und in welchem Umfang beschafft werden soll. Dabei kann es sich um Dienstleistungen oder Produkte oder beides handeln. Das Ergebnis der Analyse beschreibt klar, was, ob etwas beschafft werden muss und in welcher Form, Menge und für welche Zeit. Auch das benötigte Budget wird in dieser Phase festgelegt. In der Praxis ist das Lastenheft eine weitverbreitete Form. |
| Ausschreibung | Basierend auf den Analyseergebnissen werden die benötigten Dienstleistungen bzw. Produkte ausgeschrieben und potenziellen Lieferanten oder Partnern zugänglich gemacht. Die Ausschreibung kann öffentlich oder nur mit einzelnen Lieferanten oder Partnern erfolgen. |
| Bewertung | Die Rückmeldungen der angeschriebenen Lieferanten oder Partner (auch als Pflichtenheft bezeichnet) müssen analysiert und ausgewertet werden. Dazu empfiehlt es sich, einen Kriterienkatalog zu erstellen, der die wichtigsten Kriterien für die Auswahl beinhaltet und gewichtet. Das können z. B. Zertifikate, Berufserfahrung, Referenzen oder Ähnliches sein. |
| Auftragserteilung | Wurde ein passender Lieferant oder Partner ausgewählt, muss man mit diesem einen Vertrag basierend auf den Ausschreibungsunterlagen ausarbeiten und unterschreiben. |

Ist der Auftrag erteilt, überwacht die Projektleitung, dass die geforderten Dienstleistungen bzw. Produkte zur definierten Zeit und in der geforderten Qualität sowie zu den vereinbarten Kosten erbracht werden.

**Beispiel**

In der Strategie der Organisation ist festgelegt, dass die Prozesslandschaft optimiert werden soll, damit das Unternehmen effizienter wird. Aufgrund von Reorganisationen und Mitarbeiterwechseln sind aktuell keine Mitarbeitenden mit dem entsprechenden Know-how im Prozessmanagement verfügbar. Der Projektleiter entschliesst sich, diese Dienstleistung einzukaufen.

Gemeinsam mit dem Projektteam und weiteren wichtigen Stakeholdern erstellt er die **Analyse,** die zu folgendem Schluss kommt:

Die geforderte Optimierung kann nicht ohne externe Hilfe durchgeführt werden. Für die optimale Umsetzung braucht es einen unabhängigen **Prozessspezialisten,** der zwischen den teilweise differierenden Meinungen der Prozessbenutzer vermittelt und die nötigen Optimierungen festlegt. Der Einsatz des Prozessspezialisten ist nach Abschluss der laufenden Analysen vorgesehen und wird bis zur finalen Definition der neuen Prozesse andauern (geplant aktuell 6 Monate). Der Einsatz wird in dieser Zeit durchschnittlich 40% betragen.

Daraus ergeben sich für die Ausschreibungsunterlagen (neben der generellen Aufgabenbeschreibung) u. a. folgende Kriterien, die durch den Lieferanten abgedeckt werden müssen:

- Erfahrungen im Prozessmanagement (z. B. Nachweis von mind. 5 Jahren Erfahrung im Prozessmanagement)
- Nachweis entsprechender Zertifikate (z. B. als Certified Business Process Professional)
- Durchsetzungsvermögen
- Vermittlungsgeschick
- Verfügbarkeit 40% zwischen Mai und Oktober 2018

## 10.2 Evaluation und Auswahl

### 10.2.1 Erstellen von Ausschreibungsunterlagen

Mit der Analyse des Beschaffungsbedarfs ist eine wichtige Grundlage für die weitere **Evaluation** von Lieferanten und Partnern gelegt. Diese muss so aufbereitet werden, dass Lieferanten ein Angebot einreichen können. Folgende Punkte müssen in diesen Unterlagen enthalten sein:

- Was wird benötigt?
- Bei Dienstleistungen: Für welchen Zeitraum wird die Dienstleistung benötigt?
- Bei Produkten: Wann wird das Produkt benötigt?
- Welche Rahmenbedingungen sind zu beachten?
- Welche Anforderungen an die Dienstleistung / das Produkt gibt es?
- Wann muss das Angebot eingereicht werden?
- Ansprechperson für Rückfragen

Der **Projektleiter** wird bei der Erstellung der entsprechenden Unterlagen durch die **Beschaffungsstelle der Organisation** unterstützt oder liefert dieser die geforderten Angaben für die Ausschreibung. Basierend auf der Art der Beschaffung können dann unterschiedliche Anfragen gestellt werden. Die in der Praxis am häufigsten angetroffenen Anfragen sind in der folgenden Tabelle zusammengefasst.

Abb. [10-2] **Anfragearten**

| Art der Anfrage | Beschreibung |
|---|---|
| Request for Information (RFI) | Auf Basis der Ausschreibungsunterlagen werden mögliche Lieferanten angefragt, ob sie die geforderten Dienstleistungen oder Produkte generell liefern können. Diese Frageart eignet sich, um einen Überblick über die infrage kommenden Lieferanten zu erhalten. |
| Request for Quotation (RFQ) | Nachdem die potenziellen Lieferanten durch einen RFI auf diejenigen reduziert wurden, die die geforderten Leistungen liefern können, erhalten diese den RFQ. Mit dieser Anfrage werden möglichst präzise Preise erfragt. |
| Request for Proposal (RFP) | Der RFP ist die in der Praxis gängigste Anfragevariante. Sie enthält bereits alle für einen Vertragsabschluss nötigen Informationen. Reicht ein Lieferant / Partner basierend auf einem RFP ein Angebot ein, ist ein Vertragsabschluss durch eine Annahmeerklärung möglich. Es besteht aber keine Verpflichtung, das Angebot anzunehmen. |
| Request for Feature (RFF) | Bei dieser, weniger weit verbreiteten Anfrageart handelt es sich um die Anfrage zur Erweiterung eines bestehenden Systems oder Angebots / Vertrags. |

**Hinweis**

Bei öffentlichen Organisationen (z. B. Bund) muss man die Ausschreibungspflichten beachten. Diese legen genau fest, wann und wie man eine Dienstleistung oder ein Produkt ausschreiben muss und welches Ausschreibungsverfahren anzuwenden ist. Grundsätzlich ist die interne Rechts- und Beschaffungsabteilung dafür zuständig.

## 10.2.2 Evaluation und Auswahl von Angeboten

Die Rückmeldungen der Lieferanten müssen evaluiert und bewertet werden. Dazu werden die bei der Analyse erarbeiteten Kriterien herangezogen. Man legt fest, was die wichtigsten Kriterien für die Erbringung der Leistung sind. Hier bietet sich der paarweise Vergleich an (vgl. Kap. 3, S. 39).

**Beispiel**

Der paarweise Vergleich der definierten Kriterien ergibt, dass die Erfahrung am wichtigsten ist, gefolgt von Durchsetzungsvermögen und Verfügbarkeit. Der Nachweis der Zertifikate und das Verhandlungsgeschick sind am niedrigsten zu gewichten. Die Tabelle gibt das Ergebnis wieder. 2 bedeutet, dass das Kriterium in der Zeile wichtiger ist als das in der Spalte. 1 bedeutet, dass beide Kriterien gleich wichtig sind, und 0 bedeutet, dass das Kriterium in der Spalte wichtiger ist als das in der Zeile. Die Spalte Gewichtungsfaktor gibt an, wie man das Kriterium gewichten soll.

| Ziel | Bewertungskriterien / Bewertungskriterien | Erfahrungen im Prozessmanagement | Zertifikate | Durchsetzungsvermögen | Vermittlungsgeschick | Verfügbarkeit | Gewictungsfaktor |
|---|---|---|---|---|---|---|---|
| 1 | Erfahrungen mit Prozessmanagement | | 2 | 2 | 1 | 2 | 0.35 |
| 2 | Zertifikate | 0 | | 0 | 2 | 0 | 0.10 |
| 3 | Durchsetzungsvermögen | 0 | 2 | | 2 | 1 | 0.25 |
| 4 | Vermittlungsgeschick | 1 | 0 | 0 | | 0 | 0.05 |
| 5 | Verfügbarkeit | 0 | 2 | 1 | 2 | | 0.25 |
| | | | | | | | 1.00 |

Nach der Auswertung der eingetroffenen Angebote von vier Lieferanten ergibt sich folgende Tabelle, in der zusätzlich die Kosten pro Lieferant angegeben sind:

| Lieferant / Partner | Gewichtung | Wir tun es | One4All GmbH | Dummies | Nur wir! |
|---|---|---|---|---|---|
| Erfahrungen im Prozessmanagement | 0.35 | 2 | 3 | 1 | 4 |
| Zertifikate | 0.10 | 0 | 2 | 4 | 2 |
| Durchsetzungs-vermögen | 0.25 | 3 | 3 | 0 | 2 |
| Vermittlungs-geschick | 0.05 | 4 | 3 | 2 | 3 |
| Verfügbarkeit | 0.25 | 4 | 4 | 4 | 4 |
| Bewertung | | 2.65 | 3.15 | 1.85 | 3.25 |
| Kosten | | CHF 3 000.00 | CHF 3 500.00 | CHF 2 800.00 | CHF 3 500.00 |
| Ergebnis (Bewertung × 1 000 / Kosten) | | 0.88 | 0.90 | 0.66 | 0.93 |

Die Tabelle ergibt, dass die Firma «Nur wir!» das höchste Ergebnis unter Einbezug der Kosten erreicht und aufgrund der Kriterien zu wählen ist.

Besteht mit einer anbietenden Firma bereits eine **Geschäftsbeziehung,** kann das Einfluss auf die Entscheidung haben. Ist das Ergebnis der Analyse, wie in unserem Beispiel, knapp, kann als weiteres Kriterium die **Erfahrung mit einem Lieferanten** herangezogen werden. Besteht bereits eine Geschäftsbeziehung / Partnerschaft mit der «One4All GmbH» und sind mit dieser gute Erfahrungen gemacht worden, kann der Entscheid auch zugunsten dieser Firma fallen.

## 10.3 Vertragsverhandlungen

Mit den Ausschreibungsunterlagen haben wir die wichtigsten Angaben zu den Vertragsverhandlungen bereits erstellt. Wurde ein Lieferant für die Zusammenarbeit ausgewählt, geht es nun in die Details zum vertraglichen Rahmen. Eine wichtige Frage im Zusammenhang mit den auszuarbeitenden Verträgen ist die **Vertragsart.** Man unterscheidet grundsätzlich drei unterschiedliche Arten, die je nach Lieferobjekt und Bedarf gewählt werden können.

**Abb. [10-3] Vertragsarten**

| Vertragsart | Beschreibung | Beispiel |
|---|---|---|
| Dienstleistungs-vertrag | • Der Beauftragte schuldet dem Auftraggeber eine Tätigkeit (Wirken). Gegenstand ist die Arbeit.<br>• Jederzeit von beiden Parteien widerruf- oder kündbar.<br>• Beschränkte Schadensersatzpflicht. | • Im Rahmen einer Wohnblocküberbauung beauftragt das projektleitende Unternehmen eine Architektin mit der Überwachung der Arbeitsausführungen.<br>• Ein Beratungsunternehmen wird beauftragt, die Projektleitung zu coachen.<br>• Ein Beratungsunternehmen wird damit beauftragt, die Prozessoptimierung sicherzustellen. |
| Werkvertrag | • Der Lieferant verpflichtet sich zur Herstellung eines körperlichen oder unkörperlichen Werks.<br>• Der Werkvertragsnehmer schuldet dem Besteller ein Wirken und ein Werk. Der Arbeitserfolg ist Gegenstand des Vertrags.<br>• Rücktrittsrecht nur seitens des Bestellers mit Schadensersatzpflicht. | • Eine Architektin wird von einem projektleitenden Unternehmen beauftragt, Grob- und Detailpläne sowie die Kostenschätzung auszuführen.<br>• Ein Marketingunternehmen wird beauftragt, eine Imagebroschüre für das Projekt zu erstellen. |
| Personalverleih | • Beim Personalverleih wird dem Unternehmen ein Mitarbeiter eines Lieferanten auf Basis eines Vertrags ausgeliehen. Dieser ist dem ausgeliehenen Mitarbeiter gegenüber weisungsbefugt und wird in die Organisation des ausleihenden Unternehmens integriert. | • Ein Fussballspieler des YB Bern wird für die Dauer einer Saison an den FC Thun ausgeliehen. Nach der Saison kehrt er wieder zum YB Bern zurück.<br>• Eine Baufirma leiht für ein Bauprojekt in den Bergen für drei Monate einen Hubschrauberpiloten an ein anderes Unternehmen aus. |

Die verlängerte Werkbank ist eine Ausprägung des Personalverleihs. Dabei wird eine Dienstleistung oder ein Produkt festgelegt, die zu bestimmten Konditionen vom Lieferanten bereitgestellt werden. Der Kunde verpflichtet sich, das Produkt oder die Leistung primär über diesen Lieferanten zu den festgelegten Konditionen zu beziehen. Diese Form ist auch als Rahmenvertrag oder Partnerschaft bekannt.

**Beispiel**

Ein Projekt benötigt eine stark schwankende Anzahl an Entwicklern. Um den Bedarf decken zu können, wird mit einem Personalverleiher ein Rahmenvertrag abgeschlossen, in dem sich der Personalverleiher verpflichtet, die benötigte Anzahl an Entwicklern zur Verfügung zu stellen. Der Kunde verpflichtet sich, diese zum vereinbarten Preis «abzunehmen».

Für die Vertragsverhandlungen ist generell die Beschaffungsabteilung zuständig. Der Projektleiter unterstützt diese und gibt an, was in welchem Umfang benötigt wird.

Ein Vertrag ist eine rechtsverbindliche, zwischen zwei oder mehreren Parteien geschlossene Vereinbarung. Vertrag und «Vertragen» hängen semantisch eng miteinander zusammen. Ein Vertrag schafft die Grundlage für die gute Zusammenarbeit und dient der Risikoprävention für alle Beteiligten. Der Vertrag kann mündlich und schriftlich sein. Im Projektmanagement ist die schriftliche Form zu bevorzugen und anzustreben. Grössere Unternehmen haben eine Rechtsabteilung bzw. Experten des Vertragsrechts und können die Projektleitung mit Fachwissen unterstützen.

Bereits in mittleren Projekten kann sich der Einzelne schnell in einem Netzwerk aus Auftragnehmern und Auftraggebern befinden. Der Einzelne ist selbst Auftragnehmer, aber auch Auftraggeber für externe Lieferanten und Dienstleister mit entsprechender Verantwortung. Die folgende Abbildung zeigt wichtige Beziehungen auf.

Abb. [10-4] **Komplexe Beziehungen zwischen Auftragnehmer und Auftraggeber in Projekten**

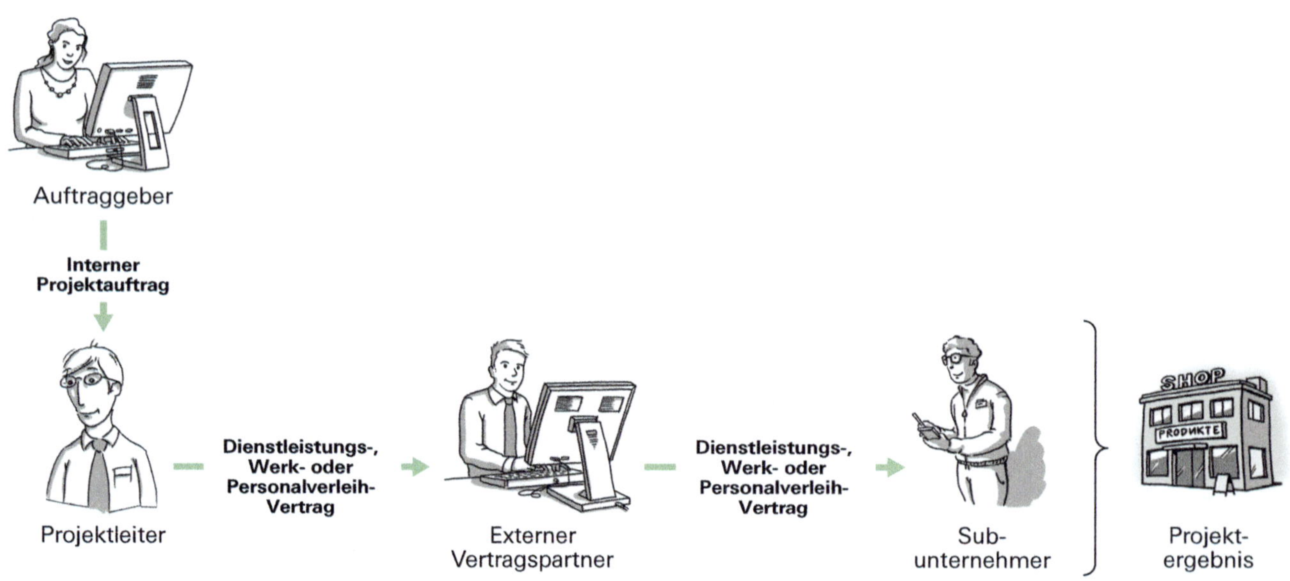


**Beispiel**

Für die Optimierung der Prozesslandschaft wird von der Firma «Nur wir!» ein Prozessspezialist angeboten. Da die Kriterien erfüllt sind, wird ein Werk für die Überarbeitung der bestehenden und die Erstellung einer neuen Prozesslandschaft aufgesetzt. Ein Dienstleistungsvertrag ist hier auch möglich, da die Erstellung der neuen Prozesslandschaft als Dienstleistung angesehen werden kann. Der Abschluss als Werkvertrag verstärkt den Druck auf den Lieferanten, das Werk zu erstellen, da er sonst mit rechtlichen Konsequenzen rechnen muss. Beim Abschluss eines Dienstleistungsvertrags wäre dieses Risiko geringer.

## 10.4 Lieferanten-Controlling

In einem Projekt kann es interne Auftragsbeziehungen und Vertragsbeziehungen mit externen Lieferanten geben. Der Projektleiter koordiniert und verantwortet die Ergebnisse. Dabei spielt die **Überwachung der Vertragserfüllung** eine wichtige Rolle. Für die Überwachung bieten sich dieselben Instrumente und Werkzeuge an wie für die Überwachung der internen Aufgaben. Die Prüfung des Fortschritts anhand der Earned-Value-Analyse sowie der **Qualität** mithilfe des Qualitätsmanagements sind hier zu nennen. Generell kann festgehalten werden, dass die Überwachung des Lieferanten bei hoher Komplexität und / oder hohem Risiko bzw. Termindruck intensiver sein muss.

Abb. [10-5] **Ausprägung der Überwachung**

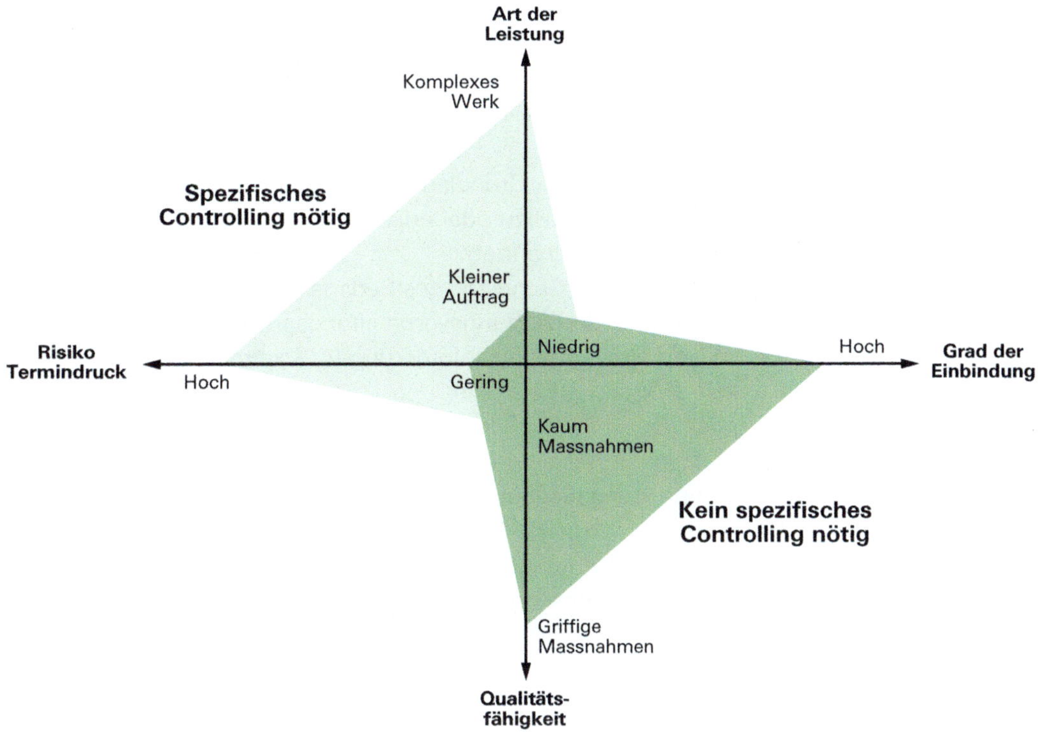


**Hinweis** Für Details zur Qualität und Planung lesen Sie die Ausführungen zu den Kompetenzen «Qualität», Kapitel 7, S. 101 bzw. «Planung und Steuerung», Kapitel 11, S. 140.

Ist absehbar, dass die **geforderten Leistungen nicht oder nur teilweise erbracht** werden, muss man mit dem Lieferanten sprechen. Im Idealfall wird ein solches Gespräch durch den Lieferanten initiiert, da er eine Lieferverpflichtung gegenüber dem Projekt hat. In diesem Gespräch muss der Lieferant die Gründe für eine Nichteinhaltung oder Gefährdung des Vertrags beschreiben. Er sollte zudem einen Vorschlag vorlegen, in dem aufgezeigt wird, wie das Problem behoben werden soll.

Kann die **geforderte Leistung bzw. Qualität nicht oder nur unzureichend geliefert** werden und wird vom Lieferanten kein Vorschlag für eine Behebung des Mangels vorgelegt, muss man klären, inwieweit ein Vertragsbruch vorliegt, der rechtliche Konsequenzen hat. Diese Prüfung führt in der Regel die Rechtsabteilung durch. Der Projektleiter muss die nötigen Unterlagen und Informationen für eine rechtliche Prüfung zur Verfügung stellen.

Wurden **alle vereinbarten Leistungen durch den Lieferanten erbracht,** ist der Vertrag erfüllt und wird beendet. Die **Vertragserfüllung** wird mit einem **Abnahmedokument** dokumentiert. Dort wird festgehalten, dass die Leistungen in der geforderten Qualität erreicht wurden und der Lieferant aus dem Vertrag entlassen wird. Auch wenn die vereinbarten Leistungen nicht oder nur unzureichend erbracht wurden, kann der Vertrag aufgelöst werden, dann unter Umständen mit rechtlichen Konsequenzen für den Lieferanten. Im Sinn einer partnerschaftlichen Zusammenarbeit sollte man die rechtliche Auseinandersetzung wo möglich vermeiden und eine einvernehmliche Lösung für Probleme finden.

**Beispiel**

Es stellt sich heraus, dass die neue Prozesslandschaft nicht innerhalb der festgelegten Zeit im geforderten Umfang erstellt werden kann, da die Abhängigkeiten und die Komplexität der Prozesse unterschätzt wurden. Der Lieferant / Partner bietet zwei Optionen an:

1. Die Leistungen auf die Analyse zu beschränken und einen weiteren Vertrag für die Umsetzung als Dienstleistung aufzusetzen
2. Den Umfang der neuen Prozesslandschaft zu reduzieren, die dann durch die Mitarbeitenden erweitert werden kann oder durch einen neuen oder verlängerten Vertrag vom Lieferanten erbracht wird

Der Auftraggeber hat nun die Wahl, einen dieser Vorschläge zu akzeptieren, einen alternativen Vorschlag zu machen oder auf sein Recht zu pochen und die Erfüllung einzufordern. In jedem Fall muss er diese Entscheidung gut abwägen, um das Verhältnis zum Lieferanten nicht langfristig zu schädigen – zumindest sofern weitere Projekte mit diesem geplant sind.

**Messgrössen**

- Begründet auf der Grundlage des Bedarfs die Beschaffung
- Konzipiert, produziert oder erfasst die benötigten Informationen als Input für die Experten im Bereich Beschaffung
- Erstellt auf der Grundlage des Bedarfs Ausschreibungsunterlagen und Auswahlkriterien
- Unterstützt Beschaffungsvorbereitungsprozesse und -abläufe
- Initiiert eine Angebotsanforderung (Ausschreibung), falls erforderlich in Zusammenarbeit mit der Beschaffungsabteilung
- Stellt die einzelnen Schritte des Lieferantenauswahlprozesses dar
- Definiert und erläutert die Inhalte von Ausschreibungsunterlagen
- Definiert und wendet die Auswahlkriterien an
- Bringt die formellen Beschaffungsrichtlinien (internationale, nationale und branchenspezifische Bestimmungen) miteinander in Einklang
- Beurteilt die Besonderheiten der Beschaffung und empfiehlt Partnerschaftsmodelle
- Definiert ein Verhandlungsmandat und legt die zu verhandelnden Ziele fest
- Unterscheidet zwischen verschiedenen Vertragsformen und ihren Auswirkungen auf das Projekt
- Kennt die Vertragsbestimmungen und reflektiert ihre Auswirkungen auf das Projekt
- Handelt einen Vertrag durch die Festlegung von Preis, Verfügbarkeit, Kundenanpassungsmöglichkeiten und Beschaffungsterminen aus
- Führt Massnahmen zur Steuerung der Vertragserfüllung ein
- Identifiziert Abweichungen vom Vertrag
- Begegnet Vertragsverletzungen mit der Einleitung korrektiver Massnahmen
- Zieht bei schwierigen Nachverhandlungen rechtliche, logistische und / oder Beschaffungsabteilungen der Organisation hinzu
- Geht mit vertragsbezogenen Streitigkeiten und Nachforderungen des Lieferanten um
- Schliesst und beendet die vereinbarte Geschäftsbeziehung, wenn entweder das Projekt gefährdet ist oder alle vertraglichen Verpflichtungen erfüllt wurden

## Repetitionsfragen

41 Beschreiben Sie die vier Phasen des Beschaffungsprozesses.

| Phase | Beschreibung |
|---|---|
| Bedarfsanalyse | |
| Ausschreibung | |
| Bewertung | |
| Auftrag erteilen | |

42 Worin liegen die wesentlichen Unterschiede zwischen dem Werkvertrag und dem Dienstleistungsvertrag? Nennen Sie zwei Unterschiede.

43 Für welche der unten aufgeführten Konstellationen empfehlen Sie eher mehr bzw. eher weniger spezifische Massnahmen zum Controlling von Lieferanten?

| Spezifisches Controlling | | Lieferanten-Konstellation |
|---|---|---|
| eher ja | eher nein | |
| ☐ | ☐ | Einsatz von zwei externen Mitarbeitenden über einen Personalverleih-Vertrag |
| ☐ | ☐ | Vergabe der Entwicklung eines Teilergebnisses in einem Innovationsprojekt |
| ☐ | ☐ | Bereitstellung der Infrastruktur für ein grosses Musikkonzert durch einen spezialisierten Lieferanten |
| ☐ | ☐ | Konfiguration und Einführung einer unternehmensumspannenden ERP-Software (Enterprise Resource Planning) durch eine Dienstleistungsfirma |
| ☐ | ☐ | Zusammenarbeit mit einer spezialisierten Consultingfirma zur Optimierung des aktuellen Projektmanagement-Systems im Unternehmen |
| ☐ | ☐ | Ausarbeitung eines externen Gutachtens zum Aufzeigen der relevanten IT-Risiken in einem Unternehmen |

# 11 Planung und Steuerung

| | |
|---|---|
| Lernziele | Nach der Bearbeitung dieses Kapitels können Sie ...<br>• den Kosten- und Zeitaufwand für ein Projekt abschätzen.<br>• ein Kick-off-Meeting abhalten.<br>• den Ablauf des Projekts steuern und bei ungeplanten Abweichungen korrigieren.<br>• Stakeholder bei Änderungen des Projekts professionell einbinden.<br>• Berichte zum Fortschritt und Abschluss erstellen. |
| Schlüsselbegriffe | Abschlussbericht, Abschluss-Workshop, Änderungsmanagement, Aufwand, Business Case, Change Control Board, Change Manager, Earned-Value-Analyse, Governance, Kick-off-Meeting, Meilensteintrendanalyse, Phasenübergänge, Phasen- und Projektabschluss, Plan-Ist-Vergleich, Projektänderungen, Projektauftrag, Projektauswertung, Projektleitung, Projektphasen, Projektstart, Projektstatusbericht, Stakeholder-Feedback |

### Definition gemäss ICB4

«Planung und Steuerung» umfasst das Zusammenführen aller, bereits im Projektdesign festgelegten Elemente zu einem ausgewogenen Plan, dessen Ausführung gesteuert abläuft. Basierend auf den Änderungen, die sich im Lauf des Projekts bzw. im Projektkontext ergeben, wird der Plan regelmässig aktualisiert. Die Steuerung wird ebenfalls regelmässig angepasst und verbessert, sodass der Einzelne die Kontrolle behält.

### Zweck gemäss ICB4

Die Kompetenz «Planung und Steuerung» versetzt den Einzelnen in die Lage, sich einen ausgewogenen und ganzheitlichen Überblick über das Management eines Projekts zu verschaffen und aufrechtzuerhalten. Die Aufrechterhaltung von Gleichgewicht, Einheitlichkeit und Leistung ist von grundlegender Bedeutung für das Erreichen der vereinbarten Ergebnisse.

### Beschreibung gemäss ICB4

Beim Planen und Steuern handelt es sich um eine Kernkompetenz des Projektmanagements. Hier laufen alle Informationen zusammen und Entscheidungen werden vorbereitet bzw. getroffen. Viele Prozesse und Aktivitäten werden in den anderen Kompetenzen ausführlich beschrieben (und gesteuert). Mittels der Kompetenz «Planung und Steuerung» werden sie integral betrachtet. Der grundlegende, zyklische Prozess läuft folgendermassen ab: planen, ausführen, beurteilen, anpassen wie im Qualitätsregelkreis beschrieben. Vom Gesichtspunkt des Projektmanagements her liegt der Fokus auf der Planung und der Beurteilung. Informationen müssen gesammelt und kombiniert werden, die Organisation sowie die jeweiligen Teams müssen ausgewählt und Entscheidungen müssen getroffen werden. Der Einzelne muss entscheiden, wie er den Aufwand des Projektmanagements planen und messen bzw. wie er das Projekt managen wird. Hierzu gehört die Wahl des richtigen Führungsstils, wie viel und was delegiert werden soll usw. Alle diese Punkte werden in einer oder mehreren Entscheidungsvorlagen festgelegt (Vision, Roadmap, Plan usw.), die besprochen und abgestimmt werden müssen.

Sobald die Projektplanung erstellt ist, sollten auch die Beobachtungsprozesse bereit sein. Anhand dieser Prozesse werden regelmässig Informationen zu Fortschritt, Finanzierung und Verwendung der Ressourcen im Vergleich zu Bezugsbasis, Einhaltung der Qualitäts- und anderer Standards, Zufriedenheit der Stakeholder usw. gesammelt. Dabei ist eine regelmässige Berichterstattung (sowohl von niedrigeren Ebenen an den Projektmanager als auch vom Projektmanager an die Stakeholder) ein wesentlicher Bestandteil dieser Kompetenzen.

Um den Lernprozess stetig voranzutreiben, sollte zudem der aufgebrachte Managementaufwand regelmässig bewertet werden. Ausgehend von diesen Informationen können Änderungen erforderlich werden. Ein im Voraus festgelegter, transparenter Prozess des Änderungsmanagements ist ein weiteres grundlegendes Element der Projektüberwachung und -steuerung. Nach ordnungsgemässem Abschluss einer Phase während des Projektlebenszyklus sollte eine Auswertung stattfinden und ein Bericht erstellt werden, in dem die Ergebnisse, Erfolge sowie die aus dem Projekt gewonnenen Erkenntnisse festgehalten werden.

**Hinweis**

Folgende Kompetenzen sind mit «Planung und Steuerung» verknüpft. Wir behandeln sie in den entsprechenden Kapiteln:


- Alle weiteren Kompetenzen des Kompetenzbereichs Praktiken, Teil B, S. 23
- Kompetenz «Strategie», Kapitel 25, S. 293
- Kompetenz «Governance, Strukturen und Prozesse», Kapitel 26, S. 301
- Kompetenz «Compliance, Standards und Regulationen», Kapitel 27, S. 318
- Kompetenz «Führung», Kapitel 19, S. 234
- Kompetenz «Konflikte und Krisen», Kapitel 21, S. 252
- Kompetenz «Vielseitigkeit», Kapitel 22, S. 265
- Kompetenz «Verhandlungen», Kapitel 23, S. 275


## 11.1 Projektstart

### 11.1.1 Projektmanagement-Plan

Die wichtigste Funktion eines **Projektmanagement-Plans** ist, sicherzustellen, dass die wichtigsten Bedingungen für den erfolgreichen Abschluss eines Projekts erfüllt sind.

Idealerweise sind Sie als Projektleiter schon früh, bevor das eigentliche Projekt startet, involviert. Aber in der Praxis sind Sie immer wieder damit konfrontiert, dass **wichtige Entscheidungen** bereits getroffen wurden oder ein Projektmanagement-Plan bereits existiert. Umso wichtiger ist es in einem solchen Fall, die vorliegenden Informationen zum Projekt gründlich zu prüfen und zu analysieren, ob das Projekt unter den gegebenen Bedingungen erfolgreich durchgeführt werden kann. Insbesondere, wenn Sie das Projekt von jemandem übernehmen, müssen Sie dafür sorgen, dass die aus Ihrer Sicht notwendigen Bedingungen vorhanden sind, damit das Projekt ein Erfolg werden kann.

Die groben Vorgaben muss man in ein **umsetzbares Vorgehen** überführen. Dieses Vorgehen wird im Detail im Projektmanagement-Plan beschrieben. Das machen Sie am besten, bevor das eigentliche Projekt startet. Idealerweise involvieren Sie Ihr Projektteam in diese Aufgabe. Da das **Team** in diesem Zeitpunkt für gewöhnlich noch nicht vollständig ist, müssen Sie eventuell Ihren Plan anpassen, sobald alle Teammitglieder an Bord sind. Denn ein Plan, an dem das Team mitgewirkt hat, hat grössere Erfolgschancen als einer, den Sie im stillen Kämmerlein erstellt haben.

Erfolg ist nur dann erzielbar, wenn es Ihnen gelingt, in Ihrem Vorgehen den grössten gemeinsamen Nenner aller unterschiedlichen Erwartungen zu finden. Daher müssen wir eine **gute Analyse dieser Erwartungen** voraussetzen.

Sie als Projektleiter definieren – zumindest gemeinsam mit den schon vorhandenen Projektteam-Mitgliedern – die wichtigsten Lieferobjekte und das Vorgehen und beschreiben es im **Projektmanagement-Plan.** Diesen lassen Sie sich anschliessend vom Auftraggeber und gegebenenfalls von weiteren wichtigen Stakeholdern genehmigen. Dieser Plan fungiert somit als Mandat, um das Projekt umzusetzen. Man kann das auch als Vertrag zwischen Auftraggeber und der Projektleitung verstehen.

Im Projektmanagement-Plan wird beschrieben, wie und **auf welchem Weg** das Projektteam die gewünschten Ergebnisse erreichen soll. Er enthält Angaben über die Dauer des Projekts, dessen Kosten, den Scope, die Projektorganisation, den Qualitätsplan, das Risikomanagement, die Änderungsüberwachung und Ähnliches.

Wichtig ist, dass dieses Dokument von den wichtigsten Interessengruppen genehmigt und von allen zur Kenntnis genommen wurde. Es ist aber ein lebendes Dokument, das im Lauf des Projekts angepasst und ergänzt werden wird. Man muss deshalb auch eine Versionskontrolle durchführen.

**Hinweis**

Der Projektmanagement-Plan ist Basis für den **Projektantrag.** Dieser wird häufig dem Projektauftrag gleichgesetzt. Es ist zu beachten, dass diese Dokumente aber unterschiedlichen Zwecken dienen. Der Projektantrag dient in vielen Fällen primär der Genehmigung der Projektziele und des Budgets. Durch Genehmigung des Projektantrags wird er formal zum **Projektauftrag.** Es gibt aber auch Organisationen, die zwei Dokumente mit unterschiedlichen Inhaltsvorgaben verlangen.

Sobald die Genehmigung des **Projektauftrags** vorliegt, das Budget gesprochen und der Projektmanagement-Plan abgenommen ist (was alles in einem Dokument erfolgen kann), kann das Projekt auch formal seine Arbeit beginnen.

### 11.1.2 Kick-off-Meeting

Das Kick-off-Meeting markiert den **offiziellen Beginn der Projektarbeit** für alle Beteiligten. Auch wenn im Vorfeld viel über das ganze Projekt diskutiert wird, gibt es immer Personen (Ansprechpartner, Informationsempfänger), die nicht alle Details kennen.

Das Kick-off-Meeting dient der

- **Vorstellung der einzelnen Teammitglieder:** Um später auch die direkte Kommunikation im Projektteam sicherzustellen, muss jedem Teammitglied klar sein, wer welche **Erfahrungen und Know-how-Schwerpunkte** hat. Das ist insbesondere auch für Themen wichtig, die nicht im unmittelbaren Zusammenhang mit dem eigentlichen Projektthema stehen, da häufig Wissen aus anderen, angrenzenden Bereichen nützlich für die Lösung von Problemen ist. Ausserdem ist das der geeignete Zeitpunkt, um die Erwartungen, Hoffnungen und Wünsche der Teammitglieder zu erfragen und gegebenenfalls zu korrigieren.
- **Herstellung eines gemeinsamen Informationsstands für alle Projektbeteiligten:** Da im Vorfeld bis zu einem offiziellen Projektauftrag meist schon Gerüchte über das neue Projekt entstehen, sollten die Teammitglieder ganz am Anfang über alle **projektrelevanten Inhalte,** insbesondere das genaue Projektziel, Vorgehen, die Bedeutung für das Unternehmen, Termine, Meilensteine, Rahmenbedingungen usw., informiert werden.
- **Klärung der Rollen der einzelnen Teammitglieder:** Für jedes Teammitglied gibt es bereits zu Beginn eines Projekts eine oder mehrere zugedachte Rollen (fachlich und / oder organisatorisch). Diese sollten während des Projekt-Kick-offs angesprochen und eventuell korrigiert bzw. ergänzt werden.
- **Festlegung von Spielregeln für die Teamarbeit:** Die Zusammenarbeit im Projektteam kann mit der Vereinbarung von **Spielregeln** konfliktfreier gestaltet werden. Sie sollten von allen Teammitgliedern gemeinsam erarbeitet werden, damit von Beginn an eine hohe Akzeptanz vorhanden ist.
  Folgende **Themenbereiche** können in die Spielregeln miteinbezogen werden:
  - Organisation (Protokoll, Raumreservierung, Beschlussfindung, Moderation etc.)
  - Kommunikation innerhalb des Teams und mit Stakeholdern
  - Verhaltenskodex (Vorbereitung von Sitzungen, Pünktlichkeit, maximale Redezeit etc.)
  - Sanktionen bei Nichteinhalten der Spielregeln («Projektteamkasse» …)

Für den Projektleiter ist das Kick-off-Meeting eine Gelegenheit, um **nicht offen ausgesprochene Erwartungshaltungen** (seitens des Projektteams, des Auftraggebers, der Linienorganisation usw.) herauszuhören.

Ein Kick-off-Meeting ist auf jeden Fall zu empfehlen, da es gleichzeitig eine sehr gute Marketingmassnahme ist. Der eingeladene Kreis darf deshalb gross sein. Am Kick-off nehmen teil:

- Vertreter der Auftraggeberseite (bei wichtigen Projekten ein Geschäftsleitungsmitglied)
- Vertreter der Geschäftsleitung der Auftragnehmerseite (ebenfalls in Abhängigkeit von der Bedeutung des Projekts)
- Projektleiter
- Projektteam
- Weitere Projektbeteiligte (z. B. Repräsentanten von Interessengruppen)

**Beispiel** **Ablauf eines Kick-off-Meetings**

| Zeit | Thema | Zielsetzung |
|---|---|---|
| 8.15 | Eintreffen, Kaffee | Ungezwungenes Wiedersehen, Kennenlernen |
| 8.30 | Start, Begrüssung durch Projektleiter, Kick-off-Ablauf vorstellen, Projektleiter stellt sich kurz vor | Pünktlicher Start, Orientierung, Transparenz, Vertrauen schaffen |
| 8.45 | Auftraggeber stellt Projekt vor, Ausgangslage und Zielsetzung | Projektziel einführen, Wichtigkeit zeigen |
| 9.00 | Vorstellrunde der Projektteammitglieder, persönliche Erwartungen an Projektmitarbeit | Kennenlernen, Vernetzung |
| 9.30 | Pause | Informeller Austausch |
| 9.45 | Projektleiter stellt aktuellen Status vor | Information |
| 10.00 | Projektumfeldanalyse vorstellen | Umfeld und Abhängigkeiten erkennen |
| 10.30 | Risiken des Projekts | Risikoüberlegungen, Sensibilisierung |
| 10.45 | Organisation des Projekts, Organigramm und Projektplan vorstellen | Rollen klären, Termine vorstellen |
| 11.30 | Zusammenarbeit regeln, Meetings, Dokumentenmanagement | Kommunikation regeln, Spielregeln definieren |
| 12.15 | Kurze Stellungnahme der Teilnehmenden | Engagement und Widerstand erkennen, Verbindlichkeit schaffen |
| 12.30 | Schlusswort durch Auftraggeber oder Projektleiter und gemeinsames Mittagessen | Wertschätzung |

## 11.2 Phasenübergänge

Wir haben gelernt, dass man zu Beginn eines Projekts einen **Projektplan** erstellt. Wir wissen auch, dass das **Aufteilen von Projekten** in unterschiedliche Phasen dem Umgang mit Unsicherheit dient. Abhängig vom **Grad der Unsicherheit** unterteilen Sie das Projekt in mehr oder weniger Phasen.

Es gibt Organisationen, in denen Projekte je nach Komplexität und Unsicherheit in unterschiedliche Klassen eingeteilt werden. Je nach Klasse wird eine unterschiedliche Anzahl an **Projektphasen** durchlaufen und die Vorgaben für das Berichtswesen sind unterschiedlich strikt.

**Projektphasen,** die ein Projekt typischerweise durchläuft, sind:

- Initialisierung
- Konzept
- Realisierung
- Einführung

**Nach jeder Phase** stehen neue und zusätzliche Informationen zur Verfügung und wir können den Gesamtplan aktualisieren. Wir betrachten jede Phase so, als ob wir ein neues Projekt beginnen wollten. Wir bauen auf den neuen Erkenntnissen auf, aktualisieren den Plan und erstellen eine detaillierte Planung für die nächste Phase. Wir überprüfen, ob der **Business Case** immer noch passt, und das zuständige Steuerungsgremium entscheidet, ob das Projekt fortgeführt werden soll oder nicht. Die Basis für diesen Entscheid bildet ein **Phasenbericht,** in dem die Erkenntnisse und Ergebnisse der abgeschlossenen Phase dokumentiert sind und eine Entscheidungsgrundlage für das Steuerungsgremium gegeben wird. Idealerweise wird auch ein Vorschlag aus der Sicht des Projekts erarbeitet.

Das ist auch die Gelegenheit, um eventuell notwendige **Anpassungen an eine neue Situation** vorzunehmen.

## 11.3 Plan-Ist-Vergleiche

Der **detaillierte Phasenplan** liegt vor und Sie als Projektleiter delegieren die Arbeiten auf Ihre Projektmitarbeitenden und – je nach Komplexität des Projekts – an Ihre Teilprojektleitenden oder Lieferanten. Diese beginnen zu arbeiten und berichten Ihnen regelmässig, wie weit sie gekommen sind.

Es ist eine Binsenwahrheit, dass nichts so läuft, wie man es geplant hat. Schätzungen und Vorgehen werden von der Realität eingeholt. Ein Projektleiter baut sich deshalb ein Informationssystem auf, aus dem er frühzeitig erkennen kann, was möglicherweise in die falsche Richtung läuft. Die Worte «frühzeitig» und «möglicherweise» sind in diesem Zusammenhang besonders wichtig, denn ein **guter Projektleiter** unterscheidet sich von einem durchschnittlichen Projektleiter dadurch, dass er vor allem **vorausschauend agiert** und nicht nur reaktiv unterwegs ist, wenn etwas falsch gelaufen ist.

**Beispiel**

Welchen Unterschied haben die folgenden beiden Aussagen eines Projektleiters?

1. «Wir liegen drei Monate hinter dem Plan.»
2. «Wenn wir jetzt nichts unternehmen, werden wir drei Monate länger brauchen.»

Die zweite Aussage ist vorausschauend (proaktiv), die erste reaktiv.

Projektleitende, die den Projektfortschritt allein messen, indem sie ihre Projektmitarbeitenden nach den aktuellen Zahlen (und Überschreitungen) fragen, haben ihre Aufgabe nicht gut verstanden. Im Projektmanagement geht es um Vorhersagen und darum, ungewollten Ereignissen entgegenzuwirken und Massnahmen rechtzeitig zu ergreifen.

In diesem Abschnitt wollen wir zwei Methoden beleuchten, die uns helfen, **Trends** zu erkennen, und es uns ermöglichen, frühzeitig mögliche Fehlentwicklungen zu verhindern:

- Meilensteintrendanalyse
- Earned-Value-Analyse

### 11.3.1 Meilensteintrendanalyse

In der Meilensteintrendanalyse werden auf der x-Achse die verschiedenen Berichtszeiträume oder Kontroll(zeit)punkte eingetragen und auf der y-Achse die Vorhersagen für die verschiedenen Meilensteine.

Am Ende jedes Berichtszeitraums gibt der Projektleiter eine **Prognose** darüber ab, wann er erwartet, dass ein Meilenstein erreicht sein wird. Daraus ergibt sich für jeden Meilenstein eine **Prognosekurve,** die idealerweise horizontal verläuft. Aus dem Verlauf der Kurven lassen sich Trends erkennen, die auf mögliche Probleme hinweisen.

**Beispiel**

In unserem Beispiel wurden fünf Meilensteine definiert:

- Projektantrag
- Spezifikation
- Design
- Integration
- Rollout

Am 21.01. erwartet der Projektleiter, dass die ersten zwei Meilensteine um eine Woche und Meilenstein drei gar um drei Wochen verzögert erreicht werden. Er trägt die neuen Daten in den Chart ein und verbindet die Punkte mit einer Slip-Kurve. In seinem Bericht begründet er seine Annahme.

Abb. [11-1] **Meilensteintrendanalyse**

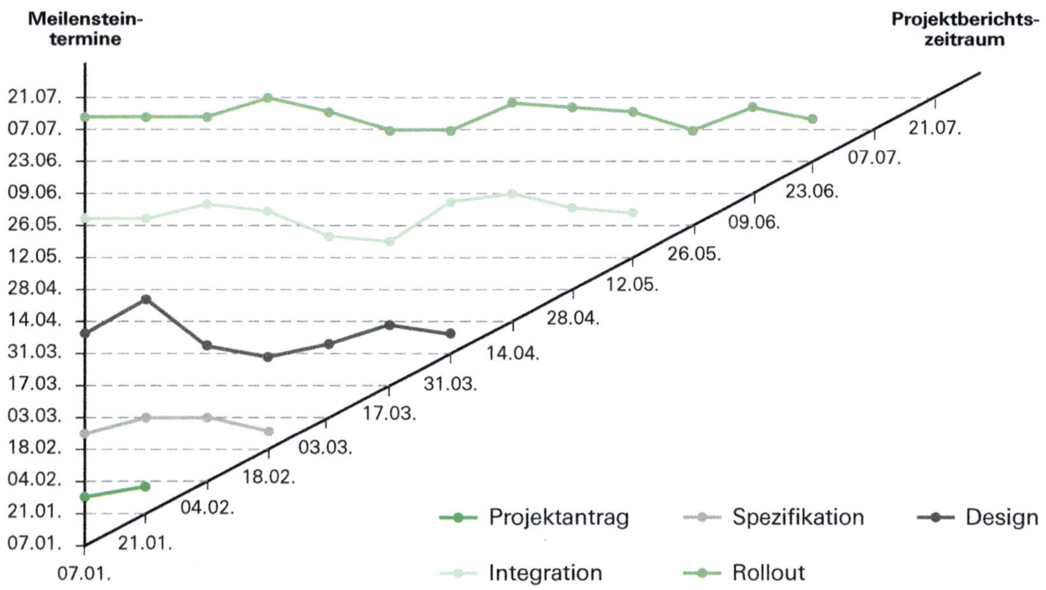


Am 04.02. ist Meilenstein «Projektantrag» erfüllt und wird daher nicht mehr betrachtet. Die Spezifikationen werden nach Ansicht des Projektleiters unverändert leicht verzögert zur Verfügung stehen, Dafür konnte schon mit ersten Designarbeiten begonnen werden. Deswegen wird dieser Meilenstein vermutlich schon Anfang April statt wie befürchtet Ende April erreicht werden. Es gibt aber erste Anzeichen, dass die Integration eine Woche später als ursprünglich geplant abgeschlossen werden kann.

## 11.3.2 Earned-Value-Analyse

Die in der Kompetenz «Ablauf und Termine» vorgestellte Earned-Value-Methode eignet sich sowohl für eine realistische Sicht auf den bisherigen Projektfortschritt als auch für Prognosen über die Zukunft. Im Folgenden stellen wir die **Kennzahlen** nochmals zusammen:

Abb. [11-2] **Kennzahlen der Earned-Value-Methode**

| Bezeichnung | Englische Bezeichnung | Formel | Bedeutung |
|---|---|---|---|
| Gesamtbudget | Budget at Completion (BAC) | – | Geplanter Gesamtaufwand für das Projekt |
| Plan-Kosten | Planned Value (PV) | – | Plan-Kosten der bisher abgeschlossenen Arbeiten |
| Earned Value | Earned Value (EV) | – | Wert der bisher abgeschlossenen Arbeiten |
| Ist-Aufwand | Actual Cost (AC) | – | Tatsächlich angefallene Kosten (für abgeschlossene Arbeiten) |
| Terminabweichung | Schedule Variance (SV) | SV = EV – PV | Abweichung vom Terminplan |
| Kostenabweichung | Cost Variance (CV) | CV = EV – AC | Abweichung von der Kostenschätzung |
| Restaufwand | Estimate to Complete (ETC) | ETC[1] = BAC – EV | Aufwand bis Abschluss des Projekts |
| Geschätzter Gesamtaufwand | Estimate at Completion (EAC) | EAC = (AC / EV) × BAC | Hochrechnung des Gesamtaufwands auf Basis des bisherigen Verlaufs |
| Abweichung bei Projektabschluss | Variance at Completion (VAC) | VAC = BAC – EAC | Prognose der Budgetabweichung bei Projektabschluss |
| Zeiteffizienz | Schedule Performance Indicator (SPI) | SPI = EV / PV | <1: zu langsam; = 1: gemäss Plan; >1: schneller |
| Geschätzte Gesamtdauer | Estimated Time at Completion (ETAC) | ETAC = Projektdauer / SPI | Hochrechnung der Gesamtdauer des Projekts |
| Kosteneffizienz | Cost Performance Indicator (CPI) | CPI = EV / AC | <1 zu teuer; = 1: gemäss Plan; >1 günstiger |
| Benötigte Kosteneffizienz | To-Complete Performance Indicator (TCPI) | TCPI = (BAC – EV) / (BAC – AC) | Gibt an, welcher CPI-Wert gebraucht wird, um das Budget (BAC) einzuhalten |

[1] In der Literatur finden sich unterschiedliche Formeln für ETC und EAC, die auf unterschiedlichen Szenarien und Annahmen basieren.

## 11.4 Projektstatusbericht

Ein Bericht über den Projektfortschritt gibt dem Auftraggeber oder dem Projektsteuerungsgremium einen Überblick über den Fortschritt und den aktuellen Stand des Projekts und macht auf projektrelevante Entwicklungen aufmerksam. Häufig wird dieser Bericht als **Projektstatusbericht** bezeichnet.

Form und Inhalt des Projektberichts definieren Sie im Projektmanagement-Plan und stimmen Sie vorab mit den Adressaten ab, damit Sie deren Informationsbedürfnisse erfüllen. In vielen Fällen gibt es bereits **Vorlagen und Formulare,** die verwendet werden sollen oder die von der Organisation vorgeschrieben sind. Das hat den Vorteil, dass die Adressaten an diese Form gewöhnt sind und sich schneller zurechtfinden. Scheuen Sie sich aber nicht, solche Vorlagen an projekt- oder adressatenspezifische Anforderungen anzupassen.

Ein Projektbericht enthält typischerweise folgende **Informationen:**

- Aussage zum Projektfortschritt, z. B. Fertigstellungsgrad der aktuellen Lieferobjekte
- Erreichte Qualität, z. B. zu durchgeführten Reviews, aktuelle Testergebnisse, sonstige Massnahmen des Qualitätsmanagements
- Kostenentwicklung, z. B. Earned-Value-Analyse, Kostenprognose
- Termine, z. B. erreichte Meilensteine und Meilensteintrendanalyse
- Risiken und Probleme, insbesondere Änderung der Risikosituation, Status der eingeleiteten Massnahmen
- Sonstiges, z. B. aktuelle Anträge, To-do-Liste, personelle Veränderungen im Projekt etc.

Die Kunst beim Erstellen des Projektberichts liegt darin, so knapp und prägnant wie möglich und so ausführlich wie nötig **alle relevanten Informationen für die Adressaten** zusammenzustellen. Bewährt hat sich dabei:

- Zusammenfassung aller regelmässig zu berichtenden Informationen auf einer, maximal zwei Seiten.
- Notwendige Detailinformationen im Zweifel in den Anhang.
- Verwenden Sie so viel Grafiken und Tabellen wie möglich. Ihre Informationsdichte ist viel höher als beim Text. Zudem fokussieren sie auf das Wesentliche.
- Machen Sie auf wichtige Dinge gezielt aufmerksam, in dem Sie sie (farblich) hervorheben oder markieren.

Der Rhythmus der Berichterstattung orientiert sich an der Verfügbarkeit von aktuellen Daten und Informationen. Generell kann gesagt werden, dass die **Berichtsperiode** der Bedeutung und der Laufzeit des Projekts sowie den Anforderungen des Projekt-Controllings gerecht werden muss. Auch der **Aufwand** für die Erstellung und Besprechung des Projektberichts ist angemessen zu berücksichtigen. Bei grösseren Projekten wird der Projektbericht in der Regel am Ende des Monats erstellt, wenn die entsprechenden Daten und Informationen vorliegen. Er sollte auf jeden Fall aktuell zu relevanten **Projektsitzungen** zur Verfügung stehen. Im Fall besonderer Vorkommnisse kann und sollte eine **Ad-hoc-Berichterstattung** erfolgen, um die Entscheidungsträger schnell zu informieren.

## 11.5 Projektänderungen

Änderungsmanagement hat zum Ziel, Änderungen, die Einfluss auf den Projektumfang haben, in geordneter und nachvollziehbarer Weise in die Projektplanung einfliessen zu lassen.

Der Nutzen eines **Änderungsmanagements** wird oft unterschätzt. Ein geordnetes Änderungsmanagement gilt als Eingriff in die «Freiheiten» der Kunden und des Managements, Projektziele und Zusatzwünsche ohne weitere Formalitäten in das Projekt einzubringen. Die Praxis zeigt, dass Projekte an zu vielen Zusatzwünschen und Zieländerungen scheitern können. Änderungen können aber aus verschiedenen Gründen nicht ausgeschlossen werden.

### 11.5.1 Anlässe für Änderungen

Ein Projekt befindet sich grundsätzlich in einem **kontinuierlichen Änderungs- und Anpassungsprozess.** Das liegt daran, dass im Rahmen eines Projekts mit begrenzten Ressourcen bestimmte Ergebnisse erbracht werden müssen und im Projektverlauf der Ressourceneinsatz immer wieder im Detail auf die aktuellen Anforderungen abgestimmt werden muss. Dieser Änderungsprozess darf nicht mit dem eigentlichen Änderungsmanagement verwechselt werden.

**Beispiel**

Durch die wöchentlichen Rückmeldungen der geleisteten Stunden und der Reststunden unterliegt die Projektplanung einem stetigen Änderungsprozess und wird regelmässig angepasst. Dieser Vorgang ist aber nicht Teil des Änderungsmanagements, sondern allenfalls eine Folge, wenn die Planung aufgrund einer Änderung zu überarbeiten ist.

Änderungen dieser Art sind **nicht** Teil des Änderungsmanagements, sie gehören zum allgemeinen Projektmanagement-Prozess.

Das **Änderungsmanagement** befasst sich vor allem mit Änderungen, die sich auf den Leistungsumfang auswirken, diesen erweitern (etwa durch Kundenwünsche) oder auch einschränken (etwa durch neue Rahmenbedingungen).

Projektänderungen werden also in unterschiedlichen Prozessen bearbeitet. Die folgende Tabelle zeigt die wesentlichen Unterschiede auf.

Abb. [11-3] **Änderungen im Projekt- und im Änderungsmanagement**

| Welche Änderungen werden in welchem Prozess bearbeitet? | | |
|---|---|---|
| **Bearbeitungs-prozess** | **Anlässe für Änderungen** | **Betroffene Elemente** |
| Projekt-management | • Ein extern erstelltes Ergebnis verspätet sich.<br>• Eine Problemstellung erweist sich als komplexer als angenommen.<br>• Aufwände wurden unterschätzt. | Termine, Kosten |
| | Aus Krankheitsgründen fällt eine Ressource für längere Zeit aus. | Termine, Kosten, Projektorganisation |
| Änderungs-management | Der Leistungsumfang des Projekts ändert sich. | Bisherige und zukünftige Fach-ergebnisse und davon abhängige Termine, Kosten, Projektorganisation |
| | Rahmenbedingungen ändern sich. | |

**Beispiel**

Für das Projekt «Entwicklung eines neuen Auftragsbearbeitungssystems» hat die Geschäftsleitung bestimmt, dass die Verfolgung des Auftragsstatus durch den Kunden über das Internet nicht realisiert werden darf, da die eindeutige Identifikation des Kunden noch nicht gewährleistet werden kann. Durch die nun verfügbaren Sicherheitszertifikate fällt diese Einschränkung weg. Die Geschäftsleitung wünscht, dass diese Funktionalität doch realisiert wird. Damit ändert sie eine Rahmenbedingung für das Projekt.

## 11.5.2 Warum ist das Änderungsmanagement wichtig?

Aufgabenstellungen werden vor allem deswegen in Form von Projekten bearbeitet, weil Wege, Ziele und die nötigen Lösungen noch nicht in allen Details bekannt sind oder erst erarbeitet werden müssen. Daher ändern sich bei Projekten im Lauf der Projektarbeit häufig die **Vorgaben** (Projektzielsetzungen, Grobanforderungen) und damit bereits erarbeitete **Teilergebnisse.**

**Beispiel**

Während der Anforderungsspezifikation realisiert eine Fachabteilung A, dass durch eine zusätzliche Schnittstelle ihres neu zu entwickelnden IT-Systems 1 mit einem schon bestehenden IT-System 2 für die Fachabteilung B ein schon lang bestehendes Informationsmanko beseitigt werden könnte. Als neue Anforderung werden daher das Erstellen einer Schnittstelle, die Anpassungen am IT-System der Fachabteilung B sowie die neuen Anforderungen der Fachabteilung B erkannt.

Ohne kontrollierten Umgang mit Änderungen steigt die Gefahr eines Misserfolgs für das Projekt, vor allem die Gefahr, dass das Projekt nicht termingerecht fertig wird oder die Kosten nicht eingehalten werden können. Ein definiertes Änderungsmanagement stellt diesen **kontrollierten Umgang** sicher. Die Bestimmungen des Änderungsmanagements müssen die folgenden Fragen beantworten:

- Welche Arten von Änderungen müssen wie behandelt werden?
- Welche Änderungen dürfen bis zu welchem Stand des Projekts überhaupt eingebracht werden?
- Wie viele Änderungen dürfen eingebracht werden?
- Wer kann über welche Änderungen entscheiden?

Gutes Änderungsmanagement ist nicht eine Frage von Werkzeugen, sondern in erster Linie eine Frage der Organisation und einer guten **Projektkultur.**

### 11.5.3 Zweck des Änderungsmanagements

Änderungsmanagement ist ein Teilprozess des Projektmanagements und hat damit eine **organisatorische Ebene** (Instanzen, die in diesem Prozess wirken) und eine **instrumentelle Ebene** (Mittel wie Formulare und Tools). Es soll sicherstellen, dass

- Änderungen und ihre Auswirkungen gut dokumentiert sind,
- die Umsetzung (oder Ablehnung) von Änderungen nachvollziehbar entschieden wird und
- Änderungen an den Vorgaben und Teilergebnissen in kontrollierter und geplanter Form in die weitere Projektarbeit einfliessen.

Die Bearbeitung von Änderungen tangiert möglicherweise alle bereits erstellten Fach- und Projektmanagement-Dokumente!

Bei **Projekten im Auftragsverhältnis mit einem externen Kunden** ist das Änderungsmanagement einer der zentralen Mechanismen, um Änderungen an Terminen und Kosten vertraglich geordnet abzuwickeln. Speziell wenn mit Fixpreisen oder einem Kostendach gearbeitet wird, ist eine Änderungsanfrage (Change Request) die einzige Möglichkeit, um den Termin- oder Budgetrahmen zu erweitern.

**Beispiel**

Ein IT-Unternehmen entwickelt für einen Kunden ein neues Auftragsabwicklungssystem. Das Pflichtenheft wurde vom Kunden abgenommen und es wurde ein Fixpreis vereinbart. Stellt der Kunde während der Realisierung fest, dass er auch noch eine Schnittstelle zum Buchhaltungssystem möchte, gilt das als Ausweitung des vereinbarten Leistungsumfangs mit Termin- und Kostenfolgen. Es handelt sich dabei klar um eine Änderung, die durch das Änderungsmanagement abzuwickeln ist.

Die Auswirkungen von Änderungen müssen vor einer Entscheidung bekannt sein. Die folgende Aufstellung zeigt potenzielle Auswirkungen, die nötigen Aufgaben sowie die betroffenen Objekte bei einer Änderung des Funktions- und Leistungsumfangs.

**Abb. [11-4] Auswirkungen von Änderungen**

| Auswirkung | Aufgaben | Betroffenes Objekt |
|---|---|---|
| Anpassungen an Fachergebnissen | Machbarkeit überprüfen | Terminplanung, Pendenzen |
| | Anpassungen an den bisherigen Fachergebnissen | Fachergebnisse |
| | Auswirkungen auf die zukünftigen Fachergebnisse ermitteln | Fachergebnisse |
| | Änderungsaktivitäten planen | Terminplanung |
| Mehr-/Minder-aufwand | Aufwandsschätzung der Änderungsaktivitäten | Aufwandsplan |
| | Aufwandsschätzung abhängiger zukünftiger Aktivitäten | Aufwandsplan |
| Mehr-/Minderkosten | Überprüfung des Projektbudgets (Mehr-/Minderaufwand, Investitionen, Sachmittel) | Projektbudget |
| Terminverkürzung/ -verlängerung | Terminschätzung (oder Berechnung) der Änderungsaktivitäten | Terminplanung |
| | Terminschätzung (oder Berechnung) abhängiger zukünftiger Aktivitäten | Terminplanung |
| Veränderung des Ressourcenbedarfs | Ermittlung des veränderten Ressourcenbedarfs | Ressourcenplanung |
| Veränderung der Aufbauorganisation | Ermittlung allfälliger organisatorischer Veränderungen im Projektteam (neue Skills) | Projektplan (Organisation) |
| Veränderung der Ablauforganisation | Ermittlung allfälliger organisatorischer Veränderungen im Ablauf (Sitzungen, Koordination) | Projektplan (Organisation) |
| Veränderung des Projektmarketings | Ermittlung allfälliger kommunikativer Veränderungen (neue Zielgruppen, neue Informationen) | Projektmarketingplan (Projektkommunikationsplan), Stakeholder Map |

Man darf nicht vergessen, dass sich aus den Änderungen auch neue Anforderungen an den Integrationsprozess der Projektergebnisse in der Stammorganisation ergeben können.

**Beispiel**

Bei der Entwicklung eines neuen Auftragsbearbeitungssystems muss als Erweiterung des Funktionsumfangs eine Schnittstelle zum Buchhaltungssystem realisiert werden. Der Projektleiter wird sich die folgenden Auswirkungen überlegen:

- Fachergebnisse: Die genauen Anforderungen müssen im Dokument «Anforderungsspezifikation» aufgeführt werden. Die Schnittstelle ist im Dokument «IT-Spezifikation» zu ergänzen.
- Mehraufwand: Die Aufwände für die Einarbeitung der Änderung in die bestehenden Dokumente werden auf 10 Personentage (Anforderungsspezifikation) und 8 Personentage (Schnittstellenspezifikation) geschätzt.
- Die Aufwände für die Detailspezifikation, die Programmierung und den Test werden um 2% erhöht. Das Projektbudget muss entsprechend erhöht werden.
- Terminverlängerung: Der Termin muss gehalten werden, der Mehraufwand ist durch erhöhten Ressourceneinsatz zu kompensieren.
- Ressourcenbedarf: Der Mehraufwand erfordert entsprechend dem Zeitrahmen eine zusätzliche Softwareentwicklerin.
- Aufbauorganisation: Die grundsätzliche Organisation bleibt bestehen.
- Ablauforganisation: Für die Abstimmung mit der Buchhaltungsabteilung werden während der nächsten zwei Monate regelmässige Sitzungen festgelegt.
- Projektmarketing: Die Buchhaltungsabteilung ist ein neuer Stakeholder und wird in das Kommunikationskonzept als Zielgruppe aufgenommen.

### 11.5.4 Zeitliche Begrenzung für Änderungen

Ein wesentlicher Unterschied zwischen klassischen Vorgehensmodellen (Wasserfall) und agilen Methoden ist, dass Änderungen am Funktionsumfang unterschiedlich behandelt werden. Im Wasserfallmodell sind insbesondere Änderungen in einer bereits weit fortgeschrittenen Phase des Projekts weniger willkommen, da diese tendenziell teuer in der Umsetzung werden. Der Grund liegt darin, dass alle bereits erbrachten Zwischenergebnisse geprüft und geändert werden müssten. Daher wird man versuchen, ab einem bestimmten Zeitpunkt den Scope einzufrieren. Änderungen werden dann nicht mehr in das aktuelle Projekt übernommen. Allerdings können sie auch nicht ignoriert werden, denn hinter den Änderungswünschen stehen konkrete Bedürfnisse. Es ist daher nötig, diese Änderungen für eine Zusatzentwicklung oder die Wartung vorzumerken.

Ganz anders sieht das in agilen Projekten aus. Durch die relativ kurzen Entwicklungszyklen (Iterationen, Sprints) ist es möglich, relativ rasch auf neue Kundenwünsche einzugehen und diese umzusetzen. Der Kunde ist sehr stark involviert und wird häufig um Feedback gebeten, sodass die Gefahr, dass an den Kundenwünschen vorbeigearbeitet wird, relativ gering ist. Auf Fehlentwicklungen kann schnell reagiert werden. Im agilen Umfeld sind – allgemein gesprochen – Änderungen immer willkommen.

### 11.5.5 Änderungsmanagement als Prozess

Änderungen sollten einen definierten Prozess durchlaufen, um sie ausreichend zu dokumentieren und in deren Zusammenhang getroffene Entscheide festzuhalten.

Die Hauptschritte darin sind:

- Änderung erfassen.
- Auswirkungen abschätzen.
- Änderung beurteilen (Ablaufvariante für interne und Kundenprojekte).
- Über die Durchführung entscheiden.
- Umsetzung planen.
- Änderung umsetzen.

Die folgende Grafik zeigt einen möglichen Änderungsmanagement-Prozess.

Abb. [11-5] **Schematischer Änderungsmanagement-Prozess**

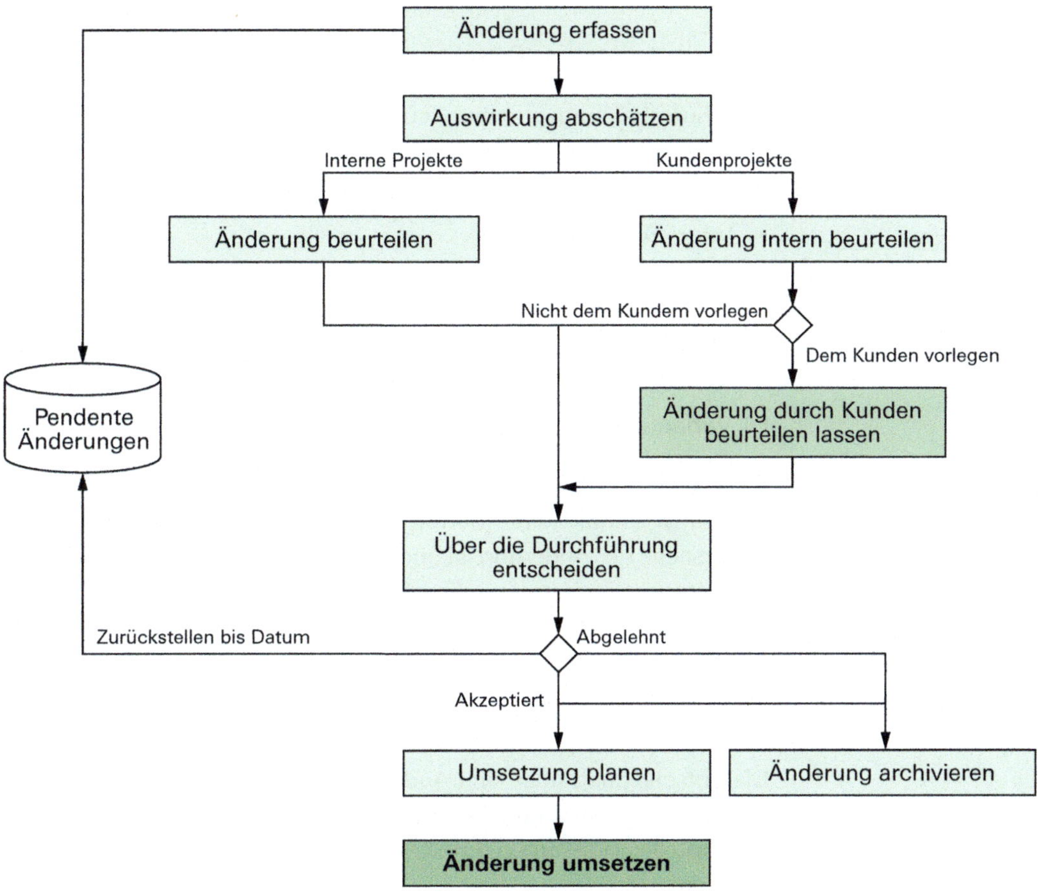


### A] Änderung erfassen

Mit dem Erfassen wird die **Änderung dokumentiert.** In der Regel erfasst die Person eine Änderung, die sie beantragt. Häufig ist diese Person dem Kundenbereich zugeordnet. Es sind folgende **Informationen** zu erfassen:

- Initiator der Änderung
- Beschreibung des Sachverhalts
- Grund der Änderung
- Generierter Nutzen für wen (wenn möglich quantifizierbar)?
- Dringlichkeit

Dazu gehören auch administrative Informationen wie Datum der Erfassung, Datum der Weiterleitung.

### B] Auswirkungen abschätzen

In einem weiteren Schritt werden die **Auswirkungen genau abgeschätzt und dokumentiert.** In der Regel ist das die Aufgabe des Projektleiters. Es sind folgende **Informationen** zu erfassen:

- Allgemeine fachliche Beurteilung, insbesondere Zielgefährdung der bereits bestehenden Lösungen
- Betroffene bereits erarbeitete Fachergebnisse
- Anpassungen an zukünftigen Fachergebnissen (Erweiterungen)
- Auswirkungen auf die Termine
- Auswirkungen auf die Kosten
- Auswirkungen auf die Projektorganisation (Aufbau- und Ablauforganisation)
- Auswirkungen auf das Projektmarketing
- Auswirkungen auf die Integration der Projektergebnisse

Die Auswirkungen stellen dem erwarteten Nutzen einen Aufwand gegenüber.

#### C] Variante internes Projekt

Dem Entscheidungsgremium müssen alle Meinungen der Betroffenen bekannt sein. Deshalb braucht es mindestens **zwei Beurteilungen:**

- Vom Initiator der Änderung
- Vom Projektleiter

Die Beurteilung muss eine Empfehlung über Annahme (unter Voraussetzung), Ablehnung oder Zurückstellung beinhalten.

#### D] Variante Kundenprojekt

Bei Kundenprojekten ist eine zusätzliche Beurteilungsdimension nötig: die **Auswirkung auf die vertraglichen Vereinbarungen.** Dabei geht es in erster Linie um die Frage, was genau die Ursache der Änderung ist und ob die Kosten auf den Kunden übertragen werden können. Die Beurteilung muss eine Empfehlung wie «Dem Kunden eine Grobofferte vorlegen» oder «Änderung durchführen ohne Kostenfolge für den Kunden» beinhalten.

#### E] Über die Durchführung entscheiden

Die Entscheidung über eine Änderung wird häufig in einem **speziellen Gremium** getroffen (Change Control Board). Es setzt sich je nach Projekt aus Vertretern der Fachbereiche (Kunden) und des Lieferanten (Projekt) zusammen. Jeder Entscheid ist zu begründen und zu dokumentieren.

Mögliche Ergebnisse sind:

- **Annahme:** Die Änderung wird umgesetzt und ist mit allen Auswirkungen bewilligt.
- **Abgelehnt:** Die Änderung wird definitiv nicht umgesetzt.
- **Zurückgestellt** (bis Datum): Über die Änderung wird in einem späteren Zeitpunkt nochmals diskutiert, wenn allenfalls die Rahmenbedingungen günstiger sind.

Mit der Annahme einer Änderung werden automatisch alle beschriebenen Auswirkungen (Termine, Kosten) bewilligt.

#### F] Umsetzung planen

Im Fall einer Annahme ist es die Aufgabe des Projektleiters, die **Umsetzung der Änderung** zu planen. In der Regel ergeben sich:

- Neue Aktivitäten (im Plan) für die Umsetzung der Änderung
- Ein neuer Terminplan
- Ein neues Projektbudget

Nach diesen Schritten hat das Projekt wieder einen aktuellen und konsistenten Planungsstand.

#### G] Änderung umsetzen

Die Umsetzung der Änderung ist nicht mehr Teil des eigentlichen Änderungsmanagements. Es ist reguläre Projektarbeit.

### 11.5.6 Governance

Für das Änderungsmanagement müssen die Organe mit ihren **Zuständigkeiten, Aufgaben, Verantwortungen und Kompetenzen** definiert werden. Die Organe sind stark von der Grösse des Unternehmens und von der Projektgrösse abhängig. Für ein Änderungsmanagement sollten die folgenden **Aufgaben** organisatorisch zugewiesen werden:

- Erstellen von Änderungen (wer darf zu welchem Zeitpunkt Änderungen einbringen?)
- Prozesssteuerung (wer ist für die Steuerung der Änderungsmanagement-Prozesse innerhalb des Projekts zuständig?)
- Entscheidung (wer entscheidet über welche Änderungen?)

Dabei können folgende Organe involviert sein: Change Control Board (oder Steuerungsausschuss für Änderungen), Change Manager und Projektleitung.

#### A] Change Control Board

Das Change Control Board ist ein Organ, das für die **Behandlung von Anforderungsänderungen** aufgestellt wird. Es hat folgende Aufgaben:

- Eingebrachte Änderungen beurteilen.
- Änderungen entscheiden.
- Auswirkungen (Termin- und Kostenfolgen) aushandeln und vereinbaren, wenn ein explizites Kunden-Lieferanten-Verhältnis besteht.

Die Aufgaben des Change Control Board können auch durch den **regulären Steuerungsausschuss** wahrgenommen werden.

**Beispiel**

Bei einem Grossprojekt für einen externen Kunden kann das Change Control Board folgendermassen zusammengesetzt werden:

- Gesamtprojektleiter Lieferant
- Gesamtprojektleiterin Kunde
- Fachvertreter des Kunden
- Change Manager, Projektcontroller

#### B] Change Manager

Ein **spezialisierter Änderungsmanager** (auch Change Manager genannt) ist im Wesentlichen für die Prozesssteuerung zuständig. Seine **Aufgaben** im Detail sind:

- Pflege der Verfahrensbeschreibungen und Hilfsmittel für das Änderungsmanagement
- Formelle Prüfung der eingehenden Änderungsanträge
- Steuerung des Prozesses (Weiterleitung an die zuständigen Personen)
- Informationsfluss zwischen allen Beteiligten sicherstellen
- Auswertungen und Statistiken herstellen

Falls es keinen spezialisierten Change Manager gibt, muss die Projektleitung diese Aufgaben ausführen.

#### C] Projektleitung

Ihre **Aufgaben** im Detail sind:

- Erfassung von Change Requests
- Abschätzen aller Auswirkungen
- Erstellen einer Empfehlung
- Planen der Änderungsaktivitäten
- Umsetzen der Änderung, falls sie bewilligt wird

Änderungsprozess und Zuständigkeiten für Änderungen sollten zu Projektbeginn geklärt und etabliert werden. Somit muss dieses Thema auch im Projektmanagement-Handbuch beschrieben werden.

## 11.6 Phasen- und Projektabschluss

Das Projekt liefert in jeder Phase etwas ab. Entweder ein **Zwischenergebnis,** auf dem die nächste Phase aufsetzen kann, oder das **Resultat und Endergebnis,** das anschliessend von den Nutzern wie geplant verwendet werden kann. Letztendlich bestimmen die Nutzer darüber, ob das Endergebnis korrekt abgeliefert wurde.

Eine **formale Beendigung** ist wichtig, damit die Stakeholder ihr Einverständnis bewusst geben und sich die Konsequenzen überlegen, bevor sie ihre Unterschrift erteilen. Letztendlich geht es um eine vertragliche Vereinbarung zwischen Auftraggeber und Projektorganisation.

Bevor das geschehen kann, muss man festhalten, ob alles geliefert worden ist oder nicht. Vergleichen Sie dazu die Lieferobjekte mit dem Strukturplan. Danach prüfen Sie die **Abnahmeprotokolle,** in denen festgehalten wurde, ob alles in der erforderlichen Qualität übergeben wurde. Wenn diese Prüfung zufriedenstellend ausgefallen ist, können Sie sich um den formalen Abschluss kümmern.

Grundsätzlich müssen Sie auf die zurückliegende Projektphase zurückblicken und in die bevorstehende vorausschauen. Im **Rückblick** umreissen Sie den Projektfortschritt, vergleichen Ihre Planung mit der tatsächlichen Situation und beschreiben aus Ihrer Erfahrung die **«Lessons Learned».** Darüber hinaus geben Sie eine Empfehlung ab, ob das Projekt fortgeführt werden soll oder nicht.

Ist das Projekt noch nicht vollständig beendet, geben Sie einen **Ausblick auf die nächste Phase.** Damit ist zum einen eine **detaillierte Planung der Folgephase** gemeint, die eine Aktualisierung der Gesamtplanung nach sich zieht, zum anderen eine **Aktualisierung des Business Case.** Da die Zeit vorangeschritten ist, verfügen wir aktuell über mehr Informationen als zu Beginn des Projekts. Das kann eventuell dazu führen, dass das Management entscheidet, das Projekt vorzeitig zu beenden oder aber radikal zu ändern. Der Vorteil dieses Vorgehens ist, dass diese Wahl nun in strukturierter Weise erfolgt.

### 11.6.1 Abschluss des Projekts

Wenn nicht bereits geschehen, müssen Sie prüfen, ob alles vertragsgemäss geliefert worden ist, bevor Sie das Projekt abschliessen. Dabei kann es zu folgenden Szenarien kommen:

- **Alles wurde geliefert wie erwartet:**
  Das ist die Idealsituation. Sie müssen die Lieferobjekte formal prüfen und akzeptieren. Um unangenehme Überraschungen zu vermeiden, sollten Sie mit dem Lieferanten die Lieferobjekte sowie das Prüf- und Abnahmeverfahren vorher vereinbaren und vertraglich regeln.
- **Es wurde etwas, aber nicht alles wie erwartet geliefert:**
  Falls der Lieferant im Lauf des Projekts etwas abliefert, was nicht ganz dem erwarteten Umfang entspricht, müssen Sie gemeinsam mit dem Auftraggeber und den Kunden prüfen, wie ernst das ist. Es kann dann zu der Situation kommen, dass Sie die Lieferobjekte akzeptieren, aber eine Kompensation vom Lieferanten erwarten. Inwieweit so etwas durchsetzbar ist, hängt von den vertraglichen Vereinbarungen und vom Wohlwollen des Lieferanten ab.
- **Es wurde etwas geliefert, was nicht den Erwartungen entspricht:**
  Sollten Sie und die beteiligten Stakeholder sich einig sein, dass etwas nicht akzeptiert werden kann, liegt eine Meinungsverschiedenheit vor, die gelöst werden muss. Als Erstes werden Sie versuchen, sich mit dem Lieferanten zu einigen. Falls das nicht klappt, stehen noch Mediation, Schlichtung oder der Rechtsweg offen. Auf jeden Fall ist es hilfreich, auch diesen Fall vertraglich zu regeln.

Der Projektleiter muss sicherstellen, dass klar ist, welche **Problemfälle** unter die Gewährleistung fallen und welche Probleme als Wartungsarbeiten anzusehen sind. In den meisten Organisationen gibt es Richtlinien, wie solche Angelegenheiten zu regeln sind.

Als letzten Punkt müssen Sie prüfen, inwieweit noch **Rechnungen des Lieferanten** ausstehen, und das der Linienorganisation im Rahmen der Übergabe mitteilen.

### 11.6.2 Stakeholder-Feedback

Projekterfolg zeigt sich vor allem in der **Zufriedenheit der Projektbeteiligten.**

Persönliche Befragungen der Stakeholder sind in der Regel am besten geeignet, um den «Grad der Zufriedenheit» zu messen. Der **Zufriedenheitsgrad** kann aber auch mithilfe eines geeigneten Fragebogens ermittelt werden.

**Hinweis**

Eine Fragebogenerhebung muss sorgfältig geplant, durchgeführt und ausgewertet werden. Sie erfordert nicht nur Zeit, sondern auch Methodenkompetenz. Sind diese Bedingungen nicht gegeben, können methodische Fehler rasch die Zielgruppe verärgern.

Vorteilhaft ist, wenn Sie die Kunden frühzeitig in die Abnahme und Akzeptanz der Lieferobjekte miteinbeziehen.

### 11.6.3 Planung der Übergabe

Zur Übergabe an die Nutzer gehört, dass sie geschult wurden und sich der veränderten Abläufe bewusst sind. Dieses Training ist normalerweise Bestandteil des Projektumfangs.

Daneben – und das wird häufig ausser Acht gelassen oder zumindest zu spät realisiert – muss man auch die **Organisation,** die für Fehlerbehebung und Wartung verantwortlich ist, frühzeitig in das Projekt einbinden und auf ihre Aufgaben vorbereiten. Sie müssen sicherstellen, dass auch diese Organisation ausreichend ausgebildet wurde und über genügend Ressourcen verfügt.

Es kommt durchaus vor, dass es noch **offene Punkte** oder **Probleme** gibt, die das Projektteam nicht mehr lösen konnte. Es macht keinen Sinn, deshalb die Projektorganisation aufrechtzuerhalten. Solche offenen Punkte müssen in der Übergabe aber mitgeteilt werden.

### 11.6.4 Abschluss-Workshop

Ein Abschluss-Workshop ist ein gutes Mittel, um das Ende des Projekts sichtbar zu machen. Der Inhalt eines solchen Meetings hängt stark davon ab, wie das Projekt letztendlich abgeschlossen werden konnte.

### 11.6.5 Projektauswertung

Bei der Projektauswertung wird das Projekt zusammenfassend betrachtet und bewertet. Im Grunde genommen müssten alle relevanten Informationen dafür bereits vorliegen. Folgende Dokumente sind die **Quellen** dafür:

- Sitzungsprotokolle
- Beschlussprotokolle
- Referenzpläne (Projektstrukturplan, Ablaufplan, Terminplan, Kostenplan etc.)

Stehen diese Dokumente lückenlos zur Verfügung, wird die Projektauswertung erheblich vereinfacht.

Bei der abschliessenden Projektauswertung stehen einige Aspekte im Vordergrund:

- Einhaltung der Termine, Kosten und Aufwände
- Ergebnis- und Prozessqualität
- Zufriedenheit der Projektbeteiligten

Die Auswertungen des Projektabschlusses werden im Projektabschlussbericht aufgeführt.

Bei einem Projekt ist die Einhaltung der Termine, Kosten und Aufwände ein wichtiger Erfolgsfaktor. Jede Verzögerung kann den Budgetrahmen sprengen und jeder unterschätzte Aufwand kann wiederum zu Verzögerungen führen. Nicht selten stehen Projekte zum Projektabschlusstermin auch unter dem Druck von empfindlichen Vertragsstrafen.

**Beispiel**

Bei der Einführung der Lkw-Maut in Deutschland kam es zu erheblichen Verzögerungen. Die Verzögerungen hatten zur Folge, dass die Mauteinnahmen nicht zu einem bestimmten Zeitpunkt realisiert werden konnten. Das Konsortium Toll Collect musste eine mehrere Millionen schwere Vertragsstrafe zahlen.

Werden im Projekt die gesetzten Vorgaben nicht eingehalten, erwarten Entscheidungsträger oder auch Interessengruppen eine Erklärung dafür.

Es gibt viele Ursachen für Abweichungen von den Termin-, Kosten- und Aufwandsplänen.

**Beispiel**

- Die Lieferanten unterbieten sich, um einen Auftrag zu erhalten, d. h., Leistungen werden möglicherweise nicht ausreichend abgedeckt (z. B. Service) und zusätzliche Kosten entstehen.
- Der Projektleiter verfügt nicht über genug Erfahrung oder überträgt unreflektiert Erfahrungen und Vorgehensweise aus einem anderen Projekt, d. h. mangelhafte Projektmanagement-Kompetenz.
- Die methodische Unterstützung durch die Verantwortlichen für das Projektmanagement ist unzureichend.
- Die Hilfsmittel (Tools) werden falsch eingesetzt.
- Die Komplexität wird unterschätzt, d. h. der Aufwand für Kommunikation (z. B. mit Interessengruppen) und für die Schnittstellenarbeit (z. B. zwischen den Arbeitspaketen) oder gar Anforderungen an einen Kulturwandel.
- Viele Änderungen werden zum Teil ohne definierten und etablierten Änderungsprozess vorgenommen.
- Rahmenbedingungen ändern sich, z. B., neue Gesetze fordern umfangreiche Änderungen.
- Personalressourcen stehen nicht ausreichend zur Verfügung.

Aus den Abweichungen können Konsequenzen für Folgeprojekte gezogen werden.

### 11.6.6 Archivierung der Projektdokumente

Die Richtlinien der Organisation, in der das Projekt durchgeführt wurde, sind ausschlaggebend. Alle Dokumente, die (rechtliche) Vereinbarungen enthalten, muss man aufbewahren. Technische Dokumentationen muss man den zuständigen Abteilungen übergeben, die für Wartung und Pflege zuständig sind. Das soll man in einem Übergabeprotokoll festhalten und ebenfalls im Projektarchiv ablegen.

### 11.6.7 Erstellen des Abschlussberichts

Im Projektabschlussbericht werden die wichtigsten Projektergebnisse und -erfahrungen zusammengefasst.

In einem ersten Schritt muss man klären, wer die Empfänger des Abschlussberichts sind. Folgende Zielgruppen kommen als Empfänger in Betracht:

- Auftraggeber und Führungskräfte der Linienorganisation
- Verantwortliche für das Projektmanagement
- Projektkunden
- Projektteam

Der Abschlussbericht muss unter Umständen **verschiedene Erwartungen** erfüllen. Es ist wichtig, die Empfänger und ihre Erwartungen frühzeitig zu ermitteln, um den Abschlussbericht angemessen vorbereiten zu können. Das bedeutet, dass die **Schwerpunkte** klar sein müssen und die damit verbundenen **Daten und Fakten** in einem angemessenen Detaillierungsgrad zur Verfügung stehen müssen.

Abschlussberichte zu Projektphasen oder Projekten haben **zwei verschiedene Perspektiven:**

- **Konzentration auf die Abweichungen** gegenüber der Planung und Erklärungen zu den Ursachen für die Abweichungen sowie durchgeführte, eingeleitete oder empfohlene Verbesserungsmassnahmen
- **Konzentration auf die Zielerreichung** und auf den für das Unternehmen und die Stakeholder generierten Nutzen sowie Massnahmen und Empfehlungen zur Stärkung der Nutzeneffekte

Im Abschlussbericht können auch beide Perspektiven bearbeitet werden. Das schützt vor einer einseitigen Betrachtung des Projekts.

Üblicherweise werden im Abschlussbericht **folgende Aspekte** beleuchtet:

- Business Case
- Projekt- bzw. Programmziele
- Projektorganisation
- Vorgehensweise und wichtige Methoden
- Einhaltung der Termine, Kosten und Aufwände
- Ergebnisqualität
- Prozessqualität
- Zufriedenheit der Stakeholder
- Zufriedenheit der Projektmitarbeitenden
- Empfehlungen für die Nachhaltigkeit des Nutzens
- Übertragbare Lehren aus dem Projekt (Lessons Learned)
- Zusammenfassung zum Projekterfolg

In einem **Anhang zum Abschlussbericht** kann man wichtige Dokumente (z. B. Projektauftrag) oder auch Detailinformationen (z. B. Liste der Beteiligten) einfügen. Umfang und Detaillierungsgrad des Abschlussberichts hängen vom Projekt ab. Oft sind konkrete Angaben und Standards zum Projektbericht schon im Projekthandbuch formuliert. Wichtig ist: Der Projektabschlussbericht muss vom Projektauftraggeber genehmigt werden. Anschliessend erhalten die Adressaten den Abschlussbericht mit einem Begleitschreiben.

**Messgrössen**

- Organisiert den Prozess des Projektstarts
- Holt alle erforderlichen Informationen von den Stakeholdern und Experten ein
- Analysiert, bewertet und priorisiert Informationen
- Organisiert und moderiert einen Projektstart-Workshop
- Bereitet den Projektauftrag bzw. den Projektmanagement-Plan vor und holt die Zustimmung ein
- Plant und kommuniziert den Projektmanagement-Aufwand
- Organisiert das Management des Projektumsetzungsprozesses
- Definiert die Ziele und Lieferobjekte der nachfolgenden Phase(n)
- Managt den Übergang der Projektphasen
- Organisiert und moderiert ein Kick-off-Meeting
- Legt das Leistungs-Controlling fest
- Beschreibt die für das Leistungs-Controlling anzuwendenden Hilfsmittel und Methoden
- Misst Fortschritt und Leistung
- Plant und setzt Korrekturmassnahmen um
- Erstellt eine Berichtsstruktur
- Erstellt einen Fortschrittsbericht

- Erstellt einen Prognosebericht
- Erstellt Phasenübergangsberichte
- Organisiert einen Prozess zur Steuerung der Änderungen
- Erstellt einen Change Request und dokumentiert diesen im Change Log
- Implementiert den genehmigten geänderten Leistungsumfang
- Organisiert den Prozess des Phasen- oder des Projektabschlusses
- Organisiert und moderiert einen Projektphasen- oder Projektabschluss-Workshop
- Moderiert die Projektevaluierung
- Erstellt einen Lessons-Learned-Bericht über die Projektphase oder das Projekt

## Repetitionsfragen

44 Nennen Sie pro unten aufgeführte Dimension eine grafische Darstellung, die Sie für Ihren guten Projektbericht integrieren würden.

| Dimension | Grafische Darstellung |
|---|---|
| Termin | |
| Kosten | |
| Fortschritt | |
| Ressourcen | |
| Risiken | |

45 Welchen Zweck hat ein geordnetes Änderungsmanagement für ein Projekt? Nennen Sie zwei Zwecke.

46 Welche Probleme können wegen eines unkontrollierten (ungefilterten) Einwirkens von Änderungen entstehen?

47 Warum ist es erforderlich, den Zeitpunkt, bis zu dem in einem Projekt Änderungen berücksichtigt werden, zu begrenzen?

48 Ein Projekt meldet folgende Zahlen:

| | |
|---|---|
| Gesamtbudget (Budget at Completion, BAC) | 1 000 000 CHF |
| Plan-Kosten (Planned Value, PV) | 500 000 CHF |
| Earned Value (EV) | 400 000 CHF |
| Ist-Aufwand (Actual Cost, AC) | 550 000 CHF |
| Projektdauer | 12 Monate |

Berechnen und kommentieren Sie unten stehende Kennzahlen:

| Kennzahl | Berechnung | Feststellung |
|---|---|---|
| Terminabweichung: SV | | |
| Kostenabweichung: CV | | |
| Geschätzte Kosten bei Fertigstellung: EAC | | |
| Geschätzte Kostenabweichung Projektabschluss: VAC | | |
| Kosteneffizienz: CPI | | |
| Zeiteffizienz: SPI | | |
| Geschätzte Gesamtdauer: ETAC | | |
| Benötigte Kosteneffizienz: TCPI | | |

# 12 Chancen und Risiken

**Lernziele**

Nach der Bearbeitung dieses Kapitels können Sie ...

- die vier Schritte des Chancen- und Risikoprozesses anwenden.
- Chancen und Risiken mit der SWOT-Analyse erkennen.
- mit Risiken für ein Projekt angemessen umgehen.
- eine Strategie entwickeln, um die Chancen für Ihr Projekt zu nutzen.

**Schlüsselbegriffe**

Bewältigung von Risiken, Chancen, Chancenmanagement, Entscheidungsbaum, Massnahmen-Controlling, Risiken, Risikoanalyse, Risikoklassen-Graph, Risikokommunikation, Risikomanagement, Risikomanager, Risikomatrix, Risikopotenzial, Risikoprävention, Risikotrend-Graph, Spinnennetz-Diagramm, SWOT-Analyse, Trends

### Definition gemäss ICB4

«Chancen und Risiken» umfassen die Identifikation, die Analyse, die Massnahmenplanung sowie die Einführung und Steuerung der Chancen und Risiken eines Projekts. Das Chancen- und Risikomanagement versetzt Entscheidungsträger in die Lage, fundierte Entscheidungen zu treffen, Handlungen zu priorisieren und zwischen verschiedenen Vorgehensweisen zu unterscheiden. Beim Chancen- und Risikomanagement handelt es sich um einen fortlaufenden Prozess, der sich über den gesamten Lebenszyklus des Projekts und dessen Ergebnisse (Folgerung der Wirkung in der Nutzung) hinzieht.

### Zweck gemäss ICB4

Die Kompetenz «Chancen und Risiken» versetzt den Einzelnen in die Lage, Chancen und Risiken zu identifizieren, zu verstehen und diese im Rahmen einer Chancen- und Risikostrategie effektiv zu managen.

### Beschreibung gemäss ICB4

Chancen (positive Auswirkungen) und Risiken (negative Auswirkungen) werden immer im Zusammenhang mit den Projektzielen betrachtet bzw. mit den Konsequenzen auf die Realisierung der Ziele. In einem ersten Schritt wird eine Strategie des Managements von Chancen und Risiken mit Blick auf die Unternehmensstrategie und das jeweilige Projekt festgelegt. Dazu wird der Prozess des Chancen- und Risikomanagements zunächst von der Identifikation und Analyse der Chancen und Risiken geprägt, gefolgt von der Entwicklung und Einführung eines Massnahmenplans, der die beabsichtigten und geplanten Handlungen für den Umgang mit identifizierten Chancen und Risiken abdeckt. Dabei wird der Massnahmenplan den allgemeinen gewählten Chancen- und Risikostrategien entsprechend entwickelt und eingeführt.

Im Chancen- und Risikomanagement ist es wichtig, dass die Teammitglieder, andere Stakeholder und entsprechende Fachexperten einbezogen werden, dass dafür gesorgt wird, dass das Team den Prozess des Chancen- und Risikomanagements respektiert, und dass das Team regelmässig auf Chancen und Risiken aufmerksam gemacht wird.

### Zusätzliche Erläuterungen

**Mit eigenem Geschick kann man sich aus den Steinen, die einem in den Weg gelegt werden, eine Treppe bauen.** (chinesisches Sprichwort)

**Hinweis**

Folgende Kompetenzen sind mit «Chancen und Risiken» verknüpft und werden in den entsprechenden Kapiteln behandelt:


- Alle weiteren Kompetenzen des Kompetenzbereichs Praktiken, Teil B, S. 23
- Kompetenz «Strategie», Kapitel 25, S. 293
- Kompetenz «Governance, Strukturen und Prozesse», Kapitel 26, S. 301
- Kompetenz «Compliance, Standards und Regulationen», Kapitel 27, S. 318
- Kompetenz «Macht und Interessen», Kapitel 28, S. 327
- Kompetenz «Führung», Kapitel 19, S. 234
- Kompetenz «Konflikte und Krisen», Kapitel 21, S. 252
- Kompetenz «Vielseitigkeit», Kapitel 22, S. 265


## 12.1 Chancen- und Risikomanagementstruktur

Unternehmen sind angehalten, ein Chancen- und Risikomanagement-Regelwerk zu unterhalten. Die meisten Regelwerke behandeln Chancen und Risiken gleich. Dabei sind Chancen und Risiken verschieden, haben daher auch unterschiedliche Charakteristiken und können somit nur eingeschränkt mit der gleichen Methodik behandelt werden. So haben **Risiken** die unangenehme Eigenschaft, **wiederkehrend** zu sein, während **Chancen** in der Regel durch ihre **Einmaligkeit** gekennzeichnet sind.

Da diese Regelwerke für gewöhnlich durch einen **Risikomanager** betrieben werden, werden sie meistens nur zum Management der Risiken verwendet und die Chancen werden, wenn überhaupt, oft nur am Rand behandelt.

Das **Regelwerk,** das Sie für ein Projekt entwickeln, ist in die Strukturen und Grundsätze der Organisation eingebettet, in der das Projekt durchgeführt wird. Es bestimmt, wie das Chancen- und Risikomanagement in einem Projekt über alle Ebenen und Organisationen hinweg, die involviert sind, konsistent und effektiv geführt, organisiert, strukturiert, überwacht und verbessert wird.

Das Regelwerk legt fest, dass Chancen- und Risikomanagement ein **fester Bestandteil der verschiedenen Projektmanagement-Prozesse** ist. Da jedes Projekt Besonderheiten aufweist, werden sich die Prozesse je nach Projekt unterscheiden.

Sollte es in Ihrer Organisation kein solches Regelwerk geben oder wenn Sie den Eindruck haben, dass es den Ansprüchen Ihres Projekts nicht genügt, entwickeln und implementieren Sie einen Prozess, wie Sie im Projekt mit Chancen und Risiken umgehen wollen:

Abb. [12-1] **Chancen- und Risikomanagement im Projekt**

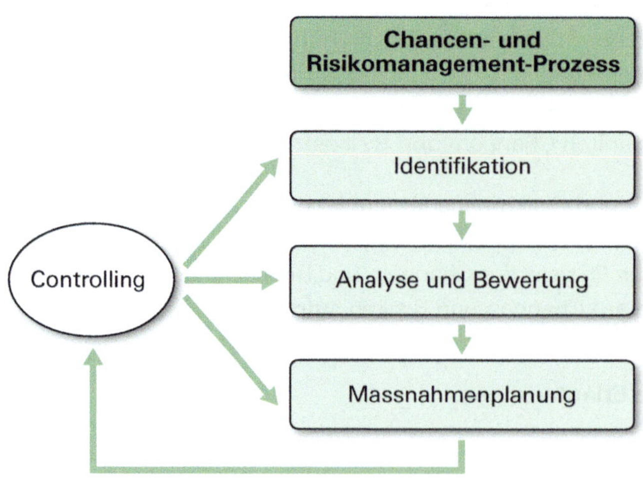

## 12.2 Identifikation von Chancen und Risiken

Das **Identifizieren von Chancen und Risiken** gehört zu den regelmässigen Aufgaben des Projektleiters. Grundsätzlich gilt:

**Lieber zu viele Chancen und Risiken erfassen und beobachten als zu wenige.**

Da Chancen und Risiken in vielen Aspekten eines Projekts liegen können, ist das Identifizieren und Bewerten von Chancen und Risiken eine **Aufgabe aller Beteiligten.** Es empfiehlt sich, Chancen und Risiken als **Traktandum bei Besprechungen** auf der Ebene der Teams, der Projektleitung und der Steuerungsgruppe zu führen. So können Chancen und Risiken nicht nur identifiziert, sondern auch mögliche Wechselwirkungen zügig berücksichtigt werden.

Grundsätzlich können wir **zwei unterschiedliche Ansätze** zur Identifikation von Chancen und Risiken unterscheiden: top down und bottom up. Beim **Top-down-Ansatz** werden vergleichbare Projekte und Erfahrungen aus der Vergangenheit herangezogen und auf das aktuelle Projekt übertragen. Das kann durch Auswertung von Lessons-Learned-Unterlagen, Checklisten, Interviews oder Brainstorming-Techniken eruiert werden. Vorteil des Top-down-Ansatzes ist, dass er bereits durchgeführt werden kann, bevor das eigentliche Projekt startet. Auf diese Weise kann eine solche **Chancen- und Risikoanalyse** bereits in den Entscheidungsprozess einfliessen, ob das Projekt überhaupt durchgeführt werden soll oder nicht.

Der **Bottom-up-Ansatz** ist wesentlich detaillierter und wird für gewöhnlich am Ende der Planungsphase oder zum Beginn einer neuen Phase durchgeführt, wenn wir den ursprünglichen Projektplan überarbeiten.

In beiden Ansätzen kann als erster Schritt der Identifikation von Chancen und Risiken eine **SWOT-Analyse** durchgeführt werden. SWOT ist ein Akronym für **S**trengths (Stärken), **W**eaknesses (Schwächen), **O**pportunities (Möglichkeiten) und **T**hreats (Gefahren). Die SWOT-Analyse hat zwei Vorteile:

1. Sie berücksichtigt sowohl fördernde als auch beeinträchtigende Aspekte.
2. Sie betrachtet das Projekt mit seinen Stärken und Schwächen und das Umfeld mit seinen Möglichkeiten und Gefahren.

Die Darstellung in Form einer Matrix schafft eine gute Übersicht.

**Abb. [12-2] Beispiel einer SWOT-Analyse**

| SWOT-Analyse | |
|---|---|
| **Projekt und Projektmanagement** | |
| **Stärken (Strengths)** | **Schwächen (Weaknesses)** |
| Zum Beispiel:<br>• Gute Unterstützung durch das Topmanagement<br>• Etc. | Zum Beispiel:<br>• Projektmitarbeitende sind nicht ausreichend qualifiziert.<br>• Schnittstellen sind oft unklar.<br>• Etc. |
| **Projektumfeld** | |
| **Chancen (Opportunities)** | **Bedrohungen (Threats)** |
| Zum Beispiel:<br>• Die Gesetzgebung begünstigt das Projekt mit der Gesetzesinitiative X.<br>• Etc. | Zum Beispiel:<br>• Auf dem Markt versuchen sich neue Wettbewerber zu platzieren.<br>• Etc. |

Um Chancen und Risiken methodisch zu erfassen, kann es hilfreich sein, zunächst **Kategorien von Chancen und Risiken** zu definieren, die einen Einfluss auf unser Projekt haben könnten. Beispiele für solche Kategorien sind:

- Methodische Chancen und Risiken (Komplexität, Vorgehen)
- Technologische Chancen und Risiken (neue Produkte, Materialeigenschaften etc.)

- Wirtschaftliche Chancen und Risiken (Budget, Bonität der Geschäftspartner etc.)
- Personelle Chancen und Risiken (Krankheit, Kündigung etc.)
- Politische Chancen und Risiken (Gesetzesänderungen, Änderung der Geschäftsstrategie)
- Wettbewerbs- bzw. Marktchancen und -risiken (Konkurrenz, «time to market», Image etc.)
- Rechtliche Chancen und Risiken (Verträge, Produkthaftung, Umweltauflagen etc.)
- Andere Chancen und Risiken (Wetter, politische Lage etc.)

Chancen und Risiken müssen in einem **angemessenen Detaillierungsgrad** dokumentiert werden. Die Aufzeichnungen müssen für Dritte nachvollziehbar sein. Dazu dient uns eine **Liste oder Datenbank,** die beispielsweise folgende Merkmale enthält:

- Identifikationsnummer
- Titel der Chance bzw. des Risikos
- Beschreibung
- Ursache oder Quelle
- (Warn)signale
- Schätzung zu Eintrittswahrscheinlichkeit und Nutzen-Schadens-Potenzial
- Getroffene Massnahme(n)
- Verantwortliche(r) für die Massnahme(n)

Diese Liste wird regelmässig aktualisiert und ergänzt und schafft die Basis für ein aktives Chancen- und Risikomanagement im Projekt.

## 12.3 Analyse und Bewertung

**Chancen** haben oft die Eigenschaft, **einmalig und schwer erkennbar** zu sein. Zudem können sie nur in einem gegebenen Zeitfenster realisiert werden. Man spricht deshalb davon, eine Chance verstreichen zu lassen.

Chancen können nur dann genutzt werden, wenn sie erkannt werden. Risiken hingegen können unabhängig davon eintreten, ob wir sie erkennen.

In der **Analyse** bestimmen wir folgende Punkte:

- Das Ereignis oder der Zustand
- Der Ausgangspunkt oder die Ursache
- Die Wahrscheinlichkeit, dass das Ereignis eintrifft
- Mögliche Konsequenzen bzw. das Nutzen-Schadens-Potenzial
- Indizien oder Signale, aus denen wir ableiten können, dass getroffene Massnahmen die Eintrittswahrscheinlichkeit verändert haben

Wir sollten versuchen, die identifizierte **Chance bzw. das Risiko möglichst detailliert** zu beschreiben. Ist das nicht möglich, haben wir kein klares Bild von der Situation und können eventuell nicht adäquat darauf eingehen.

Ausgangspunkt oder Ursache geben uns wichtige Hinweise, wo wir welche Massnahmen ansetzen können.

### 12.3.1 Risiken

Risiken haben die unangenehme Eigenschaft, wiederkehrend zu sein. Deswegen macht es Sinn, sich Gedanken über die **Eintrittswahrscheinlichkeit** und das **Schadenspotenzial** machen. Das sollten Sie nicht allein machen, sondern Expertenmeinungen von den Haupt-Stakeholdern und den wichtigsten operationellen Mitarbeitenden einholen. Ein exaktes Ergebnis zu bekommen, ist ziemlich schwierig, weil hier die Einstellung und Erfahrung der beteiligten Personen hineinspielt.

$$\text{Risikopotenzial} = \text{Eintrittswahrscheinlichkeit} \times \text{Schadenspotenzial}$$

### A] Qualitative Risikoanalyse

Für eine erste qualitative Aussage ist es hilfreich, **Bewertungsklassen** zu verwenden. In der folgenden Tabelle finden Sie mögliche Bewertungsklassen für die Einschätzung des Nutzen-Risiko-Potenzials.

Abb. [12-3] **Eintrittswahrscheinlichkeit und Schadenspotenzial**

| Eintrittswahrscheinlichkeit | | Schadenspotenzial | |
|---|---|---|---|
| Stufe | Beschreibung | Stufe | Beschreibung |
| <2% | Sehr unwahrscheinlich | Unbedeutend | Kein oder geringer Einfluss auf das Projekt |
| 2–10% | Unwahrscheinlich | Spürbar | Ein Projektziel (Termin, Kosten, Ergebnis / Qualität) ist gefährdet. |
| 10–20% | Wenig wahrscheinlich | Beträchtlich | Mehrere Projektziele sind gefährdet. |
| 20–50% | Ziemlich wahrscheinlich | Kritisch | Mehrere Projektziele sind massiv gefährdet. |
| >50% | Sehr wahrscheinlich | Katastrophal | Projekt scheitert. |

Da jeder Beteiligte eine unterschiedliche Vorstellung davon hat, was die Klassen unterscheidet, empfiehlt es sich, die **Analyse gemeinsam im Team** vorzunehmen, um die Klassen zu bestimmen. Für die Darstellung der qualitativen Risikoanalyse ist die **Risikomatrix** sehr populär, da sie auch sehr gut für die Präsentation der Risiken gegenüber dem Management eignet. In ihr werden die beiden Dimensionen Eintrittswahrscheinlichkeit und Schadenspotenzial je Risiko abgetragen.

Abb. [12-4] **Risikomatrix**

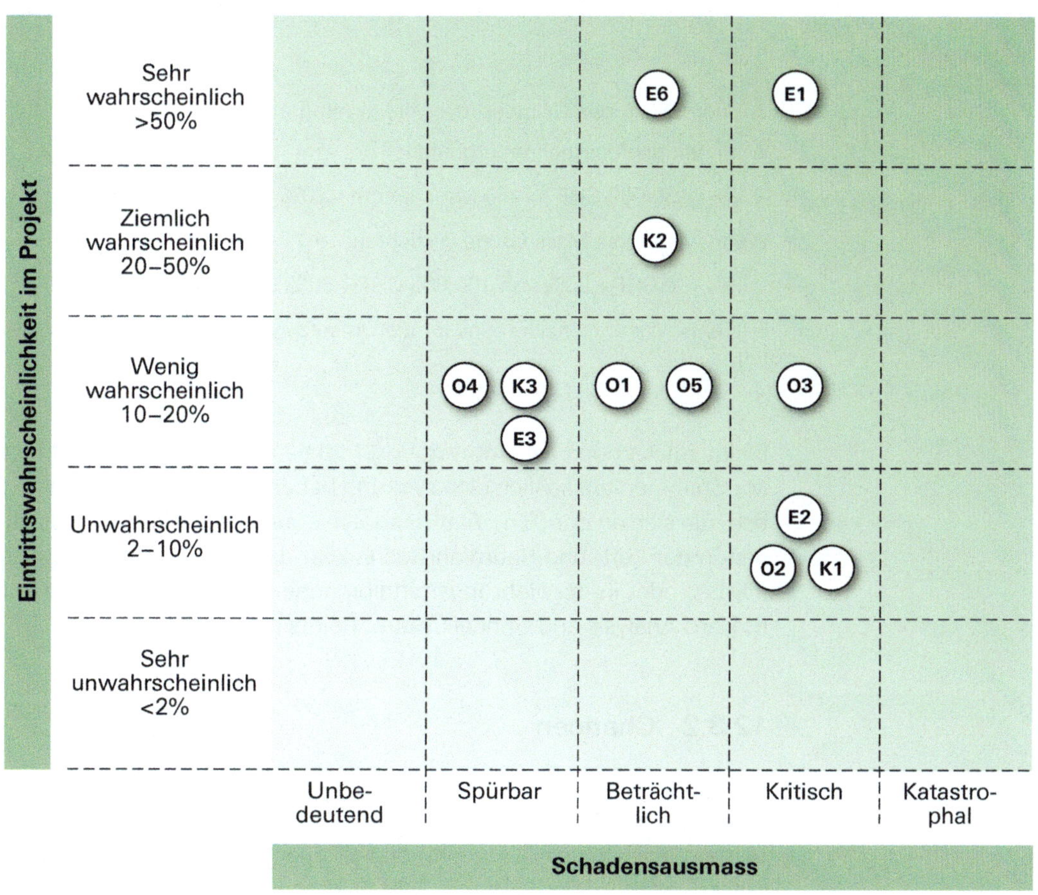

Anhand der qualitativen Analyse kann abgeleitet werden, welche Risiken überhaupt weiter untersucht werden sollen. Im obigen Beispiel wären das die Risiken E1, E6, K2 und O3. Eventuell schliessen Sie eine quantitative Analyse an.

### B] Quantitative Risikoanalyse

Die quantitative Risikoanalyse verwendet mehr oder minder komplexe Modelle der Wahrscheinlichkeitsrechnung und der Statistik. Im Folgenden wollen wir eine relativ einfache Methode vorstellen: den Entscheidungsbaum.

**Beispiel**

Ausgangslage: In der oben gezeigten Risikomatrix wird für das Risiko K2 eine Eintrittswahrscheinlichkeit von 50% angenommen. Das Schadenspotenzial wird mit 100 000 CHF eingeschätzt.

Mit einer Massnahme, die 30 000 CHF Mehrkosten verursacht (Budget ist vorhanden), kann die Eintrittswahrscheinlichkeit von K2 auf 10% reduziert werden. Lohnt sich das?

Es ergeben sich vier mögliche Szenarien:

1. Sie entscheiden sich für die Massnahme, sie hat aber keinen Effekt.
2. Sie entscheiden sich für die Massnahme und sie zeigt den gewünschten Effekt.
3. Sie entscheiden sich, nichts zu tun, und der Schadensfall tritt ein.
4. Sie entscheiden sich, nichts zu tun, und der Schadensfall tritt nicht ein.

Abb. [12-5] **Entscheidungsbaum**

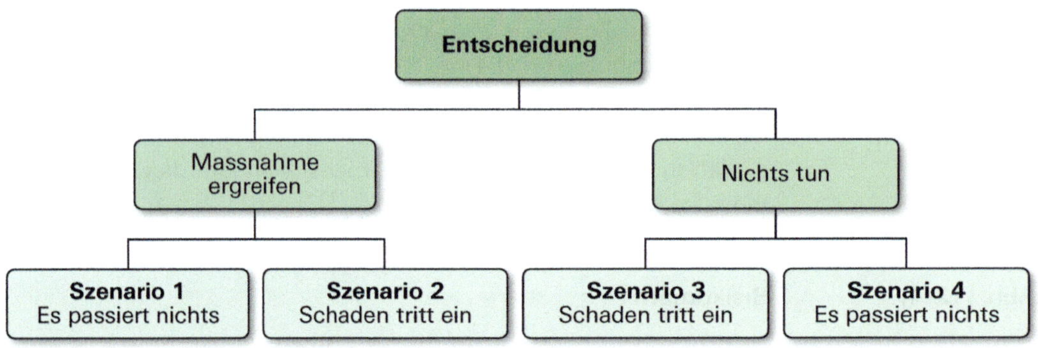


Wir berechnen den Geldwert der beiden Alternativen:

Wenn wir die Massnahme ergreifen:

30 000 CHF für die Massnahme + 10% von 100 000 CHF + 90% von 0 CHF = 40 000 CHF

Wenn wir auf die Massnahme verzichten:

0 CHF + 50% von 100 000 CHF + 50% von 0 CHF = 50 000 CHF

Ergebnis: Wir entscheiden uns für die Umsetzung der Massnahme, da sie günstiger ist, als nichts zu tun.

Bleibt zuletzt noch die Analyse von Indizien und Signalen, um festzustellen, ob getroffene Massnahmen tatsächlich eine Wirkung haben. In vielen Branchen sind Verfahren vorgeschrieben, die sich an der Sensitivitätsanalyse orientieren. In der Medizintechnik, im Fahrzeugbau und in der Luft- und Raumfahrttechnik ist das die Fehlermöglichkeiten- und Einflussanalyse (FMEA) oder in der Nahrungsmittelbranche die Gefahrenanalyse kritischer Lenkungspunkte (Hazard Analysis and Critical Control Points [HACCP]).

## 12.3.2 Chancen

Chancen können nur dann genutzt werden, wenn sie erkannt werden. Deshalb ist es sinnvoll, sie analog den Risiken zu erfassen. Im Gegensatz zu Risiken ist man frei in der Entscheidung, ob man eine Chance wahrnehmen will oder nicht. Dafür ist die Möglichkeit, eine Chance zu nutzen, nicht immer gegeben. Wir plädieren dafür, durchaus Methoden und Techniken, die aus dem Risikomanagement bekannt sind, auch für das **Chancenmanagement** zu verwenden, aber nicht beides in einen Topf zu werfen, sondern bewusst auseinanderzuhalten. Chancen sind nicht allein Risiken mit positivem Nebeneffekt!

## 12.4 Strategien und Massnahmen

Die **Handhabung von Chancen** unterscheidet sich von der von Risiken. Grundsätzlich gibt es vier Optionen im Umgang mit Chancen:

- Eine Chance wird vollständig realisiert.
- Die Wahrscheinlichkeit, eine Chance zu realisieren, wird erhöht.
- Eine Chance kann teilweise realisiert werden.
- Chancen können ignoriert werden.

Bei der **Bewältigung von Risiken** gibt es verschiedene Möglichkeiten (Strategien). Man kann Risiken:

- **Eliminieren:**
  Ein Risiko eliminieren oder ausschliessen bedeutet, dass man sich erst gar nicht in eine bestimmte Situation begibt, in der ein Risiko besteht. Dabei entstehen in der Regel aber neue Risiken.

**Beispiel**

Wegen drohenden Hochwassers ist der Transport von Schüttgut auf einem Flussschiff riskant. Stattdessen entscheidet man sich für den Transport per Bahn.

- **Minimieren:** Ein Risiko kann ich minimieren, indem ich die Wahrscheinlichkeit, dass es eintritt, reduziere oder das potenzielle **Schadensausmass verringere.** So kann ich z. B. Qualitätskontrollen erhöhen, um das Risiko von Produktrückrufen zu minimieren. Das kostet aber Geld. Das Schadensausmass kann ich auch reduzieren, indem ich meine Geschäftsdaten regelmässig sichere, um im Schadensfall schnell wieder auf meine Daten zugreifen zu können.
- **Versichern:** Eine ganze Branche lebt davon, dass man sich zumindest gegen den finanziellen Schaden, den ein Risiko birgt, versichern kann, z. B. mit einer Brandversicherung.
- **Verlagern:** Sie können **Chancen und Risiken teilen oder komplett verlagern.** Beispielsweise können Sie mit einem Zulieferer vereinbaren, dass er sich an den Einsparungen beteiligen wird, wenn er die veranschlagten Kosten unterschreitet. Oder Sie vereinbaren einen Fixpreis und der Zulieferer muss das Preisrisiko tragen.
- **Akzeptieren:** Man unterscheidet die aktive oder die passive Akzeptanz. Bei der **aktiven Akzeptanz** lege ich einen Teil des Budgets als Puffer zurück. Bei der **passiven Akzeptanz** tue ich nichts.

Massnahmen, die die Eintrittswahrscheinlichkeit eines Risikos eliminieren oder reduzieren, sollten bevorzugt werden. Sie dienen der **Risikoprävention** (Vorbeugung).

Des Weiteren sind Massnahmen sinnvoll, die den **Schaden beim Eintritt des Risikos minimieren.** Dazu gehört eine umfassende Information der Stakeholder in Krisensituationen.

Wir müssen festhalten, dass Chancen- und Risikomanagement **Einfluss auf die Projektplanung** hat. Die Wahrung von Chancen und das Vermeiden von Risiken wird zu einer Änderung des Leistungsumfangs (Scope) führen. Chancenerhöhung und Risikominimierung werden zu zusätzlichen Aktivitäten und Kosten führen. Verlagern von Risiken führt gegebenenfalls zu einer Make-or-Buy-Entscheidung. Akzeptieren von Risiken schlägt sich in einem extra Budgetposten nieder.

Für die **effiziente und rasche Umsetzung der angestrebten Projektanpassung** hilft ein konkreter Plan, wer was bis wann zu tun hat, um weitere Schritte einleiten zu können. Die Massnahmen sollen dabei so konkret wie möglich beschrieben, Verantwortung und Schnittstellen eindeutig geklärt, die Prioritäten festgelegt und vor allem die Termine vorgegeben sein. Gerade für die Verfolgung des Beitrags zur Zielerreichung ist es zweckmässig, auch den Zusammenhang herzustellen, was mit der Massnahme erreicht werden soll. Damit verbunden sind auch ökonomische Betrachtungen, d. h. die Frage, ob sich die Massnahmen verglichen mit den Chancen- und Risikopotenzialen lohnen (siehe dazu folgende Abbildung).

Abb. [12-6] **Ökonomie der Massnahmen im Chancen- und Risikomanagement**

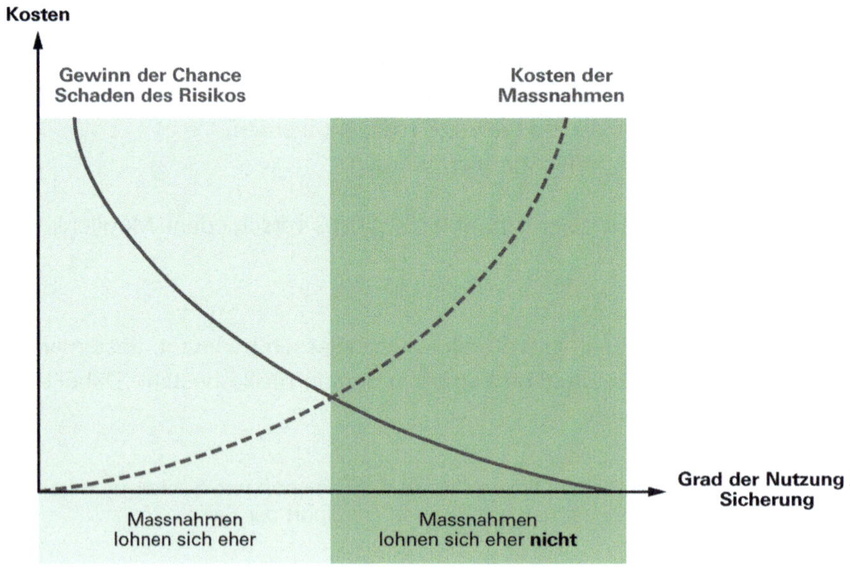


Die Umsetzung der Massnahmen erfolgt vom jeweils Verantwortlichen, der in der Planung festgelegt wurde. Die übergeordnete Verantwortung für die Umsetzung trägt der Projektleiter. Er soll sicherstellen, dass die Aufgabenverteilung eindeutig erfolgt und die Betroffenen wissen, was zu tun ist. Des Weiteren soll er abklären, ob die erforderlichen Grundlagen vorliegen oder noch bereitgestellt werden müssen.

## 12.5 Trends und Massnahmen-Controlling

Wie oben bereits erwähnt, ist die Dokumentation von erkannten Chancen und Risiken sowohl für die Kommunikation mit den Stakeholdern als auch zur Überwachung der vereinbarten Massnahmen ein wichtiger Faktor. Der Projektleiter soll den Überblick über die Umsetzung bewahren und muss gegebenenfalls steuernd eingreifen, um sie voranzutreiben.

Für das Management von Chancen und Risiken ist die Visualisierung eine wichtige Technik. Sie hilft, wesentliche Parameter zu beobachten. Grundsätzlich können die vorgestellten Techniken auch für das Chancenmanagement verwendet werden.

Bei der Visualisierung von Risiken ist eine Abbildung der Entwicklung im Lauf der Zeit besonders relevant. Das erlaubt Aussagen hinsichtlich Trends. Besonders geeignet sind:

- Risikoklassen-Graph
- Risikotrend-Graph

### 12.5.1 Risikoklassen-Graph

Der Risikoklassen-Graph bildet Risiken, den typischen Risikoklassen zugeordnet, in einem Spinnennetz-Diagramm ab. Typische Risikoklassen sind: Organisation, Technologie, Qualität etc. Es ist empfehlenswert, sich in einem Projekt auf relevante Risikoklassen zu einigen. Ein Beispiel zeigt die folgende Abbildung:

Abb. [12-7] **Risikoklassen-Graph**

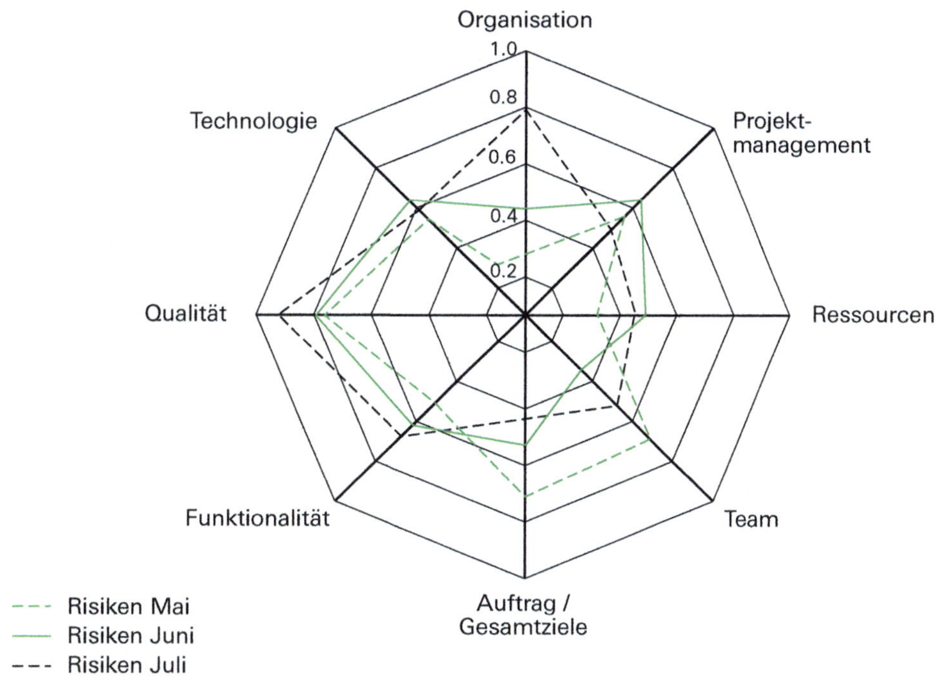


## 12.5.2 Risikotrend-Graph

Der Risikotrend-Graph stellt die **Entwicklung des Risikos unter Berücksichtigung der umgesetzten Massnahmen** dar. Meist fokussiert der Risikotrend-Graph auf Risiken, die das höchste Risikopotenzial aufweisen. Die folgende Abbildung zeigt ein Beispiel:

Abb. [12-8] **Risikotrend-Graph**

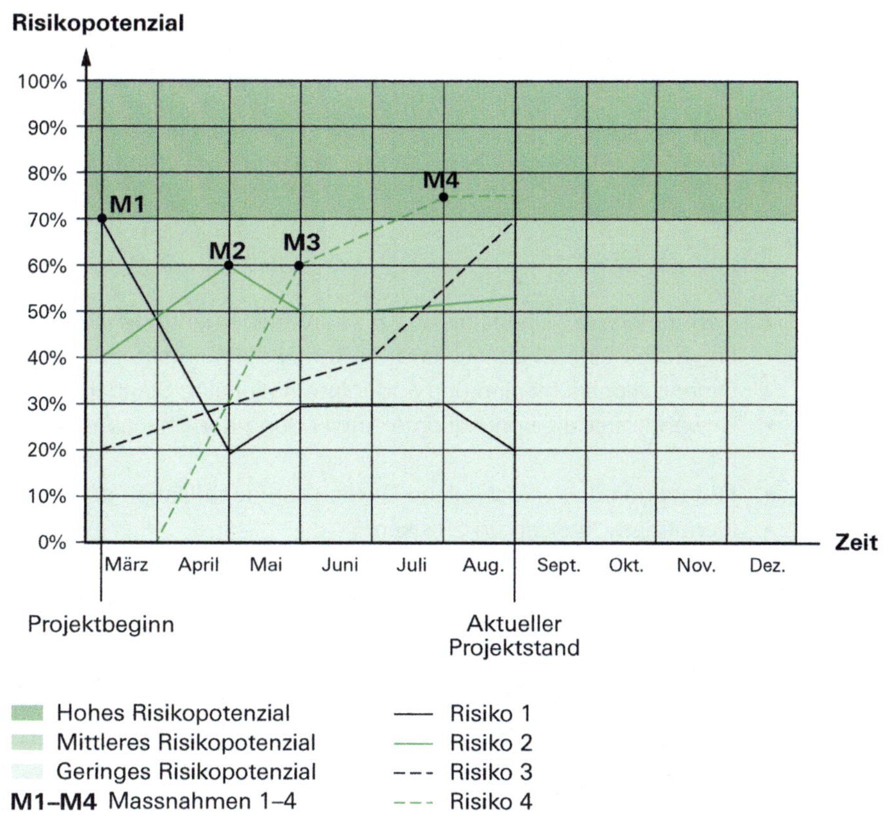

### 12.5.3 Kommunikation

Die Visualisierung von Risiken fördert nicht nur die Beobachtung von Risiken, sondern auch die Kommunikation und liefert Materialien für die Risikoberichterstattung.

Risiken und die Massnahmen des Risikomanagements müssen kommuniziert werden. Oft hadert das Projektmanagement mit der Kommunikation von Risiken. Es zeigt sich aber immer wieder, dass eine **aktive Risikokommunikation** das Projekt nicht gefährdet, sondern eher das Vertrauen der Stakeholder in das Projektmanagement stärkt und die Risiken oder die bereits entstandenen Probleme leichter meistern lässt.

**Beispiel**

**Organisatorische Änderungen**

Die meisten **Optimierungsprojekte** (bessere Ablaufprozesse, Einführung effizienterer Werkzeuge oder Maschinen, Restrukturierungen usw.) in Unternehmen ziehen organisatorische Änderungen nach sich. Solche Änderungen sind bei den betroffenen Personen (real oder auch nur hypothetisch) immer mit **Ängsten** verbunden. Dadurch steigt das Risiko des Verlusts der Leistungsfähigkeit oder der erhöhten Fluktuation stark an.

Werden solche Folgen festgestellt, ist es meist schon zu spät. Der Aufwand und die Kosten für eine allfällige Korrektur steigen überproportional an. Viel einfacher ist es, die Ängste der Belegschaft eines Unternehmens vom Projektstart an zu berücksichtigen und aktiv über das Risikomanagement «zu bewirtschaften». **Risikomindernde Massnahmen** wie

- regelmässige Information über Newsletters,
- (interaktive) Informationsveranstaltungen oder
- das Einrichten von Hotlines

können die Unsicherheit der Belegschaft und somit auch die aufkommenden (Existenz)ängste reduzieren.

**Phishing von Kontoinformationen**

Das Phishing von Kontoinformationen (Beschaffung von Zugangsdaten zu Konten über E-Mails und sehr ähnlich aussehende Webpages) hat besonders durch die immer grössere Verbreitung des Zahlungsverkehrs über das Internet stark zugenommen. Auch die Schweizer Bankenwelt ist davon nicht verschont geblieben. Ein gutes Beispiel für ein kombiniertes Problem- und Risikomanagement ist die frühere Bank Coop. Nach der ersten grösseren Phishing-Attacke, der die Bank ausgesetzt war, wurden zwei Hauptmassnahmen parallel durchgeführt:

- **Problemmanagement:** Es wurde sofort ein Krisenstab einberufen, der die Attacke technisch und wirtschaftlich analysierte und entsprechende Gegenmassnahmen einleitete. Die betroffenen Kunden wurden kulanterweise vollumfänglich entschädigt (= zusätzlicher Imagegewinn).
- **Risikomanagement:** Über die Print- und elektronischen Medien wurde der Fall publik gemacht. Damit wurden die Mechanismen des Phishings einem breiten Publikum (also auch den Kunden) bekannt gemacht. Durch die transparente Information konnten die Auswirkungen zukünftiger Attacken markant reduziert werden, da weniger Personen auf die gleichen Tricks hereinfallen werden.

**Messgrössen**

- Zieht potenzielle Chancen- und Risikomanagementmodelle zurate
- Entwickelt eine Chancen- und Risikomanagementstruktur in Übereinstimmung mit den Organisationsrichtlinien und / oder internationalen Standards
- Gewährleistet die konsequente Anwendung der Chancen- und Risikomanagementstruktur
- Kennt und nutzt verschiedene Quellen zur Identifikation potenzieller Chancen und Risiken
- Identifiziert Chancen und Risiken
- Dokumentiert Chancen und Risiken in einem Register
- Bewertet Chancen und Risiken qualitativ
- Bewertet Chancen und Risiken quantitativ
- Erstellt und interpretiert einen Entscheidungsbaum für Chancen und Risiken
- Erklärt verschiedene Hilfsmittel und Methoden für die Einführung einer gewählten, übergreifenden Strategie für den Prozess des Chancen- und Risikomanagements
- Evaluiert Massnahmen für Chancen und Risiken

- Evaluiert alternative Hilfsmittel und Methoden für die Umsetzung der Massnahmen
- Nimmt für die Einführung der Massnahmen Einfluss auf den Ressourcenplan und die erforderlichen Kompetenzen
- Führt einen Massnahmenplan für Chancen und Risiken ein und kommuniziert diesen
- Überwacht und steuert die Einführung und Umsetzung eines Aktionsplans für Chancen und Risiken
- Kommuniziert die Chancen und Risiken sowie die Angemessenheit der gewählten Massnahmen

## Repetitionsfragen

49 Welche Möglichkeiten haben Sie im Projektmanagement, um das Risikopotenzial zu verringern? Beschreiben Sie zwei Möglichkeiten.

50 Wie unterscheiden sich der Ablauf der Risikobewertung und die Darstellung, wenn Sie eine Risikoklassen- und eine Risikotrend-Grafik erstellen?

51 Wie unterscheidet sich der Ablauf im Chancen- und im Risikomanagement?

52 Wovon machen Sie es abhängig, ob Sie eine Chance oder ein Risiko in der Massnahmenplanung berücksichtigen? Begründen Sie Ihre Antwort.

53 Bewerten Sie die unten aufgeführten Chancen und Risiken. Notieren Sie zusätzlich die von Ihnen vorgeschlagenen Strategien und Massnahmen pro Chance bzw. Risiko.

| Chance, Risiko | W | G / S | Strategie | Massnahme |
|---|---|---|---|---|
| Ein Schlüsselmitarbeiter im Projektteam ist begeisterter Bungee-Jumper. | | | | |
| Der Auftraggeber hat erst vage Vorstellungen, wie das Softwareprojektergebnis aussehen soll. | | | | |
| Projekt erkennt im Rahmen der Analyse einen massgeblichen Mehrnutzen, wenn der Projektscope entsprechend erweitert wird. | | | | |
| Dem Projektteam fehlt es an Know-how für das Erarbeiten eines spezifischen Teilergebnisses | | | | |
| In der Schweiz soll eine weitere bedeutende Skirenndestination aufgebaut werden. Dazu muss eine neue Infrastruktur aufgebaut werden. Der wirtschaftliche Nutzen für die Region ist gross, aber auch sehr wetterabhängig. | | | | |
| Ein junger Projektleiter erhält die Chance, ein grösseres Entwicklungsprojekt zu übernehmen. | | | | |
| Wegen eines Strategiewechsels im Unternehmen droht einem Projekt der Projektabbruch. | | | | |
| Dem Projektsponsor könnten die Gelder zur Finanzierung des Projekts ausgehen. | | | | |

Skala für Wahrscheinlichkeit (W): 1 = sehr unwahrscheinlich, 2 = unwahrscheinlich, 3 = wenig wahrscheinlich, 4 = ziemlich wahrscheinlich, 5 = sehr wahrscheinlich

Skala für Gewinn / Schaden (G / S): 1 = unbedeutend, 2 = spürbar, 3 = beträchtlich, 4 = hoch, 5 = sehr hoch

# 13 Stakeholder

**Lernziele**

Nach der Bearbeitung dieses Kapitels können Sie ...

- die vier Schritte der Stakeholder-Analyse durchführen.
- die Interessen und den Einfluss der Anspruchsgruppen identifizieren.
- die Beziehungen der Stakeholder untereinander und zum Projekt visualisieren.
- eine Strategie und einen Kommunikationsplan mit den Stakeholdern entwickeln.

**Schlüsselbegriffe**

AIDA-Formel, Allianzen, Anspruchsgruppen, Auftraggeber, Benutzer, Einfluss-Interessen-Matrix, Elevator Pitch, Geschäftsleitung, Interessengruppen, Kommunikationsplan, Komplexität, Konsortium, Lieferanten, Management, Netzwerke, Partner, Projektmarketing, Projektumfeld, Review, Stakeholder-Analyse, Stakeholder Map, Stakeholder-Strategie

### Definition gemäss ICB4

«Stakeholder» umfasst die Identifikation, die Analyse, das Einbeziehen, die Steuerung der Einstellungen und Erwartungen sowie die konstante Pflege aller relevanten Stakeholder. Als Stakeholder betrachtet werden alle Einzelnen, Gruppen oder Organisationen, die an dem Projekt beteiligt sind, dieses beeinflussen, davon beeinflusst werden oder die an der Durchführung bzw. dem Ergebnis desselben interessiert sind. Dazu gehören Projektträger, Kunden und Benutzer, Auftragnehmer / Unterauftragnehmer, Allianz und Partnerschaften, das Projektteam sowie andere Projekte, Programme und Portfolios.

### Zweck gemäss ICB4

Die Kompetenz «Stakeholder» versetzt den Einzelnen in die Lage, die Interessen, den Einfluss und die Erwartungen der Stakeholder zu verstehen sowie die Stakeholder einzubeziehen und ihre Erwartungen effektiv zu managen.

### Beschreibung gemäss ICB4

Stakeholder sind die Partner für und durch die das Projekt erfolgreich sein wird. Die Erwartungen, Bedürfnisse und Vorstellungen der Stakeholder an die Projektziele schaffen die Notwendigkeit und bilden die Basis für das Projekt. Das Geld und die Ressourcen der Stakeholder sind notwendige Beiträge und die Stakeholder nutzen die Ergebnisse.

Es gibt verschiedene Formen und Gruppierungen von Stakeholdern (höheres Management, Benutzer, Auftragnehmer, Partner, Interessenvertretungen usw.), die über unterschiedliche Einstellungen, Interessen und unterschiedlichen Einfluss verfügen. Davon ausgehend hat jeder Stakeholder bzw. jede Stakeholder-Gruppe andere Informationsbedürfnisse. Daher ist eine Verpflichtungsstrategie (häufig in einem Kommunikationsplan festgehalten) von grundlegender Bedeutung. Diese Strategie kann mit einem Fokus auf formelle und informelle Kommunikationskanäle ausgeführt werden oder auch anhand von umfassenderen Formen wie Allianzen, Kollaborationen oder Netzwerken. Allianzen werden gewöhnlich durch einen schriftlichen Vertrag festgehalten und formalisiert, beispielsweise durch einen Vertrag oder durch die Gründung einer Arbeitsgemeinschaft. Kooperationspartner stammen häufig aus anderen Bereichen innerhalb einer Organisation oder können eine oder mehrere verschiedene Organisationen umfassen. Netzwerke verfügen über keine klare Machtstruktur, weshalb sich die Zusammenarbeit mit ihnen herausfordernder gestaltet.

Während der Umsetzung des Projekts muss die Stakeholder-Umgebung konstant auf Änderungen hin überwacht werden, um so eine kontinuierliche Abstimmung und Verbesserung zu gewährleisten. Beim Management der Stakeholder handelt es sich folglich um einen fortlaufenden Prozess, der sich über den gesamten Lebenszyklus des Projekts hinzieht.

**Hinweis**

Folgende Kompetenzen sind mit «Stakeholder» verknüpft und werden in den entsprechenden Kapiteln behandelt:

- Alle weiteren Kompetenzen des Kompetenzbereichs Praktiken, Teil B, S. 23
- Alle Kompetenzen des Kompetenzbereichs Kontext, Teil D, S. 291
- Kompetenz «Persönliche Kommunikation», Kapitel 17, S. 218
- Kompetenz «Beziehungen und Engagement», Kapitel 18, S. 226
- Kompetenz «Führung», Kapitel 19, S. 234
- Kompetenz «Vielseitigkeit», Kapitel 22, S. 265

## 13.1 Stakeholder, Interessen, Einfluss

«Projekte scheitern nicht an der Technik, sondern an den Menschen.» (Tom DeMarco)

**Stakeholder** (interessierte Parteien, engl. «interested parties») sind Gruppen, Organisationen oder einzelne Personen, die von einem Projekt betroffen oder an diesem beteiligt sind und deshalb ein **Interesse am Projekt** und an dessen Ergebnis haben. **Interessengruppen** können unterteilt werden in Gruppen, die Vorteile erwarten, und Gruppen, die Nachteile befürchten oder auch in Kauf nehmen müssen. Meistens ist ein Projekt mit einem grösseren oder einem kleineren Change für Teile der Organisation oder die Organisation als Ganzes verbunden. Das führt in vielen Fällen zu **Akzeptanzproblemen** für das Projektergebnis aus Angst oder Unwissenheit, wie es sich auf die tägliche Arbeit auswirkt.

Jedes Projekt hat Stakeholder. Diese müssen durch das Projektmanagement erkannt, analysiert und in das Projekt involviert werden.

**Hinweis**

Für Details zum Change lesen Sie die Ausführungen zur Kompetenz «Change und Transformation», Kapitel 14, S. 185.

**Beispiel**

- Die Planung einer neuen Müllanlage betrifft immer viele Interessengruppen. Ein Teil der Interessengruppen erwartet Vorteile, etwa für die Umwelt. Ein Teil der Interessengruppen erwartet Nachteile, z. B. als Anwohner, die einen Imageverlust für das Wohnquartier und sinkende Grundstückspreise fürchten.
- Bei der konzernweiten Einführung einer Standardsoftware sind ebenfalls die Interessen gespalten. Ein Teil der Betroffenen hofft auf eine verbesserte Leistung durch Entlastung von Routinen und Reduktion von Schnittstellen. Der andere Teil sorgt sich möglicherweise um den Verlust an Entscheidungsfreiheit und die erhöhte Transparenz.
- Eine projektierte Unternehmensfusion kann zahlreiche Interessengruppen auf den Plan rufen. Neben den Mitarbeitenden und Kundengruppen können beispielsweise auch Kartellbehörden und Lieferanten aktiv werden.

Stakeholder werden auch Interessengruppen oder **Anspruchsgruppen** genannt, denn in vielen Fällen erheben Stakeholder im Projektverlauf gewisse Ansprüche auf die Projektgestaltung und versuchen Einfluss auf die Projektergebnisse zu nehmen, um ihre Vorstellung umzusetzen.

Ob diese **Ansprüche der Stakeholder** berechtigt sind oder nicht, spielt keine Rolle: Interessengruppen bilden das Projektumfeld und können auf die Projektentwicklung und den Projekterfolg wirken. Viele Projekte scheitern an offenen und verdeckten **Widerständen der Stakeholder.** Es ist daher für das Projekt wichtig, die Stakeholder zu kennen, ihre Einstellung und ihren Einfluss auf das Projekt zu analysieren und zu managen.

Der Erfolg eines Projekts hängt oft auch vom **Umgang mit den oft widersprüchlichen Erwartungen** verschiedener Stakeholder ab. Projekte sind dann erfolgreicher, wenn die Betroffenen und Beteiligten wissen und verstehen, wozu das Projekt dient und wie ihre Interessen berücksichtigt werden.

Die Stakeholder-Analyse ist eine bewährte Methode zur angemessenen Betrachtung der Stakeholder und Berücksichtigung ihrer Interessen. Sie hat drei Hauptfunktionen:

- Informationssammlung: Zu Beginn eines Projekts werden die im Umfeld gewonnenen Informationen zusammengetragen, die für die Projektzieldefinition, die spätere Integration des Projekts im Umfeld und für die Nutzung der Projektergebnisse wichtig sein können.
- Grundlage für Projektmarketing: Die Zusammenstellung und Analyse aller relevanten Betroffenen und Beteiligten bildet die Grundlage für jedes Projektmarketing.
- Konfliktprävention: Die Stakeholder-Analyse schafft einen Überblick über die Stakeholder und das Kräftefeld aus Erwartungen rund um das Projekt. Darauf aufbauend werden Massnahmen für das proaktive Management von Erwartungen festgelegt.

Zudem kann die Analyse im Risikomanagement genutzt werden, um z. B. Massnahmen zur Risikominimierung zu definieren.

Zur Informationssammlung gehört das Erfassen aller Randbedingungen und Einflussfaktoren auf das Projekt. Zudem sind alle potenziellen Interessengruppen am Projekt, insbesondere mit folgendem Fokus pro Stakeholder aufzunehmen:

- Sichtweise und Interessen am Projekt und an seinem Ergebnis.
- Erwartungen an das Projekt und sein Ergebnis.
- Einfluss der Stakeholder auf das Projekt und sein Ergebnis.
- Früherkennung von Projektrisiken und Projektchancen, die durch einen Stakeholder bestehen (z. B. Widerstände, Unterstützung).
- Alle gesammelten Informationen müssen in geeigneter Form dokumentiert und für die Projektplanung berücksichtigt werden.

Die Stakeholder-Analyse schafft die Grundlage für eine hohe Qualität der Projektdurchführung und der Projektergebnisse. Sie erhöht zu Beginn eines Projekts die Komplexität für das Projektmanagement und bewirkt die Betrachtung des Projekts aus mehreren Perspektiven. Potenzielle Risiken, insbesondere durch Widerstände, können früher erkannt und bearbeitet werden. Das erhöht die Wahrscheinlichkeit, dass das Projekt mit Erfolg abgeschlossen werden kann.

**Hinweis**

Die Stakeholder-Analyse ist immer eine Momentaufnahme, aber das Projektumfeld verändert sich kontinuierlich und manchmal sehr schnell. So kann bereits der Bericht in der Tageszeitung über ein gescheitertes Projekt, über eine bevorstehende Rezession oder über eine bahnbrechende Technologie die Bedenken einiger Stakeholder wachsen lassen. Auch der Wechsel des Repräsentanten einer Interessengruppe kann Veränderungen im Umfeld bewirken. Empfehlenswert ist eine auf Projektmeilensteine bezogene und auch situative Durchführung der Stakeholder-Analyse.

Abb. [13-1] **Prozess Stakeholder-Analyse**

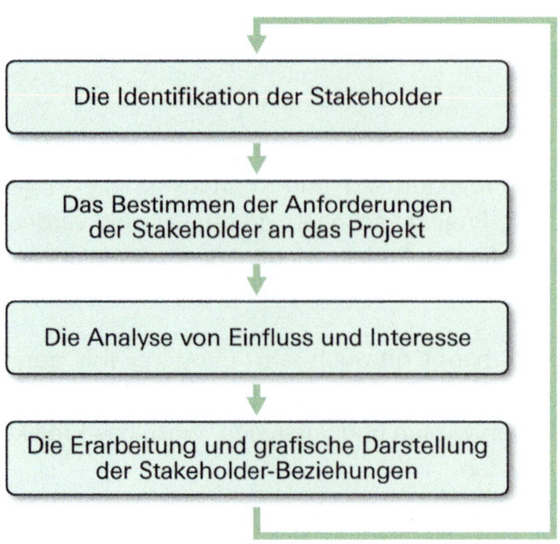

### 13.1.1 Identifikation der Stakeholder

Die Identifikation potenzieller Stakeholder ist der erste Schritt der Stakeholder-Analyse. Ziel ist es, möglichst **alle Stakeholder zu identifizieren** und projektbezogene Informationen über die Stakeholder zu gewinnen.

Es gilt: Je genauer die Stakeholder identifiziert werden, umso gezielter können Projektmarketinginstrumente ausgewählt und eingesetzt werden.

Wer nun konkret Stakeholder eines Projekts ist oder nicht, kann **nicht allgemeingültig definiert** werden. Primär ist es die Aufgabe des Projektleiters, die Stakeholder möglichst früh, am besten während der Initialisierungsphase, also **zu Beginn des Projekts,** zu identifizieren.

Eine wirksame Methode zur Identifikation der Stakeholder ist eine **Gruppenarbeit** mit zwei bis maximal fünf Personen. Diese müssen nicht zwingend im Projekt involviert sein. Wichtiger ist, dass diese Personen das Projektumfeld beispielsweise aus Erfahrungen früherer Projekte kennen und einschätzen können. Beispielsweise kann ein Projektleiter aus einem früheren, ähnlich gelagerten Projekt hinzugezogen werden. In der Gruppe werden dann die potenziellen Stakeholder zusammengetragen.

**Beispiel**

Die Ausführungen zu den Kontextkompetenzen bieten eine Vielzahl an Hinweisen zu möglichen Stakeholdern. Die folgende Tabelle zeigt einige Beispiele.

**Abb. [13-2]** **Kontextelemente und mögliche Stakeholder**

| Kontextelemente | Hinweise auf mögliche Stakeholder (Beispiele) |
|---|---|
| Stammorganisation | Geschäftsführung, Mitarbeitende, Linienmanager, Personalmanagement, Controlling, Auftraggeber |
| Projekt-, Programm-, Portfoliomanagement | Führungskräfte und Mitarbeitende |
| Business | Nutzer der Projektergebnisse, externe Kunden, Wettbewerber, Lieferanten |
| Systeme, Produkte und Technologie | IT-Management, Produktmanagement |
| Personalmanagement | Bewerber |
| Gesundheit, Sicherheit und Umwelt | Versicherungen, Sicherheitsfachkräfte, Umweltbeauftragte |
| Finanzierung | Investoren |
| Rechtliche Aspekte | Gesetzgeber |

Beim Identifizieren der Stakeholder folgt man dem Grundsatz «Erst in die Breite, dann in die Tiefe arbeiten» und betrachtet zunächst das **Umfeld rund um das Projekt.** Die auf diese Weise erstellte Liste sollte möglichst vollständig sein. Da die Liste sehr umfangreich werden kann, müssen die identifizierten Stakeholder in einem zweiten Schritt gruppiert werden. Das **Tabellenformat** eignet sich besonders gut, da wichtige Informationen strukturiert angefügt werden können. Dazu gehören beispielsweise der Name der Ansprechperson, Funktion und Position sowie Kontaktdaten.

### 13.1.2 Ermitteln der Anforderungen

Nachdem alle projektrelevanten Stakeholder erfasst sind, müssen die **Anforderungen** bestimmt werden, die die Stakeholder an das Projekt haben. Das ist die schwierigste, zeitaufwendigste, aber wichtigste Aufgabe innerhalb der Stakeholder-Analyse.

Kennt man die Erwartungen und Anforderungen, kann man **Aktivitäten** in die Wege leiten, die den Verlauf des Projekts positiv beeinflussen und den Widerstand gegen das Projekt verringern.

Zunächst werden die **Rolle und das Ziel des Stakeholders** im Zusammenhang mit dem Projekt erfasst. Dabei müssen auf den ersten Blick nicht erkennbare Erwartungen, persönliche Beweggründe und auch Antipathien und Sympathien berücksichtigt werden, da auch sie einen Einfluss auf das Projekt haben.

In einem weiteren Schritt werden aus dem Auftrag und den Zielen die **Anforderungen** abgeleitet. Dabei handelt es sich um Annahmen, die im Lauf des Projekts immer wieder geprüft und präzisiert werden müssen.

Eine Tabelle hilft auch hier, eine Übersicht über wichtige Stakeholder zu gewinnen.

**Abb. [13-3]** **Stakeholder-Übersicht (mit Beispielen)**

| **Stakeholder (Name bzw. Bezeichnung, Funktion)** | **Auftrag oder Bezug zum Projekt** | **Ziel** | **Anforderungen an das Projekt** |
|---|---|---|---|
| Sponsor (CFO) | • Mitglied im Steuerungsausschuss | • Budgeteinhaltung<br>• Kein persönlicher Aufwand mit dem Projekt | • Konstante Kostenverfolgung<br>• Kein Involvieren in fachliche Details |
| Management (CEO) | • Mitglied im Steuerungsausschuss<br>• Projektleiter «Reorganisation im Konzern» | • Erfolgreiche Inbetriebnahme der Anwendung zeitgleich mit der Reorganisation<br>• Konzernweit die Ersten in der Einführung sein | • Qualitativ hochwertige Arbeit<br>• Einhaltung der Termine<br>• Personaleinsatz so planen, dass keine Ressourcenengpässe entstehen |
| Projektteam (Entwickler) | • Applikation X entwickeln | • Fehlerfreie Entwicklung<br>• Maximal 15% Überstunden pro Monat | • Einsatz neuer Tools<br>• Angemessene Ressourcenplanung |
| Mitarbeitende der Organisationseinheit | • Kollegenkreis | • Arbeitszusammenhang erhalten | • Keine Änderung der Organisationseinheit<br>• Kein Abbau von Arbeitsplätzen |
| Etc. | • … | • … | • … |

## 13.1.3 Einfluss und Interesse bestimmen

Die **Stakeholder-Übersicht** schafft die Grundlage für den nächsten Schritt: das **Kategorisieren bzw. Qualifizieren der Stakeholder.** Dabei werden aufgrund von Auftrag, Zielen und Anforderungen der Einfluss und das Interesse jedes Stakeholders bzw. jeder Stakeholder-Gruppe bewertet.

Unter dem Einfluss eines Stakeholders versteht man die Fähigkeit, Möglichkeit und Macht, auf das Projekt effektiv einzuwirken.

Stakeholder interessieren sich für den **Verlauf und Ausgang** (Zielerreichung) des Projekts und dafür, ob und wie Einfluss zugunsten der eigenen Anforderungen genommen werden kann.

Man kann die Stakeholder anhand der folgenden **Fragen** einteilen:

- Wie stark ist die Person bzw. die Gruppe am Projekt interessiert?
- Wie gross ist der Einfluss der Person bzw. der Gruppe, die spezifischen Anforderungen durchzusetzen?

Die Antwort auf die beiden Fragen kann in einer Einfluss-Interessen-Matrix mit vier Feldern gut und anschaulich abgebildet werden.

Abb. [13-4] **Einfluss-Interessen-Matrix 1**

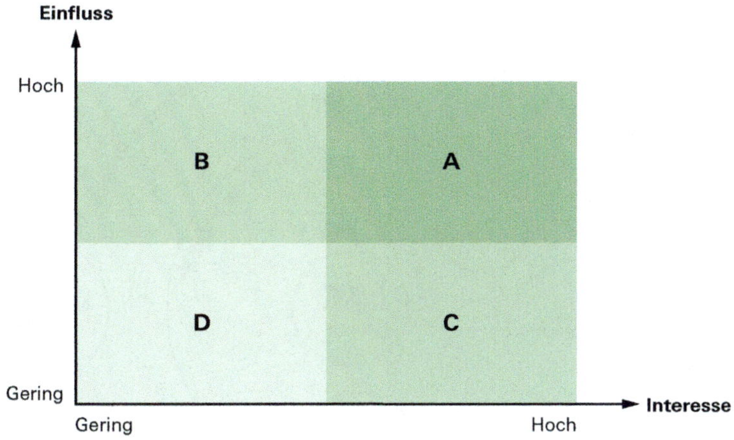


### 13.1.4 Beziehungen ermitteln

Mit einer Stakeholder Map wird die Analyse der Interessengruppen abgeschlossen. Die Stakeholder Map ist eine grafische Darstellung der Stakeholder-Beziehungen. Sie visualisiert die aktuelle (politische) Situation und gibt einen Überblick über das Projektumfeld.

Primär geht es bei der Stakeholder Map darum, die Beziehungen der Stakeholder zum Projekt bzw. Projektmanagement und die Vernetzung untereinander einzuschätzen und zu veranschaulichen. Die Darstellung der Vernetzung hat neben der Transparenz einen besonderen Vorteil: Sie zeigt das System aus Beziehungen, das mit förderlichen und hinderlichen Wirkketten verbunden sein kann.

Die Stakeholder Map wird in zwei Schritten erstellt. Im ersten Schritt wird das Projektumfeld in drei Sphären rund um das Projektmanagement eingeteilt, d. h.:

- Das innere Projektumfeld wird vom unmittelbaren Projektumfeld in der Stammorganisation einschliesslich Projekt-, Programm- und Portfoliomanagement gebildet. Dazu gehören etwa das Projektteam, externe und interne Mitarbeitende, Linienvorgesetzte.
- Das äussere Projektumfeld wird durch das angrenzende innerbetriebliche und ausserbetriebliche Umfeld gebildet. Dazu gehören beispielsweise das Management, Kunden, Partner, Standorte der Stammorganisation etc.
- Das projektnahe Umfeld umfasst die lokalen, regionalen, nationalen und auch internationalen Bezüge des Projekts. Dazu gehören beispielsweise Behörden, Gesetzgeber, Medien und Öffentlichkeit.

Die folgende Abbildung zeigt ein Beispiel.

Abb. [13-5] **Das Projektumfeld**

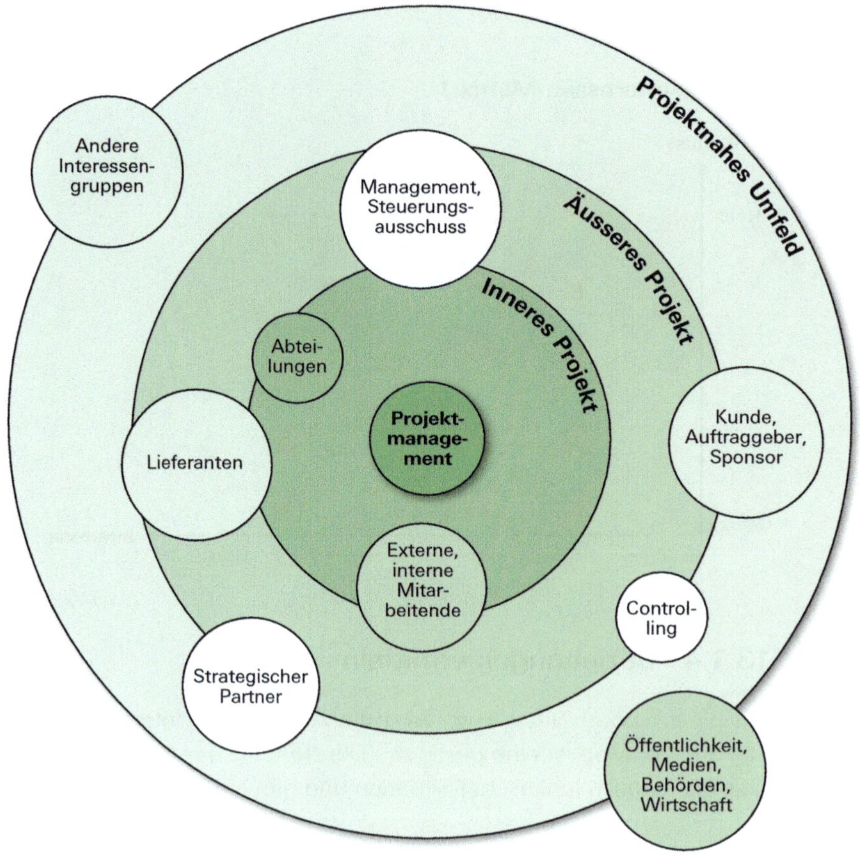


Folgende Fragestellungen helfen bei der Erstellung der Map:

- Wie ist der allgemeine Kontakt zu …?
- Wie gestaltet sich die Zusammenarbeit mit …?
- Welche Erfahrungen gibt es im Umgang mit …?
- Wie ist die Beziehung zwischen …?

Die Stakeholder Map hilft, die Komplexität des Projekts zu erfassen und einen Umgang damit zu finden. Die Beziehungen zwischen den Stakeholdern lassen sich gut grafisch mit Symbolen darstellen. Die folgende Abbildung zeigt ein Beispiel.

**Abb. [13-6]** **Die Stakeholder Map zeigt wichtige Beziehungen auf**

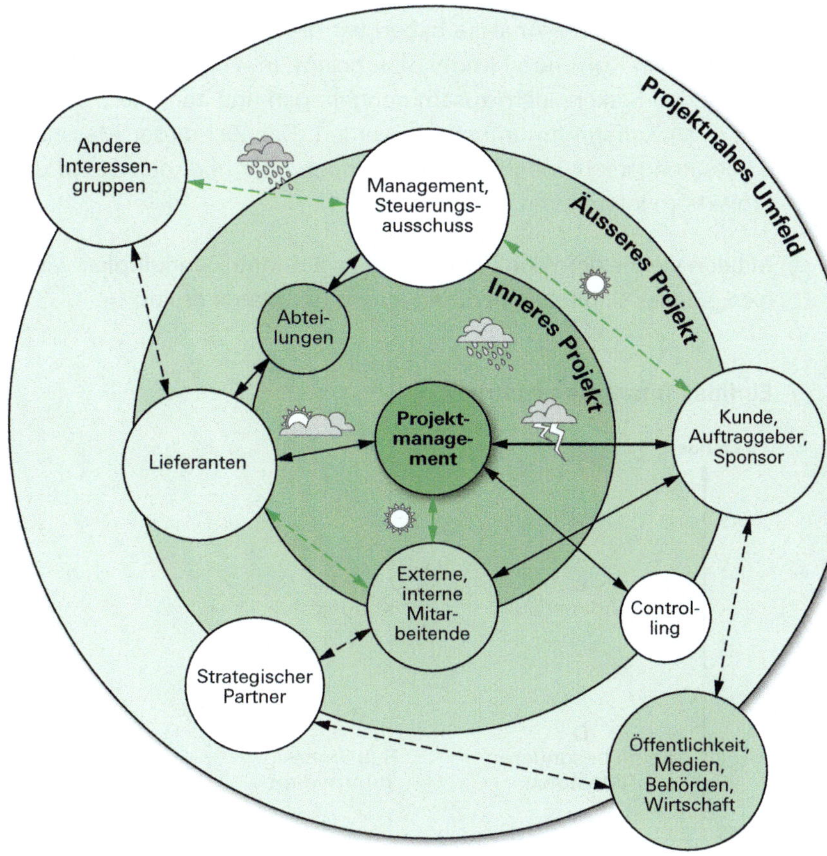


**Legende**

- Intensiver, häufiger Kontakt
- Enger, sporadischer Kontakt
- Regelmässiger Kontakt
- Seltener, unverbindlicher Kontakt
- Optimale Zusammenarbeit (sehr gute Beziehung)
- Arbeitsfähige Zusammenarbeit (gute Beziehung)
- Schwierige Zusammenarbeit (spannungsreiche Beziehung)
- Keine Zusammenarbeit (Konflikt)

Da sich das Projektumfeld ständig ändert, muss man die Analyse der Stakeholder **regelmässig überprüfen** und **Veränderungen** müssen **identifiziert** und nachgetragen werden. Insbesondere Änderungen in der Organisation (z. B. geplante Reorganisationen) haben einen erheblichen Einfluss auf die Machtverhältnisse innerhalb des Projektumfelds und müssen durch die Projektleitung erkannt und vorbereitet werden.

**Beispiel**

In einem Projekt soll ein neuer Webserver für den Informationsaustausch mit einer speziellen Benutzergruppe aufgebaut werden. Alle Stakeholder sind informiert und haben ihr Einverständnis gegeben. Nach einem Hackerangriff hat sich die Ausgangslage stark verändert und das Projekt ist gefährdet, da die Sicherheitsanforderungen deutlich erhöht wurden. Es droht ein Verzug. Hier ist der Projektleiter gefordert, mit den entsprechenden Stakeholdern zu sprechen und eine Lösung für das Projekt zu finden, möglichst ohne Verzögerungen. Mögliche Optionen sind: erneute intensive Prüfung der Sicherheit des geplanten Webservers, nachdem dieser aufgebaut wurde, Abklärungen mit dem Auftraggeber und dem Steuerungsgremium, ob das neu entstandene Risiko akzeptiert wird. Ist das Verhältnis des Projektleiters zu einer der benötigten Gruppen schlecht, sollte der Projektleiter die entsprechenden Abklärungen delegieren, z. B. über interne Mitarbeitende, die ein gutes Verhältnis zu den betroffenen Stakeholdern haben.

## 13.2 Strategie und Kommunikation

Mit der Stakeholder-Analyse haben wir die Basis für die **Stakeholder-Strategie** und damit auch für den **Kommunikationsplan** gelegt. Im vorherigen Kapitel haben wir alle Informationen zu den Stakeholdern zusammengetragen und analysiert. Jetzt müssen diese Informationen in **Massnahmen** umgesetzt werden. Das Ziel dieser Massnahmen ist, die Stakeholder adressatengerecht ins Projekt einzubinden oder über den Stand und die Entwicklungen des Projekts zu informieren.

Mit den vier Feldern der Einfluss-Interessen-Matrix verknüpfen wir nun vier Handlungsstrategien, sodass sich folgende Erweiterung der Matrix ergibt:

Abb. [13-7] **Einfluss-Interessen-Matrix 2**

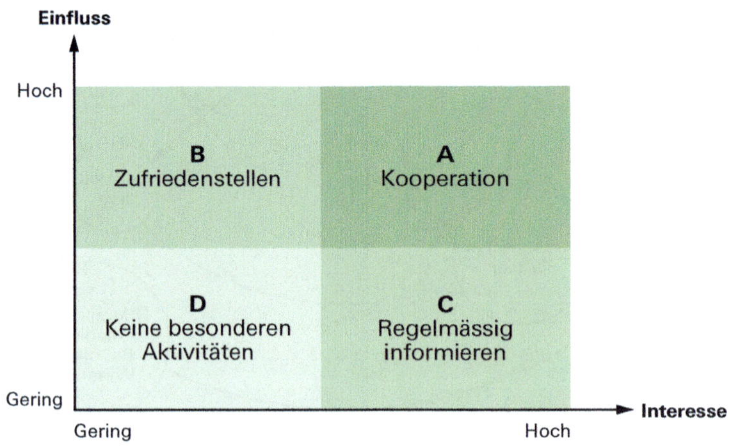


Abb. [13-8] **Handlungsstrategien des Projektmanagements im Umgang mit den Stakeholdern**

| Quadrant | Handlungsstrategie |
|---|---|
| Kooperation (hoher Einfluss, hohes Interesse) | Im Feld «Kooperation» sind die wichtigsten Stakeholder. Sie müssen in Planungs- und Entscheidungsprozesse einbezogen werden. Daher benötigen sie einen tiefen Einblick in das Projekt und eine Form der Beteiligung. Vertreter dieser Gruppe sind beispielsweise direkte Vorgesetzte, Mitarbeitende, «aktive» Kunden oder Lieferanten. |
| Zufriedenstellen (hoher Einfluss, geringes Interesse) | Die Beziehung zu diesen Stakeholdern im Feld «Zufriedenstellen» kann sich sehr schwierig gestalten: Sie sind häufig im äusseren Projektumfeld anzutreffen und sind damit schwer greif- und einschätzbar. Sie können aber das Projekt durch ihre Macht entscheidend beeinflussen. Üblicherweise verhalten sie sich weitgehend passiv und haben ein geringes Interesse an den Vorgängen im Projekt. Solche Stakeholder sollten bei allen weitreichenden Entscheidungen berücksichtigt werden. Zusätzlich zum Einbezug in den Informationsfluss ist eine persönliche Kontaktpflege hilfreich. Beispiel für diese Gruppe sind Sponsoren, «passive» Kunden oder Auftraggeber. |
| Regelmässig informieren (geringer Einfluss, hohes Interesse) | Die Stakeholder im Feld «Regelmässig informieren» haben ein grosses, häufig persönlich motiviertes Interesse am Projekt, aber geringe Einflussmöglichkeiten. Das Informationsbedürfnis dieser Gruppe ist am besten durch den Einbezug in den periodischen Informationsfluss, wie z. B. durch Projektstatusberichte, zu befriedigen.<br>Hinweis:<br>Im politischen Umfeld stellt diese Gruppe eine nicht zu unterschätzende «passive Masse» dar, die in kritischen Situationen zu Verbündeten bzw. Widersachern werden kann. Darunter fallen Medien, Kooperationspartner, Arbeitskollegen oder der Verkauf. |
| Keine besonderen Aktivitäten (geringer Einfluss, geringes Interesse) | Im Feld «Keine besonderen Aktivitäten» sammeln sich Stakeholder, die nur ein geringes Eigeninteresse am Projekt haben und u. a. bedingt durch ihre Position oder Funktion wenig Einfluss ausüben. Präsentationen, öffentliche Veranstaltungen, Abschlussberichte usw. sind geeignete Mittel, um ihr Informationsbedürfnis zu befriedigen. Schwesterfirmen, Holdings oder die Öffentlichkeit können Vertreter dieser Gruppe sein. |

Mit den aus der Analyse gewonnenen Erkenntnissen werden die Angaben zu den Stakeholdern bzw. Stakeholder-Gruppen über die Kommunikation ergänzt. Dabei werden folgende **Angaben** benötigt:

- Warum muss eine Kommunikation erfolgen?
- Was soll kommuniziert werden, wie viele Details werden benötigt?
- In welcher Regelmässigkeit soll die Kommunikation stattfinden?
- Wie wird kommuniziert (welches Medium)?
- Durch wen wird kommuniziert?

Mithilfe dieser Fragen entsteht ein **Kommunikationsplan,** der im weiteren Verlauf des Projekts für die Verteilung von Informationen zum Projekt genutzt werden sollte.

Sind alle Informationen vorhanden, kann die Kommunikation basierend auf diesen Angaben geplant, geschätzt und in die Planung des Projekts aufgenommen werden.

Auch für die Kommunikation gilt, dass das Projektumfeld sich ständig ändert und im Projekt immer wieder geprüft werden muss, ob die Kommunikation noch adressatengerecht ist oder ob es Anpassungen braucht.

**Beispiel**

Das Projekt «So gut wie nie» eines Kaufhauses hat das Ziel, das Warenangebot zu überarbeiten und unrentable Produkte aus dem Sortiment zu entfernen. Im Gegenzug sollen neue Produkte aufgenommen werden, die einen grösseren Umsatz und Gewinn bringen. Die Abteilung Kundenreklamationen wurde zwar als Stakeholder im Projekt identifiziert. Es wurde aber entschieden, diesen Bereich nicht gesondert zu informieren.

Durch eine Reorganisation wird die bisher eigenständige Abteilung Kundenreklamation der um die Aufgabe Logistik erweiterten Abteilung Lagerverwaltung (neu: «Lager und Logistik») zugeteilt. Die Logistik war bisher im Aufgabenportfolio der Finanzabteilung. Die Finanzabteilung ist aus diesem Grund ein wichtiger Stakeholder im Projekt und hat das Projekt auch tatkräftig unterstützt.

Durch diese Änderung ergibt sich eine neue Situation für das Projekt. Die Abteilung Finanzen wird für das Projekt weniger wichtig (primär finanzielles Controlling), dafür ist die neue Abteilung «Lager und Logistik», und damit die Kundenreklamation, ein wichtiger Stakeholder geworden. Diese Änderung in der Stammorganisation muss sich im Projekt in der Stakeholder-Analyse, der Stakeholder Map und dem Kommunikationsplan widerspiegeln. Wird das nicht berücksichtigt, besteht die Gefahr, dass der Leiter der Abteilung Logistik für neue Produkte sein Einverständnis nicht gibt, weil angeblich die Lieferzeiten sehr lang oder die Rücklaufquote sehr hoch sei.

Für die Kommunikation ist es wichtig zu wissen, wer das Projekt **unterstützt** und im positiven Sinn für das Projekt eingesetzt werden kann. Diese Unterstützer können genutzt werden, um **Projektgegner** vom Nutzen des Projekts zu überzeugen. Im Beispiel oben kann z. B. der Projektleiter den Leiter der Finanzen benutzen, um den Leiter der Abteilung «Lager und Logistik» vom Projekt zu überzeugen.

### 13.2.1 Projektmarketing

Das **Marketing des Projekts** ist eng mit der Kommunikation verbunden. Projekte werden im Geschäftsalltag geplant, auf den Weg gebracht und realisiert. Der Geschäftsalltag wartet nicht auf neue Projekte. Die Kalender sind meist schon voll mit Routinetätigkeiten, laufenden Projekten und geplanten oder unerwarteten Ereignissen. Das bedeutet, dass neue Projekte nur selten auf offene Türen stossen. Das gilt auch dann, wenn im Business Case überzeugend der Nutzen für die Organisation beschrieben wird. Der Nutzen liegt in der Zukunft, aber das Projekt benötigt bereits in der Gegenwart **Aufmerksamkeit und Akzeptanz** für kleine oder grössere Zeitaufwände. Erhält ein Projekt keine oder zu geringe Akzeptanz, dann sind der Projekterfolg und die damit verbundene Nutzenentfaltung gefährdet.

Der Projektleiter steht vor der besonderen Herausforderung, die erforderliche Aufmerksamkeit und Akzeptanz für das Projekt im Realisierungsumfeld zu erschliessen und auch zu erhalten. Dieser Prozess wird Projektmarketing genannt.

**Hinweis**

Für Details zum Projektmarketing lesen Sie die Ausführungen zur Kompetenz «Ergebnisorientierung», Kapitel 24, S. 283.

## 13.3 Geschäftsleitung, Auftraggeber und höheres Management

Wenn wir die Stakeholder-Analyse gemacht haben, wird schnell klar, dass das obere **Management** oder sogar die Geschäftsleitung wichtige Stakeholder für das Projekt sind. Diese Personen verfügen für gewöhnlich über die formale Macht und die Mittel, ihre Erwartungen umzusetzen.

Für den Projektleiter bedeutet das, dass er das höhere Management bzw. die Geschäftsleitung durch eine **geeignete Kommunikation** und weitere begleitende Massnahmen in das Projekt einbinden muss. Das ist wichtig, um die nötige Unterstützung für Massnahmen zu erhalten, die das Projekt zum Erfolg führen. Wird das versäumt oder nur unzureichend gemacht, kann es passieren, dass das Projekt verzögert oder abgebrochen wird.

**Beispiel**

Im Beispiel zur Überarbeitung des Warenangebots soll ein neues elektronisches Kinderspielzeug im Sortiment aufgenommen werden. Das Spielzeug wird von zwei Herstellern angeboten. Der Leiter der neuen Abteilung «Lager und Logistik» bevorzugt die Firma «Wirhamdas», da von dieser bereits mehrere Waren im Angebot sind. Eine Umfrage bei den Kunden hat jedoch ergeben, dass die Firma «4Family» die Bedürfnisse der Kunden besser erfüllt.

Die Geschäftsleitung soll nun darüber entscheiden, welches Produkt aufgenommen werden soll.

In diesem Fall kann der Projektleiter durch Stakeholder-Management den Entscheid zu seinen Gunsten zu beeinflussen versuchen.

Die Einbeziehung des oberen Managements kann z. B. anlässlich eines Mittagessens oder eines gemeinsamen Kaffees erfolgen. In der Regel ist es schwierig, einen freien Termin bei den betroffenen Personen zu finden. Daher bietet sich auch ein spontanes Treffen an (z. B. am Büro oder Arbeitsplatz vorbeigehen, wenn es zwischen zwei Meetings eine Pause gibt). Dieses Vorgehen ist auch geeignet, um Entscheide zugunsten des Projekts vorzubereiten.

Diese **kurzen Treffen** müssen sehr gut vorbereitet werden. Dazu bietet sich die Methode des **Elevator Pitch** an. Das Ziel eines Elevator Pitch ist es, seinem Gegenüber von einer Idee während einer Aufzugsfahrt von 30–60 Sekunden (daher Elevator) zu überzeugen oder zumindest Neugier für das Projektziel zu schaffen. Man muss sich auf die Kernaussagen konzentrieren.

Beim Ablauf eines Elevator Pitch kann man die **AIDA-Formel** anwenden. Sie besteht aus vier Teilen und sollte Fragen des Gegenübers beantworten, ohne dass diese gestellt werden müssen.

Abb. [13-9] **AIDA-Formel**

| Name | Inhalt / implizite Fragen |
|---|---|
| Attention – Aufmerksamkeit erzeugen | Was bieten Sie an? Welches Problem lösen Sie? |
| Interest – Interesse wecken | Wie machen Sie es und was unterscheidet Sie von anderen Lösungen / Ideen? |
| Desire – Verlangen auslösen | Was erreichen Sie damit für das Unternehmen? |
| Action – Handlung provozieren | Was soll ich tun? Wie kann ich unterstützen? |

Folgende **Fragen** sind im Pitch zu beantworten:

- Was ist die Zielgruppe?
- Was ist das Problem?
- Wie heisst das Projekt?
- Was sind die Vorteile?
- Was sind die Wettbewerber?
- Was macht diese Lösung einzigartig?
- Was will ich erreichen? Was soll der Angesprochene für mich tun?

**Beispiel**

Im Beispiel für die Überarbeitung des Warenangebots könnte der Elevator Pitch so aussehen:

**(Attention)** Guten Tag, Herr Mustermann, mein Name ist Jo Doe und ich leite das Projekt «Überarbeitung des Warenangebots», mit dem wir den Umsatz und Gewinn steigern werden.

**(Interest)** Wir haben im Projekt bereits viele Waren aus dem Sortiment identifiziert, die gegen höherwertige ausgetauscht werden oder aus dem Sortiment gestrichen werden. Im Bereich Kinderspielzeug steht ein neues elektronisches Spielzeug ganz oben auf der Liste. Es wird seit Kurzem auch von einer neuen, noch nicht sehr bekannten Firma hergestellt und wir könnten die Ersten sein, die dieses Spielzeug anbieten. Kundenumfragen haben ergeben, dass das Spielzeug der neuen Firma deutlich besser abschneidet als das Produkt einer Konkurrenzfirma, das sich bereits auf dem Markt und in unserem Sortiment befindet.

**(Desire)** Mit einem exklusiven Vertrag zum Verkauf könnten wir unseren Umsatz allein mit diesem Spielzeug deutlich steigern.

**(Action)** Um diesen Vertrag zu erhalten, benötigen wir die Unterstützung des oberen Managements. Gerne stelle ich Ihnen die Vorteile der neuen Firma und das Ergebnis der Kundenumfrage vor. Könnten wir einen Termin für ein 20-minütiges Treffen vereinbaren, in dem ich Ihnen die weiteren Vorzüge der neuen Firma vorstellen darf?

Ist der Pitch erfolgreich, wird es zu weiteren Treffen kommen, in denen Sie Ihre Vorstellungen anbringen können und so das Vertrauen weiter stärken.

Aber Vorsicht: In der Regel bekommen sie nur **eine** Möglichkeit, um Ihre Idee vorzustellen! Daher ist die Vorbereitung für den Erfolg existenziell. Üben Sie den Pitch mit Kollegen oder Vorgesetzten, denen Sie vertrauen.

## 13.4 Benutzer, Partner und Lieferanten

Weitere wichtige Gruppen von Stakeholdern neben dem oberen Management sind die **Benutzer,** also diejenigen, die das mit dem Projekt erstellte Ergebnis später nutzen, sowie die **Partner und Lieferanten,** die bei der Erreichung der Projektziele von entscheidender Bedeutung sind.

Diese Gruppen müssen im Projekt berücksichtigt und integriert werden. Geschieht das nicht oder unvollständig, besteht die Gefahr, dass das Projekt die gesteckten Ziele nicht erreicht.

### 13.4.1 Benutzer

Bei den Benutzern handelt es sich in der Regel um eine sehr **heterogene Gruppe,** die mehr oder weniger stark ins Projekt eingebunden werden kann. Wird z. B. ein neues Produkt auf den Markt gebracht, sind die Benutzer die Gruppe aller potenziellen Käufer. Es ist klar, dass diese Gruppe nicht als Ganzes im Projekt aufgenommen werden kann. Zum Beispiel durch eine **Marktstudie** können die Interessen und Erwartungen dieser Gruppe im Projekt berücksichtigt werden. Innerhalb der Marktstudie werden unterschiedliche Punkte abgefragt. Einige Beispiele sind:

- Anforderungen an das Produkt (was soll das Produkt können?)
- Verpackung (wie muss es verpackt sein, damit es Aufmerksamkeit erweckt?)
- Preis (was wären Sie für dieses Produkt zu bezahlen bereit?)
- Design (welche Form, Grösse, Farbe muss das Produkt haben, damit Sie es kaufen?)
- ...

Für eine Marktstudie empfiehlt sich die Herstellung eines **Prototyps,** der dann den potenziellen Käufern gezeigt werden kann.

Auch **Benutzer innerhalb der Organisation** sind eine wichtige Gruppe und dürfen nicht vergessen werden. Die Akzeptanz dieser Gruppe ist häufig entscheidend für den Erfolg eines Projekts. Akzeptanz kann auf **vielen Wegen** geschaffen werden. Einige sind hier aufgelistet:

- Definition von User Stories durch die Endbenutzer
- Aufnehmen von Anforderungen in Form einer Anforderungsliste
- Prototyping – Herstellen eines Modells und Prüfung der Akzeptanz und Aufnahme von Änderungswünschen anhand des Modells
- Früher Einbezug des Endbenutzers in die Tests

In der **agilen Entwicklung von Software** spielt die Erfassung von User Stories eine entscheidende Rolle. Die gesamte Entwicklung / Erstellung des Endprodukts wird durch User Stories erfüllt. Der grosse Vorteil von User Stories ist, dass der Benutzer sich nicht nur überlegen muss, **was** er will, sondern auch **wofür,** also was für einen Nutzen er sich verspricht. Durch regelmässige Vorstellungen des Entwicklungsstands oder des Fortschritts des Produkts wird die Akzeptanz der Benutzer erhöht und Änderungswünsche können so früh wie möglich aufgenommen und umgesetzt werden. Diese Vorführung wird in Scrum **«Review»** genannt.

### 13.4.2 Partner und Lieferanten

Auch Partner und Lieferanten haben ein Interesse am Projekt und müssen somit berücksichtigt werden. Diese sind im Allgemeinen eng im Projekt eingebunden. Bei **Partnern** besteht in der Regel eine Basis, die durch **Vertrauen** beschrieben werden kann. Man vertraut sich und versteht sich. Für die Einbindung ins Projekt ist es trotz allem wichtig, die Bedürfnisse und Erwartungen der Partner zu kennen und aufzunehmen. Hat ein Partner Ressourcenprobleme, sollte man das Problem partnerschaftlich lösen, nicht durch Eskalationen. Führt das zu Verzögerungen, muss eine **alternative Lösung** mit dem Partner gesucht werden. Diese kann z. B. sein, dass die Ressourcen von einem anderen Lieferanten besorgt werden.

**Lieferanten** in ein Projekt einzubinden, ist nicht immer so einfach wie bei Partnern. Lieferanten können **unterschiedliche Rollen** im Projekt haben. So können sie z. B. für die Lieferung von Zwischenprodukten, Rohstoffen, für die Entwicklung einer Software, Bereitstellung von Personal, Testmanagement oder Druck von Unterlagen wie Handbücher oder Flyer zuständig sein.

Egal in welcher Form ein Lieferant im Projekt eingebunden ist, die Leistung muss durch die Beschaffung eingekauft werden. Mit jedem Lieferanten wird also ein Vertrag über seine Leistung im Projekt erstellt. In diesem müssen die Anforderungen und Ziele klar aufgeführt sein, um spätere Streitigkeiten zu vermeiden.

In der Zusammenarbeit ist ein **regelmässiger Austausch** wichtig, um Abweichungen zu erkennen und geeignete Massnahmen zu ergreifen. Somit muss die Kommunikation mit den Lieferanten auch im Kommunikationsplan festgehalten werden.

**Hinweis** Für Details zur Beschaffung lesen Sie die Ausführungen zur Kompetenz «Beschaffung», Kapitel 10, S. 130.

## 13.5 Netzwerke und Allianzen

Je grösser und komplexer ein Projekt ist, desto wichtiger ist es, die Unterstützung von ganzen Bereichen zu erhalten. Change-Projekte sind in der Regel sehr komplex und ihr Erfolg hängt ganz wesentlich von der Akzeptanz und der Bereitschaft der betroffenen Personen ab.

Für den Erfolg solcher Projekte ist es nötig, **Unterstützer** zu suchen, die helfen, das Projekt zum Erfolg zu führen. Die so aufgebauten **Allianzen** können das Projekt durch unterschiedliche **Marketingaktivitäten** unterstützen, z. B. indem das durch das Projekt erstellte Produkt von dieser Gruppe benutzt wird oder ein Marketingartikel des Ergebnisses sichtbar platziert wird. Diese Art des Marketings wird auch als **Guerilla-Marketing** bezeichnet und hat das Ziel, mit wenig Aufwand (Kosten) eine grosse Wirkung zu erzielen. Auch **konkrete Aktionen** in Form eines Auftritts bei einem Meeting oder einer Roadshow unterstützen das Projekt.

Wie bei allen Stakeholdern gilt auch für die **Netzwerke** und Allianzen, dass sie **regelmässig informiert** werden müssen. Geschieht das nur unzureichend, besteht die Gefahr, dass die gebildeten Gruppen anfangen, eigene Interessen zu vertreten, die das Projekt gefährden könnten. Insbesondere für Allianzen muss auch klar sein, dass die Allianz in der Form und mit dem gemeinsamen Ziel mit dem Erreichen eines Projektziels und dem Abschluss des Projekts aufgelöst wird.

Allianzen sind wichtig, wenn es um die Umsetzung grosser Projekte geht, die allein nicht umgesetzt werden können. Eine bekannte Form einer Allianz ist das **Konsortium.** In einem Konsortium sind mehrere selbstständig bleibende Unternehmen für die Erreichung eines gemeinsamen Ziels (Projekts) auf Zeit zusammengeschlossen. Ist das Ziel erreicht, wird das Konsortium wieder aufgelöst. Die Basis einer solchen Allianz bildet ein **Vertrag,** dem sich alle beteiligten Unternehmen verpflichten müssen. Der Vertrag wird nach Abschluss des Projekts aufgelöst. Während der Laufzeit des Projekts muss durch die Projektleitung die Einhaltung der vertraglich vereinbarten Verpflichtungen überwacht und dokumentiert werden.

**Messgrössen**

- Identifiziert die wichtigsten Stakeholder-Kategorien
- Identifiziert und benennt die verschiedenen Interessen der Stakeholder
- Identifiziert und bewertet den Einfluss der Stakeholder
- Identifiziert die relevanten Änderungen im oder um das Projekt
- Analysiert die Konsequenzen von Änderungen für das Projekt
- Ergreift Massnahmen, um die Stakeholder zu beeinflussen
- Beschreibt die Bedeutung einer Stakeholder-Strategie
- Erstellt einen Kommunikationsplan
- Passt den Kommunikationsplan und / oder die Kommunikationsstrategie den sich verändernden Umständen an
- Erklärt die Gründe für eine Änderung des Kommunikationsplans
- Identifiziert und evaluiert die Chancen möglicher Allianzen und Partnerschaften
- Identifiziert und evaluiert potenzielle Unterstützer
- Bindet das Management und / oder Auftraggeber ein
- Managt die Erwartungen der Geschäftsleitung, des höheren Managements und / oder des / der Auftraggeber
- Setzt Geschäftsleitung und / oder Auftraggeber als Botschafter ein

- Bindet Anwender mit ein und fordert Commitment für das Projekt ein
- Fordert das Commitment für das Projekt von den Lieferanten ein
- Kooperiert mit Partnern, um das optimale Ergebnis für die Organisation zu erzielen
- Verhandelt und dokumentiert die Kooperationsvereinbarungen
- Entwickelt einen Kooperationsplan und führt diesen ein
- Entwickelt und evaluiert Massnahmen für den Erfolg
- Erhält getroffene Vereinbarungen aufrecht
- Beendet alle formellen Vertragsvereinbarungen

## Repetitionsfragen

54 Welche drei Hauptfunktionen hat die Stakeholder-Analyse?

55 Angenommen, Sie leiten ein Projekt mit einer Stakeholder-Gruppe, die ein grosses Einflusspotenzial hat und fürchtet, Nachteile durch das Projekt in Prozess und Ergebnis zu erfahren. Nennen Sie drei Handlungsmöglichkeiten.

56 Sie sind Projektleiter eines Organisationsprojekts in einem Unternehmen. Ziel des Projekts sind die Vereinheitlichung des Projektvorgehens und die Optimierung der Steuerung von verschiedenen Projektarten (Bau, Forschung, Entwicklung).

Welche Stakeholder-Gruppen sind hauptsächlich von Ihrem Projekt betroffen? Führen Sie vier relevante Gruppen mit ihren Zielen sowie Anforderungen auf und bewerten Sie deren Einfluss / Interesse. Erstellen Sie aufgrund Ihrer Analyse eine Stakeholder-Matrix unter Berücksichtigung der Gruppengrösse.

| Stakeholder-Gruppe | Abk. | Ziele, Anforderungen | Einfluss | Interesse |
|---|---|---|---|---|
| | | | | |
| | | | | |
| | | | | |
| | | | | |

Skala für Einfluss: 1 = gering, 2 = eher gering, 3 = eher hoch, 4 = hoch

Skala für Interesse: 1 = gering, 2 = eher gering, 3 = eher hoch, 4 = hoch

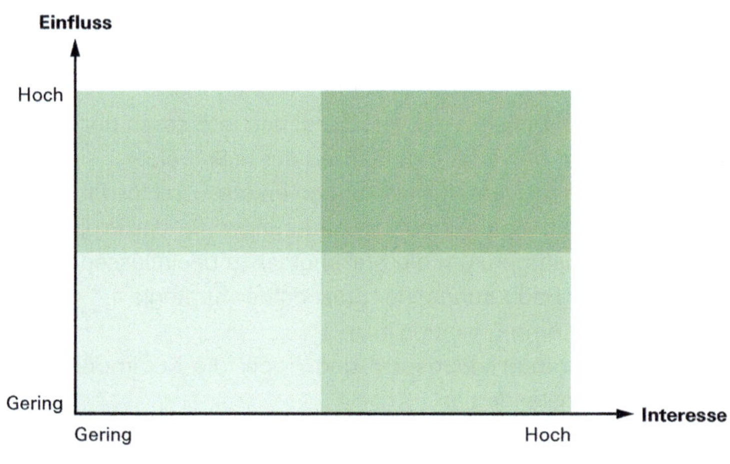


Die Grösse der Kreise widerspiegelt die Grösse der Gruppe.

# 14 Change und Transformation

**Lernziele**

Nach der Bearbeitung dieses Kapitels können Sie …

- die Gründe für Widerstand bei Veränderungen herausfinden.
- Veränderungsbereitschaft und -fähigkeit im Unternehmen und bei den Betroffenen aufbauen.
- Chancen zur Veränderung ergreifen.
- Veränderungen auf der sachlichen und auf der emotionalen Ebene begleiten.

**Schlüsselbegriffe**

Both-Directions-Ansatz, Bottom-up-Ansatz, Changemanagement, evolutionärer Wandel, Leidensdruck, Multiple-Nucleus-Ansatz, Prozess der Verhaltensänderung, Restraining Forces, revolutionärer Wandel, Top-down-Ansatz, Transformationsmanagement, Transformationsstrategie, Veränderung, Veränderungsbedarf, Veränderungsbereitschaft, Veränderungsfähigkeit, Veränderungskonzepte, Veränderungsprozess, Veränderungsstrategien, Widerstand

### Definition gemäss ICB4

Neu entwickelte Fähigkeiten sind nur von Nutzen, wenn sie auch angewandt und von den entsprechenden Organisationen und Empfängern unterstützt werden.

«Change» (Veränderung einer aktuellen Situation unter Beachtung der Vergangenheit) und «Transformation» (aus neuen Situationen entstehende Entwicklung, basierend auf einer Zukunftsvision) liefern die Prozesse, Tools und Techniken, die den Einzelnen und Organisationen dabei helfen können, erfolgreiche Übergänge hinsichtlich Personal und Organisation vorzunehmen, die aus der Annahme und Verwirklichung von Veränderung resultieren.

### Zweck gemäss ICB4

Die Kompetenz «Change und Transformation» versetzt den Einzelnen in die Lage, Gesellschaften, Organisationen und Menschen dabei zu helfen, ihre Organisation derart zu ändern oder umzugestalten, dass sie die erwarteten Vorteile und Ziele erreichen.

### Beschreibung gemäss ICB4

Projekte werden organisiert, um Verbesserungen zu erreichen. In vielen Fällen werden diese Verbesserungen nicht nur durch Lieferung eines Ergebnisses erreicht, sondern erfordern zudem kleine oder grosse Veränderungen im Verhalten der Organisation (Mind Change). Ziel des Veränderungsmanagements ist es, den von der Veränderung betroffenen Menschen mit einem systematischen Ansatz zu helfen.

Normalerweise hat niemand etwas gegen Veränderung – es will nur niemand verändert werden. Diese Ablehnung kann man aber erfolgreich angehen, indem man Unterstützung anbietet, diesen Widerstand anspricht und das nötige Wissen und die Fähigkeit, die Veränderung einzuführen, entwickelt. Eine strategische Veränderung umfasst zudem die Einflussnahme auf eine führende Koalition und andere psychologische und psychosoziale Interventionen. Bei einem guten Veränderungsmanagement fühlen sich die Beteiligten in den Veränderungsprozess eingebunden und werden nutzbringend zusammen auf ein gemeinsames Ziel hinarbeiten und die entsprechenden Ergebnisse liefern.

Die Transformation, basierend auf einer Vision, wird dann zur Realität, wenn das Verhalten verändert wird, weil der Wille besteht, Dinge anders zu machen. Das heisst, die Transformation wird von Visionen geleitet und hängt weitgehend von der Stärke der jeweiligen Vision und der Bereitschaft der diese Vision teilenden Personen ab, sich tatsächlich mit voller Kraft dafür einzusetzen.

Das Ausmass des für ein Projekt benötigten **Veränderungs- und Transformationsmanagements** hängt dabei weitgehend davon ab, inwieweit das tägliche Leben der Einzelnen und Gruppen davon betroffen wird, sowie von Aspekten wie Kultur, Wertesystem(en) und in der Vergangenheit erlebte Veränderungen. In erster Linie geschehen Veränderung und Transformation nicht «absichtlich» und laufen nicht als linearer Prozess ab. Der Einzelne muss die Effektivität der Veränderungen regelmässig kontrollieren und bewerten und die **Veränderungs- bzw. Transformationsstrategie** dementsprechend anpassen. Zudem muss der Einzelne die Veränderungskapazitäten und -fähigkeiten der Einzelnen, Gruppen bzw. der Organisation berücksichtigen, um ihnen erfolgreich bei der Anpassung oder Umgestaltung helfen zu können.

Aus Projekten gehen üblicherweise neue Fähigkeiten hervor. Jedoch nur dann, wenn diese Fähigkeiten auch eingesetzt werden, können sie Mehrwert erzeugen und Vorteile erzielen. Organisations- oder Geschäftsveränderungen beeinflussen oder verändern häufig Prozesse, Systeme, Organisationsstrukturen und Arbeitsrollen, in erster Linie beeinflussen sie jedoch das Verhalten der Personen. Veränderungen können recht klein sein oder eine komplette Umgestaltung erfordern. Manchmal können sie sogar eine störende Wirkung haben, was bedeutet, dass besondere Fertigkeiten benötigt werden, um sie zu bewerkstelligen. In vielen Fällen werden aufgrund eines Projekts Veränderungen veranlasst und organisiert. Das Projekt endet in der Regel jedoch, bevor die daraus resultierenden Vorteile nutzbringend eingesetzt werden.

**Hinweis**

Folgende Kompetenzen sind mit «Change und Transformation» verknüpft und werden in den entsprechenden Kapiteln behandelt:

- Alle weiteren Kompetenzen des Kompetenzbereichs Praktiken, Teil B, S. 23
- Kompetenz «Strategie», Kapitel 25, S. 293
- Kompetenz «Governance, Strukturen und Prozesse», Kapitel 26, S. 301
- Kompetenz «Macht und Interessen», Kapitel 28, S. 327
- Kompetenz «Kultur und Werte», Kapitel 29, S. 332
- Kompetenz «Persönliche Kommunikation», Kapitel 17, S. 218
- Kompetenz «Führung», Kapitel 19, S. 234
- Kompetenz «Vielseitigkeit», Kapitel 22, S. 265

## 14.1 Adaptationsfähigkeit

Ein Projekt liefert ein Ergebnis, aber letztendlich sind es die Menschen, die das Ergebnis so nutzen müssen, dass die Organisation erfolgreicher wird. Bisher haben wir nur betrachtet, wie ein Projektergebnis abgeliefert wird. Jetzt geht es um die **Transformation von Personen und der Organisation.** Es reicht nicht aus, dass Mitarbeitende geschult werden und die Dokumentation vollständig ist. Es muss vielmehr eine Transformation von Einstellung und Verhalten damit einhergehen.

In diesem Zusammenhang wird auch von Changemanagement[1] oder Veränderungsmanagement gesprochen. Das Konzept des **Changemanagements** umfasst alle geplanten, gesteuerten und kontrollierten Veränderungen in den Strukturen, Prozessen und, sofern möglich, in den Kulturen sozioökonomischer Systeme.

[1] Davon abzugrenzen ist das Change- oder Änderungsmanagement insbesondere in IT-Projekten, wo es um die Änderung von Anforderungen geht.

Damit Changemanagement überhaupt angewendet werden kann, müssen drei Voraussetzungen gegeben sein:

- Veränderungsbedarf
- Veränderungsbereitschaft
- Veränderungsfähigkeit

**Beispiel**

Es soll ein neues CRM-System eingeführt werden. In der Vergangenheit gab es immer wieder die Situation, dass Verkäufer nicht über aktuelle Daten der Kunden verfügten. Das neue, IT-basierte System soll das nun beheben. Das neue CRM ist in den «Startlöchern» und der Regionalverantwortliche des Kantons Bern kann es kaum erwarten, es endlich zu nutzen, um die Vorteile seinen Mitarbeitenden zu zeigen. Dass nun nicht mehr die Informationen über den Kunden in den Köpfen der Mitarbeitenden oder das persönliche Notizbuch verwendet werden sollen, sondern ein IT-System, braucht viel Überzeugungsarbeit, damit sich die Verkäufer in ihrer Kompetenz nicht untergraben fühlen. Nicht zuletzt brauchen sie Qualifizierungsmassnahmen, um das neue System effektiv und effizient einzusetzen.

### 14.1.1 Veränderungsbedarf

Ein Veränderungsbedarf ergibt sich aus der **sachlichen Diagnose von Defiziten und Problemen.** Eine Organisation möchte z. B. die Anrufe im Callcenter aufnehmen, um die Betreuungsqualität zu erhöhen.

Typische Fragestellungen sind:

- Wie viele Mitarbeitende sind von den Änderungen betroffen?
- In welchen Organisationseinheiten, Abteilungen, Bereichen sind sie beschäftigt?
- Wer sind die Hauptbetroffenen, wer ist indirekt oder am Rande betroffen?
- Was wird sich für die Betroffenen ändern? Wie einschneidend sind die Veränderungen aus der subjektiven Sicht der Betroffenen und wie bedrohlich werden sie somit empfunden?

### 14.1.2 Veränderungsbereitschaft

Ein häufiger Fehler im Changemanagement ist, dass oft allzu schnell über Lösungen diskutiert wird und oft auch schon Massnahmen eingeleitet werden, und das schon in einem Zeitpunkt, in dem die Betroffenen den Nutzen noch nicht klar erkennen können.

**Beispiel**

In einem grossen Unternehmen wird im mittleren Management eine komplette Neuausrichtung der Organisation nach einem agilen Ansatz geplant. Das Management hat Mitarbeitende bereits informiert. Diese sind überfordert und können mit den neuen Begriffen, die das Management für die Erklärung der neuen Organisationsstruktur wie selbstverständlich benutzt, nichts anfangen. Die Einführung hat sich dann um einige Monate verzögert, da die neuen Rollen und Aufgaben erst erläutert und verstanden werden mussten. Hier hätte eine frühere Einbeziehung, zumindest einiger Schlüsselpersonen, den Change besser vorbereitet.

Für die Initiierung erfolgreicher Veränderungsprozesse sind **zwei Fähigkeiten** besonders wichtig: Zum einen die Fähigkeit, **Leidensdruck** aufzubauen, um Veränderungsbereitschaft zu schaffen, zum anderen die Fähigkeit, diesen Leidensdruck in einen **sinnvollen und überzeugenden Weg** zu kanalisieren. Das Verdeutlichen von «Handlungsdruck» verbindet beides: Es umfasst sowohl das Aufbauen von Druck als auch das Anbieten eines Lösungswegs, der gegangen werden kann und muss.

Um die Reaktionen der Mitarbeitenden auf die Veränderungen abzuschätzen, ist die zentrale Frage, wie einschneidend die Veränderungen für die direkt Betroffenen sein werden. Denn natürlich ist es ein grosser Unterschied, ob die Mitarbeitenden ihre Arbeitsplätze bedroht sehen oder ob sich «nur» die Arbeitsabläufe oder die Arbeitsweise verändern sollen. Man darf auch scheinbar geringe Veränderungen nicht auf die leichte Schulter nehmen. Es gilt die Regel: Je gravierender die Veränderung, eine desto grössere Rolle spielen Emotionen – insbesondere Angst.

Es ist wichtig, dass Sie sich bewusst machen, dass dabei nicht Ihre Bewertung der Veränderungen entscheidend ist, sondern die der Betroffenen, und zwar aus mindestens zwei Gründen:

Erstens ist es ein grosser Unterschied, ob man Objekt oder Subjekt, Treiber oder Getriebener der Veränderung ist. Menschen haben das Bedürfnis, ihr Schicksal zu kontrollieren. Von aussen kommende Veränderungen bedrohen diese Kontrolle und auf **Kontrollverlust** reagieren Menschen, wie die Psychologie sehr sorgfältig erforscht hat, mit Angst, Widerstand und, wenn sich die Kontrolle nicht wiedererlangen lässt, mit Resignation.

Zweitens ist die Reaktion auf Veränderungen massgeblich vom **eigenen Selbstvertrauen** und Lebensmut abhängig. Wer seit zehn Jahren die gleiche Arbeit tut und sich keine Umstellung mehr zutraut, reagiert ganz anders als jemand, der Erfahrung mit Veränderungen hat und in seinem tiefsten Inneren sicher ist, ihnen gewachsen zu sein. Deshalb sind gerade statische Organisationen besonders schwer zu verändern: Was viele als Beharrungsvermögen bezeichnen, sind in Wirklichkeit nichts als die blanke Angst, den künftigen Anforderungen nicht gewachsen zu sein, und die daraus resultierenden geballten Widerstände.

Inwieweit Menschen in einer Organisation bereit sind, **Änderungen mitzutragen,** hängt zudem sehr stark davon ab, welche Erfahrungen sie in der Vergangenheit mit solchen Veränderungen gemacht haben.

### 14.1.3 Veränderungsfähigkeit

Für einen erfolgreichen Wandel ist neben der Bereitschaft auch die **Fähigkeit zur Veränderung** erforderlich. Mangelnde Veränderungsfähigkeit geht sehr häufig mit geringer Veränderungsbereitschaft einher: Eine Organisation, die weiss oder ahnt, dass sie grosse Probleme damit haben wird, Veränderungen zu bewältigen, neigt dazu, die Notwendigkeit von Veränderungen zu ignorieren oder zu leugnen. Sie wird die Probleme erst dann zur Kenntnis nehmen, wenn sie unabweisbar und brennend geworden sind. Dann jedoch werden sie unversehens zur Krise: Die Führungskräfte und Mitarbeitenden erstarren vor Angst, weil sie eine Katastrophe kommen sehen und sich ihr gegenüber komplett hilflos fühlen.

Die Unterscheidung ist wichtig, weil die Handlungskonsequenzen völlig unterschiedlich sind. Solange (nur) die Veränderungsbereitschaft gering ist, haben Sie vor allem ein Kommunikationsproblem: Die Mitarbeitenden werden erst dann bereit sein, die Veränderungen mitzutragen, wenn Sie sie davon überzeugt haben, dass tatsächlich dringender Handlungsbedarf besteht.

Wenn das Problem hingegen in **mangelnder Veränderungsfähigkeit** liegt, nützt Ihnen die beste Kommunikation nichts – dann bleiben Ihnen im Grunde nur zwei Möglichkeiten: Entweder Sie suchen die **Unterstützung externer Berater** und / oder Sie **bauen die Veränderungsfähigkeit Schritt für Schritt auf,** indem Sie mit kleineren Projekten beginnen, für deren erfolgreichen Verlauf sorgen und sich dann allmählich grösseren Vorhaben zuwenden.

**Beispiel**

Im genannten Beispiel der CRM-Einführung kann der Projektleiter die Regionalverantwortlichen unterstützen, indem er gemeinsam mit ihm das Gespräch mit denjenigen Verkäufern sucht, die Widerstände zeigen, um herauszufinden, welche Beweggründe dahinterstecken. Sind es vor allem Versagensängste bei der Anwendung des neuen Systems, kann man dem Verkäufer eine zusätzliche, individuelle Schulung anbieten. Das heisst, in diesem Fall ist die Fähigkeit grundsätzlich da, aber das Selbstvertrauen muss gestärkt werden. Sollte jemand aus der Verkaufsmannschaft partout nicht mitziehen wollen, muss man im schlimmsten Fall personelle Konsequenzen ziehen.

### 14.1.4 Wechselwirkungen zwischen den Voraussetzungen

Ohne deutlich erkennbare Notwendigkeit zur Veränderung kann man die Veränderungsbereitschaft nicht wecken. Umgekehrt ist Veränderungsbedarf nur mit Veränderungsbereitschaft und -fähigkeit zu befriedigen.

Als Projektleiter kann man hier Folgendes tun:

- Die **Notwendigkeit zur Veränderung** erarbeitet man mit den Betroffenen so, dass sie selbst identifizieren, welchen Nutzen eine Veränderung bringen würde.
- Um **Veränderungsbereitschaft** zu erreichen, muss sowohl der Nutzen erkannt werden als auch Selbstvertrauen herrschen, dass man die Veränderung erfolgreich umsetzen kann. Das geschieht etwa, indem man Beispiele sucht, bei denen sich die Organisation bereits erfolgreich verändert hat, oder indem man z. B. jemanden einlädt, der von seinen Erfahrungen erzählt. So beugt man auch der Angst vor.

Abb. [14-1] **Wechselwirkungen der Voraussetzungen für das Changemanagement**

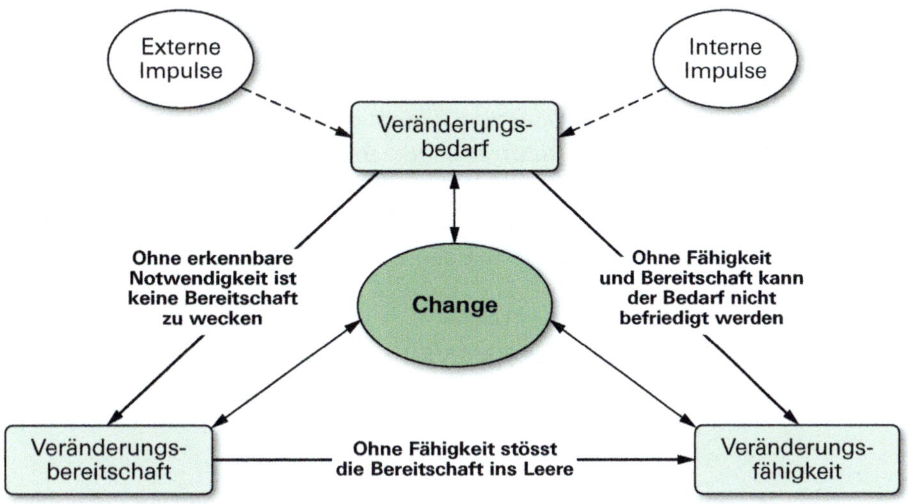


Die **Veränderungsbereitschaft** ist für jede Art von Veränderungsprozess von Bedeutung. Es genügt nicht, wenn lediglich eine Handvoll Promotoren eine hohe Motivation zur Veränderung besitzen und dann mit Druck versuchen, den Wandel durchzusetzen. Ein **Mindestmass an Akzeptanz** ist erforderlich. Besonders in den frühen Phasen eines Veränderungsprozesses kommt es darauf an, Bedingungen zu schaffen, die ein Klima des Vertrauens und der Mitwirkung möglich machen.

Ohne **Veränderungsfähigkeit** stösst Bereitschaft ins Leere. Die Akzeptanz verpufft. Zumal nach den ersten Motivationsschritten auch konkrete Realisierungsschritte erwartet werden.

## 14.2 Widerstand

Nur wenige Personen stehen einer anstehenden Veränderung ohne Vorbehalte gegenüber oder sehen sie sogar als Chance. Vielmehr reagiert der Mensch von Natur aus eher negativ auf Veränderungen, sobald sie ihn selbst betreffen. Da Veränderungen für die Mitarbeitenden häufig überraschend (wenn sie plötzlich und unvorbereitet kommen), unbequem (der Mitarbeiter muss sich beispielsweise von vielen «lieb gewonnenen» Gewohnheiten verabschieden), beängstigend und bedrohend (z. B. Angst vor Prestigeverlust, Angst um den Arbeitsplatz …) sind, kommt es nicht selten zu **Widerständen gegen den Wandel** im Unternehmen.

Generell kann man hier drei Arten von Widerständen unterscheiden:

- Rationaler Widerstand: Der rationale Widerstand bezieht sich auf logische Argumente gegen den Wandel. Diese Form des Widerstands kann das Unternehmen am einfachsten handhaben: Wenn man den Mitarbeitenden nachvollziehbar begründet, warum die Veränderung für das Unternehmen eine so wichtige Rolle spielt, weicht diese Art von Widerstand schnell der Einsicht.
- Politischer Widerstand: Politischer Widerstand entsteht durch die Angst von Mitarbeitenden, aufgrund von Veränderungen im Unternehmen an Einfluss und Macht zu verlieren. Das ist z. B. der Fall, wenn man Hierarchieebenen im Unternehmen abbaut. Das Problem beim politischen Widerstand ist, dass er meist nicht offen vorgebracht wird. Ausserdem kann der Machterhaltungswille zu irrationalen Handlungsweisen führen, die dem Unternehmen schaden.

**Beispiel**

Bei der agilen Transformation einer IT-Entwicklungsabteilung fallen die Teamleiterfunktionen weg. Ein Teamleiter beginnt daraufhin, gegenüber anderen Führungskräften schlecht über das agile Transformationsprojekt zu sprechen. In dieser Phase ist es wichtig, dass die Projektleitenden Verständnis zeigen und vor allem auch Perspektiven aufzeigen. Es ist nützlich, Personen von anderen Organisationen einzuladen, die in einer vergleichbaren Situation waren und erzählen, welche Rolle sie nun haben und welche neuen Chancen sich damit ergeben.

- Emotionaler Widerstand: Emotionaler Widerstand entwickelt sich aus mehr oder weniger konkreten Befürchtungen und Ängsten der Mitarbeitenden vor dem Wandel. Der emotionale Widerstand lässt sich nicht mit logischen Argumenten erklären. Vielmehr spielen subjektive, nicht rational erklärbare Gefühle die grösste Rolle. Meist handelt es sich dabei um die Angst, mit den Veränderungen nicht zurechtzukommen.

### 14.2.1 Ursachen für Widerstände

Für den Widerstand der Mitarbeitenden gegen Veränderungen gibt es unterschiedliche Ursachen:

- Fehlendes Problemverständnis («Veränderungen sind doch gar nicht nötig, es läuft doch alles gut»)
- Mangelhafte Kommunikation (und dadurch unzureichende Information über den Wandel)
- Fehlendes Vertrauen in die Führungskräfte und die Geschäftsleitung (z. B. unglaubwürdige Äusserungen, fehlende Sympathie)
- Keine aktive Beteiligung der Mitarbeitenden am Wandel (Mitarbeitende sind nur passive Beobachter)
- Angst vor zusätzlicher Arbeit
- Angst vor persönlicher Disqualifizierung (z. B. Prestigeverlust, Verlust an Kompetenzen, Einkommenseinbussen)
- Zielkonflikte (die neuen Unternehmensziele decken sich nicht mit den Mitarbeiterzielen)

### 14.2.2 Aktiver vs. passiver Widerstand

Aktiver und passiver Widerstand der Mitarbeitenden gefährdet den Erfolg einer Veränderungsmassnahme. Deshalb versucht das Changemanagement, die Mitarbeitenden von Anfang an

- offen über Ursachen und Ziele des Wandels zu informieren,
- durch materielle und immaterielle Anreizsysteme, durch höhere Fehlertoleranz, durch frühe Erfolgserlebnisse, durch Delegation von Verantwortung ausreichend zu motivieren,
- aktiv am Wandel zu beteiligen («Betroffene als Beteiligte»),
- durch Weiterbildung methodisch / fachlich und persönlich zu qualifizieren und
- Mitarbeitende, die vom Wandel negativ betroffen sind, zu schützen und zu unterstützen (Entlassungsschutz, Umschulungen).

## 14.3 Veränderungsstrategien

### 14.3.1 Ausgangspunkte für den organisatorischen Wandel

Ab einer bestimmten Unternehmensgrösse ist es praktisch nicht mehr möglich, alle Mitarbeitenden gleichzeitig aktiv in den Veränderungsprozess einzubeziehen. Deshalb muss man sich – je nach Art der Veränderung und der vorliegenden Unternehmensstruktur – einen geeigneten **Ausgangspunkt für den organisatorischen Wandel** suchen. Bei der Planung und Einführung von Veränderungen unterscheidet man grundsätzlich vier verschiedene Ansätze (siehe Abbildung und folgende Abschnitte).

Abb. [14-2] **Übersicht Veränderungsansätze**

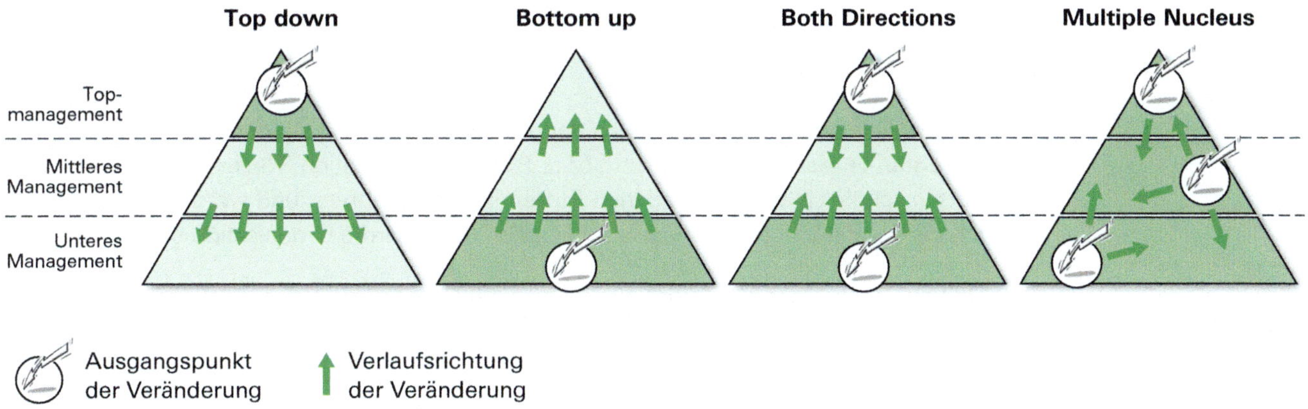


#### A] Top-down-Ansatz

Der Veränderungsprozess wird vom **Topmanagement geplant,** das Visionen und Leitbilder «vorlebt» und als Vorbild für alle untergeordneten Hierarchieebenen fungiert. Die Mitarbeitenden sollen die Veränderungspläne der Geschäftsleitung nur umsetzen und werden nicht in die Planung einbezogen.

**Beispiel** Das Management informiert die Belegschaft über die neue Verkaufsstrategie. Diese soll nun in den Regionen im Detail ausgearbeitet und umgesetzt werden.

**Nachteile** des Top-down-Ansatzes sind u. a.:

- Veränderungen «von oben herab» (Widerstände entstehen).
- Topmanagement hat oft überhöhte Erwartungen.

#### B] Bottom-up-Ansatz

Beim Bottom-up-Ansatz setzt sich der Veränderungsprozess **von der untersten Hierarchieebene nach oben** fort. Hier werden die Veränderungen von den Personen im Unternehmen geplant, die sie später umsetzen müssen: die unteren Führungskräfte und ihre Mitarbeitenden. Sie wissen meist genau, welche Veränderungen notwendig und besonders dringend sind.

**Beispiel** Der Change wird bereits im Projekt für das neue Anrufsystem so vorbereitet, dass die Betroffenen als Key User und Botschafter involviert werden und selbst das Argumentarium zusammenstellen, warum das neue Tool so nützlich ist.

Beim Bottom-up-Ansatz ergeben sich folgende **Nachteile:**

- Veränderungspotenzial wird nicht voll ausgeschöpft (Ziele werden häufig von Anfang an so angesetzt, dass man sie auf jeden Fall erreicht).
- Eventuell fehlende fachliche und methodische Kenntnisse in der unteren Führungsebene.
- Widerstand des Managements, das Machtverlust befürchtet.

### C] Both-Directions-Ansatz

Das Gegenstromverfahren ist die **Kombination von Top-down- und Bottom-up-Ansatz.** Es gilt als das beste Verfahren, um Veränderungen im Unternehmen einzuführen, da es die Vorzüge von beiden Ansätzen verbindet und sich die Nachteile gegenseitig aufheben. Allerdings befindet sich das mittlere Management in einer «Sandwich-Position», was tendenziell zu Widerstand aus diesen Reihen führt.

### D] Multiple-Nucleus-Ansatz

Der Multiple-Nucleus-Ansatz eignet sich hauptsächlich für Organisationen, in denen es **keine ausgeprägten Hierarchiestrukturen** gibt (z. B. Teamorganisation, Netzwerke). Veränderungen starten zeitgleich an verschiedenen Stellen im Unternehmen und werden so lange fortgesetzt, bis der Veränderungsprozess schliesslich die gesamte Organisation umfasst.

Der Multiple-Nucleus-Ansatz bringt allerdings auch **Gefahren:**

- Eventuell chaotischer Verlauf des organisatorischen Wandels
- Gefahr von unterschiedlichen Teillösungen, die oft nicht aufeinander abgestimmt sind

**Beispiel**

Ein Start-up-Unternehmen führt eine neue App in den Markt ein. Sämtliche Mitarbeitende im Team treffen sich während der ersten 30 Tage nach der Markteinführung täglich zu einem kurzen Meeting von 15 Minuten, um Rückmeldungen der Benutzer aufnehmen und zu bestimmen, welche Aktivitäten für den Tag unternommen werden sollen. Man arbeitet Hand in Hand über alle Disziplinen hinweg und übernimmt auch Aufgaben aus anderen Bereichen, damit die Einführung ein Erfolg wird. Der Projektleiter muss diesen Prozess sehr bewusst begleiten und steuern. Er ermuntert die Beteiligten, immer wieder Neues anzupacken und sich gegenseitig zu helfen.

## 14.3.2 Überblick über die unterschiedlichen Veränderungskonzepte

Je nach Umfang und Stärke des organisatorischen Wandels unterscheidet man zwischen «revolutionärem» und «evolutionärem» Wandel: Während ein **revolutionärer Wandel** radikale Veränderungen in einem relativ kurzen Zeitraum vorsieht (z. B. Fusion zweier Unternehmen), handelt es sich beim **evolutionären Wandel** um ein «sanftes» Vorgehen in kleinen Schritten (z. B. die Umstellung auf kürzere Entwicklungszyklen).

Abb. [14-3] **Revolutionärer und evolutionärer Wandel**

| | Revolutionärer Wandel | Evolutionärer Wandel |
|---|---|---|
| **Grundidee** | Grundlegende Veränderungen kann man nur bei hohem Problemdruck durchsetzen. | Nicht zu viel Wandel auf einmal! Mitarbeitende akzeptieren nur schrittweise Veränderungen. |
| **Ziele** | Effizienz | Effizienz und Humanität |
| **Charakteristik des Wandels** | • Fundamentaler und radikaler Wandel<br>• Begrenzte Zeitdauer | • Entwicklung in «kleinen Schritten»<br>• Unbegrenzter Zeitraum<br>• Kontinuierlicher Prozess |
| **Rolle des Managements** | • Rationaler Planer<br>• «Autoritärer Macher» | • Prozessmoderator<br>• Coach |
| **Rolle der Mitarbeitenden** | «Manövriermasse» | «Mitgestalter» |

Die Entscheidung, ob der Wandel eher revolutionär oder eher evolutionär erfolgt, hängt von verschiedenen Fragen ab:

- Wie dringend ist die Veränderung? (Befindet sich das Unternehmen in einer Krise?)
- Welche Fähigkeiten haben die Mitarbeitenden?
- Wie gross ist das Unternehmen?
- Welchen Umfang hat die geplante Veränderung?

Zwischen revolutionärem und evolutionärem Ansatz gibt es eine **Bandbreite von Veränderungskonzepten,** bei denen der Projektleiter seine Rolle definieren muss, sodass er maximal wirksam ist.

Abb. [14-4] **Verschiedene Veränderungskonzepte im Überblick**

| | Reorganisation | BPR[1] | Organisationsentwicklung | Lernende Organisation |
|---|---|---|---|---|
| **Wandlungsverständnis** | Punktuelle Ausbesserung von Schwachstellen | Ganzheitlicher, revolutionärer Wandel | • Ganzheitlicher, evolutionärer Wandel<br>• Wandel als Ausnahme | • Ganzheitlicher, evolutionärer Wandel<br>• Wandel als Normalfall |
| **Umfang** | Partiell scharf umgrenzte Bereiche | Organisationsumfassend | | |
| **Ziel** | Verbesserung von Effizienz und Effektivität eines einzelnen Bereichs oder Prozesses | Verbesserung um Grössenordnungen («Quantensprünge») | Zieldualismus: Effizienz und Humanisierung | Verbesserung der Leistungsfähigkeit durch Vergrösserung des Lern- und Wissenspotenzials |
| **Wichtige Schlagworte** | • Punktuell<br>• Reagierend<br>• Traditionell | • Radikal<br>• Fundamental<br>• Ganzheitlich<br>• Kernprozessorientiert<br>• Prozessdenken<br>• «Structure follows process» | • Ganzheitlicher Lernprozess<br>• Personalentwicklung<br>• Ganzheitlich<br>• Wandel durch Verhaltensänderung | • Innovations- und Wissensmanagement<br>• Kontinuierlicher Lernprozess |
| **Kritik** | Enger Wirkungsgrad | • Massiver Personalabbau<br>• Eventuell zu radikal | • Kundenaspekt fehlt<br>• Wenig systematisch und effizient | • Idealistisches Konzept (noch) ohne Effizienzbeweis<br>• Schwer zu vermitteln |
| **Probleme bei der Umsetzung** | Desorientierung, Unsicherheit und Angst der Mitarbeitenden führt zu aktiver Verhinderung, Verschleppung oder stummem Widerstand. | | | |

[1] BPR steht für Business Process Reengineering, also die Neugestaltung oder Reorganisation von Geschäftsprozessen.

## 14.4 Umsetzung

Unabhängig von der verwendeten Methode haben Veränderungsprozesse einen **typischen Ablauf,** der parallel in verschiedenen Phasen auf **zwei Ebenen** vor sich geht: auf der sozialen und der sachlichen Ebene.

Diese zwei Ebenen korrespondieren während des Veränderungsprozesses miteinander. Für den Erfolg von Veränderungsprozessen ist die **Verknüpfung der beiden Ebenen** von entscheidender Bedeutung. Die einzelnen Phasen müssen zeitlich und inhaltlich möglichst genau aufeinander abgestimmt sein.

Abb. [14-5] **Ebenen und Phasen des Veränderungsprozesses**

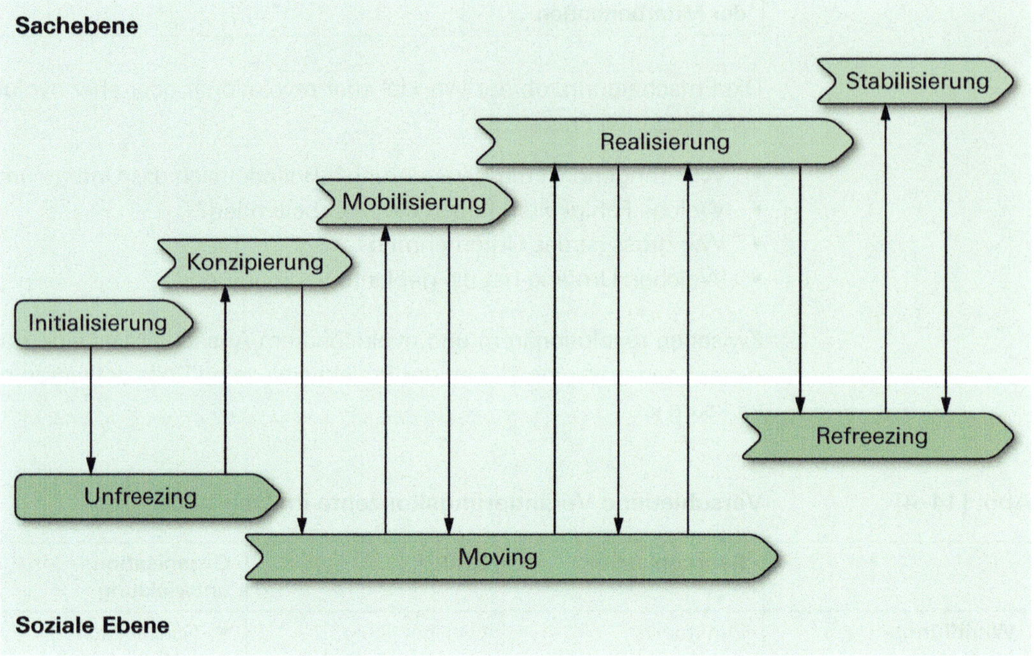


### 14.4.1 Vorgehen auf der sozialen Ebene

Der Soziologe Kurt Lewin hat sich intensiv mit der **Planung und Durchführung von Änderungsprozessen** beschäftigt. Er geht in seinem Modell davon aus, dass es in jeder Organisation Kräfte gibt, die den **Wandel vorantreiben** («driving forces»), und solche, die den **Wandel verhindern** («restraining forces»).

Normalerweise sind diese Kräfte gleich gross – es entsteht ein Gleichgewicht. Um eine Veränderung herbeizuführen, muss man demnach die «driving forces» verstärken und die **«restraining forces»** verringern: Der Mitarbeiter ist bei Lewin also ein wichtiger Faktor im Veränderungsprozess. Ein erfolgreicher Wandlungsprozess hat nach Lewin **drei Phasen**[1]:

1. Auftauen («unfreezing»)
2. Verändern («changing» / «moving»)
3. Stabilisieren («refreezing»)

[1] Vergleiche Kurt Lewin: Frontiers in Group Dynamics. Concept, Method and Reality in Social Science; Social Equilibria and Social Change. In: Human Relations. Bd. 1, Nr. 1, 1947; deutsche Übersetzung unter dem Titel: Gleichgewichte und Veränderungen in der Gruppendynamik. In: Kurt Lewin: Feldtheorie in den Sozialwissenschaften. Ausgewählte theoretische Schriften. Herausgegeben von Dorwin Cartwright. Hans Huber, Bern u. a. 1963, S. 223–270.

### A] Phase 1: «Auftauen»

In dieser Phase müssen die «driving forces» verstärkt und die «restraining forces» verringert werden, um das alte Gleichgewicht zu verlassen. Das bedeutet, dass man die Mitarbeitenden einerseits von der Notwendigkeit der Veränderungen überzeugen, andererseits die Widerstände gegen den Wandel aus dem Weg schaffen muss. Das Ziel der ersten Phase ist also, eine **«Bereitschaft zum Wandel»** zu erzeugen.

Folgende Instrumente sind nützlich:

- Verankerung lösen (Leidensdruck herstellen).
- Sicherheit bieten (Hoffnung liefert Energie zum Handeln).

**Beispiel**

Der Projektleiter sorgt bei der Einführung des neuen CRM bei den Verkäufern dafür, dass man ihnen zeigt, wie sehr die Kunden aktuell unter der nicht befriedigenden Kundenbetreuung leiden und über welche positiven Erfahrungen Kunden von Firmen berichten, die das CRM bereits eingeführt haben.

### B] Phase 2: «Verändern»

In der zweiten Phase werden die eigentlichen Veränderungen vorgenommen und die neuen Verhaltensweisen eingeübt. Da hier Unsicherheiten auftreten und die Mitarbeitenden für den Wandel zusätzlich Energie aufbringen müssen, sinkt die Leistungskurve zunächst ab. Gegen Ende des erfolgreichen Veränderungsprozesses pendelt sie sich dann auf höherem Niveau ein. Der **Prozess der Verhaltensänderung** läuft dabei in **sieben typischen Schritten** ab:

Abb. [14-6] **Phasen von Veränderungsprozessen**[1]

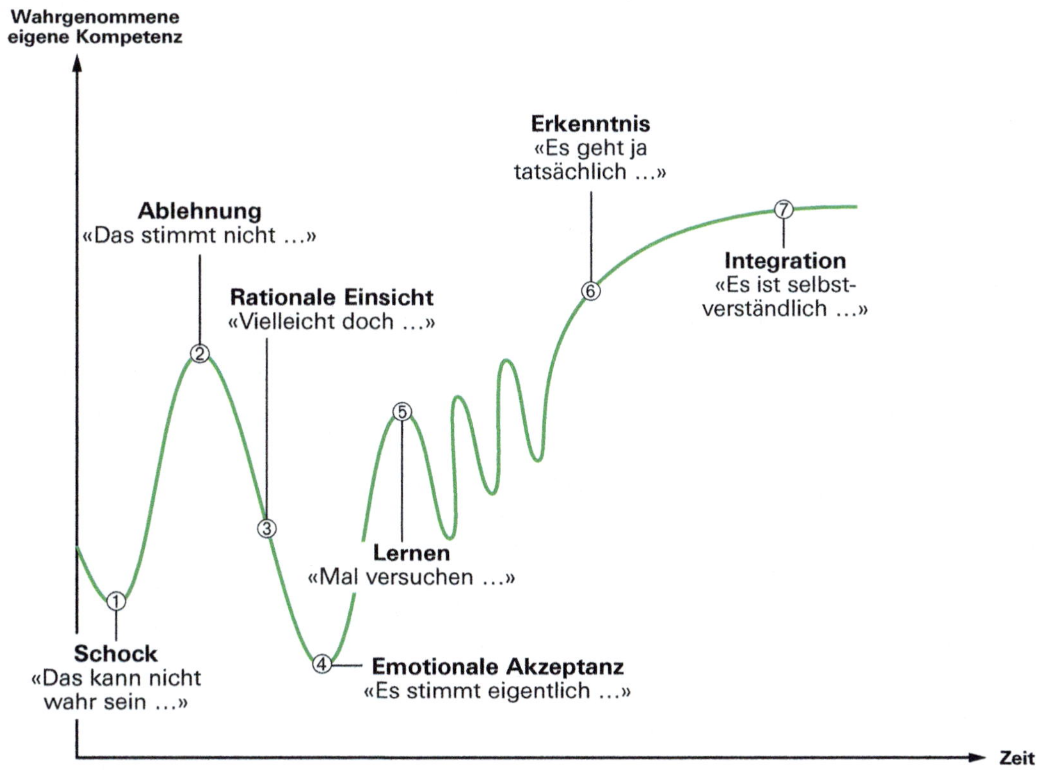


[1] Vergleiche Kostka, Claudia; Mönch, Annette: Change Management. 7 Methoden für die Gestaltung von Veränderungsprozessen. München, Wien 2002.

Bevorzugte Instrumente sind:

- Teamentwicklung
- Coaching
- Mentoring
- Informationsveranstaltungen
- Prozessberatung
- Mitarbeitergespräche
- Workshops

**Beispiel**

Bei der CRM-Einführung muss der Projektleiter einerseits dafür sorgen, dass die Betroffenen Trainings erhalten, damit sie für die Veränderung ausgerüstet sind. Genauso wichtig ist es, zu beobachten, in welcher Phase sich der Betroffene befindet, und Massnahmen einzuleiten, damit er möglichst gut in die nächste Phase treten kann. Ist er z. B. in der Phase der emotionalen Akzeptanz angekommen, muss man dafür sorgen, dass er wieder an Selbstsicherheit gewinnt, um Versuche zu starten. Dafür kann man z. B. an vergangene Erfolge anknüpfen und ihn so motivieren.

#### C] Phase 3: «Stabilisieren»

Ziel dieser Phase ist es, die erreichten Veränderungen langfristig zu stabilisieren: Die Mitarbeitenden dürfen nicht nach einer Weile in die alten Strukturen und Verhaltensweisen «zurückfallen». Um das zu erreichen, muss das Unternehmen den neuen Ist-Zustand überwachen und gegebenenfalls weitere Änderungen vornehmen.

Instrumente dafür sind u. a.:

- Kontinuierlicher Verbesserungsprozess
- Qualitätszirkel
- Zielvereinbarungen
- Jobrotation
- Jobenrichment
- Laufbahnplanung
- 360°-Feedback
- Erfahrungsaustausch
- Formen von Review

### 14.4.2 Vorgehen auf der sachlichen Ebene

Der Veränderungsprozess auf der sachlichen Ebene unterteilt sich in einzelne Phasen, in denen spezifische Aufgaben erledigt werden müssen. Erst die vollständige Erledigung aller Aufgaben einer Phase macht einen Übergang zur nächsten Phase möglich. Sollten die Phasenziele aber noch nicht erreicht sein, muss die Phase erneut durchlaufen werden, bevor fortgefahren werden kann.

Der Prozess umfasst fünf Phasen:

1. Initialisierung
2. Konzipierung
3. Mobilisierung
4. Realisierung
5. Stabilisierung

Abb. [14-7] **Phasen und «Loops» beim Veränderungsprozess (Sachebene)**

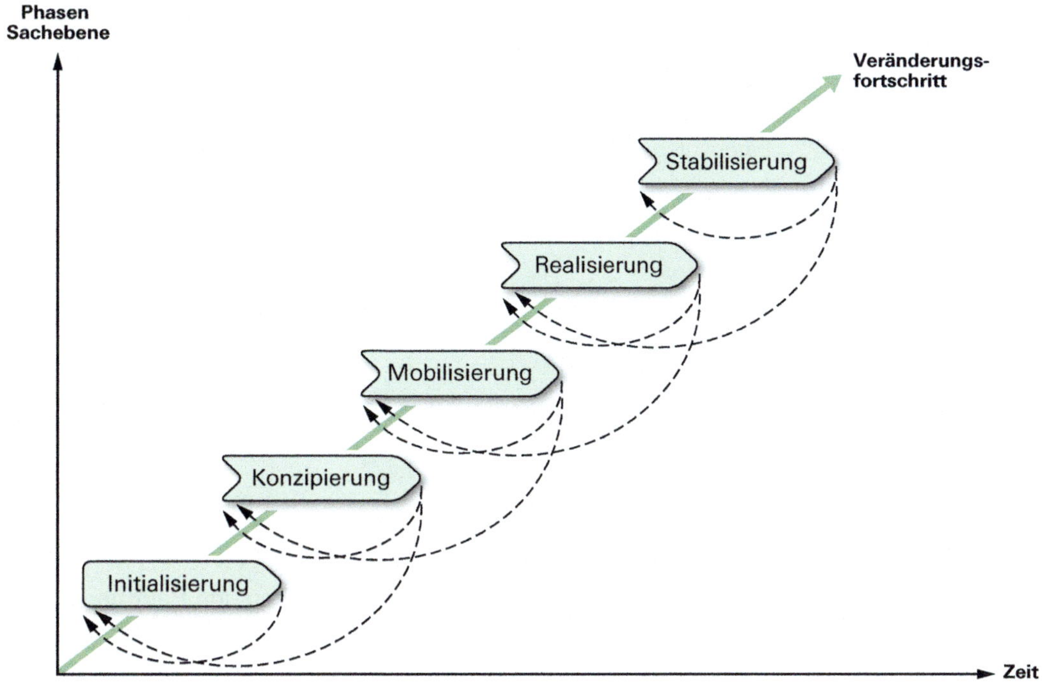


### A] Phase 1: Initialisierung

Innerhalb dieser Phase werden die sachlichen Voraussetzungen für ein Veränderungsvorhaben abgeklärt und beurteilt und die **Grundlagen für die folgenden Phasen geschaffen.** Dazu gehören **drei Hauptaufgaben:**

1. Notwendigkeit für die Veränderung ermitteln, verifizieren und bewerten.
2. Veränderungsträger bestimmen und aktivieren.
3. Aktuelle Situation analysieren und Erfolgsfaktoren eruieren.

**Instrumente,** die dabei zum Einsatz kommen:

- Interviews
- Gespräche
- Meetings
- Workshops
- Informationsveranstaltungen
- Teamentwicklung
- SWOT-Analyse
- Newsletter
- Firmenzeitschriften

### B] Phase 2: Konzipierung

Aufgrund der Ergebnisse von Phase 1 werden **Konzepte** erstellt, in denen das weitere Vorgehen entwickelt, entworfen und geplant wird. Konkret gilt es,

1. Veränderungsziele festzulegen.
2. ein Veränderungskonzept zu erstellen.

Dabei kommen in der Regel folgende **Instrumente** zum Einsatz:

- Gruppenarbeiten
- Workshops
- Zielbestimmung mit der SMART-Regel
- Externe Beratung

### C] Phase 3: Mobilisierung

Abhängig vom gewählten Massnahmenpaket werden in dieser Phase zuerst die Betroffenen über die beabsichtigten Veränderungen **informiert.** Danach werden die Veränderungsfähigkeiten im Sinn von «Betroffene zu Beteiligten machen» gefördert.

Eingesetzte **Instrumente** sind:

- Informationsveranstaltungen
- Workshop
- Videos
- Gruppenarbeiten
- Trainings
- Schulungen
- Motivationsprogramme

### D] Phase 4: Realisierung

In dieser Phase wird das **Konzept schrittweise verwirklicht.** War bisher eher ein kleiner Kreis involviert, wächst nun der Kreis der Beteiligten und Betroffenen und die Komplexität nimmt zu. Die fortlaufende Koordination und Kommunikation des Veränderungsvorhabens ist von besonderer Bedeutung für den Erfolg dieser Phase. Es empfiehlt sich daher, die Aufgaben zu **priorisieren. Typische Kriterien,** nach denen priorisiert wird, sind:

- **Sachliche Abhängigkeiten:** Massnahmenpakete, die voneinander unabhängig sind, können parallel und zeitlich überlappend bearbeitet werden. Bestehen jedoch Abhängigkeiten von Vorergebnissen, ist nur ein streng sequenzieller Ablauf möglich.
- **Dringlichkeit:** Zeitkritische Probleme werden zuerst bearbeitet. So werden in der Regel Kostensenkungsmassnahmen (Schwächenabbau) vor der Entwicklung von Kompetenzen oder Wettbewerbsvorteilen rangieren (Stärkenaufbau).
- **Einführungsrisiko:** Wird das Risiko als hoch angesehen, empfiehlt sich die Durchführung eines Pilotprojekts, um in einem begrenzten Bereich die Funktionsfähigkeit der Lösung zu testen. Erst im Anschluss erfolgt die Anwendung in der Breite.
- **Know-how-Transfer:** Der Aufbau von erfolgskritischen Kenntnissen und Fähigkeiten erfolgt im Basisprojekt; davon profitieren die Anschlussprojekte.
- **Ressourcenverfügbarkeit:** Knappe finanzielle, personelle oder sachliche Ressourcen prägen zwangsläufig auch den Veränderungsprozess.
- **Kurzfristige Erfolge (Quick Wins):** Um Vertrauen in das Programm zu erzeugen und die Wandlungsbereitschaft zu erhöhen, sollen frühzeitig Projekte durchgeführt werden, die risikoarm sind und **kurzfristig einen Erfolgsnachweis** erbringen. Auf diese Weise lassen sich Skeptiker überzeugen und die Promotoren erhalten eine Bestätigung ihrer Arbeit. Die Legitimation der Wandlungsabsichten wird drastisch erhöht und die Beweislage verändert sich zugunsten der Promotoren.

**Instrumente,** die in dieser Phase zum Einsatz kommen:

- Methodische Ansätze
- Veränderungsstrategie
- Coaching
- Reviews

### E] Phase 5: Stabilisierung

Ziel ist, das Erreichte so zu stabilisieren und zu verankern, dass eine **kontinuierliche Weiterentwicklung möglich** wird. Dazu werden verwendet:

- Reviews
- «Lessons Learned»
- Erfahrungsaustausch
- Kontinuierlicher Verbesserungsprozess
- Qualitätszirkel
- Zielvereinbarungen (MbO)

**Messgrössen**

- Analysiert die Anpassungsfähigkeit an notwendige Veränderungen auf der Basis von vorherigen erfolgreichen bzw. erfolglosen Veränderungen in der Organisation
- Beurteilt mögliche Bereiche des Widerstands gegen die Veränderung
- Erkennt und beeinflusst Umstände, die die Anpassungsfähigkeit verbessern können
- Ergreift Massnahmen, wenn die erforderliche oder erwartete Veränderung oder Transformation ausserhalb der Fähigkeiten der Organisation(en) liegt
- Identifiziert von der Veränderung betroffene Personen und Personengruppen
- Stellt Gruppeninteressen dar
- Identifiziert regelmässig Veränderungsanforderungen und Transformationschancen
- Passt sich an sich verändernde Interessen und Situationen an
- Identifiziert gesellschaftliche, organisatorische und persönliche Veränderungs- oder Transformationsstrategien und erkennt beispielsweise Innovatoren, «Early Adopters», die Mehrheit und Zauderer
- Arbeitet mit anderen zusammen, um Strategien zu überprüfen
- Dokumentiert Strategien und erstellt einen umfassenden Veränderungsplan
- Entwickelt, falls erforderlich, einen Schritt-für-Schritt-Ansatz
- Passt regelmässig den Veränderungs- oder Transformationsplan an, um Lessons Learned und Änderungen im Projektumfeld oder der Gesellschaft einzuarbeiten
- Passt regelmässig die Strategie an, wenn die Veränderung erfolgreich war und Nutzen erzielt wurde
- Entwickelt einen stimmigen Interventionsplan
- Führt ausgewählte Interventionen durch
- Leitet oder organisiert Workshops und Trainings
- Beschäftigt sich mit Widerstand gegen Veränderung
- Organisiert und führt Interventionen durch, nutzt dazu geeignete Medien
- Wendet Verstärkungstechniken an, um sicherzustellen, dass das neue Verhalten nachhaltig ist

**Repetitionsfragen**

| | |
|---|---|
| 57 | Welche drei Voraussetzungen müssen für Veränderungsprozesse gegeben sein? |
| 58 | Das Vorgehen auf der sozialen Ebene beinhaltet die Phasen Auftauen, Ändern und Wiedereinfrieren. Beschreiben Sie stichwortartig das primäre Ziel jeder Phase. |
| 59 | In welcher Phase beim Vorgehen auf der sozialen Ebene ist die Leistungsfähigkeit am geringsten? |

60 In der folgenden Tabelle sind einzelne Tätigkeiten aufgelistet, die einer Phase zugeordnet sind. Beurteilen Sie, ob die Phasen richtig oder falsch sind:

| Phase | Richtig | Falsch | Tätigkeit |
|---|---|---|---|
| 3 | ☐ | ☐ | Personelle und finanzielle Ressourcen planen und priorisieren |
| 1 | ☐ | ☐ | Promotoren identifizieren, evaluieren und mobilisieren |
| 4 | ☐ | ☐ | Prognosen erstellen |
| 4 | ☐ | ☐ | Prozessreview durchführen |
| 1 | ☐ | ☐ | Kritische Erfolgsfaktoren ableiten |
| 2 | ☐ | ☐ | Globalziele auf Teilziele herunterbrechen |
| 4 | ☐ | ☐ | Etappenziele auswerten |
| 1 | ☐ | ☐ | Betroffene Gruppen und Individuen ermitteln |
| 3 | ☐ | ☐ | Entscheiden, welche Massnahmen umgesetzt werden |
| 4 | ☐ | ☐ | Interne Betroffene gemäss dem Kommunikationskonzept informieren |
| 3 | ☐ | ☐ | Anreizsysteme schaffen |
| 5 | ☐ | ☐ | Veränderungsvorhaben abschliessen |
| 2 | ☐ | ☐ | Daten analysieren |
| 3 | ☐ | ☐ | Projektorganisation bilden |
| 4 | ☐ | ☐ | Beteiligte ausbilden |

61 Warum ist die Abstimmung der Phasen auf sachlicher und auf sozialer Ebene so wichtig? Worauf muss dabei geachtet werden? Antworten Sie in einem kurzen Satz.

# Teil C
Menschen

# Einleitung Kompetenzbereich Menschen

Projekte werden von Menschen durchgeführt und durch Menschen geprägt. **Alle Projektmitarbeitenden** tragen zum Erfolg der Projektarbeit bei.

Es geht um die Art und Weise, wie man mit sich selbst sowie mit Personen und Interessengruppen im Projekt umgeht. Dabei spielen die **einzelnen Persönlichkeiten** eine Rolle genauso wie die **äusseren Rahmenbedingungen**. Angemessener Umgang miteinander im Projekt ist nicht einfach da, er muss angepasst und gepflegt werden.

Oft ist es schwierig, das **eigene Verhalten** richtig einzuschätzen. Das äussere Auftreten ist abhängig von der inneren Haltung den Dingen und Menschen gegenüber. Das können Ideen und Überzeugungen sein, die von einem bestimmten Bild von der Welt und von den Menschen geprägt sind. Projektleitende sorgen für einen **bewussten Umgang mit dem eigenen Verhalten** und nehmen auch dadurch Einfluss auf das Verhalten im ganzen Projektteam. Aber auch jeder einzelne Projektmitarbeiter ist gefordert, sein Verhalten immer wieder zu prüfen.

Die ICB4 hebt die **Bedeutung des Menschen** hervor und weist in diesem Zusammenhang auf 10 Kompetenzen hin. Sie bestehen aus den persönlichen Attributen («ich») und den Kompetenzen, die ein Einzelner benötigt, um erfolgreich in Projekten, Programmen und Portfolios mitzuarbeiten oder diese leiten zu können («ich und die anderen»).

**Kompetenzbereich Menschen («People»)**

1. Selbstreflexion und Selbstmanagement
2. Persönliche Integrität und Verlässlichkeit
3. Persönliche Kommunikation
4. Beziehungen und Engagement
5. Führung
6. Teamarbeit
7. Konflikte und Krisen
8. Vielseitigkeit
9. Verhandlungen
10. Ergebnisorientierung

# 15 Selbstreflexion und Selbstmanagement

**Lernziele**

Nach der Bearbeitung dieses Kapitels können Sie ...

- die Auswirkungen Ihres Verhaltens und Ihrer Eigenschaften auf das Projektteam und das Umfeld abschätzen.
- die unterschiedlichen Motivationsausprägungen kennen und für die Projektarbeit nutzen.
- die Techniken der Selbstorganisation anwenden.
- erkennen, wie Sie sich und andere weiterentwickeln können.

**Schlüsselbegriffe**

Eisenhower-Prinzip, Erfahrungen, Feedback, innere Rollen, Inneres Team, persönliche Motivationen, Persönlichkeitsinstanzen, Schwächen, Selbsterkenntnis, Selbstorganisation, Stärken, Team, Weiterentwicklung, Werte, Zeitmanagement

### Definition gemäss ICB4

«Selbstreflexion» ist die Fähigkeit, die eigenen Emotionen, Verhaltensweisen, Präferenzen / Vorlieben und Werte sowie deren Einfluss zu erkennen, zu reflektieren und zu verstehen. «Selbstmanagement» ist die Fähigkeit, sich persönliche Ziele zu setzen, den Fortschritt zu überprüfen und anzupassen sowie die tägliche Arbeit systematisch zu erledigen. Selbstmanagement umfasst den Umgang mit sich verändernden Bedingungen und den erfolgreichen Umgang mit Stress.

### Zweck gemäss ICB4

Die Kompetenz «Selbstreflexion und Selbstmanagement» versetzt den Einzelnen in die Lage, sein Verhalten zu kontrollieren und zu lenken. Dies erfolgt durch das Erkennen des Einflusses der eigenen Emotionen, Vorlieben und Werte. Dies ermöglicht einen effektiven und effizienten Einsatz der eigenen Ressourcen und führt zu einer positiven Energie bei der Arbeit und einem Gleichgewicht zwischen Arbeit und Freizeit (Life Balance).

### Beschreibung gemäss ICB4

Unsere eigenen Emotionen, Vorlieben und Werte leiten unsere Entscheidungen und unser Handeln. Wenn man sich deren Auswirkungen bewusst ist, eröffnet dies die Möglichkeit, sich selbst zu führen. Das Reflektieren der eigenen Werte und Verhaltensweisen, das Einholen von Feedback und das Bewusstsein für die individuelle und die natürliche Primärreaktion eröffnen die Möglichkeit, das eigene Verhalten zu ändern und zu verbessern. In der Lage zu sein, die Primärreaktion zu kontrollieren, unterstützt konsistentes Verhalten in der Entscheidungsfindung, in der Kommunikation und in der Führung anderer Personen. Ein systematischer und disziplinierter Ansatz bei der täglichen Arbeit erfordert ein effektives Zeitmanagement, um prioritäre Ziele zu erreichen. Eine Steigerung der Effizienz bei der Arbeit bedeutet nicht, mehr und härter zu arbeiten, sondern eröffnet die Möglichkeit, Ergebnisse zu erreichen, die zu mehr Zufriedenheit und Motivation führen. Der Einzelne arbeitet eigenständig und unabhängig von externen Einflüssen.

**Hinweis**

Folgende Kompetenzen sind mit «Selbstreflexion und Selbstmanagement» verknüpft und werden in den entsprechenden Kapiteln behandelt:

- Alle weiteren Kompetenzen des Kompetenzbereichs Menschen, Teil C, S. 201
- Kompetenz «Macht und Interessen», Kapitel 28, S. 327
- Kompetenz «Kultur und Werte», Kapitel 29, S. 332

## 15.1 Werte und Erfahrungen

Sie werden kaum zwei Menschen finden, die eine Situation exakt gleich einschätzen. Jede Person bringt ihren **eigenen Erfahrungsschatz** mit. Probleme, die wir gelöst haben, und Entscheidungen, die wir in schwierigen Situationen getroffen haben, prägen unser Handeln und legen fest, wie wir durchs Leben gehen. Wir denken, dass wir objektiv und rational handeln, aber das Gegenteil ist der Fall. Vielmehr interpretieren wir die Realität anhand unserer Erfahrungen und Erlebnisse. Jeder von uns besitzt einen Satz von Werthaltungen und Normen. Diese wirken sich auf unser Handeln in bestimmten Situationen aus.

**Beispiel**

Eine Person glaubt, dass ihre Werthaltungen und Normen besser sind als die eines anderen, aber ihr Kollege denkt dasselbe von sich. Um miteinander zu kooperieren, müssen die beiden Gemeinsamkeiten finden. Daher müssen sie ihre Werte und Normen (mit)teilen, ansonsten funktioniert es nicht. Auf diese Weise entwickeln Organisationen und Teams ihre Kultur.

Die **Fähigkeit, mit anderen Menschen umzugehen,** ist ein wichtiger Teil der Projektmanagement-Kompetenzen. Sie können nur dann effektiv mit Menschen kommunizieren, wenn Sie sich und Ihre Wirkung auf andere kennen. **Sich selbst zu kennen,** ist der Schlüssel zum Selbstmanagement. Sie erkennen eigene Muster und wissen, wie Sie darauf reagieren. Es ist daher wichtig, dass Sie regelmässig reflektieren, wie Ihre Werte und Normen Ihr Verhalten beeinflussen, und sich klarmachen, dass Ihr Gesprächspartner nicht die gleichen Werte und Normen hat wie Sie.

**Beispiel**

Wer kennt es nicht? Wenn man in einer komplizierten, emotional aufgeladenen Situation steckt oder vor einer besonders schwierigen Entscheidung steht, handelt man oft automatisch und hinterher ärgert man sich und sagt, eigentlich hätte ich anders handeln müssen.

Im Mitarbeitergespräch führen Sie dem Kollegen erst einmal vor Augen, was er alles falsch gemacht hat und was Sie eigentlich von ihm erwarten. Hinterher fällt Ihnen aber ein, dass der Kollege auch noch ganz andere Dinge macht und dass diese Dinge viel besser laufen. Aber genau das haben Sie ihm natürlich nicht gesagt.

### 15.1.1 Inneres Team nach Friedemann Schulz von Thun

Der Mensch hat nicht nur eine Persönlichkeit, sondern **viele verschiedene Persönlichkeitsinstanzen,** die sich in ihren unterschiedlichen Normen und Werthaltungen nicht selten gegenseitig im Weg stehen. Deshalb tut der Mensch, was er «eigentlich» nicht will, sagt etwas, was er später bitter bereut, oder verliert aus scheinbar nichtigem Anlass die Nerven, obwohl er ansonsten «die Ruhe in Person» ist.

Diese verschiedenen Persönlichkeitsinstanzen bezeichnet Schulz von Thun als **«Inneres Team[1]»**. Die **Anteile** stehen in einem ständigen inneren Dialog miteinander – meist ohne dass man sich dessen bewusst ist. Der Dialog dieser Anteile untereinander ist das, was unser alltägliches Denken ausmacht. Die Mitglieder des Inneren Teams sitzen quasi als Vertreter bestimmter Rollen, Erfahrungen und Anschauungen um einen runden Tisch, unterhalten sich über ihre Wünsche und Ängste und versuchen, ihre Ziele durchzusetzen. Einige sind laut und dominant, andere leise und zögerlich. Einige Anteile kooperieren, während andere in Konkurrenz zueinander stehen.

Wird der **innere Kampf zwischen den Persönlichkeitsinstanzen** zu heftig, führt das unweigerlich zu Problemen in der Kommunikation nach aussen. Das Verhalten und die Äusserungen des Gesprächspartners erscheinen konfus, widersprüchlich, sprunghaft.

Der Ausweg ist, den inneren Dialog bewusst zu machen bzw. ihn bewusst zu führen, damit aus dem zerstrittenen Haufen tatsächlich ein Inneres Team wird. Nur dann ist der Mensch «mit sich selbst im Reinen» und kann nach aussen hin klar, authentisch und situationsgerecht reagieren.

[1] http://www.schulz-von-thun.de/index.php?article_id=93.

### 15.1.2 Der Krieger, der Liebende, der Träumer und der Denker nach Erica Ariel Fox

Der amerikanischen Verhandlungsexpertin Erica Ariel Fox kommt das Verdienst zu, ein Modell[1] geschaffen zu haben, das solche inneren Verhandlungen einfacher und intuitiver bzw. leichter verständlich macht. Sie hat diese **«inneren Typen»** auf der Grundlage der Jung'schen Archetypen konzipiert und benannt. **Archetypen** lassen sich als kollektiv geteilte «Urbilder» oder «Urtypen» menschlicher Handlungsmuster oder Rollen verstehen. Die **vier Impulse** sind der Krieger, der Liebende, der Träumer und der Denker.

In schwierigen Situationen sollte man sich die Zeit gönnen, um festzustellen, **wer von den vieren am lautesten ist,** wer leiser ist und wer kaum zu hören ist. Gerade wenn man unter Druck steht, ist – je nach Persönlichkeit und bisherigen Erfahrungen – zumeist ein Aspekt im Vordergrund und andere spielen eine weniger bedeutsame Rolle oder werden ausgeblendet.

**Abb. [15-1]** **Innere Rollen nach Erica Ariel Fox**

| Ausprägung | Denker | Träumer | Liebender | Krieger |
|---|---|---|---|---|
| **Fokus der Aufmerksamkeit** | • Was ist meine Meinung?<br>• Was sind meine Ideen? | • Was will ich?<br>• Was will ich nicht? | • Wie fühlen wir uns beide gerade?<br>• Was ist unser Ausmass an Vertrauen? | • Welche Aufgaben gibt es?<br>• Welche Linien müssen gezogen werden? |
| **Kraftquelle** | Begründung | Intuition | Emotion | Willensstärke |
| **Primäre Aktivität** | Denkt | Braucht, sehnt sich | Fühlt | Handelt |
| **Fähigkeit** | Analyse | Innovation | Beziehung | Zielerreichung |
| **Hervorragende Stärken** | • Fakten und Logik.<br>• Konsequenzen bedenken.<br>• Eine Sache von allen Seiten betrachten. | • Vision generieren.<br>• Sich trauen, einen Traum zu verfolgen.<br>• Mögliche Wege erkunden. | • Verbindung zu Emotionen.<br>• Vertrauen aufbauen und erhalten.<br>• Mit anderen wirklich zusammenarbeiten. | • Harte Wahrheiten aussprechen.<br>• Sich behaupten (auch für andere).<br>• Das Heft des Handelns ergreifen. |
| **Schwächen** | Der radikale Denker kann herzlos wirken. | Der Träumer kann alle in den Bankrott ziehen und gegen Windmühlen kämpfen. | Der Liebende kann dein Herz brechen. | Der Krieger kann in einer Beziehung erschrecken und verletzen. |
| **Chance** | Der Denker kann Lösungen für wirklich schwierige Probleme finden. | Der Träumer kann alle zusammenbringen und für eine gemeinsame Vision sorgen. | Der Liebende kann anderen ein Heim schaffen und Geborgenheit geben. | Der Krieger kann seine Lieben vor Unannehmlichkeiten schützen. |

Die Abbildung zeigt die wesentlichen Eigenschaften der **vier inneren Rollen / Stimmen / Handlungsimpulse.** Wer genau hinsieht, wird **klassische Persönlichkeitstypologien** wie etwa die «Grundformen der Angst» nach Fritz Riemann[2] oder die heute sehr verbreiteten Persönlichkeitsmodelle mit den **vier Verhaltensdimensionen** Dominanz, Initiative, Stetigkeit und Gewissenhaftigkeit (z. B. DISG[3] oder das Persolog-Persönlichkeitsmodell) wiedererkennen. Das Gute am Modell von Erica Fox ist, dass es nicht behauptet, welcher Typ man ist und warum man sich so und nicht anders verhält. Vielmehr sorgt das Modell für Reflexion und Ausgewogenheit und bringt die **inneren Gegensätze** oder «Multivalenzen» auf sehr positive Weise ans Licht. Jeder Mensch trägt nach diesem Modell alle vier (und vermutlich noch mehr) Aspekte in sich und eine Entscheidung ist keine Typfrage mehr, sondern eine bewusste und fundierte Wahl.

[1] Fox, Erica Ariel: Winning from Within: A Breakthrough Method for Leading, Living, and Lasting Change, New York 2013.
[2] Riemann, Fritz: Grundformen der Angst: Eine tiefenpsychologische Studie, 39. Aufl., Basel 2003.
[3] Vergleiche https://de.wikipedia.org/wiki/DISG.

## 15.2 Stärken und Schwächen

**Selbsterkenntnis** ist der erste Schritt zum besseren Selbstvertrauen. Wenn Sie akzeptieren können, wer Sie sind, können Sie sich schneller entwickeln, weil Sie wissen, worin Sie gut sind und wo Ihre Talente liegen. Das Gefühl von Kompetenz motiviert und man kann beobachten, dass Leute dann besonders überzeugen, wenn sie für etwas Leidenschaft zeigen. Talent und Leidenschaft geben sich gegenseitig Impulse und helfen Ihnen, Ihre innere Stärke und Kraft zu finden.

Wo es **Stärken** gibt, gibt es auch **Schwächen.** Selbsterkenntnis bedeutet auch, seine Schwächen zu erkennen und anzunehmen. Wenn Sie meinen, alles besser zu können, wird es Ihnen schwerfallen, Aufgaben zu delegieren.

Die Stärke eines Teams besteht darin, dass jedes seiner Mitglieder unterschiedliche Stärken hat. Daher hat ein **Team** wesentlich mehr Talent als eine einzelne Person. Wenn Sie das erkennen und entsprechend handeln, haben Sie verstanden, worum es bei Projektarbeit geht.

**Enttäuschungen** sind unumgänglich und demotivierend. Ein Projekt ist niemals Routine. Daher können viele Dinge passieren, die nicht vorhersehbar sind. Wenn Sie einen Rückschlag erleiden, ist es normal, dass Sie ein Stück Ihres Selbstvertrauens verlieren. Wenn das ein-, zweimal passiert, ist das nicht schlimm, aber passen Sie auf, dass Sie nicht zu lange in einer Stimmung voller Selbstmitleid verharren. Sehen Sie Rückschläge genauso wie Kritik als etwas, von dem Sie lernen und an dem Sie wachsen können. Akzeptieren Sie, was Ihnen in die Quere kommt. Wenn Sie straucheln, stehen Sie auf und machen Sie weiter. Je mehr Erfahrungen Sie machen, desto mehr werden Sie feststellen, dass es gut ausgeht. **Berufliche Entwicklung** ist primär eine Sache der Ausdauer und Beharrlichkeit.

## 15.3 Persönliche Motivationen

Wenn Sie wissen, was Sie wollen, wissen Sie, in welche Richtung Sie gehen müssen. Ziele, die Sie intrinsisch motivieren, haben eine grössere Chance auf Erfolg.

**Hinweis** Der Begriff «Motivation» bedeutet Bewegung und Antrieb. Hilfreich ist in der Projektarbeit die Unterscheidung zwischen intrinsischer und extrinsischer Motivation.

Abb. [15-2] **Intrinsisch und extrinsisch motiviertes Verhalten**

| Intrinsisch motiviertes Verhalten | Extrinsisch motiviertes Verhalten |
|---|---|
| Bei einem intrinsisch motivierten Verhalten liegen die Beweggründe, etwas zu tun oder zu lassen, in der Person. Das Handeln etwa im Rahmen eines Projekts wird dann vor allem dadurch angeregt, dass die Beteiligten eine **innere Überzeugung** haben, dass der Einsatz einen Sinn hat. Die Projektziele stehen dann in einem besonderen **Einklang mit den eigenen Werten und Interessen** oder auch mit der Freude am Neuen.<br>Besonders deutlich ist das intrinsisch motivierte Verhalten in Projektarbeiten im Sozialbereich, die oft auf die tatkräftige Unterstützung von Freiwilligen bauen. Aber auch Projekte im Wirtschaftsbereich sind auf die überzeugte Mitwirkung der Beteiligten angewiesen. Andernfalls kann ein Projekt schnell durch «Dienst nach Vorschrift» gelähmt werden. | Bei einem extrinsisch motivierten Verhalten bieten **Anreize aus dem Projektumfeld** Anlass, etwas zu tun oder etwas zu lassen.<br>Anreize sind beispielsweise Benchmarks, Ranglisten und Preise (z. B. wenn ein Projekt sich dem Anerkennungsprogramm für Project Excellence stellt). Auf der Personenebene können Anreize in einer in Aussicht gestellten Erhöhung des Salärs oder auch einer höheren Position innerhalb der Projekt- oder Stammorganisation liegen.<br>Extrinsisch motiviertes Verhalten ist auf eine Belohnung oder **Anerkennung von aussen** gerichtet. |

In einem Projekt kann die **Ausprägung der Motivation** grossen Einfluss auf den Prozess und die Ergebnisse ausüben. **Intrinsisch und extrinsisch motiviertes Verhalten** können sich gegenseitig ergänzen und stärken. Das bedeutet, dass ein persönliches Engagement für ein Projekt durch Anerkennung von aussen gefördert werden kann. Wer sich nur von äusseren Anreizen motivieren lässt, läuft Gefahr, sich manipulieren zu lassen. Wer sich nur von inneren Interessen leiten lässt, kann grosse Enttäuschungen erleben, da ein Projekt eher den Organisationszielen als Personeninteressen folgt.

Für das Projektmanagement lassen sich einige allgemeine Merkpunkte für den Umgang mit den verschiedenen Motivationsquellen aufzeigen:

| Merkpunkte für das Projektmanagement | |
|---|---|
| **Bei intrinsischer Motivation der Beteiligten** | **Bei extrinsischer Motivation der Beteiligten** |
| • Klare und unmissverständliche Aussagen darüber, welchen Interessen von einzelnen Personen oder Gruppen entsprochen wird und welchen nicht – und warum.<br>• Kritik am Projekt bzw. Projektmanagement wird als Engagement und Lernchance begrüsst.<br>• Entwicklung von Beteiligungsmöglichkeiten für Betroffene und Wertschätzung der Beiträge.<br>• Regelmässiges Feedback und Abgleich von Interessen und Erwartungen, um bei veränderter Interessenlage einen neuen Sinnbezug, d. h. neue Perspektiven und Entwicklungschancen, aufzeigen zu können. | • Erarbeitung von Möglichkeiten, auch kurzfristig einen aus Sicht der Interessengruppen schnell wahrnehmbaren Nutzen («Quick Win») zu generieren.<br>• Unverzügliche Anerkennung, Kommunikation und Dokumentation von grossen und kleinen Erfolgen.<br>• Mögliche Entwicklungspfade für die Projektmitarbeitenden frühzeitig in Zusammenarbeit mit den Linienvorgesetzten und dem Personalmanagement erschliessen und bei Projektabschluss angemessen unterstützen. |

Es reicht nicht aus, nur ein Ziel zu haben. Sie müssen auch etwas dafür tun, um es zu erreichen. Falls Sie zögern, prüfen Sie, was Sie aufhält. Jemand, der nie etwas ausprobiert, ergibt sich in sein Schicksal, was eine unvorteilhafte Situation ist. Es ist besser, die **Zukunft in die eigenen Hände zu nehmen,** denn nur Sie allein sind für Ihre berufliche Entwicklung verantwortlich.

Wenn Sie Widerstand verspüren oder etwas unklar ist, müssen Sie nach einem Ausweg aus dieser Situation suchen. Stellen Sie sich folgende Fragen, wenn Sie auf Probleme stossen:

- Ist es ein Problem oder eine Einschränkung? Sie können ein Problem lösen, aber keine Einschränkung.
- Bin ich motiviert oder folge ich einer Gewohnheit? Verfolgen Sie Ihre Ziele.
- Tue ich das für mich selbst oder um jemandem einen Gefallen zu tun?
- Verfüge ich über die notwendigen Fertigkeiten? Die meisten Fertigkeiten kann man sich aneignen.

**Beispiel**

**Problem vs. Einschränkung**

- Wenn Sie beim Autofahren die Sonne blendet, haben Sie ein Problem. Sie können es lösen, indem Sie Ihre Sonnenbrille aufsetzen. Nebel ist eine Einschränkung, gegen die Sie nichts tun können, ausser die Geschwindigkeit zu reduzieren.
- Wenn eine Baugenehmigung drei Monate dauert, ist das eine Einschränkung. Wenn Sie nicht wissen, wie man einen Bauantrag stellt, haben Sie ein Problem, das Sie lösen, indem Sie einen Experten anstellen.

Sie erreichen die meisten Ziele – auch Ihre persönlichen – durch **Kooperation mit anderen.** Wenn Personen etwas für Sie tun, erwarten sie für gewöhnlich eine **Gegenleistung.** Jeder Gefallen ist mit der moralischen Verpflichtung verbunden, der anderen Person zu helfen. Und wenn Sie erfolgreich bleiben wollen, sollten Sie diese Verpflichtung respektieren. Denken Sie daran, dass Sie gemeinsam mehr Erfolg erzielen können als allein.

## 15.4 Selbstorganisation

### 15.4.1 Zeitmanagement

Es gibt immer mehr zu tun, als die Zeit zulässt. Versuchen Sie daher, möglichst geschickt mit Ihrer Zeit umzugehen. Wenn Sie noch nie **Zeitmanagementtechniken** angewendet haben, probieren Sie es aus. Beginnen Sie damit, aufzuschreiben, womit Sie sich den ganzen Tag beschäftigen. Wie lange arbeiten Sie an etwas ohne Unterbruch? Wie häufig verbringen Sie Zeit damit, auf Ihr Smartphone zu schauen oder Nachrichten in den Social Media zu verfolgen?

Der nächste Schritt ist, **Aufgaben** zu **priorisieren** und mit Ihren eigenen Prioritäten in Einklang zu bringen. Wenn Ihnen etwas nicht gelegen kommt, sagen Sie Nein. Natürlich werden Sie zu Ihrem Chef weniger schnell Nein (oder «noch nicht») sagen als zu einem Kollegen. Trotzdem, das **Wort «nein»** ist die wichtigste und effektivste Technik im Zeitmanagement.

### 15.4.2 Eisenhower-Prinzip

Eine weitverbreitete Technik aus dem Zeitmanagement ist das Eisenhower-Prinzip. Diese Technik hat ihren Namen vom früheren US-Präsidenten Dwight D. Eisenhower, dem man nachsagt, er habe dieses Verfahren selbst angewendet und auch seinen Mitarbeitenden beigebracht.

Die Grundidee ist eine **gezielte Kategorisierung von Aufgaben,** um zu entscheiden, womit man sich als Nächstes beschäftigen soll. Die Einteilung erfolgt anhand von zwei Dimensionen:

- Die **Wichtigkeit** einer Aufgabe: Eine Aufgabe gilt dann als wichtig, wenn sie der Zielerreichung dient. Eine Aufgabe, die Sie keinem Ihrer Ziele näherbringt, gilt als unwichtig.
- Die **Dringlichkeit** einer Aufgabe: Eine Aufgabe ist dringend, wenn sie an einem bestimmten Termin in der nahen Zukunft ihren Sinn verliert. Wenn es (in der näheren Zukunft) egal ist, wann Sie die Aufgabe erledigen, ist die Aufgabe nicht dringend.

Anhand dieser beiden Dimensionen kann man Aufgaben in vier Quadranten einteilen:

Abb. [15-3] **Eisenhower-Matrix**

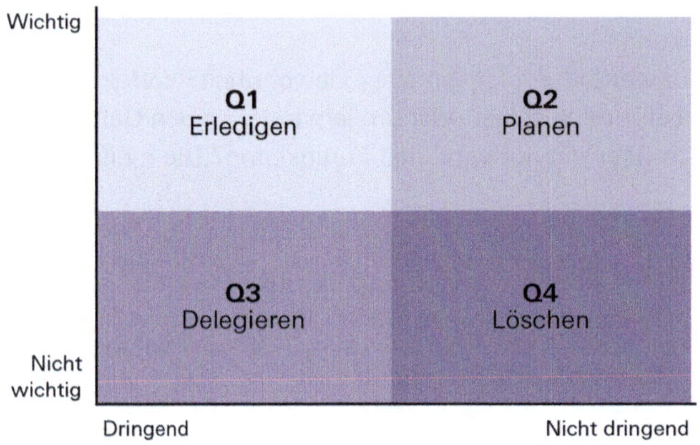


**Q1 Wichtig und dringend:** Diese Aufgaben sind von höchstem Wert für die Erreichung von Zielen. Sie sollten sie daher sofort selbst erledigen. Nur wenn Sie sich selbst um diese Aufgaben kümmern, können Sie sicher sein, dass die Aufgaben auch wirklich erledigt werden.

**Q2 Wichtig, aber nicht dringend:** Da auch diese Aufgaben für die Zielerreichung wichtig sind, kümmern Sie sich selbst darum. Die Erledigung ist allerdings nicht an einen bestimmten Zeitrahmen in der näheren Zukunft gebunden. Es genügt daher, sich einen genauen Zeitpunkt für die Erledigung dieser Aufgaben zu setzen.

**Q3 Dringend, aber nicht wichtig:** Diese Aufgaben sollen schnell erledigt werden. Es ist aber normalerweise nicht erforderlich, dass Sie sich selbst um die Aufgabe kümmern. Eisenhower empfiehlt daher, Aufgaben in diesem Quadranten nach Möglichkeit zu delegieren.

**Q4 Weder wichtig noch dringend:** Aufgaben, die Sie Ihren Zielen nicht näherbringen und bei denen es obendrein egal ist, wann sie erledigt werden, haben den geringsten Wert. Diese Aufgaben kann man im Zweifel unerledigt lassen.

## 15.5 Weiterentwicklung

### 15.5.1 Lernen aus Fehlern

Sie werden vom Anfänger zum Experten, indem Sie ständig dazulernen. Wenn etwas gut läuft aber auch wenn etwas schiefläuft oder nicht so vorangeht, wie es sollte, machen Sie Erfahrungen. Das ist notwendig, denn niemand wird als **Experte** geboren. Sie sollten nicht mehr über Fehler reden, sondern von Fällen, in denen Sie etwas gelernt haben. Sie lernen zu laufen, indem Sie stolpern und wieder aufstehen.

Fehler zu machen, gehört nicht zur persönlichen Entwicklung, aus Fehlern lernen dagegen schon. Sie tun sich keinen Gefallen, wenn Sie etwas als Misserfolg brandmarken. Etwas, das Sie erst lernen müssen, gelingt Ihnen in den seltensten Fällen von Beginn an. Betrachten Sie es so: **Ich lerne und werde kompetenter.** Sie lernen besser, wenn Sie Fehler machen.

**Beispiel**

Folgende Anekdote wird erzählt: Ein Projektleiter ist enttäuscht, weil sein Projekt nach aufgelaufenen Kosten von 10 Mio. CHF gestoppt wurde. Er packt seine Habseligkeiten zusammen und ist im Begriff zu kündigen. Im Aufzug trifft er den CEO und erzählt ihm, dass er von sich aus kündigen wolle. Der CEO antwortet ärgerlich: «Denken Sie nicht mal daran! Ich habe gerade Millionen in Ihre Ausbildung gesteckt. Sie bleiben!»

Eine andere Art des Lernens besteht darin, Leute, die Sie gut kennen, um **Feedback** (siehe unten) zu bitten. Das können Freunde, die Familie oder Kollegen sein. Neben Feedback können Sie auch Personen fragen, was sie in einer bestimmten Situation tun würden. Wenn Sie um **Rat** fragen, nutzen Sie die Erfahrungen anderer (hier kann die **kollegiale Fallberatung**[1] als Methode eingesetzt werden). Das Gleiche gilt, wenn Sie Fachliteratur lesen. Dann eignen Sie sich Wissen anderer an. Das kommt Ihrer eigenen Entwicklung zugute.

### 15.5.2 Feedback

Feedback ist in beruflichen und privaten Beziehungen ein wirksames **Instrument zur Verbesserung der Kommunikation** und zur Vermeidung von Missverständnissen. Gezielte Rückmeldungen dienen dazu, die Selbstwahrnehmung des Feedback-Empfängers zu verbessern und sein zukünftiges Verhalten zu beeinflussen. Dabei kann das Feedback unterschiedliche Ausprägungen annehmen.

Abb. [15-4] **Ausprägungen von Feedback**

Es ist empfehlenswert, dass Feedback-Empfänger und Feedback-Geber dabei bestimmte Regeln vereinbaren und einhalten.

[1] Ebenso wie Feedback folgt auch die kollegiale Fallberatung einem klaren Prozess, eindeutigen Regeln und Rollen, siehe auch: https://de.wikipedia.org/wiki/Kollegiale_Fallberatung.

**Abb. [15-5] Regeln für Feedback-Empfänger und Feedback-Geber**

| Regeln für den Feedback-Empfänger | Regeln für den Feedback-Geber |
|---|---|
| • Ziele formulieren; worüber wird Feedback gegeben?<br>• Zuhören; nur bei Unklarheiten oder Nichtverstehen nachfragen.<br>• Nicht kommentieren oder gar verteidigen; Feedback ist kein Angriff.<br>• Notizen machen: Wichtiges stichwortartig aufschreiben.<br>• Bedanken; sich für die entgegengebrachte Offenheit bedanken.<br>• Kritisch überdenken.<br>• Verarbeiten; in Ruhe nachdenken, welche Verhaltensweise verändert werden sollte.<br>• Nicht «nachkommentieren». | • Nur direkt an den Empfänger richten; nie mittels Dritten kommunizieren.<br>• Nur Ich-Botschaften verwenden: «Ich habe beobachtet … / mir ist aufgefallen … / Ich habe dabei gedacht / gefühlt … / Meine Reaktion war … / Ich würde mir wünschen …»<br>• Beschreibend statt wertend: «Das hat mir gefallen.» Anstatt: «Das war gut.»<br>• Konkret sein: «Der Workshop hat meine Erwartungen erfüllt. Besonders die gute Moderation ist mir aufgefallen.» Anstatt: «Der Workshop war gut.»<br>• Konstruktive Inhalte; Verbesserungsideen sind besser als das Aufzählen von Mängeln und Defiziten.<br>• Brauchbar; auf veränderbare Verhaltensweisen zielen.<br>• Sich kurzfassen; in der Kürze liegt die Würze.<br>• Wahrnehmungen, Vermutungen, Gefühle mitteilen: «Ich habe beobachtet … / Ich vermute … / Ich empfinde …»<br>• Handlungsalternativen mitteilen: «Ich würde versuchen …» |

Messgrössen

- Reflektiert die eigenen Werte
- Nutzt die eigenen Werte und Ideale bei Entscheidungsprozessen
- Kommuniziert die eigenen Prinzipien und persönlichen Bedürfnisse
- Formuliert und diskutiert die eigene Erfahrung
- Relativiert die eigene Erfahrung im jeweils relevanten Kontext
- Nutzt die eigene Erfahrung, um Hypothesen über Menschen und Situationen aufzustellen
- Identifiziert die eigenen Stärken, Talente, Grenzen und Schwächen
- Setzt die eigenen Stärken, Talente und Leidenschaften wirksam ein
- Identifiziert Möglichkeiten zur Überwindung persönlicher Schwächen und Einschränkungen
- Erhält auch in Stresssituationen die Kommunikation aufrecht
- Akzeptiert Rückschläge, ohne dabei das Selbstvertrauen zu verlieren
- Zeigt Kenntnis der eigenen Motivation
- Setzt persönliche und berufliche Ziele und Prioritäten
- Wählt Aktivitäten aus, die zu den persönlichen Zielen beitragen
- Benennt persönliche Ablenkungsmuster
- Reflektiert sich selbst regelmässig, um den Fokus auf die Ziele aufrechtzuerhalten
- Liefert persönliche Commitments rechtzeitig
- Konzentriert sich trotz Ablenkungen oder Unterbrechungen auf die Aufgaben
- Gibt sich selbst die Richtung vor oder sucht in unsicheren Situationen nach Klärung
- Plant und erfasst die eigene Arbeitszeit
- Priorisiert konkurrierende Anforderungen
- Sagt «Nein», wenn der Situation angemessen
- Setzt Ressourcen ein, um die Lieferergebnisse zu maximieren
- Passt die sprachliche Ausdrucksweise der Situation an
- Entwickelt für die Situation angemessene Taktiken
- Nutzt Fehler und schlechte Ergebnisse als Impuls für Lernaktivitäten
- Nutzt Feedback als Chance für die persönliche Entwicklung
- Sucht Beratung
- Misst die eigene Leistung
- Fokussiert sich auf die ständige Verbesserung der eigenen Arbeit und der eigenen Kompetenzen

Repetitionsfragen

62 Angenommen, Sie möchten sich in der Kommunikation weiterentwickeln. Welche Massnahmen können Sie hier weiterbringen? Nennen Sie vier Beispiele.

63 Sie sind Projektleiter zu Beginn eines Grossprojekts. Bewerten Sie folgende Tätigkeiten nach dem Eisenhower-Prinzip und ordnen Sie ihnen eine Massnahme zu.

| Chance, Risiko | Wichtig? | Dringend? | Massnahme |
|---|---|---|---|
| Das Projektteam betont bereits zu Beginn des Grossprojekts, dass es für die Teammitglieder zentral sei, dass der Projektabschluss gebührend gefeiert werde. Der Projektleiter solle einen entsprechenden Anlass organisieren. | | | |
| Um gezielt gemeinsam in dieselbe Richtung arbeiten zu können, organisiert der Projektleiter einen Workshop zur Erarbeitung der Projektvision. Dazu muss er für heute eine passende Infrastruktur suchen und das Moderationsmaterial besorgen. | | | |
| Nachdem der Auftrag mit dem Auftraggeber geklärt, das Projekt genehmigt und der Projektauftrag unterschrieben wurde, kann das Projekt offiziell gestartet werden. Der Auftraggeber möchte den Kick-off in dieser Woche durchführen. Dazu muss der Projektleiter die Ressourcen aus den Abteilungen Marketing, Entwicklung und Betrieb beantragen. | | | |
| Das aktuelle Bürogebäude benötigt einen neuen Anstrich der Fassade. Dazu muss ein Maler beauftragt werden. | | | |
| Im Verlauf des Tages merken Sie, dass Ihr E-Mail-Postfach auf 20 Mails angewachsen ist. | | | |
| Bei Funktionstests einer neu entwickelten Software kamen einige Fehler zum Vorschein. Die Fehler sollen in einem Testbericht zusammengefasst werden. | | | |

64 Angenommen, Sie haben sowohl intrinsisch als auch extrinsisch motivierte Beteiligte im Projekt. Was müssen Sie tun, um das Engagement für das Projekt aufrechtzuerhalten? Nennen Sie je zwei Möglichkeiten.

| Intrinsisch motivierte Beteiligte | Extrinsisch motivierte Beteiligte |
|---|---|
| | |
| | |

65 Um aktuell anstehende Projekttätigkeiten an die verschiedenen Projektmitarbeitenden zu verteilen, stehen Ihnen alle Rollen gemäss dem Rollenmodell von E. A. Fox zur Verfügung. Ordnen Sie folgende Tätigkeiten den geeigneten Rollen zu. Begründen Sie kurz Ihre Wahl.

| Tätigkeit | Zuordnung | Begründung |
|---|---|---|
| Der Marketingleiter aus dem Mutterkonzern macht schon seit Längerem einen unzufriedenen Eindruck, weil er nicht von Anfang an ins Projekt einbezogen wurde. Nun ist der richtige Moment für ein Treffen mit ihm, damit er wieder besänftigt werden kann. | | |
| Die Mitarbeitenden vom Betrieb arbeiten aktuell nicht im Sinn des Projekts. Jeder macht einfach, was er will, und ignoriert die Aufgaben, die der Betrieb gemäss PM-Prozess ganz klar zu erledigen hat. Es ist Zeit, dass hier auf den Tisch geklopft und für Ordnung gesorgt wird. | | |
| Kundeninterviews zeigen, dass die Kunden das neue Gadget zwar toll finden, aber der Schuh an einem ganz anderen Ort drückt. Die Kunden möchten kein weiteres Gerät im Haushalt, sondern sie möchten endlich eine Lösung für ihren Kabelsalat. Diesem Umstand muss nun dringend Rechnung getragen werden. | | |
| Die verschiedenen Mitglieder des Steuerungsausschusses haben alle ihre persönliche Vorliebe, welcher Lieferant die Ausschreibung gewinnen soll. Da es am Schluss nur einen Sieger geben kann, braucht es hier eine Analyse basierend auf klaren Beurteilungskriterien. | | |

# 16 Persönliche Integrität und Verlässlichkeit

**Lernziele**

Nach der Bearbeitung dieses Kapitels können Sie ...

- die Rolle der persönlichen Integrität und Verlässlichkeit beschreiben.
- den Umgang mit Projektmitgliedern unterschiedlicher Herkunft steuern.
- die Nachhaltigkeit von Lieferergebnissen fördern.
- die Bedeutung der Rolle des Projektleiters abschätzen.

**Schlüsselbegriffe**

Charta, Ethik, Firmenkultur, Kultur-Workshop, Landeskultur, Lessons-Learned-Meetings, Nachhaltigkeit, Projekthandbuch, Release, Verantwortung, Vertrauen, Widerspruchsfreiheit

### Definition gemäss ICB4

Um die Arbeit zu erledigen und den Nutzen von Projekten zu liefern, müssen zahlreiche persönliche Verpflichtungen eingegangen werden. Der Einzelne muss persönliche Integrität und Zuverlässigkeit an den Tag legen, da ein Fehlen dieser Qualitäten ein Scheitern der gewünschten Ergebnisse zur Folge haben kann.

«Persönliche Integrität» bedeutet, dass der Einzelne gemäss seinen eigenen moralischen und ethischen Werten und Prinzipien handelt.

«Verlässlichkeit» bedeutet, dem Vereinbarten und den Erwartungen entsprechend zu handeln.

### Zweck gemäss ICB4

Die Kompetenz «Persönliche Integrität und Verlässlichkeit» versetzt den Einzelnen in die Lage, konsistente Entscheidungen zu treffen und ein konsequentes Verhalten in Projekten an den Tag zu legen. Das Zeigen von persönlicher Integrität schafft ein vertrauensvolles Umfeld, in dem andere sich sicher und zuversichtlich fühlen. Es ermöglicht dem Einzelnen, andere zu unterstützen.

### Beschreibung gemäss ICB4

Integrität und Zuverlässigkeit baut auf Konsistenz zwischen Werten, Emotionen, Handlungen und dem Ergebnis: Man sagt, was man tut, und tut, was man sagt. Durch das Einhalten ethischer Standards und moralischer Prinzipien als Handlungs- und Entscheidungsgrundlage und durch das Übernehmen von Verantwortung für individuelle Handlungen und Entscheidungen wird Vertrauen ermöglicht und gefördert. Der Einzelne ist eine Person, auf die man sich verlassen kann.

**Hinweis**

Folgende Kompetenzen sind mit «Persönliche Integrität und Verlässlichkeit» verknüpft und werden in den entsprechenden Kapiteln behandelt:

- Alle weiteren Kompetenzen des Kompetenzbereichs Menschen, Teil C, S. 201
- Kompetenz «Compliance, Standards und Regulationen», Kapitel 27, S. 318
- Kompetenz «Macht und Interessen», Kapitel 28, S. 327
- Kompetenz «Kultur und Werte», Kapitel 29, S. 332

## 16.1 Ethik

Ein Projektteam besteht aus **Menschen unterschiedlicher Herkunft und Prägung.** Jedes Teammitglied verfügt über verschiedene Erfahrungen und Herangehensweisen im Zusammenhang mit Projekten und hat eine andere Arbeitseinstellung.

Es ist wichtig, dass der Projektleiter von Anfang an klärt, welche **Grundsätze und Prinzipien** in einem Projekt gelten und welche ethischen Werte vertreten werden sollen, z. B. offene Kommunikation, Feedbackkultur und Respekt gegenüber den einzelnen Mitgliedern. Idealerweise entwickelt das Projektteam die Grundsätze und Prinzipien der Zusammenarbeit selbst und hält sie in einer **Charta** fest. Diese Charta übernimmt der Projektleiter in das **Projekthandbuch;** sie sind für alle Projektmitarbeitenden verbindlich. Werden die Grundsätze nicht klar kommuniziert, besteht die Gefahr, dass mehrfach dieselben Diskussionen geführt werden und die Arbeit negativ beeinflussen.

Man muss besonders auf funktionierende Zusammenarbeit in Projekten achten, in denen die Mitarbeitenden aus **unterschiedlichen Ländern** kommen. Ist das der Fall, empfiehlt es sich, beim Projektbeginn einen **Workshop** durchzuführen, in dem die Projektmitarbeitenden die vertretenen Kulturen kennenlernen und gemeinsame Grundsätze für die Zusammenarbeit erarbeiten.

Der Workshop kann in **zwei Teile** geteilt werden:

1. Bearbeitung der vertretenen Kulturen und deren Unterschiede
2. Definition von Umgangs- und Kommunikationsregeln

Während es im ersten Teil um die **Unterschiedlichkeiten der vertretenen Kulturen** geht, wird im zweiten Teil die Charta erarbeitet, die die **Regeln der Zusammenarbeit** festlegt. Diese Regeln können auf einem Flipchart festgehalten werden und bei jedem Meeting im Raum aufgehängt werden, damit die Regeln immer gegenwärtig sind.

Die **Ziele des Workshops** sind:

- Förderung der Teambildung
- Verständnis für die anderen Kulturen
- Höhere Zufriedenheit und mehr Engagement
- Weniger Konflikte
- Höhere Produktivität und Qualität

**Beispiel** Ablauf eines Kultur-und-Führungs-Workshops für ein Projektteam, das auf die USA und die Schweiz verteilt ist:

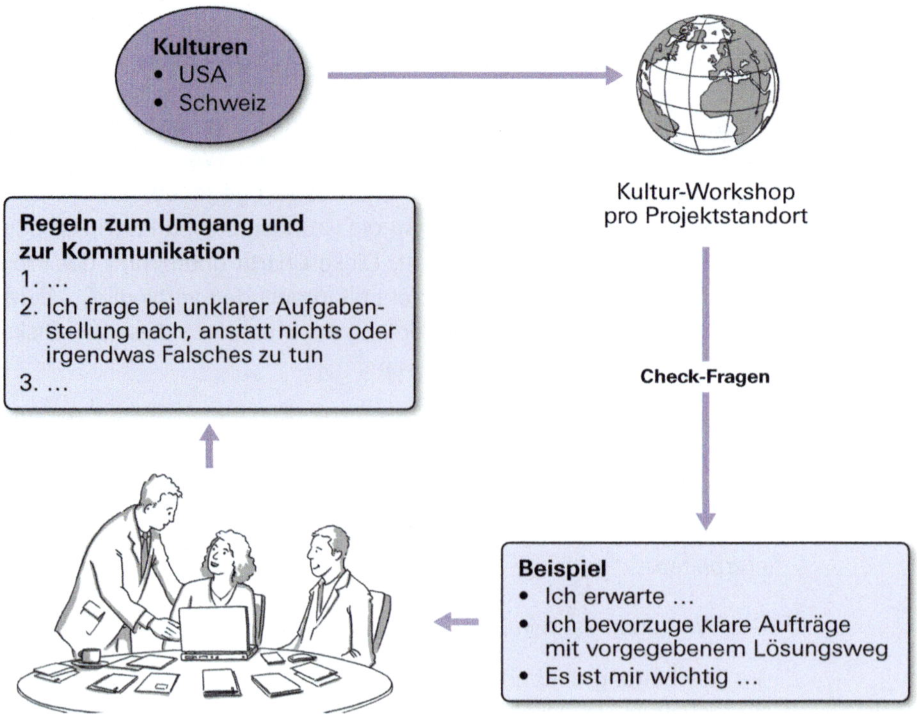


**Hinweis** Für Details zu kulturellen Aspekten lesen Sie die Ausführungen zur Kompetenz «Kultur und Werte», Kapitel 29, S. 332.

## 16.2 Nachhaltigkeit

Der Projektleiter muss sich immer bewusst sein, dass das, was er mit dem Projekt erstellt, in einem grösseren Zusammenhang steht. Um die Nachhaltigkeit des Projektergebnisses zu sichern, muss der Projektleiter das Ganze überblicken und **Abhängigkeiten sowie Einflüsse von und auf sein Projekt** berücksichtigen. Dazu gehört auch die Überlegung, wo das durch das Projekt gelieferte Ergebnis ausserdem eingesetzt werden kann.

Auch die Art der Nutzung und eine mögliche Änderung im Verhalten der Benutzer durch das Ergebnis muss der Projektleiter beachten. Dabei sind die bestehenden Prozesse zu prüfen und bei Bedarf anzupassen. Diese **Anpassung** muss nicht zwingend durch das Projekt erfolgen; die Diskussion, ob es eine Anpassung benötigt, sollte jedoch durch den Projektleiter gesucht werden. Unter Umständen müssen auch **Einschränkungen für die Nutzung** gemacht werden, um eine fehlerhafte Nutzung zu verhindern.

Während des Projekts sollte sich der Projektleiter der Nachhaltigkeit der erstellen Lösung bewusst sein. Die folgenden Fragen können helfen, ein **nachhaltiges Projektergebnis** zu liefern:

- Kann dieses Produkt in anderen Bereichen eingesetzt werden?
- Inwieweit wirkt sich das Produkt auf das Verhalten der Benutzer aus?
- Fördert das Produkt die im Projekt vertretenen Einstellungen?
- Welchen zusätzlichen Nutzen kann das Projekt liefern?
- Ist es möglich, den Nutzen des Projekts durch leichte Anpassungen zu steigern?

Zur **Förderung der Nachhaltigkeit** von Leistungen und Ergebnissen eignen sich **Lessons-Learned-Meetings**, in denen diese Themen explizit angesprochen werden. In diesen Meetings werden neben der Zusammenarbeit auch die erzielten Ergebnisse bzw. die erbrachten Leistungen besprochen und auf Verbesserungspotenzial überprüft. Im Bereich der **Agilität** werden diese Lessons Learned – Retrospektiven – nach jedem **Release** durchgeführt. Sehr gute Erfahrungen mit der Durchführung von Lessons Learned wurden nach dem Erreichen von wichtigen Meilensteinen gemacht. Das Projektteam kann auf Basis des erzielten Teilerfolgs die Ergebnisse und die Leistung würdigen und Verbesserungen für die nächste Phase festlegen.

**Beispiel**

Die Agenda für ein Lessons-Learned-Meeting könnte wie folgt aussehen:

1. Was haben wir in der letzten Phase erreicht? Was lief gut?
2. Was haben wir nicht erreicht? Was lief schlecht?
3. Warum lief es gut / schlecht?
4. Was wollen wir ändern, damit wir in der nächsten Phase besser werden?

Als Abschluss kann das Stimmungsbild im Team abgefragt werden. Hier bietet sich eine einfache Skala auf einem Flipchart an, wo die Teilnehmende ihre Stimmung mit einem Klebepunkt markieren.

Für die Durchführung sind einige **Rahmenbedingungen** zu berücksichtigen:

- Das Meeting sollte von einer **neutralen Person moderiert** werden. Es kann auch der Projektleiter sein. Er muss dann allerdings als Moderator auftreten und darf sich nicht an inhaltlichen Diskussionen beteiligen.
- Die **einzelnen Schritte** sind **nacheinander** durchzuführen. Das heisst, man sollte keine Lösungen beim Nennen von Problemen oder Dingen, die schlecht liefen, suchen, ohne die Frage nach dem Warum zu stellen (Schritt 3). Um den Kern eines Problems zu erkennen, kann die **5-W-Methode** angewendet werden. Diese aus dem Lean[1]- und Qualitätsmanagement bekannte Methode besagt, dass bei einem Problem fünf Mal «warum?» gefragt werden muss, bis man das eigentliche Problem gefunden hat.
- Es darf **kein Schritt ausgelassen** werden.
- Es müssen Massnahmen definiert werden, die vom ganzen Team getragen werden.

**Beispiel**

In einer Firma fällt die Stromversorgung aus, was einen Ausfall der Produktion für mehrere Stunden bewirkt. Um den Grund für den Ausfall zu finden, wendet der Manager der Firma die 5-W-Methode an:

1. Warum ist der Strom ausgefallen? Antwort: Es gab einen Kurzschluss in einem Versorgungskasten.
2. Warum gab es einen Kurzschluss? Antwort: In den Versorgungskasten ist Wasser eingedrungen.
3. Warum ist in den Versorgungskasten Wasser eingedrungen? Antwort: Es hat von der Decke getropft.
4. Warum hat es von der Decke getropft? Antwort: Das Dach ist undicht.

In diesem einfachen Beispiel ist die Lösung die Reparatur des Dachs, was allein durch das Problem (den Stromausfall) nicht offensichtlich ist.

[1] Lean (schlankes) Management setzt sich zum Ziel, sämtliche Verschwendung zu minimieren, Überflüssiges auszuschliessen und Prozesse derart zu optimieren, dass sie perfekt miteinander harmonieren.

## 16.3 Verantwortung

**Entscheidungen** müssen in einem Projekt ständig getroffen werden. Das ist aber oft nicht einfach.

**Beispiel**

Die folgenden Beispiele weisen auf Entscheidungen hin, die in einem Projekt gefällt werden müssen:

- Teilnehmerkreis im Kick-off
- Frequenz der Projekt-Meetings
- Einführungstermin halten trotz bestehender Probleme
- Wahl des Lieferanten
- Verschiebung eines wichtigen Meilensteins

In vielen Fällen ist der **Projektleiter für Entscheidungen verantwortlich** und muss diese vertreten. Damit der Projektleiter Entscheidungen fällen und diese vertreten kann, muss er die Einzelheiten kennen und die Konsequenzen gut abwägen. Nur eine Entscheidung, die vom Projektleiter mit gutem Gewissen vertreten werden kann, hat Bestand, falls es zu einem Konflikt kommen sollte. Überlässt der Projektleiter die Entscheidung anderen, versucht er sich aus der Verantwortung zu ziehen. Die Folge ist nicht selten eine Schuldzuweisung, was die Zusammenarbeit erschwert und zu Spannungen im Projektteam führt.

Sie als Projektleiter befinden sich in einer Sandwichposition, die für Sie nicht einfach ist. Sie müssen Entscheide gegenüber den Stakeholdern vertreten, die Sie zusammen mit dem Team getroffen haben. **Entscheide der Stakeholder** müssen Sie gegenüber Ihrem Projektteam vertreten, selbst wenn Sie mit den Entscheidungen nicht hundertprozentig einverstanden sind. In beiden Fällen tun Sie gut daran, den jeweiligen Parteien nicht in den Rücken zu fallen.

Können Sie die Entscheide nicht mit gutem Gewissen vertreten, führt das zu Konflikten. Sehen Sie keine Möglichkeit, das zu ändern, so sollten Sie sich ernsthaft die Frage stellen, ob Sie das Projekt abgeben sollten («Love it, change it or leave it»).

## 16.4 Widerspruchsfreiheit

Nicht immer ist es einfach, **widerspruchsfrei zu handeln**. Konrad Adenauer hat mit seiner Aussage «Was kümmert mich mein Geschwätz von gestern» sehr gut zum Ausdruck gebracht, dass sich Meinungen ändern können. Entscheidungen müssen klar nachvollziehbar sein und dürfen generellen Vorstellungen und Werten des Projektleiters nicht widersprechen. Zudem dürfen das Umfeld des Projekts und die Kultur, in der es umgesetzt wird, nicht gänzlich ausser Acht gelassen werden. Das beinhaltet sowohl die **Landeskultur** als auch die **Firmenkultur**.

Eine getroffene Entscheidung muss **adressatengerecht kommuniziert** werden. Hier sind Sie als Projektleiter in der Pflicht, die Informationen so aufzubereiten, wie es die jeweiligen Empfänger erwarten. Ein Topmanager oder Geschäftsführer ist meist nicht an technischen Details interessiert. Umgekehrt interessiert einen Entwickler vermutlich der Beitrag des Projekts zur strategischen Entwicklung eines Bereichs eher weniger.

## 16.5 Vertrauen

«Zu fällen einen schönen Baum, braucht's eine halbe Stunde kaum. Zu wachsen, bis man ihn bewundert, braucht er, bedenk' es, ein Jahrhundert.» (Eugen Roth)

Vertrauen ist etwas, das nicht einmal aufgebaut werden kann und dann für immer bleibt. Vertrauen aufzubauen, ist ein **langwieriger Prozess.** Es zu erhalten, ein kontinuierliches Arbeiten. Es wird fast täglich auf den Prüfstand gestellt und muss bestätigt werden. Sie können sich als Projektleiter das Vertrauen ihrer Projektmitarbeitenden und des Umfelds erarbeiten:

- **Kommunizieren Sie.** Nichts schafft und erhält Vertrauen so sehr, wie regelmässig und offen miteinander zu reden.
- **Bringen Sie zum Ausdruck, was Sie meinen, glauben, fühlen und handeln Sie danach.** Das nennt man authentisch sein. Tun Sie das jedoch nicht immer sofort und ungefiltert. Beachten Sie Takt und Timing.
- **Seien Sie ehrlich.** Also lügen Sie nicht. Allerdings sind Sie als Projektleiter manchmal über Umstände informiert, die eben nicht jeder wissen muss. Doch bevor Sie lügen: Schweigen Sie lieber oder sagen Sie: «Darüber kann ich nicht sprechen.»
- **Stehen Sie zu eigenen Fehlern.** Als Projektleiter sind Sie Vorbild. Beweisen Sie es, indem Sie zu eigenen Fehlern stehen, dass Fehler machen keine Schande ist – nur, nichts daraus zu lernen. Lassen Sie Ihre Mitarbeitenden also an Ihren Lernerfolgen teilhaben.
- **Lassen Sie sich Zeit.** Vertrauen lässt sich nicht in einem Tag aufbauen und es braucht eine Bewährungsprobe, um das Band zu festigen. Vertrauen ist zwar gut – ein Beweis zu gegebener Zeit besser.
- **Liefern Sie fristgerecht.** Sie erwarten von Ihren Projektmitarbeitenden, dass sie ihre Arbeitsergebnisse in der vereinbarten Zeit und Qualität liefern. Machen Sie es vor, indem Sie Ihre eigenen Arbeiten entsprechend ausführen.

**Messgrössen**

- Kennt und reflektiert die eigenen Werte
- Nutzt eigene Werte und Ideale, um Entscheidungen zu gestalten
- Kommuniziert die eigenen Prinzipien
- Thematisiert Nachhaltigkeitsaspekte bei Lösungen proaktiv
- Berücksichtigt und bezieht langfristige Ergebnisse in die Lösung mit ein
- Übernimmt die volle Verantwortung für die eigenen Entscheidungen und Handlungen
- Übernimmt sowohl für positive als auch für negative Ergebnisse die Verantwortung
- Trifft Entscheidungen und hält Vereinbarungen ein
- Arbeitet an persönlichen Defiziten, die dem Erfolg im Weg stehen
- Zeigt Übereinstimmung von Worten und Taten
- Verwendet ähnliche Ansätze zur Lösung ähnlicher Probleme
- Passt das persönliche Verhalten dem Kontext der Situation an
- Erledigt Arbeitsaufträge sorgfältig und gründlich
- Erwirbt sich Vertrauen durch das termingerechte Abliefern vollständiger und genauer Arbeit

**Repetitionsfragen**

| | |
|---|---|
| 66 | Sie haben die Kompetenz «Persönliche Integrität und Verlässlichkeit» kennengelernt. Leiten Sie fünf Chancen stichwortartig für ein Projekt ab, die ein integrer und verlässlicher Projektleiter mit sich bringt. |
| 67 | Welche Risiken können sich aus Ihrer Sicht im Projekt ergeben, wenn der Projektleiter kulturelle Unterschiede im Projektteam nicht berücksichtigt? Nennen Sie stichwortartig drei massgebliche Risiken. |

# 17 Persönliche Kommunikation

**Lernziele**

Nach der Bearbeitung dieses Kapitels können Sie ...

- die Bedeutung der verschiedenen Ebenen der persönlichen Kommunikation erklären.
- die Rolle der offenen Kommunikation beschreiben.
- unterschiedliche Kommunikationsarten und -kanäle für physische und virtuelle Teams verwenden.
- Humor und Perspektivenwechsel in der Kommunikation einsetzen.

**Schlüsselbegriffe**

aktives Zuhören, Humor, Kodierungssystem, Kommunikationsarten, Kommunikationskanäle, Kommunikationskodex, Kommunikationsprozess, Kommunikationsregeln, offene Kommunikation, Perspektivenwechsel, Rückmeldung, Video-Meeting, Vier-Ebenen-Modell, virtuelle Teams

### Definition gemäss ICB4

«Persönliche Kommunikation» umfasst den Austausch von sachgemässen Informationen, die präzise und konsistent an alle Beteiligten übermittelt werden.

### Zweck gemäss ICB4

Die Kompetenz «Persönliche Kommunikation» versetzt den Einzelnen in die Lage, in unterschiedlichen Situationen effizient und effektiv mit verschiedenen Zielgruppen und über verschiedene Kulturen hinweg zu kommunizieren.

### Beschreibung gemäss ICB4

Die persönliche Kommunikation beschreibt die wichtigsten Aspekte einer effektiven Kommunikation. Sowohl Inhalt als auch Art zu kommunizieren (Tonfall, Kanal und Informationsmenge) müssen verständlich und angemessen für das Zielpublikum sein. Der Einzelne muss sicherstellen, dass die Botschaften verstanden wurden, durch aktives Zuhören beim Zielpublikum und durch Einholung von Feedback. Der Einzelne setzt sich für eine offene und ehrliche Kommunikation ein und ist in der Lage, unterschiedliche Kommunikationsmittel einzusetzen (Präsentationen, Meetings, Schriftform usw.). Er kann einschätzen, in welcher Situation welches Mittel angemessen ist.

### Zusätzliche Erläuterungen

«Man kann nicht nicht kommunizieren, denn jede Kommunikation (nicht nur mit Worten) ist Verhalten und genauso wie man sich nicht nicht verhalten kann, kann man nicht nicht kommunizieren.» Dieses Axiom hat der österreichische Kommunikationswissenschaftler, Psychotherapeut, Philosoph und Soziologe Paul Watzlawick (1921–2007) aufgestellt. Kommunikation ist der **komplexe und wechselseitige Austausch von Informationen zwischen Lebewesen** (Menschen und sozialen Systemen). Sie findet nicht nur auf der verbalen, sprachlichen Ebene statt, sondern auch über Bilder, Gesten, Körpersprache usw.

**Beispiel**

Eine Frau im Wartezimmer eines Arztes starrt die ganze Zeit nur auf den Boden. Zunächst könnte man annehmen, sie würde nicht kommunizieren. Dennoch tut sie es, indem sie den anderen Wartenden nonverbal mitteilt, dass sie keinerlei Kontakt möchte.

**Hinweis**

Folgende Kompetenzen sind mit «Persönliche Kommunikation» verknüpft und werden in den entsprechenden Kapiteln behandelt:

- Alle weiteren Kompetenzen des Kompetenzbereichs Menschen, Teil C, S. 201
- Kompetenz «Macht und Interessen», Kapitel 28, S. 327
- Kompetenz «Kultur und Werte», Kapitel 29, S. 332
- Kompetenz «Organisation, Information und Dokumentation», Kapitel 6, S. 82
- Kompetenz «Stakeholder», Kapitel 13, S. 170

## 17.1 Informationsweitergabe

Wenn Sie jemandem etwas mitteilen, ist das nie ein einseitiger Prozess. Per Definition ist Kommunikation etwas, das man gemeinsam tut. Es braucht immer Sender und Empfänger.

Als **Sender einer Botschaft** möchte ich verstanden werden. Dazu wähle ich die «richtigen» Worte. Grundvoraussetzung dafür, dass eine Botschaft verstanden wird, ist ein gemeinsames **Kodierungssystem,** z. B. die Sprache. Doch ich kann nicht sicher sein, dass meine Worte vom Empfänger auch so wie von mir beabsichtigt verstanden werden.

Was wir wahrnehmen («als wahr nehmen») ist das Resultat eines sehr komplexen **Verarbeitungsprozesses.** Die Wahrnehmung ist immer selektiv und subjektiv. Folgende Faktoren spielen bei der Wahrnehmung eine Rolle:

- Selektion beeinflusst durch Gefühle, innere Bilder und Erfahrungen:
  Zum Beispiel engen Ängste die Wahrnehmung ein. Man nimmt nur wahr, was man wahrnehmen will.
- Tendenz, Strukturen und Ganzheit herstellen:
  Es werden subjektive Ergänzungen und Interpretationen vorgenommen.

Grundsätzlich kann der **Kommunikationsprozess** folgendermassen dargestellt werden:

Abb. [17-1] **Ablauf der Kommunikation**

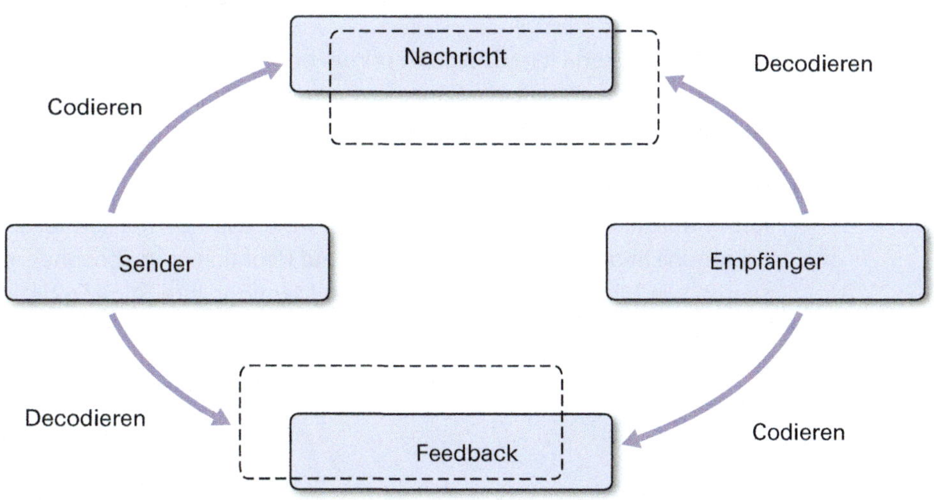

Um verstehen zu können, was beim Empfänger Ihrer Botschaft angekommen ist, brauchen Sie zwingend eine **Rückmeldung,** die auch kodiert und dekodiert werden muss. Erschwerend kommt hinzu, dass Botschaften, die wir aussenden, für gewöhnlich mehrere Ebenen haben. Friedemann Schulz von Thun spricht von der «Anatomie einer Botschaft» und beschreibt **vier Ebenen** jeder Botschaft:

Abb. [17-2] **Vier-Ebenen-Modell**

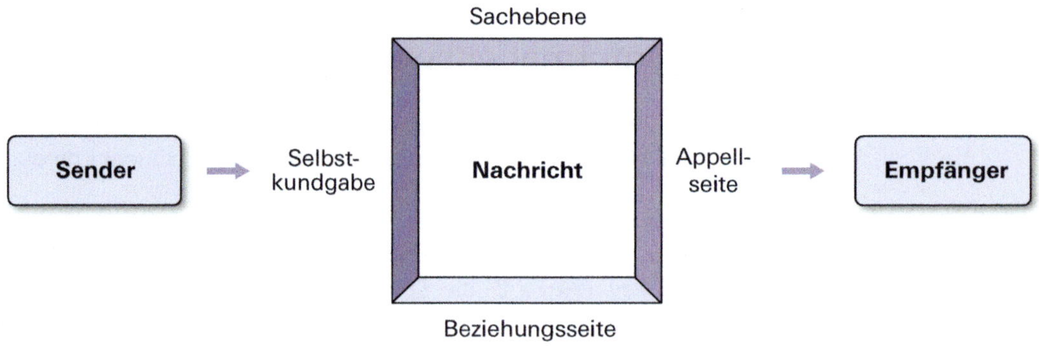


- Die **Sachebene** beschreibt, worüber Sie informieren: «Es ist ...»
- Die **Selbstkundgabe** beschreibt, was Sie von sich kundgeben: «Ich bin ...»
- Im **Appell** teilen Sie mit, wozu Sie den Empfänger veranlassen möchten.
- Auf der **Beziehungsebene** teilen Sie mit, was Sie vom Empfänger halten und wie Sie zu ihm stehen.

**Beispiel**

Der Projektleiter verkündet in der Projektsitzung: «Wir sind drei Tage hinter dem Zeitplan.»

- Sachebene: Die Projektabwicklung ist um drei Tage verzögert.
- Appell: Macht vorwärts, damit wir wieder aufholen.
- Beziehungsebene: Ich habe mich auf euch verlassen und bin enttäuscht! Was habt ihr denn die ganze Zeit gemacht?
- Selbstkundgabe: Ich mache mir Sorgen, ob wir rechtzeitig fertig werden.

Auf welcher Ebene Ihre Botschaft primär beim Empfänger ankommt, können Sie nur zum Teil beeinflussen. In erster Linie hängt das vom Empfänger und von seiner aktuellen Situation und Gefühlslage ab. Das ist der Grund, warum **Missverständnisse** in der Kommunikation so häufig sind.

Kommunikation kann man üben. Nutzen Sie das eben Gelernte und machen Sie sich Ihre Kommunikation bewusster. Achten Sie auf Reaktionen. Insbesondere die **nonverbalen Reaktionen** wie Mimik, Tonfall. Setzen Sie in Meetings Ihre Stimme gezielt ein (Stimmlage, Lautstärke, Stimmführung, Sprechgeschwindigkeit etc.). Verwenden Sie **Bilder und Metaphern,** um für ein gemeinsames Verständnis zu sorgen. Stellen Sie Fragen, um zu verstehen, wie Ihre Aussagen bei den Zuhörern angekommen sind.

## 17.2 Offene Kommunikation

Das Zusammenspiel im Team funktioniert umso besser, je **offener und vertrauensvoller die Atmosphäre** ist. Wenn Teammitglieder ihre Bedenken frei äussern, können z. B. Risiken früher entdeckt werden. Ausserdem werden Ideen offener ausgetauscht, sodass das Team von allen verfügbaren Talenten profitieren kann.

In einer offenen Atmosphäre sind Beiträge von jedem Projektmitarbeiter willkommen. Das schliesst insbesondere die eher stilleren, zurückhaltenden Mitarbeitenden in einem Projektteam ein. Oft kann man beobachten, dass ein paar wenige dominieren. Aber während die einen damit beschäftigt sind, sich in Szene zu setzen, denken die Ruhigen nach. Nicht selten kommen die besseren Lösungen aus der zweiten Gruppe. Sie als Projektleiter haben hier eine entscheidende Rolle: Achten Sie auf die **stillen Kollegen** im Team. Gehen Sie mit gutem Beispiel voran, indem Sie sie ausreden lassen und zeigen, dass Sie ihnen zuhören, indem Sie z. B. zusammenfassen, was Sie verstanden haben. Diese Methode nennt sich auch **«aktives Zuhören»**. Dazu gehören:

- **Offene Fragen** beginnen mit einem Fragewort: wie, warum, wann, wieso, was, wer etc. und können nicht mit Ja oder Nein beantwortet werden. Geschlossene Fragen sind hingegen Fragen, die allein mit Ja oder Nein beantwortet werden können.
- **Bestätigungslaute** wie «ah», «mhm», «ach».
- **Körpersprache** wie Kopfnicken und Augenkontakt.
- **Gehörtes umschreiben, widerspiegeln und zusammenfassen.**

Sie können die ruhigeren Teammitglieder nach ihrer Meinung fragen und dafür sorgen, dass sie nicht unterbrochen werden. Wenn Sie die Teammitglieder schützen, indem Sie **Respekt für abweichende Meinungen** einfordern, kann eine offene Atmosphäre entstehen. Setzen Sie ein Zeichen, indem Sie hervorheben, wie wichtig es ist, Ideen auszutauschen.

**Beispiel** Zur Klärung der **Kommunikationsregeln** und zur Unterstützung einer offenen Kommunikation kann der Projektleiter zusammen mit dem Projektteam einen **Kommunikationskodex** vereinbaren.

Abb. [17-3] **Kommunikationskodex im Team**

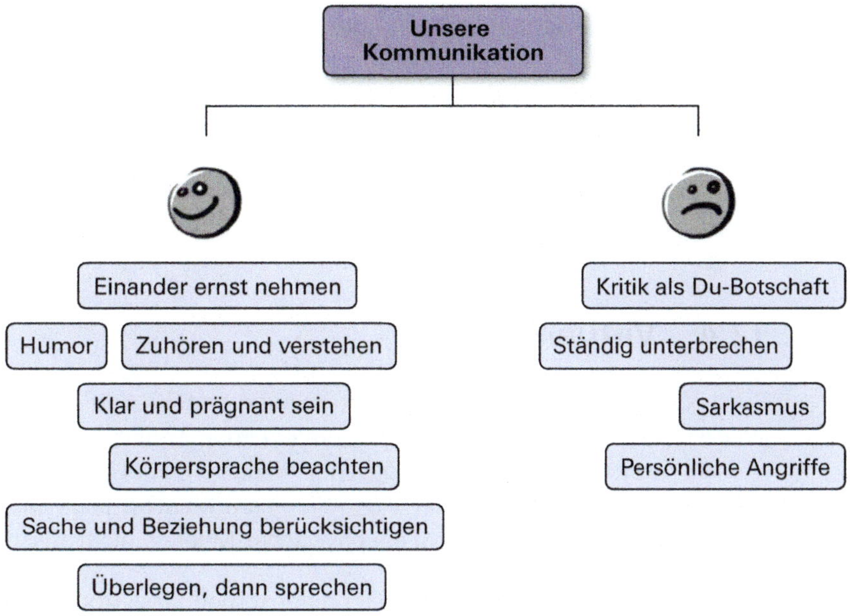

## 17.3 Kommunikationsarten und -kanäle

Kommunikation hängt immer von der jeweiligen Situation ab. Probieren Sie die **unterschiedlichen Kanäle und Arten** aus. Ob z. B. ein Telefonanruf sinnvoller ist als ein E-Mail, sollten Sie sich vorab überlegen. Die folgende Grafik hilft Ihnen bei der Suche nach dem richtigen Kommunikationskanal.

Abb. [17-4] **Eignung unterschiedlicher Kommunikationsarten**

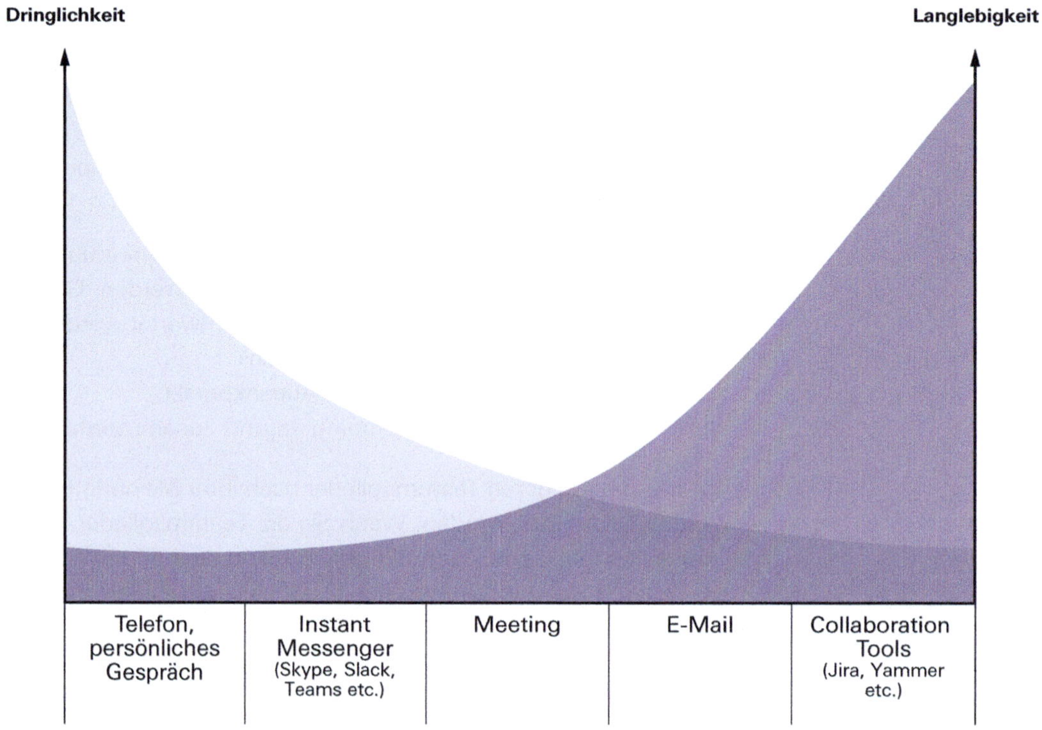


Welcher **Kommunikationsstil** ist angebracht? Wie formell muss ich vorgehen, wie informell darf ich sein? Beachten Sie, dass der Kanal den Stil beeinflusst. Emotionen sind schwierig in einem E-Mail zu verpacken und ein böser Brief wirkt wie Öl, das man ins Feuer giesst.

Passen Sie Ihre Kommunikation den **Empfängern** an. Es macht einen Unterschied, ob Sie dem CEO, ihren Kollegen, einem Freund oder einem Mitarbeiter in der Produktion etwas mitteilen.

## 17.4 Virtuelle Teams

Durch den **Einsatz moderner Kommunikationstechniken** ist es heute möglich, nahezu jederzeit an jedem beliebigen Ort mit jemandem in Kontakt zu treten. Auf diese Weise sind virtuelle Teams überhaupt erst möglich. Anfangs ist es etwas gewöhnungsbedürftig, wenn man nur per Telefon, Chat oder Video an einem Meeting teilnimmt. Sie werden auch feststellen, dass ein **Video-Meeting** ein physisches Meeting nicht vollständig ersetzen kann.

Umso mehr müssen Sie als Teamleiter dafür sorgen, dass trotzdem ein **Zusammengehörigkeitsgefühl** entsteht. Dazu gehört auch, dass Sie gezielt für Gruppenprozesse Raum lassen, die zwangsläufig auch in einem virtuellen Team ablaufen. Dazu kommen eventuelle kulturelle Unterschiede im Verhalten der Teammitglieder, mit denen Sie umgehen müssen.

Daher sollten Sie sich gut überlegen, welche Technologien für welche Art der Kommunikation geeignet sind, und sich trauen, die gewählten Prozesse im Zweifel auch anzupassen.

Dazu noch ein paar **Tipps:**

- Nutzen Sie das Kick-off-Meeting und wichtige Meilensteine dafür, dass die Mitglieder des virtuellen Teams persönlich anwesend sind. Sorgen Sie, wann immer möglich, für einen **persönlichen Austausch** – nicht erst in Krisensituationen!
- Nutzen Sie **mehrere unterschiedliche Kommunikationsmedien** und -wege.
- Vereinbaren Sie **regelmässige Meetings** und passen Sie die Frequenz den Bedürfnissen an, um die Zusammenarbeit zu erleichtern.
- Vereinbaren Sie **Kommunikationsstandards** für Notfälle.
- Geben Sie **Raum für persönlichen,** nicht projektbezogenen **Austausch.**
- Helfen Sie mit, dass die Mitarbeitenden des virtuellen Teams sichtbar werden.

## 17.5 Humor und Perspektivenwechsel

Projektarbeit bedeutet häufig, dass die Projektmitarbeitenden unter Zeitdruck intensiv und konzentriert arbeiten müssen. Dieser Stress entlädt sich in der Zusammenarbeit im Team. Oft fehlt die **Zeit zur Entspannung** und das Projekt scheint das Einzige zu sein, was zählt. Aber seien wir ehrlich: Es gibt Wichtigeres im Leben. Und keiner ist unersetzlich, zumindest gilt das für die meisten von uns. Darum sollte man ab und zu eine entspanntere Sicht auf die Dinge haben.

Gemäss dem deutschen Institut für Humor wirkt sich **Humor** besonders **positiv auf Mitarbeitende** aus.[1] Insbesondere bewirkt gesunder Humor:

- Weniger Stress, weniger Burn-out
- Auflösung von Spannungen
- Bessere Gesundheit
- Bessere Bewältigung von Problemen (Fachjargon: «coping humor»)

Nicht jeder ist von Natur aus witzig, aber man kann das bis zu einem gewissen Grad lernen.

Humor kann eine **Gratwanderung** sein. Insbesondere wenn die Teammitglieder aus **unterschiedlichen Kulturen** kommen, sollte man vorsichtig sein, denn Humor und Ironie werden nicht überall gleich verstanden und Leute mögen es nicht, wenn man sich auf Kosten ihrer Lebenseinstellung oder ihres Glaubens lustig macht.

Ein ebenfalls probates Mittel zur Auflockerung ist der **Perspektivenwechsel.** Nehmen Sie in einem Meeting eine **andere Rolle** ein. Verteilen Sie **Rollen** im Meeting. So kann z. B. einer die Rolle des Träumers einnehmen, ein anderer die des Denkers, ein Dritter die des Liebenden und ein Vierter die des Kriegers. **Tauschen Sie die Rollen,** wenn es nicht weitergeht. Durch das Einnehmen einer der Rollen ist man gezwungen, eine andere Perspektive zum Projekt einzunehmen, und kann neue Erkenntnisse gewinnen oder Impulse geben. Es darf dabei gerne auch gelacht werden.

**Hinweis** Lesen Sie mehr zu verschiedenen Meeting-Rollen in der Kompetenz «Selbstreflexion und Selbstmanagement», Kapitel 15, S. 203.

[1] http://www.humorinstitut.de/Business.html.

Messgrössen

- Strukturiert Informationen abhängig von der Zielgruppe und der Situation logisch
- Verwendet in der Kommunikation passende Bilder, Geschichten, Metaphern o. Ä.
- Verwendet eine leicht verständliche Sprache
- Setzt öffentliche Reden und Präsentationen sinnvoll ein
- Führt Coaching und Schulungen durch
- Leitet und moderiert Besprechungen
- Nutzt Visualisierung, Körpersprache und Intonation, um Botschaften zu unterstützen und zu betonen
- Schafft eine offene und respektvolle Atmosphäre
- Hört aktiv und geduldig zu, bestätigt das Gehörte, wiederholt das Gehörte in eigenen Worten und stellt sicher, dass es richtig verstanden wird
- Unterbricht nicht und fängt nicht zu sprechen an, während andere reden
- Ist offen und zeigt ernsthaftes Interesse an neuen Ideen
- Bestätigt, dass die Botschaft / Information verstanden wurde, oder bittet wenn nötig um Klärung, Beispiele und / oder Details
- Stellt klar, wann, wo und wie Ideen, Emotionen und Meinungen willkommen sind
- Stellt klar, wie mit Ideen und Meinungen umgegangen wird
- Wählt geeignete Kommunikationsarten und -kanäle abhängig von der Zielgruppe aus und kommuniziert entsprechend
- Überwacht und steuert die Kommunikation
- Verändert die Kommunikationsarten und -kanäle, abhängig von der jeweiligen Situation
- Nutzt moderne Kommunikationstechnologie wie beispielsweise Webinare, Telekonferenzen, Chats oder Cloud-Computing
- Definiert eindeutige Kommunikationsprozesse und -verfahren und erhält diese aufrecht
- Fördert den Zusammenhalt und die Teambildung
- Wechselt den Blickwinkel in der Kommunikation
- Reduziert Spannungen durch den Einsatz von Humor

Repetitionsfragen

68 Tragen Sie die folgenden Fragestellungen in den entsprechenden Feldern der Abbildung ein:

- Was soll ich aufgrund seiner Mitteilung tun, denken, fühlen?
- Wie ist das zu verstehen?
- Was ist das für einer? Was ist mit ihm?
- Was redet der eigentlich mit mir? Wen glaubt er vor sich zu haben?

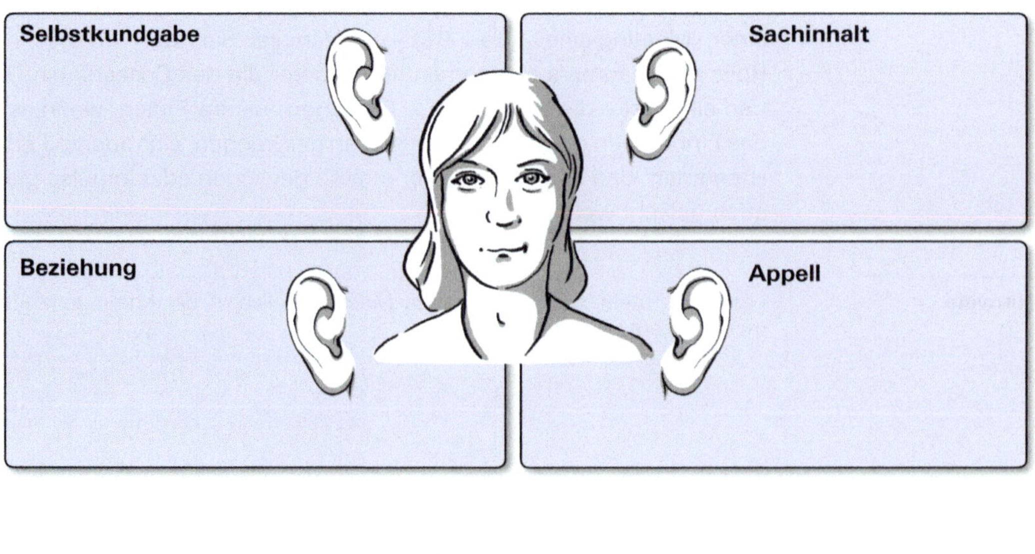

69 Beurteilen Sie die Qualität der Kommunikation der in der Tabelle aufgeführten Kommunikationssituationen (+ / –) und begründen Sie Ihre Beurteilung.

| Chance, Risiko | Güte | Begründung |
|---|---|---|
| Anna steckt in einer schwierigen emotionalen Lage, weil sie sich gerade von ihrem Mann getrennt hat. Aus diesem Grund ist es ihr in den letzten Wochen schwergefallen, sich zu konzentrieren. Die Trennung hat sie noch nicht ganz verarbeitet. Der Projektleiter spricht Anna auf ihre Leistungseinbusse an. Anna beginnt direkt, ihm auf ausschweifende Art von der privaten Situation zu erzählen. Der Projektleiter stellt lediglich Verständnisfragen und lässt Anna 15 Minuten sprechen. | | |
| Peter unterstützt sein Team spontan beim Schreiben des Projektabschlussberichts. Ursula redigiert sein Kapitel und kommentiert das Dokument via E-Mail: «Ich bin nicht begeistert, die Qualität stimmt so nicht. Ich höre nun mit dem Lesen auf.» | | |
| Die neue Unternehmensstrategie wurde in einem Video durch den CEO präsentiert. Es wird sich einiges ändern, was auch das Projekt betrifft. Die Änderungen sind allerdings noch nicht vollumfänglich abschätzbar. Der Projektleiter leitet das Video seinem Projektteam unverzüglich per E-Mail weiter. | | |
| Felicia durfte nach ihrem Doktorat in Elektrotechnik ein anspruchsvolles Kundenprojekt übernehmen, das genau ihr Thema ist, und trifft zum ersten Mal das interdisziplinäre Projektteam. Um Respekt zu erhalten, bereitet sie sich optimal auf das Meeting vor, indem sie ihr jahrelang erarbeitetes Fachwissen in eine Präsentation packt und dem Team sprachgewandt präsentiert. | | |
| Yolanda erarbeitet mit dem Projektteam die Projektvision und schlägt buchstäblich die Brücke zu «Stellt euch vor, wir bauen gemeinsam ein Schiff. Es bringt uns nicht nur von A nach B, sondern bietet genau die Annehmlichkeiten des Lebens, die man sich auch auf dem offenen Meer vorstellt. Genau das wollen wir mit dem neuen Produkt.» | | |
| Nach Abschluss der Konzeptphase soll es voller Elan in die Umsetzungsphase gehen. Der Projektleiter hält jedoch inne und führt ein Teamevent durch. Das Team wird im Freien von einer Eventmanagerin in Empfang genommen, die durch den Nachmittag führt. In kleinen Gruppen soll im Winter aus einem Eisklotz ein kreatives Symbol entstehen, das das Team repräsentiert. | | |
| Alessandro beharrt darauf, dass das Produkt nur dann vertrieben werden kann, wenn es in braunen Kartonschachteln verschickt wird. Das erwecke am besten den Eindruck von Nachhaltigkeit. Das Team ist langsam, aber sicher genervt, weil Alessandro den Fortschritt wiederholt mit seiner Forderung blockiert. Der Projektleiter schlägt vor, dass man dazu Kunden befragt. | | |
| Ein schlimmer Fehler muss in der Software dringend behoben werden. Das Projektteam ist mit sämtlichen Kommunikationswegen und -medien ausgerüstet. Hans füttert nach bestem Wissen und Gewissen die Fehlerliste auf dem Projekt-Share mit der Wichtigkeit «hoch» und schickt Lotta dazu noch ein Mail, ebenfalls mit der Wichtigkeit «hoch». | | |

70 Nennen Sie zwei Umstände, die zu Kommunikationsstörungen führen.

# 18 Beziehungen und Engagement

**Lernziele**

Nach der Bearbeitung dieses Kapitels können Sie …

- den Beziehungsaufbau und die Beziehungspflege steuern.
- soziale Netzwerke zur Beziehungsgestaltung nutzen.
- Wertschätzung, Offenheit, Empathie und Respekt in Projekten umsetzen.
- die Rolle von Vertrauen und Respekt beschreiben.
- eine Vision und übergeordnete Ziele für ein Projekt formulieren.

**Schlüsselbegriffe**

Beziehungsdiagramm, Beziehungsebene, Beziehungslandkarte, Beziehungspflege, Empathie, inhaltliche Ebene, Online-Netzwerk, Partizipation, Projektvision, Respekt, soziale Netzwerke, Vertrauen, Visionen, Wertschätzung, Ziele

### Definition gemäss ICB4

«Beziehungen und Engagement» bilden die Grundlage für eine produktive Zusammenarbeit, persönlichen Einsatz und das Engagement anderer. Dazu zählen Eins-zu-eins-Beziehungen sowie die Einrichtung eines ganzen Beziehungsnetzwerks. Zeit und Aufmerksamkeit müssen in den Aufbau dauerhafter und stabiler Beziehungen investiert werden. Die Fähigkeit starke Beziehungen aufzubauen wird vor allem durch soziale Kompetenzen wie Empathie, Vertrauen, Zuversicht und Kommunikationsfähigkeiten angetrieben. Gemeinsame Visionen und Ziele motivieren, sich für Aufgaben und die gemeinsamen Ziele im Team zu engagieren.

### Zweck gemäss ICB4

Die Kompetenz «Beziehungen und Engagement» versetzt den Einzelnen in die Lage, persönliche Beziehungen aufzubauen und aufrechtzuerhalten sowie zu verstehen, dass die Fähigkeit offen auf andere zuzugehen eine Voraussetzung ist für die Zusammenarbeit, für das Engagement und letztendlich für eine erfolgreiche Zusammenarbeit.

### Beschreibung gemäss ICB4

Ernsthaftes Interesse für andere Menschen ist die Basis für persönliche Beziehungen. Um eine Beziehung aufzubauen, sind immer zwei Parteien notwendig. Es geht dabei um den Aufbau von Eins-zu-eins-Beziehungen und das Schaffen und Unterstützen sozialer Netzwerke. In beiden Situationen muss der Einzelne in der Lage sein, offen mit anderen zu interagieren. Wenn die Beziehungen einmal aufgebaut wurden, müssen sie durch das Zeigen von Vertrauen, respektvolles Miteinander und eine offene Kommunikation gepflegt und verbessert werden. Kulturelle Unterschiede können das Interesse und die Attraktivität steigern, können aber auch zu Missverständnissen führen, die die Qualität der Beziehungen gefährden. Bei der Kommunikation der eigenen Visionen, Ziele und Aufgaben ist es wesentlich einfacher, andere zu motivieren, wenn persönliche Beziehungen bestehen. Eine weitere Möglichkeit, andere zu motivieren und sie zu verpflichten, ist, sie aktiv in Diskussionen, Entscheidungen und Handlungen mit einzubinden. Im Allgemeinen tendieren Menschen dazu, sich leichter für Ziele und Aufgaben zu engagieren, wenn sie vorab gefragt wurden.

**Hinweis**

Folgende Kompetenzen sind mit «Beziehungen und Engagement» verknüpft und werden in den entsprechenden Kapiteln behandelt:

- Alle weiteren Kompetenzen des Kompetenzbereichs Menschen, Teil C, S. 201
- Kompetenz «Macht und Interessen», Kapitel 28, S. 327
- Kompetenz «Kultur und Werte», Kapitel 29, S. 332
- Kompetenz «Organisation, Information und Dokumentation», Kapitel 6, S. 82
- Kompetenz «Stakeholder», Kapitel 13, S. 170

## 18.1 Beziehungspflege

Alles im Leben dreht sich darum, wer mit wem in Beziehung steht. Das gilt für den privaten Bereich genauso wie für den beruflichen. Eine **zielgerichtete Kommunikation** ist ein wichtiger Erfolgsfaktor für den Aufbau und die Pflege von Beziehungen.

Als Projektleiter agieren Sie in einem System, dem Unternehmen. Die Herausforderung besteht darin, auf **allen unterschiedlichen Ebenen** der Organisation richtig zu interagieren. Oft kommen Sie von aussen in einen Ihnen fremden Bereich und müssen zuerst die Beziehungen zu den relevanten Stakeholdern aufbauen. Sie haben es häufig mit neuen Geschäftsbereichen, Stakeholdern und Projektmitarbeitenden zu tun, die Ihnen bisher (in der Mehrzahl) unbekannt sind.

Die zwischenmenschliche Kommunikation findet immer auf zwei Ebenen statt:

- **Inhaltliche Ebene:** Nachrichten und Themen werden ausgetauscht, z. B. Projektanforderungen, Qualitätskriterien, Terminverschiebungen.
- **Beziehungsebene:** Diese sorgt dafür, dass Themen in einer bestimmten Art ausgetauscht werden (müssen) – z. B. Kollegin zu Kollegin, Vorgesetzter zum Mitarbeiter, Projektleiter zum Auftraggeber und Projektmitarbeiter zum Projektmitarbeiter.

Die Kommunikation spielt sich zu etwa **drei Vierteln auf der Beziehungsebene** und «nur» zu einem Viertel auf der Inhaltsebene statt. Auf der Beziehungsebene wirken viele Komponenten (Ausstrahlung, Humor, Mimik, Gestik, Körpersprache u. a.), die nur zusammen wahrgenommen werden. In der Projektarbeit sind auch die Position und die damit möglicherweise verbundene Hierarchie wichtige Komponenten der Beziehungsebene. So macht es einen Unterschied, ob ein Mitglied der Projektsteuerungsgruppe oder eine Projektmitarbeiterin sich über das Projekt äussert. Eine gelingende Kommunikation setzt voraus, dass das **Beziehungsmanagement aktiv gestaltet** wird. Sie müssen Beziehungen zu Ihren wichtigsten Stakeholdern aufbauen und pflegen. Dabei sind folgende **Aspekte** besonders zu beachten:

- Interesse an anderen Menschen zeigen.
- Positives und neutrales Gesprächsklima schaffen.
- Offene Fragen stellen.
- Sich öffnen und etwas von sich preisgeben.
- Präsenz, Respekt und Wertschätzung gegenüber dem Gesprächspartner zeigen.
- Wichtige Informationen zum Gesprächspartner sammeln.

Zu Beginn eines Projekts muss viel Zeit für den **Beziehungsaufbau** investiert werden. In der Praxis werden deshalb regelmässige Sitzungen (Team- oder Einzelgespräche) angesetzt, um den gegenseitigen Austausch sicherzustellen. Zusammenfassend kann man sagen, dass die Inhalts- und Beziehungsebene wie ein Zug ist, der eine Steuerungsfunktion hat. Die Beziehungsebene ist dabei die Schiene, auf der die Güter der Inhaltsebene transportiert werden.

Es empfiehlt sich, eine **Beziehungslandkarte zu den wichtigsten Stakeholdern** zu erstellen, in der die Situation zu dem betroffenen Stakeholder dargestellt wird. Dabei werden die Häufigkeit des Kontakts und das Beziehungsklima dargestellt.

Basierend auf dieser Landkarte kann dann die Beziehung zu einzelnen wichtigen Stakeholdern, wie z. B. dem Auftraggeber, mit konkreten Massnahmen aktiv verändert werden.

**Hinweis**

Die erstellte Landkarte ist vertraulich zu behandeln. Sie dient nur dem Projektleiter als Basis für korrigierende Massnahmen bei der Pflege oder dem Aufbau von Beziehungen.

**Beispiel**

Für ein Projekt hat der Projektleiter folgendes **Beziehungsdiagramm** erstellt:

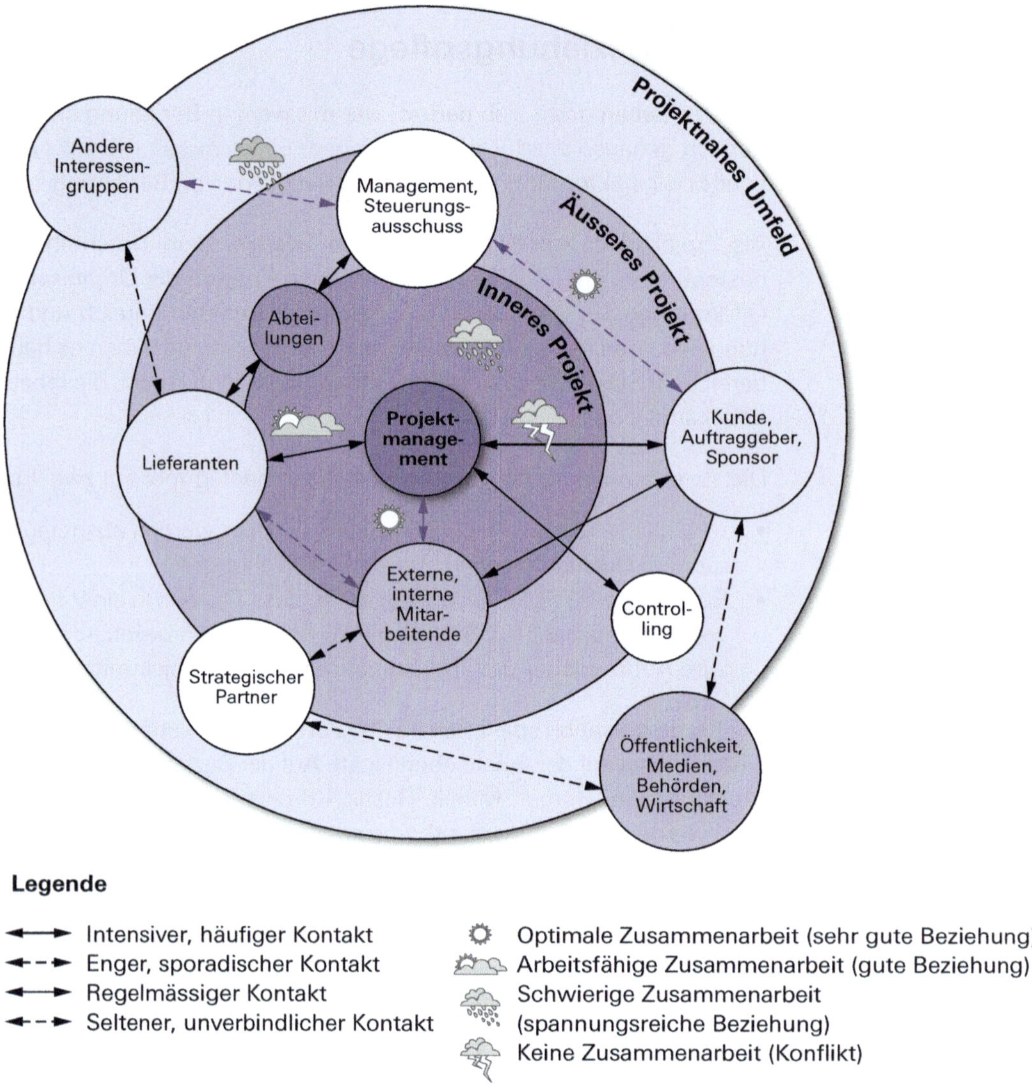


Die Beziehung zu Kunden, Auftraggeber und Sponsor ist gestört. Hier liegt ein **Konflikt** vor. Da der Kontakt intensiv ist und es sich um wichtige Stakeholder im Projekt handelt, beschliesst der Projektleiter, ein klärendes Gespräch mit dem Auftraggeber zu suchen.

Im Gespräch zeigt sich, dass sich der Auftraggeber und die Kunden zu wenig verstanden und ins Projekt integriert fühlen und deshalb häufig auf Konfrontation gehen. Gemeinsam mit dem Auftraggeber definiert der Projektleiter Schritte, die eine bessere Integration in das Projekt bewirken. Nach einigen Wochen ist eine deutlich bessere Zusammenarbeit zu spüren, die sich auch auf das Projektteam überträgt und die Motivation deutlich steigert.

**Hinweis**

Für Details zur Kommunikation lesen Sie die Ausführungen zur Kompetenz «Persönliche Kommunikation», Kapitel 17, S. 218.

## 18.2 Soziale Netzwerke

«Beziehungen schaden nur dem, der keine hat.» (Öttl / Härter 2004, S. 1)

Eine erweiterte Form des Beziehungsmanagements ist das Aufbauen und Weiterentwickeln von sozialen Netzwerken. Dies beinhaltet den **Aufbau, die Pflege und die Nutzung von sozialen Verbindungen,** von denen die beteiligten Netzwerkpartner profitieren können.[1] Mit sozialen Netzwerken sind auch XING, LinkedIn, Facebook oder Twitter gemeint. Des Weiteren gibt es Gruppierungen ausserhalb des Internets wie Verbände oder Alumni-Treffen.

Der Aufbau und die Weiterentwicklung eines sozialen Netzwerks können in **drei Schritten** erfolgen:

1. Eintritt, aktive Teilnahme und Vernetzung in einem Netzwerk.
2. Aufbau eigener Netzwerke oder Verbindungen zu anderen Beteiligten. Als Verbindungsglied interagieren Sie als Drehscheibe zu anderen Teilnehmenden (Organisation von informellen Treffen oder Veranstaltungen) und bauen die Kommunikation auf. Das ermöglicht den Einzelnen im Netzwerk, Beziehungen zueinander aufzubauen und weiterzupflegen. Die Beziehungen basieren auf gegenseitigem Vertrauen.
3. Das eigene Beziehungsnetzwerk den anderen zur Verfügung stellen.

Heute können Sie sich einfach einem **Online-Netzwerk** wie LinkedIn anschliessen, um Ihr Netzwerk zu erweitern und Interessen zu teilen. Beziehungen entwickeln sich aber nur durch **Beziehungspflege.** Das reine Beitreten zu einem Netzwerk schafft noch keine Beziehung. Diese muss aktiv durch Kontaktaufnahme und Austausch aufgebaut werden. Ein soziales Netzwerk besteht aus einer Gruppe von Personen, die die gleichen Ideen, Interessen oder Leidenschaften haben. Das motiviert sie zum Engagement im Netzwerk.

**Beispiel**

Alle Projektleitenden eines Unternehmens haben beschlossen, einen Beitrag zur Weiterentwicklung des Projektmanagements zu leisten. Dafür gründen sie «Communities of Practices» oder Wissensgemeinschaften. Innerhalb der Gruppe werden Ideen und mögliche Verbesserungen für das Projektmanagement besprochen und zur Entscheidung durch das Management vorbereitet.

Damit soziale Netzwerke bestehen bleiben, müssen die einzelnen Mitglieder **an die Idee glauben** und aktiv **Beiträge zur Weiterentwicklung leisten.** Das fördert auch den Austausch zwischen den Mitgliedern. Sie treten in eine **Interaktion** und **vernetzen** sich so weiter. Um das eigene Netzwerk auszubauen, bietet u. a. XING die Möglichkeit, eine Gruppe zu eröffnen, Beiträge zu publizieren, diese zu moderieren und weitere Kontakte zu knüpfen. In einer weiteren Form der Vernetzung können Gruppenmitglieder vom Netzwerk anderer profitieren. Da es eine offizielle Plattform gibt, bleibt diese auch bei Abgängen weiterbestehen.

## 18.3 Empathie

Eine gelungene Kommunikation setzt voraus, dass die Beziehungsebene gestaltet wird. Es ist unerlässlich, dass Sie als Projektleitende zu wichtigen Stakeholdern eine gute Beziehung haben, z. B. zu Ihrem Auftraggeber. Die **Kommunikationstechniken nach Schulz von Thun** bilden hier die Grundlage.

**Hinweis**

Für Details zu Kommunikationstechniken nach Schulz von Thun lesen Sie die Ausführungen zur Kompetenz «Persönliche Kommunikation», Kapitel 17, S. 218.

**Beispiel**

In einem Projekt-Meeting verhält sich ein Projektmitarbeiter anders als gewohnt. Er wird schnell emotional und laut, obwohl er eher für seine ruhige Art bekannt ist. Der Projektleiter geht im Anschluss

[1] Wikner 2002, S. 14.

auf den Mitarbeiter zu, lädt ihn zu einem Kaffee ein und fragt ihn, was los sei. Im Gespräch stellt sich heraus, dass seine Frau eine schwierige Schwangerschaft hat und er in der Nacht kaum zum Schlafen kommt. Aufgrund dieser Informationen kann der Projektleiter die emotionale Reaktion besser einschätzen und er kann gleichzeitig Unterstützung anbieten, z. B. indem Aufgaben an andere Projektmitarbeitende delegiert werden. Das Gespräch gibt dem Projektmitarbeiter das Gefühl, ernst genommen zu werden, und der Projektleiter erhält eine Erklärung für das (ungewöhnliche) Verhalten des Mitarbeiters.

Eine weitere Möglichkeit, Vertrauen aufzubauen und Verständnis sowie Empathie zu zeigen, ist das **aktive Zuhören**. Der Projektleiter unterbricht den Mitarbeiter nicht, stellt Verständnisfragen und zeigt Zustimmung. Dadurch werden Missverständnisse vermieden und die zwischenmenschliche Beziehung wird verbessert. Gleichzeitig fördert es die **Empathie** und verbessert eine **Lösungsfindung**.

## 18.4 Vertrauen und Respekt

Das heutige **Projektumfeld** ist geprägt von stetigen Veränderungen, Komplexität und Geschwindigkeit. Als Projektleiter sind Sie gefordert, dem Rechnung zu tragen. Erfolgreiche Teamarbeit basiert u. a. auf folgenden **Merkmalen**:

- Gegenseitige Unterstützung und Respekt.
- Fokus aufs Positive.
- Anerkennung zeigen und Verantwortung übernehmen.
- Vielseitigkeit fördern (fachlich, sozial, individuell und kulturell).
- Commitment[1] und Vertrauen zeigen.

Als Projektleiter legen Sie durch den gewählten Führungsstil und Ihr eigenes Verhalten die Basis für eine gute und auf Vertrauen basierende Zusammenarbeit. Ein Führungsstil, der von gegenseitigem **Respekt, Offenheit und Vertrauen und Wertschätzung** geprägt ist, ist ein gutes Fundament und vermittelt Orientierung. Auch durch die Zuteilung von wichtigen Aufgaben ohne ständige Kontrolle fördern und stärken Sie das gegenseitige Vertrauen. Dabei sollte die mündliche Zusage ausreichen. Nicht alle können auf diese Weise geführt werden. Je nach Mitarbeiter und Situation müssen Sie Ihren Stil auch anpassen.

**Hinweis** Für Details zur Führung lesen Sie die Ausführungen zur Kompetenz «Führung», Kapitel 19, S. 234.

**Vertrauen** können Sie als Projektleiter auch stärken, indem Sie Ihren Mitarbeitenden Zuversicht vermitteln und ihnen Aufgaben zutrauen. Zudem sollen Sie die Projektmitarbeitenden ermutigen, aktiv am Projektgeschehen teilzunehmen. Denn nur aktive Mitglieder äussern sich und übernehmen Verantwortung. Ein **regelmässiges Projekt-Meeting** bietet einen guten Rahmen, um den gegenseitigen Austausch innerhalb des Teams zu fördern und gegenseitiges Vertrauen aufzubauen. In den Meetings sollten Sie die Vielseitigkeit im Team bewusst forcieren, indem Sie alle Meinungen anerkennen und würdigen – auch wenn sie nicht immer Ihrer Meinung entsprechen. Jeder im Team kann sich auf seine Art und Weise einbringen und respektiert die Persönlichkeit, die Fähigkeiten, aber auch Schwächen des anderen. Die **Bereitschaft zur offenen Diskussion** muss im Projektteam positiv anerkannt werden. Vertrauen muss erarbeitet werden und wird mit Handlungen konkretisiert.

**Beispiel** Im Projekt steht die Markteinführung des neuen Produkts bevor. Die Medien haben bereits darüber berichtet, aber Sie kämpfen immer noch mit einigen Problemen. Alle Projektmitarbeitenden bieten an, länger zu arbeiten. Dieser Mehreinsatz wird vom Projektleiter und vom Auftraggeber nach der erfolgten Markteinführung gewürdigt, z. B. durch ein kleines Geschenk oder auch ein gemeinsames Frühstück oder Mittagessen. Nach Erreichung eines wichtigen Meilensteins wird dieser Zwischenerfolg gefeiert.

[1] Commitment: Verpflichtung, Einsatzbereitschaft, Engagement, Bekenntnis.

**Gegenseitige Anerkennung und Wertschätzung** ist der Schlüssel für **Vertrauen und Respekt,** unabhängig von den Leistungen der einzelnen Personen. Ein respektloses Verhalten kann schnell Widerstände mobilisieren, die den Projektfortschritt behindern und zu Konflikten führen. Wertschätzung bedeutet auch, dass die eigenen Annahmen und Werte reflektiert und relativiert werden. Besonders fruchtbar ist ein **reflektierter Umgang mit der eigenen Wertorientierung** beispielsweise in heterogenen, interkulturellen bzw. internationalen Projektbeziehungen.

**Beispiel**

Förderliche Faktoren für Projekt- und Teamerfolg basierend auf Wertschätzung und Entwicklung von Vertrauen:

| Ebene | Förderliche Faktoren |
|---|---|
| Verhältnisse im Projekt (bezieht sich aufs Projektsystem und Projektmanagement-System) | • Konstruktives Arbeiten im Team.<br>• Möglichkeit zum Feedback und Austausch.<br>• Es besteht ein positives Einverständnis mit den Projektzielen.<br>• Probleme werden mit Blick auf die Zusammenhänge gelöst. |
| Verhalten (bezieht sich aufs Individuum) | • Projektmitarbeitende sagen frühzeitig, wenn sie ein Problem sehen.<br>• Alle Projektmitarbeitenden sind bereit, von den anderen zu lernen. |

## 18.5 Visionen und Ziele

Eine **Projektvision** soll so beschrieben sein, dass sich die Betroffenen damit identifizieren. Der Auslöser und / oder der Nutzen für Anwender, für Kunden oder für das Unternehmen werden eindeutig aufgezeigt. Das ist die Grundlage einer erfolgreichen Zusammenarbeit.

Eine **Vision** muss

- leicht verständlich sein, sodass Laien auf dem Gebiet diese verstehen.
- Interesse wecken, Emotionen auslösen, aber auch die Dringlichkeit und den Nutzen aufzeigen.
- kurz und prägnant formuliert sein.

Sie enthält aber keine Handlungsanweisungen, wie sie erreicht wird.

**Hinweis**

Ein hilfreiches Instrument dafür ist die Anwendung der SMART-Formel, mit der man eine Projektvision überprüfen kann. Für Details zur SMART-Formel lesen Sie die Ausführungen zur Kompetenz «Anforderungen und Ziele», Kapitel 3, S. 39.

Für die Erarbeitung einer Vision eignen sich **Bilder** – wie die Expedition auf den Mount Everest. Der Projektleiter ist der Expeditionsleiter und die Betroffenen die Expeditionsmannschaft. Das **Ziel** winkt oben auf dem Gipfel. Aus der Ferne wirkt es sehr vage und fast nicht erreichbar. Der Expeditionsleiter muss seine Mannschaft überzeugen, dass dieses Ziel erstrebenswert ist und dass sie alle Hindernisse überwinden wird. Die Übernachtungscamps sind Zwischenetappen oder Teilergebnisse bis zum Ziel.

Eine Grundvorausetzung für eine Projektvision ist, dass sie partizipativ erarbeitet worden ist.

**Partizipation** vollzieht sich auf vier Ebenen:

1. Die betroffenen Mitarbeitenden werden **informiert.** Das ist zunächst ein einseitiger Informationsfluss.
2. Die Mitarbeitenden werden nach Ihrer **Meinung** zu der geplanten Veränderung oder zu Ihrer Bewertung der Ist-Situation bzw. zu Lösungsideen **befragt.** Damit erfolgt ein Rückfluss von Informationen an die Entscheider. Erst mit den **gegenseitigen Rückmeldungen** über das Verstandene kann man von einer abgestimmten Projektvision reden.
3. Die Mitarbeitenden arbeiten im Projekt mit. Jetzt erst findet eine Partizipation statt. Das eigene **Mitwirken** ist möglich und motiviert.
4. Die Mitarbeitenden entscheiden über die möglichen Lösungsvarianten bzw. über die Entwicklung ihrer Organisation. Somit ist die **Beteiligung am Vorhaben** gewährleistet.

Die folgende Aussage des französischen Schriftstellers Antoine de Saint-Exupéry zeigt auf einfache Weise, wie eine Vision aussehen soll:

«Wenn Du ein Schiff bauen willst, dann trommle nicht Männer zusammen, um Holz zu beschaffen, Aufgaben zu vergeben und die Arbeit einzuteilen, sondern lehre die Männer die Sehnsucht nach dem weiten, endlosen Meer.»

Durch die Projektvision wird den Teammitgliedern bewusst, dass im Projekt etwas entsteht, was **einmalig** ist, und jedes Teammitglied einen bedeutenden **Beitrag zum Projektergebnis** beisteuert. Die Projektvision wird durch den Projektleiter im Team manifestiert, damit auch bei längeren Projektlaufzeiten der Fokus, und somit das Commitment, nicht verloren geht. Anforderungen können sich ändern. In den meisten Fällen haben sie aber keine Auswirkungen auf die Vision, sondern auf den Funktionsumfang. Das bedeutet für Sie, dass Sie die **Projektvision** und die **Projektergebnisse** kontinuierlich – mit dem Team, aber auch mit dem Management – überprüfen, aber auch einfordern. Zugeständnisse zum Projekt müssen eingehalten werden. Sie als Projektleiter sind dafür verantwortlich,

- dass Massnahmen definiert werden, die den Erfolg sicherstellen, und
- dass alle ihren Anteil zur Erfüllung beitragen, indem Sie konkrete Zielvorgaben mit Arbeitspaketen pro Mitarbeiter definieren, kommunizieren und prüfen.

**Messgrössen**

- Sucht aktiv nach Möglichkeiten und Situationen, um neue Kontakte zu knüpfen
- Zeigt Interesse daran, neue Menschen kennenzulernen
- Setzt Humor kulturspezifisch ein, um das Eis zu brechen
- Ist präsent, verfügbar und offen für Dialoge
- Bleibt aktiv in Kontakt, baut eine Routine für gegenseitige Treffen auf
- Hält andere auf dem Laufenden
- Nimmt an sozialen Netzwerken teil und leistet eigene Beiträge
- Schafft und moderiert soziale Netzwerke
- Organisiert Ereignisse für das Networking
- Unterstützt Networking
- Hört aktiv zu
- Gibt anderen das Gefühl, gehört zu werden
- Stellt klärende Fragen
- Bezieht sich auf die Probleme anderer und bietet Hilfe an
- Macht sich mit den Werten und Standards anderer vertraut
- Reagiert angemessen und zeitnah
- Verlässt sich auch auf mündliche Zusagen
- Weist den Teammitgliedern Aufgaben auf der Basis von Vertrauen zu
- Erwartet von anderen, dass sie den gemeinsamen Werten und Vereinbarungen entsprechend handeln
- Delegiert Arbeit, ohne jeden einzelnen Schritt zu überwachen und zu kontrollieren
- Fragt andere nach ihren Ideen, Wünschen und Sorgen

- Erkennt und respektiert Unterschiede zwischen Menschen
- Begrüsst die Bedeutung der beruflichen und der persönlichen Vielfalt
- Denkt positiv und verhält sich entsprechend
- Kommuniziert Vision, Ziele und Ergebnisse klar und eindeutig
- Lädt zur Diskussion und Kritik an Vision, Zielen und Ergebnissen ein
- Beteiligt andere an Planung und Entscheidungsprozessen
- Fordert Commitment ein
- Nimmt Beiträge der einzelnen Personen ernst
- Sorgt für ein gemeinsames Commitment aller, um den Erfolg sicherzustellen

Repetitionsfragen

71 Warum ist Wertschätzung ein wichtiges Prinzip im Projekt? Nennen Sie drei Gründe.

72 Nennen Sie fünf Eigenschaften, die eine gute Projektvision erfüllen sollte.

73 Die zwischenmenschliche Kommunikation findet immer auf den zwei Ebenen Inhalt und Beziehung statt. Etwa drei Viertel der Kommunikation findet auf der Beziehungsebene statt. Ordnen Sie die Aussagen des Projektleiters den verschiedenen Aspekten der Beziehungsebene (vgl. Kap. 18.1) zu und notieren Sie nur die Nummern:

1. «Schön, dass Sie sich so schnell Zeit für mich nehmen konnten. Ich habe mich darauf gefreut, Sie persönlich kennenlernen zu dürfen. Wie lange arbeiten Sie denn schon bei der Firma?»
2. «Mittlerweile gibt es zahlreiche Stakeholder, deren Beziehungen nicht alle gleich gut funktionieren und die auch dem Projekt gegenüber unterschiedliche Einstellungen haben. Ich werde die Beziehungen bildlich darstellen, um einen besseren Überblick zu gewinnen.»
3. «Mit dem Leiter Marketing werde ich nun länger zusammenarbeiten. Er wird ein zentraler interner Kunde sein und ich kann ihn derzeit noch schwer einschätzen. Nächste Woche kann ich ihn zum Kaffee treffen und ich werde mit ihm besprechen, wie wir uns regelmässig austauschen können. Sicherlich wird er mir zeigen, ob er eher formale oder informale Kommunikation bevorzugt.»
4. «Mir gefällt der Fortschritt in der Ausarbeitung der Zielkonzeption sehr gut. Es ist unglaublich, wie du das in der Zeit geschafft hast.»
5. «Wie hast du die Präsentation vor dem Steuerungsausschuss erlebt?»
6. «Haben Sie den Weg zu uns gut gefunden? Schön, dass wir uns heute kennenlernen.»
7. «Bevor ich Herrn Meier treffe, brauche ich genauere Hintergründe, sodass ich mich besser vorbereiten kann. Das Organigramm zeigt zwar, dass er direkt an den IT-Leiter rapportiert, aber ich checke lieber noch sein XING-Profil, damit ich weiss, welche beruflichen Erfahrungen er gesammelt hat.»
8. «In meinem vorletzten Projekt bei der Bank hatte ich eine ganz ähnliche Situation. Damals habe ich den Projektmitarbeiter ausgetauscht, was ich heute nicht mehr so schnell tun würde. Hier hat sich meine Haltung verändert.»

| Kategorien der Beziehungsgestaltung auf der Beziehungsebene | Aussage-Nr. |
|---|---|
| | |
| | |
| | |
| | |
| | |
| | |
| | |
| | |

# 19 Führung

| | |
|---|---|
| Lernziele | Nach der Bearbeitung des Kapitels können Sie ...<br>• verschiedene Führungsstile unterscheiden und ihre Anwendung beurteilen.<br>• den Zusammenhang von lateraler Führung und Projektleitenden beschreiben.<br>• Mitarbeitende mittels Mentoring und Coaching führen.<br>• Entscheidungen beurteilen und durchsetzen. |
| Schlüsselbegriffe | Coaching, Commitment, Eigenverantwortung, Einfluss, Entscheidungen, Entscheidungsmatrix, Führungsstil, laterale Führung, Macht, Mentoring, Ownership, regelmässige Reflexion, Reifegrad, Reifegradmodell, situatives Führungsmodell, Verständigungsbrücken, Vertrauen |

### Definition gemäss ICB4

«Führung» bedeutet, die Richtung vorzugeben und Einzelpersonen und Gruppen anzuleiten. Die Kompetenz umfasst die Fähigkeit, den Führungsstil an unterschiedliche Situationen anzupassen. Neben dem Zeigen von Führungskompetenz für das eigene Team muss der Einzelne auch vom Senior Management und von anderen interessierten Parteien als Führungskraft für das Projekt angesehen werden.

### Zweck gemäss ICB4

Die Kompetenz «Führung» versetzt den Einzelnen in die Lage, zu führen, eine Richtung vorzugeben und andere zu motivieren, um die individuelle und die Teamleistung zu verbessern.

### Beschreibung gemäss ICB4

Eine Führungskraft muss verschiedene Führungsstile kennen und entscheiden, welcher Stil für die eigene Persönlichkeit, für das Projekt, für das geführte Team und für die anderen interessierten Parteien in verschiedenen Situationen angemessen ist. Der eingesetzte Führungsstil umfasst Handlungsmuster, Kommunikationsarten, Einstellungen zu Konflikten, Möglichkeiten, das Verhalten von Teammitgliedern zu steuern, Entscheidungsprozesse und den Umfang und die Art, Aufgaben zu delegieren. Führungsfähigkeit ist während des gesamten Lebenszyklus des Projekts wichtig und gewinnt zunehmend an Bedeutung bei Veränderungen oder bei Unsicherheiten zu einem bestimmten Vorgehen.

### Zusätzliche Erläuterungen

Führungspersönlichkeiten machen die richtigen Dinge, Manager machen die Dinge richtig. So einfach, wie sie klingt, ist diese Unterscheidung nicht. Ein Projekt zu leiten, verlangt letztendlich beides.

Durch die **formale Ernennung zum Projektleiter** und damit den Rang, das Projektteam führen zu dürfen, ist nur ein erster Schritt getan. Sowohl die Teammitglieder als auch diejenigen, die den Projektleiter in diese Funktion gebracht haben, haben Erwartungen und Ansprüche, denen der Projektleiter gerecht werden muss. Nur wenn der Projektleiter diese Rolle wahrnimmt und ernst nimmt, wird er als Anführer und als Autorität anerkannt. Dazu muss er durch seine Persönlichkeit, sein Eintreten für Ideen und seine Argumentation überzeugen können.

Abb. [19-1] **Rollen von Projektleitenden (Auswahl)**

**Hinweis**

Folgende Kompetenzen sind mit «Führung» verknüpft und werden in den entsprechenden Kapiteln behandelt:

- Alle weiteren Kompetenzen des Kompetenzbereichs Menschen, Teil C, S. 201
- Alle Kompetenzen des Kompetenzbereichs Praktiken, Teil B, S. 23
- Kompetenz «Macht und Interessen», Kapitel 28, S. 327
- Kompetenz «Kultur und Werte», Kapitel 29, S. 332

## 19.1 Führungsrolle

«Wer seiner Führungsrolle gerecht werden will, muss genug Vernunft besitzen, um die Aufgaben den richtigen Leuten zu übertragen, und genügend Selbstdisziplin, um ihnen nicht ins Handwerk zu pfuschen.» (Theodore Roosevelt, US-amerikanischer Präsident 1901–1909)

In Ihrer Führungsrolle als Projektleiter sind Sie dafür verantwortlich, dass Ziele erreicht werden. Dabei müssen Sie die Bedürfnisse und Ansprüche der Mitarbeitenden Ihres Projektteams berücksichtigen. Insofern haben Sie **zwei Aufgaben,** zum einen, die **Ausrichtung der Mitarbeitenden auf die Ziele** des Projekts, zum anderen, den **Zusammenhalt des Teams** und die Beziehungen im Team sowie zu Ihnen zu **fördern.**

Die Mitarbeitenden erwarten von ihrer Führungskraft, dass sie sich für sie einsetzt. Gleichzeitig müssen Sie sich als Führungskraft durchsetzen können, um die Projektziele zu erreichen. Das ist paradox und verlangt viel Fingerspitzengefühl.

Projektarbeit ist von viel Unsicherheit geprägt. Darum ist es wichtig, dass der Projektleiter in seiner Umgebung **Vertrauen aufbauen** kann. Dazu gehört, dass er sowohl die richtige Richtung vorgibt und durchsetzt als auch – wo nötig – Hilfestellung anbietet.

Initiative ergreift der Projektleiter nicht nur in Form der Projektplanung und der Zuweisung von Rollen und Aufgaben. Für die Zusammenarbeit im Team sind **verbindliche Vereinbarungen** wichtig. Dazu gehören auch Vorgaben z. B. zu Zeitstrukturen und deren Einhaltung, als auch zum Ablauf von Meetings. Vom Projektleiter wird erwartet, dass er in der Lage ist, klare Entscheidungen zu treffen und diese konsequent umzusetzen und zu kommunizieren.

Für die Mitarbeitenden muss die **Tür zum Projektleiter immer offen** stehen, d. h., dass prinzipiell jeder Mitarbeiter jederzeit über jedes Thema, das das Projekt betrifft, mit dem Projektleiter ein Gespräch führen kann. Gleichzeitig muss der Projektleiter über ein **hohes Mass an Sensibilität** verfügen, um feststellen zu können, ob die bei der **Delegation** von Aufgaben verteilten Verantwortungen den dazu notwendigen Fähigkeiten und Kompetenzen entsprechen. Besonderes Augenmerk verdienen dabei Mitarbeitende, die dazu neigen, ihre Nöte und Bedürfnisse für sich zu behalten. Um den unterschiedlichen Mitarbeitenden gerecht zu werden, müssen Sie als Projektleiter unterschiedlich agieren.

Eine der populärsten Theorien zum Thema ist die nach Hersey und Blanchard[1]: das **situative Führungsmodell.** Es basiert auf zwei **Grundkonzepten,**

- dem Führungsstil und
- dem Reifegrad des Mitarbeiters bzw. des Teams.

Hersey und Blanchard unterscheiden zwischen einem mehr **aufgabenbezogenen** und einem mehr **personenbezogenen Führungsstil.** Je nach Entwicklungsstufe des geführten Mitarbeiters ist ein anderes Verhalten des Vorgesetzten Erfolg versprechend:

1. Dirigieren
2. Trainieren
3. Sekundieren
4. Delegieren

Die folgende Grafik beschreibt den Zusammenhang[2].

Abb. [19-2] **Reifegradmodell von P. Hersey und K. H. Blanchard**

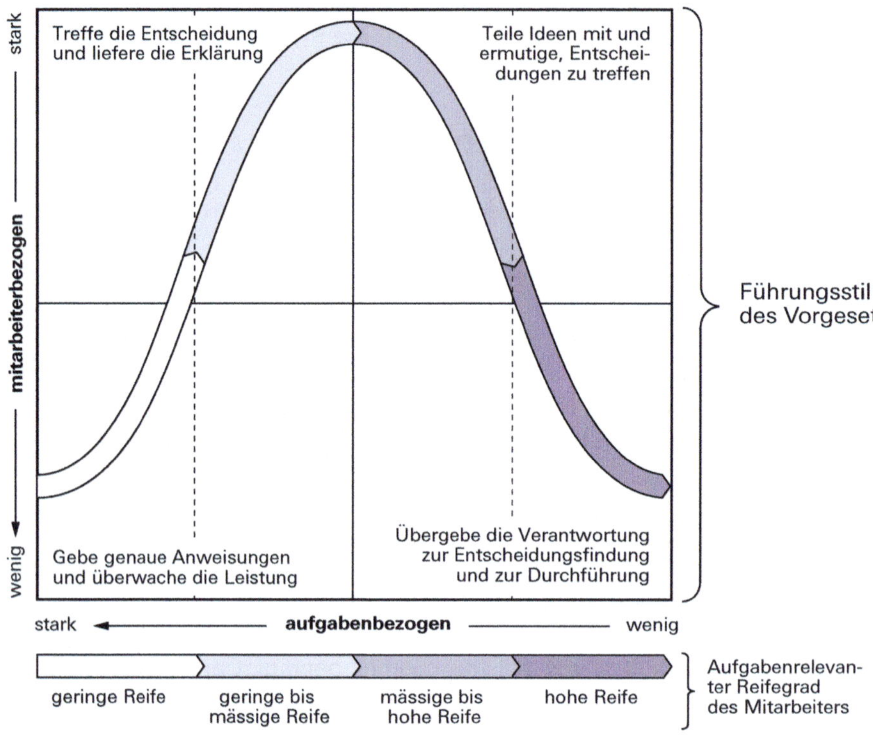


Der situative Führungsstil verlangt dem Projektleiter einiges an **Flexibilität** ab. Was das konkret bedeutet, wird im folgenden Beispiel erläutert.

**Beispiel**

Ein unerfahrener Mitarbeiter kommt neu ins Projekt. Er ist eifrig, hat aber keine Vorstellung davon, was von ihm erwartet wird. Der Projektleiter erklärt ihm, was und wie er die Aufgaben erledigen soll; das entspricht einem dirigistischen Führungsstil (Dirigieren).

Nach einiger Zeit der Mitarbeit im Team ändert der Projektleiter sein Vorgehen. Statt ihm vorzuschreiben, wie er etwas zu tun hat, schlägt er vor, wie man etwas erledigen kann, lässt aber dem Mitarbeiter die Möglichkeit, selbst Ideen einzubringen (Trainieren).

Der Mitarbeiter wächst mit seinen Aufgaben und nach einer Weile hat der Projektleiter die Gewissheit, dass der Mitarbeiter Aufgaben selbstständig erledigen kann. Wird der Mitarbeiter unsicher, steht der Projektleiter mit Rat und Tat zur Seite. Zunehmend wird aber erwartet, dass der Mitarbeiter selbst Lösungswege entwirft und zunehmend mehr Verantwortung übernimmt. Das entspricht einem partizipativen Führungsstil (Sekundieren).

[1] Vergleiche Hersey, Paul; Blanchard, Ken: Management of Organizational Behavior, 4. Auflage., New Jersey 1982.
[2] Quelle: http://managementservicesecurity.blogspot.ch/2016/01/reifegradmodell-hersey.html

Zu guter Letzt erkennen beide, wann der Projektleiter Aufgaben vollständig an den Mitarbeiter delegieren kann. Die Rahmenbedingungen werden abgeklärt und der Projektleiter hält sich vollständig im Hintergrund (Delegieren).

## 19.2 Ownership und Commitment

Von einer Führungsperson wird erwartet, dass sie **Verantwortung für ihre Haltung, ihre Worte und ihre Taten** übernimmt. Der US-amerikanische Managementexperte Jim Collins[1] schreibt, dass ein guter Anführer in den Spiegel blickt, wenn etwas schiefgelaufen ist, und auf seine Mitarbeitenden blickt, wenn etwas gut läuft. Das heisst, als Projektleiter sollen Sie primär ihre eigene Leistung hinterfragen und nicht die des Projekts oder die der Projektteammitglieder, Lob bei guter Leistung aber immer dem Mitarbeiter respektive dem Team weitergeben.

Sie sollten **Überzeugung** ausstrahlen für das, was Sie tun. Ihre Umgebung sucht Vertrauen und Sicherheit. Daher reden Sie über Möglichkeiten und Chancen statt von Problemen. Dadurch begeistern und motivieren Sie Ihre Mitarbeitenden.

Geben Sie Ihren Mitarbeitenden regelmässig **Feedback** darüber, welchen Beitrag sie zum Projektziel geleistet haben. Sie demonstrieren dadurch Interesse an deren Arbeit. Machen Sie Ihre Massstäbe, an denen Sie die Leistung der Mitarbeitenden messen, transparent und nachvollziehbar.

Jeder Mensch möchte von anderen akzeptiert werden. **Lob** und die **Bestätigung des Erfolgs** steigern das Selbstwertgefühl. Durch die Anerkennung werden die **Erfolgserlebnisse** bewusst gemacht. Wenn Sie es zudem schaffen, dass jedes Mitglied des Projektteams seine Mitarbeit als Lernprozess und Entwicklungschance – sowohl fachlich als auch persönlich – versteht, indem es seine Fähigkeiten und Kompetenzen erweitern kann, aktivieren Sie eine der wichtigsten Antriebskräfte bei allen Motivationsprozessen.

Fördern Sie **Eigenverantwortung.** Die Freude und Begeisterung für die Arbeit wächst auf beiden Seiten.

**Beispiel**

Ein Mitarbeiter kommt zu Ihnen und hat eine Frage. Stellen Sie ihm eine Gegenfrage: «Was würden Sie in diesem Fall tun?», statt die Frage direkt zu beantworten. Auf diese Weise geben Sie dem Mitarbeiter die Chance, selbst über eine Lösung nachzudenken. Üben Sie Selbstdisziplin, indem Sie vermeiden, dem Mitarbeiter die Aufgabe einfach abzunehmen, weil Sie sie schneller lösen können. Lassen Sie dabei auch zu, dass anfänglich Fehler gemacht werden.

Geben Sie Ihren Mitarbeitenden **Sicherheit,** indem Sie niemanden überfordern. Erklären Sie eine Aufgabe, fragen Sie nach, geben Sie Feedback und loben Sie.

## 19.3 Coaching und Mentoring

Eine Zielsetzung der Führung ist, das Beste aus den Mitarbeitenden herauszuholen. Sie als Projektleiter müssen dafür sorgen, dass die **Bedingungen und das Klima** vorherrschen, damit die Mitarbeitenden über sich hinauswachsen. Das Projekt selbst liefert den idealen Rahmen dafür.

Sie geben nicht nur die Richtung vor, teilen Ihre Vision, sondern leiten die Projektteammitglieder an, damit sie sich beruflich weiterentwickeln. **Qualifizierte Mitarbeitende sind Erfolgsfaktoren.** Da wir nicht davon ausgehen können, dass Ihnen die Besten aller Mitarbeitenden zur Verfügung stehen (abgesehen davon, dass es zweifelhaft ist, ob diese «Outperformer» als

[1] Collins, Jim: Der Weg zu den Besten. Die sieben Management-Prinzipien für dauerhaften Unternehmenserfolg, München 2003.

Team so viel bessere Ergebnisse liefern würden), arbeiten Sie daran, dass Ihr Team das beste aller Teams wird.

**Mentoring** dient primär dazu, Fragen des Mitarbeiters zu den Prozessen, typischen Handlungsmustern und Vorgangsweisen sowie allgemeinen Informationen zu beantworten. Mentoring enthält aber immer auch ein Stück **Coaching** insbesondere dort, wo nicht Expertenwissen gefragt ist, sondern wenn der Mitarbeiter auf Probleme stösst: Wie gehe ich mit den anderen Teamkollegen um? Wie kann ich all die neuen Aufgaben professionell angehen?

Ihre Aufgabe als Mentor und Coach ist es, die Anliegen zu strukturieren und zu filtern, bevor Sie gemeinsam mit Ihrem Mitarbeiter an die Bearbeitung gehen.

**Beispiel** **Ablauf eines Coachings**[1]

| Prozessschritt | Inhalte |
|---|---|
| Programm erfragen | • Worum gehts?<br>• Was führt Sie heute zu mir?<br>• Was sind unsere heutigen Programmpunkte? |
| Filtern von Fragen vs. Problemen | • «Das sind Fragen, die ich Ihnen direkt beantworten kann.»<br>• «Das sind Punkte, für die wir eine für Sie massgeschneiderte Lösung finden möchten.» |
| Priorisierung der<br>a) Fragestellungen<br>b) Coachingthemen | • Es werden immer erst die Fragen beantwortet, bevor man die Coachingthemen priorisiert.<br>• «Womit wollen Sie beginnen?» |
| Die gewünschte Unterstützung definieren | • Was können wir in diesem Gespräch klären, damit Sie Ihre Aufgabe vor Ort gut bewältigen?<br>• Welche Unterstützung brauchen Sie jetzt von mir?<br>• Was können wir besprechen, damit Sie das Problem gut lösen können? |
| Erfolgskriterien und die Lösung erarbeiten | • Welche Möglichkeiten haben Sie, um das Problem zu lösen? Und was ist eine Möglichkeit, an die Sie noch nicht gedacht haben?<br>• Woran würden Sie erkennen, dass Sie eine gute Lösung gefunden haben?<br>• Was sind wichtige Kriterien, die Ihnen aufzeigen, dass Sie erfolgreich waren?<br>• Was sind aus Ihrer Sicht Eigenschaften einer guten Lösung / einer guten Erledigung der Aufgabe / einer guten Bewältigung der Situation?<br>• Angenommen, Sie hätten eine gute Lösung: Was könnten Sie aktiv tun, um die Lösung wieder kaputtzumachen?<br>• Und was können Sie tun, um die von Ihnen festgelegten Erfolgskriterien zu erreichen?<br>• Wie würde Ihr bester Kollege handeln? |
| Massnahmen erfragen | Welche ersten Schritte werden Sie jetzt setzen? |
| Festlegen des nächsten Termins | Unbedingt einen neuen Termin vereinbaren! Mentoring lebt von Regelmässigkeit. Den Zeitabstand legt allerdings der Mentee fest. |

## 19.4 Macht und Einfluss

Wer führen will, muss Macht ausüben. Der Soziologe Max Weber[2] hat Macht als die Fähigkeit «den eigenen Willen auch gegen Widerstand durchzusetzen» beschrieben. Es gibt **zwei Formen der Macht:**

- Sie leiten Ihre Macht von Ihrer Position **innerhalb einer Hierarchie** ab (hierarchische Macht).
- Sie leiten Ihre Macht **von Ihrer Persönlichkeit** ab (Macht durch Identifikation).

**Hierarchische Macht** ist die Menge an Verantwortung und Befugnis, die das Management innehat. In der Durchführung von Projekten gibt das Management einen Teil davon an den Projektleiter weiter; diese Macht fliesst also von oben nach unten. **Macht durch Identifika-**

[1] In Anlehnung an: Radatz, Sonja: Einführung in das systemische Coaching, 4. Aufl., Heidelberg 2010, S. 86 ff.
[2] Vergleiche Weber, Max: Wirtschaft und Gesellschaft, Tübingen 1972, ursprünglich 1922.

tion fliesst von unten nach oben und ist beeinflusst davon, in welchem Mass die Teammitglieder bereit sind, sich ihrem Vorgesetzten anzuschliessen. Sie tun das, weil sie sich erhoffen, dadurch auch ihre persönlichen Ziele zu erreichen.

Als Projektleiter sind sie viel abhängiger von der Macht, die Ihnen die Teammitglieder verleihen, als von der rein formalen Macht, die Ihnen die Position als Projektleiter gibt. In den allermeisten Fällen haben Projektleitende mit einem spezifischen Phänomen zu tun, dass sie nämlich **nur eine fachliche, aber keine disziplinarische Weisungsbefugnis** haben. Die Projektmitarbeitenden gehören disziplinarisch immer noch zu ihrer Einheit in der Stammorganisation. Der Projektleiter hat auch einen disziplinarischen Vorgesetzten. Man spricht in diesem Zusammenhang auch von **«lateraler Führung»**.

Abb. [19-3] **Projektleiter als laterale Führungskraft**

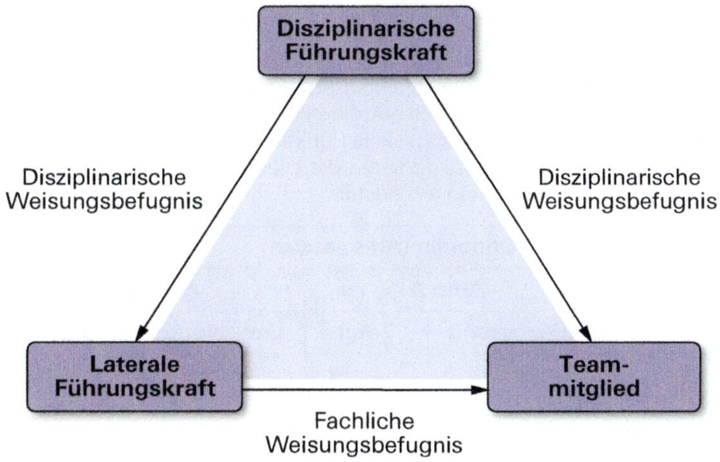


Da dem Projektleiter meist die Mittel einer disziplinarischen Führungskraft (hierarchische Macht) fehlen, muss er umso mehr für seine **Anerkennung als Führungskraft** tun. Die **Handlungsfelder,** die dafür zur Verfügung stehen, sind:

- Verständigung fördern,
- Vertrauen aufbauen und
- Macht erkennen.

**Verständigung** erzielen Sie, indem Sie die unterschiedlichen fachlichen und beruflichen Hintergründe Ihrer Mitarbeitenden anerkennen und respektieren. Versuchen Sie Gemeinsamkeiten herauszuschälen und so Anknüpfungspunkte zu finden, um eine gemeinsame Basis für die Zusammenarbeit im Team zu schaffen. Fördern Sie bewusst die Kommunikation untereinander, bauen Sie **Verständigungsbrücken,** damit alle Beteiligten verstehen, was der andere meint. Treten Sie in den Dialog mit jedem Einzelnen und mit der Gruppe als Ganzem.

Sie bauen Vertrauen auf, indem Sie Vertrauen schenken. Vertrauen ist ein **Tauschgeschäft.** Vertrauen heisst insbesondere Verlässlichkeit. Seien Sie konsequent in Ihrem Tun. Legen Sie Zwänge, denen Sie unterliegen, offen. Erarbeiten Sie mit den Mitarbeitenden gemeinsam **Regeln der Kommunikation und Kooperation.** Führen Sie sie ein und kontrollieren Sie ihre Einhaltung. Lassen Sie Vertrauen langsam wachsen.

Macht erwächst aus dem Beherrschen von **Unsicherheitszonen.** Sorgen Sie dafür, dass die Experten ihr Wissen austauschen. Nutzen Sie Instrumente wie Coaching, um eine Aussenperspektive einzuführen und mithilfe von Reflexion Blockaden zu überwinden. Geben Sie Informationen weiter, um so für rationale Entscheidungen zu sorgen und Hintergründe zu erhellen.

**Hinweis** Für Details zur Macht lesen Sie die Ausführungen zur Kompetenz «Macht und Interessen», Kapitel 28, S. 327.

## 19.5 Entscheidungen

### 19.5.1 Entscheidungen treffen

Menschen brauchen **Sicherheit.** Wenn Unsicherheit herrscht, wird der Ruf nach einem starken Anführer laut. Von einer Führungskraft erwarten die Mitarbeitenden, dass sie entscheidet, in welche Richtung es gehen soll.

Als Projektleiter stehen Sie vor einer **Entscheidung.** Die Zukunft ist genauso ungewiss wie vorher, aber es wird erwartet, dass Sie den optimalen Weg finden und andere davon überzeugen können. Sie lassen sich beraten und sammeln Ideen und Informationen, um dann eine intuitive Entscheidung zu treffen. Ein einfaches Werkzeug, um aus der Vielzahl der Informationen die richtigen Schlüsse zu ziehen, ist der Einsatz einer **Entscheidungsmatrix.**

**Beispiel**

Sie planen, ein neues Fahrzeug zu kaufen. Zunächst ermitteln Sie Ihre Entscheidungskriterien und gewichten diese. Ihr neues Auto soll wenig Kraftstoff verbrauchen und nicht zu viel kosten. Motorleistung und Platzangebot spielen keine so grosse Rolle. Als Nächstes machen Sie sich an die Beschaffung der Information zu den einzelnen infrage kommenden Alternativen und vergeben anhand einer vorher definierten Bewertungsskala Punkte. Die einzeln ermittelten Punkte multiplizieren Sie mit den Gewichten je Kriterium und addieren die Werte je Auto auf. Das Auto mit den meisten Punkten, hier Auto B, erfüllt Ihre Kriterien am besten.

| Optionen (Alternativen) | | | | | | | |
|---|---|---|---|---|---|---|---|
| Kriterium | Gewichtung | Auto A | | Auto B | | Auto C | |
| | | Bewertung | Total | Bewertung | Total | Bewertung | Total |
| Kaufpreis | 5 | 6 | 30 | 4 | 20 | 3 | 15 |
| Kraftstoffverbrauch | 6 | 3 | 18 | 4 | 24 | 2 | 12 |
| Zuverlässigkeit | 4 | 4 | 16 | 4 | 16 | 5 | 20 |
| Raumangebot | 3 | 3 | 9 | 4 | 12 | 5 | 15 |
| Motorleistung | 2 | 2 | 4 | 4 | 8 | 6 | 12 |
| Total | | | 77 | | 80 | | 74 |

### 19.5.2 Entscheidungen durchsetzen

Im nächsten Schritt müssen Sie Ihre **Entscheidung durchsetzen.** Dazu einige Tipps:

- **Realistische und erreichbare Ziele setzen:** Im Zusammenhang mit Entscheidungen sind Ziele von vornherein zum Scheitern verurteilt, wenn sie nicht realistisch sind. Natürlich wäre der offene Sportwagen eine Show. Aber genau genommen brauchen Sie nur ein Auto der unteren Mittelklasse, um zur Arbeit und zweimal im Jahr in die Ferien zu fahren. In unserem obigen Beispiel haben Sie Ihre Alternativen entsprechend ausgewählt.
- **Durch vernünftige Argumente überzeugen:** Sie haben sich also ein erreichbares Ziel gesteckt – Sie wollen Fahrzeug B kaufen. Nun gilt es, Ihren Lebenspartner durch vernünftige Argumente davon zu überzeugen. Zu einem guten Durchsetzungsvermögen gehört eine **gut durchdachte Kommunikation.** Sie müssen sich im Vorfeld Gedanken darüber machen, welche Erwartungen der andere hat und welche Argumente ihn am ehesten überzeugen können. Meistens ist es besser, zwei oder drei Hauptargumente gut vorzutragen, als das Gegenüber mit einer Fülle an vielen kleinen Argumenten zu überschütten, die schlecht untermauert sind.
- **Das richtige Auftreten:** Sie kommunizieren nicht nur durch Ihre Worte, sondern auch durch Ihre **Körperhaltung.** Der Blick auf den Boden, Verlegenheitslächeln, mit dem Kugelschreiber herumspielen, die Hände nervös reiben sind Signale, dass Sie sich nicht sicher sind. Konstanter Blickkontakt, hektische Bewegungen, den Kopf und die Nase hoch tragen wirken dagegen überheblich und arrogant. Souverän wirken Sie, wenn Sie häufiger, aber

nicht ununterbrochen Blickkontakt halten, Ihr Gesichtsausdruck der Situation angepasst ist, Ihre Gesten ruhig und kontrolliert sind, Sie den Kopf gerade halten und beim Sitzen die Sitzfläche ausfüllen, ohne zu wippen.

- **Den richtigen Ton treffen:** Zollen Sie Ihrem Gegenüber Respekt, indem Sie einen guten Ton treffen. Gehen Sie freundlich auf den anderen ein und versuchen Sie wahrzunehmen, was der andere will.
- **Aussagen klar und deutlich:** Jetzt gilt es, während des Gesprächs klare, deutliche Aussagen zu überbringen. Schwammige Formulierungen erzeugen Missverständnisse und signalisieren Unsicherheit. «Im letzten Jahr haben wir allein 4000 CHF für Reparaturen ausgegeben. Auf dem neuen Auto haben wir zwei Jahre Garantie und durch den niedrigeren Kraftstoffverbrauch sparen wir jährlich 15% bei den laufenden Kosten.»
- **Positive Formulierungen:** Positive Aussagen erzeugen positive Emotionen und begünstigen die Zustimmung des Gegenübers. «Dann können wir unbekümmert in unseren Campingurlaub fahren.» Wirkt besser als «Na ja, die Flugreise können wir uns dann eben nicht mehr leisten.»
- **Gut zuhören:** Ein guter Zuhörer hat in Gesprächen gleich in zweifacher Hinsicht einen Vorteil: Erstens kennt er die Meinungen und Ansichten des Gegenübers und zweitens erzeugt er dadurch, dass er das Gegenüber ausreden lässt und gut zuhört, ein gutes Gesprächsklima.

### 19.5.3 Entscheidungen überprüfen

Weise Vorgesetzte wagen sich, eine einmal getroffene Entscheidung zu **revidieren,** wenn die Umstände das verlangen. Überprüfen Sie daher regelmässig, ob die Annahmen, unter denen Sie eine Entscheidung getroffen haben, noch gültig sind. Falls nicht, überdenken Sie Ihre Entscheidung und treffen Sie sie gegebenenfalls neu. **Regelmässige Reflexion** stellt sicher, dass Sie immer bessere Entscheidungen treffen werden.

**Beispiel**

In unserem Beispiel könnte durch Familienzuwachs das Kriterium «Raumangebot» stark an Gewicht gewinnen. Dann könnte Auto C doch noch das richtige sein.

**Messgrössen**

- Schlägt Handlungen vor oder führt diese aus
- Bietet unaufgefordert Hilfe oder Ratschläge an
- Denkt und handelt zukunftsorientiert, d. h., denkt einen Schritt voraus
- Wägt Initiative und Risiko ab
- Lebt Verantwortung und Engagement in Verhalten, Ausdrucksweise und Haltung vor
- Spricht positiv über das Projekt
- Zieht andere mit und erzeugt Enthusiasmus für das Projekt
- Legt Messgrössen und Leistungsindikatoren fest
- Sucht nach Möglichkeiten zur Verbesserung der Projektprozesse
- Fördert Lernen
- Bietet Beratung für Personen und Teams an
- Coacht und bietet Mentoring für Teammitglieder an, um deren Kompetenzen weiterzuentwickeln
- Entwickelt Vision und Werte und führt gemäss diesen Prinzipien
- Stimmt die individuellen Ziele mit den gemeinsamen Zielen ab und beschreibt, wie diese erreicht werden können
- Setzt unterschiedliche Arten von Einfluss und Macht ein
- Setzt Einfluss und / oder Macht rechtzeitig ein
- Wird von den Stakeholdern als Leiter / Leiterin des Projekts oder Teams wahrgenommen
- Geht angemessen mit Unsicherheit um
- Fordert rechtzeitig und auf angemessene Weise zur Äusserung von Meinung und Diskussion auf, bevor Entscheidungen getroffen werden

- Erklärt die Gründe für Entscheidungen
- Beeinflusst Entscheidungen von Stakeholdern durch das Anbieten von Analysen und Interpretationen
- Kommuniziert Entscheidung und Absicht klar
- Überprüft und verändert Entscheidungen aufgrund neuer Fakten
- Reflektiert frühere Situationen, um die Entscheidungsprozesse zu verbessern

### Repetitionsfragen

74 Warum ist es nicht unbedingt erforderlich, dass der Projektleiter das fachlich kompetenteste Mitglied im Projektteam ist?

75 Hersey und Blanchard unterscheiden in ihrem Modell zwischen einem mehr aufgabenbezogenen und einem mehr personenbezogenen Führungsstil. Je nach Entwicklungsstufe des geführten Mitarbeiters ist ein anderes Verhalten des Vorgesetzten Erfolg versprechend. Empfehlen Sie für folgende Situationen einen Stil und begründen Sie Ihre Empfehlung anhand der Dimensionsausprägung.

| Situation | Empfehlung | Begründung |
|---|---|---|
| Die verschiedenen Muster sind eingetroffen. Ich informiere den Mitarbeiter, dass das Muster der Firma AG das Rennen gemacht hat, und erkläre, anhand welcher Merkmale des Musters ich die Entscheidung getroffen habe. | | |
| Um die Industrial Designer zur Erstellung eines Verpackungskonzepts zu instruieren, soll der Mitarbeiter ein Fahrzeug aus der Firmenflotte buchen und zum Verteilzentrum fahren, um die bestehenden Verpackungen zur Ansicht abzuholen. Beim Erstgespräch mit den Industrial Designern erkundige ich mich über den Erhalt und die Nützlichkeit der bestehenden Verpackungen. | | |
| Bei der Suche nach dem Thema zur Erstellung der nächsten Reportage erwähne ich beim Mitarbeiter, in welche thematische Richtung es gehen könnte, und teile ihm mit, dass ich mich auf seine Auswahl freue. | | |
| Wir haben einen Experten ins Team geholt, um einen Lieferanten im Rahmen der Evaluation eines neuen IT-Systems zu bestimmen. | | |

76 Sie führen mit einem Ihrer Projektmitarbeitenden ein Coachinggespräch durch. Auf welchen Schritt weisen die Fragen hin? Ordnen Sie die Fragen gemäss ihrer logischen Reihenfolge für Coachinggespräche.

| Frage | Schritt | Reihenfolge |
|---|---|---|
| Wie soll aus Ihrer Sicht der Zielzustand aussehen? | | |
| Ich verstehe Ihre Fragen. Wollen wir diese heute besprechen? | | |
| Was würde oder wer könnte Ihnen helfen? | | |
| Was werden Sie als Nächstes tun? | | |
| Was führt Sie heute zu mir? | | |
| Möchten Sie die anderen Fragen gerne in einem Folgetermin besprechen? | | |
| Welche Frage ist aus Ihrer Sicht am wichtigsten oder dringendsten? Welche möchten Sie als Erstes angehen? | | |

# 20 Teamarbeit

**Lernziele**

Nach der Bearbeitung des Kapitels können Sie ...

- die Zusammenstellung und die Entwicklung von Teams erläutern.
- die Zusammenarbeit im Projektteam fördern.
- die Entwicklung der Teammitglieder fördern.
- Projektaufgaben delegieren und eine konstruktive Fehlerkultur umsetzen.

**Schlüsselbegriffe**

Auflösungsphase, Delegation, Entwicklung der Teammitglieder, Fehlerfrühwarnsystem, Fehlertoleranz, Konfrontationsphase, konstruktive Fehlerkultur, Kreativitätstechniken, Leistungsphase, Lernen aus Fehlern, Moderator, Organisationsphase, Orientierungsphase, Phasenmodell nach Tuckman, Problemlösungs-Workshops, Projektteamsitzung, Reflexionssitzungen, Teamentwicklung, Teamzusammenstellung, Umgang mit Fehlern, Zusammenarbeit

### Definition gemäss ICB4

Bei der «Teamarbeit» geht es darum, Menschen zusammenzubringen, um ein gemeinsames Ziel zu erreichen. Teams sind Gruppen von Menschen, die gemeinsam arbeiten, um bestimmte Ziele zu erreichen. Projektteams sind meist multidisziplinär. Experten aus verschiedenen Bereichen arbeiten zusammen, um komplexe Ergebnisse zu realisieren. Bei der Teamarbeit geht es darum, durch das Formen, Unterstützen und Führen des Teams ein produktives Team aufzubauen. Die Kommunikation und die Beziehungen im Team zählen zu den wichtigsten Eigenheiten der erfolgreichen Teamarbeit.

### Zweck gemäss ICB4

Die Kompetenz «Teamarbeit» versetzt den Einzelnen in die Lage, die richtigen Teammitglieder auszuwählen, die Ausrichtung des Teams zu fördern und ein Team effektiv zu leiten.

### Beschreibung gemäss ICB4

Teamarbeit deckt den gesamten Lebenszyklus von Teams ab. In der ersten Phase werden die richtigen Teammitglieder ausgewählt. Anschliessend wird das Team aufgebaut, unterstützt und geleitet. Wenn die Teammitglieder und das Team als Ganzes im Projektverlauf in ihren jeweiligen Aufgaben immer reifer werden, können sie diese Aufgaben unabhängiger voneinander ausführen und erhalten folglich mehr Verantwortung.

Die Teambildung erfolgt häufig mithilfe von Treffen, Workshops und Seminaren, an denen die leitende Person, die Teammitglieder und manchmal auch weitere Stakeholder teilnehmen. Teamgeist (d. h., Menschen dazu zu bringen, gut zusammenzuarbeiten) kann erreicht werden durch individuelle Motivation, das Stecken von Zielen für das Team, gesellschaftliche Ereignisse oder weitere unterstützende Strategien.

Probleme können aufgrund technischer oder wirtschaftlicher Schwierigkeiten auftreten oder durch andere stressige Situationen ausgelöst werden. Auch kann es aufgrund von Unterschieden bei Kultur und Bildung, unterschiedlichen Interessen und / oder Arbeitsweisen sowie bei grossen räumlichen Distanzen zwischen den Teammitgliedern zu Problemen und Streitigkeiten kommen. Die leitende Person muss sowohl das Team als Ganzes wie auch das einzelne Individuum während des gesamten Projektlebenszyklus kontinuierlich weiterentwickeln.

Während der Arbeit im Projekt sollte die Leistung der Teammitglieder regelmässig von der leitenden Person in Rücksprache mit dem Linienmanager überprüft werden, um den Bedarf für Entwicklung, Coaching und Training zu bewerten und auf ihn einzugehen.

Liegt die Leistung eines Teammitglieds unter dem geforderten Standard, sind unterstützende Massnahmen zu ergreifen.

Während der gesamten Lebensdauer eines Teams sollte persönliches Engagement ermutigt, die Bildung von Netzwerken angeregt, eine produktive Arbeitsumgebung unterstützt sowie Kommunikation und Beziehungen gefördert werden.

**Hinweis**

Folgende Kompetenzen sind mit «Teamarbeit» verknüpft und werden in den entsprechenden Kapiteln behandelt:


- Alle weiteren Kompetenzen des Kompetenzbereichs Menschen, Teil C, S. 201
- Kompetenz «Macht und Interessen», Kapitel 28, S. 327
- Kompetenz «Kultur und Werte», Kapitel 29, S. 332
- Kompetenz «Organisation, Information und Dokumentation», Kapitel 6, S. 82
- Kompetenz «Ressourcen», Kapitel 9, S. 122
- Kompetenz «Planung und Steuerung», Kapitel 11, S. 140


## 20.1 Teamzusammenstellung und -entwicklung

Die Aufgabe, ein Team zusammenzustellen und zu entwickeln, begleitet den Projektleiter während der gesamten Zeit des Projekts. Zu Beginn des Projekts ist das ein Schwerpunkt.

Der Projektleiter klärt die **Ziele des Projekts,** und damit gewinnt er das Verständnis über die **Kompetenzen,** die im Projekt notwendig sein werden. Er schätzt, in welchem Ausmass diese Kompetenzen nötig sind. Mit diesen Informationen fordert er die notwendigen Ressourcen von den Linienverantwortlichen an, um das Projektteam aufzubauen. Diese **Ressourcenanfrage** löst einen Verhandlungsprozess aus, der oft in einem Kompromiss endet. Selten erhält der Projektleiter alle gewünschten Mitglieder oder ein fixfertig eingespieltes Team. Der beste Spezialist für das Projekt ist überlastet und kann nicht für das Projekt frei gemacht werden. **Teammitglieder** stammen **aus unterschiedlichen Abteilungen** und haben noch nie zusammengearbeitet usw. Wie geht ein Projektleiter damit um?

Ein **Projektteam** ist eine Gruppe von Menschen, die zusammen eine komplexe Aufgabe innerhalb einer definierten Frist erledigen müssen. Jedes Mitglied dieses Teams bringt unterschiedliche Fähigkeiten mit und erfüllt eine Rolle im Team. Der Projektleiter muss dem Team die **gemeinsame Aufgabe,** d. h. die Ziele des Projekts, klar kommunizieren. Die Ziele müssen konkret formuliert und erreichbar sein. Das gemeinsame Vorgehen und das Ziel sind die verbindenden Elemente.

Abb. [20-1] **Das Team**

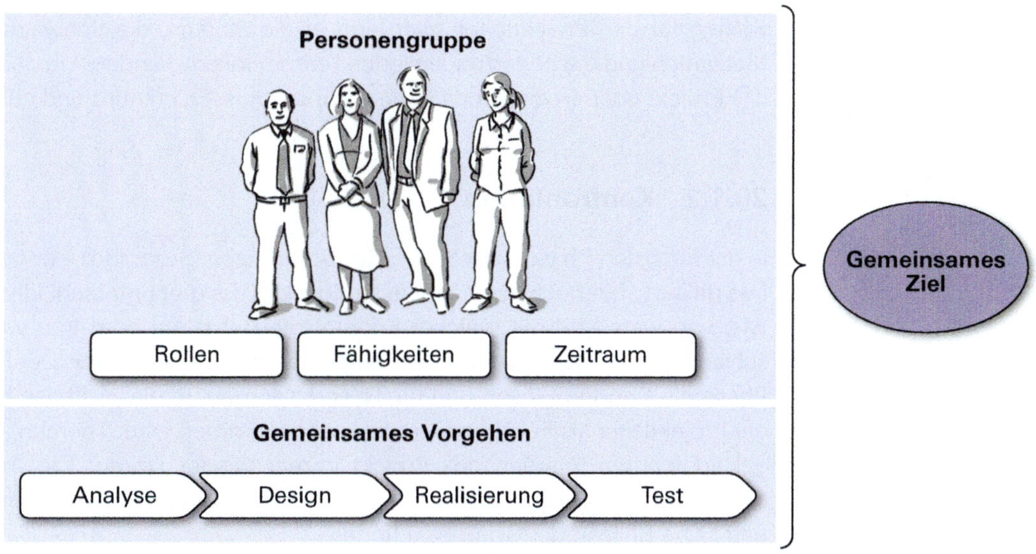


Das **Phasenmodell nach Tuckman**[1] definiert vier Phasen der Teamentwicklung, die später um eine fünfte Phase ergänzt wurden[2].

Abb. [20-2] **Einfluss der Teambildung auf die Leistungsfähigkeit eines Teams**

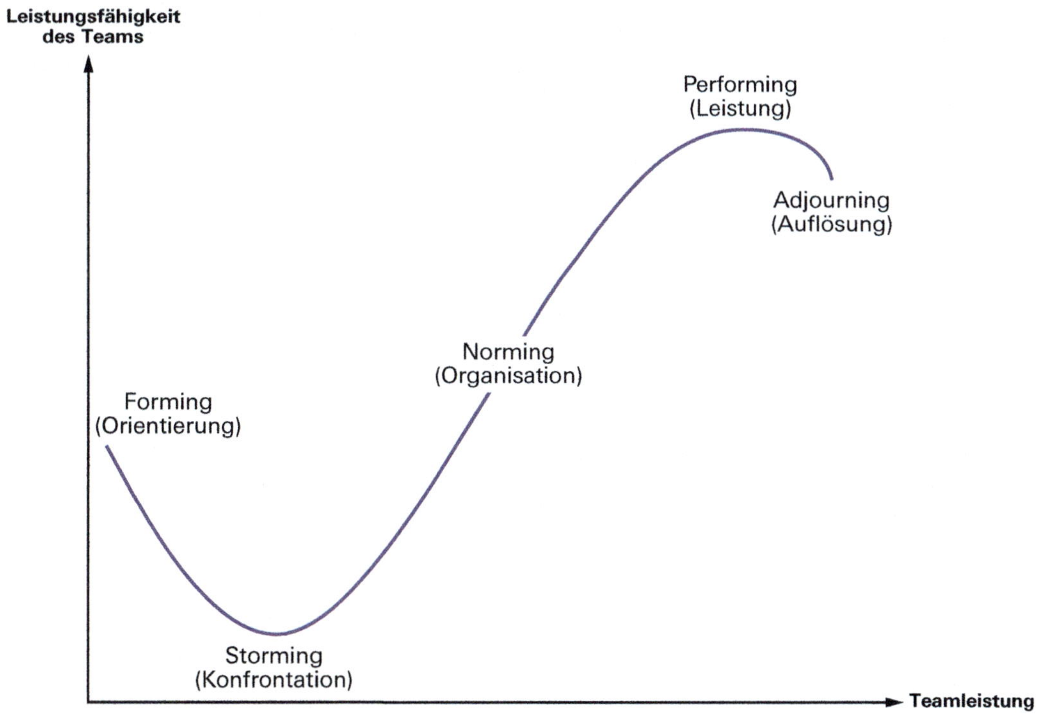


## 20.1.1 Orientierung

In der ersten Phase – der **Orientierungsphase** (Forming) – wird das Team zusammengestellt. Die Teammitglieder lernen sich kennen und benötigen Orientierung. Die Ziele des Projekts sind ein erstes Orientierungselement für das Team. Zudem definiert der Projektleiter zusam-

[1] Tuckman, Bruce W.: Developmental Sequence in Small Groups'. In: Psychological Bulletin, 63, 1965, S. 384–399.
[2] Tuckman, Bruce W.; Jensen, Mary Ann: Stages of Small-Group Development Revisited. In: Group and Organization Studies, 2, 4, Dec 1977, S. 419–427.

men mit dem Team die **ersten Arbeitsregeln.** Der Projektleiter sorgt für eine **gute Atmosphäre** und sorgt dafür, dass die Mitglieder einander vertrauen. Diese Phase ist besonders wichtig für den Projektleiter. Hier lernt er die Stärken, die Schwächen, die Fähigkeiten, die Motivation und die Erwartungen jedes Teammitglieds kennen. Unrealistische Erwartungen an das Projekt oder an die Arbeit in der Gruppe müssen erkannt und ausgeräumt werden.

### 20.1.2 Konfrontation

In der nächsten Phase – der **Konfrontationsphase** (Storming) – geht das Team an die Arbeit. Das gelingt aber noch nicht sehr leistungsstark. Es gibt unterschiedliche Meinungen darüber, wie, von wem und mit welcher Priorität die Aufgaben bewältigt werden sollen. Die unterschiedlichen Persönlichkeiten der Mitglieder werden deutlicher. Der Projektleiter soll in dieser Phase die **Konflikte** lösen und für Toleranz sorgen. In dieser Phase bestimmt das Team, wie der Projektleiter als Führungsperson wahrgenommen wird. Themen, die in dieser Phase nicht geklärt werden, werden das Projekt immer wieder stören. Die Auseinandersetzungen in dieser Phase sind jedoch notwendig, da sie dem einzelnen Mitglied ermöglichen, seinen Platz und seine Rolle in der Gruppe zu finden.

### 20.1.3 Organisation

Mit der Klärung der Konflikte, der Werte und der Erwartungen wird die Arbeit im Team immer effektiver. Das ist die **Organisationsphase** (Norming). Es werden laufend weitere **Arbeitsregeln** definiert und Vereinbarungen getroffen, die das gemeinsame Vorgehen genauer bestimmen. Es gibt ein konstruktives Verhalten. Hier muss sich der Projektleiter auch selbst an die definierten Regeln halten (Vorbildfunktion) und für ein Feedbacksystem sorgen. Damit erhält die Gruppe die Möglichkeit, über sich selbst zu reflektieren und sich auszutauschen.

**Beispiel**

Die Sprint-Retrospektive ist ein Beispiel eines regelmässigen und effektiven Feedbacksystems, das auch in Projekten ohne Scrum angewendet werden kann.

### 20.1.4 Leistung

Sind die Konflikte bereinigt, fokussiert sich das Team auf die Arbeit und tritt in die **Leistungsphase** (Performing) ein. Das Team arbeitet eigenständig und die Mitglieder sind hilfsbereit gegenüber den anderen. Es wird auf Ideen von einzelnen Mitgliedern aufgebaut, um die Arbeit des Teams ständig zu verbessern. Das Team fühlt sich als Ganzes für die Erreichung der Ziele verantwortlich und erreicht die notwendige Hochleistung.

### 20.1.5 Auflösung

In der **Auflösungsphase** (Adjourning) löst der Projektleiter das Team auf. Er organisiert den Abschied aus der Gruppe z. B. in Form einer kleinen Feier. Idealerweise findet ein abschliessendes **Feedbackgespräch** über den gesamten Teamprozess statt.

**Hinweis**

- Der **Führungsstil** des Projektleiters ändert sich während jeder Phase. In der Orientierungsphase inspiriert und motiviert er. In der Konfrontationsphase moderiert er und führt zu akzeptablen Lösungen. In der Organisationsphase überwacht er, dass die vereinbarten Regeln eingehalten werden. In der Leistungsphase greift er nur punktuell in das nun selbst organisierende Team ein.
- Das **aktive Zuhören** des Projektleiters ist in allen Phasen notwendig.
- **Personelle Anpassungen** im Team führen dazu, dass der gesamte Teamprozess neu durchlaufen wird.
- Die **Konfrontationsphase** soll nicht zu lang dauern. Dauert sie zu lange, muss man Massnahmen einleiten. Eventuell muss man sich von einem Mitglied trennen.
- Wenn der **Projektleiter** ein Projekt in einem Programm leitet, durchläuft er selbst als Mitglied des Programmleitungsteams die Teamentwicklungsphasen. Dessen sollte er sich bewusst sein.

## 20.2 Zusammenarbeit

Ein Team benötigt einen Rahmen, in dem Kommunikation stattfinden kann. Es ist Aufgabe des Projektleiters, diesen Rahmen zu definieren und zur Verfügung zu stellen. Dazu gehören die **Organisation und die Moderation einer regelmässigen Projektteamsitzung** mit der dafür notwendigen Infrastruktur. Je nach Projektphase oder Projektsituation organisiert und moderiert der Projektleiter **Ad-hoc-Sitzungen/-Workshops**. Ein Beispiel dafür ist das **Projekt-Kick-off-Meeting**, das am Anfang des Projekts oder in einer der Projektphasen stattfinden kann.

Zu jeder Sitzung definiert und kommuniziert der Projektleiter eine klare **Zielsetzung**. Er definiert die notwendigen Teilnehmenden, die für die Zielerreichung notwendig sind, und in welcher Art diese zur Zielerreichung beitragen können. Die Einladung sollte folgende **Informationen** umfassen:

- Datum / Zeit
- Ort
- Maximale Dauer
- Teilnehmende
- Zielsetzung
- Eventuell erwartete Beiträge von Teilnehmenden

Während des Sitzungsablaufs **moderiert** der Projektleiter die Sitzung. Das bedeutet, dass er auf folgende Punkte achtet:

- Es herrscht ein respektvolles und konstruktives Klima.
- Jeder Teilnehmer kann seine Meinung äussern.
- Der Austausch trägt zur Zielerreichung bei und dreht sich nicht im Kreis.
- Die definierten Zusammenarbeitsregeln werden eingehalten.

Das bedeutet, dass der Projektleiter unnötige oder unnötig lange Diskussionen unterbrechen muss. Als **Moderator** nimmt der Projektleiter Unterschiede wahr und schlägt Lösungen vor, um **Engpässe / Wiederholungen** zu bereinigen. Er stellt Fragen insbesondere an weniger aktive Teilnehmende. Zusammengefasst: Er ist dafür zuständig, dass die Ziele der Sitzung eingehalten werden.

**Beispiel**

Ein Projektleiter übernimmt ein Projekt in einem anderen Land. Bei den Teamsitzungen herrscht eine kollegiale und tolerante Atmosphäre. Einige Teilnehmende diskutieren gern detailliert auch Themen, die nicht vorgesehen waren. Die Teamsitzungen dauern wesentlich länger als geplant. Der Projektleiter entscheidet, die Diskussionen laufen zu lassen, da er diese längeren Diskussionen für einen Teil der Kultur des Landes hält. Für die Teilnehmenden scheint es kein Problem zu sein, die Sitzungen zu verlängern. Mit der Zeit etabliert sich eine «Laissez faire»-Kultur im Projekt. Eines Tages beginnen doch einige Projektteilnehmende, die bis jetzt eher still waren, sich zu beklagen. Die Sitzung sei zu lang und unproduktiv. Es herrschen Konflikte im Team über die Priorität und Wichtigkeit der Themen der Projektteamsitzung. Die Arbeitspakete geraten in Verzug. Der Projektleiter hat es versäumt, seine Moderationsrolle wahrzunehmen.

Zur Projektinfrastruktur zählen auch die **Werkzeuge für die Zusammenarbeit**. Wie werden Lieferergebnisse (Dokumente, Source-Code, Testfälle …) gemeinsam erarbeitet? Wo werden diese abgelegt? Je nach Projektart (Softwareentwicklung, Bauprojekt …) und Lieferergebnissen gibt es verschiedene Werkzeuge für die Zusammenarbeit. Es ist die Aufgabe des Projektleiters, dafür zu sorgen, dass die notwendigen Werkzeuge bereitgestellt und benutzt werden. In der Stammorganisation sind oft bereits Werkzeuge im Einsatz, die im Projekt verwendet werden können. Ist das nicht der Fall, muss der Projektleiter diese in den gegebenen Rahmenbedingungen definieren und beschaffen.

**Hinweis**

- Bei **international verteilten Teams** muss der Projektleiter die Besonderheiten der Zusammenarbeit beachten. Teilnehmende, die nur **virtuell** an der Sitzung teilnehmen können, müssen eine Chance haben, sich äussern zu können. Der Projektleiter sorgt in diesem Fall für spezielle Hilfsmittel (z. B. Videokonferenzen) und berücksichtigt z. B. die Zeitzonen für die verschiedenen Teilnehmenden.
- **Projektraum:** Ein spezieller Raum für das Projektteam ist ein hervorragendes Mittel, um die Zusammenarbeit zu fördern. Der Projektleiter muss jedoch mit Widerständen der Mitarbeitenden rechnen, da solche Räume vielfach weniger gut als die normalen Arbeitsplätze ausgerüstet sind (z. B. nur ein Monitor statt zwei). Auch die Linienmanager sind oft gegen einen solchen Raum. Dafür kann der Projektleiter mindestens versuchen, der Stammorganisation die Vorteile eines solchen Raums zu erläutern und für eine akzeptable Infrastruktur zu sorgen.
- Bei der Moderation von **Problemlösungs-Workshops** wird der Einsatz von Visualisierungen (z. B. auf Flipcharts) und von Kreativitätstechniken empfohlen (z. B. Brainstorming). Da diese Mittel häufig vom Projektleiter verwendet werden, empfiehlt es sich, mit dem Zeichnen am Flipchart sowie mit einigen **Kreativitätstechniken** vertraut zu werden.

## 20.3 Entwicklung der Teammitglieder

**Projektaufgaben** sind keine Routineaufgaben. Auch in Organisationen, die nach Rollen organisiert sind (z. B. ein Team von Business-Analysten), sind die Aufgaben projektspezifisch und daher **immer wieder neu.**

Deswegen ist es notwendig, dass der Projektleiter die **Kompetenzen und die Erfahrungen** der dem Projekt zugewiesenen Mitarbeitenden früh einschätzt und dort, wo es notwendig ist, Massnahmen einleitet. Der Projektleiter sollte nicht zu lang warten, bevor er die ersten Ergebnisse des Teams prüft. Wir empfehlen, am Anfang der Arbeit mit dem Team oder mit einem neuen Mitarbeiter kurze **Zyklen** von «Aufgabe delegieren», «Ergebnis prüfen» und «Feedback geben» anzuwenden. Diese Iterationen dienen dazu, dass sich der Projektleiter und das Teammitglied gegenseitig kennenlernen. Einerseits kann der Projektleiter jedes Teammitglied in Bezug auf die anstehenden Arbeiten einschätzen, andererseits kennt das Team die Erwartungen des Projektleiters in Bezug auf Qualitätsansprüche, Arbeitstempo, Aufwand …

Sollte der Projektleiter feststellen, dass die Leistungen eines Mitarbeiters nicht den Ansprüchen des Projekts[1] entsprechen, muss er die Ursache feststellen. Ist die Motivation des Mitarbeiters gegeben und hat er für die Erledigung ausreichend Zeit, dann liegt die Ursache meistens darin, dass der Mitarbeiter **mit der Aufgabe überfordert** ist. Je nach Situation kann hier eine Weiterbildung für den Mitarbeiter helfen. Das wird üblicherweise mit der Stammorganisation abgestimmt. Falls möglich, kann der Projektleiter den Austausch mit anderen Teams oder Experten fördern, die den Mitarbeiter «on the Job» unterstützen können **(Experten-Coaching).**

Ist ein Mitarbeiter **nicht motiviert,** lohnt es sich, das Gespräch mit ihm zu suchen. Die intrinsische Motivation für das Projekt und für die Zusammenarbeit im Team (insbesondere bei Schlüsselrollen) ist ein wichtiges Erfolgskriterium.

Für die Entwicklung des Teams soll der Projektleiter **regelmässige Rückblicke mit dem Team** organisieren und moderieren. Damit lernt das Team über sich selbst zu reflektieren und es können Verbesserungsmassnahmen definiert werden. Dafür können sich z. B. auch nur 5 bis 10 Minuten am Ende jeder Teamsitzung eignen.

Neben diesen **Lessons-Learned-Meetings** stellt der Projektleiter sicher, dass das Know-how im Projektteam so weit wie nötig ausgetauscht wird. Dafür soll er sich die Fragen stellen, welches Wissen im Team verbreitet werden soll und wie diese Verbreitung zu fördern ist. Dazu bietet sich das **regelmässige Projektteam-Meeting** an. Ad-hoc-Workshops bzw. -Sitzungen können den regelmässigen Austausch punktuell intensivieren.

[1] Nicht die persönlichen Ansprüche des Projektleiters sind relevant, sondern die, die das Projekt benötigt, um erfolgreich zu sein.

**Hinweis**

- **Lob nicht vergessen:** Der Projektleiter soll immer Feedback geben, vor allem, wenn er mit der geleisteten Arbeit zufrieden ist.
- **Schnell Feedback geben:** Es ist dann einfacher, präzise und spezifisch Punkte anzusprechen und die positive Wirkung des Feedbacks ist früher erkennbar.
- In **Matrixorganisationen** wird oft der Projektleiter von Linienmanagern über die Leistungen der Mitarbeitenden gefragt oder sogar zu Mitarbeitergesprächen eingeladen. Solche Anfragen sind für den Projektleiter viel einfacher zu beantworten, wenn er den betroffenen Teammitgliedern bereits regelmässig direkt Feedbacks gegeben hat.
- Bei Leassons-Learned-Meetings sollte der Projektleiter darauf achten, **nicht gegen das Team zu argumentieren.**

## 20.4 Delegation

Projektleitende können ein Projekt ohne Team nicht zum Erfolg bringen. In seiner Rolle als Führungskraft **delegiert der Projektleiter Aufgaben an die Teammitglieder.** Die Gesamtprojektverantwortung verbleibt jedoch beim Projektleiter.

Bevor er eine Aufgabe delegiert, sollte der Projektleiter sich überlegen, warum er das tut. Dient das der persönlichen Entlastung oder möchte er die Fachkompetenz des Mitarbeiters nutzen?

Die Komplexität der delegierten Aufgabe ist von der Erfahrung und Kompetenz des Mitarbeiters abhängig. Oft wird aber vergessen, dass eine Aufgabe für die ausführende Person auch **interessant bzw. motivierend** sein muss. Der Projektleiter muss daher sowohl die fachliche als auch die persönliche Eignung der ausführenden Person berücksichtigen.

**Beispiel**

Ein Arbeitspaket, das viel Interaktion mit anderen Teammitgliedern benötigt, ist vielleicht nicht ideal für einen eher introvertierten Mitarbeiter.

**Weitere Faktoren,** die die Motivation des Mitarbeiters beeinflussen:

- Es wird nicht nur die Aufgabe, sondern es werden auch die dazu notwendigen Befugnisse delegiert.
- Zeichnen sich Probleme bei der Bearbeitung der Aufgabe ab, hilft der Projektleiter dem Mitarbeiter. Die Aufgabe bleibt aber weiterhin beim Mitarbeiter.
- Die Anerkennung für die geleistete Arbeit.

Bei der Delegation einer Aufgabe oder eines Arbeitspakets ist es wichtig, dass der Projektleiter seine **Erwartungen klar vermitteln** kann. Dabei soll er sicherstellen, dass der Ansprechpartner diese Erwartungen auch klar verstanden hat. Das erspart mühsame Diskussionen.

**Hinweis**

Je nach Phase der Teamentwicklung können auch Aufgaben an das ganze Team oder an mehrere Mitarbeitende delegiert werden. Dabei setzt man entweder auf die Selbstorganisationsfähigkeit des Teams oder definiert einen Hauptverantwortlichen.

**Beispiel**

Einige agile Methoden wie Scrum nutzen bewusst die Selbstorganisation des Teams, indem das Team als Ganzes für die Ergebnisse jeder Entwicklungsiteration (Sprint) zuständig ist.

## 20.5 Lernen aus Fehlern

Ein Fehler ist die **Abweichung von einem erwarteten Zustand oder Verhalten.** Je früher man Abweichungen erkennt, desto kleiner ist das Projektrisiko. Folglich muss der Projektleiter rasch Abweichungen erkennen und muss zusammen mit dem Team daraus lernen.

Um Fehler zu erkennen, kontrolliert der Projektleiter die Erledigung der Aufgaben in Bezug auf Qualität, Kosten und Termine. Am besten funktioniert ein **Fehlerfrühwarnsystem,** wenn nicht nur dem Projektleiter Abweichungen auffallen, sondern wenn er dabei vom Team unterstützt wird. Das bedeutet, dass das Team fähig ist, **konstruktive Kritik** zu äussern und damit umzugehen. Das fördert den Austausch von Wissen im Team.

Eine **regelmässige Reflexion über die Arbeitsprozesse, die Ergebnisse und die Zusammenarbeit** erfolgt in der regelmässigen Projektteamsitzung bzw. in den Rückblicken im Anschluss nach jeder Iteration. Dabei thematisiert der Projektleiter die Fragen: «Was hätte besser gemacht werden können?» Und: «Was lernen wir daraus?» Durch geschickte Moderation des Projektleiters kann dieser regelmässige Austausch auch vom Beitrag der stilleren Mitarbeitenden profitieren. Wichtig ist, die **Spielregeln solcher Reflexionssitzungen** im Team klarzumachen:

- Es herrscht eine O. k.-Haltung («Ich bin o. k., du bist o. k.»).
- Es werden Fehlerursachen gesucht, nicht Schuldige.
- Es werden Massnahmen gesucht, um den Schaden zu minimieren und um gleiche Fehler in Zukunft zu vermeiden. Dabei wird auf den Ideen von anderen aufgebaut; es werden keine Ideen zerstört.
- Fehler werden nicht versteckt.
- Es dürfen Fehler gemacht werden und sie werden im Team besprochen: Nur so kann das Team daraus lernen.

Diese Regeln helfen dem Projektleiter, eine **konstruktive Fehlerkultur** zu etablieren. Selbstverständlich muss sich der Projektleiter selbst an diese Regeln halten. Das ist manchmal nicht so einfach, wenn man die Gesamtverantwortung für die Arbeiten des Teams hat. Deswegen soll der Projektleiter über seine eigene **Fehlertoleranz** reflektieren: Wie geht er mit Fehlern um?

**Hinweis**

Nicht alle Mitarbeitenden gehen mit Fehlern gleich um. Für einige sind Fehler überhaupt nicht schlimm. Für andere ist es sehr schwierig, mit Fehlern umzugehen. Nicht zuletzt ist der **Umgang mit Fehlern** eine Frage der herrschenden Kultur. Als Projektleitende sollten Sie die Unterschiede im Team beobachten und die entsprechenden Ursachen – so weit wie möglich – herausfinden. Der Umgang mit Fehlern kann ein Indikator für die Persönlichkeit des Mitarbeiters und für seine Beziehung zum Projekt sein.

**Beispiel**

Wenn für einen Mitarbeiter Fehler nicht schlimm sind, kann das bedeuten, dass er sich nur wenig mit dem Projektziel identifizieren kann. Ein Mitarbeiter, der schon mit kleinen Fehlern Mühe hat, kann zu hohe Erwartungen an sich selbst oder an die Projektergebnisse haben.

**Messgrössen**

- Berücksichtigt individuelle Kompetenzen, Stärken, Schwächen und Motivation bei der Entscheidung über Aufnahme, Rollen und Aufgaben im Team
- Verdeutlicht Ziele und schafft eine gemeinsame Vision
- Legt Teamziele, Agenda und Fertigstellungskriterien fest
- Verhandelt gemeinsame Normen und Regeln für das Team
- Motiviert die Einzelnen und schafft ein Teambewusstsein
- Schafft Gelegenheiten für Diskussionen unter den Teammitgliedern
- Fragt nach Meinungen, Vorschlägen und Bedenken der Teammitglieder, um die Leistung zu verbessern
- Teilt Erfolge mit dem oder den Teams
- Fördert die Zusammenarbeit mit Menschen innerhalb und ausserhalb des Teams

- Ergreift angemessene Massnahmen, wenn die Zusammenarbeit im Team gefährdet ist
- Fragt nach Meinungen, Vorschlägen und Bedenken der Teammitglieder, um die Leistung zu verbessern
- Teilt Erfolge mit dem oder den Teams
- Fördert die Zusammenarbeit mit Menschen innerhalb und ausserhalb des Teams
- Verwendet Tools für die Zusammenarbeit
- Fördert kontinuierliches Lernen und das Teilen von Wissen
- Nutzt Techniken zur Förderung der Entwicklung des Teams und der Teammitglieder
- Bietet Möglichkeiten für Seminare und Workshops an
- Plant und fördert Lessons-Learned-Veranstaltungen
- Stellt den Teammitgliedern Zeit und Gelegenheit zur Selbstentwicklung zur Verfügung
- Delegiert Aufgaben, wenn und wo angemessen
- Ermächtigt Einzelpersonen und Teams durch Delegieren von Verantwortung
- Erläutert Leistungskriterien und -erwartungen
- Stellt Berichtsstrukturen auf Teamebene bereit
- Führt Feedback auf individueller und Teamebene durch
- Vermeidet soweit möglich negative Auswirkungen von Fehlern auf den Projekterfolg
- Ist sich bewusst, dass Fehler passieren, und akzeptiert, dass Menschen Fehler machen
- Geht mit Fehlern und deren Verursachern konstruktiv um
- Analysiert und diskutiert Fehler, um Verbesserungspotenziale in den Prozessen zu ermitteln
- Hilft den Teammitgliedern, aus ihren Fehlern zu lernen

Repetitionsfragen

77 Sie haben die Phasen der Teamentwicklung nach Tuckman kennengelernt. Formulieren Sie in Stichworten, welche Tätigkeiten dabei anfallen.

| Phase | Tätigkeiten |
|---|---|
| Teambildung | |
| Orientierung | |
| Konfrontation | |
| Organisation | |
| Leistung | |
| Auflösung | |

78 Warum eignet sich Teamarbeit für die Projektarbeit?

79 Nennen Sie vier Vorteile der Delegation.

80 Sie sind als Projektleiter mit der Situation konfrontiert, dass Sie zwar ein gut funktionierendes Projektteam haben, sich die Projektmitarbeitenden aber bei Ihnen über einen Projektmitarbeiter beschweren. Es wird gesagt, dass dieser ungenügend liefere. Wie gehen Sie damit um? Erklären Sie, welche Massnahmen Sie in dieser Situation einleiten.

81 Sie übernehmen als neuer Projektleiter ein bestehendes Projekt. Sie stellen fest, dass im Projektteam eine ausgesprochene Null-Fehler-Kultur herrscht. Es dürfen keine Fehler passieren. Wer Fehler macht, wird bestraft. Erörtern Sie, welche Massnahmen Sie in dieser Situation einsetzen.

# 21 Konflikte und Krisen

**Lernziele**

Nach der Bearbeitung dieses Kapitels können Sie ...

- Konflikte antizipieren und präventive Massnahmen einleiten.
- die fünf Konfliktarten und ihre Ausprägungen nennen.
- die fünf Konfliktstile unterscheiden.
- mit Konflikten und Krisen in Projekten umgehen.

**Schlüsselbegriffe**

Antizipation, Entwürdigung, Konflikt, Konfliktanalyse, Konfliktarten, Konfliktbearbeitung, Konfliktlösung, Konfliktsituationen, Konfliktstile, Konfliktursachen, Kooperation und Konkurrenz, Krise, Krisenbearbeitung, Krisenbewältigung, Krisenmanagement, Krisenprävention, Prävention, selbsterfüllende Prophezeiung, Stadien von Konflikten, Unternehmenskultur

### Definition gemäss ICB4

«Konflikte und Krisen» umfasst das Erkennen, Moderieren und Lösen von Konflikten und Krisen durch eine hohe Aufmerksamkeit für das Umfeld und die Fähigkeit, Meinungsverschiedenheiten zu erkennen und Möglichkeiten für deren Auflösung anzubieten. Konflikte und Krisen können Ereignisse und Situationen, Charakterkonflikte, Stresslevels und andere potenzielle Gefahren einschliessen. Der Einzelne muss mit diesen Szenarien angemessen umgehen und einen Lernprozess für zukünftige Konflikte und Krisen anregen.

### Zweck gemäss ICB4

Die Kompetenz «Konflikte und Krisen» versetzt den Einzelnen in die Lage, effektive Massnahmen zu ergreifen, wenn eine Krise oder ein Konflikt aufgrund gegensätzlicher Interessen / inkompatibler Persönlichkeiten auftritt.

### Beschreibung gemäss ICB4

Bei einem Konflikt sind Interessen, Zielsetzungen oder Wertvorstellungen von Personen, Teams, Gruppen oder Organisationen unvereinbar oder erscheinen unvereinbar. Dabei lässt sich zwischen der Konfliktstruktur, den konfliktbegleitenden Gefühlen (z. B. Wut) und dem konkreten Konfliktverhalten (z. B. Aggression) unterscheiden.

Konflikte können zwischen zwei oder mehr Personen und / oder Parteien entstehen. Sehr häufig untergräbt ein Konflikt ein gutes Arbeitsumfeld und kann negative Auswirkungen auf die beteiligten Parteien haben.

Die Krise bezeichnet eine problematische, mit einem Wendepunkt verknüpfte Entscheidungssituation. Ein ungelöster Konflikt kann sich zu einer Krise auswachsen. Eine Krise kann aber auch das Ergebnis einer plötzlichen, abrupten oder einschneidenden Veränderung einer Situation sein, die die Realisierung der Ziele zu vereiteln droht, entweder in direkter oder indirekter Weise. In solchen Momenten ist eine schnelle Reaktion notwendig und es ist eine erfahrene Einschätzung nötig, um die Krise zu bewerten, Szenarios für die Lösung der Krise zu definieren, die Situation zu retten und zu entscheiden, ob das Problem eskaliert werden soll und bis auf welche Ebene in der Organisation es weitergetragen werden soll. Die Fähigkeit, potenzielle Konflikte und Krisen zu erkennen und entsprechend darauf zu reagieren, erfordert ein Verständnis für die grundlegenden Mechanismen. Der Einzelne kann unterschiedliche Mittel einsetzen, um auf potenzielle und tatsächliche Krisen richtig zu reagieren, z. B. Zusammenarbeit, Kompromisse, Vorbeugung, Überzeugung, Eskalation oder den Einsatz von Macht. Diese Mittel dienen dazu, ein Gleichgewicht zwischen den Interessen herzustellen.

Die Transparenz und Integrität des Vermittlers zwischen den Konfliktparteien hilft bei der Suche nach akzeptablen Lösungen. Manchmal können Konflikte jedoch nicht innerhalb des Teams gelöst werden, sondern es muss eine unabhängige Partei hinzugezogen werden, die vermittelt oder eine Entscheidung trifft.

**Hinweis**

Folgende Kompetenzen sind mit «Konflikte und Krisen» verknüpft und werden in den entsprechenden Kapiteln behandelt:


- Alle weiteren Kompetenzen des Kompetenzbereichs Menschen, Teil C, S. 201
- Kompetenz «Macht und Interessen», Kapitel 28, S. 327
- Kompetenz «Kultur und Werte», Kapitel 29, S. 332
- Kompetenz «Ressourcen», Kapitel 9, S. 122
- Kompetenz «Planung und Steuerung», Kapitel 11, S. 140
- Kompetenz «Chancen und Risiken», Kapitel 12, S. 159


## 21.1 Antizipation und Prävention

**Konflikte** sind unvermeidbar, wenn Menschen in Projektteams zusammenarbeiten. Ein Grund dafür ist, dass Projekte keine Routinearbeit sind und Menschen aus verschiedenen Geschäftsbereichen mit unterschiedlichen Meinungen, Ansichten, Einstellungen, Erwartungen, Machtpotenzialen, Wertvorstellungen oder Zielen aufeinandertreffen. Da ist es nicht verwunderlich, wenn Meinungsverschiedenheiten und Missverständnisse auftreten. Zudem sind Projekte durch Zeitdruck und knappe Ressourcen charakterisiert. **Stresssituationen** fördern Konflikte zwischen den beteiligten Menschen. Konflikte beanspruchen Energie. Die Aufgabe des Projektleiters ist es, einen drohenden Konflikt frühzeitig wahrzunehmen und in geeigneter Weise zu reagieren, damit der Konflikt nicht ausbricht oder eskaliert und zu einer Krise wird.

Eine **Krise** ist, im Gegensatz zu einem Konflikt, eine Situation, die das Projekt ernsthaft gefährdet. Wann kann es zu einer Krise kommen? Eine präzise Antwort gibt es leider nicht. Generell kann aber von einer **Projektkrise** gesprochen werden, wenn die aktuelle Situation so bedrohlich wird, dass die Erreichung der Projektziele ohne sofortige Massnahmen ausgeschlossen ist. Ob es sich tatsächlich um eine Krise handelt, hängt von **drei Faktoren** ab:

1. Die **objektive Faktenlage,** die vermutlich zur gefährlichen Situation geführt hat: Ein typisches, objektives Merkmal einer Krise ist die Existenz meist mehrerer allgemein anerkannter, schwerwiegender, mit grosser Wahrscheinlichkeit länger bestehender inhaltlicher Probleme, deren Lösungsversuche wiederholt scheiterten.
2. Die **subjektive Wahrnehmung** mehrerer oder wichtiger Stakeholder: Merkmale subjektiver Wahrnehmung sind nicht so klar und eindeutig zu identifizieren. Das liegt daran, dass die Wahrnehmungen im Projektumfeld mit individuellen Ansichten und unterschiedlichen Interessen durchsetzt sind. Somit wird hin und wieder auch aus taktischen und politischen Gründen von einer Krise gesprochen.
   Häufig ist die qualitative und quantitative **Aufgabenüberforderung** Einzelner oder eines ganzen Teams ein zu beobachtendes, aber nicht explizit formuliertes Anzeichen einer Krisensituation im Projekt. Es entsteht das diffuse Gefühl, «es nicht mehr schaffen zu können».
3. Die **Unternehmenskultur:** Die Rolle der Unternehmenskultur darf in der Krisendefinition nicht unterschätzt werden. Dabei sind u. a. die Themen «ökonomische Verfassung», «organisatorische Stabilität», «Prozessfähigkeit», «Leistungsbereitschaft und Belastbarkeit von Mitarbeitenden» wichtige Elemente. Diese prägen die Krisenwahrnehmung im Sinn einer variablen **Krisenschwelle und -toleranz.** Schreibt beispielsweise ein Unternehmen rote Zahlen, jagt eine Reorganisation die nächste und erbringen die Mitarbeitenden seit Längerem überdurchschnittliche Leistungen, so kann davon ausgegangen werden, dass die kollektive **Krisentoleranz** niedrig ist.

Unabhängig von den objektiven Fakten, subjektiven Wahrnehmungen oder der Unternehmenskultur kann von einem krisenartigen Zustand gesprochen werden, wenn **dringender Handlungsbedarf** besteht, die Projektbeteiligten aber nicht mehr handlungsfähig sind, weil sie nicht wissen, wie und was zu tun ist, um die Krise zu überwinden.

Die meisten **Konfliktsituationen im Projekt** können entschärft werden, wenn Sie folgende Punkte beachten:

- Berücksichtigen Sie die verschiedenen Stakeholder und Einflüsse im Projekt und nehmen Sie diese bewusst wahr.
- Klären Sie die unterschiedlichen Rollen und Verantwortlichkeiten im Projekt.
- Klären Sie Kompetenzen und grenzen Sie sie klar voneinander ab.
- Identifizieren Sie die verschiedenen Interessen einer Person und sprechen Sie sie an. Sie als Projektleiter repräsentieren in der Regel mehrere Rollen, womit ein **Rollenkonflikt** vorprogrammiert ist.
- Etablieren Sie ein vorbeugendes Risikomanagement und sorgen Sie dafür, dass das Projekt in der Organisation gut verankert ist.
- Stellen Sie sicher, dass Sie ausreichend Unterstützung durch das Management erhalten und dadurch Rückendeckung haben.
- Reflektieren Sie mit Ihrem Team regelmässig Prozesse und Abläufe sowohl auf der Sachals auch auf der Beziehungsebene.

Es gibt für die Verhinderung von Konflikten und Krisen kein Patentrezept. Trotzdem empfehlen wir die folgenden vorbeugenden **Massnahmen:**

1. **Stakeholder-Management:** Es bildet die wichtigste Grundlage der Krisenprävention, insbesondere während der Projektinitialisierung, in der ein grosses Präventionspotenzial liegt.
2. **Risikomanagement:** Ein von Anfang an professionell geführtes und dauerhaft aktiv betriebenes Risikomanagement gilt als wirksame Methode zur Krisenverhinderung. Alle Risiken, die den Projekterfolg gefährden können, werden identifiziert, analysiert, evaluiert und verfolgt.
3. **Qualifizierte Kommunikation:** Ein offener, direkter, aber konkreter Umgang unter den Projektbeteiligten, der von ausgewogener Feedback-, Kritik- und Fehlerkultur geprägt ist, ist ein effizientes Mittel. Dabei spielt die Unternehmenskultur eine grosse Rolle. Es geht nicht um die Quantität, sondern um die Qualität der Information. Der Kommunikationsplan bildet die Grundlage.

Häufen sich Anzeichen für eine Krise, so bietet sich ein dreistufiges Vorgehen zur Abwendung an:

Abb. [21-1] **Zentrale Massnahmen zur Krisenprävention**

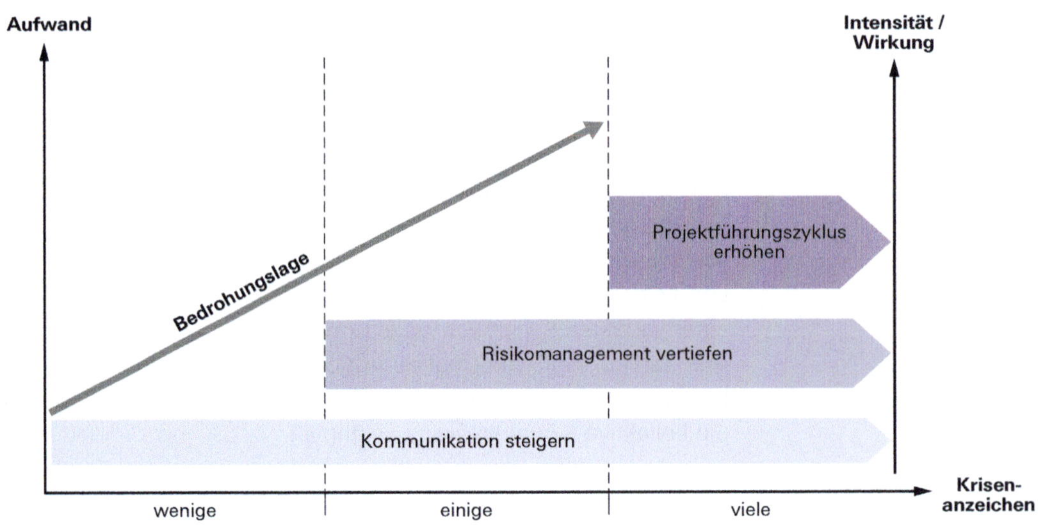

Zu Beginn einer **Krise** genügt eine **offene und direkte Kommunikation**. Dabei sollte nichts beschönigt, aber auch nichts dramatisiert werden. Nehmen die Anzeichen weiter zu, muss das Risikomanagement vertieft und verstärkt werden. In dieser Phase kann auch eine Standortbestimmung oder ein Projektaudit hilfreich sein. Dabei darf der laufende Projektbetrieb nicht gestört werden. Die letzte Stufe besteht darin, den Projektführungszyklus zu verstärken, d. h., die Abstände zwischen den Projektsitzungen zu verringern, um eine **verstärkte und direktere Führung des Teams** zu erreichen und den Überblick zu erhalten. Das erhöht den administrativen Aufwand, was sich negativ auf den Projektfortschritt auswirken kann und somit die Krise weiter verstärkt. Daher sollte man insbesondere in dieser Phase auf ein gesundes Mass achten.

## 21.2 Konfliktbearbeitung, Konfliktarten und Konfliktstile

### 21.2.1 Konfliktbearbeitung

Eine Konfliktbearbeitung muss gut vorbereitet werden. Dazu ist es nötig, die Situation genau zu analysieren. Diese Vorbereitung kann in vier Schritten erfolgen:

1. Wahrnehmung des Konflikts (Symptome) und Zuordnung der Konfliktphase und Konfliktart
2. Analyse der Ursachen des Konflikts oder der Krise (Beziehungs- oder Sachebene der Parteien)
3. Analyse der Konsequenzen des Konflikts oder der Krise
4. Auswahl und Anwendung von Interventionen für den Konflikt oder die Krise (bei falscher Reaktion beginnt insbesondere der Konflikt wieder von Neuem oder wird weiter angefacht)

### 21.2.2 Konfliktarten und -analyse

Liegt ein Konflikt vor, so ist eine Unterscheidung nach **Konfliktarten** hilfreich. Einerseits, um die Ursache zu finden, andererseits, um den richtigen Ansatz für die Konfliktlösung zu definieren. Ein Konflikt muss nicht immer auf der Beziehungsebene herrschen, auch wenn es zuerst so scheint. Als Projektleiter sollten Sie sich je nach **Konfliktursache** immer auch der Grenzen ihrer Einflussmöglichkeiten bewusst sein. Konfliktlösungen müssen eventuell delegiert werden.

#### A] Konfliktarten nach der Ebene der involvierten Personen

Die folgende Tabelle zeigt einige Arten von Konflikten auf.

Abb. [21-2] **Konfliktarten**

| Ebene (involvierte Personen) | Bezeichnung | Erläuterung |
|---|---|---|
| Persönliche Konflikte (1 Person) | Rollenkonflikt | An die Person werden widersprüchliche Rollenerwartungen herangetragen (z. B. hinsichtlich des Führungsstils oder ein Projektmitarbeiter sieht sich hin- und hergerissen zwischen den Anforderungen der Linie und denen aus der Projektmitarbeit). |
| | Wertekonflikt | Ein Projektmitarbeiter kann die Projektziele nicht mit seinen persönlichen Werten in Einklang bringen. |
| Zwischenmenschlich (2 Personen) | Progressionskonflikt | Die Karriere einer Person entwickelt sich schneller als die der anderen. |
| | Zugehörigkeitskonflikt | Bedingt durch unterschiedliche Traditionen und Werte sind andere Sichtweisen und Standpunkte vorhanden. |
| | Kommunikationskonflikt | Zwei Menschen sprechen auf unterschiedlichen Ebenen miteinander. |
| | Rollenkonflikt | Nicht erfüllte oder ausgesprochene Erwartungen an eine Rolle führen zu Spannungen. |
| | Konkurrenzkonflikt | Zwei Kontrahenten können mit einer Konkurrenzsituation nicht umgehen oder akzeptieren eine Entscheidung nicht. |
| Dreieckskonflikte (3 Personen) | Koalitionskonflikt | In einem Zweierkonflikt wird versucht, einen Dritten mit hineinzuziehen. |
| | Ausgrenzungskonflikt | Zwei verbünden sich gegen den Dritten. |
| Gruppenkonflikte (mehr als 3 Personen) | Untergruppenkonflikt | Es bilden sich Untergruppen, die die anderen Gruppenmitglieder von etwas ausschliessen. Das gefährdet die Gruppe und es wird versucht, die Untergruppen nach Möglichkeit aufzulösen. |
| | Herrschaftskonflikt | Dabei geht es um Einfluss und Kompetenz in der Gruppe. Werden diese scheinbar bedroht, entstehen Machtkonflikte. |
| | Rangkonflikt | Bei der Schaffung oder Veränderung einer Rangordnung entstehen Auseinandersetzungen. |
| | Integrationskonflikt | Ein neues Gruppenmitglied bringt das Gefüge durcheinander. |
| | Substitutionskonflikt | Eine Person wurde durch eine andere gekränkt, kann das aber nicht zeigen und lässt ihren Unmut an einem Gruppenmitglied aus. |
| Organisationskonflikte | Abteilungskonflikt | Abteilungen oder Organisationseinheiten verfolgen unterschiedliche, entgegengesetzte Interessen. Jeder Bereich versucht, für sich optimale Ergebnisse zu erzielen. |
| | Konzentrationskonflikt | Zwischen dem Hauptsitz und den Tochtergesellschaften gibt es eine unterschiedliche Verantwortungs- und Kompetenzverteilung, die Anlass für Konflikte gibt. |
| | Ressourcenkonflikt | In einer Organisation werden mehrere Projekte durchgeführt, die alle auf eine Quelle zugreifen. Verknappen sich die Ressourcen, kann es zu Verteilungskonflikten kommen. |

### B] Heisse und kalte Konflikte

Neben diesen Konfliktarten unterscheidet man auch noch zwischen **heissen und kalten Konflikten,** wobei heisse Konflikte eine höhere Chance für eine Beilegung haben. Die folgende Tabelle zeigt typische Kennzeichen von heissen bzw. kalten Konflikten auf.

Abb. [21-3] **Kennzeichen von heissen und kalten Konflikten**

| Heisser Konflikt | Kalter Konflikt |
|---|---|
| • Hohe Emotionalität<br>• Direkte Konfrontation (Angriff und Verteidigung)<br>• Überaktivität<br>• Durchsetzen der eigenen Meinung<br>• Versuch der Überzeugung von der eigenen Meinung | • Keine oder nur geringe Emotionalität (unterdrückt)<br>• Keine direkte Konfrontation – man geht sich aus dem Weg<br>• Resignation und Enttäuschung<br>• Destruktiv, blockierend |

Als Projektleiter müssen Sie **latente Konfliktursachen** schon im Vorfeld berücksichtigen und entsprechende Massnahmen einplanen, damit Konflikte gar nicht entstehen bzw. sich nicht weiterentwickeln (Konfliktphasen entstehend oder eskaliert). Zudem sollten Sie ihre Eintrittswahrscheinlichkeit und ihre Konsequenzen (in Bezug auf Zeit, Budget, Umfang und Qualität) einschätzen. **Regelmässige Reviews, Qualitätssicherungs- und Risikomanagementmassnahmen mit den Beteiligten** während des gesamten Projektverlaufs können unterstützend wirken. Des Weiteren können Sie in der Stakeholder-Analyse potenzielle Meinungsmacher identifizieren und bilaterale Gespräche mit ihnen einplanen, um einerseits potenzielle Konflikte zu identifizieren, andererseits diese Personen aktiv ins Projektgeschehen einzubinden.

### C] Drei Stadien von Konflikten

Grundsätzlich können Konflikte **drei Stadien** durchlaufen:

1. **Kooperation und Konkurrenz:** Standpunkte entstehen, verhärten sich und prallen aufeinander. Es kommt zu einer zunehmenden Polarisierung, bis die Empathie mit der «Gegenpartei» verloren geht und Fehlinterpretationen an der Tagesordnung sind.

**Beispiel** Während eines Projekt-Meetings reagiert eine Person bei einem Beitrag einer bestimmten Person mit Augenrollen, Äusserungen des Missmuts, tiefem Ausatmen oder leichtem Stöhnen.

2. **Selbsterfüllende Prophezeiung:** Einem positivem Eigenbild steht ein negatives Fremdbild gegenüber. Es werden Anhänger für die eigene Position geworben. Es kommt zu öffentlichen und direkten Angriffen mit dem Ziel, dem Gegner einen Gesichtsverlust zuzufügen. Es kommt zu Drohungen.

**Beispiel** Nach mehreren Meetings, in denen sich diese Szene stetig wiederholt, eskaliert die Situation und die beiden Personen aus dem Beispiel im Punkt 1 gehen aggressiver aufeinander zu und versuchen, den anderen von der eigenen Meinung zu überzeugen, selbst wenn das nicht konstruktiv ist.

3. **Entwürdigung:** Es wird gelogen, um dem Gegner zu schaden. Die Zerstörung der Gegenseite wird intensiv verfolgt, bis es zur totalen Konfrontation kommt und die Vernichtung des Gegners selbst zum Preis der Selbstvernichtung in Kauf genommen wird.

**Beispiel** Ein Projektleiter hält seine Statussitzung mit seinen Teilprojektleitenden ab. Bisher verliefen die Sitzungen ruhig. Doch die heutige eskaliert und es hagelt Vorwürfe gegen den Projektleiter. Der Projektleiter ist völlig erstaunt über diese Entwicklung. Was lernen wir daraus? Konflikte schlummern zuerst. Sie müssen potenzielle Signale wahrnehmen. Eine gute Methode ist, die realistischen Interessen der Einzelnen im Vorfeld abzuholen und in die Stakeholder-Analyse aufzunehmen.

Mit den drei Stadien der Konflikteskalation gehen verschiedene **Strategien** einher, da bei der Klärung des Konfikts beide Seiten etwas zu gewinnen bzw. zu verlieren haben. Jede Seite versucht, den eigenen Gewinn zu maximieren, was aber im Hinblick auf eine für beide Seite tragbare Lösung zunehmend unrealistisch wird.

Abb. [21-4] **Rollen und sinnvolle Interventionen in Krisensituationen**

| Stadium | Mögliche Intervention | Strategie |
|---|---|---|
| Kooperation und Konkurrenz | Konflikt kann mit Unterstützung des Projektleiters für beide Seiten erfolgreich geklärt und gelöst werden (Moderation). | Gewinner-Gewinner-Strategie |
| Selbsterfüllende Prophezeiung | Es wird mindestens eine Verliererpartei geben. Die Konfliktbearbeitung sollte durch eine Fachperson erfolgen (Mediation). | Gewinner-Verlierer-Strategie |
| Entwürdigung | Verlieren werden mehr oder weniger beide Konfliktparteien. Die Konfliktbearbeitung kann meist nur noch durch eine höhere Instanz mit entsprechender Macht erfolgen. | Verlierer-Verlierer-Strategie |

Quelle: Kuster, J. et al., Handbuch Projektmanagement, Heidelberg 2011

**Zur Differenzierung:** Wenn sich eine **Krise** nicht aus einem Konflikt ergibt, befinden Sie sich direkt im Status «eskaliert». Krisen entstehen in diesem Fall durch das Auftreten eines erheblichen Risikos und haben die unangenehme Eigenschaft, dass neue Konflikte entstehen können, die die Krise verschlimmern. Sie als Projektleiter müssen in einer Krise schnell handeln, damit die Situation nicht weiter eskaliert.

### 21.2.3 Konfliktstile

Menschen haben aufgrund ihres Temperaments, ihrer Persönlichkeitsstruktur und ihrer früheren Erfahrungen mit Konfliktsituationen unterschiedliche Einstellungen zu Konflikten. Diese Einstellungen bestimmen ihren **Konfliktstil,** d. h. die Art, wie sie mit Konflikten umgehen. Der Konfliktstil wirkt sich auf die weitere Konfliktentwicklung (Eskalation oder Deeskalation) aus. Wir unterscheiden **fünf grundlegende Konfliktverhaltensstile,** die sich nach den Aspekten «Orientierung an eigenen Interessen» und «Interessen des anderen» folgendermassen einordnen lassen:

Abb. [21-5] **Die fünf Konfliktstile**

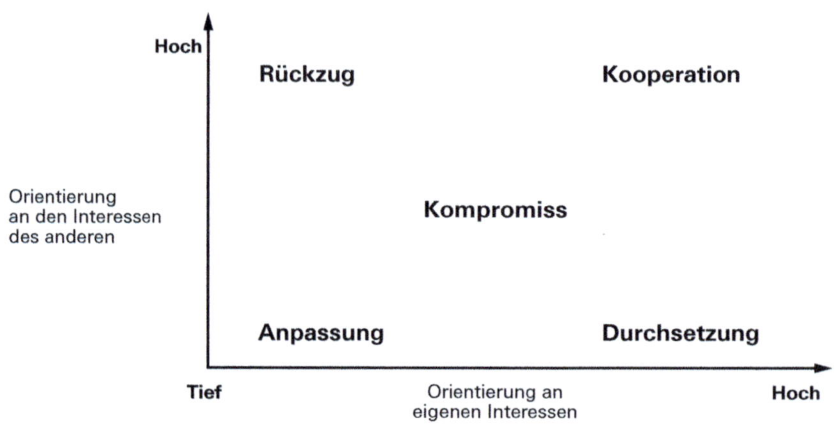

Wir beschreiben im Folgenden die einzelnen Konfliktstile:

- **Durchsetzung** ist mit Aggression, Kampf, Verteidigung und Macht verbunden. Jede Konfliktpartei ist bestrebt, ihre Vorstellungen auch auf Kosten der anderen durchzusetzen. Für sie kommen nur Sieg oder Niederlage infrage. Nach Ursachen des Konflikts oder gar nach eigenen Konfliktanteilen wird nicht gefragt. Mittel zur Durchsetzung sind z. B.: Überredung, Druck, Drohungen oder Sanktionen.
- **Rückzug** ist mit Nachgeben, Vermeiden, Verdrängen, Verleugnen und Verzichten verbunden. Der Rückzug ist möglicherweise der einfachste, aber folgenreichste Weg und besteht darin, den **Konflikt zu verdrängen.** Dadurch wird der Konflikt aber keineswegs gelöst, sondern lediglich auf einen späteren Zeitpunkt verlagert. Dann ist der Konflikt womöglich schon so weit eskaliert, dass er kaum noch lösbar ist. Anders ist es, wenn man nach der Analyse der Situation zum Ergebnis kommt, dass man sich am besten vom Konflikt zurückzieht. Das kann z. B. eintreten, wenn die Gegenseite eine Durchsetzungsstrategie verfolgt und es sich nicht lohnt, weitere Energien zu investieren.
- **Anpassung** ist mit Aussitzen, Unterwerfung und Opportunismus verbunden. Ein Stück weit nachgeben ist Voraussetzung für eine **Konfliktbewältigung.** Wer aber zu früh nachgibt, hat schon verloren. Er vertritt die eigenen Interessen zu wenig und überlässt das Feld der Gegenpartei. Andererseits ist es manchmal notwendig, in einem Konflikt nachzugeben.
- **Kompromisse** aushandeln heisst, nach einer **akzeptablen Lösung** zu suchen, selbst um den Preis, dass niemand ganz zufrieden ist. Alle Beteiligten sind zum Wohl des Projekts zu Einschränkungen bereit. Zugleich erkennen aber auch alle in der getroffenen Regelung gewisse Vorteile für sich selbst.
- **Kooperation** bedeutet, **gemeinsam neue Handlungsstrategien zu entwickeln.** Das setzt voraus, dass sich die Kontrahenten gleichermassen ernst nehmen und in erster Linie eine tragfähige Basis für längerfristige Zusammenarbeit aufbauen. Voraussetzung sind wechselseitiges Verständnis, offener Austausch unterschiedlicher Gesichtspunkte und Berücksichtigung der wesentlichen Anliegen der anderen.

Versuchen Sie, bei der Analyse einer Konfliktsituation den Konfliktstil der Beteiligten einzuschätzen.

### 21.2.4 Konfliktlösung

Nicht immer kann ein Konflikt oder eine Krise vermieden werden. Kommt es im Projekt zu einem Konflikt oder einer Krise, müssen Sie als Projektleiter schnell und zielgerichtet reagieren, um eine weitere **Eskalation zu vermeiden.** Bei der Lösung sollten Sie **darauf achten, dass**

- nur direkt Beteiligte einbezogen werden,
- eine Trennung vom Konflikt / von der Krise und den Personen stattfindet,
- allen bewusst ist, dass die Lösung meist nur durch einen Kompromiss möglich ist und alle Parteien Zugeständnisse machen müssen, und
- die Gespräche in einem geschützten und vertrauenswürdigen Rahmen stattfinden.

Ein **Treffen der Konfliktparteien** muss vom Projektleiter gut vorbereitet werden. Die folgende Tabelle enthält eine Checkliste mit möglichen Fragestellungen zur Vorbereitung.

Abb. [21-6] **Checkliste Vorbereitung Konfliktlösungstreffen**

| Fragestellung | Hilfsfragen zur Erarbeitung |
|---|---|
| Welche Sichtweisen gibt es? | • Wie sehen die einzelnen Parteien die Situation?<br>• Was übersehen die einzelnen Parteien? Wo haben sie ihren blinden Fleck? |
| Wie sieht das Umfeld aus? | • Wer ist mit wem verbunden?<br>• Wer ist von wem abhängig?<br>• Wer wird von wem beeinflusst? |
| Was erhält die Situation aufrecht? | • Gibt es bestimmte Muster?<br>• Woran sind diese zu erkennen?<br>• Was wirkt sich sonst noch auf den Konflikt aus? |
| Was wird von den Parteien erwartet? | • Wie stellen sich die Parteien die (konfliktfreie) Lösung vor?<br>• Wie würden andere Personen oder Gruppen eine veränderte Situation beurteilen? |
| Was passiert, wenn nichts passiert? | • Welchen Mehrwert bringt die Konfliktlösung?<br>• Warum soll der Konflikt behoben werden?<br>• Wer hat wegen des Konflikts Vor- bzw. Nachteile? |
| Wie viel Zeit steht zur Verfügung? | • Bezüglich der aktuellen Markt- und Projektsituation?<br>• Aus Sicht des Kunden?<br>• Aus Sicht des Managements? |

Haben Sie diese Fragen beantwortet, sind Sie für ein Aufeinandertreffen der Parteien gut vorbereitet. Insbesondere die unterschiedlichen Sichtweisen können Ihnen während des Treffens sehr nützlich sein, wenn es um das Verständnis der anderen Partei geht und es zur Lösungsfindung kommt.

**Hinweis** Für Details zum Umgang mit Parteien lesen Sie die Ausführungen zur Kompetenz «Verhandlungen», Kapitel 23, S. 275.

## 21.2.5 Krisenbewältigung

Kommt es in Ihrem Projekt trotz aller Bemühungen zu einer Krise, muss man schnell und richtig handeln, um ein Desaster abzuwenden. Im nun beginnenden **Krisenmanagement** verfolgt man – angelehnt an das **Katastrophenmanagement** – folgende Ziele:

- Verhinderung von weiteren Schäden (vor allem auch für Personen)
- Stabilität der aktuellen Lage
- Erholung beschleunigen
- Rückführung in den Normalzustand

Der **Weg aus einer Krise** ist vielfältig und projektspezifisch. Daher gibt es kein Patentrezept. Es gibt aber vier Vorgehensschritte für eine Krisenbewältigung, die Erfolg versprechend sind.

Abb. [21-7] **Vier Schritte der Krisenbewältigung**

Wir besprechen die einzelnen Begriffe im folgenden Text.

### A] Kriseneinsicht

Das **Eingeständnis einer Krise** ist der wichtigste Schritt, der leider zu selten oder zu spät geschieht. Nämlich dann, wenn die Krise nicht mehr zu verbergen ist. Hat man sich die Krise eingestanden, heisst es einen kühlen Kopf bewahren, da sich gerade in Krisen der Blick auf Chancen und Lösungen sehr verengt.

### B] Entschleunigung

Getreu dem chinesischen Sprichwort «Hast du es eilig, gehe langsam» sollten die unter erhöhtem Druck stehenden Beteiligten entlastet werden. Entschleunigung ist ein **verordnetes Verlangsamen** bis hin zur Einstellung / Verschiebung aller Projektarbeiten. Das ist nötig, da zunächst geklärt werden muss, wie es weitergeht und ob ein Weiterarbeiten wie bisher sinnvoll ist.

### C] Sofortmassnahmen

Sofortmassnahmen dienen primär der **Verhinderung weiterer Schäden** und der **Stabilisierung der aktuellen (Not)lage.** Gelingt das nicht, muss man warten, bis die Ergebnisse der Situationsklärung vorliegen, da untaugliche Sofortmassahmen die Krise verstärken können. Man sollte also Aktivismus vermeiden. Ein weiteres wichtiges Ziel ist, die Handlungsfähigkeit des Projektteams wiederherzustellen. Damit das gelingt, sollten Sie gemeinsam mit dem Team Sofortmassnahmen festlegen. Die Wirkung zeigt sich in einer verbesserten Stimmung. Die eigentliche Krisenbewältigung startet erst mit dem 4. Schritt, der umfassenden Situationsklärung.

### D] Umfassende Situationsklärung

Die Situationsklärung besteht aus mehreren Schritten, die in der folgenden Tabelle zusammengefasst sind. Das Ziel der **Situationsanalyse** ist, die Krise und ihr Ausmass einzuschätzen, Lösungswege zu beschreiben und diese zu bewerten. Es empfiehlt sich, Unterstützung von Externen beizuziehen. Das können externe Berater oder auch interne Mitarbeitende sein, die nicht direkt mit dem Projekt, wohl aber mit dem Umgang mit Krisen vertraut sind.

Bei der umfassenden Situationsklärung kann ein leicht angepasster Ablauf gewählt werden wie bei der **Bearbeitung von Konflikten.**

Die folgende Tabelle zeigt die Unterschiede auf. In einer Krise gibt es keine Parteien wie bei Konflikten.

Abb. [21-8] **Unterschied zwischen der Konflikt- und der Krisenbearbeitung**

| Schritt | Konfliktbearbeitung | Krisenbearbeitung |
|---|---|---|
| 1 | Diagnose | Interviews und Dokumentenstudium |
| 2 | Ziele nennen | Ziel ist die Herstellung der Normalität |
| 3 | Gegenseitiges Zielverständnis | Entfällt |
| 4 | Gemeinsamkeiten auswerten | Hypothesen bilden und bewerten |
| 5 | Lösungsmöglichkeiten verhandeln | Erfolgsaussichten einschätzen und entscheiden |
| 6 | Umsetzung begleiten | Entscheide abstützen und konsolidieren sowie Planung der Aktivitäten |

### E] Nachhaltige Aktivitäten

Schaffen Sie als Projektleiter nach einem Konflikt bzw. einer Krise Ruhe im Team und regen es an, die eigene Rolle und das Verhalten im Konflikt zu reflektieren. Sie positionieren Konflikte und Krisen als wichtiges **Lernfeld** für die weitere Entwicklung des Einzelnen und des Teams. Das Team muss gewillt sein, offen seine Erfahrungen mitzuteilen. Das bedingt, dass keine Schuldzuweisungen gemacht werden und der Austausch in einem geschützten Rahmen stattfindet. Als Methode eignet sich ein **Lessons-Learned-Workshop.** Die Einsatzmöglichkeiten können die folgenden sein:

- Phasenabschluss
- Retrospektiven und Reviews während des Projekts
- Projektabschluss

Ziel ist es, **Fehler und Erkenntnisse aus Konflikten und Krisen** zu identifizieren, zu reflektieren und zu dokumentieren. Eine mögliche Methode ist, folgende Fragestellungen anzuwenden:

«Was war hinderlich und was war förderlich für den jeweiligen Konflikt oder die Krise?»

Die Erkenntnisse werden dokumentiert und systematisch als **«Best Practices»** in die Organisation als Teil der Organisationsentwicklung integriert.

**Messgrössen**

- Analysiert potenziell stressige Situationen
- Lässt konfliktäre Charaktere und Interessen in verschiedenen Aufgabenbereichen und / oder Teams arbeiten
- Delegiert konfliktanfällige Themen an die dafür geeigneten Personen
- Führt vorbeugende Massnahmen ein
- Führt stressreduzierende Massnahmen durch und reflektiert stressige Situationen im Team
- Ordnet die jeweilige Situation einer Konfliktphase zu
- Analysiert die Ursachen für einen Konflikt oder eine Krise
- Analysiert potenzielle Auswirkungen eines Konflikts oder einer Krise
- Wählt aus verschiedenen Ansätzen für die Bewältigung von Konflikten oder Krisen aus
- Spricht Themen offen an
- Schafft eine Atmosphäre für konstruktive Auseinandersetzungen
- Wählt aus und wendet die richtige Methode zur Bewältigung des Konflikts oder der Krise an
- Ergreift, wenn angemessen, Disziplinarmassnahmen oder rechtliche Schritte
- Stellt das Teamumfeld wieder her
- Motiviert das Team, den eigenen Anteil im Konflikt zu erkennen und daraus zu lernen
- Motiviert das Team, die eigene Rolle im Konflikt zu erkennen und daraus zu lernen
- Nutzt Konflikte in einer positiven Art, um sich weiterzuentwickeln
- Stärkt den Zusammenhalt im Team und die Stabilität gegenüber potenziellen zukünftigen Konflikten und Krisen

82 Fügen Sie in der folgenden Matrix die individuellen Konfliktverhaltensstile Anpassung, Rückzug, Kooperation, Durchsetzung, Kompromiss ein.

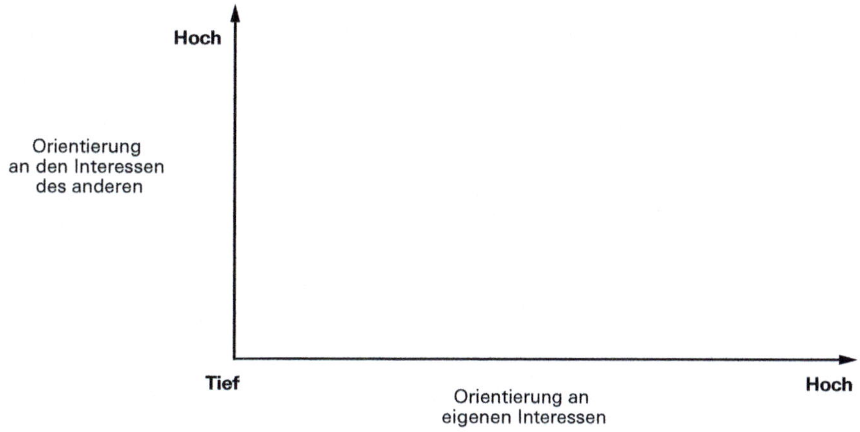


83 Ordnen Sie die Situationen heissen und kalten Konflikten zu und definieren Sie jeweils eine Massnahme, die Sie in der jeweiligen Situation einleiten.

| Massnahme | Heiss | Kalt | Massnahmen |
|---|---|---|---|
| Der Teamleiter der Projektleitenden äussert sich über den neu erarbeiteten PM-Leitfaden, der von seinem Vorgesetzten in Auftrag gegeben wurde, lediglich mit den Worten: «Also ich habe mehr erwartet und bin enttäuscht.» | ☐ | ☐ | |
| Die Entwicklung des neuen Geräts wurde direkt im Produktmanagement gemeinsam mit der IT umgesetzt und soll nun freigegeben werden. Die Freigabe wird von allen gutgeheissen mit Ausnahme des Innovationsmanagements. | ☐ | ☐ | |
| Tim aus der Marketingabteilung hat eine sehr konkrete Vorstellung davon, wie die Kampagne zur Vermarktung des neuen Produkts aussehen soll, und ist nur bereit, die Vermarktung weiter voranzutreiben, wenn sie genauso umgesetzt wird, wie er es haben möchte. | ☐ | ☐ | |
| Seit der Inbetriebnahme der neuen Software grüsst der Betriebsverantwortliche das Projektteam nicht mehr. | ☐ | ☐ | |
| Der Projektvertreter aus dem Innovationsmanagement reagiert bei Präsentationen von Herstellern im Rahmen des Ausschreibungsprozesses lautstark mit blossstellenden Fragen und Äusserungen. Ausserdem kommuniziert er auch seine Zweifel betreffend Innovationsfähigkeit direkt an den Hersteller. | ☐ | ☐ | |
| Als Feedback auf ihren Vorschlag für das neue Verpackungsdesign erhält Bernadette von ihrem Vorgesetzten um 22.45 Uhr das Feedback: «Habe ich dir nicht schon mehrfach gesagt, dass nur zweistufige Designs verwendet werden dürfen? Wie oft muss ich es eigentlich noch sagen? Also ich muss mir nun schon überlegen, wie das mit dir weitergehen soll.» | ☐ | ☐ | |

84 Nennen Sie drei präventive Massnahmen zur Verhinderung von Konflikten und nennen Sie dazu jeweils ein Beispiel.

85 Ordnen Sie folgende Situationen einem Konflikt oder einer Krise zu.

| Konflikt | Krise | Massnahme |
|---|---|---|
| ☐ | ☐ | Uneinigkeit betreffend des Testvorgehens |
| ☐ | ☐ | Der Sponsor möchte, dass der Lieferant mit der Umsetzung beauftragt wird, auch wenn die finanziellen Mittel dafür nicht gesprochen wurden und Uneinigkeit betreffend die Umsetzung im Steuerungsausschuss herrscht. |
| ☐ | ☐ | Der Lieferant kann die Software erst eine Woche später liefern. |
| ☐ | ☐ | Der Projektmitarbeiter aus der IT weigert sich, sich die Businessanforderungen anzusehen, weil der Input aus dem Marketing noch ausstehend ist. |
| ☐ | ☐ | Der Leiter IT-Betrieb stimmt der finalen Freigabe zum Rollout nicht zu, weil der Betrieb zu spät involviert wurde. |
| ☐ | ☐ | In den Medien wird kommuniziert, dass der Kunde von einer anderen Firma aufgekauft wurde, die vorhat, den Bereich, der das Projekt betrifft, auszulagern. |
| ☐ | ☐ | Die Nutzerakzeptanztests verliefen nicht erfolgreich. |
| ☐ | ☐ | Der Sponsor gibt das Projekt ab. |
| ☐ | ☐ | Drei Viertel der Entwickler wurden permanent für andere Projekte abgezogen, sodass sich der Terminplan drastisch verändert und es unklar ist, ob noch das notwendige Know-how für die Umsetzung im Team vorhanden ist. |
| ☐ | ☐ | Der Vertreter aus der Supportunit verkündet laut, dass er nicht mehr bereit ist, weiter im Projekt zu arbeiten, wenn seine Inputs nicht ernst genommen werden. |

# 22 Vielseitigkeit

**Lernziele**

Nach der Bearbeitung dieses Kapitels können Sie …

- ein offenes und kreatives Umfeld schaffen und unterstützen.
- eine Charta für die Projektzusammenarbeit entwickeln.
- das Systems Engineering erklären und anwenden.
- konzeptionelle Denkansätze gezielt einsetzen.

**Schlüsselbegriffe**

635-Methode, analytische Techniken, Brainstorming, Brainwriting, Charta der Zusammenarbeit, Fischgräten-Diagramm, ganzheitliche Sicht, Greenfield Approach, interdisziplinäres Denken, Ishikawa-Diagramm, konzeptionelles Denken, kreative Techniken, Kreativität, Lösungsalternativen, Mindmap, Offenheit, Problemlösungsmethoden, Sechs Denkhüte, Situationsanalyse, Systems Engineering (SE), Walt-Disney-Methode

### Definition gemäss ICB4

«Vielseitigkeit» ist die Fähigkeit, verschiedene Techniken und Denkweisen für die Definition, Analyse, Priorisierung, die Suche nach Möglichkeiten, den Umgang mit oder die Lösung von Herausforderungen und Problemen anzuwenden. Das erfordert häufig originelles und einfallsreiches Denken und Handeln und regt die Kreativität der einzelnen Teammitglieder und die kollektive Kreativität des Teams an. Vielseitigkeit ist nützlich, wenn Risiken, Chancen, Probleme und Schwierigkeiten auftreten.

### Zweck gemäss ICB4

Die Kompetenz «Vielseitigkeit» versetzt den Einzelnen in die Lage, mit Unsicherheiten, Problemen, Veränderungen, Einschränkungen und stressigen Situationen effektiv umzugehen, indem stetig nach neuen, besseren und effektiveren Ansätzen und / oder Lösungen gesucht wird.

### Beschreibung gemäss ICB4

Vielseitigkeit beschreibt die optimale Nutzung der Ressourcen, mit denen man arbeitet. Es geht nicht nur darum, etwas Neues zu schaffen, sondern auch existierende Tätigkeiten besser, schneller oder günstiger zu machen. Der Einzelne sollte fähige Ressourcen akquirieren und den Einfallsreichtum im Team fördern, um Ideen, die dem Prozess, den Ergebnissen und den Zielen nutzen, anzuregen, zu bewerten und umzusetzen. Ideen müssen dem Team häufig «verkauft» werden, bevor sie auf Akzeptanz stossen. Eine Teamatmosphäre, die offen für Kreativität und Innovation ist, ist Voraussetzung für Akzeptanz. Andere Mitglieder des Teams werden dann die Idee toll finden und sie ausarbeiten, damit sie auf breitere Akzeptanz stösst. Vielseitigkeit ist eine der wichtigsten Kompetenzen für den Projekterfolg. Einfallsreichtum hilft Probleme zu überwinden und motiviert das Team, gemeinsam aus einer Idee eine umsetzbare Lösung zu erarbeiten. Kreativität muss im Projektteam behutsam eingesetzt werden, damit der Fokus auf die Realisierung der vereinbarten Ergebnisse des Projekts nicht verloren geht. Konzeptionelle und analytische Techniken sind von entscheidender Bedeutung für den Umgang mit der Informationsflut, der sich viele Projekte und Organisationen ausgesetzt sehen. Die richtigen Informationen rechtzeitig zu extrahieren, zu präsentieren oder über sie berichten zu können, ist entscheidend für den Erfolg.

**Hinweis**

Folgende Kompetenzen sind mit «Vielseitigkeit» verknüpft und werden in den entsprechenden Kapiteln behandelt:

- Alle weiteren Kompetenzen des Kompetenzbereichs Menschen, Teil C, S. 201
- Kompetenz «Projektdesign», Kapitel 2, S. 25
- Kompetenz «Anforderungen und Ziele», Kapitel 3, S. 39
- Kompetenz «Planung und Steuerung», Kapitel 11, S. 140
- Kompetenz «Chancen und Risiken», Kapitel 12, S. 159

## 22.1 Offenheit und Kreativität

Projektarbeit zeichnet sich durch die **Einmaligkeit der Bedingungen** aus. Es sollen nützliche Lösungen für einen bestimmten Zusammenhang geschaffen werden. Diese Lösungen sind nicht als Konfektionsware zu kaufen, sie müssen geschaffen werden und fordern nicht nur fachliches Wissen, sondern **interdisziplinäres Denken** und Kreativität. **Kreativität** ist die Fähigkeit, schöpferisch zu denken und zu handeln, d. h., neue Ansichten zu erschliessen, um ein Problem zu lösen oder etwas Neues hervorzubringen.

Ein kreatives Umfeld bzw. Kreativität entsteht nicht einfach. Es muss erarbeitet werden. Das kostet Zeit und erfordert die Bereitschaft, ausserhalb des Normalen zu denken.

Die folgende Aufgabe verdeutlicht das: Verbinden Sie die neun Punkte in der folgenden Abbildung mit vier geraden Linien, die Sie mit dem Stift ziehen, ohne die Linienführung zu unterbrechen.

Abb. [22-1] **Neun Punkte**

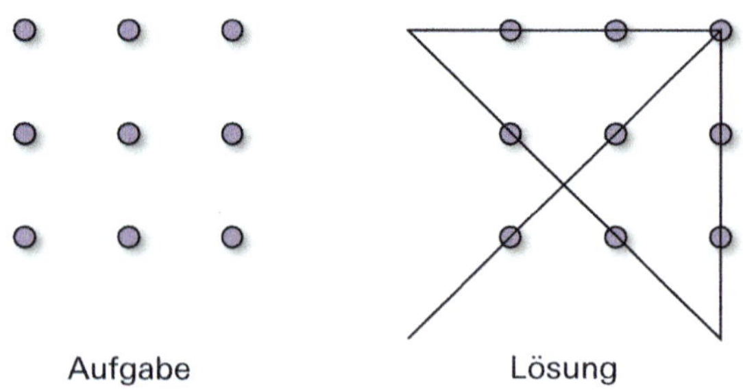


Die meisten Menschen, denen diese Aufgabe zum ersten Mal gestellt wird, haben Mühe, weil sie innerhalb des Bereichs der neun Punkte bleiben. Man muss **über den «Rand» hinausdenken,** um eine Lösung zu finden.

Der Rahmen, in dem ein kreatives Umfeld entstehen kann, ist nicht einfach gegeben. Er muss erzeugt werden. Die Basis für ein kreatives Umfeld bilden **gegenseitiges Vertrauen** und eine gute Zusammenarbeit. In einer **«Charta der Zusammenarbeit»** können bestimmte Regeln für die Zusammenarbeit im Projekt festgelegt werden, die durch alle Projektmitarbeitenden akzeptiert werden müssen, z. B. durch ihre Unterschrift unter der Charta.

Für die Erstellung einer solchen Charta können Sie zu Beginn des Projekts einen Workshop durchführen, in dem Sie zusammen mit dem Team die Charta, und damit die Regeln, erstellen und festlegen.

Abb. [22-2] **Beispiel einer Charta der Zusammenarbeit**

**Charta**
Zusammenarbeit im Projekt «Pegasus»

Die folgenden Leitsätze gelten für alle Mitarbeitenden im Projekt «Pegasus». Jeder Mitarbeiter muss die Leitsätze durch seine Unterschrift anerkennen. Verstösse werden wahlweise mit einer Runde Gipfeli, Kaffee oder Eis bestraft!

**Zusammenarbeit**

**Wir**
- kommunizieren transparent, offen und sachlich.
- geben und nehmen konstruktives Feedback.
- sprechen Probleme und Kritisches an und suchen gemeinsam nach Lösungen.
- arbeiten an kreativen und nachhaltigen Lösungen.

**Kultur**

**Wir**
- akzeptieren Fehler und nutzen sie zum Lernen.
- sind offen für andere Meinungen und Denkansätze.
- leben gegenseitigen Respekt und Vertrauen.
- gönnen uns gegenseitige Erfolge.

**Engagement und Mut**

**Wir**
- zeigen Initiative und fördern Querdenken.
- sind risikobereit, flexibel und halten nicht an Altem fest.
- nutzen kreative Methoden, um Lösungen zu finden.
- setzen uns für das Projekt und dessen Erfolg ein.

Die Erstellung einer Charta allein reicht nicht aus, um kreativ zu sein. Dazu braucht es noch mehr. Immer mehr Firmen folgen den Beispielen von Apple, Microsoft und Google und schaffen ganze **Bereiche in ihren Firmen, die zur Kreativität anregen sollen.** Dabei geht es nicht um einen Spielplatz für Erwachsene, sondern um Räume, die anders gestaltet sind und allein durch die Gestaltung die Kreativität anregen. Dazu gehören z. B. Stehtische, Farben, offene Bestuhlung, gemütliche Sitzecken. Seien Sie kreativ und versuchen Sie, den Sitzungsraum in einen kreativen Platz zu verwandeln.

**Beispiel**

In einem Lessons-Learned-Meeting werden an der Wand verschiedene Flipcharts aufgehängt, die unterschiedliche Bereiche für die Lessons Learned ansprechen. Eines für die Zusammenarbeit, eines für die Problemlösungen, eines für das Ergebnis, die Qualität … Jeder Mitarbeiter wird nun gebeten, sich frei im Raum von einem Plakat zum anderen zu bewegen und mit einem Stift seine Lessons Learned zu notieren. Jeweils mit einem «+» für etwas Positives und einem «–» für etwas Negatives. Anschliessend versammelt sich die Gruppe vor dem ersten Plakat und bespricht die Notizen. Danach wird das zweite Plakat besprochen und so weiter. Der Projektleiter fasst die Lessons Learned anschliessend zusammen und verteilt die Notizen

Eine andere Möglichkeit, das Lessons-Learned-Meeting durchzuführen, ist, den Weg des Projekts oder der Phase auf einer Tapetenrolle aufzuzeigen. Alle Projektmitarbeitenden stehen rund um einen Tisch, auf dem die Tapete ausgerollt ist. Der Projektleiter hat entweder den Projektweg bis zum aktuellen Stand schon vorgemalt oder erstellt diesen nun zusammen mit dem Team. Dabei werden die erreichten Meilensteine und Ergebnisse, aber auch Probleme, Umwege und Hindernisse aufgezeichnet und alle Mitarbeitenden sagen, was jeweils gut und was schlecht gelaufen ist und was in der nächsten Phase oder dem nächsten Projekt besser gemacht werden kann.

**Interesse an Ideen zeigen** und **selbst kreative Ideen einbringen** ist ein weiterer Baustein für ein kreatives Umfeld. Seien Sie verrückt im positiven Sinn. Bringen Sie Ideen ein, die gegen die bestehenden Regeln laufen. Fordern Sie das Gleiche von Ihrem Team. Zeigen Sie Ihrem Team, dass Neues willkommen ist. Gerade unterschiedliche Sichtweisen und Erfahrungen im Team sorgen für neue Lösungsansätze, indem die Erfahrungen der einzelnen Mitglieder kombiniert werden.

Kreativität heisst auch, bestehende Rahmen, Sicherheiten und Grenzen für einen Moment zu ignorieren und ausserhalb dieses Rahmens zu denken. Häufig wird dieser Ansatz auch **«Greenfield Approach»** genannt. Dabei geht man davon aus, dass etwas Neues auf einer grünen Wiese erstellt werden kann. Ohne Grenzen und vorgegebene Rahmen.

Es ist selbstverständlich, dass man diese Grenzen bei der Umsetzung wieder berücksichtigen muss. Aber warum sollte es nicht möglich sein, bestehende Grenzen infrage zu stellen, wenn sich dadurch Neues erstellen lässt? Formulieren Sie in einem solchen Fall folgende zwei Sätze:

- Geht nicht, weil …
- Wäre möglich, wenn …

Aus dem zweiten Satz ergibt sich in der Regel ein weiterer «Geht nicht, weil»-Satz, dem wieder ein «Wäre möglich, wenn»-Satz folgt. Irgendwann erhalten Sie einen «Wäre möglich, wenn»-Satz, dem kein «Geht nicht, weil»-Satz mehr folgt. Wenn Sie diese Möglichkeit nutzen können, haben Sie die Grundlage für Ihren neuen Ansatz oder eine Änderung des Rahmens gefunden. Man kann für eine Ausgangssituation auch mehrere **«Geht nicht, weil»-Sätze** herleiten und diese nacheinander mit den **«Wäre möglich, wenn»-Sätzen** prüfen.

Zitat[1]: «Geht nicht gibt's nicht. Wer sagt, ‹Ich kann nicht›, setzt sich nur selbst Grenzen.»

## 22.2 Konzeptionelles Denken

In einem Projekt gibt es immer wieder kleinere oder grössere **Herausforderungen,** die bewältigt werden müssen. Als Projektleiter sind Sie hier gefordert, Lösungen zu definieren. Da jedes Projekt einzigartig ist, sind auch die Probleme in der Regel einzigartig und Sie können nicht oder nur in geringem Mass auf Erfahrungen und bestehende Lösungen zurückgreifen. Zum Glück sind Sie nicht allein, sondern haben ein ganzes Team von fähigen Mitarbeitenden, die Sie bei der Analyse und der Lösungsfindung unterstützen.

Ein **kreatives Umfeld,** in dem es auch erlaubt ist, Grenzen auszuklammern, ist eine Voraussetzung für optimale Lösungen.

Für die Analyse eines komplexen Systems bietet sich der Ansatz des **Systems Engineering (SE)** an. Dieser Ansatz hat sich für die Gestaltung von komplexen Systemen bewährt. SE nutzt das Denken in Systemen und bietet eine Reihe von Grundprinzipien für die effiziente und die effektive Gestaltung von komplexen Systemen:

- Die **Situation zu modellieren,** d.h., ein Bild von der komplexen Realität zu erstellen, das einen für die Situation angemessenen Überblick auf alle wesentlichen Aspekte gewährt
- **Vom Groben zum Detail vorzugehen,** d.h., grundsätzlich mit generellen Lösungskonzepten zu starten und den Detaillierungsgrad erst mit fortlaufender Systemgestaltung zu erhöhen («den Wald **und** die Bäume» im Auge zu behalten)
- Das **System gegenüber seiner Umwelt abzugrenzen** und die wesentlichen System-Umwelt-Beziehungen herauszukristallisieren
- Das so definierte System weiter **in Elemente aufzugliedern** und die Beziehungen und Wechselwirkungen zwischen diesen herauszuarbeiten und Muster zu identifizieren

[1] Arthur Lassen (1939–2000), deutscher Motivations- und Erfolgstrainer.

- Die verschiedenen Perspektiven und Sichtweisen der direkt und indirekt Beteiligten zu klären und die damit verbundenen Erwartungen und Interessen wahrzunehmen, d. h., **Subjektivität berücksichtigen,** Perspektivenwechsel nutzen und alternative Betrachtungsweisen erschliessen
- Den Prozess der Systemgestaltung in **überschaubare, definierte Phasen zu gliedern** und somit als stufenartigen Planungs-, Entscheidungs- und Konkretisierungsprozess ablaufen zu lassen
- Ein formallogisches **Vorgehensraster einzuhalten**
- Offen zu sein gegenüber jeglicher Art zweckmässiger **Hilfsmittel** bei der Problemlösung

**Hinweis**

Der allgemeingültige Ansatz des SE ist eine Denk- und Vorgehensweise, die sich grundsätzlich für alle Projekte eignet. Für das Management von spezifischen Projektherausforderungen sind ggf. weitere Komponenten erforderlich. So können die Erfahrung und das Fachwissen wichtige Voraussetzungen für eine erfolgreiche Problemlösung sein.

**Beispiel**

Um den Auftraggeber eines Projekts vom erweiterten Nutzen eines gut funktionierenden Chancen- und Risikomanagements zu überzeugen, hat der Projektleiter ein Wirkungsdiagramm erstellt, um die komplexen (Wechsel)wirkungen darzustellen und erklären zu können.

Abb. [22-3] **Wirkungsdiagramm zum Chancen- und Risikomanagement**

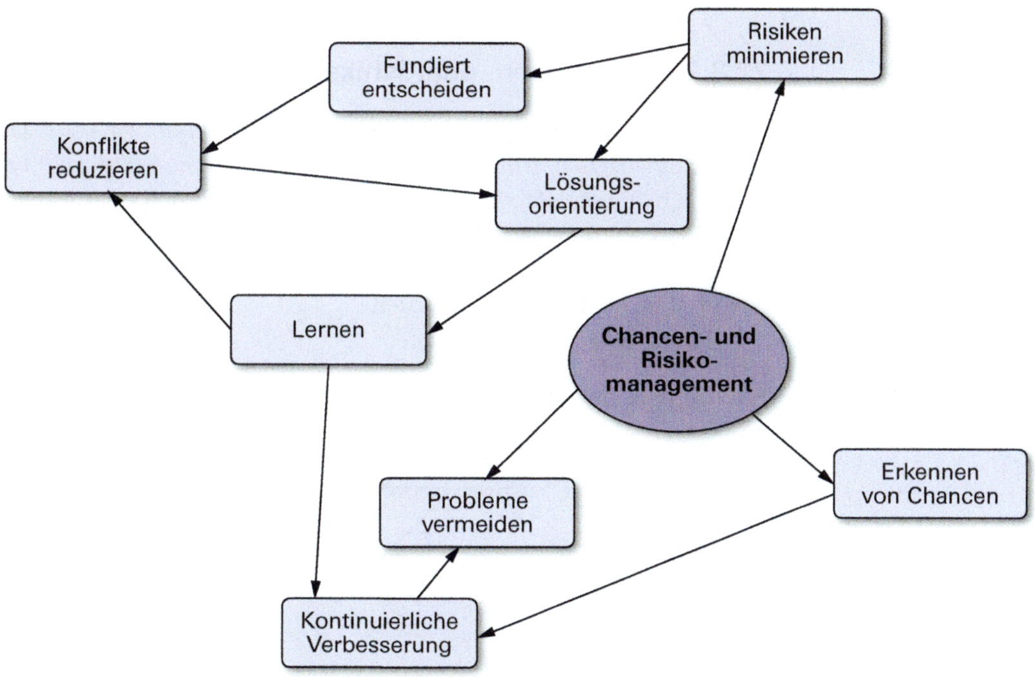


## 22.3 Analytische Techniken

### 22.3.1 Situationsanalyse

Sollen in einem Projekt bestimmte Situationen oder auch Trends und Informationen aus anderen Bereichen oder Projekten analysiert werden, bietet sich ein systematisches Vorgehen an, damit alle Aspekte betrachtet werden. Die **Situationsanalyse** dient der **Analyse der Ist-Situation** und nicht der Lösungsfindung und kann auch für die Analyse von Trends oder weiteren Informationen genutzt werden. Sie ist die Basis für die spätere Lösungsfindung oder für die Adaptierung von Trends und besteht aus mehreren Schritten.

Abb. [22-4] **Prozess der Situationsanalyse**

| Schritt | Methode | Ziel |
|---|---|---|
| Ist-Situation erfassen | Interview, Beobachtung | Ganzheitliches Erfassen der Situation im Kontext |
| Ist-Situation beschreiben und bewerten | Prozesse beschreiben, SWOT-Analyse[1], Besonderheiten notieren | Erkennen der Möglichkeiten und Chancen sowie der Gefahren und Risiken |
| Analyse des Umfelds | PESTLE-Analyse[2], Befragung Mitarbeitende und Lieferanten | Bild des gesamten Systems erhalten inkl. Abhängigkeiten zum Umfeld |
| Ursachenanalyse | Ursache-Wirkungs-Analyse (Fischgräten-Diagramm oder Ishikawa-Diagramm), Workshops, häufig gibt es nicht die eine Ursache, sondern mehrere, die zusammen zum Problem führen | Hintergrundinformationen zur Lösungsfindung erarbeiten, ganzheitliche Sicht auf das Problem |
| Dokumentieren | Strukturiertes Festhalten der Ergebnisse, insbesondere der Abhängigkeiten | Basis für die anschliessende Lösungsfindung |

[1] Die SWOT-Analyse beleuchtet für ein Problem die folgenden Punkte: Stärken und Chancen; Schwächen und Gefahren. Die Darstellung erfolgt meist in Form einer Matrix. Eine ausführliche Beschreibung der SWOT-Analyse finden Sie in Kapitel 12, S. 159.

[2] Während sich die SWOT-Analyse auf das betrachtete System beschränkt, analysiert die PESTLE-Analyse auch das politische, ökonomische, soziologische, kulturelle, technische, rechtliche und ökologische Umfeld (Alternativen sind die STEP- oder STEEP-Analyse, die einzelne Bereiche nicht beinhalten, insbesondere folgende Bereiche: politisch, ökonomisch, soziologisch, kulturell, technisch, rechtlich, ökologisch).

## 22.3.2 Fischgräten- oder Ishikawa-Diagramm

Das Fischgräten-Diagramm (auch nach seinem Erfinder Ishikawa-Diagramm genannt) dient der systematischen **Ermittlung von Problemursachen** und zeigt typische Problembereiche auf. Das hilft, vereinfachte Problemzuschreibungen und oberflächliche Problemlösungen zu vermeiden. Es handelt sich um ein **vorstrukturiertes Ursache-Wirkungs-Diagramm,** das aufgrund seiner optischen Aufbereitung als Fischgräten-Diagramm bezeichnet wird. Die folgende Abbildung zeigt seine Struktur:

Abb. [22-5] **Fischgräten- oder Ishikawa-Diagramm**

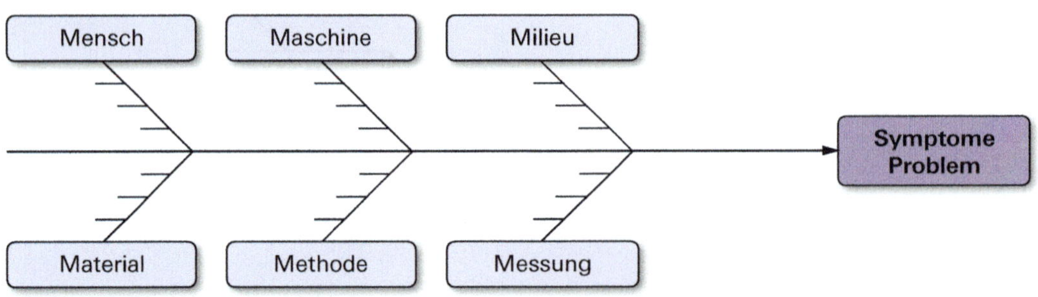


In der folgenden Übersicht werden die im Fischgräten-Diagramm genannten **Problembereiche erläutert.**

Abb. [22-6] **Mögliche Problembereiche im Fischgräten-Diagramm**

| Möglicher Problembereich | Erläuterung |
|---|---|
| Mensch | In einem Projekt sind das vor allem die Projektmitarbeitenden, die Beteiligten der Projektorganisation sowie spätere Nutzergruppen und Stakeholder. Probleme können beispielsweise durch Anwendungsfehler einer Software oder einer Maschine oder auch durch die verschiedenen Sichtweisen der Beteiligten auf das Projekt entstehen. |
| Maschine | Unter Maschine werden die Hilfsmittel und die Infrastruktur des Projekts verstanden. So kann beispielsweise eine schlechte Ausstattung die Arbeit im Projektteam behindern oder gar lähmen. |

| Möglicher Problembereich | Erläuterung |
|---|---|
| Milieu | Unter Milieu versteht man den Kontext des Projekts, z. B. die Stammorganisation oder die kulturellen Unterschiede, die beispielsweise in einem internationalen Projekt offensichtlich werden. Eine unzureichende Abstimmung der Schnittstellen zwischen Projekt und Linie kann zu Konflikten führen. |
| Material | Das Material eines Projekts sind die Ressourcen, die benötigt werden, um das Projekt durchzuführen. Dazu gehört die Ausstattung mit Finanzen. Bleiben diese aus, kann das Projekt schnell gefährdet sein. |
| Methode | Die Methode eines Projekts umfasst die Art des Projektmanagements sowie spezifische Methoden und Techniken auf der Fachebene. So kann beispielsweise eine mangelhafte Methodenkompetenz im Projektmanagement zu unklaren Projektbedingungen und unzureichenden Projektergebnissen führen. |
| Messung | Die Messung ist stark von der eingesetzten Methode abhängig und bezieht sich auf die Kennzahlen und die Messkriterien sowie auf das Gewinnen von Daten und Fakten. In einem Projekt kann beispielsweise die Abnahme der Projektergebnisse erschwert sein, weil die Anforderungen an die Ergebnisse nur unzureichend eindeutig geklärt wurden. |

Die **Vorstrukturierung** und die **Visualisierung** des Fischgräten-Diagramms haben Vorteile. Sie erlauben ein zügiges «Abklopfen» typischer Problembereiche und eine leicht verständliche Darstellung der Ergebnisse etwa gegenüber Entscheidungsträgern.

Die genannten Problembereiche und ihre eher linear verlaufende Ursache-Wirkungs-Beziehung können allerdings dazu führen, dass Lösungen direkt aus den wahrgenommenen Problemen abgeleitet werden, ohne dass die Wechselwirkung zwischen den Problembereichen oder die Art und Weise der Problembetrachtung ausreichend bedacht werden. Daher ist es wichtig, für die Problemlösung Techniken anzuwenden, die diese Nachteile vermeiden können.

## 22.4 Kreative Techniken

Basierend auf einer Situationsanalyse kann zusammen mit dem Projektteam nach Lösungen gesucht werden. Die gefundenen **Lösungen** werden dann dem **Entscheidungsgremium** mit einer Empfehlung des Projektteams vorgelegt. Bevor es so weit ist, muss die Lösung erst gesucht werden. Die Suche nach einer Lösung oder Lösungsalternativen erfolgt in mehreren Schritten:

- Sammeln von Ideen
- Ideen sortieren und bewerten
- Dokumentieren und beschreiben von Lösungsalternativen

### 22.4.1 Sammeln von Ideen

**Brainstorming**[1] und **Brainwriting**[2] sind zwei bewährte Techniken für das Sammeln von Ideen. Für beide Methoden ist eine gute Vorbereitung nötig. Unter anderem müssen die **Regeln** des Brainstormings oder des Brainwritings genau festgelegt werden:

1. Kombinieren und Erweitern von geäusserten Ideen ist möglich.
2. Kommentare sowie Korrekturen und Kritik an geäusserten Ideen sind verboten.
3. Keine langen Erläuterungen; es geht darum, möglichst viele Ideen in kurzer Zeit zu sammeln.
4. Kreativität und Fantasie sind ausdrücklich erlaubt.
5. Zeitfenster für die Sammlung festlegen (max. 30 Minuten).

Beim Brainstorming ist ein **Moderator** nötig, der die geäusserten Ideen notiert. Beim Brainwriting werden die Ideen von den Teilnehmenden selbst notiert.

[1] Brainstorming ist eine von Alex F. Osborn 1939 erfundene und von Charles Hutchison Clark weiterentwickelte Methode.
[2] Brainwriting ist eine Kreativitätstechnik, die vorwiegend in Gruppen angewandt wird und dem Brainstorming ähnelt.

Beim Brainwriting kommt die 635-Methode zum Einsatz: Sechs Teilnehmende notieren je drei Ideen auf ein Blatt Papier, das in drei Spalten und sechs Zeilen aufgeteilt ist. Danach wird das Blatt im Uhrzeigersinn weitergereicht. Dann werden alle aufgefordert, die drei bestehenden Ideen weiterzuentwickeln oder zu ergänzen. Das Blatt wird so oft weitergereicht, bis es wieder bei der ersten Person angekommen ist (also insgesamt fünfmal). So entstehen bis zu 108 Ideen.

### 22.4.2 Ideen sortieren und bewerten

Liegen die Ergebnisse aus einem Brainstorming oder Brainwriting vor, werden diese besprochen, sortiert und bewertet. Dabei kann es hilfreich sein, die Ideen zu strukturieren. Für die Strukturierung wird häufig ein Mindmap verwendet. Dabei wird in die Mitte eines Blatts das Problem geschrieben. Anschliessend werden die gefundenen Ideen mit Linien an das Problem angebunden. Ergänzungen oder Erweiterungen werden mit Linien an diese Idee angehängt. Diese Mindmaps können auf einem Whiteboard oder einem Flipchart entwickelt werden.

Das Ergebnis ist eine **visuelle Übersicht möglicher Lösungsalternativen.** Die so erstellten Lösungsalternativen werden durch das Projektteam **bewertet.** Damit wird die Menge der möglichen Lösungsalternativen auf diejenigen beschränkt, die vom Projektteam als möglich und gut befunden werden.

**Beispiel** Die folgende Abbildung[1] zeigt ein Mindmap über die Mindmap-Technik:

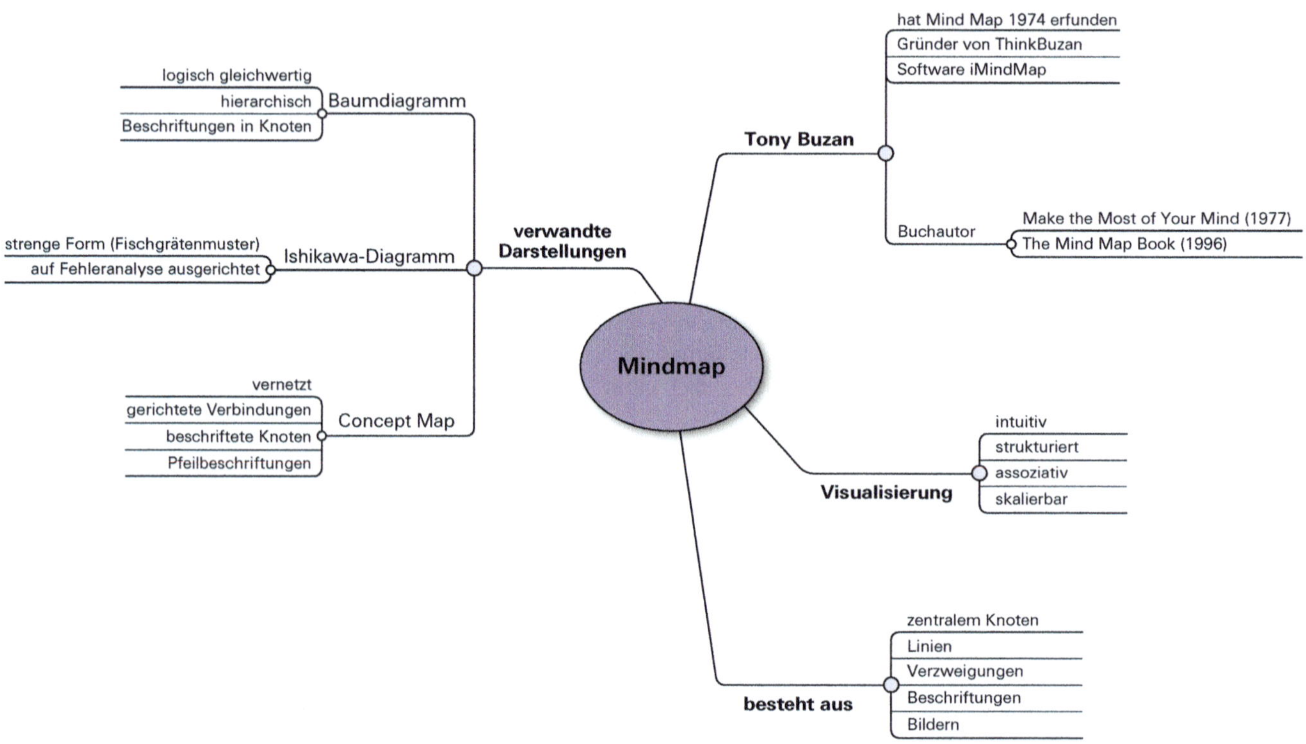


### 22.4.3 Dokumentieren und beschreiben der Lösungsalternativen

Wurden **Lösungsalternativen** gefunden, so müssen diese **beschrieben und dokumentiert** werden. Diese Aufgabe kann und soll der Projektleiter nicht allein machen, sondern die jeweiligen Projektmitarbeitenden, die die nötigen Kompetenzen haben, sollen den Projektleiter mit ihrer Fachkompetenz unterstützen. Die beschriebenen Lösungen werden dann innerhalb des Projektteams besprochen und die gefundenen Lösungsalternativen dem Entscheidungsgremium vorgestellt inkl. der Empfehlung des Projektteams.

[1] Quelle: Projektmagazin, https://www.projektmagazin.de/glossarterm/mind-map

## 22.5 Ganzheitliche Sicht

Soll eine Lösungsalternative geprüft werden, so sind auch die Auswirkungen auf andere Projekte und die Auswirkung anderer Projekte auf das Projekt zu berücksichtigen.

Um das Projekt **ganzheitlich** zu betrachten, bieten sich verschiedene Methoden an. Allen gemein ist die bewusste Einnahme von anderen Perspektiven. Beispiele für diese Methoden sind die **«Sechs Denkhüte» oder auch die Walt-Disney-Methode.** Da beide Methoden vom Prinzip her identisch sind, beschränken wir uns auf die Erklärung eines Ansatzes.

Die Methode der «Sechs Denkhüte» ist eine **Problemlösungsmethode,** die von Edward de Bono entwickelt wurde. Sie eignet sich auch für die Bearbeitung eines Problems in einer Gruppe. Ziel ist es, den verschiedenen Betrachtungsweisen hinsichtlich eines Problems oder einer Problemlösung einen gebührenden Platz einzuräumen, um einseitige und wenig nachhaltige Problemlösungen vermeiden zu können. Jeder «Hut» steht für eine **spezifische Betrachtungsweise,** die durch eine Farbe repräsentiert wird. Die folgende Abbildung gibt einen Überblick über die «Sechs Hüte» und die Bedeutung ihrer Farben.

**Abb. [22-7]** **Die «Sechs Denkhüte» im Überblick**

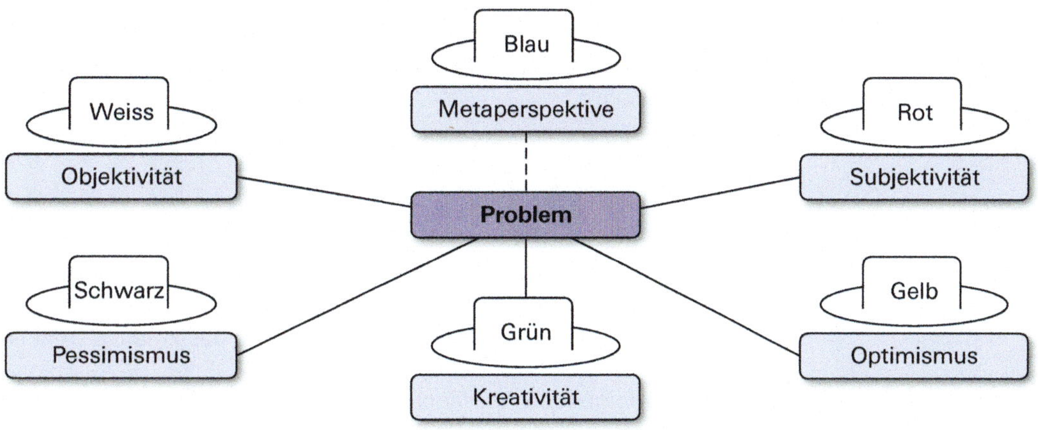


In der folgenden Tabelle finden Sie kurze Erläuterungen zur Bedeutung der einzelnen Hüte.

**Abb. [22-8]** **Die «Sechs Denkhüte» und ihre Bedeutung**

| Die Hüte | repräsentieren … |
|---|---|
| Der weisse Hut | Sachlichkeit, d. h., Daten und Fakten werden ohne Interpretation geliefert. |
| Der rote Hut | Subjektivität, d. h., Erfahrungen, Emotionen und Meinungen der Beteiligten sind gefragt. |
| Der schwarze Hut | Pessimismus, d. h., Risiken, Gefahren, Schwierigkeiten werden aufgezeigt. |
| Der gelbe Hut | Optimismus, d. h., Chancen und Stärken werden in den Mittelpunkt gerückt. |
| Der grüne Hut | Kreativität, d. h., Ideen und Assoziationen bringen alternative Sichtweisen hervor. |
| Der blaue Hut | Metaperspektive, d. h., Distanz wird eingenommen und das Problem bzw. der Problemlösungsprozess wird von der Vogelperspektive aus betrachtet, um einseitige und wenig nachhaltige Problemlösungen ausschliessen zu können. |

Die Sechs-Denkhüte-Methode hilft, mehr **Ausgewogenheit** in eine Problembetrachtung bzw. eine Lösungsgenerierung zu bringen. Sie verbindet die Problemanalyse mit der Frage nach der **Perspektive,** aus der ein Problem betrachtet wird, und sorgt damit für eine ganzheitliche Betrachtung des Projekts oder des Problems.

| | |
|---|---|
| Messgrössen | • Ermutigt Menschen, ihr Wissen weiterzugeben und ihre Meinung zu äussern<br>• Fördert und unterstützt Kreativität, wenn angemessen<br>• Nutzt und fördert originelle und einfallsreiche Wege zur Überwindung von Hindernissen<br>• Holt Meinungen von anderen ein und zeigt den Willen, ihre Ideen zu berücksichtigen und / oder zu übernehmen<br>• Berücksichtigt die Sichtweisen von anderen<br>• Nutzt und fördert konzeptionelles Denken<br>• Ist sich bewusst, dass Probleme oft mehrere Ursachen und Lösungen mehrere Auswirkungen haben<br>• Wendet systemisches Denken an<br>• Wendet unterschiedliche Analysetechniken an<br>• Analysiert Probleme, um Ursachen und mögliche Lösungen zu finden<br>• Analysiert komplexe Daten und extrahiert daraus relevante Informationen<br>• Berichtet und präsentiert Schlussfolgerungen, Zusammenfassungen und Trends von Daten klar und verständlich<br>• Nutzt Kreativitätstechniken<br>• Wendet divergierende Techniken und konvergierende Techniken an<br>• Bezieht unterschiedliche Sichtweisen und Kompetenzen mit ein<br>• Identifiziert Abhängigkeiten<br>• Zeigt ganzheitliches Denken und kann Zusammenhänge erklären<br>• Nutzt unterschiedliche Perspektiven, um die aktuelle Situation zu analysieren und mit ihr umzugehen<br>• Stellt Verbindungen zwischen dem Projekt und seinem grösseren Zusammenhang her |

## Repetitionsfragen

86 Kreativität ist unter den einmaligen Bedingungen der Projektarbeit eine wichtige Kompetenz. Nennen Sie mindestens zwei Möglichkeiten, die das kreative Denken fördern.

87 Welche der folgenden Aussagen gehören zu den Grundüberlegungen des Systems Engineering und welche nicht? Begründen Sie Ihre Antwort.

| Grundüberlegung des Systems Engineering? | Ja | Nein | Begründung |
|---|---|---|---|
| Immer zuerst das Detail genau anschauen. | ☐ | ☐ | |
| Ein Modell von der Realität erstellen. | ☐ | ☐ | |
| Nur objektive Erkenntnisse zulassen. | ☐ | ☐ | |

88 Ordnen Sie folgende Aussagen den Denkhüten zu und erklären Sie, welchen Aspekt der jeweilige Hut repräsentiert.

| Aussage | Hutfarbe | Repräsentiert |
|---|---|---|
| «Wenn das so weitergeht, werden uns die Kunden abspringen.» | | |
| «Ich bin mir nicht sicher, wie lange unsere Kunden das noch aushalten. Die Situation ist ja wirklich unerträglich.» | | |
| «Stellt euch vor, wir würden den Kunden nicht erst mit der Bedienungsanleitung führen, sondern er erfährt bereits beim Auspacken Schritt für Schritt, was er tun muss, ganz intuitiv und einfach.» | | |
| «Den Kunden gefallen die neuen Funktionen. Wenn erst alles einmal reibungslos funktioniert, wollen sie nie mehr etwas anderes.» | | |
| «Das Ausmass der noch ungelösten Bugs ist bei einer Produkteinführung völlig normal. Wenn man das mit den letzten drei Produkteinführungen vergleicht, schliessen wir vergleichsweise sogar gut ab, zumal es bei uns keine gravierenden Fehler gibt.» | | |
| «In den letzten 30 Tagen wurden 57 neue Bugs gefunden, von denen 25 gelöst wurden.» | | |

# 23 Verhandlungen

**Lernziele**

Nach der Bearbeitung dieses Kapitels können Sie …

- verschiedene Phasen von Verhandlung differenzieren.
- in Verhandlungen Ihre eigene Verhandlungsmacht stärken.
- die fünf Verhandlungsstrategien beschreiben.
- die vier Grundsätze des Harvard-Konzepts anwenden.

**Schlüsselbegriffe**

Alternativen, Alternativszenarien, Anpassung, asymmetrische Information, BATNA, Chancen, Harvard-Konzept, Interessen, Kompromiss, Kooperation, Optionen, Positionen, Verhandlungsphasen, Verhandlungsstrategie, Vermeidung, Win-lose-Lösung, Win-win

### Definition gemäss ICB4

«Verhandlungen» beschreiben den Prozess zwischen zwei oder mehr Parteien, um ein Gleichgewicht zwischen verschiedenen Interessen, Bedürfnissen und Erwartungen zu schaffen, eine gemeinsame Einigung und Verpflichtung zu erzielen und gleichzeitig eine positive Arbeitsbeziehung aufrechtzuerhalten. Die Verhandlung umfasst formelle und informelle Prozesse wie Kaufen, Mieten oder Verkaufen sowie auch hinsichtlich Anforderungen, Budget und Ressourcen in Projekten.

### Zweck gemäss ICB4

Die Kompetenz «Verhandlungen» versetzt den Einzelnen in die Lage, durch den Einsatz von Verhandlungstechniken zufriedenstellende Einigungen mit Dritten zu erzielen.

### Beschreibung gemäss ICB4

Einigungen basieren auf Positionen, die die Interessen, Bedürfnisse und Erwartungen aller Beteiligten zufriedenstellen werden. Verhandlungen können politisch oder geschäftlich sein und haben häufig das Schliessen von Kompromissen zur Folge, mit denen keine der Parteien besonders zufrieden ist. Deshalb ist eine Win-win-Situation anzustreben, in der alle Beteiligten eine befriedigende Lösung erhalten.

Interessen, Bedürfnisse und Erwartungen beinhalten häufig Emotionen, Gefühle und Fakten, wodurch es schwierig sein kann, das Gesamtbild zu erkennen. Der Verhandlungsprozess wird häufig durch die relative Macht der Beteiligten beeinflusst sowie durch situationsbedingte Faktoren, die als «Leverage» (Einfluss) bezeichnet werden können.

Verhandlungsführer müssen diese Aspekte analysieren und Vermutungen zu ihnen anstellen, wenn keine vollständigen Informationen zur Verfügung stehen. Eine erfolgreiche Verhandlung wird durch die Entwicklung einer Reihe von Optionen erleichtert, von denen jede das Potenzial besitzt, die unterschiedlichen Interessen, Bedürfnisse und Erwartungen zu erfüllen. Bei Verhandlungen können verschiedene Techniken, Taktiken und Strategien eingesetzt werden.

## 23.1 Interessen

Eine Verhandlung ist eine Situation, in der zwei oder mehr Parteien, die sowohl gemeinsame als auch unterschiedliche Interessen haben, versuchen, eine **Einigung** zu erzielen. Dreh- und Angelpunkt sind die unterschiedlichen und gemeinsamen Interessen und Vorstellungen der Verhandlungsparteien. Wie bei der Stakeholder-Analyse müssen Sie versuchen, so viel wie möglich Informationen über die verschiedenen **Positionen** herauszubekommen, bevor Sie in die eigentliche Verhandlung einsteigen.

Verhandlungen folgen einem einheitlichen Schema, das sich in **vier Phasen** einteilen lässt:

- Festlegungs-,
- Informations-,
- Diskussions- und
- Beschlussphase.

Abb. [23-1] **Verhandlungsphasen**

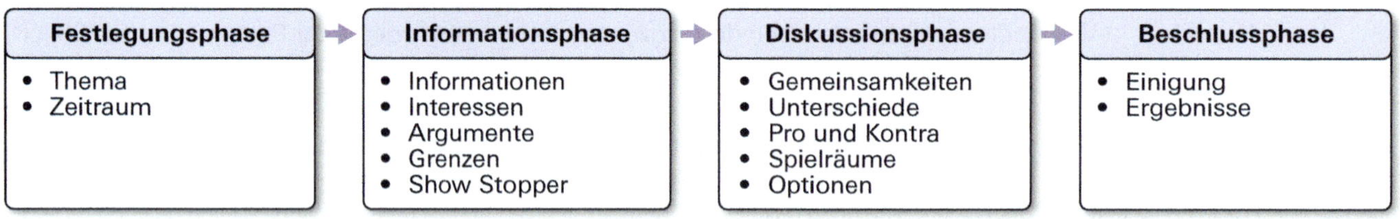


### 23.1.1 Festlegungsphase

In dieser Phase werden der **inhaltliche und der zeitliche Rahmen** der Verhandlung gesteckt. Betrachten wir bespielhaft die Situation, dass Sie eine Leistung von einem Lieferanten einkaufen wollen. Sie legen fest, bis wann Sie spätestens ein Verhandlungsergebnis brauchen, und können anhand dessen einen **Zeitplan** für die bevorstehenden Verhandlungen erstellen.

### 23.1.2 Informationsphase

Zur Vorbereitung einer Verhandlung ist es wichtig, so viel Information wie möglich zu sammeln.

Als Erstes betrachten Sie die **Interessen des Projekts.** Was steht im Vordergrund? Nachdem Sie die Projektplanung gemacht haben und ein Budget zur Verfügung haben, spielt der Preis eine wichtige Rolle. Damit haben Sie eine erste **Restriktion** identifiziert. Darüber hinaus spielt der **Liefertermin** eine Rolle. Um das Qualitätsrisiko zu reduzieren, sind Ihnen **Garantieleistung** und **Kundendienst** ebenfalls wichtig. Schreiben Sie sich diese Punkte auf.

Im nächsten Schritt versuchen Sie herauszufinden, welche Interessen den **Lieferanten** leiten. Versuchen Sie so viele Informationen zu sammeln wie möglich. Recherchieren Sie im Internet und in einschlägigen Publikationen. Eventuell finden Sie jemanden in Ihrem Netzwerk, der über Erfahrungen mit dem Lieferanten verfügt und weitere Details liefern kann. Versuchen Sie auch herauszufinden, wie der Vertrieb des Lieferanten gesteuert wird. Welche **Anreizsysteme** könnten Einfluss auf die Person haben, mit der Sie am Verhandlungstisch sitzen werden? Wenn Sie solche Informationen nicht bekommen können, treffen Sie Annahmen.

Welche weiteren Parteien sind in den Verhandlungsprozess involviert? Sind Sie als Projektleiter autorisiert, die Verhandlungen selbstständig zu führen? Müssen Sie eventuell den zentralen Einkauf Ihrer Organisation berücksichtigen? Welche Interessen und Vorgaben werden dort verfolgt?

**Beispiel**

Sie haben sich als externer Projektleiter mit einem Lieferanten früh über alle wesentlichen Details einer Lieferung wie Preis, Liefertermin, personelle Ressourcen etc. geeinigt. Für den Vertragsabschluss ist nur noch die abschliessende Einigung mit dem zentralen Einkauf nötig, was Sie als Formalität ansehen. Der Lieferant beginnt bereits, Vorleistungen zu erbringen. Nach einiger Zeit stellen Sie fest, dass die anfängliche Begeisterung beim Lieferanten mehr und mehr abnimmt. Es stellt sich heraus, dass der Vertrag immer noch nicht unterschrieben ist. Nach einigen Rückfragen erfahren Sie, dass der Einkauf die Vorgabe hat, Offerten nur nach einem Preisnachlass von 20% zuzustimmen. Hätten Sie das vorher gewusst, hätten Sie das in Ihren Vorabverhandlungen mit dem Lieferanten berücksichtigen können.

**Hinweis**

Die Diskussionsphase wird in Kapitel 23.2, S. 277 und Kapitel 23.3, S. 278, die Beschlussphase in Kapitel 23.4, S. 279 erörtert.

## 23.2 Optionen und Alternativen

Nachdem Sie die Interessen der an der anstehenden Verhandlung Beteiligten analysiert haben, müssen Sie abschätzen, wie weit Sie selbst gehen wollen und wie weit die andere Seite gehen wird. Das ermöglicht die Analyse der möglichen Alternativen für beide Seiten.

Sehr bewährt hat sich, seine **BATNA** (Best Alternative to a Negotiated Agreement) zu bestimmen. Die BATNA steht für die **beste Alternativoption,** falls es bei einer Verhandlung nicht zu einer Einigung kommt. Der Begriff wurde 1981 von Roger Fisher und William Ury[1] geprägt. Dabei ist das Ermitteln der besten Alternative ein zentraler Punkt in der Verhandlungsvorbereitung und ein wesentlicher Faktor für erfolgreiche Verhandlungen. Das Ziel ist, seine echten, realistischen Alternativen zu kennen.

Um die eigene Verhandlungsmacht zu stärken, ist es wichtig, selbst **möglichst viele und gute Alternativen zur Verhandlungslösung** zu besitzen.

Nur wer **konkurrierende Lieferanten oder alternative Optionen** hinreichend berücksichtigt, hat überhaupt eine Chance, seine eigenen Interessen in der Verhandlung durchzusetzen. Wenn der Lieferant ahnt, dass Sie keine wirklichen Alternativen haben, kann er in der Regel alle seine Forderungen durchsetzen. Insbesondere wenn der Lieferant die internen Verhältnisse bei seinem Auftraggeber gut kennt, weiss er meist sehr genau, ob realistische Alternativen zu seinem Angebot bestehen oder ob er eine Monopolstellung innehat.

Umgekehrt ist es nützlich, den Lieferanten und seine gegenwärtige Marktsituation gut zu kennen. Wenn Sie nicht wissen, wie die **Auftragslage beim Lieferanten** ist, werden Sie nicht in der Lage sein, seine Alternativen zu einem Verhandlungsabbruch einzuschätzen.

Bereits vorab muss entschieden werden, woran sich eine für beide Seiten akzeptable Verhandlungslösung messen lassen sollte. Für den Preis wird dabei entweder auf **externe Preisbenchmarks** zurückgegriffen oder auf **umfassende Kostenanalysen,** die aufzeigen, was ein angemessener Preis für den spezifischen Lieferumfang ist. Voraussetzung dafür ist aber, dass alle Beteiligten bereit sind, gemeinsam und offen über interne Kostenkalkulationen des Lieferanten oder des Projekts zu diskutieren.

Versuchen Sie, **weitere Lösungsalternativen** zu berücksichtigen. Um während der Verhandlung keine Fehler zu machen, müssen solche **Alternativszenarien** bereits vorab geplant und bewertet sowie häufig mit weiteren Entscheidungsträgern im eigenen Unternehmen abgestimmt werden. Mögliche Alternativszenarien im Einkauf sind typischerweise Vorauszahlungen, Direktbezahlungen bestimmter Fixkosten wie Werkzeug- und Entwicklungskosten etc. Wenn Sie solche Punkte in der Hinterhand haben, gewinnen Sie Flexibilität in Ihrer Verhandlung.

[1] Vergleiche Fisher, Roger; Ury, William; Patton, Bruce: Das Harvard-Konzept. Der Klassiker der Verhandlungstechnik, 24. Auflage, Frankfurt am Main u. a. 2013.

## 23.3 Verhandlungsstrategie

In der Tabelle sehen Sie die wichtigsten fünf Verhandlungsstrategien, die Sie kennen sollten.

**Abb. [23-2] Die wichtigsten Verhandlungsstrategien**

| Strategie | Beschreibung | Bietet sich an … |
|---|---|---|
| Vermeidung | Bei dieser Strategie ziehen Sie sich aus dem aktiven Geschehen zurück und vermeiden damit jegliche Auseinandersetzung. | • wenn eine der Verhandlungsparteien der Meinung ist, dieses Zusammentreffen führt zu keinem nennenswerten Ergebnis und die Beziehung leidet nicht unter einem ausfallenden Termin.<br>• wenn Sie selbst noch keine verbindlichen Aussagen machen können und den Verhandlungspartner hinhalten wollen, weil Ihnen z. B. noch wichtige Informationen oder das Angebot eines Mitbewerbers fehlt. |
| Anpassung | Die Beziehung ist wichtiger als das Ergebnis. Das Wunschergebnis des Verhandlungspartners wird akzeptiert. | • wenn Sie eine weitere zukünftige Verhandlung als Ziel haben. Sie geben dem Verhandlungspartner jetzt das, was er will, um in Zukunft selbst ein besseres Ergebnis erzielen zu können. Das läuft nach dem Prinzip der Gegenseitigkeit ab: «Wie du mir, so ich dir».<br>• wenn der Verhandlungspartner ein gutes Verhandlungsergebnis braucht, um in der eigenen Organisation gut dazustehen. Auch hier wird er im Normalfall dankbar sein und sich erkenntlich erweisen.<br>• wenn die Verbesserung der Beziehung das eigentliche Ziel der Verhandlung ist. |
| Konkurrenz | Diese Strategie legt besonders grossen Wert auf das Ergebnis. Die Beziehung zwischen den beiden Vertragsparteien spielt dabei kaum eine Rolle. Der Einsatz dieser Vorgehensweise ist oft kurzfristig. Nicht selten werden diese Verhandlungen von Konflikten bestimmt und die Differenzen der beiden Parteien treten in den Vordergrund. | • wenn Sie auf das momentane Maximum an Gewinn zielen und nicht auf die langfristigen Konsequenzen und die Beziehung.<br>• wenn die andere Partei als harter Verhandlungspartner bekannt ist. Der Verhandlungsspielraum (Ausgangspunkt, Verhandlungsziel, End- bzw. Abbruchpunkt) muss bei der Konkurrenz-Strategie genau definiert sein. Der Ausgangspunkt wird meistens am Anfang der Verhandlung von beiden Parteien bestimmt. Das Verhandlungsziel ist auch bekannt. Nur der Abbruchpunkt ist eine Unbekannte, die unter keinen Umständen preisgegeben werden darf. |
| Kompromiss | Bei dieser Strategie passt sich jede Partei an die Beziehung und das Ergebnis an. Die Kompromissstrategie hat den Vorteil, dass sie weniger Zeit zur Vorbereitung braucht und nicht erst eine intensive Vertrauensbasis aufgebaut werden muss.<br>Oft ist eine Kompromissstrategie nicht die von Anfang an geplante Vorgehensweise. Allerdings wird sie oft als eine akzeptable «zweite Wahl» gesehen. Es handelt sich in der Tat im Ergebnis häufig um einen «schlechten Kompromiss». | • wenn eine Win-win-Lösung nicht möglich scheint.<br>• wenn die Zeit oder andere entscheidende Mittel fehlen, da Kompromisse oft schnell und somit effizient sind. |
| Win-win oder Kooperation | Bei dieser Strategie wird sowohl das Ergebnis als auch die Beziehung von beiden Parteien für wichtig empfunden. Dabei wird versucht, einen Weg zu finden, von dem beide Parteien profitieren. Die kooperative Strategie beruht auf gegenseitigem Vertrauen, auf einer langfristigen Beziehung der beiden Parteien und auf Geben und Nehmen in einem ausgeglichenen Verhältnis. | • wenn beide Parteien diese Strategie verfolgen.<br>• wenn beide an einer langfristigen Geschäftsbeziehung interessiert sind.<br>• wenn ausreichend Vertrauen und offene Kommunikation möglich ist.<br>• wenn es um kreative unkonventionelle Lösungen geht.<br>• wenn die Verhandlungspartner stark voneinander abhängig sind und nur eine Kooperation die Erreichung der Maximalziele ermöglicht. |

Ziel jeder Verhandlung ist, das für das Projekt optimale Ergebnis zu erzielen. Daher werden Sie diejenige Strategie auswählen, die zielführend und der Situation am angemessensten ist.

## 23.4 Harvard-Konzept

Nach der Vorbereitung kommt es nun zur eigentlichen Verhandlung. Sie haben sich Gedanken gemacht, wie das Meeting ablaufen soll, und Sie haben ein Bild von der Gegenpartei. Sie haben Alternativen in petto für den Fall, dass Sie keine Einigung erzielen können. Zu guter Letzt sorgen Sie für eine angenehme Atmosphäre, wenn Sie zusammentreffen.

Die besten Verhandlungen sind die, von denen alle Beteiligten am Ende sagen, dass sie zufrieden sind. Das sollte Ihre Prämisse sein. Dazu stellen wir Ihnen im Folgenden eine anerkannte Methode vor.

### 23.4.1 Grundsätze und Vorgehen

Das Harvard-Konzept wurde schon in den frühen Achtzigerjahren an der Harvard-Universität vom Rechtswissenschaftler Roger Fisher entwickelt. Später gaben Bruce Patton zusammen mit Fisher und Ury William dazu ein gleichnamiges Buch[1] heraus, das ein Bestseller wurde.

Das Harvard-Konzept ist auf den ersten Blick relativ simpel und wird in Teilen von den meisten Menschen auch unbewusst bei Verhandlungen angewandt.

Es besteht aus den vier Grundsätzen:

1. Menschen und Probleme werden getrennt voneinander behandelt.
2. Verhandle Interessen – nicht Positionen.
3. Entwickle Optionen, die für beide Seiten von Vorteil sind (Win-win).
4. Das Ergebnis muss auf objektiven Kriterien beruhen.

Der letzte Punkt bedeutet, dass beide Seiten die Basis für die spätere Entscheidung als fair und neutral akzeptieren.

Der Kern des Harvard-Konzepts sind die ersten beiden Punkte. Sie sorgen dafür, dass jede Verhandlung sachlich bleibt, was nachweislich zu besseren Ergebnissen führt. Nicht wenige Menschen beginnen jedoch irgendwann zu feilschen, zu schachern und werden persönlich. Und das endet selten gut.

**Abb. [23-3]** **Die vier Grundsätze des Harvard-Konzepts**

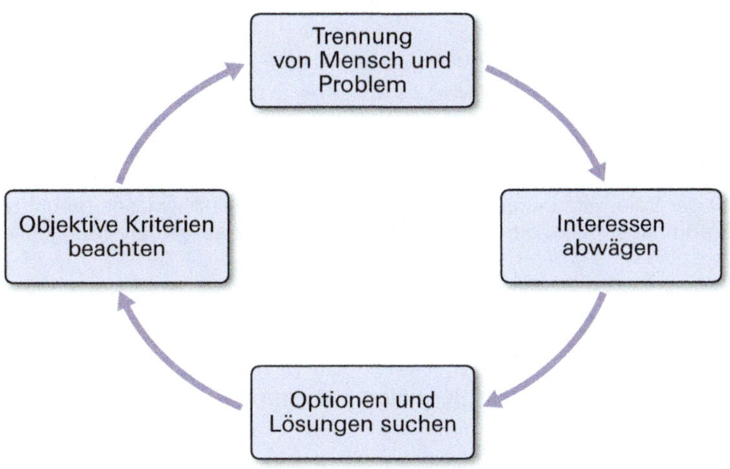


[1] Vergleiche Fisher, Roger; Ury, William; Patton, Bruce: Das Harvard-Konzept. Der Klassiker der Verhandlungstechnik, 24. Auflage, Frankfurt am Main u. a. 2013.

**Beispiel** **Preisverhandlung I**

Für den Einsatz in einem Projekt verlangt ein freier Mitarbeiter mit sehr gutem Spezialwissen 1 800 CHF pro Tag. Der Projektleiter will aber nur 1 000 CHF pro Tag bezahlen. Beide Seiten steigen hier mit einer Extremposition ein und einigen sich allenfalls auf einen Kompromiss. Dabei müssen sie ihre erste Position begründen und verteidigen und die Gegenposition angreifen und schwächen.

Effekt: Beide verlieren Zeit, Kraft und spätestens beim Kompromiss ihr Gesicht, weil beide ihre ursprüngliche Position nicht halten konnten. Das gilt selbst dann, wenn der Kompromiss von vorneherein durch eine völlig überzogene Zahl zustande kam.

Solche konkreten Forderungen sind **Positionen.** Mit ihnen sollte man nie in Verhandlungen einsteigen. Denn das Grundproblem von Verhandlungen liegt nicht in gegensätzlichen Positionen, sondern im Konflikt beiderseitiger Nöte, Wünsche, Sorgen und Ängste – den **Motiven.** Diese wiederum sind Interessen und liegen wie bei einem Eisberg unter der Oberfläche. Es ist entscheidend, sie zu erkennen, denn darüber lässt sich viel leichter verhandeln.

**Beispiel** **Preisverhandlung II**

Der Projektleiter erklärt, dass er zu anderen freien Mitarbeitenden Kontakt habe, die für den tieferen Tagessatz arbeiten werden. Ausserdem sei das Projekt bereits in einer angespannten Kostensituation. Der freie Mitarbeiter weist auf sein Spezialwissen hin, das dem Projekt viel bringen würde. Er erklärt weiter, dass er zwar grosses Interesse am Projekt habe, jedoch auch nicht unter Wert bezahlt werden möchte.

Wer es schafft, diese stillen Beweggründe bei seinem Gegenüber zu erkennen und diese zum Gegenstand der Gespräche zu machen, verhandelt erfolgreicher:

- Psychologisch, weil er dem anderen signalisiert, dass er ihn ernst nimmt und versteht.
- Taktisch, weil er sich mit der eigenen Forderung später fast immer durchsetzt, wenn er zunächst das Problem des anderen löst.

**Beispiel** **Preisverhandlung III**

Als Lösung akzeptiert der freie Mitarbeiter den Einstieg ins Projekt zu einem tieferen Tagessatz. Der Projektleiter stellt ihm dafür eine Erhöhung in Aussicht, falls sich der Mehrwert bewahrheitet. Projektleiter und Mitarbeiter einigen sich auf Messpunkte und -werte zu diesem Mehrwert.

Sehr oft scheitern Verhandlungen, weil sich beide Seiten nur mit ihren Positionen beschäftigen und diese als **Entweder-oder-Lösung** begreifen: Entweder ich bekomme es – oder der andere. Ein Nullsummenspiel.

### 23.4.2 Problem der asymmetrischen Informationen

Das Harvard-Konzept setzt etwas voraus, was selten der Fall ist: **Beide Seiten verfügen über dieselben Informationen und meinen es gut miteinander.**

**Beispiel** **Preisverhandlung IV**

Weiss der freie Mitarbeiter, dass es für das Projekt Spezialwissen braucht, das nur wenige Personen am Markt haben, wird der Hinweis des Projektleiters auf andere Möglichkeiten nicht wirken.

Das Problem nennt die Wissenschaft **asymmetrische Information** – die eine Seite weiss mehr als die andere. In der Realität ist das fast immer der Fall. Es ist immer derjenige im Vorteil, der mehr weiss. In der Folge kommt es zu einer **Win-lose-Lösung.** Es sei denn, der andere ist sehr gutwillig.

Für Sie selbst heisst das: Das beste Ergebnis erzielen Sie, wenn Sie das Harvard-Konzept beherrschen, vorher aber gründlich recherchieren und sich einen **Informationsvorsprung** verschaffen.

## 23.5 Chancen von Verhandlungen

Wir reden jetzt vom Projektleiter als Unternehmer. Jede Verhandlung ist eine gute Gelegenheit, neue Möglichkeiten und Chancen zu entdecken. Warum sollten Sie sich auf die ursprünglichen Ziele beschränken, wenn es weitere und noch vorteilhaftere Alternativen gibt?

Hinterfragen Sie getroffene Vereinbarungen von Zeit zu Zeit und nutzen Sie **neue Erkenntnisse und Informationen,** um bei nächster Gelegenheit ein für das Projekt günstigeres Verhandlungsergebnis zu erzielen. Bedenken Sie dabei aber immer, welche Auswirkungen dieses Vorgehen auf die (Geschäfts)beziehungen hat.

Seien Sie kreativ darin, mögliche **Vorteile für die Organisation,** für die Sie arbeiten, zu entdecken.

**Beispiel**

- Wenn Sie die Anzahl der Lieferanten in Ihrem Projekt reduzieren, reduziert das die Komplexität und Sie haben weniger Verwaltungs- und Koordinationsaufwand.
- Vielleicht kann ein anderes Projekt Ihrer Organisation, das die gleichen Leistungen benötigt, denselben Lieferanten nutzen wie Sie. Das gibt Ihnen die Chance, einen besseren Preis auszuhandeln.

**Messgrössen**

- Kennt und reflektiert die eigenen Interessen, Bedürfnisse und Zwänge
- Sammelt und dokumentiert relevante harte und weiche Fakten zu den Interessen, Bedürfnissen und Erwartungen aller Beteiligten
- Analysiert und dokumentiert verfügbare Informationen, um die eigenen Prioritäten sowie wahrscheinliche Prioritäten anderer Beteiligter zu identifizieren
- Identifiziert Kompromisse, Optionen und alternative Lösungen auf Basis der Analyse der Interessen, Bedürfnisse und Prioritäten aller Beteiligten
- Schlägt die richtige Option zum richtigen Zeitpunkt in der richtigen Art und Weise vor
- Identifiziert mögliche Verhandlungsstrategien, um das gewünschte Projektergebnis zu erzielen
- Identifiziert Nebenstrategien und alternative Optionen, um «Was wäre, wenn»-Szenarien anzugehen
- Entscheidet sich für eine Verhandlungsstrategie und erklärt, warum diese gewählt wurde
- Analysiert und wählt Verhandlungstechniken und -taktiken, um die gewünschte Verhandlungsstrategie zu unterstützen
- Identifiziert die Schlüsselparteien, die an den Verhandlungen teilnehmen, und artikuliert deren Mandat klar
- Setzt in Verhandlungen Techniken und Taktiken ein, die den jeweiligen Umständen angemessen sind, um das gewünschte Ergebnis zu erzielen
- Verhandelt, um eine nachhaltige Einigung zu erreichen
- Beweist Geduld und Engagement, um eine nachhaltige Einigung zu erreichen
- Wählt die beste gemeinsame Alternativoption aus, wenn das Erreichen einer nachhaltigen Einigung nicht möglich ist
- Dokumentiert die Verhandlungsergebnisse
- Sucht nach Möglichkeiten, um die vereinbarten Ergebnisse früher, besser und / oder günstiger zu liefern
- Wägt Alternativen zur aktuellen Situation und zu den Vereinbarungen ab
- Berücksichtigt den Einfluss von Alternativen auf die aktuellen Beziehungen

89 Wenn Sie in die Diskussionsfragen bei Verhandlungen einsteigen, ist es zentral, sich Gedanken über verschiedene Alternativen zu machen. Was sollte man dabei kennen, um in einer möglichst starken Position zu sein?

90 Empfehlen Sie für folgende Situationen eine Verhandlungsstrategie und begründen Sie Ihre Antwort kurz.

| Situation | Strategie | Begründung |
|---|---|---|
| Der langjährige Auftraggeber macht bei der Preisverhandlung für einen neuen Service enorm starken Druck. Die Marge für den Lieferanten würde praktisch auf null sinken. Zusätzlich droht der Auftraggeber mit der Kündigung der bestehenden Verträge, sollte der geforderten Preisreduktion nicht zugestimmt werden. | | |
| Der potenzielle Lieferant versucht der Thematik des Ausbaus mit der neuen Infrastruktur, die der Kunde gerne anschauen möchte, um ein Initialangebot zu erhalten, auszuweichen. Er bezieht bei der Terminfindung eine äusserst zurückhaltende Position. | | |
| Der Kunde verlangt, dass man für ihn speziell das Subscribermodell einführt, obwohl es nicht im Portfolio ist. Der Aufwand für die Umstellung ist enorm hoch und bringt für den Lieferanten keinerlei Mehrwert. Dennoch lässt er sich auf die Verhandlungen für die Einführung ein. | | |
| Ein grosses Telekomunternehmen möchte neu auch Smart Metering anbieten. Eine entsprechende Eigenentwicklung würde jedoch zu einem verspäteten Markteintritt führen. Ein kleinerer, unbekannter Marktteilnehmer hat die Technologie bereits entwickelt und könnte nur durch Zusammenspannen mit dem namhaften Telekomunternehmen den Markteintritt vollziehen. | | |
| Ein Projekt braucht dringend einen Logistikpartner, weil der bestehende Lieferant in Konkurs gegangen ist. Aufgrund der aktuellen Markt- und Wirtschaftslage kommt dafür aber nur ein Partner infrage, der noch wenig Branchenerfahrung hat und erst noch Forderungen stellt. Die Partnerschaft wird als «Notlösung» eingegangen. | | |

91 Sie möchten eine Ausschreibung für eine neue Software (SW) machen. Der SW-Partner sollte dabei möglichst viele Vorteile für die Firma bringen. Welche Informationen als Evaluationsgrundlage sammeln Sie, um möglichst viele solcher Vorteile entdecken zu können? Nennen Sie vier Themen, die Sie anschauen, und begründen Sie Ihre Wahl kurz.

| Evaluationskriterium | Begründung |
|---|---|
| | |
| | |
| | |
| | |
| | |

# 24 Ergebnisorientierung

**Lernziele**

Nach der Bearbeitung dieses Kapitels können Sie ...

- die Arbeitsumgebung produktiv, gesund und sicher gestalten.
- verschiedene Arten von Stress differenzieren.
- Bewältigungsstrategien in Stresssituationen anwenden.
- geeignete Massnahmen im Projektmarketing einleiten.
- Ursachen für Abweichungen bei Projektergebnissen analysieren.

**Schlüsselbegriffe**

Akzeptanz, Änderungwünsche, Arbeitsumgebung, Distress, Eigenverantwortung, Einteilung der Ressourcen, Effizienz, Entspannung, Ergebnis, Eustress, Projekterfolg, Projektmarketing, Stress, Stressbewältigung, Stressmanagement, Stressoren, Überforderung, unnötige Aufgaben, Veränderungen, Widerstandskraft

### Definition gemäss ICB4

«Ergebnisorientierung» bedeutet, dass der Einzelne jederzeit den kritischen Fokus auf die Ergebnisse des Projekts behält. Der Einzelne priorisiert die Mittel und Ressourcen, um Probleme, Herausforderungen und Hindernisse zu überwinden, damit das optimale Ergebnis für alle beteiligten Parteien sichergestellt werden kann. Die Ergebnisse werden bei Diskussionen stets in den Vordergrund gestellt und das Team strebt nach diesen Ergebnissen. Ein kritischer Aspekt der Ergebnisorientierung ist die Produktivität, die als eine Kombination von Effektivität und Effizienz gemessen wird. Der Einzelne muss Ressourcen effizient planen und einsetzen, um die vereinbarten Ergebnisse zu erreichen und effektiv zu sein.

### Zweck gemäss ICB4

Die Kompetenz «Ergebnisorientierung» versetzt den Einzelnen in die Lage, sich auf die vereinbarten Ergebnisse zu konzentrieren und danach zu streben, das Projekt zum Erfolg zu führen.

### Beschreibung gemäss ICB4

Der Grossteil der Arbeit im Alltag von Projektmanagement fällt für die Definition und das Management von Aufgaben sowie für das Lösen kleinerer und grösserer Probleme an. Wiederholt müssen Entscheidungen getroffen werden über Prioritäten, Zuteilung, einzusetzende Techniken usw. Die Ergebnisorientierung erleichtert diese Entscheidungen durch die Definition eines grundlegenden Kriteriums: «Wird die aktuelle Arbeit die gewünschten Ergebnisse realisieren oder den Prozess schneller, günstiger und / oder besser machen?» Ergebnisorientierung bedeutet, die Aufmerksamkeit des Einzelnen und des Teams auf wichtige Ziele zu lenken um das optimale Ergebnis für alle Beteiligten zu erreichen. Der Einzelne muss dafür sorgen, dass die vereinbarten Ergebnisse alle relevanten Stakeholder zufriedenstellen. Das gilt auch für alle Änderungen, die im Projektverlauf vereinbart wurden. Während er seine Aufmerksamkeit auf die Ergebnisse lenkt, muss der Einzelne dennoch auf ethische, rechtliche oder ökologische Probleme, die sich auf das Projekt auswirken, achten und darauf reagieren. Zur Ergebnisorientierung zählt auch, den Fokus des Teams und der relevanten Stakeholder auf das Liefern der erwünschten Ergebnisse zu lenken. Weiter sind Probleme zu identifizieren, Techniken für die Suche nach den Ursachen einzusetzen und Lösungen zu finden und einzuführen, um die Probleme zu beheben.

Um die Ergebnisse zu liefern, die von relevanten Beteiligten gefordert und mit ihnen vereinbart wurden, muss der Einzelne herausfinden, was die einzelnen Akteure für sich selbst vom Projekt erwarten. Der Einzelne muss den Einsatz und die Entwicklung der Teammitglieder steuern und dabei ihre Erwartungen berücksichtigen.

**Zusätzliche Erläuterungen**

Dieses Kapitel fasst alle vorherigen Elemente dieser Kategorie zusammen. Alles, was in einem Projekt erarbeitet wird, muss auf das erwartete Projektergebnis ausgerichtet sein. Darauf zu achten, ist primär die Aufgabe des Projektleiters, aber auch der im Projekt Mitarbeitenden und der sonst involvierten Personen. Dazu ist es erforderlich, dass das zu erreichende Ziel für alle Beteiligten klar ist und bleibt. Alle Aufgaben und Entscheidungen müssen anhand der Projektziele priorisiert werden. Ergebnisorientierung heisst, dass man sich auf ein Ergebnis konzentriert, das für alle Beteiligten am vorteilhaftesten ist. Solange das Ergebnis nicht gefährdet ist, sind **Veränderungen**, die uns schneller und kostengünstiger zum Ziel führen, willkommen.

**Hinweis**

Folgende Kompetenzen sind mit «Ergebnisorientierung» verknüpft und werden in den entsprechenden Kapiteln behandelt:


- Alle weiteren Kompetenzen des Kompetenzbereichs Menschen, Teil C, S. 201
- Kompetenz «Strategie», Kapitel 25, S. 293
- Kompetenz «Projektdesign», Kapitel 2, S. 25
- Kompetenz «Anforderungen und Ziele», Kapitel 3, S. 39
- Kompetenz «Qualität», Kapitel 7, S. 101
- Kompetenz «Planung und Steuerung», Kapitel 11, S. 140
- Kompetenz «Chancen und Risiken», Kapitel 12, S. 159
- Kompetenz «Stakeholder», Kapitel 13, S. 170


## 24.1 Ausrichtung auf den Projekterfolg

Der einzelne Projektleiter wird in all seinem Tun vom Ziel **«das Projekt zum Erfolg führen»** geleitet. Das Ziel untermauert alle Entscheidungen und Handlungen des Einzelnen. Jede Entscheidung kann später negative oder positive Auswirkungen haben und muss somit sorgsam abgewogen werden. Der einzelne Projektleiter beurteilt Entscheidungen über neue Entwicklungen gemäss den folgenden Kriterien: «Wird die Entscheidung dazu beitragen, dass das Ziel oder das Ergebnis realisiert werden oder dass der Prozess schneller, günstiger und / oder besser wird, um so zu mehr Erfolg zu führen?»

Im Projektdesign und im anschliessenden Planungsprozess hat der Projektleiter die Aufgabe, die Wünsche und Erwartungen der Stakeholder und die zur Verfügung gestellten Ressourcen ins Gleichgewicht zu bringen. Da ein Projekt definitionsgemäss komplex ist und meistens auch sehr dynamisch verläuft, droht das einmal gefundene Gleichgewicht ständig verloren zu gehen.

Ursachen sind zum einen **äussere Umstände**, die Sie als Projektleiter durch ein aktives Risikomanagement ständig im Auge behalten.

**Hinweis**

Für Details zum Risikomanagement lesen Sie die Ausführungen zur Kompetenz «Chancen und Risiken», Kapitel 12, S. 159.

Daneben gibt es viele **Kräfte im Projekt selbst**, die den gewünschten Projekterfolg gefährden können. Im Folgenden wollen wir zwei besonders weit verbreitete Phänomene genauer betrachten: **Änderungswünsche** und **unnötige Aufgaben**.

Während des Projektverlaufs können sich Anforderungen von Kunden und anderen Stakeholdern ändern. Einerseits, weil Stakeholder im Projektverlauf die Anforderungen immer besser verstehen, andererseits, weil das Projektumfeld sich verändert. Der konstruktive Umgang mit solchen **Veränderungen** ist eine Kernaufgabe des Projektleiters. Grundsätzlich sollte eine **positive Grundhaltung zu Veränderungen** herrschen; im agilen Umfeld werden Veränderungen ausdrücklich begrüsst. Das heisst aber nicht, dass Sie unkritisch alle Wünsche übernehmen sollen. Eine vom Kunden gewünschte Änderung ist nicht zwangsläufig sinnvoll für das Produkt. Es ist Ihre Aufgabe als Projektleiter, dem Kunden die Auswirkungen auf den Projektverlauf deutlich zu machen und ihn darüber zu beraten, ob die Änderung sinnvoll ist.

Wie in den vorangegangenen Kapiteln beschrieben, ist es sehr wünschenswert, wenn Sie in Ihrem Team über motivierte und mitdenkende Mitarbeitende verfügen, die ihre **Arbeit besonders gut machen** wollen. Diese Haltung ist sehr ehrenwert, führt in der Projektarbeit aber immer wieder zu Arbeiten, die für das Ergebnis entweder nicht erforderlich oder – noch schlimmer – kontraproduktiv sind.

**Beispiel**

Eine Werbeagentur bekommt den Auftrag, einen Flyer zu erstellen. Sie bekommt einen anderen Flyer, von dem das Layout übernommen werden soll, und den Text für den neuen Flyer als Vorgabe. Der Mitarbeiter der Agentur macht sich an die Arbeit. Da der Text nicht in das vorhandene Layout passt, wählt er eine kleinere Schriftart. Dann passt er das Layout noch etwas an, damit das Ganze harmonischer wirkt, und legt es dem Kunden vor. Dabei stellt sich heraus, dass das Layout durch die Vorgaben des Corporate Designs nicht verändert werden darf. Eine Textkürzung wäre hingegen akzeptabel gewesen. Der Entwurf landet im Mülleimer und der Mitarbeiter der Werbeagentur muss den Flyer neu erstellen.

## 24.2 Einteilung der Ressourcen

Als Projektleiter stehen Sie im Verlauf eines Projekts immer wieder vor der Herausforderung, die **verfügbaren Ressourcen neu verteilen und zuteilen** zu müssen. Grundsätzlich sind der Ressourcenbedarf und die zu bearbeitenden Aufgaben zwar geplant, aber neue Entscheide, auftretende Fragen oder Probleme können dazu führen, dass die vorhandenen Mittel anderweitig eingesetzt werden müssen, auch wenn das nur temporär geschieht. Ein möglicher Auslöser könnte z. B. eine **neue mögliche Anforderung** und ein damit verbundener Änderungsantrag sein. Schon die Analyse, welchen Einfluss diese Änderung auf den Projektverlauf hat, und die Erstellung des Änderungsantrags produzieren aber Aufwand, und damit einen Ressourcenbedarf, der so in der ursprünglichen Planung nicht vorgesehen war. Und das unabhängig davon, ob die Änderung dann auch angenommen wird oder nicht. Ein anderes Szenario sind **zusätzliche Analysen**, die vom Management angefordert werden und die ebenfalls Zeit und Arbeitskraft benötigen.

Damit das Projektteam nicht überfordert wird, müssen Sie die Projektziele immer im Auge behalten und beim Setzen neuer Prioritäten beurteilen, was noch zumutbar ist und was nicht. Das bedeutet im Zweifel auch manchmal, Nein zu sagen.

**Nein sagen** fällt vielen Menschen schwer. Wenn Sie Prioritäten setzen, müssen Sie auch Nein sagen können. Es mag viele neue Ideen geben, aber die Frage ist: Passen sie auch zu Ihren Projektzielen?

**Beispiel**

Ein IT-Projekt ist in der finalen Testphase und steht kurz vor dem Release. Ein Fachbereich fordert eine neue Funktion. Der Projektleiter lehnt diese ab, da für die Entwicklung und den eingehenden Test der neuen Funktion zu wenig Zeit zur Verfügung steht und die Gefahr besteht, dass der gesamte Release nicht rechtzeitig produziert werden kann.

## 24.3 Gesunde, sichere und produktive Arbeitsumgebung

Damit die Mitarbeitenden sowohl effektiv als auch effizient arbeiten können, brauchen sie eine Arbeitsumgebung, die das ermöglicht. Zur Arbeitsumgebung gehören sowohl **Räumlichkeiten** als auch Werkzeuge, die zur Erledigung der anfallenden Arbeiten notwendig sind.

Häufig ist zu beobachten, dass die Ausstattung der Arbeitsplätze von Projektteams nicht optimal ist. Es gibt zu wenige Besprechungsräume, die Arbeitsplätze sind dicht gedrängt und die technische Ausstattung entspricht nicht dem Standard, der für feste Arbeitsplätze gilt. Es ist Ihre Aufgabe als Projektleiter, dafür zu sorgen, dass die **Zustände tragbar** sind und die Mitarbeitenden in ihrer Arbeit nicht unnötig gestört werden. Falls Sie eine weniger ideale Situation akzeptieren müssen, besprechen Sie das mit Ihrem Team und schauen Sie, wie Sie damit umgehen können.

**Beispiel** In einem Projekt standen ausschliesslich kleine Besprechungsräume ohne Fenster zur Verfügung. Der Projektleiter konnte sich mit dem Betreiber der angrenzenden Kantine einigen, dass diese ausserhalb der Essenszeiten auch für Besprechungen verwendet werden konnte.

Ist die Arbeitsumgebung zu schlecht, kann sich das in **erhöhten Fehltagen** durch **Krankheit** niederschlagen oder noch schlimmer: Personen verlassen vorzeitig das Projekt.

Als Projektleiter sorgen Sie nicht nur für eine angenehme Arbeitsumgebung, sondern müssen versuchen, Störungen von Ihrem Team weitestgehend fernzuhalten. Dazu gehört auch, dass Sie als **Puffer oder Katalysator** wirken, wenn beispielsweise Konflikte entstehen, die Sie ausfechten, damit Ihre Mitarbeitenden in Ruhe weiterarbeiten können und sich diesem Stress nicht aussetzen müssen. Bei der agilen Entwicklungsmethode Scrum ist diese Aufgabe dem Scrum Master zugeteilt.

**Hinweis** Für Details zu Scrum lesen Sie die Ausführungen zur Kompetenz «Projektdesign», Kapitel 2, S. 25.

### 24.3.1 Entspannung und Stressmanagement

Projektarbeit erfolgt aufgrund der Ergebnisse, die in den meisten Fällen mit knappen Ressourcen, unter hoher Anspannung und in einem engen Zeitrahmen zu erbringen sind. Die **Spannung** kann beim Auftreten von Problemen oder bei hohen Risiken stark anwachsen. Es besteht die reelle Gefahr der **Überforderung eines Teams oder eines Mitarbeiters.** Entkräftete Mitarbeitende sind in keiner Weise wünschenswert: weder in Bezug auf das menschliche Wohlergehen noch sind sie dem Erfolg des Projekts zuträglich.

Die **Widerstandskraft** ist jedoch ungleich verteilt. Manche Menschen können einen hohen Belastungsdruck besser bewältigen als andere. Die sogenannte «Resilienz» lässt sich trainieren. Gleichzeitig ist die Fähigkeit, Stress abzuwehren oder sich nach einem Rückschlag zu erholen, auch Teil der Persönlichkeit.

Vor diesem Hintergrund ist in der Projektarbeit für **Entspannung und Stressbewältigung** zu sorgen.

#### A] Was ist Stress?

Stress wird durch **Stressoren** bewirkt. Stressoren sind Entwicklungen und Ereignisse, die sich positiv oder negativ auswirken können. Im Allgemeinen können drei Typen von Stressoren unterschieden werden:

Abb. [24-1] **Stressorentypen**

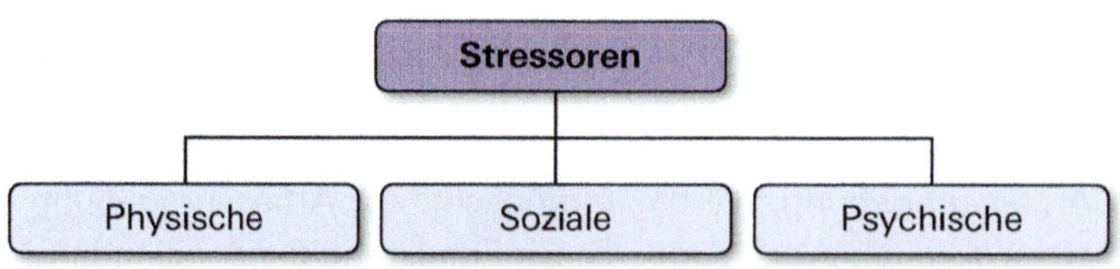


**Physische Stressoren** sind z. B. Lärm, Hitze, intensives Licht, Luftdruckveränderungen, Schlafentzug usw.

**Psychische Stressoren** sind z. B. Leistungsdruck, monotone Arbeit, Bedrohungen, Enttäuschungen usw.

Soziale Stressoren sind z. B. Ablehnung durch andere, Streit, ungelöste Konflikte, Konkurrenzdenken usw.

Man unterscheidet zwei Stressarten: negativer Stress oder Distress und positiver Stress oder Eustress. Die folgende Tabelle zeigt die Unterschiede auf.

**Abb. [24-2]** **Die zwei Stressarten**

| Eustress | Distress |
|---|---|
| Eustress fördert das gesundheitliche Wohlbefinden. Er wird durch Stressoren erzeugt, die positiv erlebt und bewertet werden. Eustress stärkt die Leistungsfähigkeit.<br>Beispiel: In einem Projekt wird an einem innovativen Ansatz gearbeitet. Im Team herrscht hohe Aufmerksamkeit und Konzentration. Jeder bringt etwas ein und lernt von den anderen. Engagiert werden Möglichkeiten diskutiert und mit Humor auch wieder verworfen. Das Team schafft es in kurzer Zeit, eine belastbare Lösung zu entwickeln. | Distress kann zu einer gesundheitlichen Belastung führen. Er wird von Stressoren erzeugt, die negativ erlebt und bewertet werden. Das sind vor allem Situationen, in denen die betroffene Person einen sehr eingeschränkten oder keinen Handlungsspielraum sieht.<br>Stressoren sieht man beispielsweise im Konkurrenzverhalten und Egoismus im Projektteam, Zeitdruck und Schlafmangel oder in Perfektionismus mit Null-Fehler-Toleranz.<br>Anhaltender Distress kann zu einer starken Anspannung und Schwächung der Leistungsfähigkeit führen. Auch Burn-out (Ausgebranntsein) wird mit Distress verbunden. |

Eustress wirkt sich also förderlich auf das körperliche, das psychische und das soziale Wohlbefinden aus. Anhaltender Distress beeinträchtigt die Gesundheit.

### B] Die Zeichen von Überforderung erkennen

Prinzipiell hat jeder Mitarbeiter die Aufgabe, auf sich selbst aufzupassen. Eigenverantwortung zählt. Doch kann es zu Situationen kommen, in denen ein Mitarbeiter seine Überforderung nicht eingestehen will. Dreht er das Rad immer weiter, gelangt er irgendwann an einen Punkt, an dem er tatsächlich die Kontrolle verliert und nicht mehr für sich selbst sorgen kann.

Führungskräfte sollten deshalb stets ihre Mitarbeitenden im Blick behalten. Achten Sie auf vermehrte Flüchtigkeitsfehler und mangelnde Konzentration. Auch nicht mehr eingehaltene Deadlines oder nur zur Hälfte abgelieferte Aufgaben sind Zeichen – gerade dann, wenn Sie es von Ihrem Mitarbeiter anders gewöhnt sind.

### C] Wie wird Stress bewältigt?

Bei der Vorbeugung und bei der Bewältigung von belastenden Stresssituationen wird in den Gesundheitswissenschaften zwischen zwei Ebenen unterschieden: den Verhältnissen und dem Verhalten. In einem Projekt werden die Verhältnisse durch das Projektsystem und das Projektmanagement-System gebildet. Verhalten bezieht sich auf den Menschen. Die folgende Übersicht zeigt Beispiele für Stressoren auf der Verhältnis- und der Verhaltensebene.

Es sind vor allem die positiv wirkenden Stressoren, die von Anfang an gestärkt werden sollten. Sie schaffen gute Voraussetzungen dafür, dass in sehr arbeitsintensiven Projektphasen Belastungen abgefedert werden können und sich nicht negativ auswirken.

Sorgen Sie für Ausgleich und «Belohnung», indem Sie dem Team nach einer besonders anstrengenden Phase Anerkennung erweisen und z. B. ein kleines Fest organisieren. Das fördert das Zusammengehörigkeitsgefühl und entspannt.

**Hinweis**

Humor ist ein sehr wirksames Mittel, um kurzfristig Stress abzubauen und Spannungen zu lösen. Für Details dazu lesen Sie die Ausführungen zur Kompetenz «Persönliche Kommunikation», Kapitel 17, S. 218.

Abb. [24-3] **Beispiele für Stressoren im Verhalten und in den Verhältnissen**

| Ebene | Förderliche Faktoren | Belastende Faktoren |
|---|---|---|
| **Verhältnisse im Projekt** | • Konstruktives Arbeiten im Team.<br>• Möglichkeit zum Feedback und Austausch.<br>• Die Erwartungen an die beteiligten Mitarbeitenden sind herausfordernd, aber nicht überfordernd.<br>• Die Arbeitspakete sind innerhalb der vorgesehenen Zeit machbar.<br>• Es besteht ein positives Einverständnis mit den Projektzielen.<br>• Probleme werden mit Blick auf die Zusammenhänge gelöst. | • Ungünstige Dynamik in der Gruppe.<br>• Es wird nur informiert, aber nicht kommuniziert.<br>• Der enge Zeitrahmen wird auf die Arbeitspakete abgewälzt.<br>• Personalknappheit führt zur Überforderung.<br>• Die Beteiligten sehen kaum Sinn im Projekt.<br>• Probleme werden nicht als Lernchance gesehen, sondern werden individualisiert (Sündenböcke müssen herhalten). |
| **Verhalten der Personen** | • Projektmitarbeitende sagen frühzeitig, wenn sie ein Problem sehen.<br>• Alle Projektmitarbeitenden sind bereit, von den anderen zu lernen. | • Durchhalteparolen dominieren und Entspannung wird einzig auf den privaten Bereich delegiert.<br>• Jeder grenzt sich vom anderen ab. |

## 24.4 Projektmarketing

Als Projektleiter sind Sie auch Marketingchef des Projekts.

Ihr Projekt ist davon abhängig, dass es von vielen unterschiedlichen Parteien unterstützt wird. Damit das geschieht, müssen Sie die Parteien davon überzeugen, dass Ihr Projekt eine gute Sache ist. Am einfachsten geht das, wenn Sie den **Nutzen** aufzeigen können, den **sie selbst** durch die Projektergebnisse haben werden. Dadurch fördern Sie die Unterstützung für Ihr Projekt. Es kommt aber auch vor, dass Ihr Projekt für bestimmte Gruppen negative Effekte hat. Dann müssen Sie zumindest versuchen, den **Nutzen für die gesamte Organisation** herauszustreichen.

**Hinweis** Für Details zu Widerständen lesen Sie die Ausführungen zur Kompetenz «Change und Transformation», Kapitel 14, S. 185.

Am leichtesten wird man Ihnen Ihr Projekt «abkaufen», wenn Sie selbst von Ihrem Projekt überzeugt sind. Nutzen Sie jede Gelegenheit, um Ihr **Projekt zu promoten.** Regen Sie Ihre Mitarbeitenden an, ebenfalls die Werbetrommel zu rühren. Machen Sie das Thema zu einem Traktandum in Ihrem Projekt-Meeting.

Verstehen Sie das regelmässige **Projekt-Reporting** auch als Gelegenheit, Ihr Projekt positiv zu verkaufen. Überlegen Sie sich, wie Sie die anderen Stakeholder am besten erreichen und sie über die Ziele und die Fortschritte in Ihrem Projekt informieren können. Die folgende Liste enthält eine – nicht abschliessende – Auswahl an **Massnahmen,** die Sie nutzen können, um für Ihr Projekt zu werben:

- Persönliche Gespräche
- Abteilungsbesprechungen
- Meetings
- Workshops
- Jour fixe
- Townhall-Meeting
- Gremiensitzungen
- Infobörse
- Pressekonferenz
- Kick-off-Meeting
- Mitarbeiterzeitung
- Broschüren
- Newsletter
- Videobotschaften

- Führungsinformationen
- Pressemittelungen
- Infotafel / Plakate
- Intranet
- Posts in sozialen Netzwerken

## 24.5 Ergebnisse und Akzeptanz

Es geht beim Leiten von Projekten immer wieder um zwei Fragen:

- **Was** genau wird als Ergebnis erwartet und vereinbart?
- **Wie** kann das vereinbarte Ergebnis möglichst schnell und mit wenig Aufwand bereitgestellt werden?

Schlüsselbegriffe dabei sind: **Ergebnis** und **Effizienz.**

**Ergebnisse** sind die unter Berücksichtigung der Erwartungen der Stakeholder vereinbarten Resultate, auf deren Realisierung das Projekt ausgerichtet wird. **Effizienz** ist der wirtschaftliche Einsatz der zur Verfügung stehenden Mittel und Personalressourcen.

Die folgende Matrix zeigt vier mögliche Kombinationen aus Ergebnisorientierung und Effizienz.

Abb. [24-4] **Ergebnis-Effizienz-Matrix**

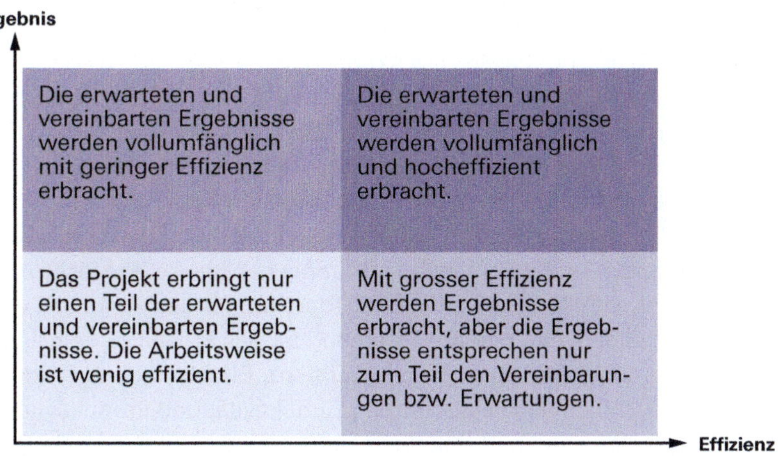


Es gibt viele **Ursachen für eine Abweichung von den vereinbarten Ergebnissen** sowie für eine unzureichende Effizienz im Projekt.

Typische Ursachen für Abweichungen von den erwarteten bzw. den **vereinbarten Ergebnissen** sind:

- Die Erwartungen der Stakeholder wurden bei der Vereinbarung der Ergebnisse nicht ausreichend berücksichtigt.
- Die Erwartungen der Stakeholder änderten sich während der Projektlaufzeit, die veränderte Erwartungslage wurde nicht in einem definierten Änderungsprozess bearbeitet.
- Das Projektteam verfolgt eher die Kann-Ziele, weil diese eine besondere Herausforderung für die Expertise, die Kenntnisse und die Erfahrung der Teammitglieder ist. Die Ausrichtung auf die Muss-Ziele geht verloren.
- Die Komplexität des Projekts wird unterschätzt, die Ergebnisorientierung bleibt im Ansatz stecken.

Typische **Ursachen für mangelhafte Effizienz** im Projekt:

- Der Aufwand für die Arbeitspakete wird nicht richtig eingeschätzt. Es kommt immer wieder zu Verzögerungen und zum unwirtschaftlichen Verbrauch der knappen Ressourcen.
- Sicherung und Kontrolle der Qualität der Ergebnisse erfolgt zu spät, d. h., die Bearbeitung der Mängel ist aufwendig und folgenreich.
- Die Arbeitspakete sind nicht klar abgegrenzt und Schnittstellen sind unzureichend definiert, d. h., Doppelarbeit verzehrt Ressourcen und mangelhafte Schnittstellendefinitionen führen zu unzureichender Konsistenz der Ergebnisse.
- Die Ressourcen werden wegen einer wenig effektiven Detailgenauigkeit verbraucht.
- Wünsche der Stakeholder werden bearbeitet, ohne einen definierten Änderungsprozess und eine neue Aufwandkalkulation durchzuführen.

Vor diesem Hintergrund hat der Projektleiter die Aufgabe, das **Projekt kontinuierlich auf die erwarteten und vereinbarten Ergebnisse auszurichten** und für eine wirtschaftliche Bearbeitung zu sorgen. Dabei braucht er ein Gespür dafür, was machbar und durchsetzbar ist und was nicht. Treten Hindernisse und Widerstände auf, muss er versuchen, diese zu überwinden. Sollte das aus irgendwelchen Gründen nicht gehen, muss er das offen kommunizieren.

**Messgrössen**

- Betrachtet die Ziele und vereinbarten Ergebnisse des Projekts als federführend für alle Aktivitäten
- Formuliert eigene Ziele auf Basis der Projektziele und Projektergebnisse
- Leitet die Strategie des Projekts von den Zielen ab
- Beurteilt alle Entscheidungen und Handlungen hinsichtlich ihres Einflusses auf den Projekterfolg
- Beurteilt und priorisiert die unterschiedlichen Bedürfnisse
- Erklärt, warum bestimmte Aktionen höher priorisiert werden
- Nutzt die Ergebnisorientierung als Mittel, um Nein zu sagen und zu erklären, warum
- Schirmt das Team vor unerwünschten Störungen ab
- Schafft gesunde, sichere und stabile Arbeitsbedingungen
- Definiert klar abgegrenzte und umsetzbare Arbeitspakete
- Stellt die erforderlichen Ressourcen und die erforderliche Infrastruktur zur Verfügung
- Verteidigt und wirbt für Ziele, Herangehensweise, Prozesse und vereinbarte Ergebnisse
- Sucht nach Möglichkeiten und Orten, um für das Projekt zu werben
- Lädt andere ein, sich am Marketing für das Projekt zu beteiligen
- Differenziert die Konzepte von Effizienz, Effektivität und Produktivität
- Plant und gewährleistet Effizienz, Effektivität und Produktivität
- Setzt Dinge um und fokussiert sich auf und realisiert kontinuierliche Verbesserungen
- Denkt in Lösungen, nicht in Problemen und überwindet Widerstände
- Erkennt Grenzen beim Erreichen der Ergebnisse und geht diese Defizite an

**Repetitionsfragen**

92 Nennen Sie die Ebenen des Stressmanagements und nennen Sie dazu jeweils 2 förderliche und 2 belastende Faktoren.

93 Was unterscheidet Projektmarketing vom klassischen Marketing?

94 Nennen Sie je zwei Instrumente für die Aktivitäten des Projektmarketings.

| Aktivitäten | Mögliche Instrumente |
|---|---|
| Kontinuierliche Aktivitäten | |
| Phasenbezogene Aktivitäten | |
| Situative Aktivitäten | |

# Teil D
Kontext

# Einleitung Kompetenzbereich Kontext

Projektarbeit findet nicht im isolierten Rahmen statt, sondern in einem Kontext. Der Kontext ist der **Zusammenhang, in dem ein Projekt oder ein Programm initiiert, entwickelt und auch realisiert wird** und seinen Nutzen entfaltet. Der Kontext bildet ein Feld aus vielen Komponenten und ihren Wechselwirkungen. Die Wechselwirkung erfolgt zwischen Projekt, Programm und Portfolio mit der Stammorganisation sowie mit externen Einflussfaktoren wie dem sozialen und dem wirtschaftlichen Bereich.

### Projekt und Projektkontext

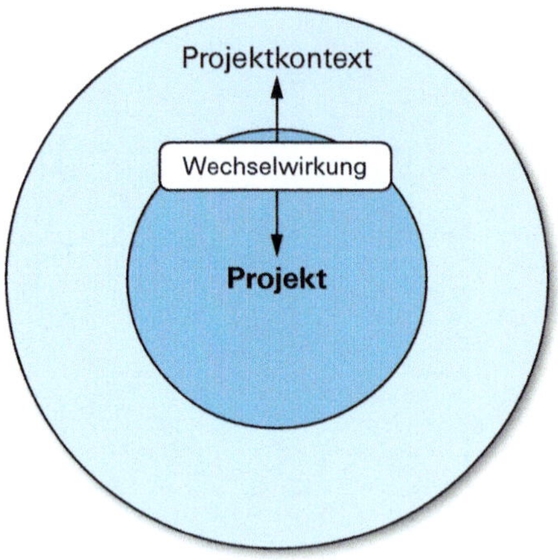


Der Projektkontext kann **mehrere geografische Ebenen** umfassen:

- Die lokale und regionale Ebene
- Die nationale bis internationale Ebene

In diesem Kompetenzbereich ist der gesamte Kontext eines Projekts, eines Programms oder eines Portfolios zusammengefasst. Denn jedes Projekt, Programm und Portfolio muss in einen **spezifischen Rahmen** eingebettet werden, der die Menschen, Organisationen und Gesellschaften dazu bringt, Vorhaben auf den Weg zu bringen und diese umzusetzen.

Vor diesem Hintergrund hat die IPMA die Bedeutung des Kompetenzbereichs Kontext unterstrichen und fünf kontextbezogene Kompetenzen herausgearbeitet. Die folgende Liste gibt einen Überblick.

**Kompetenzbereich Kontext («Perspective»)**

1. Strategie
2. Governance, Strukturen und Prozesse
3. Compliance, Standards und Regulationen
4. Macht und Interessen
5. Kultur und Werte

# 25 Strategie

**Lernziele**

Nach der Bearbeitung dieses Kapitels können Sie ...

- die Bedeutung von Mission und Vision von Organisationen und Unternehmen für Projekte beurteilen.
- die Beeinflussung der strategischen Ziele von Organisationen und Unternehmen in Projekten beschreiben.
- den Nutzen und damit die Rechtfertigung zur Durchführung eines Projekts darstellen.
- Kritische Erfolgsfaktoren und Key Performance Indicators für Projekte eruieren.

**Schlüsselbegriffe**

Beeinflussung der Strategie, Key Performance Indicators (KPI), Kritische Erfolgsfaktoren (KEF), Mission, Priorisierung, Projektbewertung, Projektumfeldanalyse, Rechtfertigung, Reflexion, Strategie, Unternehmensentwicklung, Validierung, Vision

### Definition gemäss ICB4

«Strategie» umfasst das Verstehen relevanter (Teil)strategien, das Alinieren des Projekts an diese Strategien und das Beeinflussen der Strategie zum Nutzen des Projekts. Dafür wird ein Leistungsmanagementsystem eingesetzt, in dem das Projekt angesichts seiner Ausrichtung an der Strategie und der Vision betrachtet und gesteuert wird. Damit wird sichergestellt, dass das Projekt möglichst gut mit Strategie, Mission und Leitbild der Organisation korreliert.

### Zweck gemäss ICB4

Die Kompetenz «Strategie» versetzt den Einzelnen in die Lage, die Strategie und die strategischen Prozesse zu verstehen, um das Projekt im Rahmen der strategischen Aspekte und unter Einbezug von Leistungsindikatoren zu leiten.

### Beschreibung gemäss ICB4

Diese Kompetenz beschreibt die formelle Rechtfertigung des Projekts sowie dessen Nutzenrealisierung für die langfristigen Ziele der Organisation. Die Kompetenz umfasst auch strategisches Leistungsmanagement, bei dem eine Organisation ihre strategischen Ziele in handhabbare operative Ziele aufteilt, um

- nützliche Veränderungen in der Organisationskultur, den Geschäftssystemen und -prozessen herbeizuführen.
- die vereinbarten strategischen Ziele zu etablieren, zu verfolgen und zu überprüfen.
- Ressourcen zuzuweisen und zu priorisieren.
- das Management darüber zu informieren, wenn strategische Ziele verändert werden sollen.
- die kontinuierliche Verbesserung anzuregen.

Strategische Pläne umfassen langfristige Visionen und mittel- oder kurzfristige Strategien. Sie werden mit der Mission, den Qualitätsrichtlinien und den Unternehmenswerten der Organisationen abgestimmt. Die Strategiekompetenz im Projektmanagement umfasst den Prozess des Verstehens des organisatorisch strategischen Kontexts und der Übertragung der Vision und Strategie der Organisation in Projektziele und Projektnutzen.

Im Verlauf der Prozesse zur Strategieabstimmung werden verschiedene Modelle angewendet, um die strategischen Ziele zu verbreiten und zu steuern, z. B. Balanced Scorecard, Performance-Matrix, Umfeldanalysen, Strategy Checks usw. Für das Projekt wird ein Leistungsmanagementsystem abgeleitet, das normalerweise von kritischen Leistungsvariablen wie Kritischen Erfolgsfaktoren (KEF) und Leistungsindikatoren (Key Performance Indicators, KPI) geführt wird. Daraus folgt, dass jedes Projekt durch eine Reihe von KEF und KPI gesteuert wird, um die Nachhaltigkeit der Organisation zu gewährleisten.

**Hinweis**

Folgende Kompetenzen sind mit «Strategie» verknüpft und werden in den entsprechenden Kapiteln behandelt:

- Alle weiteren Kompetenzen des Kompetenzbereichs Kontext, Teil D, S. 291
- Kompetenz «Führung», Kapitel 19, S. 234
- Kompetenz «Verhandlungen», Kapitel 23, S. 275
- Kompetenz «Ergebnisorientierung», Kapitel 24, S. 283
- Kompetenz «Projektdesign», Kapitel 2, S. 25
- Kompetenz «Anforderungen und Ziele», Kapitel 3, S. 39
- Kompetenz «Chancen und Risiken», Kapitel 12, S. 159

## 25.1 Einklang mit Mission und Vision

Organisationen und Unternehmen führen Projekte primär aus drei Gründen durch:

- **Unternehmensentwicklung:** Projekte zur Sicherstellung der künftigen Wettbewerbsfähigkeit; dazu gehören Innovations-, Entwicklungs-, Investitions-, Organisations- und Veränderungsprojekte
- **Kundenaufträge:** Projekte zur Erfüllung eines Auftrags eines Kunden; für den Kunden dienen diese wiederum der oben skizzierten Unternehmensentwicklung
- **Ereignisse:** Projekte zur Vorbereitung und Durchführung von grössere unternehmensinternen oder öffentlichen Ereignissen (Events) wie Firmenjubiläen, Produktpräsentationen, Werbekampagnen, Messeauftritten, Sportanlässen usw.; die Ereignisse stehen vielfach im Zusammenhang mit dem Marketing des Unternehmens

Zusammenfassend dienen Projekte somit direkt oder indirekt der **Entwicklung einer Organisation oder eines Unternehmens.** Organisation und Projekte steuern ihre Entwicklung über **drei Instrumente:**

- **Vision:** Abbildung des zukünftigen Ideals
- **Mission:** Definition des Zwecks, der Ausrichtung und der Leistungen als Teil der Gesamtwirtschaft
- **Strategie:** Langfristige (3–5 Jahre) Rahmenplanung zur Erreichung der Mission unter Berücksichtigung der Vision

Die folgende Abbildung zeigt den Zusammenhang zwischen Vision, Mission, Strategie und der Durchführung von Projekten:

Abb. [25-1] **Zusammenhänge Unternehmensentwicklung**

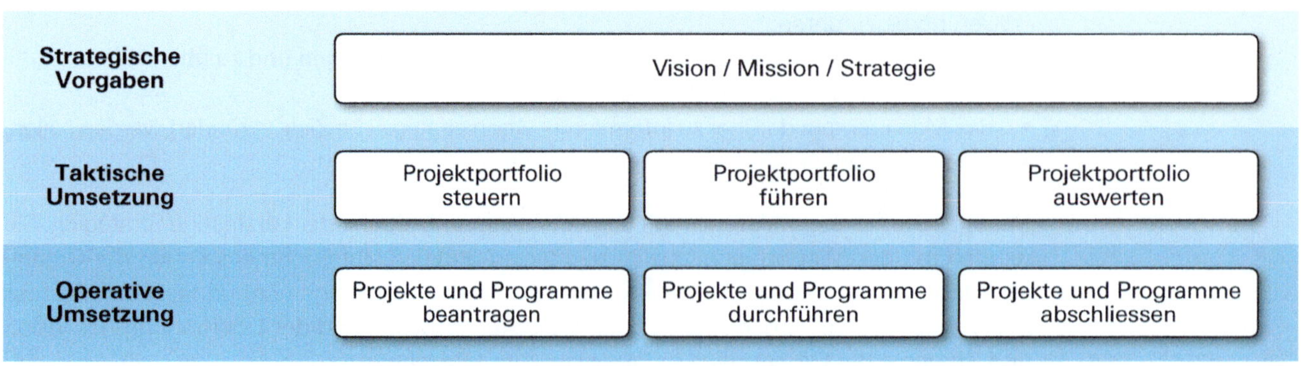


Zur Rechtfertigung der Durchführung eines Projekts muss der Projektleiter den Bezug seines Projekts zur Organisations- und Unternehmensentwicklung herstellen. Er zeigt somit, wie notwendig sein Projekt bezogen auf Vision, Mission und Strategie ist. Dies kann anhand von **fünf Dimensionen** bewertet werden:

Abb. [25-2] **Dimensionen der Projektbewertung**

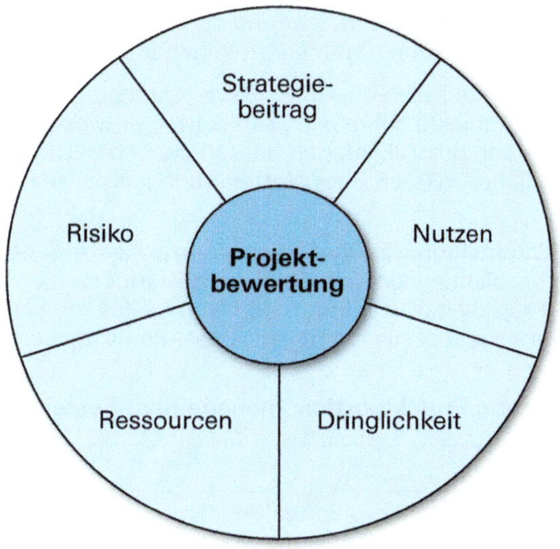


Pro Dimension sind spezifische Fragestellungen relevant:

- Strategiebeitrag: Wie gross ist der Beitrag des Projekts zur Verbesserung des Kerngeschäfts und / oder Erreichung der strategischen Ziele der ausführenden Organisation bzw. des Unternehmens?
- Nutzen: Welchen monetären (z. B. als Vergleich von Projektkosten mit erwarteten Einsparungen, zusätzlichem Umsatz / Gewinn) bzw. nichtmonetären (z. B. Imageverbesserung am Markt, positive Einflüsse auf Mitarbeiterzufriedenheit, Kundenzufriedenheit, Qualität, Flexibilität, Nachhaltigkeit, Sicherheit usw.) Nutzen liefert das Projekt für die Organisation bzw. das Unternehmen?
- Dringlichkeit: Wie zeitlich dringend ist die Umsetzung für die Organisation bzw. das Unternehmen (z. B. durch Window of Opportunity[1], Zeitpunkt zukünftiger Probleme, gesetzliche Vorgaben, Regularien[2] usw.)?
- Ressourcen: Mit welchem Aufwand an zeitlichen (Projektdauer), personellen und finanziellen Ressourcen muss gerechnet werden, um die Projektziele zu erreichen?
- Risiken: Welche negativen Auswirkungen bezogen auf die Projektergebnisse kann die Durchführung oder die Nichtdurchführung des Projekts für die Organisation bzw. das Unternehmen mit sich bringen?

Mit der konsequenten Bewertung aller Projekte wird die Grundlage für die Priorisierung eines Projekts verglichen mit anderen Projekten in der Organisation bzw. im Unternehmen geschaffen (taktische Umsetzung). Die Unternehmensleitung hat damit ein Werkzeug in der Hand, um fundiert zu entscheiden, ob überhaupt, wann und mit welcher Ressourcenausstattung ein Projekt durchgeführt wird.

Abb. [25-3] **Vorgehen Priorisierung von Projekten**

[1] Als «Window of Opportunity» wird eine Periode (Zeitfenster) bezeichnet, in der zur Nutzung einer Chance bestimmte Aktionen durchgeführt werden bzw. Ergebnisse vorliegen müssen.

[2] Regularien bezeichnen die Gesamtheit aller bei einer bestimmten Aktion oder Interaktion, einem Geschäftsvorfall zutreffenden Regeln.

**Beispiel**

**Einführung Projektportfoliomanagement-System I**

Ein Unternehmen hat sich entschlossen, den Start und die Durchführung von Projekten besser an der neu entwickelten Strategie auszurichten. Dafür sollen folgende Ziele verfolgt werden:

1. Strategieorientierung: Projekte sollen die Unternehmensstrategie unterstützen.
2. Nutzenmaximierung: Nur Projekte mit maximalem Nutzen abwickeln.
3. Ressourcenplanung: Klärung des zukünftigen Ressourcenbedarfs.
4. Transparenz: kontinuierliches Wissen über Nutzenerbringung aller Projekte, um Optimierungen vorzunehmen.

Um diese strategischen Unternehmensziele effizient zu erreichen, soll ein Organisationsprojekt zur Einführung eines Projektportfoliomanagement-Systems gestartet werden. Der zukünftige Leiter des Projektportfolios wird als Projektleiter beauftragt, den Nutzen des Projektportfoliomanagement-Systems darzustellen. Dazu verwendet er die fünfdimensionale Projektbewertung:

Abb. [25-4] **Projektbewertung: Einführung Projektportfoliomanagement-System**

| Dimension | Bewertung | Begründung |
|---|---|---|
| Strategiebeitrag | Sehr hoch | Mittels eines gut dimensionierten Projektportfoliomanagement-Systems mit schlanken Prozessen und geeigneter Governance können alle vier strategischen Unternehmensziele ideal erreicht werden. |
| Nutzen | Sehr hoch | Das Projektportfoliomanagement-System schafft einen maximalen Nutzen, indem alle Projekte und Programme auf die Mission und die Strategie des Unternehmens ausgerichtet und die vorhandenen Ressourcen effektiv eingesetzt werden. |
| Dringlichkeit | Hoch | Je schneller das Projektportfoliomanagement-System definiert und eingeführt ist, desto früher kann der Nutzen erzielt werden. |
| Ressourcen | Mittel | Der Mittelbedarf für das Projekt entspricht der zweiten der vier Grössenklassen für Projekte im Unternehmen. |
| Risiken | Niedrig | Die Risiken sind gesamthaft gesehen überschaubar und können durch geeignete Massnahmen gut gemindert werden. |

## 25.2 Beeinflussung der Strategie

Die gängige Praxis bei der Festlegung einer Strategie verbunden mit der strategischen Planung in Organisationen und Unternehmen zeigt uns, dass die daraus resultierenden Ergebnisse nicht immer klar, trennscharf und richtungsweisend für die Unternehmensentwicklung sind. Der Projektleiter muss daher die strategischen Vorgaben für sein Projekt und die Erwartung an den **Nutzen kritisch hinterfragen.** Daraus können sich zusätzliche Chancen sowohl für ein Projekt als auch für die gesamte Organisation bzw. das gesamte Unternehmen kristallisieren.

Der Projektleiter hat mehrere Möglichkeiten, dem verantwortlichen Management diese Chancen zu vermitteln:

- Anträge zur Erweiterung von bestehenden Ergebnissen wie Business Case, Epics[1], Projektaufträgen
- Anträge zur Veränderung oder Erweiterung von Projektzielen und des Projektumfangs
- Hinweise und Anträge für Folgeprojekte

Um strategische Chancen zu erkennen und einzubringen, ist es für den Projektleiter von Vorteil, wenn er die **Prozesse zur Strategiefestlegung und zur Strategieplanung** einer Organisation oder eines Unternehmens kennt. Es ist ihm damit möglich, seine Anträge an der organisatorisch richtigen Stelle und zu günstigen Zeitpunkten einzureichen. Die Pflege von guten Beziehungen zu den verantwortlichen Personen dieser Stellen durch den Projektleiter begünstigen das Beeinflussen der Strategie zusätzlich.

[1] Unter einem Epic versteht man die Beschreibung einer Anforderung an eine neue Software auf einer hohen Abstraktionsebene.

**Hinweis** Für Details zu Beziehungen lesen Sie die Ausführungen zur Kompetenz «Beziehungen und Engagement», Kapitel 18, S. 226.

## 25.3 Rechtfertigung des Projekts

Ein Projekt «rechtfertigen» heisst für den Projektleiter,

- die organisatorischen und betriebswirtschaftlichen Gründe sowie den erwarteten Nutzen für das Projekt zu validieren und zu reflektieren,
- die konkreten Ziele für das Projekt abzuleiten,
- den Projektnutzen über den Projektverlauf zu prüfen.

Die **Validierung** und die **Reflexion** kann der Projektleiter auf Basis von bereits vorliegenden Ergebnissen durchführen:

- Business Case (Fachziele, Ergebnis- und Nutzenbeschreibung)
- Epics (Ziele und Anforderungen auf hoher Abstraktionsebene in agilen Vorgehen)
- Projektantrag oder -auftrag (Projektziele, Ergebnis- und Nutzenbeschreibung, Planungsvorgaben)

Sind solche Grundlagen nicht vorhanden, müssen diese **vor** der Freigabe der eigentlichen Projektdurchführung (z. B. in einer Initialisierungsphase) erarbeitet werden. Auf Basis dieser strategischen und fachbezogenen Grundlagen sind dann die konkreten Ziele für das Projekt abzuleiten. Diese strukturieren sich in **Systemziele und Verfahrensziele,** die den erwarteten Nutzen zuzuteilen sind.

**Hinweis** Für Details zu den Systemzielen und Verfahrenszielen lesen Sie die Ausführungen zur Kompetenz «Anforderungen und Ziele», Kapitel 3, S. 39.

**Beispiel**

**Einführung Projektportfoliomanagement-System II**

Das Unternehmen hat sich aufgrund der vorgenommenen Projektbewertung entschlossen, ein Projektportfoliomanagement-System einzuführen.

Als Projektziele leitet der Projektleiter die Definition und Einführung der Projektportfolio-Prozesse und der Projektportfolio-Governance ab. Um den Einklang mit den strategischen Zielen (Vergleich mit obigem Beispiel «Einführung Projektportfoliomanagement-System I») zu reflektieren, dokumentiert er deren Abdeckung mit den Projektzielen. Die folgende Tabelle zeigt exemplarisch, wie das Projektziel «Einführung der Projektportfolio-Prozesse» mit den strategischen Unternehmenszielen in Einklang gebracht wird:

Abb. [25-5] **Systemziel: Einführung der Projektportfolio-Prozesse**

| Prozessgruppe | Prozess | Abdeckung Strategieziel |
|---|---|---|
| Projektportfolio steuern | Ideen und Bedarf bearbeiten | 1, 2 |
| | Projektprioritäten bestimmen | 1, 2 |
| | Abhängigkeiten bestimmen | 2, 3 |
| | Projekt einplanen | 2, 3 |
| | Konflikte beheben | 3, 4 |
| | Strategieänderung umsetzen | 4 |
| Projektportfolio führen | usw. | usw. |
| Projektportfolio auswerten | usw. | usw. |

Im Projektverlauf muss man prüfen, ob die Rechtfertigung für das Weiterführen des Projekts immer noch vorhanden ist. Das soll in zwei Richtungen geschehen:

- **Top down:** Sind die strategischen Vorgaben für das Projekt immer noch gültig? Das heisst, sind die organisatorischen und betriebswirtschaftlichen Gründe noch gegeben?
- **Bottom up:** Können die Projektziele erreicht werden? Das heisst, kann das Projekt den erwarteten Nutzen erbringen?

**Projektmeilensteine** sind besonders gute Zeitpunkte, um diese Überprüfungen auszuführen, da damit oft die Freigabe der nächsten Projektphase verbunden ist. Der Projektleiter liefert so die Begründung für die Weiterführung eines Projekts.

**Hinweis**

Für Details zu Phasen und Meilensteinen lesen Sie die Ausführungen zur Kompetenz «Ablauf und Termine», Kapitel 5, S. 64.

## 25.4 Kritische Erfolgsfaktoren

Ein Kritischer Erfolgsfaktor (KEF, auch Schlüsselfaktor genannt) in einem Projekt ist ein generell gültiger Umstand (Voraussetzung), der von **besonderer Bedeutung für das Projekt** ist. Ein KEF kann durch das Projekt nicht beeinflusst werden. Es sind vielmehr Umstände, die den Projekterfolg begünstigen oder erschweren. Daher muss der Projektleiter die KEF im Projektverlauf beobachten. Daraus kann er Veränderungen in den KEF erkennen und sich ergebende Chancen bzw. Risiken mittels geeigneter Massnahmen nutzen bzw. mindern.

**Beispiel**

Der Chief Finance Officer (CFO) eines Unternehmens ist der Sponsor in einem strategischen Projekt und damit ein KEF für das Projekt. Mitten im Projekt verlässt er das Unternehmen. Der Projektleiter muss nun analysieren, was die Folgen für das Projekt sind. Er bezieht den neuen CFO aktiv in das Projekt ein und überzeugt ihn vom damit verbundenen Nutzen für das Unternehmen.

Um die relevanten KEF zu eruieren, analysiert der Projektleiter

- das **Projekt,** um herauszufinden, welche Faktoren die erfolgreiche Projektabwicklung massgeblich beeinflussen,
- das **Projektumfeld**[1], um herauszufinden, welche Faktoren den Ergebnisnutzen massgeblich beeinflussen.

**Beispiel**

**Einführung Projektportfoliomanagement-System III**

Für das Projekt zur Einführung des Projektportfoliomanagement-Systems im Unternehmen führt der Projektleiter eine Projekt- und Projektumfeldanalyse durch. Daraus leitet er folgende KEF ab:

| KEF | Ausprägungen |
|---|---|
| Führung | • Die Unternehmensleitung will das Projektportfoliomanagement.<br>• Der strategische Planungsprozess ist vorhanden.<br>• Die Unternehmensleitung will unbedingt gemäss den vereinbarten Prozessen handeln. |
| Prozesse und Governance | • Ein Bewertungs- und Priorisierungssystem ist eingeführt.<br>• Die Prozesse sind einfach und generieren möglichst wenig Zusatzaufwand.<br>• Rollen, Verantwortungen und Kompetenzen sind eindeutig definiert.<br>• Der Datenfluss zwischen den Projekten und dem Projektmanagement ist definiert. |
| Vollständigkeit | • Das Projektportfolio beinhaltet alle Projekte. |
| Ressourcen | • Es gibt ausreichend Ressourcen zur Definition und Einführung der Prozesse. |
| Veränderung | • Strukturelle und kulturelle Veränderungen sind berücksichtigt.<br>• Alle Stakeholder sind informiert. |

[1] Projektumfeld nach DIN 69904: «Umfeld, in dem ein Projekt entsteht und durchgeführt wird, das das Projekt beeinflusst und von dessen Auswirkungen das Projekt beeinflusst wird».

Die folgende Abbildung zeigt, in welchen Schritten die Projekt- und Projektumfeldanalyse erfolgen kann:

Abb. [25-6] **Projekt- und Projektumfeldanalyse**

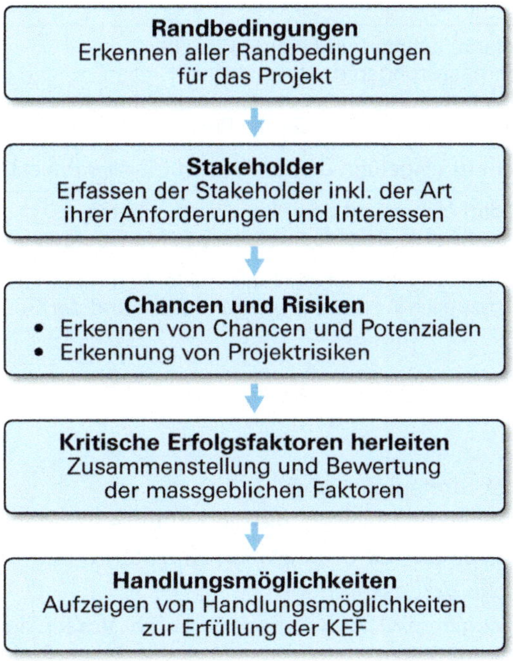


Wie die Prüfung der Rechtfertigung für das Weiterführen des Projekts müssen auch die KEF kontinuierlich **geprüft und eventuell angepasst** werden. Es empfiehlt sich, auch diese Prüfung im Rahmen eines Phasenabschlusses (Meilenstein) auszuführen. Das hat den Vorteil, dass die KEF sichtbar werden und von den Steuerungsgremien wahrgenommen werden.

## 25.5 Key Performance Indicators

Key Performance Indicators (KPI, dt. «Leistungskennzahlen») sind Kennzahlen, anhand deren der **Fortschritt oder der Erfüllungsgrad** hinsichtlich wichtiger Zielsetzungen gemessen und / oder ermittelt werden kann.

Im Kontext eines Projekts bedeutet das, dass das Erreichen der Projektziele mit **Messgrössen** hinterlegt sein muss. Das heisst, der Projektleiter sollte zu jedem Projektziel definieren, welche Ergebnisse und / oder Umstände vorliegen müssen, damit das Ziel als erreicht gilt.

Die Beurteilung und Überprüfung aller KPI sollte zum Phasenende und beim Projektabschluss erfolgen. Sie ist somit ein Mass zur Messung des **Projekterfolgs.**

Scrum verwendet dafür den Ausdruck «Definition of Done» (DoD). Dabei handelt es sich um eine Liste von Fertigstellungskriterien, die das Projektteam zur Erstellung des Produkts beachten muss. Meist sind damit Vorgaben des Product Owner an Qualität, Skalierbarkeit etc. verbunden. Der vereinbarte Backlog inkl. aller DoD definiert die Messlatte für die Zielerreichung in einem Sprint.

**Hinweis** Details zu Scrum lesen Sie in den Ausführungen zur Kompetenz «Projektdesign», Kapitel 2, S. 25.

**Beispiel** **Einführung Projektportfoliomanagement-System IV**

Für das Projekt zur Einführung des Projektportfoliomanagement-Systems im Unternehmen hinterlegt der Projektleiter die KEF mit konkreten Messgrössen und Indikatoren:

| KEF | KPI |
|---|---|
| Führung | • Das Projektportfolio-Board ist etabliert.<br>• Die strategischen Vorgaben sind vorhanden und bekannt<br>• Entscheidungen bezüglich Projektdurchführungen werden auf Basis der Projektbewertung sowie der Projektpriorisierung gefällt.<br>• Der Nutzen ist für alle Managementebenen klar und bekannt. |
| Prozesse und Governance | • Alle Prozesse sind einfach, definiert und werden gelebt.<br>• Ein kontinuierlicher Verbesserungsprozess ist definiert.<br>• Die Governance wird von den Stakeholdern als geeignet beurteilt.<br>• Der Informationsfluss ins PPM generiert für die Projekte keinen Mehraufwand. |
| Vollständigkeit | • Das Bewertungssystem ist eingeführt und umfasst 100% aller Projekte. |
| Ressourcen | • Der effektive Mittelbedarf stimmt mit den Plan-Werten überein.<br>• Ziel- und Ressourcenkonflikte sind sichtbar und für alle Managementebenen jederzeit einsehbar. |
| Veränderung | • Die erwarteten Veränderungen sind an alle Stakeholder kommuniziert.<br>• Die Stakeholder sind bezüglich Anwendung der Prozesse und der Governance geschult. |

**Messgrössen**

- Kennt den Prozess der Strategiefindung
- Identifiziert neue Chancen und Risiken, die die Strategie verändern könnten
- Motiviert Dritte, die Strategie der Organisation zu hinterfragen
- Identifiziert strategische Verbesserungen
- Beeinflusst den Strategieentwicklungsprozess durch Vorschläge zur Veränderung der Strategie
- Reflektiert und definiert die betriebswirtschaftlichen und / oder organisationalen Gründe, die zum Projekt geführt haben
- Identifiziert die benötigten Ziele, um den geplanten Nutzen zu erzielen
- Validiert und «verkauft» die betriebswirtschaftlichen und / oder organisationalen Gründe, die zum Projekt geführt haben, gegenüber dem Projektauftraggeber und den weiteren Stakeholdern
- Beurteilt die Rechtfertigung für das Projekt in einem höheren Kontext neu und validiert diese
- Definiert, überwacht und steuert die Projektkonfiguration (die integrale Vollständigkeit sowie die Funktionsweise der Projektorganisation)
- Wendet Nutzenrealisierungsmanagement an, um zu prüfen, ob die Projektkonfiguration zu den gewünschten Ergebnissen führt
- Analysiert, ob das Projekt aufgrund von Redundanz oder obsoleter strategischer Bedeutung und veränderter Konfiguration vorzeitig beendet werden muss

**Repetitionsfragen**

| | |
|---|---|
| 95 | Welchen Einfluss hat die Strategie eines Unternehmens auf ein Projekt? |
| 96 | Nennen Sie fünf Dimensionen der Projektbewertung. |
| 97 | Welche Möglichkeiten hat ein Projektleiter, Einfluss auf die Strategie einer Organisation zu nehmen? |
| 98 | Am Ende einer Projektphase müssen Sie Ihr Projekt rechtfertigen. Welche beiden Fragestellungen sollten Sie positiv beantworten können? |
| 99 | A] Liegen Kritische Erfolgsfaktoren im engeren Einflussbereich des Projekts?<br>B] Wie häufig überprüfen Sie als Projektleiter die Kritischen Erfolgsfaktoren? |
| 100 | Wozu sind KPI sinnvoll? |

# 26 Governance, Strukturen und Prozesse

**Lernziele**

Nach der Bearbeitung dieses Kapitels können Sie ...

- die Bedeutung der verschiedenen Elemente im Projekt- und Programmmanagement beurteilen.
- die Ziele und Aufgaben des Projektportfoliomanagements nennen.
- den Umgang mit Vorgaben zu Entscheidungen, Berichterstattung und Qualität beurteilen.
- die Einsatzmöglichkeiten des Projektsupports erfassen.
- die Vorgaben und Chancen in der Zusammenarbeit mit Human Resources Management und Finanz-Controlling erkennen.

**Schlüsselbegriffe**

Anforderungen, Berichterstattungsstrukturen, Enscheidungsstrukturen, Finanz-Controlling, Finanzmanagement, Governance, Human Resources Management, Management by Projects, Programmmanagement, Programmorganisation, Programmziele, Projektmanagement, Projektorientierung, Projektportfoliomanagement, Projektsupport, Prozesse, Qualitätsanforderungen, Return of Investment (RoI), Review, Strukturen, Unternehmenskultur, unternehmerisches Finanz-Controlling, Vorgaben

### Definition gemäss ICB4

«Governance, Strukturen und Prozesse» definiert das Verständnis für und die Abstimmung mit den gewachsenen Strukturen, Systemen und Prozessen der Organisation, die Unterstützung für Projekte bieten und Einfluss auf deren Organisation, Einführung und Management haben.

Governance, Strukturen und Prozesse einer Organisation können sowohl temporäre Systeme (wie Projekte oder Programme) als auch permanente Systeme (wie Projektportfoliomanagement-Systeme, Finanz-/Verwaltungssysteme, Unterstützungssysteme, Berichterstattungssysteme und Entscheidungssysteme oder Auditsysteme) umfassen.

### Zweck gemäss ICB4

Die Kompetenz «Governance, Strukturen und Prozesse» versetzt den Einzelnen in die Lage, wirkungsvoll am Projekt teilzunehmen und den Einfluss von Governance, Strukturen und Prozessen auf dieses zu steuern.

### Beschreibung gemäss ICB4

Strukturen, Prozesse und Entscheidungswege sind wichtige Bestandteile des Governance-Systems einer Organisation. Eine Abstimmung mit Strukturen und Prozessen bedeutet, die bestehenden Wertesysteme, Rollen und Verantwortlichkeiten sowie Prozesse und Richtlinien einer Organisation nutzen zu können. Dies, um sicherzustellen, dass das Projekt seine Ziele erreicht und die Unternehmensziele unterstützt.

Das Management von Projekten (in Übereinstmmung mit der Governance, den Strukturen und den Prozessen der Organisation) erfordert ein grundlegendes Verständnis für die unterschiedlichen Arten von Initiativen, die Funktionsweise einer projektorientierten Organisation sowie den Nutzen, der mit dem Management durch Projekte («Management by Projects») verbunden ist.

Es umfasst die Abstimmung mit permanenten Prozessen, die mit dem Management des Projekts zusammenhängen. Die meisten projektorientierten Organisationen besitzen mehrere Arten von Unterstützungsstrukturen und -prozessen für Projekte. Beispiele für Unterstützungsfunktionen und -prozesse sind Linienfunktionen wie z. B. Personal (HR), Finanzen und Controlling sowie Informationstechnologie (IT). Reife Organisationen bieten den Projekten durch ein Project Management Office (PMO) Unterstützung. Kompetenz hinsichtlich Strukturen und Prozessen bedeutet auch, Feedback und Lessons Learned aus früheren Projekten zu überprüfen und zu übernehmen. Die zentrale Herausforderung im Management von Projekten ist, verpflichtende und optionale Strukturen und Prozesse so einzusetzen, dass eine optimale Wirkung und ein optimaler Nutzen für das Projekt erzielt werden.

**Hinweis**

Folgende Kompetenzen sind mit «Governance, Strukturen und Prozesse» verknüpft und werden in den entsprechenden Kapiteln behandelt:


- Alle weiteren Kompetenzen des Kompetenzbereichs Kontext, Teil D, S. 291
- Kompetenz «Projektdesign», Kapitel 2, S. 25
- Kompetenz «Organisation, Information und Dokumentation», Kapitel 6, S. 82
- Kompetenz «Kosten und Finanzierung», Kapitel 8, S. 111
- Kompetenz «Ressourcen», Kapitel 9, S. 122
- Kompetenz «Beschaffung», Kapitel 10, S. 130
- Kompetenz «Planung und Steuerung», Kapitel 11, S. 140
- Kompetenz «Change und Transformation», Kapitel 14, S. 185


## 26.1 Grundlagen des Projektmanagements

### 26.1.1 Elemente im Projektmanagement

Management setzt sich aus «manus» und «agere» (lat. für «Hand» und «handeln»). Abgeleitet heisst das, Menschen die Hand zu reichen, um mit ihnen zusammen zu handeln. Da mit Projekten Ziele verfolgt und erreicht werden sollen, bedeutet Projektmanagement demnach, Projektziele zusammen mit Projektmitarbeitenden zu erreichen. Etwas umfassender drückt dies die DIN 69901-05:2009 aus: «die Gesamtheit von Führungsaufgaben, -organisation, -techniken und -mitteln für die Initiierung, Definition, Planung, Steuerung und den Abschluss von Projekten».

Mit anderen Worten: Projektmanagement ist die **Gesamtheit der Elemente, die zur Abwicklung eines Projekts nötig sind.** Damit stellt das Projektmanagement sicher, dass vereinbarte Ziele unter Einhaltung der personellen, technischen, terminlichen und finanziellen Rahmenbedingungen erreicht werden. Die verschiedenen Elemente im Projektmanagement bilden das Projektmanagement-System. Je besser die Elemente im Projektmanagement zusammenpassen, desto besser funktioniert das Projektmanagement-System und desto höher ist der spezifische Reifegrad einer Organisation oder eines Unternehmens.

Abb. [26-1] **Elemente des Projektmanagements**

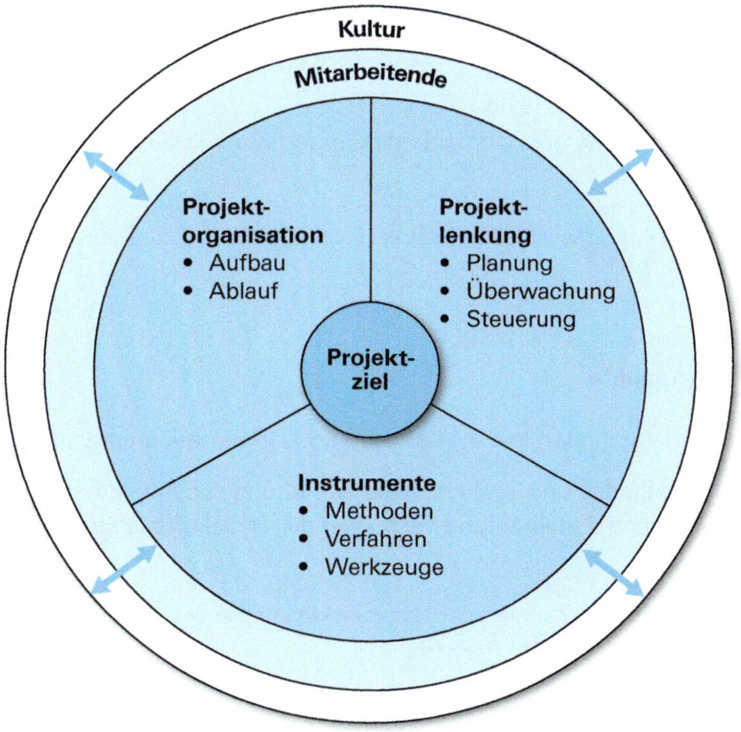


### A] Projektziele

Das Projektziel steht im Zentrum und umfasst

- zum einen die Systemziele (d. h. die zu erbringende Leistung),
- zum anderen Vorgehensziele wie Termine, Kosten usw.

**Hinweis** Für Details zu Projektzielen lesen Sie die Ausführungen zur Kompetenz «Anforderungen und Ziele», Kapitel 3, S. 39.

### B] Projektorganisation

Zur Projektorganisation gehört die Gestaltung der Aufbau- und Ablauforganisation des Projekts:

- In der **Aufbauorganisation** wird eine zeitlich befristete, für die Aufgabe geeignete Projektorganisation mit personifizierten Verantwortungen definiert.
- In der **Ablauforganisation** wird der geeignete Ablauf für das jeweilige Projekt festgelegt.

**Hinweis** Für Details zu Projektorganisation lesen Sie die Ausführungen zur Kompetenz «Organisation, Information und Dokumentation», Kapitel 6, S. 82.

### C] Projektlenkung

Die Projektlenkung beinhaltet die Planung, Führung, Steuerung und Kontrolle der Projektaktivitäten im Hinblick auf

- die Zielerreichung und
- die Einhaltung der Rahmenbedingungen wie beispielsweise Termine und Kosten.

**Hinweis** Für Details zu Projektlenkung lesen Sie die Ausführungen zur Kompetenz «Planung und Steuerung», Kapitel 11, S. 140.

### D] Instrumente

Zu den Instrumenten, die die Lenkung und Organisation unterstützen, gehören

- die Methoden und Techniken der Gestaltung des Projektmanagements, aber auch
- spezifische Verfahren und Techniken des Projektmanagements.

**Hinweis** Für Details zu den Instrumenten des Projektmanagements lesen Sie die Ausführungen zur Kompetenzgruppe Praktiken, Teil B, S. 23.

### E] Mitarbeitende und Kultur

Die letzten, aber wohl wichtigsten beiden Elemente sind die **am Projekt Beteiligten** und die **herrschende Kultur im Projektumfeld.** Die Beteiligten sind entscheidend für den Projekterfolg. Dazu zählt in erster Linie das Projektteam, aber auch Betroffene und Mitarbeitende.

Im Bereich des Unternehmens spricht man in diesem Zusammenhang von der **Unternehmenskultur.** Unter diesem Begriff ist die Gesamtheit der Wertvorstellungen, Leitmotive, Denkhaltungen und Normen in einer Organisation zu verstehen. Sie beeinflusst wesentlich das Verhalten der Mitarbeitenden, ihre Identifikation mit den Unternehmens- und Projektzielen, die Atmosphäre und den Führungsstil in einem Unternehmen.

Die Kultur des Unternehmens und seines Umfelds bestimmt u. a., welchen Stellenwert das Projektmanagement hat, wie über Projektmanagement gedacht wird und wie man es praktiziert.

**Hinweis** Für Details zu den Mitarbeitenden lesen Sie die Ausführungen zu den Kompetenzen «Führung», Kapitel 19, S. 234 und «Teamarbeit», Kapitel 20, S. 243. Für Details zur Kultur lesen Sie die Ausführungen zur Kompetenz «Kultur und Werte», Kapitel 29, S. 332.

**Beispiel** Die unten stehende Abbildung zeigt die konkrete Ausgestaltung der Elemente Projektorganisation, Projektlenkung und Instrumente in einem Unternehmen und stellt diese zu einem Projektmanagement-System zusammen.

Abb. [26-2] **Übersicht des Projektmanagement-Systems in einem Unternehmen**

### Lenkung

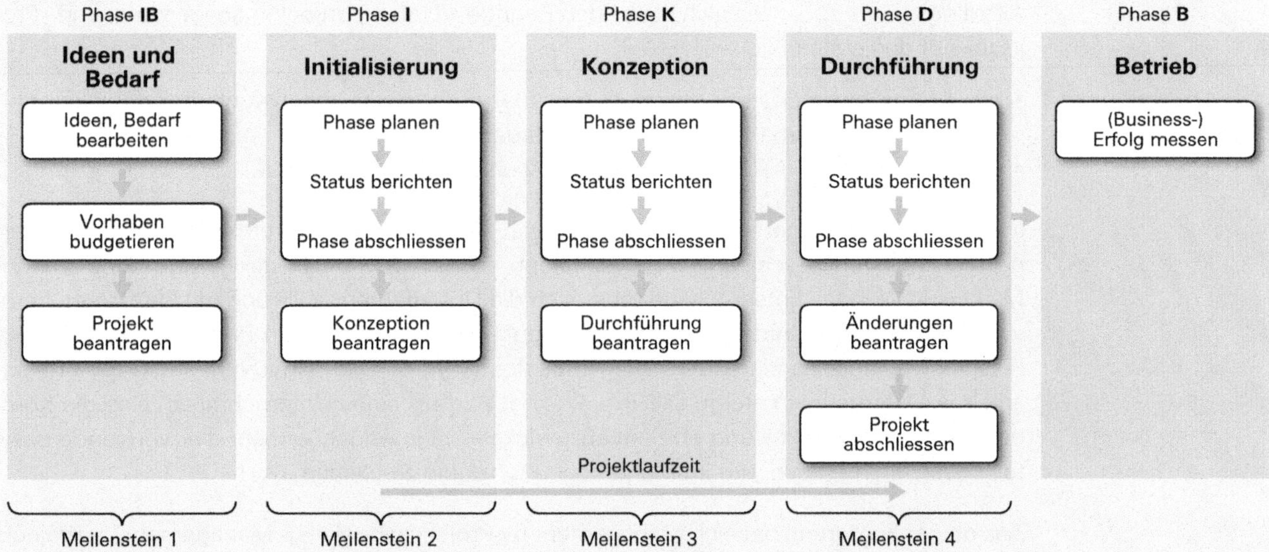


### Organisation

| Rollen | Hauptverantwortungen |
|---|---|
| **Projektportfolio-Board** | • Stellt Konformität der Vorhaben und Projekte sicher.<br>• Stellt notwendiges Portfoliobudget zur Verfügung.<br>• Übernimmt Überwachung von A-Projekten. |
| **Lenkungsausschuss** | • Beratung und Unterstützung des Auftraggebers.<br>• Prüfung und Genehmigung der erstellten Ergebnisse und der Statusberichte.<br>• Lenkt Projektergebnisse und hilft bei organisatorischen und fachlichen Lenkungsmassnahmen. |
| **Auftraggeber** | • Ist oberste Entscheidungsinstanz in Projektorganisationen.<br>• Formuliert die Idee oder den Bedarf für ein Vorhaben.<br>• Definiert die fachlichen Anforderungen.<br>• Kontrolliert die fachlichen Ergebnisse und setzt Projektergebnisse in der Linie um. |
| **Projektleiter** | • Übernimmt die operative Führung des Projektteams.<br>• Führt das Projekt gemäss Zielsetzung und Vorgaben.<br>• Stellt Informationsfluss im Projekt und Projektumfeld sicher. |
| **Projektmitarbeitende** | • Erstellen die fachlichen Ergebnisse.<br>• Arbeiten gemeinsam auf das Projektziel hin. |

**Projektlenkungsstruktur**

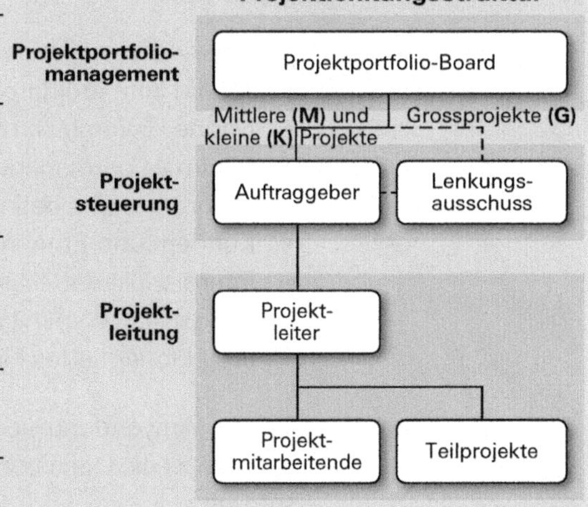


### Instrumente

| | Projektmanagementergebnis | Zweck | Projekte | Phasen | Verantwortung |
|---|---|---|---|---|---|
| Business-Dokumente | Business Case I | Beschreibt Vorhaben, schätzt die Wirtschaftlichkeit ab. | G | IB | Auftraggeber |
| | Business Case II | Beschreibt Veränderung des Vorhabens nach Initialisierung. | G | I | Auftraggeber |
| | Business Case III | Beschreibt Veränderung des Vorhabens nach Konzeption. | G | K | Auftraggeber |
| | Machbarkeit | Studie zur Überprüfung der Machbarkeit eines Vorhabens | G | IB | Auftraggeber |
| Anträge | Projektanfang | Antrag auf Umsetzung eines Vorhabens mit einem Projekt | G, M, K | IB | Auftraggeber |
| | Konzeptionsantrag | Antrag auf Start der Phase Konzeption | G, M | I | Projektleiter |
| | Durchführungsantrag | Antrag auf Start der Phase Durchführung | G, M | K | Projektleiter |
| | Änderungsantrag | Antrag auf Änderung von vereinbarten Projektergebnissen | G, M | D | Projektleiter |
| Berichte | Statusbericht | • Monatlicher Bericht über den aktuellen Stand eines Projekts<br>• Meilensteinbericht | G, M, K | I K D | Projektleiter |
| | Phasenbericht | Bericht über eine Phase bzw. Sub-Phase | G, M | I K D | Projektleiter |
| | Abschlussbericht | Bericht über ein Projekt | G, M, K | D | Projektleiter |
| | Erfolgsbericht | Bericht zum Vergleich der prognostizierten Wirtschaftlichkeit mit den Ist-Werten | G | B | Projektportfolio-Board |

### 26.1.2 Management by Projects und Projektorientierung

Management by Projects bedeutet die **Übernahme von Methoden oder Denkweisen des Projektmanagements in die Unternehmensführung und -entwicklung.** Mit der Anwendung von Management by Projects wird ein Unternehmen besser auf die Adaption von operativen Veränderungen in einem dynamischen Umfeld ausgerichtet.

Allerdings **widersprechen** sich die beiden Begriffe «(Unternehmens)management» und «Projekte» auf den ersten Blick:

- Das **Unternehmensmanagement** muss **langfristig** mit hoher Konkurrenzfähigkeit und Sicherheit den vorhandenen Markt auf Dauer bedienen.
- **Projekte** sind **einmalig,** riskant, innovativ und vor allem begrenzt.

In den letzten Jahrzehnten hat sich der **Wandel des Marktumfelds** praktisch für jedes Unternehmen markant beschleunigt. Etwas salopp ausgedrückt bleibt die einzige Konstante im Markt sein Wandel. Entsprechend muss sich die Unternehmensführung mit häufigeren Innovationen, beständig kürzer werdenden Produkt- und Prozesszyklen und engeren zeitlichen Perspektiven auseinandersetzen. Der Anteil des Wandels und damit verbunden der Projektarbeit in Unternehmen steigt. Die **Projektorientierung** eines Unternehmens, also die Kompetenz, Projekte effektiv und effizient abzuwickeln, ist je länger, je mehr die zwingende Basis für jedes Unternehmen, um im Markt konkurrenzfähig zu bleiben.

Aus obiger Forderung hat sich Management by Projects abgeleitet. Management by Projects ist kein allein stehendes Konzept, sondern ist darauf ausgerichtet, **andere Führungsmodelle** zu ergänzen bzw. durch andere Führungsmodelle ergänzt zu werden. Zu den Wesensmerkmalen zählen:

- Anwendung systematischen Projektmanagements mit unternehmensweiten Standards
- Wenig infrastrukturelle Rahmenbedingungen
- Flache Hierarchien mit wechselnden Rollen
- Minimale permanente Stammorganisation
- Geförderte und definierte Laufbahn für Projektleiter
- Kunden- und Ergebnisorientierung mit quantitativer Überprüfung
- Interdisziplinäre Zusammenarbeit und Teamorientierung
- Intensive Kommunikations- und Feedbackkultur
- Projektorientiertes Finanzmanagement

Für die Anwendung von Management by Projects hin zu einem projektorientierten Unternehmen ist die Definition und Besetzung von verschiedenen **Organisationseinheiten** Voraussetzung:

- Leitung Projektportfolio
- Programmleitung
- Lenkungsausschuss
- Zentrales Controlling
- Project Management Office
- Gremium für Projektleitende

**Hinweis** Für Details zur Projektlenkung lesen Sie die Ausführungen zur Kompetenz «Planung und Steuerung», Kapitel 11, S. 140.

**Beispiel** **Projektorientiertes Unternehmen I**

Die unten abgebildete Prozesslandkarte ist die Ablauforganisation eines projektorientierten Unternehmens.

Abb. [26-3] **Prozesslandkarte eines projektorientierten Unternehmens**

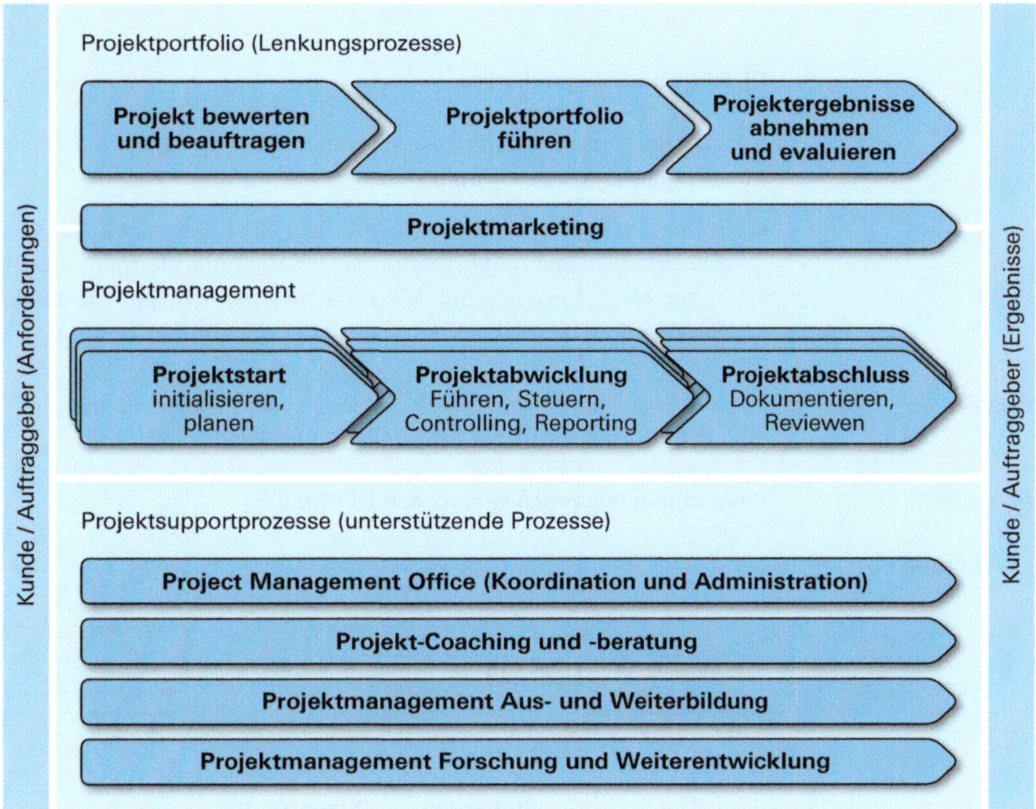


## 26.2 Grundlagen des Programmmanagements

Abgeleitet aus der Definition des Projektmanagements bedeutet Programmmanagement[1]: «die **Gesamtheit von Führungsaufgaben, -organisation, -techniken und -mitteln für die Abwicklung eines Programms**». Verschiedene Elemente zusammen bilden das Programmmanagement-System:

### A] Programmziele

Wie aus der Definition des Begriffs «Programm» abgeleitet werden kann, verfolgt ein Programm ein **strategisches Ziel einer Organisation oder eines Unternehmens.** Dieses Ziel ist immer mit einem konkreten Nutzen verbunden. Hinzu kommt, dass Programme meist einen «Change» anstossen, der vom Programm entsprechend gestaltet und begleitet werden muss. Das ist eine Komponente, die in vielen Projekten weniger ins Gewicht fällt. Programmziele sind in Umfang und Komplexität so gross, dass sie nicht durch die Abwicklung eines einzelnen Projekts erreicht werden können.

[1] In der DIN 69909 sind das Programmmanagement und das Projektportfoliomanagement zum Multiprojektmanagement zusammengefasst. Die DIN spricht dabei vom «Strategischen Multiprojektmanagement» (Projektportfoliomanagement) und vom «Operativen Multiprojektmanagement» (Programmmanagement).

**Beispiel** Eines der grössten Programme in der Schweiz ist die NEAT (Neue Eisenbahn-Alpentransversale). Das Ziel des Programms ist die Verlagerung des Gütertransports auf die (Eisenbahn)schiene, sodass der Schwerverkehr auf der Strasse verringert werden kann. Das Programm startete mit der Gesamtkonzeption der Netzwerkvarianten im Jahr 1992 und endet mit der Inbetriebnahme des Ceneri-Basistunnels im Jahr 2020. Die grössten beiden Projekte im NEAT-Programm sind die Erstellung des Gotthard-Basistunnels und des Ceneri-Basistunnels.

### B] Programmorganisation

Adäquat zu Projekten gehört zur Programmorganisation die Gestaltung der Aufbau- und Ablauforganisation des Programms:

- In der **Aufbauorganisation** wird eine zeitlich befristete, für die Aufgabe geeignete Programmorganisation mit personifizierten Verantwortungen definiert.
- In der **Ablauforganisation** wird der geeignete Ablauf für das jeweilige Programm festgelegt.

**Beispiel** In der Schweiz hat HERMES[1] als Projektmanagement-Methode eine grosse Bedeutung. Auf das Jahr 2017 wurde die Methode um das Programmmanagement erweitert.

Abb. [26-4] **Programmaufbauorganisation nach HERMES 5**

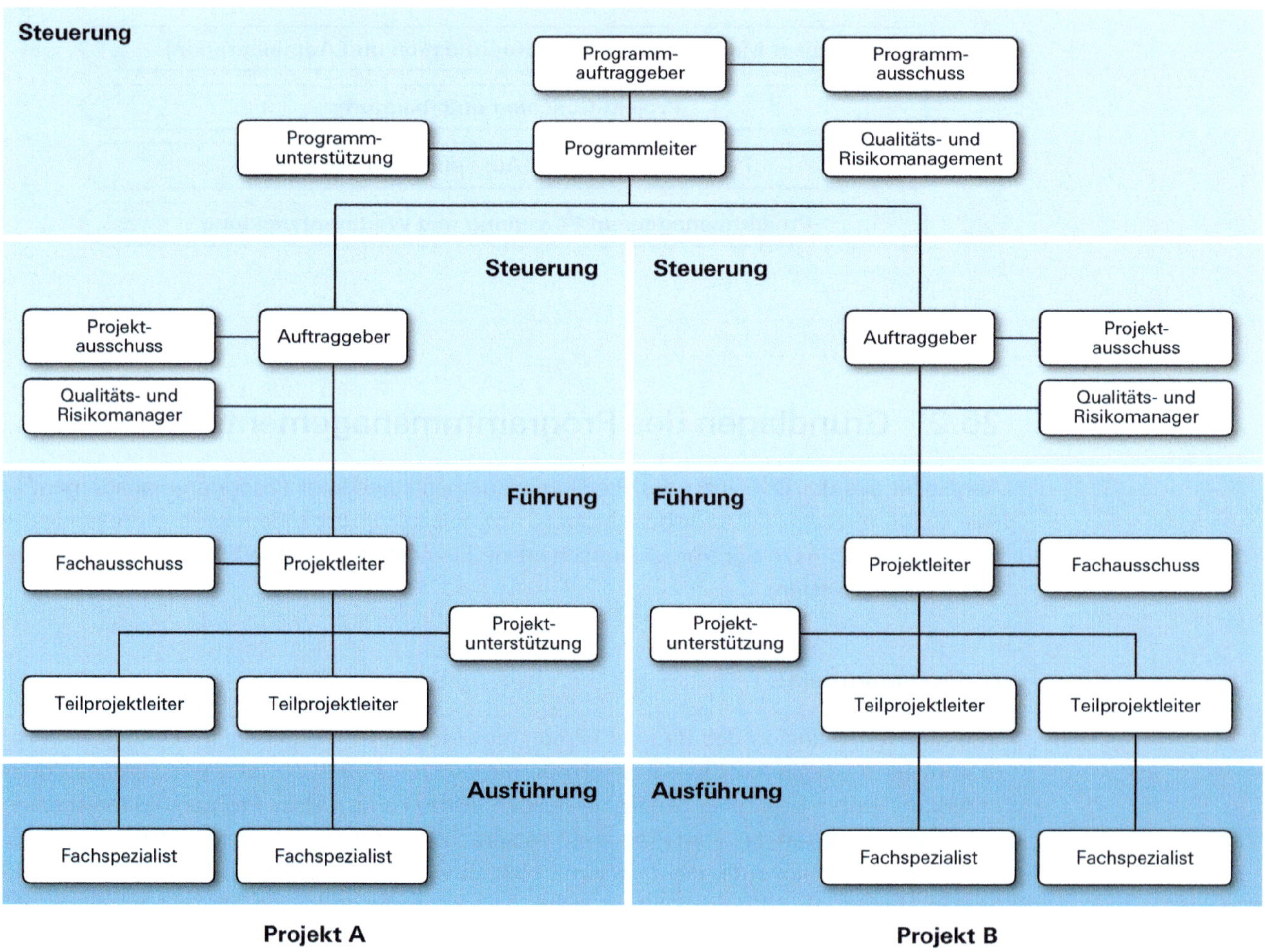


[1] Für weiter reichende Informationen siehe auch: www.hermes.admin.ch.

### C] Lenkung und Instrumente

Um das Programm lenken zu können, müssen die relevanten Instrumente für die beteiligten Projekte im Sinn eines Standards vorgegeben werden. Je unterschiedlicher die Instrumente in den Projekten gehandhabt werden, desto schwieriger gestaltet sich die Bestimmung des Programmstatus.

**Beispiel**

Um eine möglichst gute Transparenz in den beteiligten Projekten und damit die effiziente Programmlenkung zu gewährleisten, werden in einem Programm Form und Inhalt der Projektmanagement-Instrumente definiert und vorgegeben.

Abb. [26-5] **Vorgaben zu Instrumenten im Projektmanagement in einem Programm**

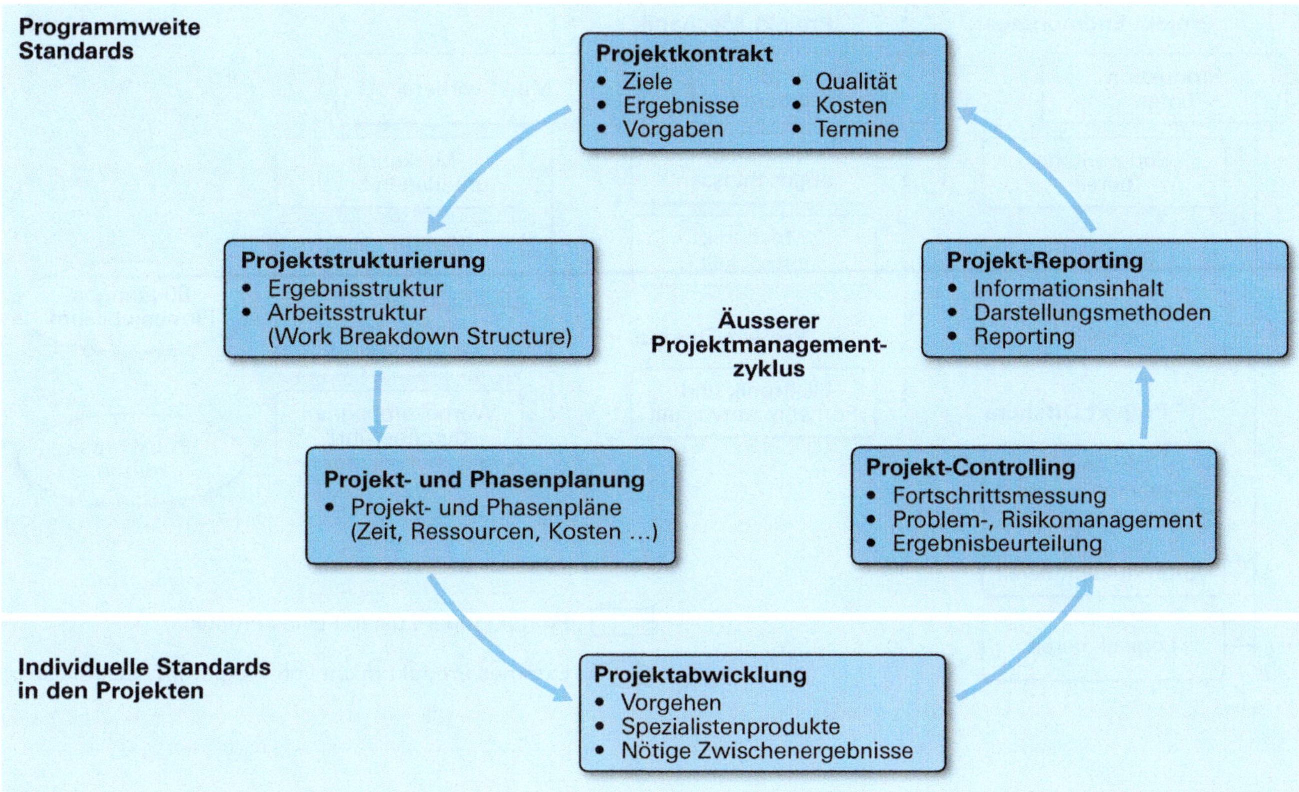


### D] Programmstruktur und Kultur

Die Programmstrukturierung bezeichnet die **Aufteilung der Arbeiten in einem Programm** in plan- und «managebare» Projekte. Die geeignete, aus der Programmstrukturierung resultierende Projektabgrenzung ist ein Schlüsselfaktor für die erfolgreiche Programmabwicklung.

Im Rahmen von Programmen werden unterliegende Projekte abgewickelt. Daher bestimmt die Kultur des Unternehmens und seines Umfelds in gleicher Art und Weise die Geschicke des Programmmanagements.

**Beispiel**

Ein Schweizer Unternehmen, das auf die Herstellung und den Vertrieb von Kaffeemaschinen spezialisiert ist, will seine Marktpräsenzen und seinen Markterfolg markant steigern. Das soll durch Optimierung und Kostenreduktion der Produktion erreicht werden. Das ist nur möglich, wenn sowohl in der Produkt- als auch in der Produktionsgestaltung neue Wege beschritten und eine innovative Kaffeemaschinen-Generation entwickelt wird. Als zusätzlicher Marketingeffekt sollen die Produkte anlässlich der grössten landesweiten Publikumsmesse pünktlich zum 80-jährigen Firmenjubiläum vorgestellt werden. Das Unternehmen startet das Programm «Boost 80» und strukturiert dieses wie folgt:

Abb. [26-6] **Objektorientierte Programmstruktur zu «Boost 80»**

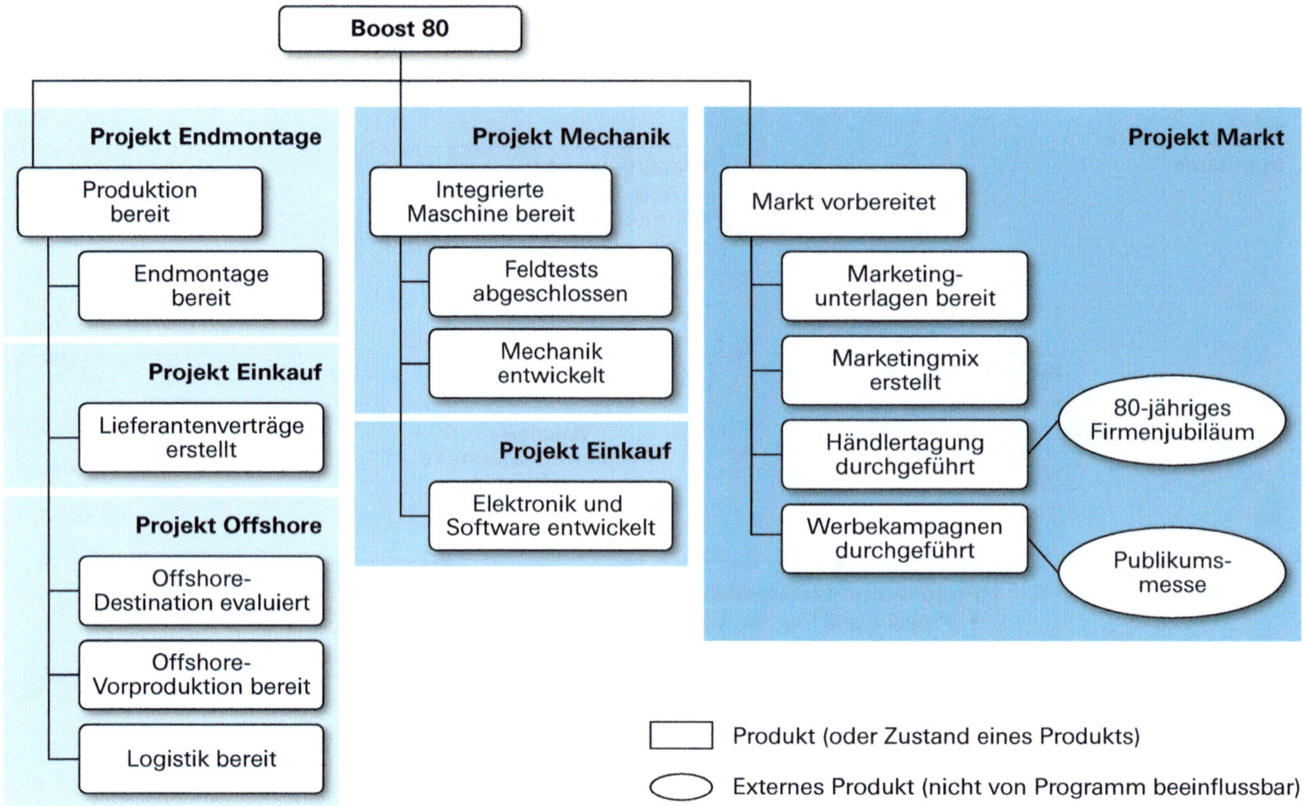


## 26.3 Grundlagen des Projektportfoliomanagements

Mit Projekten und Programmen lassen sich in Unternehmen Fortschritte, Entwicklung und Veränderung erzielen. Um das effizient zu machen, werden das Projekt- und das Programmmanagement angewendet. Das Projektportfoliomanagement kümmert sich darum, dass die vorhandenen Ressourcen in einer Organisation oder einem Unternehmen möglichst effektiv eingesetzt werden.

### A] Ziele des Projektportfoliomanagements

Die folgende Abbildung zeigt die Ziele des Projektportfoliomanagements und vergleicht diese mit den Zielen des Projekt- und Programmmanagements.

Abb. [26-7] **Ziele von Projekt-, Programm- und Projektportfoliomanagement**

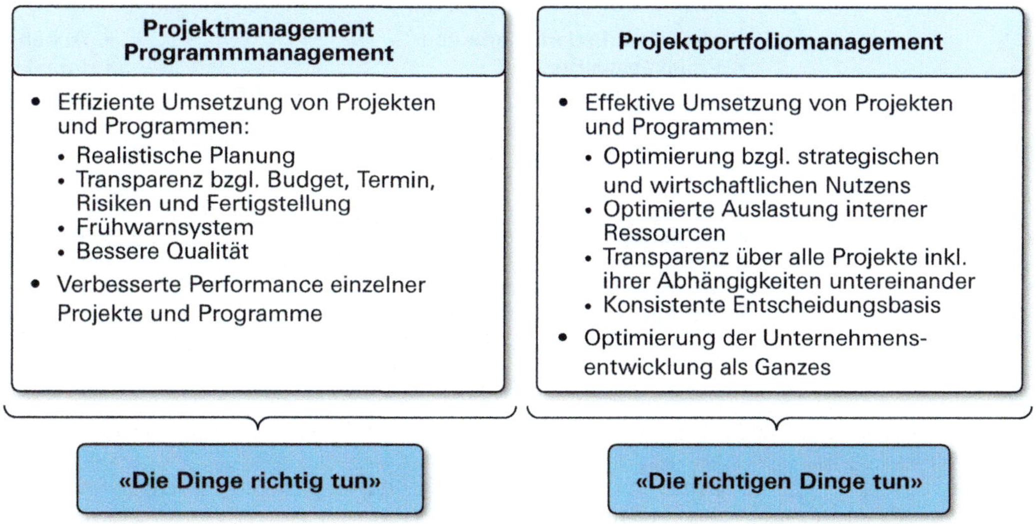


## B] Organisation des Projektportfoliomanagements

Wie beim Projekt- und Programmmanagement sind auch für das Projektportfoliomanagement Aufbau- und Ablauforganisation zu definieren. Der Hauptunterschied besteht jedoch darin, dass im Projektportfoliomanagement die Aufbauorganisation permanent ist und die Aufgaben laufend ausgeführt werden. Das **Projektportfoliomanagement ist fixer Bestandteil der Unternehmensentwicklung.**

Abb. [26-8] **Einbettung des Projektportfoliomanagements in die Unternehmensentwicklung**

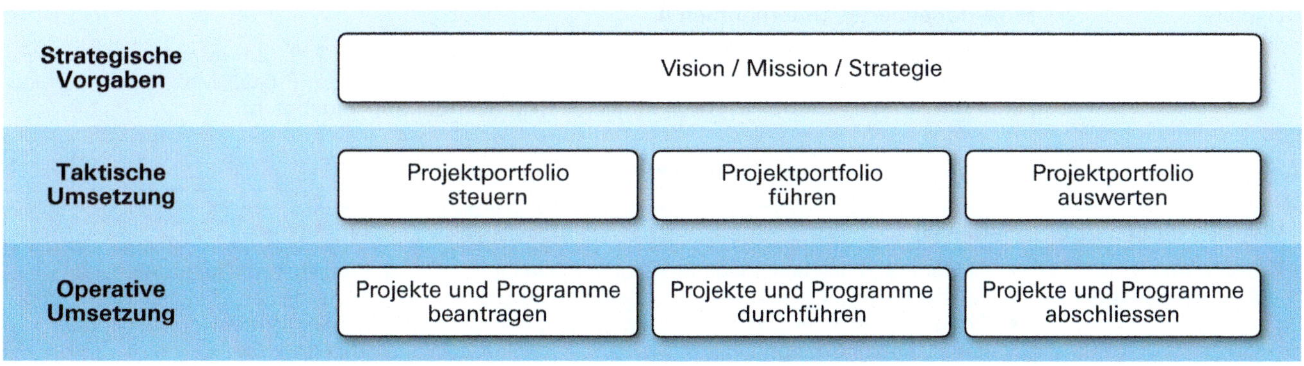


## C] Aufgaben im Projektportfoliomanagement

In der nachfolgenden Abbildung sind die laufend durchzuführenden Aufgaben im Projektportfoliomanagement ausgeführt.

Abb. [26-9] **Aufgaben des Projektportfoliomanagements**

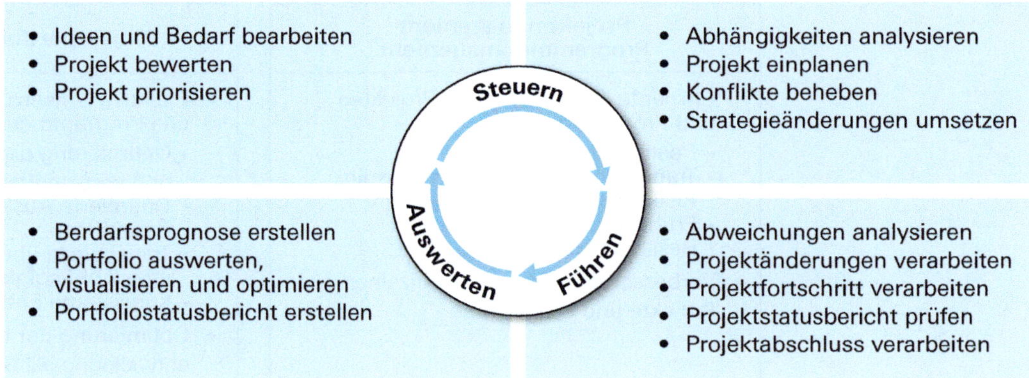


**Hinweis** Für Details zur Projektbewertung und -priorisierung lesen Sie die Ausführungen zur Kompetenz «Strategie», Kapitel 25, S. 293.

## 26.4 Projektsupport

Der Projektsupport deckt alle administrativen Arbeiten wie Protokollerstellung, Aktualisierung des Budget-/Planungsstatus und Teamsupport ab. Der Projektsupport wird von Organisationen und Unternehmen vielfach in einem Projektbüro oder Project Management Office zusammengefasst und gebündelt. Im Idealfall stellen diese Organisationseinheiten ihren Support über definierte, interne Dienstleistungen zur Verfügung, die durch Projekte gemäss ihrer Priorität gebucht werden können.

**Beispiel**

**Projektorientiertes Unternehmen II**

Das projektorientierte Unternehmen (siehe auch Beispiel in Kap. 26.1.2, S. 306 «Management by Projects und Projektorientierung») definiert die Dienstleistungen aus dem Project Management Office. Zum Prozess «Projektstart» wird den Projekten folgender Support angeboten:

Abb. [26-10] **Supportdienstleistungen für Projekte zum Projektstart**

| Dienstleistung | Aufgaben | Ergebnisse |
|---|---|---|
| Aufbau- und Ablauforganisation festlegen | • Abklärungen der verschiedenen Sachverhalte<br>• Teilnahme an, Protokollierung der nötigen Sitzungen<br>• Dokumentation der Organisation im Projektplan anhand der PL-Entscheidungen | Projektplan: Organisation, Sitzungsplan, Berichtswesen, Vorgehen, Methoden, Ausbildung, Infrastruktur |
| Basisplanung erstellen | • Teilnahme an, Protokollierung der nötigen Sitzungen und Workshops<br>• Informationssammlung und Aufbereitung<br>• Dokumentation der Planung im Projektplan anhand der PL-Entscheidungen<br>• Planungen abgleichen | Projektplan: Liefererergebnisse, Qualitätsprüfung, Strukturplan, Ressourcenplan, Aufwandsplan, Terminplan, Kostenplan |
| Risikomanagement aufsetzen | • Risiken und Massnahmen mit PL aufnehmen<br>• Dokumentation der Risiken im Projektplan | Projektplan: Risiken, Massnahmen |
| Review Projektplan durchführen | • Gutachter, Aspekte mit PL aufnehmen.<br>• Review vorbereiten und organisieren.<br>• Protokoll führen.<br>• Reviewdokumente erstellen. | Revieweinladung, Reviewprotokoll, Querliste |
| Projektplan überarbeiten | • Änderungen anhand der Querliste in den Projektplan einfliessen lassen.<br>• Projektplan verteilen. | Geprüfter Projektplan |
| Kick-off-Meeting durchführen | • Teilnehmende, Traktanden mit PL aufnehmen.<br>• Kick-off-Meeting vorbereiten und organisieren.<br>• Protokoll führen. | Einladung, Protokoll, akzeptierter Projektplan |

## 26.5 Vorgaben zu Entscheidungen, Berichterstattung und Qualität

Projekte sind in Organisationen und Unternehmen eingebunden bzw. werden darin abgewickelt. Mit der Governance definieren die Organisationen und Unternehmen auch die **Führungsstrukturen zur Projektabwicklung.** Die Projekte müssen diese Strukturen berücksichtigen, d. h., sie sind relevante Verfahrensziele in der Projektabwicklung.

**Hinweis**

Für die Details der Verfahrensziele lesen Sie die Ausführungen zur Kompetenz «Anforderungen und Ziele», Kapitel 3, S. 39.

Für Details zu Governance lesen Sie die Ausführungen zur Kompetenz «Organisation, Information und Dokumentation», Kapitel 6, S. 82.

Zu den massgeblichen **Vorgaben für die Projekte** gehören insbesondere:

- **Entscheidungsstrukturen:** Welche Organisationseinheiten, Stakeholder sowie Prozesse muss ein Projekt berücksichtigen und welche Ergebnisse muss es erarbeiten, um projektrelevante Entscheidungen herbeizuführen?
- **Berichterstattungsstrukturen:** Welche Vorgaben (Prozesse, Adressaten, Inhalte, Zeiträume) gibt es beim Informationsfluss aus den Projekten in die Organisation bzw. ins Unternehmen?
- **Qualitätsanforderungen:** Welche organisatorischen Anforderungen bestehen, die ein Projekt erfüllen muss?

**Hinweis**

Für Details zum Projektbericht lesen Sie die Ausführungen zur Kompetenz «Planung und Steuerung», Kapitel 11, S. 140.

Für Details zur Qualität lesen Sie die Ausführungen zur Kompetenz «Qualität», Kapitel 7, S. 101.

**Beispiel**

Um den abgestimmten Informationsfluss aus den Projekten sicherzustellen und damit die effiziente Entscheidungsfindung zu unterstützen, hat ein Unternehmen das Vorgehen beim Erstellen der monatlichen Berichterstattung für alle Projekte vereinheitlicht und vorgegeben.

Abb. [26-11] **Vorgabe für die Berichterstattung**

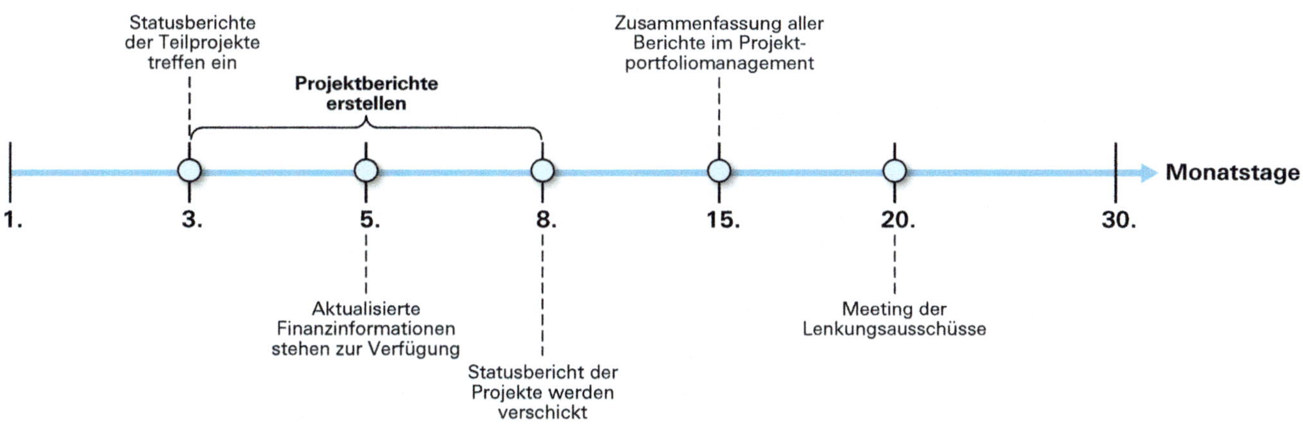

## 26.6 Human Resources Management

Das Human Resources Management (HR, dt. «Personalwesen» oder «Personalmanagement») hat die Aufgabe, eine Organisation oder ein Unternehmen beim Erreichen der Ziele zu unterstützen. Es muss Personal zur richtigen Zeit am richtigen Ort und mit den richtigen Qualifikationen für den Geschäftszweck bereitstellen. Daraus leiten sich vier Hauptaufgaben mit ihren Ausprägungen ab.

**Abb. [26-12] Aufgaben des HR[1]**

| Personalbereitstellung | Gewährleistung guter Einsatzbedingungen | Personalentwicklung | Unternehmensentwicklung |
|---|---|---|---|
| • Unternehmen als attraktiven Arbeitgeber positionieren.<br>• Strategisch wichtige Mitarbeitergruppen einbringen und binden.<br>• Beschäftigungsfähigkeit (Employability) der Mitarbeitenden fördern.<br>• Engagement der Mitarbeitenden erhalten und fördern.<br>• Strategische Integration des Personalmanagements in das Unternehmen gestalten. | • Gesundheitsmanagement systematisch betreiben.<br>• Work-Life-Balance ermöglichen.<br>• Die Personalpolitik lebensereignisorientiert gestalten.<br>• Arbeitsfähigkeit und -motivation alternder Belegschaften erhalten und fördern.<br>• Vergütung systematisch als Anreiz nutzen.<br>• Leistung der Mitarbeitenden systematisch beurteilen und fördern. | • Systematische Weiterentwicklung fördern.<br>• Talentmanagement gestalten.<br>• Interkulturelle Kompetenzen der Mitarbeitenden fördern.<br>• Innovationen durch ein systematisches Wissens- und Ideenmanagement fördern.<br>• Vielfalt in der Belegschaft konstruktiv nutzen. | • Mitarbeiterpartizipation im Unternehmen fördern.<br>• Qualitativen Erfolgsbeitrag des Personalmanagements bewerten.<br>• Humankapital bewerten.<br>• Compliance auf der Verhaltensebene verankern.<br>• Unternehmen bei der Wahrnehmung seiner gesellschaftlichen Verantwortung unterstützen. |

Ein guter Projektleiter bezieht das HR aktiv in sein Projekt mit ein und nutzt so die Chance zur Bereitstellung optimaler personeller Ressourcen.

**Beispiel**

Aus den ersten drei Hauptaufgaben lassen sich vielfältige Unterstützungsmöglichkeiten für Projekte ableiten:

- Personalbereitstellung: interne und externe Personalbeschaffung, Beratung im Umgang mit Personalverträgen, Unterstützung bei der Einarbeitung neuer Mitarbeitender
- Gewährleistung guter Einsatzbedingungen: Unterstützung bei Berücksichtigung von Vorgaben zu Gesundheit und Work-Life-Balance, bei Personaleinsatz und bei Leistungsbeurteilungen
- Personalentwicklung: spezifische Trainings und Weiterbildung in projektrelevanten Themen (Fachkompetenz), Supervision und Coaching in Teambildung oder in Konfliktsituationen (Sozialkompetenz), Unterstützung bei der Nutzung der Vielseitigkeit und Vielfalt des Personals (interkulturelle Kompetenz)

## 26.7 Unternehmerisches Finanz-Controlling

Die finanzielle Führung einer Organisation oder eines Unternehmens hat die Existenzfähigkeit des Unternehmens zu erhalten. Es werden zwei wesentliche Aufgaben unterschieden:

- Finanzmanagement: Sicherstellung der operativen und strategischen Planungs-, Steuerungs- und Kontrollaufgaben zur Sicherstellung der Liquidität unter Beachtung der Rentabilität.
- Finanz-Controlling: Aufbereitung der spezifischen Informationen und Förderung von Transparenz zur Gewährleistung der finanziellen Liquidität. Das Finanz-Controlling dient also der Unterstützung des Finanzmanagements und ist Teil davon.

[1] Deutsche Gesellschaft für Personalführung e. V. – Studie: Megatrends 2015.

Fokussieren wir auf die Aufgaben des Finanz-Controllings, wird klar, dass ein **Finanzcontroller** ein wichtiger Stakeholder für den Projektleiter ist. Er hat folgende **Aufgaben:**

- Mitwirkung bei Finanzplanung (Budgetierung) unter Berücksichtigung der anstehenden Investitionen (Projekte)
- Informationsbeschaffung über den Mittelverzehr durch die Organisationseinheiten (inkl. Projekten) zur Sicherstellung des Liquiditäts-Controllings
- Aufbau und Aufrechterhaltung des Finanz-Controlling-Systems, insbesondere Festlegung des Informationsflusses aus den Organisationseinheiten (inkl. Projekten)
- Finanzielle Beratung bei Sonderfragen, insbesondere auch bei Nachtragskrediten aus Projekten

Wir erkennen, dass Projektmanagement und Finanz-Controlling zusammenhängen (siehe folgende Abbildung).

**Abb. [26-13]** **Zusammenspiel von Projektmanagement und Finanz-Controlling (RoI[1] = Return on Investment)**

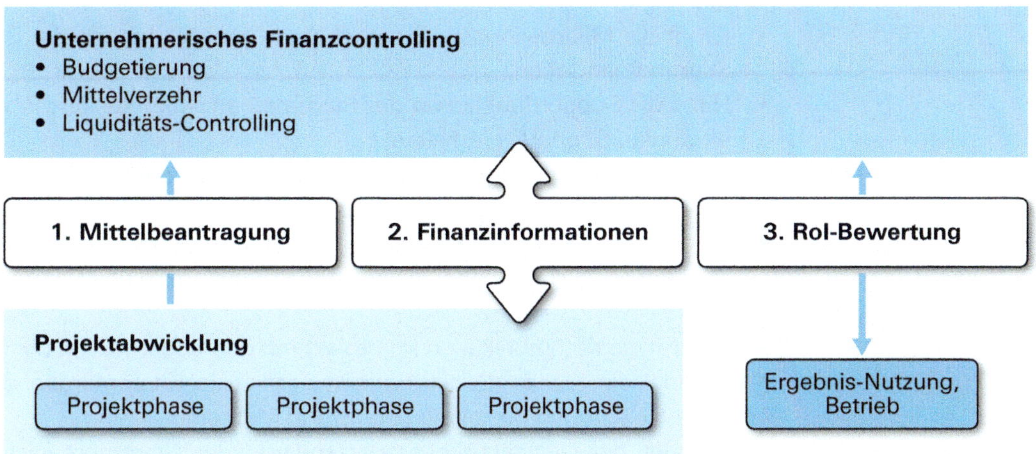


Damit das Finanz-Controlling seine Aufgaben im Zusammenhang mit der Durchführung von Projekten wahrnehmen kann, ergeben sich folgende wesentlichen **Anforderungen:**

- **Mittelbeantragung:**
  Projekte müssen die **notwendigen Geldmittel** zur Projektabwicklung frühzeitig beim Finanz-Controlling beantragen (Projektanträge, Anträge zur Freigabe von Projektphasen, Änderungsanträge). Diese Anträge bilden eine Grundlage für die periodische Budgetierung einer Organisation oder eines Unternehmens.
- **Informationsfluss:**
  Projekte müssen den finanzbezogenen Informationsfluss insbesondere zu den aufgelaufenen und noch zu erwartenden Kosten (Mittelverzehr) gemäss den Vorgaben des Finanz-Controllings ermöglichen. Diese Informationen fliessen in das Finanz-Controlling-System ein und sind eine Basis für die **Sicherstellung der Liquidität** einer Organisation oder eines Unternehmens.
- **Investitionsbewertungen:**
  Projekte müssen die Basis für die **retrospektivische RoI-Bewertung** schaffen. Soll-Ist-Finanzdaten müssen daher unbedingt in Phasen- und Projektabschlussberichten enthalten sein. Diese Bewertungen tragen zum organisatorischen Lernen bei, indem z. B. die Beurteilung des finanziellen Nutzens für zukünftige Projekte besser beurteilt werden kann.

[1] Der Begriff «Return on Investment» (kurz: RoI, auch Kapitalrentabilität, Kapitalrendite oder Kapitalverzinsung) ist eine betriebswirtschaftliche Kennzahl zur Messung der Rendite einer unternehmerischen Tätigkeit.

Messgrössen

- Erkennt ein Projekt in der Praxis und verfügt über Kenntnisse der Projektmanagement-Grundlagen
- Erklärt die Merkmale einer funktionalen, projekt- und matrixorientierten Organisation und erkennt diese in der Praxis
- Erklärt das Konzept des Management by Projects und setzt es in der Praxis um
- Erkennt das Konzept des Management by Projects in einer Organisation und führt es ein
- Erkennt und erklärt den aktuellen Reifegrad einer Organisation
- Erklärt die Merkmale eines Programms wie beispielsweise Ziele, Inputs, Outputs, Ergebnis und Nutzen
- Erklärt das Konzept des Programmmanagements (Abhängigkeiten zwischen im Programm enthaltenen Projekten, Organisationsstrukturen des Programms, vertikale und horizontale Kommunikation)
- Erklärt die Merkmale eines Portfolios wie Kritische Erfolgsfaktoren (KEF) und Leistungsindikatoren (KPI)
- Kennt das Konzept des Portfoliomanagements (Organisationsstrukturen und -prozesse)
- Kommuniziert erfolgreich innerhalb eines Portfolios, um ein Projekt erfolgreich zu managen
- Kennt die Mitarbeitenden, Prozesse und Dienstleistungen der Supportfunktionen in der Stammorganisation
- Nutzt die Supportfunktionen der Stammorganisation für das Projekt, um für das Projekt effizienten Support zu erhalten
- Baut gute Beziehungen zu den für das Projekt Support bietenden Personen auf und pflegt diese
- Identifiziert die Standardabläufe der Organisation und die Regeln der Entscheidungsfindung für alle Fälle, die über die eigenen Kompetenzen und Verantwortlichkeiten hinausgehen
- Stimmt die Kommunikation im Projekt mit den Bedürfnissen der Stammorganisation ab
- Wendet die Standards des Berichtswesens der Stammorganisation im Projekt an und nutzt die dafür vorgesehenen Tools und Methoden
- Wendet die Qualitätssicherungsstandards der Stammorganisation beim Aufbau des Berichtswesens an
- Nutzt HR für die Rekrutierung von Personal mit den benötigten Kompetenzen
- Geht bewusst mit der Abgrenzung zwischen der temporären Organisation und dem HR um
- Baut gute Beziehungen zum HR auf und pflegt diese
- Nutzt die Prozesse des HR, um Schulung und individuelle Entwicklung zu ermöglichen
- Kennt die Prozesse der Finanz- und Controlling-Funktionen
- Setzt verpflichtende und / oder optionale Instrumente der Finanzen und des Controllings situationsgerecht ein
- Überwacht und steuert den effektiven und den effizienten Einsatz von Regeln, Richtlinien, Prozessen und Werkzeugen zum Vorteil des Projekts
- Kommuniziert und berichtet Finanzstatus und Trends klar und objektiv

Repetitionsfragen

| | |
|---|---|
| 101 | Was verstehen Sie unter einem «Projektmanagement-System»? |
| 102 | Was ist «Management by Projects»? |

103 Die Einführung von Projekt-/Programm-/Portfoliomanagement, kurz: PPP-Management, ist mit Nutzenerwartungen auf der monetären und der nichtmonetären Ebene verbunden. Bitte nennen Sie je zwei Beispiele.

| Nutzen des PPP-Managements – Beispiele | |
|---|---|
| Monetäre Sicht | |
| Nichtmonetäre Sicht | |

104 Warum ist die Einführung des PPP-Managements ein Organisationsprojekt? Nennen Sie zwei Gründe.

105 Worin unterscheiden sich Projekt-Controlling und Projektmanagement?

# 27 Compliance, Standards und Regulationen

**Lernziele**

Nach der Bearbeitung dieses Kapitels können Sie ...

- den Einfluss von Richtlinien, Vorschriften und Leitlinien auf Ihr Projekt einschätzen.
- Aspekte der Nachhaltigkeit berücksichtigen.
- darlegen, wie Organisationen die Projektmanagement-Kompetenz weiterentwickeln.

**Schlüsselbegriffe**

Arbeitsschutz, Benchmarking, Berufsvorschriften, Compliance, Compliance-Management, Gesundheit, Community of Practice, IPMA-Delta-Programm, IPMA Excellence Award, Nachhaltigkeit, Project Management Office (PMO), Projektmanagement-Kompetenz, Rechtsvorschriften, Sicherheit, Standards, Tools, Umweltschutz, Umweltverträglichkeitsprüfung (UVP), Verhaltenskodex, Verhaltensregeln, Vertragsrecht

### Definition gemäss ICB4

«Compliance, Standards und Regulationen» beschreibt, wie die externen und internen Einschränkungen in einem bestimmten Bereich wie z. B. Land, Branche, Unternehmen oder öffentliche Verwaltung interpretiert und ins Gleichgewicht gebracht werden. Compliance ist der Prozess, der die korrekte Einhaltung bestimmter Normen sicherstellt. Die Anforderungen der Compliance reichen von freiwillig und informell bis verpflichtend und formell. Standards und Regulationen beeinflussen und definieren die Art und Weise, wie Projekte organisiert und gesteuert werden sollen, um durchführbar und erfolgreich zu sein. Standards und Regulationen befassen sich mit der Einhaltung von Anforderungen, zu denen Gesetzgebung und Rechtsvorschriften, Verträge und Vereinbarungen, geistiges Eigentum und Patente, Gesundheit, Arbeitsschutz, Sicherheit und Umweltschutz sowie berufliche Standards zählen.

### Zweck gemäss ICB4

Die Kompetenz «Compliance, Standards und Regulationen» versetzt den Einzelnen in die Lage, die Abstimmung relevanter Standards und Regulationen innerhalb der Stammorganisation, die relevanten Gesetzestexte und die Standards und Normen sowohl der Organisation als auch der Gesellschaft zu verstehen, zu beeinflussen und das Projekt entsprechend zu steuern sowie die Herangehensweise der Organisation an diese Bereiche zu verbessern.

### Beschreibung gemäss ICB4

Projekte sind dem Einfluss unterschiedlicher Einschränkungen und Anforderungen ausgesetzt. Dies betrifft neben der Entwicklung von Produkten und Dienstleistungen auch deren Herstellungs- und Projektmanagement-Prozesse. Diese Einschränkungen entsprechen den geografischen, sozialen und professionellen Besonderheiten des Projekts und seiner externen Umgebung und liegen in Form von Gesetzen, Standards und Regulationen vor. Vor dem Start eines Projekts werden Leistungsumfang und Konfiguration des Unterfangens analysiert sowie die relevanten Standards und Regulationen identifiziert, die einen direkten oder indirekten Einfluss auf das Projekt haben werden. Die relevanten Standards und Regulationen sollten vom Projekt als potenzielle Chancen und Risiken betrachtet werden. Die Compliance mit relevanten Standards und Regulationen beeinflusst die Strukturen, die Prozesse und die Kultur der Organisation.

Diese Kompetenz umfasst auch das Benchmarking und die Verbesserung der organisatorischen Projektmanagement-Kompetenzen. Die Entwicklung von Projektmanagement-Kompetenz ist ein konstanter Prozess, ein Bestandteil der Strategie für die kontinuierliche Verbesserung der Organisation und die Pflicht eines jeden. Dazu zählt das Erlernen und Verbessern von Strategien zur Beeinflussung der Projektmanagement-Kulturen von Organisationen.

Durch eine Verbesserung der Projektmanagement-Kompetenz erhöht die Organisation ihre Fähigkeit, erfolgreiche Projekte auszuwählen und durchzuführen und so Nachhaltigkeit in der Organisation zu verbessern.

**Hinweis**

Folgende Kompetenzen stehen in engem Zusammenhang mit «Compliance, Standards und Regulationen»:


- Alle weiteren Kompetenzen des Kompetenzbereichs Kontext, Teil D, S. 291
- Kompetenz «Führung», Kapitel 19, S. 234
- Kompetenz «Verhandlungen», Kapitel 23, S. 275
- Kompetenz «Projektdesign», Kapitel 2, S. 25
- Kompetenz «Anforderungen und Ziele», Kapitel 3, S. 39
- Kompetenz «Organisation, Information und Dokumentation», Kapitel 6, S. 82
- Kompetenz «Qualität», Kapitel 7, S. 101
- Kompetenz «Chancen und Risiken», Kapitel 12, S. 159


## 27.1 Rechtsvorschriften

Projektarbeit findet nicht im rechtsfreien Raum statt. Im Gegenteil: Projektarbeit berührt zahlreiche Gesetze, Verordnungen, Vorschriften, Regelungen bis hin zu Grundsätzen, Konventionen und auch Geboten. Hat ein Projekt grenzüberschreitende Beziehungen, dann sind unter Umständen mehrere nationale Rechtsräume zu berücksichtigen oder es muss auch internationales Recht beachtet werden.

Rechtliche Aspekte können Risiken für das Projekt oder das Programm sein. Die Vermeidung von Rechtsstreitigkeiten ist deshalb ein Muss des Projektmanagements.

Die Reihe der infrage kommenden Gesetze ist schier endlos. Vom Projektleiter wird erwartet, dass diese projektspezifisch identifiziert und eingehalten werden. Die Konformität mit relevanten Gesetzen, Verordnungen, Richtlinien wird Compliance genannt.

Bei allen Unklarheiten ist eine Rechtsberatung dringend zu empfehlen. Da die Erfüllung von geltendem Recht auch für Unternehmen eine äusserst anspruchsvolle Aufgabe geworden ist, haben viele Organisationen mittlerweile Spezialisten, die für Konformität sorgen. Eine Zusammenarbeit mit Blick auf das Compliance-Management in Projekt, Programm bzw. Portfolio und Linie kann mit Synergien verbunden sein.

Besonders relevant für den Projektleiter ist das Vertragsrecht, denn Projekte beruhen auf guter und verlässlicher Zusammenarbeit. Öffentliche Einrichtungen, die Projekte durchführen, müssen gegebenenfalls das Vergaberecht berücksichtigen.

**Hinweis**

Für Details zu Verträgen lesen Sie die Ausführungen zur Kompetenz «Beschaffung», Kapitel 10, S. 130.

Aber auch das Arbeitsrecht, das Gesundheits- und Betriebsschutzgesetz sowie das Umweltschutz- und das Datenschutzgesetz betreffen nahezu jedes Projekt.

Da viele Projekte an Innovationen arbeiten oder geschützte Werke nutzen, sind nicht selten Fragen zu Schutzrechten zu klären. Das kann etwa das Urheberrecht oder das Patentrecht betreffen oder auch Klärungsbedarf hinsichtlich Lizenzen aufwerfen.

Die in den relevanten Gesetzen und Verordnungen vorgeschriebenen Verfahrensweisen müssen vom Projektleiter eingehalten werden. Das können beispielsweise Baugenehmigungen sein. Es ist wichtig für das Compliance-Management im Projekt, die erforderlichen Massnahmen herauszuarbeiten und in den Projektplan zu integrieren. Idealerweise befasst sich der Projektleiter damit bereits in der Initialisierungsphase bei der Erstellung eines Projektmanagement-Plans oder -Handbuchs, in dem konkrete Hinweise auf bereits bekannte Aspekte erwähnt und im Lauf des Projekts laufend ergänzt werden sollten.

## 27.2 Sicherheit, Gesundheit und Umweltschutz

Präventives Arbeiten ist im Zusammenhang mit Sicherheit, Gesundheit und Umweltschutz ein weiteres Muss des Projektmanagements. Bei internationalen Projektaktivitäten sind dabei die verschiedenen nationalen Gesetze, Vorschriften und Richtlinien zu Sicherheit, Gesundheit und Umweltschutz zu beachten.

### 27.2.1 Sicherheit

Das Thema «Sicherheit» hat viele Facetten und je nach Projektkontext sind unterschiedliche Aspekte besonders relevant.

Arbeitsschutz im Projekt umfasst alle Aktivitäten zum Schutz der Beteiligten in allen Projektphasen vor gesundheitlichen Gefahren unter Berücksichtigung der geltenden Arbeitsgesetze und Verordnungen sowie branchenspezifischer Richtlinien oder auch organisationsspezifische Massnahmen zum Arbeitsschutz. Arbeitsschutz ist nicht nur in grossen Bauprojekten von Bedeutung, er muss in allen Projekten von Anfang an angemessen berücksichtigt werden.

Arbeitsschutz wird international sehr unterschiedlich geregelt und gehandhabt. Es ist deshalb in der internationalen Projektarbeit erforderlich, die relevanten Verordnungen zu kennen und einen Umgang mit Unterschieden zu finden.

**Beispiel**

Es stellt besondere Herausforderungen an den Arbeitsschutz, Gleisanlagen während des laufenden Betriebs zu unterhalten und zu warten. Die SBB hat auf einer eigenen Website[1] alle wichtigen Informationen dazu zusammengetragen und macht sie dadurch insbesondere den externen Partnerfirmen zugänglich.

Projektarbeit setzt oft einen Zugang zu sensiblen Bereichen einer Organisation voraus. Das können beispielsweise Mitarbeiter- oder Kundendaten sein, aber auch geistiges Eigentum in der Form von Modellen und Prototypen oder Einrichtungen und Anlagen. Vor diesem Hintergrund ist der Projektleiter auch mit den Fragen der Sicherheit und des Betriebsschutzes befasst.

Der Projektleiter hat die Aufgabe, die bestehenden materiellen und immateriellen Unternehmenswerte und auch projektspezifische Daten, Modelle und Hardware vor Verlust oder gar Missbrauch und Diebstahl konsequent zu schützen.

Folgende Aktivitäten können anfallen:

- Zusammenarbeit mit den Sicherheitsbeauftragten in der Organisation.
- Aufgaben zum Betriebsschutz zwischen Linie und Projekt klären.
- Risiken hinsichtlich Sicherheit identifizieren und bewerten.
- Massnahmenplan mit präventiven Aktivitäten erstellen und kontrollieren.
- Notfallplan entwickeln und mit der Linie abstimmen.
- Gegebenenfalls Versicherung bestimmter Vermögenswerte abschliessen.
- Richtlinie für Projektmitarbeitende erstellen und kommunizieren.
- Bericht zum Thema «Sicherheit» erstatten.

[1] Siehe: https://company.sbb.ch/de/ueber-die-sbb/verantwortung/eine-attraktive-und-verlaessliche-arbeitgeberin/bausicherheit.html.

Eine Vernachlässigung kann dem Projekt und der Stammorganisation erheblich schaden. Dabei ist nicht nur an den Imageschaden und den Verlust des Vertrauens der Stakeholder zu denken, sondern auch an einen ökonomischen Schaden.

### 27.2.2 Gesundheit

Die Weltgesundheitsorganisation (WHO) definiert Gesundheit als körperliches, psychisches und soziales **Wohlbefinden** und nicht nur als das Freisein von Krankheit. Gesundheitsbewusstes Projektmanagement versucht deshalb, nicht nur gesundheitliche Belastungen und Risiken zu minimieren oder gar auszuschliessen, sondern betrachtet Projektarbeit auch als eine Chance zur Verbesserung des gesundheitlichen Wohlbefindens. Im Fokus stehen dabei sowohl die Nutzergruppen als auch die Mitarbeitenden im Projektteam.

Für die späteren Nutzergruppen soll das Projektergebnis keinerlei gesundheitliche Risiken beinhalten. Es soll vielmehr direkt oder indirekt einen **Beitrag zum gesundheitlichen Wohlbefinden am Arbeitsplatz** und im Betrieb leisten. Handelt es sich um ein Produkt, dann sind auch bei der Entsorgung gesundheitliche Belastungen auszuschliessen. Potenziell gesundheitliche Risiken im Gebrauch des Projektergebnisses oder bei der Entsorgung müssen klar und verständlich dokumentiert und kommuniziert werden.

Projektarbeit ist oft mit grossen fachlichen Herausforderungen und sehr intensiven Arbeitsphasen verbunden. Darüber hinaus wird ein hohes Mass an **Flexibilität** und nicht selten auch **Mobilität** von den Projektmitarbeitenden erwartet. Projektmitarbeitende sind gefordert, einen angemessenen Umgang mit der **Teamdynamik** zu finden. Das kann für Projektmitarbeitende sehr bereichernd und motivierend sein, da die Lernchancen im Vergleich zur Linienarbeit grösser sind. Die zu bewältigenden Anforderungen können aber auch ein positiv wirkendes Mass übersteigen und zu anhaltendem Stress, zu Übermüdung führen und damit eine gesundheitliche Belastung herbeiführen.

Der Projektleiter hat deshalb die Aufgabe, immer wieder auf einen angemessenen Ausgleich zwischen **Anspannung und Entspannung** zu achten. Es ist aber auch die Aufgabe der Projektmitarbeitenden, ihre Grenzen dem Projektleiter gegenüber zum Ausdruck zu bringen.

**Hinweis**

Für Details zu Stress und Bewältigung von Stress lesen Sie die Ausführungen zu den Kompetenzen «Selbstreflexion und Selbstmanagement», Kapitel 15, S. 203, «Persönliche Kommunikation», Kapitel 17, S. 218 und «Ergebnisorientierung», Kapitel 24, S. 283.

**Beispiel**

In einem grossen internationalen Implementierungsprojekt arbeitete eine junge, ehrgeizige Mitarbeiterin einer Consultingfirma. Sie war immer eine der Ersten und ging nicht, bevor der Projektleiter als einer der Letzten das Haus verliess. Ihr Überstundensaldo fiel eines Tages auf. Es wurde ihr nahegelegt, kürzerzutreten und eine Woche freizunehmen. Wegen des anstehenden Releases wollte der Projektleiter jedoch nicht auf ihre Mitarbeit verzichten.

Nachdem ihr Überstundensaldo nicht weiter anwuchs, wurde nichts weiter unternommen. Einige Wochen später fehlte die Kollegin unentschuldigt und niemand wusste, was mit ihr los war. Später stellte sich heraus, dass sie einen Zusammenbruch erlitten hatte: Burn-out. Die Kollegin war anschliessend fast 1.5 Jahre arbeitsunfähig. Sie hatte unvermindert weit über das erlaubte Mass gearbeitet, aber ihre Arbeitszeiten nicht erfasst und sich aus Systemen ausgeloggt, aus denen man hätte beobachten können, dass sie noch online ist. Als Konsequenz wurde darauf geachtet, dass ab einer bestimmten Uhrzeit niemand mehr im Büro anzutreffen ist, die erlaubten Arbeitszeiten streng eingehalten werden und die Projektmitarbeitenden regelmässig Ferien beziehen.

Viele Organisationen haben mittlerweile erkannt, dass es nicht nur darum geht, gesundheitliche Beeinträchtigungen am Arbeitsplatz auszuschliessen, sondern dass es wichtig ist, **gesundheitsfördernde Rahmenbedingungen** für die Mitarbeitenden zu schaffen. Der Projektleiter tut gut daran, sich von den entsprechenden Zuständigen beraten zu lassen.

### 27.2.3 Umweltschutz

Der Umweltschutz gewinnt laufend an Bedeutung und wird auch von den Stakeholdern eines Projekts immer mehr beachtet. Zu den aktuellen Themen gehören dabei die globale Erwärmung und der damit verbundene Klimawandel, die Erschöpfung natürlicher Ressourcen und Rohstoffe und die damit verbundene Teuerung entsprechender Produkte sowie die kritischen Fragen der Entsorgung von Produkten.

Die Umweltperspektive ist in vielen Ländern gesetzlich verankert und zeigt sich zunehmend als ein Wettbewerbsfaktor. Das gilt ganz besonders für Innovationen, die mittels Projektarbeit realisiert werden sollen. Alle Projektphasen und die Nutzung der Projektergebnisse sind aus Sicht der Umwelt zu betrachten, um ein möglichst ressourcenschonendes und ökologisches Produkt anbieten zu können.

Nachhaltiges Projektmanagement steht für eine Lebenszyklusbetrachtung mit einer sorgfältigen Abstimmung von drei Aspekten:

- Ökologische Verträglichkeit
- Ökonomischer Erfolg
- Hoher Nutzen für Kunden und weitere Interessengruppen

In Abhängigkeit vom Projekt kann es sinnvoll sein, eine Umweltexpertise für das Projekt einzuholen. Eventuell ist eine Umweltverträglichkeitsprüfung (UVP) erforderlich.

**Beispiel**

**Ausschnitt aus einem Projekt- und Bauleiterhandbuch des Kantons Bern[1]**

(...) Ziel der entsprechenden Bestrebungen ist die Erhöhung der Sicherheit während der gesamten Bauausführungsphase insbesondere für:

- Strasse und Strassenbenützer (Verkehrssicherheit)
- Baubeteiligte und Personal (Arbeitssicherheit)
- Umwelt (Umweltsicherheit)

(...) Zur Umsetzung mit dem Werkvertrag gehören:

- Systematische und periodische Kontrollen der vertraglich vereinbarten Massnahmen und die Schulung aller Beteiligten
- Regelung der Schnittstellen / Zuständigkeiten für die Arbeitssicherheit auf der Baustelle
- Sensibilisierung aller Beteiligten
- Sicherheitsaudits und Begehungen zur Sicherheit
- Traktandieren des Themas «Sicherheit» an den entsprechenden Bausitzungen
- Regelmässige Überwachung von Baugruben, Böschungen, Gebäuden
- Beobachtung der Wetterprognosen, Messen des Wasseranfalls
- Erstellen von Kommunikationslisten mit Telefon- sowie Handynummern / Notfallnummern
- Erstellen eines Notfallkonzepts im Fall von Hochwasser

## 27.3 Verhaltensregeln und Berufsvorschriften

Nicht alle Verhaltensregeln sind in Gesetzen niedergeschrieben, und das ist auch gut so. Viele Organisationen und Berufsgruppen haben für sich einen Verhaltenskodex darüber aufgestellt, wie sie Geschäfte machen wollen und wie sie mit ihren Geschäftspartnern umgehen. In einem solchen Kodex kann beispielsweise geregelt sein, wie man sich zum Thema «Schmiergelder und Bestechung» stellt. Die Existenz eines solchen Kodex ist ein Hinweis, dass man sich bemüht, den Grad der Professionalisierung anzuheben. Ziel ist, dass die Beteiligten korrekt und in professioneller Manier miteinander umgehen. Da Sie als Projektleiter mit vielen beruflichen Disziplinen zu tun haben, kann es sein, dass Sie mit mehreren solchen Verhaltensregeln konfrontiert sind, die Einfluss auf die Projektarbeit haben können.

[1] Siehe: https://www.bve.be.ch/bve/de/index/wasser/wasser/hochwasserschutz/fachordner_wasserbau/dowloads_inhalte.assetref/dam/documents/BVE/TBA/de/TBA_WA_HS_fowb_750_Realisierung.pdf.

Insbesondere international tätige Firmen verfügen über einen eigenen Verhaltenskodex[1]. Ziel dabei ist, dass in allen Ländern, in der die Firma tätig ist, ein gewisser **Mindeststandard** eingehalten wird. Wenn verschiedene Firmen in einem Projekt zusammenarbeiten, ist es sinnvoll, die verschiedenen Verhaltensregeln zu studieren, soweit sie verfügbar sind. Versuchen Sie diese Regeln bestmöglich zu berücksichtigen. Andernfalls laufen Sie Gefahr, dass Sie eine Chance oder ein Risiko übersehen, insbesondere, wenn sich die Verhaltensregeln widersprechen.

Neben den niedergeschriebenen Kodizes gibt es **allgemeingültige Gepflogenheiten,** die Sie beherrschen und einhalten sollten. Das fängt bei den einfachen Benimmregeln an, wie man sich gegenüber Arbeitskollegen oder Kunden verhält, und hört bei Anstandsregeln beim Aushandeln eines Vertrags nicht auf.

**Hinweis**

Für weitere Details zum Verhalten lesen Sie die Ausführungen zu den Kompetenzen «Teamarbeit», Kapitel 20, S. 243 bzw. «Vielseitigkeit», Kapitel 22, S. 265.

Nicht nur Sie als Projektleiter müssen diese Regeln einhalten, sondern auch Ihr **Projektteam** als Ganzes. Darum ist es unerlässlich, die projektrelevanten Verhaltensregeln nicht nur vorzuleben, sondern auch auf deren Einhaltung zu achten und hinzuwirken. Scheuen Sie sich daher nicht, dieses Thema auf die Traktandenliste des Projekt-Meetings zu setzen.

## 27.4 Nachhaltigkeit

Wikipedia definiert Nachhaltigkeit folgendermassen: «Nachhaltigkeit ist ein **Handlungsprinzip zur Ressourcennutzung,** bei dem die Bewahrung der wesentlichen Eigenschaften, der Stabilität und der natürlichen Regenerationsfähigkeit des jeweiligen Systems im Vordergrund steht.»

Alle Projektverantwortlichen müssen sich darüber Gedanken machen, welche Auswirkungen das Projekt auf Umwelt und Gesellschaft haben könnte. Sollte es **negative Auswirkungen** haben, sind Sie als Projektleiter angehalten, diese Auswirkungen so gering wie möglich ausfallen zu lassen oder gegebenenfalls zu kompensieren. Als Richtschnur für ein Mindestmass sollen Ihnen dabei die einschlägigen Gesetze, Vorschriften und Richtlinien dienen. Als weitere Komponente kommt die Ökonomie dazu, die sich in Ihrem Projektbudget widerspiegelt. Das Ziel ist nun also, ein Gleichgewicht zwischen diesen Grössen zu erreichen. Wir erinnern uns an das Magische Dreieck, das wir in Kapitel 2.1, S. 26 besprochen haben. Im Kontext der Nachhaltigkeit würde es ungefähr so aussehen:

[1] Eines von vielen Beispielen ist der Verhaltenskodex der Straumann AG, Basel: https://www.straumann.com/content/dam/internet/straumann_com/Resources/About%20Straumann/our-company/code-of-conduct/Verhaltenskodex.pdf.

Abb. [27-1] **Das Magische Dreieck der Nachhaltigkeit**

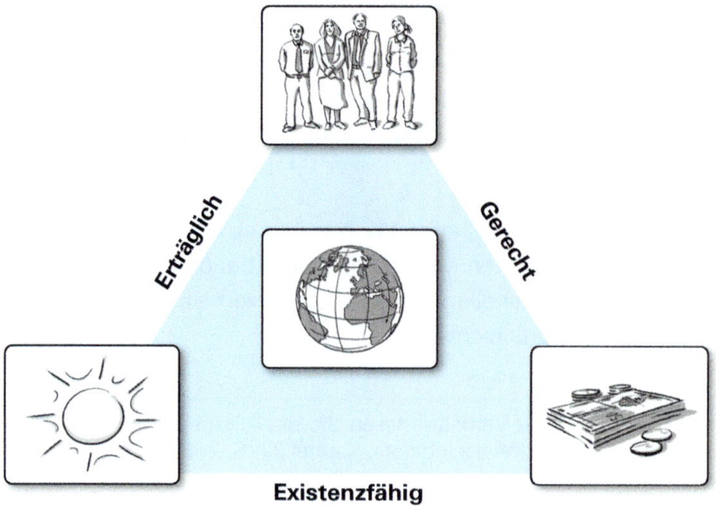


Auch hier muss man berücksichtigen, dass in unterschiedlichen Ländern und Kulturen die verschiedenen Faktoren unterschiedlich gewichtet werden.

## 27.5 Standards und Tools

Die Disziplin Projektmanagement entwickelt sich stetig weiter. Obwohl es Dinge gibt, die schon seit Jahrzehnten gleich gemacht werden, unterscheidet sich das heutige Projektmanagement durch viele neue Erkenntnisse stark vom Projektmanagement der Vergangenheit: Wurden Programm und Projekt bisher als Synonyme angesehen, unterscheidet man sie heute wesentlich stärker. Die agilen Methoden haben eine Fülle neuer Rollen definiert. Das Project Management Office (PMO) ist ein zunehmend erstarkender Faktor beim erfolgreichen Abwickeln von Projekten. All das bedeutet für Sie, dass Sie sich kontinuierlich fort- und weiterbilden müssen.

Sie müssen in der Lage sein, neue Entwicklungen und Standards zu übernehmen und an die jeweilige Projektsituation anzupassen. Bevor Sie einen Standard übernehmen, müssen Sie ihn bis zu einem gewissen Mass verstanden haben und beherrschen können («beherrschen» im Sinn von «Sprache beherrschen»). Dazu müssen Sie sich über neue Entwicklungen auf dem Laufenden halten. Besuchen Sie Fachtagungen und Seminare, informieren Sie sich mittels Fachmedien und / oder einschlägiger Internetforen. Wenn Sie für ein Projekt Verantwortung übernehmen, müssen sie aus der Vielzahl der verfügbaren Methoden, Standards und Werkzeuge die geeignetsten auswählen und anwenden. Wenn Sie Ihr Wissen und Ihre Erfahrung bündeln, besteht eine hohe Wahrscheinlichkeit, dass Ihr Projekt professionell durchgeführt wird.

In vielen Fällen werden Ihnen Methoden und Werkzeuge von Ihrer Stammorganisation zur Verfügung gestellt.

## 27.6 Projektmanagement-Kompetenz der Organisation

Projektmanagement-Kompetenz drückt sich darin aus, wie Sie als Projektleiter ein Projekt durchführen, aber auch darin, wie Ihre Organisation ihre Projekte «managt».

Eine Organisation besteht aus einem Kollektiv von Personen, die miteinander kooperieren. Somit bestimmen die Personen, wie erfolgreich eine Organisation ist. Da Sie Teil der Organisation sind, tragen Sie Mitverantwortung. Bringen Sie nicht nur den Mitgliedern Ihres Projektteams, sondern auch den involvierten Personen im Umfeld bei, was gutes Projektmanagement heisst.

**Beispiel** Gemeinsam mit Gleichgesinnten wird eine «Community of Practice», eine Arbeitsgemeinschaft, zum Thema «Projektmanagement» gegründet und wirbt für aktiven Erfahrungsaustausch:

**Abb. [27-2] Community of Practice Project Management**

| **Was ist CoP PM?** | | |
|---|---|---|
| <br>Bild: PeopleImages / E+ / Getty Images | <br>Bild: Rawpixel.com / Shutterstock.com | <br>Bild: Pressmaster / Shutterstock.com |
| Themen sind:<br>• Projektmanagement<br>• Programmmanagement<br>• (Projektportfoliomanagement) | Nutzen: befähigen und fördern:<br>• Best Practices sammeln und aufarbeiten.<br>• Projekt- und Programmmanagement nachhaltig verbessern.<br>• Erfahrungsaustausch unter den Projektleitenden fördern.<br>• Themenbezogene Wissensplattform.<br>• Referenz für weitere Communities. | Das Kernteam<br>• setzt sich aus Mitarbeitenden zusammen.<br>• hat hohes Themeninteresse.<br>• erzeugt und teilt Wissen.<br>• unterstützt sich gegenseitig.<br>• probiert neue Methoden, Techniken, Werkzeuge aus.<br>• arbeitet nach «Best Effort» zusammen. |

Eine einzelne Person kann eine Überzeugung haben, eine Organisation nicht. Wie stellt man fest, ob sich in einer Organisation etwas verbessert hat? Dazu bieten sich Vergleiche an, das Benchmarking. **Benchmarking** kann man intern machen, indem man zwei vergleichbare Projekte nebeneinanderhält. Man kann aber auch einen **Vergleich mit einer anderen Organisation** machen, die auf dem Gebiet des Projektmanagements als besonders gut gilt. Dabei soll festgestellt werden, welche Unterschiede bestehen, warum diese Unterschiede bestehen und welche Verbesserungsmöglichkeiten es gibt. Die Idee dabei ist immer, dass der Wettbewerb einen stimulierenden Effekt hat.

Da Organisationen in der Regel nicht darauf vorbereitet sind, ihre (eventuell nicht so schmeichelhaften) Informationen und Daten zu ihren Projekten preiszugeben, scheitert das Benchmarking an der Verfügbarkeit von ebendiesen Informationen. Eine Alternative sind der **IPMA Excellence Award**[1] und / oder das **IPMA-Delta-Programm**[2]. Der Excellence Award beurteilt ein einzelnes Projekt. Das Delta-Programm beurteilt hingegen die gesamte Organisation. Die IPMA Organizational Competence Baseline beschreibt das Modell und zeigt auf, welche Punkte eine Organisation angehen sollte, um ihr Projektmanagement kompetenter zu machen.

[1] http://www.ipma.world/awards/project-excellence/.
[2] http://www.ipma.world/certification/certify-organisations/delta-reference-model/.

**Messgrössen**

- Erkennt den rechtlichen Kontext und dessen Anwendungen an
- Filtert und wendet die relevanten Rechtsvorschriften an
- Identifiziert rechtliche Risiken für das Projekt und holt bei Bedarf die Meinung von Experten ein
- Erkennt Aufsichts- oder Regulierungsbehörden als Stakeholder an und managt diese entsprechend
- Stimmt die Beschaffungswege mit den Regulationen ab
- Identifiziert die relevanten Vorschriften für Sicherheit, Gesundheit und Umweltschutz (SGU) für das Projekt
- Definiert den SGU-Kontext für das Projekt
- Identifiziert Risiken, die durch die Implementierung der SGU-Massnahmen für das Projekt entstehen
- Schafft eine sichere und gesunde Umgebung für das Projektteam
- Wendet SGU zur Sicherstellung der Nachhaltigkeit des Projekts an
- Identifiziert die sozialen und ökologischen Auswirkungen des Projekts
- Definiert und kommuniziert die Nachhaltigkeitsziele für das Projekt und seine Ergebnisse
- Stimmt die Projektziele mit der Nachhaltigkeitsstrategie der Organisation ab
- Stellt im Projekt ein Gleichgewicht zwischen den Anforderungen der Gesellschaft, der Umwelt und der Wirtschaft her
- Fördert die Entwicklung und Verbreitung umweltfreundlicher Technologien
- Identifiziert und verwendet die relevanten professionellen Standards und Tools
- Identifiziert die Besonderheiten eines Standards und / oder Tools und managt die Risiken, die aus deren Anwendung im Projekt entstehen
- Identifiziert und nutzt Best Practices für das Management des Projekts
- Entwickelt und führt spezifische Standards für das Management des Projektteams ein
- Identifiziert und bewertet relevante organisationale Kompetenzmängel im Management von Projekten
- Identifiziert und bestimmt relevante Benchmarks für die erkannten Kompetenzmängel
- Identifiziert die Benchmarking-Bezugsbasis und Best Practices
- Misst und vergleicht die aktuelle Leistung mit der Best Practice
- Identifiziert Massnahmen für die erforderlichen Verbesserungen
- Setzt die identifizierten Massnahmen um und beurteilt den entstandenen Nutzen
- Verbreitet das neu erworbene Know-how in der gesamten Organisation

## Repetitionsfragen

106 Was versteht die Weltgesundheitsorganisation unter Gesundheit? – Kreuzen Sie die richtigen Antworten an.

☐ Gesundheit ist körperliches Wohlbefinden.
☐ Gesundheit ist sportlich sein.
☐ Gesundheit ist Leistungsfähigkeit.
☐ Gesundheit ist psychisches und soziales Wohlbefinden.

107 Worin liegt der wesentliche Unterschied zwischen Arbeits- und Betriebsschutz?

108 Nennen Sie die drei Säulen der Nachhaltigkeit!

109 Was verstehen Sie unter Benchmarking?

# 28 Macht und Interessen

**Lernziele**

Nach der Bearbeitung dieses Kapitels können Sie …

- die Bedeutung von persönlichen Ambitionen und Interessen einschätzen.
- Unterschiede zwischen organisatorischen und persönlichen Interessen feststellen.
- Meinungsbildner hinsichtlich der Projektziele steuern.
- Persönlichkeitstypen und ihre Arbeitsstile einordnen.

**Schlüsselbegriffe**

Arbeitsstil, informeller Einfluss, Interessen, Macht, Meinungsbildner, Methode HBDI, persönliche Ambitionen, Persönlichkeiten, Persönlichkeitstypen, Stakeholder-Analyse, Umfeldanalyse

### Definition gemäss ICB4

«Macht und Interessen» beschreibt, wie informelle Einflüsse (die aus Ambitionen und Interessen Einzelner oder der Gruppe entstehen und durch die persönlichen oder Gruppenbeziehungen verändert werden) mit dem Projektkontext in Verbindung stehen. Diese informellen Einflüsse unterscheiden sich von den formellen Interessen (wie sie z. B. in einem Business Case formalisiert werden), die von der Strategie der Organisation oder von Rechtsgrundlagen, Standards, Regulationen usw. herrühren. Diese Kompetenz beschreibt, wie informelle, persönliche wie auch Gruppeninteressen erkannt und die daraus resultierende Politik und Machtausübung verstanden werden.

### Zweck gemäss ICB4

Die Kompetenz «Macht und Interessen» versetzt den Einzelnen in die Lage, Machtverhältnisse und Interessenlagen zu erkennen und Techniken zur gezielten Ausübung von Macht und Interesse anzuwenden mit dem Ziel, die Stakeholder zufriedenzustellen und die vereinbarten Ergebnisse innerhalb des vereinbarten zeitlichen und finanziellen Rahmens zu liefern.

### Beschreibung gemäss ICB4

«Macht» ist die Fähigkeit, auf das Verhalten und Denken einzelner Personen, Gruppen oder Bevölkerungsteile einzuwirken. Ein grosser Teil des Einflusses entsteht durch informelle Macht, d. h. jenen Teil der Macht, der nicht in formellen Rollen, Strukturen und Prozessen festgeschrieben ist. Dieser informelle Aspekt der Macht wird häufig von persönlichen Ambitionen und Interessen angetrieben. Stakeholder haben nicht nur formale Anforderungen, sondern ebenfalls persönliche Ambitionen und Interessen. Sie werden häufig versuchen, ihren Einfluss geltend zu machen, um die Prozesse und / oder Ergebnisse des Projekts ihren Interessen entsprechend zu gestalten. Diese Aktionen können dem Projekt helfen oder es behindern.

Das Verständnis für die informellen persönlichen Interessen und die daraus resultierende Politik sowie die Fähigkeit, diese zu beeinflussen, ist entscheidend für den Projekterfolg. Neben kulturellen Aspekten und Werten hat jede Person ihren eigenen Stil und ihre eigene Persönlichkeit. Der individuelle Ansatz beeinflusst die Art und Weise, wie der Einzelne seine Macht ausübt (oder diese auszuüben versucht). Der Einzelne versteht die Interessen der wichtigsten Projektbeteiligten, priorisiert diese und übt ausreichenden Einfluss aus, um den erfolgreichen Abschluss des Projekts zu erreichen.

«Interesse» ist die Attraktivität eines bestimmten Themas oder eines gewünschten Ergebnisses, z. B. ein gewisser Wunsch für oder gegen eine Sache, eine Situation, eine Position, ein Ergebnis oder eine Meinung. Menschen versuchen oft ihre Interessen durchzusetzen, indem sie ihren Einfluss geltend machen. Interesse wird häufig durch formelle und informelle Beziehungen ausgeübt, was zu einer Einflussnahme durch eine Gruppe führen kann. Diese können aus informellen Gruppen von Kollegen und Freunden bestehen oder aus formellen Strukturen wie Abteilungen, Räten und Ausschüssen. In formellen Gruppen ist darauf zu achten, die formelle Rolle und **Macht** vom informellen Einfluss, der aus anderen Machtquellen stammen kann, zu trennen.

**Hinweis**

Folgende Kompetenzen sind mit «Macht und Interessen» verknüpft und werden in den entsprechenden Kapiteln behandelt:

- Kompetenz «Persönliche Integrität und Verlässlichkeit», Kapitel 16, S. 212
- Kompetenz «Persönliche Kommunikation», Kapitel 17, S. 218
- Kompetenz «Beziehungen und Engagement», Kapitel 18, S. 226
- Kompetenz «Führung», Kapitel 19, S. 234
- Kompetenz «Verhandlungen», Kapitel 23, S. 275
- Kompetenz «Projektdesign», Kapitel 2, S. 25
- Kompetenz «Stakeholder», Kapitel 13, S. 170

## 28.1 Persönliche Ambitionen und Interessen

Wird ein Projekt gestartet, gibt es immer Personen im Umfeld des Projekts, die dieses gerne unterstützen, aber auch solche, die versuchen, das Projekt auszubremsen. Die Gründe für dieses Verhalten sind vielfältig und haben häufig einen Zusammenhang mit nicht offensichtlichen **Interessen und Zielen der Personen.** Diese – auch als «hidden agenda» bezeichneten – Interessen müssen Sie als Projektleiter herausfinden, um sie bei der Kommunikation zu berücksichtigen. So kann es z. B. sein, dass ein Abteilungsleiter ein Projekt, das zu organisatorischen Änderungen in seinem Bereich führen wird, verzögern will, damit er die angestrebte Beförderung erhält. Andere Motive für eine solche Haltung können sein:

- Eine geplante Prozessanpassung führt dazu, dass ein Teil der Aufgaben in einen anderen Bereich verlagert wird, oder
- der eigene Bereich erhält mehr oder weniger Kompetenzen.

Die **Umfeldanalyse** und hier insbesondere die **Stakeholder-Analyse** liefern die Grundlagen zum Verständnis von individuellen Interessen aus dem Projektumfeld.

Es ist sinnvoll, eine Unterscheidung zwischen den **persönlichen Interessen einer Person** (z. B. mehr oder weniger Macht durch die Projektumsetzung) und dem **organisatorischen Interesse** (z. B. Strategie des Unternehmens) vorzunehmen.

Es ist vermutlich etwas zu viel verlangt, alle versteckten Ambitionen der Stakeholder zu kennen. Wichtig ist, dass diejenigen identifiziert werden, die aufgrund ihrer Stellung in der Organisation die **nötige Macht** haben, um das Projekt direkt zu beeinflussen. Mithilfe geeigneter Kommunikation können diese Personen gezielt über das Projekt und die damit verbundenen Änderungen informiert werden. Dabei sind auch die **Chancen und Risiken** zu berücksichtigen, die sich durch die Ambitionen der Stakeholder ergeben. Ziel der Kommunikation ist, dass Promotoren ihre Macht und ihren Einfluss nutzen, um das Projekt zu unterstützen, Gegner hingegen Ihren Einfluss nicht nutzen, um das Projekt zu behindern.

**Hinweis**

Näheres zu den Themen «Kommunikation» und «Stakeholder» lesen Sie bitte in Kapitel 17, S. 218 und Kapitel 13, S. 170 nach.

Es bietet sich an, die entsprechenden Personen oder Gruppen von Stakeholdern in einer Gruppenarbeit von 2 bis maximal 5 Personen zu identifizieren. Dabei werden die Erkenntnisse (Interesse, Einfluss, Anforderungen) in der Liste der Stakeholder festgehalten bzw. die vorhandene Liste wird um neue Erkenntnisse ergänzt. Die Teilnehmenden dieser Gruppenarbeit müssen nicht zwingend im Projekt involviert sein. Wichtiger ist, dass diese Personen das Projektumfeld beispielsweise aus Erfahrungen früherer Projekte kennen und einschätzen können. Dazu könnte ein Projektleiter aus einem früheren, ähnlich gelagerten Projekt hinzugezogen werden.

In einem zweiten Schritt müssen die aus dem Workshop gewonnenen Erkenntnisse in Massnahmen umgesetzt werden. Hier ist vor allem eine adressatengerechte Kommunikation nötig, um die Anforderungen und Ambitionen der Benutzer zum Nutzen des Projekts einzusetzen.

## 28.2 Informeller Einfluss

Sind alle Stakeholder und ihre Anforderungen und Ziele beschrieben, ist die Möglichkeit der Einflussnahme zu prüfen. Hier ist es wichtig, dass auch unternehmensinterne Netzwerke bewusst in den Fokus gestellt werden. Einzelne Experten können durch eine lange Firmenzugehörigkeit und ein damit verbundenes grosses Netzwerk und Wissen die Entscheide von ganzen Bereichen beeinflussen, da sie häufig in Unternehmen als Meinungsbildner agieren. Wendet sich ein solcher Stakeholder gegen das Projekt, kann er durch seinen informellen Einfluss in unterschiedlichen Bereichen des Unternehmens das Projekt in ein falsches Licht rücken, was im schlimmsten Fall zum Abbruch führen kann.

Diese meinungsbildenden Stakeholder müssen Sie als Projektleitende kennen. Versuchen Sie sie zu Promotoren Ihres Projekts zu machen. Informieren Sie diese Stakeholder regelmässig über das Projekt. In einem persönlichen Gespräch erkennen Sie auch nonverbale Kommunikationsaspekte, was bei einem Telefonat oder einem Mail nur beschränkt möglich ist. Informieren Sie gegebenenfalls eine Gruppe von Stakeholdern in einem Meeting gemeinsam. Das bietet die Möglichkeit, dass sich die kritischen Stakeholder mit nicht kritischen Stakeholdern austauschen können. Als Projektleiter sind Sie in diesem Fall primär Moderator des Meetings, wobei Sie zusätzlich darauf achten müssen, dass die kritische Stimme kein zu starkes Gewicht erhält.

Auch die Teile der Organisation, die durch die Stakeholder informell beeinflusst werden können, müssen Sie im Blick haben. Der Einflussbereich des Stakeholders kann sich stark von seinem Tätigkeitsbereich unterscheiden.

**Beispiel**

Herr Maier ist ein angesehener Experte im Bereich Prozessmanagement. Nach einer Weiterbildung übernimmt Herr Maier eine neue Aufgabe in einer anderen Abteilung. Herr Schmid, der Abteilungsleiter des Prozessmanagements, kennt Herrn Maier bereits seit über zehn Jahren und hat mit ihm zusammen den Bereich Prozessmanagement aufgebaut.

Im Unternehmen läuft die strategische Initiative Fit4Future, die auch ein Projekt zur Digitalisierung aller Prozesse beinhaltet. Dieses hat bereits konkrete Ergebnisse erbracht. Herr Maier wird von Herrn Schmid zur Beurteilung der Ergebnisse beigezogen, um die Anpassung zu beurteilen. Herr Maier äussert sich aufgrund seiner Praxiserfahrung negativ zu den Ergebnissen, was von Herrn Schmid übernommen und im Projekt vertreten wird. Der Projektleiter hat den Einfluss von Herrn Maier bzw. die Verbindung mit Herrn Schmid unterschätzt. Nun sollte er das Gespräch mit Herrn Maier suchen, um die Gründe für seine Haltung zu erfahren.

## 28.3 Persönlichkeiten und Arbeitsstile

Jeder Mensch hat eine einzigartige Persönlichkeit. Dennoch lassen sich bestimmte Persönlichkeitstypen identifizieren, die einen bestimmten Kommunikations- und Arbeitsstil verfolgen.

Leider kommen diese Typen nie in Reinkultur vor, sodass ein Mensch immer Aspekte von mehreren Typen in sich vereint. Die Methode HBDI (Herrmann Brain Dominance Indicator) basiert auf einem einfachen Modell, das vier Typen festlegt. Die Typen werden mit Farben benannt (Rot, Gelb, Blau und Grün). Dabei hat jeder Typ Stärken und Schwächen. Während der rote Typ sehr emotional, mitteilsam und mitfühlend ist, ist der blaue Typ sehr logisch, rational und analytisch. Wenn Sie als Projektleiter die Typen dieser Personen kennen oder durch Beobachten und Fragen einen dominierenden Typ erkennen, können Sie daraus entsprechende Rückschlüsse auf den Verhaltens- und Arbeitsstil ziehen. Das gilt immer unter Vorbehalt. Es ist nicht wichtig, den genauen Typ aller Stakeholder zu kennen, sondern es geht darum, ein bestimmtes Verhalten zu deuten, um diese Erkenntnisse im Projekt positiv zu nutzen.

Ebenso wichtig ist es, dass Sie Ihren eigenen Typ kennen und auch Ihr Verhalten entsprechend einstufen können. Nur wenn Sie sich Ihres typischen Verhaltens bewusst sind, können Sie sich in der Interaktion mit anderen auf diese einstellen und Ihren Stil (in gewissem Rahmen) aktiv ändern.

Stellen Sie während des Projektverlaufs eine Änderung im Verhalten einer Person fest, sollten Sie hellhörig werden und die Ursache für diese Änderung herausfinden. Hier ist wieder das persönliche Gespräch ratsam. Wichtig in diesem Zusammenhang: Sofern es keine verfügbaren Nachweise für die Persönlichkeit einer Person gibt, sollten Sie das nicht im Gespräch erwähnen.

Die folgende Tabelle zeigt die verschiedenen Typen und ihre Stärken und Schwächen auf. Die Liste ist nicht abschliessend, gibt aber einen ersten Anhaltspunkt. Innerhalb eines Projektteams muss eine gute Mischung als allen Typen vorhanden sein, damit kein wichtiger Aspekt vergessen wird:

Abb. [28-1] **Die Typen gemäss der Methode HBDI**

| Typ | Fokussiert auf … | Vernachlässigt … |
|---|---|---|
| Blau – logisch, rational … | Logik, rationale Argumente, Zahlen, Daten, Fakten, Quantität … | Emotionen, Details, Kontakt zu beteiligten Personen … |
| Grün – organisiert, strukturiert … | Organisation, Planung, Details … | Zahlen, Daten, Fakten, Trends, Gesamtsicht … |
| Gelb – intuitiv, ganzheitlich, konzeptionell … | Gesamtbild, Konzeption, Trends, Neues … | Zahlen, Daten, Fakten, Planung, Dokumente, Kontakt … |
| Rot – emotional, mitfühlend, mitteilsam … | Zwischenmenschliches, fühlend und mitfühlend, Emotion … | Zahlen, Daten, Fakten, Gesamtbild, Planung, Logik |

Zusätzlich zu den angegebenen Persönlichkeitstypen spielt die kulturelle Prägung eine wichtige Rolle im Arbeitsstil. Wenn Sie z. B. einem Inder eine Aufgabe geben, die eigentlich zu schwer oder zu gross für ihn ist, wird dieser die Aufgabe ohne Einwände annehmen. In seiner Kultur wird einem Manager nicht widersprochen. Geben Sie dieselbe Aufgabe einem Franzosen, wird dieser die Aufgabe nicht annehmen, sondern sich sehr emotional bei Ihnen beschweren. Als Projektleitende müssen Sie somit beiden Aspekten Aufmerksamkeit schenken.

**Beispiel**

Herr Müller ist ein sehr engagierter und kommunikativer Mensch. Er ist bei Diskussionen immer gerne dabei und versteht es, auf Bedenken und Befürchtungen anderer mitfühlend einzugehen. Herr Müller ist ein roter Typ.

Stellen Sie nun im Projektverlauf fest, dass Herr Müller sich in Meetings mehr und mehr zurückzieht und sich nicht mehr aktiv an Diskussionen beteiligt, kann das ein Indiz dafür sein, dass er mit der Entwicklung des Projekts nicht mehr zufrieden ist, sich nicht verstanden fühlt oder andere, dem Projekt entgegengesetzte Interessen verfolgt. Im persönlichen Gespräch finden Sie heraus, dass seine Stille nichts mit dem Projekt zu tun hat. Vielmehr hat Herr Müller eine ihm nahestehende Person verloren und trauert dieser nach. Der Projektleiter als eher blauer Typ zeigt sich von der roten Seite und geht mitfühlend auf Herrn Müller ein. Mit logischen, rationalen Vorschlägen (blauer Typ) würde er Herrn Müller nicht erreichen.

**Messgrössen**

- Erkennt und beurteilt die persönlichen Ambitionen und Interessen relevanter Einzelpersonen oder Personengruppen
- Erkennt und beurteilt die Unterschiede zwischen persönlichen und organisationalen Interessen und Zielen
- Erkennt und schätzt Einfluss und Macht sowie den Wirkungsbereich bestimmter Personen in verschiedenen Umgebungen ein
- Erkennt Gruppenzugehörigkeiten und Beziehungen zum Projekt
- Identifiziert und erkennt die Unterschiede zwischen Verhaltensweise und Persönlichkeit
- Identifiziert und erkennt die Unterschiede zwischen kulturellen Aspekten und Persönlichkeit

## Repetitionsfragen

110 Angenommen, Sie leiten ein Projekt mit einer Interessengruppe, die ein grosses Einflusspotenzial hat und fürchtet, Nachteile durch das Projekt in Prozess und Ergebnis zu erfahren. Nennen Sie drei Handlungsmöglichkeiten des Projektleiters.

111 Charakterisieren Sie in wenigen Worten den gelben und den roten HBDI-Typ. Ordnen Sie sich selbst eine Farbe zu.

# 29 Kultur und Werte

**Lernziele**

Nach der Bearbeitung dieses Kapitels können Sie ...

- die Bedeutung der gesellschaftlichen Kultur und Werte für Projekte beurteilen.
- die fünf Dimensionen des Kulturmodells von Hofstede beschreiben.
- die Bedeutung der formellen und informellen Kultur und Werte für Projekte beurteilen.

**Schlüsselbegriffe**

Feminität, formale Kultur, formelle organisatorische Auswirkungen, Gesellschaftskultur, Individualismus, informelle organisatorische Auswirkungen, informelle Kultur, Kollektivismus, Kultur, Kulturmodell, kurzfristige Ausrichtung, langfristige Ausrichtung, Machtdistanz, Maskulinität, organisatorische Auswirkungen, Standards, Vermeidung von Unsicherheit, Werte

### Definition gemäss ICB4

«Kultur und Werte» beschreibt die Herangehensweise, um Kulturen und Werte der Organisation und der Gesellschaft, in der das Projekt angesiedelt ist, zu verstehen und zu beeinflussen. Dabei muss der Einzelne auch erkennen, welche Folgen diese kulturellen Einflüsse auf das Projekt haben und wie dieses Wissen in das Management des jeweiligen Projekts einfliessen kann.

Kultur kann definiert werden als eine Reihe von Verhaltensweisen innerhalb einer Gemeinschaft und der Bedeutung, die die Mitglieder dieser Gemeinschaft den Verhaltensweisen beimessen.

Werte können definiert werden als eine Reihe von Konzepten, die die Grundlage für die Handlungen der Mitglieder der Gemeinschaft bilden. Explizite Definitionen von Werten können Ethik-Kodizes umfassen. Viele Organisationen beschreiben in ihrer Strategie auch explizit Unternehmenswerte.

### Zweck gemäss ICB4

Die Kompetenz «Kultur und Werte» versetzt den Einzelnen in die Lage, den Einfluss interner und externer kultureller Aspekte auf den Projektansatz, die Projektziele, die Projektprozesse, die Nachhaltigkeit der Arbeitsergebnisse und die vereinbarten Ergebnisse zu erkennen und zu integrieren.

### Beschreibung gemäss ICB4

Organisationen sind soziale Systeme, in denen das persönliche Verhalten in einen sozialen Kontext gemeinsamer Werte, Visionen, Normen, Symbole, Überzeugungen, Gewohnheiten, Ziele usw. – in eine gemeinsame Kultur – eingebettet ist. Diese Kultur hat formelle, explizite Ursprünge und Aspekte (wie das Leitbild der Organisation und die Unternehmenswerte) sowie informelle, eher implizite Aspekte (wie Überzeugungen, gängige Praktiken usw.). Darüber hinaus agiert jede Organisation in einer Gesellschaft, die ebenfalls eine bestimmte Kultur (und möglicherweise Subkulturen) hat, mit eigenen Werten, Normen, Symbolen, Überzeugungen, Brauchtum, Gewohnheiten usw. Alle diese kulturellen Aspekte beeinflussen die Art und Weise, wie Menschen innerhalb dieser Gesellschaft, dieser Organisation und dieser Projekte miteinander und mit allen weiteren internen und externen Stakeholdern interagieren. Projekte sind oft wichtige Bestandteile der Stammorganisation. Gleichzeitig sind Projekte temporäre Organisationen, deren interne Kultur mit den externen Kulturen und Werten abgestimmt werden muss (externe Anpassung und interne Integration).

In einem multikulturellen Projekt muss mit mehreren verschiedenen Normen für Kultur und Werte umgegangen werden. Die Ausrichtung von Kultur und Werten hat für jene Projekte eine noch grössere Bedeutung, die sich über mehrere Gesellschaften, Organisationen oder Gruppen erstrecken und so eine multikulturelle Umgebung bilden.

Vor dem Start eines Projekts und dann in regelmässigen Abständen während des Projektverlaufs muss der Einzelne die relevante(n) Kultur(en) im internen und externen Kontext des Projekts und der Organisation überprüfen und an geänderte Gegebenheiten anpassen, um die Projektziele auf möglichst effizientem und effektivem Weg zu erreichen. Sofern verfügbar, können Forschungsergebnisse, interne und externe Standards, Regulationen und Richtlinien (z. B. Governance-Prinzipien, Verhaltenskodizes) für die Abstimmung der Kulturen verwendet werden.

### Zusätzliche Erläuterungen

In diesem Kapitel ist viel von Kultur die Rede. Was verstehen wir unter Kultur? Kultur im weitesten Sinne ist alles, was der Mensch selbst gestaltet im Gegensatz zu der von ihm nicht geschaffenen und nicht veränderten Natur. In unserem Kontext ist die Definition gemäss Helman[1] treffender, wonach Kultur ein System von Regeln und Gewohnheiten ist, die das Zusammenleben und Verhalten der Menschen leitet.

**Hinweis**

Folgende Kompetenzen sind mit «Kultur und Werte» verknüpft und werden in den entsprechenden Kapiteln behandelt:


- Alle weiteren Kompetenzen des Kompetenzbereichs Kontext, Teil D, S. 291
- Kompetenz «Persönliche Integrität und Verlässlichkeit», Kapitel 16, S. 212
- Kompetenz «Persönliche Kommunikation», Kapitel 17, S. 218
- Kompetenz «Beziehungen und Engagement», Kapitel 18, S. 226
- Kompetenz «Projektdesign», Kapitel 2, S. 25
- Kompetenz «Qualität», Kapitel 7, S. 101


## 29.1 Gesellschaftskultur

Organisationen übernehmen **Werte und Standards** von der dominierenden gesellschaftlichen Kultur, die sie umgibt. Jedes Projekt seinerseits übernimmt Werte von den beteiligten Organisationen und Projektmitarbeitenden. Diese dominierende **Kultur** hat grossen Einfluss auf das Team und die besondere Eigenschaft, sich nicht so schnell zu verändern.

Sind Sie mit einer Kultur vertraut, wird es Ihnen leichtfallen, damit umzugehen. Als Fremder hingegen werden Sie Signale falsch verstehen, manche nicht einmal wahrnehmen. Das sollten Sie sich immer vor Augen führen.

Wenn Sie mit einer für Sie **ungewohnten Kultur** konfrontiert werden, können Sie sich darauf vorbereiten, indem Sie Informationen sammeln. Beschäftigen Sie sich mit der Geschichte der Gesellschaft und des Landes und versuchen Sie zu verstehen, wie historische Vorgänge die aktuelle Kultur beeinflusst haben.

Kultur ist so etwas wie die Quintessenz dessen, was eine Gesellschaft im Lauf ihrer Geschichte gelernt hat. Eine Gesellschaft verteidigt ihre Werte durch ihre niedergeschriebenen Gesetze, aber auch durch viele ungeschriebene Gesetze und Regeln. **Kulturelle Unterschiede** offenbaren sich deshalb oft leidenschaftlich, weil sie den Identitätskern jedes Einzelnen treffen. Für manche Gesellschaft ist die Gemeinschaft besonders wichtig, für andere die Individualität. Kultur basiert auf **gemeinsamen Werten.** Standards und Regeln sind dazu da, diese Werte zu verteidigen.

[1] Vergleiche Helman, C.: Culture, Health and Illness. Bristol 1984, S. 2.

Welche Konsequenzen hat die Kultur auf die Art, wie Sie mit Ihrem Projektteam zusammenarbeiten? Wenn es Ihnen beispielsweise gelingt, eine Kultur der **Offenheit** zu schaffen, werden Sie während der Durchführung des Projekts viel davon profitieren. Wenn aber die dominierende Kultur der meisten Projektmitarbeitenden Offenheit nicht als einen anzustrebenden Wert ansieht, werden alle Bemühungen, Offenheit zu schaffen, von vornherein zum Scheitern verurteilt sein. Sie können stattdessen eine Kultur fördern, in der Gemeinschaft und Ehre wichtig sind, indem Sie fördern, dass man sich gegenseitig mit Respekt begegnet.

In der **globalisierten Arbeitswelt** des 21. Jahrhunderts ist es förderlich, sich mit anderen Kulturen zu beschäftigen, sie zu verstehen und damit umgehen zu können. Gert Jan Hofstede, ein niederländischer Organisationspsychologe, hat auf Basis einer Untersuchung innerhalb der IBM ein **Kulturmodell**[1] abgeleitet, das hilft, ein besseres Verständnis für andere Kulturen zu entwickeln. Nach Auffassung von Hofstede erkennt man die fundamentalen Unterschiede an folgenden Dimensionen:

1. Individualismus versus Kollektivismus (IDV)
2. Machtdistanz (PDI)
3. Maskulinität versus Feminität (MAS)
4. Vermeidung von Unsicherheit (UAI)
5. Lang- oder kurzfristige Ausrichtung (LTO)

**Abb. [29-1]** **Länderkulturvergleich nach Hofstede**

| Land | IDV | PDI | MAS | UAI | LTO |
|---|---|---|---|---|---|
| **G-8-Durchschnitt** | **70** | **52** | **61** | **68** | **61** |
| China | 20 | 80 | 66 | 30 | 87 |
| Deutschland* | 67 | 35 | 66 | 65 | 83 |
| Frankreich* | 71 | 68 | 43 | 86 | 63 |
| Grossbritannien* | 89 | 35 | 66 | 35 | 51 |
| Kanada* | 80 | 39 | 52 | 48 | 36 |
| Indien | 48 | 77 | 56 | 40 | 51 |
| Italien* | 76 | 50 | 70 | 75 | 61 |
| Japan* | 46 | 54 | 95 | 92 | 88 |
| Russland* | 39 | 93 | 36 | 95 | 81 |
| Schweiz | 68 | 34 | 70 | 74 | 66 |
| USA* | 91 | 40 | 62 | 46 | 26 |

in %

*Land ist Mitglied der G-8 (Gruppe der Acht: supranationale Vereinigung der sieben führenden Industrienationen und Russland)

Datenquelle: https://www.geert-hofstede.com

### 29.1.1 Individualismus (IDV), Kollektivismus

Im **Individualismus** wird erwartet, dass jeder sich um sich selbst kümmert. Im **Kollektivismus** gehört jedes Individuum von Geburt an zu einer grossen Gruppe, die es für den Rest seines Lebens beschützt und im Gegenzug uneingeschränkte Loyalität verlangt. In den Vereinigten Staaten ist der Individualismus stark ausgeprägt, der Kollektivismus in Japan. Ein Beispiel dafür ist der japanische Topmanager, der in Tränen ausbricht, weil er so viele Mitarbeitende entlassen muss.

**Beispiel**

Für jemanden aus einer individualistischen Gesellschaft ist es unverständlich, warum jemand aus einer kollektivistischen Gesellschaft Familienmitglieder bevorzugt. Umgekehrt empfindet der «Kollektivist» den «Individualisten» als rücksichtslos, wenn er eine offene Stelle besetzt und dabei einen arbeitsuchenden Freund nicht berücksichtigt.

[1] Geert Hofstede: Culture's Consequences: Comparing Values, Behaviors, Institutions and Organizations Across Nations. $2^{nd}$ Edition, New York 2003.

### 29.1.2 Machtdistanz (PDI, Power Distance Index)

Machtdistanz beschreibt das Verhältnis zwischen sozialer Gleichheit und Hierarchie: Je höher die Quote, desto grösser wird die Distanz zu einer mächtigen Person wahrgenommen. In lateinamerikanischen und arabischen Ländern empfinden die Mitarbeitenden eine sehr grosse Distanz zu ihren Managern. Die Vereinigten Staaten, Grossbritannien und die Schweiz haben eine sehr niedrige Quote. In diesen Ländern muss ein Vorgesetzter seinen Mitarbeitenden Entscheidungen sehr viel mehr erklären und erläutern.

Fördern Sie die horizontale und vertikale Zusammenarbeit und Kommunikation. Wenn Sie Aufgaben und Verantwortlichkeiten an Projektmitarbeitende delegieren, reduzieren Sie Machtdistanz.

### 29.1.3 Maskulinität (MAS), Feminität

Der Grad der Maskulinität bzw. Feminität besagt, in welchem Mass eine Gesellschaft traditionell männliche oder weibliche Eigenschaften schätzt. Männliche Eigenschaften sind Konkurrenzdenken, Durchsetzungskraft, Ehrgeiz und Materialismus. Eher weibliche Eigenschaften sind demnach Bescheidenheit, Fürsorglichkeit und Solidarität.

Kommen Konkurrenzdenken und Durchsetzungskraft in übertriebenem Mass zum Einsatz, kann das eine Organisation lähmen. In einer eher männlich geprägten Gesellschaft werden sich Frauen männlicher verhalten als in einer eher weiblich geprägten Gesellschaft.

In einer männlichen Gesellschaft müssen Sie eine starke Position einnehmen, während Sie in einer mehr weiblich orientierten Gesellschaft eher in eine Rolle als Coach schlüpfen.

Fördern Sie, wo immer angebracht und sinnvoll, «Win-win-Situationen».

### 29.1.4 Vermeidung von Unsicherheit (UAI, Uncertainty Avoidance Index)

In welchem Mass wird Unsicherheit durch Regeln, formale Prozeduren und Rituale vermieden? Das ist in den Ländern rund ums Mittelmeer und in Japan sehr ausgeprägt, während es in den USA und Grossbritannien weniger der Fall ist. Am stärksten ist das in Griechenland ausgeprägt. Somit können Sie davon ausgehen, dass ein Vertragsabschluss dort wesentlich mehr Zeit und Aufwand in Anspruch nehmen wird als anderswo.

Wenn Sie Ihre Mitarbeitenden zu kritischem Denken anregen, geben Sie ihnen nicht nur die Gelegenheit, ihre eigenen Problemlösungen einzubringen, sondern auch zu lernen, und damit die Fähigkeit, mit Unsicherheiten besser umzugehen.

### 29.1.5 Lang- oder kurzfristige Ausrichtung (LTO, Long-Term Orientation)

Diese Dimension nahm Hofstede nachträglich in sein Modell auf. Die Einführung dieser Dimension in der zweiten Auflage des Buchs gründet auf Kooperationen mit chinesischen Forschern und Managern, die den Einfluss des konfuzianischen Erbes mit seiner langfristigen Orientierung über mehrere (Wieder)geburten betonten. In manchen Darstellungen findet sich daher auch die Bezeichnung Confucian Dynamism für diese spezielle Kulturdimension.

Werte von Mitgliedern einer Organisation, die langfristig ausgerichtet sind: Sparsamkeit, Beharrlichkeit. Werte von Mitgliedern einer Organisation, die kurzfristig ausgerichtet sind: Flexibilität, Egoismus.

Dieser kulturelle Vergleich verdeutlicht auch, warum eine Methode wie Kaizen[1] in Japan entwickelt wurde, denn sie verlangt eher eine langfristige Vision als eine schnelle Umsetzung nach westlichem Muster.

Wie schaffen Sie eine **stärkere langfristige Orientierung?** Indem Sie die Zielsetzungen des Projekts und die strategischen Ziele der Organisation in einen grösseren sozial anerkannten Zusammenhang stellen wie Nachhaltigkeit, Modernisierung, Bekenntnis zur Region etc.

Abb. 29-2, S. 337 zeigt Ihnen eine Wegleitung mit Angaben darüber, wie und wo Sie Kultur und Werte im Rahmen Ihres Projekts sinnvoll berücksichtigen können.

## 29.2 Formelle organisatorische Auswirkungen

Die bestehende dominierende Kultur ist der Startpunkt, aber nicht das Ziel. Jedes Team benötigt eine Kultur und als Projektleiter liegt es an Ihnen, diese zu managen.

Je grösser das Projekt oder die Initiative ist, desto wichtiger ist diese Aufgabe, denn Kultur hat mächtigen **Einfluss auf das Verhalten.** Versuchen Sie eine Kultur zu schaffen, die den Erfolg positiv beeinflusst.

Das **Leitbild der Organisation** ist dazu eine gute Basis. Welche Werte werden dort genannt? Gibt es einen Verhaltenskodex? Welches Verhalten wird dort abgelehnt und welches wird gefördert? Nutzen Sie diese Informationen und sorgen Sie dafür, dass die Teamkultur mit diesen Werten und Regeln in Einklang steht.

Die **Regeln zum Qualitätsmanagement** geben Hinweise über das Verhältnis zu formalen Werten und Standards.

**Hinweis** Für Details zum Qualitätsmanagement lesen Sie die Ausführungen zur Kompetenz «Qualität», Kapitel 7, S. 101.

Organisationen tragen **soziale Verantwortung,** für die sie Standards einführen, die über das gesetzlich Notwendige hinausgehen. Auch kommerzielle Organisationen sollten einen positiven Beitrag zur Gesellschaft leisten. Suchen Sie in den offiziellen Verlautbarungen der Organisation nach Hinweisen danach. Damit das nicht nur schöne Worte bleiben, müssen Sie sich diese Werte und Standards zu eigen machen.

**Hinweis** Für Details zur Organisation lesen Sie die Ausführungen zur Kompetenz «Organisation, Information und Dokumentation», Kapitel 6, S. 82.

Untersuchen Sie, inwieweit die Projektziele die **Werte der Organisation** unterstützen. Streichen Sie das gegenüber dem Team heraus und schaffen Sie auf diese Weise ein kollektives Verständnis und Identifikation. Orientieren Sie sich bei der Definition der Qualitätsregeln für das Projekt an denen der Organisation.

## 29.3 Informelle organisatorische Auswirkungen

Die **informelle Kultur** einer Organisation ist mindestens so wichtig wie die formale. Man kann eine formale Kultur beanspruchen, aber die informelle existiert einfach und kann ein grosses Hindernis sein, wenn Sie versuchen, eine gesunde Atmosphäre im Team zu schaffen.

[1] Gemäss der Philosophie des Kaizen weist nicht die sprunghafte Verbesserung durch Innovation, sondern die schrittweise Perfektionierung des bewährten Produkts den Weg zum Erfolg. Dabei wird davon ausgegangen, dass der wirtschaftliche Erfolg das Ergebnis von Produkten und Dienstleistungen ist, die mit ausgezeichneter Qualität höchste Kundenzufriedenheit erzielen.

Wir reden hier darüber, wie Menschen tatsächlich miteinander umgehen. Das kann von Abteilung zu Abteilung unterschiedlich sein. Die Witze, die Leute machen, der Kleidungsstil, wie die Büros aussehen, was die Leute übereinander denken und reden. Jeder neue Mitarbeiter verhält sich nach einer Weile **konform mit den Regeln und Standards,** selbst wenn diese destruktiv sind. Es ist immer wieder interessant zu sehen, wie Menschen beginnen, sich zu ähneln und sogar ähnlich zu denken. Im negativen Fall kann das zu einer ernsten Form der **Gruppenblindheit** führen. Andererseits ist es auch eine Chance, eine Atmosphäre der Solidarität und des Engagements zu generieren.

Um das zu verstehen, müssen Sie die **Vergangenheit der Organisation** studieren und insbesondere, wie sie sich in Zeiten einer Krise verhalten hat. Welche Art von Führung hat die Organisation so weit gebracht, wo sie heute steht? Es muss Ihnen klar sein, dass Sie die Vergangenheit nicht ändern können! Sie müssen für sich daraus ableiten, wie Sie Ihr Team führen wollen. Ihre Mitarbeitenden werden dabei ihre eigene Geschichte mitbringen und daraus eine Kultur entstehen lassen. Unterschätzen Sie Ihren Einfluss dabei nicht. Spielen Sie eine positive Rolle in diesem Prozess.

**Hinweis**

Für Details zur Zusammenstellung und Entwicklung von Teams lesen Sie die Ausführungen zur Kompetenz «Teamarbeit», Kapitel 20, S. 243.

Für Details zu Kulturunterschieden und Zusammenarbeit lesen Sie die Ausführungen zur Kompetenz «Persönliche Integrität und Verlässlichkeit», Kapitel 16, S. 212.

**Beispiel**

Sie führen ein IT-Entwicklungsprojekt und wählen für die Realisierung einen agilen Ansatz. Es macht einen grossen Unterschied, ob und welche Erfahrungen ein Entwicklungsteam damit aus der Vergangenheit hat. Ein Entwickler, der bisher eine genaue Spezifikation erhalten und diese nur umgesetzt hat, ohne sich weiter Gedanken zu machen, wozu das gut ist, wird Mühe haben, plötzlich nur vage Angaben zu bekommen und eigenverantwortlich eine kreative Umsetzungslösung zu entwerfen. Klären Sie daher vorab die Erwartungen und Verantwortlichkeiten so genau wie möglich, indem Sie gemeinsam im Team Qualitätskriterien sowohl für die Aufgabenstellung (Detaillierung User Story) als auch für das Liefererergebnis («Definition of Done», Abnahmekriterien) definieren.

Die nachfolgende Tabelle gibt Ihnen Hinweise dafür, wo kulturelle Aspekte explizit in Ihr Projekt einfliessen. Beachten Sie jedoch, dass Kultur und Werte implizit in fast allen Aspekten des Projektmanagements eine Rolle spielen.

**Abb. [29-2]** **Wie und wo berücksichtigen Sie Kultur und Werte in Ihrem Projekt?**

| Kompetenz | Kulturelle Aspekte bei der … | Beispiele |
|---|---|---|
| Projektdesign | • Beurteilung des Projektumfelds<br>• Bestimmung der Komplexität<br>• Auswahl des geeigneten Projektvorgehens | • Strenge gesetzliche Auflagen sind einzuhalten.<br>• Erhöhte Komplexität durch Einbezug mehrerer Länder. |
| Anforderungen und Ziele | • Formulierung der Projektziele<br>• Definition der Anforderungen | • Einhaltung von Regeln und Richtlinien explizit als Projektziel festhalten.<br>• Nachhaltigkeit des Projektergebnisses erzielen.<br>• Erfolgsfaktoren festhalten. |
| Qualität | • Definition von Qualität | • Einhaltung von Regeln und Richtlinien überprüfen und dokumentieren.<br>• Qualitäts- und Abnahmekriterien definieren. |
| Chancen und Risiken | • Beurteilung von Chancen<br>• Beurteilung von Risiken | • Regelmässige Lessons-Learned-Meetings.<br>• Ständigen Verbesserungsprozess etablieren.<br>• Umfang des Risikomanagements definieren.<br>• Regelmässige Nachverfolgung der vereinbarten Massnahmen. |

| | |
|---|---|
| Messgrössen | • Kennt und berücksichtigt die kulturellen Werte, Normen und Anforderungen einer Gesellschaft<br>• Kennt, berücksichtigt und versteht die Auswirkungen kultureller Werte, Normen und Anforderungen an das Projekt<br>• Arbeitet gemäss den kulturellen Anforderungen und Werten der Gesellschaft, ohne dabei die eigenen Werte aufs Spiel zu setzen<br>• Erkennt und respektiert die formellen Normen und Anforderungen der Organisation<br>• Kennt die Werte und die Mission der Organisation und wendet sie entsprechend an<br>• Kennt die Qualitätsrichtlinien der Organisation und wendet sie entsprechend an<br>• Erkennt die Auswirkungen der formellen Normen, Anforderungen, Werte, Mission und Qualitätspolitik der Organisation auf das Projekt<br>• Handelt nachhaltig durch Ausübung der sozialen Verantwortung der Organisation<br>• Erkennt, analysiert und respektiert die informelle Kultur und die Werte der Organisation<br>• Identifiziert die Auswirkungen der informellen Kultur und der Werte der Organisation auf das Projekt und arbeitet im Einklang mit den informellen Werten und Normen der Organisation |

## Repetitionsfragen

112 Welche Aussagen über die Kultur einer Organisation sind richtig bzw. falsch?

| Richtig | Falsch | Aussage |
|---|---|---|
| ☐ | ☐ | Die Kultur einer Organisation ist für das Projekt unwichtig, da Kultur eine Angelegenheit der Vergangenheit ist. |
| ☐ | ☐ | Die Kultur einer Stammorganisation ist für das Projekt wichtig, denn das Projekt kann auf einen tief greifenden Wandel der Organisation zielen, der auch an der Kultur einer Organisation arbeitet. |
| ☐ | ☐ | Die Kultur einer Organisation zeigt sich einzig und allein in den Symbolen einer Organisation (z. B. Logo). |
| ☐ | ☐ | Die Kultur einer Organisation ist zum grössten Teil nicht sichtbar. Sie gibt sich in den Annahmen, Überzeugungen und der Wertorientierung der Organisationsmitglieder zu erkennen. |

113 Nennen Sie die fünf Kulturdimensionen nach Hofstede und beurteilen Sie deren Bedeutung für Ihr aktuelles Projekt.

# Teil E
Anhang

# Antworten zu den Repetitionsfragen

1 Seite 21

| Vorhaben | Projekt | | Begründung |
|---|---|---|---|
| | Ja | Nein | |
| Verlegung des Tempels von Abu Simbel beim Bau des Assuanstaudamms | ☒ | ☐ | Nahezu alle Projektmerkmale treffen zu, insbesondere: zeitlich begrenzt, einmalig, neuartig, komplex, unterschiedliche Fachleute und Methodenspezialisten arbeiten im Team zusammen. |
| Aufbau eines neuen Verschlüsselungssystems für Zeichnungen, Teile, Materialien, Stücklisten, Arbeitspläne in einem Maschinenbauunternehmen | ☒ | ☐ | Es wird einmalig Neues geschaffen, das anschliessend in Betrieb genommen wird. |
| Pflegen von Kundenstammdaten für 50 000 Kunden auf einer vorliegenden Vordrucksammlung | ☐ | ☒ | Wiederkehrende Routinetätigkeit |
| Evaluation einer IT-Anlage | ☒ | ☒ | Ja: Evaluation als Teilaufgabe in einem Projekt.<br>Nein: bei Evaluation im Rahmen einer Ersatzanschaffung oder Unterhaltsarbeiten |
| Abwicklung einer Fusion zweier Unternehmen | ☒ | ☐ | Typisches Projekt mit hoher Komplexität |
| Erweiterung der Gehaltsabrechnung um eine weitere Statistikauswertung | ☐ | ☒ | Wiederholende Tätigkeit |

2 Seite 21

Tagesgeschäft oder Projekt?

| Tagesgeschäft | Projekt | Merkmal |
|---|---|---|
| ☐ | ☒ | Dynamisch |
| ☒ | ☐ | Kalkulierbare Kosten |
| ☐ | ☒ | Wenig Hierarchie |
| ☒ | ☐ | Dauerhaft |
| ☐ | ☒ | Einmalig |
| ☒ | ☐ | Funktions- oder stellenorientiert |

3 Seite 21

Elemente des Projektmanagements:

| Element des Projektmanagements | Beschreibung |
|---|---|
| Ziele | Systemziele und Vorgehensziele |
| Projektorganisation | Gestaltung der Aufbau- und Ablauforganisation |
| Projektlenkung | Planung, Führung, Steuerung und Kontrolle der Projektaktivitäten |
| Instrumente | Techniken der Systemgestaltung und des Projektmanagements |
| Mitarbeitende | Die am Projekt Beteiligten |
| Unternehmenskultur | Gesamtheit der Wertvorstellungen, Leitmotive, Denkhaltungen und Normen in einer Organisation |

4 Seite 37

- Explizit: Erreichung der Plangrössen Qualität, Umfang (Ziele, Ergebnis), Aufwand (Kosten) und Zeit
- Implizit: Zufriedenheit des Kunden und weiterer relevanter Stakeholder

5 Seite 37

Wasserfallmodell und Scrum-Modell:

| Eher Wasserfallmodell | Eher Scrum-Modell |
|---|---|
| Ergebnisanforderungen bei Projektbeginn bekannt und klar | Anforderungen bei Projektbeginn vage und unscharf |
| Leistungsumfang ist klar wichtiger als Termin. | Termin ist klar wichtiger als Leistungsumfang. |
| Projektziele sind eher statisch. | Projektziele sind eher dynamisch. |
| Lieferung nur als gesamtes Projektergebnis möglich | Lieferung von Teilergebnissen möglich (iterativer Ansatz) |
| Eher starke Hierarchien und organisatorische Vorgaben im Projekt und im Projektumfeld | Projektteam kann sich weitgehend selbst organisieren. |
| Projektergebnisse sind eher technischer Natur. | Projektergebnisse beziehen viele menschliche Interaktionen mit ein. |
| Änderungen an Projektergebnissen sind im Projektverlauf teuer. | Änderungen an Projektergebnissen im Projektverlauf sind günstig bis mässig. |
| Vorgegebene, eher formelle Kommunikationsanforderungen (Meetings, Entscheidungen, Berichte, Dokumente) | Eher informelle, strukturarme Kommunikationsanforderungen (Kommunikation orientiert sich primär entlang den Projektergebnissen) |

6 Seite 37

Die «gebundene Rationalität» besagt, dass Bewertungen über Erfolg bzw. Misserfolg stark von den Erfahrungen, Erwartungen und Emotionen der jeweiligen Personen oder Gruppen abhängig sind.

7 Seite 38

Projektkomplexität:

| Dimension | Erhöht Komplexität im Projekt |
|---|---|
| Projektteam | • Grosse Teams<br>• Kulturell oder ethnisch durchmischte Teams<br>• Geografisch verteilte Teams |
| Projektziel | • Sehr dynamische Projektziele (Moving Target)<br>• Unklare Projektziele<br>• Relevante Stakeholder mit entgegengesetzten Zielsetzungen |
| Projektumfeld | • Unklares, nicht analysiertes Projektumfeld<br>• Instabilität (Unternehmenswandel, Politik)<br>• Viele Stakeholder(-Gruppen) |
| Projektrisiken | • Viele Risiken und hohe Risikopotenziale<br>• Viele Risiken mit Auswirkung in unterschiedlichen Dimensionen (z. B. Zeit, Kosten, Ressourcen, Ziele, Qualität)<br>• Projekte mit vielen Teilprojekten in unterschiedlichen Phasen |

8 Seite 38

- Erfolgskriterium bezeichnet ein Merkmal (Beispiel: Erfolgskriterium = zeitgerechte Fertigstellung Projekt).
- Erfolgsfaktor ist ein Einflussmittel zum Merkmal (Beispiel: Erfolgsfaktoren zum Kriterium zeitgerechte Fertigstellung Projekt = realistische Aufwandsschätzung Aufgabenpakete, kontinuierliche Fortschrittskontrolle).

9 Seite 51

- Klärung der Prioritäten bei zielbezogenen Entscheidungen
- Grundlage für die Beurteilung von verschiedenen Lösungsvarianten

10 Seite 51

| Kriterium | Beschreibung |
|---|---|
| Spezifisch | Präzise und eindeutig |
| Messbar | Nach definierten, klaren Kriterien |
| Akzeptiert | Angemessen und attraktiv |
| Realistisch | Möglich, erreichbar |
| Terminiert | Klare Terminvorgabe |

11 Seite 51

- Anforderungskatalog: Ein Anforderungskatalog beinhaltet die Eigenschaften (Fähigkeiten, Randbedingungen) eines Systems bzw. eines Produkts. Der Anforderungskatalog beschreibt das **Was.**
- Pflichtenheft: Das Pflichtenheft beinhaltet die Umsetzung für das System oder das Produkt. Das Pflichtenheft beschreibt das **Wie.**

12 Seite 51

Projektziele:

| Aussagen | Falsch | Richtig | Begründung |
|---|---|---|---|
| Projektziele sind wichtig. Es ist aber vollkommen unnötig, die Nichtziele zu beschreiben. | ☒ | ☐ | Die Benennung und Beschreibung der Nichtziele kann sehr wichtig sein. Nichtziele helfen beispielsweise, unrealistische Erwartungen an das Projekt und an das Projektmanagement von vornherein auszuschliessen. Sie dienen der Grenzziehung zwischen Projekt und Nichtprojekt. |
| Projektziele müssen eine konkrete Lösung beschreiben. | ☒ | ☐ | Projektziele sind lösungsneutral. Projektziele müssen unterschiedliche Lösungen erlauben. |
| Ein Projektziel ist ein Kann-Ziel, es muss nicht erreicht werden. | ☒ | ☐ | Projektziele sind primär Muss-Ziele, die durch Wunschziele ergänzt werden können. |
| Die wirtschaftliche Machbarkeit eines Projekts wird normalerweise nicht geprüft. | ☒ | ☐ | Die wirtschaftliche Machbarkeit steht neben der technisch-fachlichen und der organisatorischen Machbarkeit im Vordergrund der Machbarkeitsprüfung. |

13 Seite 51

- Eine detaillierte Machbarkeitsstudie wird in Auftrag gegeben.
- Das Projekt wird trotz der hohen Risiken durchgeführt.
- Das Projekt wird abgebrochen.

14 Seite 63

Mit Scope Creep ist der ungewollte und schleichende Anstieg des Leistungsumfangs in einem Projekt gemeint.

15 Seite 63

Behandlung des Projektstrukturplans:

| Regel | Erklärung |
|---|---|
| Vom Groben zum Detail | Es werden zunächst die Teilaufgaben, dann die Arbeitspakete für jede Teilaufgabe ermittelt. |
| Immer zuerst in die Breite | Es muss jede Ebene vollständig ausgearbeitet sein, bevor die nächste Ebene bearbeitet wird. |

16 Seite 63

Er schafft eine Gesamtübersicht und gibt dem Projekt eine Ordnungsstruktur, in der alle Lieferobjekte aufgeführt sind. Zudem bildet er die Grundlage für alle weiteren Projektpläne. Ändert sich eine Planungsgrösse (z. B. wenn neue Anforderungen aufgenommen werden oder ein Arbeitspaket wegen fehlender Personalressourcen nicht termingerecht fertiggestellt werden kann), müssen alle anderen Pläne ebenfalls geprüft und aktualisiert werden.

17 Seite 63

Beim aufgaben- oder phasenorientierten Projektstrukturplan werden die Arbeitspakete nach Aufgaben bzw. Phasen aufgeteilt. Die Frage «Was muss alles getan werden?» steht im Vordergrund. Der aufgabenorientierte Strukturplan zum Projekt «Online-Shop aufbauen» könnte so aussehen:

**18** Seite 81

- Arbeitspakete, die sich noch nicht in Aktivitäten unterteilen lassen, können vorübergehend mit einem Platzhalter notiert werden, um diese später nicht zu vergessen.
- Die Strukturierung des Projektablaufs in Phasen ermöglicht es, eine detailliertere Planung für die nächste Phase (oder Teilphase) zu erstellen (iterative / rollende Planung). Damit müssen Arbeitspakete, die zu weit in der Zukunft liegen, nicht detailliert werden.

**19** Seite 81

- Die Nutzung einer Schätzmethode, um die Schätzungsgenauigkeit zu erhöhen.
- Die Schätzungen sollten laufend aktualisiert bzw. korrigiert werden. Dabei sind die bereits gesammelten Erfahrungen im Projekt einzubeziehen.
- Die für die Arbeit vorgesehene Ressourcen sind bei der Schätzung zu involvieren.

**20** Seite 81

Es müssen die Kennzahlen eines analogen Projekts vorliegen (z. B. pro Phase, Dauer, Aufwand, Ressourcen, Risiken etc.). Das ist oft möglich, wenn beim Projektabschluss diese Kennzahlen in der Stammorganisation aufgenommen werden und danach zur Verfügung gestellt werden.

**21** Seite 81

Ein Sprint ist ein Zyklus mit begrenzter Zeit in einem iterativen / agilen Vorgehen. Die Aktivitäten in jedem Sprint wiederholen sich. Eine Phase ist nicht zeitlich begrenzt und jede Phase hat unterschiedliche Aktivitäten (Wasserfallmodell).

**22** Seite 81

18 Monate. (Hinweis: Für die Berechnung kann das Zeichnen eines Gantt-Diagramms hilfreich sein.)

**23** Seite 81

Projektphasen:

| Projektphase | Aufgaben |
|---|---|
| Initialisierung | A, D |
| Planung | B, F |
| Realisierung | C, H |
| Abschluss | E, G |

**24** Seite 99

- «Übertragbarkeit», eine Information muss übermittelbar sein.
- «Erkennbarkeit», eine Information muss beim Empfänger als Information erkennbar sein.
- «Neuigkeitsgehalt», eine Information muss einen Wissensgewinn darstellen.

**25** Seite 99

Im Projekt gibt es neue, zeitlich begrenzte Herausforderungen und Aufgaben, die meist eine fach- und abteilungsübergreifende Zusammenarbeit fordern. Dafür eignet sich die Linienorganisation nicht. Es ist eine speziell auf das Projekt zugeschnittene Organisation notwendig.

26 Seite 99 Formen der Projektorganisation:

| Organisationsform | Grösster Vorteil | Grösster Nachteil |
|---|---|---|
| Reine Projektorganisation | Besseres Know-how im Projekt bezüglich Umsetzung, Kommunikation, Konfliktlösung und Entscheidungsfindung | Abteilungsübergreifende Fachkenntnisse fehlen |
| Stabsorganisation | Integration der Linie fördert zielorientiertes und hilfreiches Arbeitsumfeld | Fehlende Unterstützung für das Projekt aus der Linienhierarchie |
| Matrix-Projektorganisation | Einbindung der Linie erhöht die Zustimmung für Projektmitarbeit | Doppelunterstellung schafft Koordinations- und Weisungskonflikte |

27 Seite 99 Aufgaben des Auftraggebers eines Projekts:

| Wichtigste Aufgaben | Begründung |
|---|---|
| Projekt beantragen, initiieren und steuern | Der Auftraggeber ist für das Erreichen der Projektziele und das Projektergebnis abschliessend verantwortlich. Damit er diese Verantwortung wahrnehmen kann, muss er ein Projekt erst mal bei den relevanten Entscheidern beantragen und seine Vorstellung sowie seine Anforderungen für die Ziele bzw. das Ergebnis einbringen. Im Projektverlauf sichert der Auftraggeber den Projekterfolg mit der übergeordneten Steuerung. |
| Wirtschaftliche Rahmenbedingungen und Voraussetzungen sicherstellen | Der Auftraggeber schafft damit die Voraussetzung, dass die Projektziele wie vereinbart verfolgt und das erwartete Projektergebnis gemäss den Anforderungen erstellt werden kann. |
| Entscheidungen über Anträge und Massnahmen rechtzeitig fällen | Der Auftraggeber stellt damit sicher, dass das Projekt zielgerichtet und zügig vorankommt. |

28 Seite 100 Begriffe der Projektorganisation:

| Erklärung | Wahl |
|---|---|
| Organisationsform, bei der die Stammorganisation bestehen bleibt und nur durch eine projektleitende Stabsstelle ergänzt wird | E |
| Organisationsform mit eigenständiger Linienorganisation für ein Projekt | B |
| Organisationsform, bei der sowohl eine vertikal, nach Funktionen gegliederte Organisationsstruktur als auch eine horizontal wirkende und projektbezogene Organisationsstruktur besteht | F |
| Gremium, das sich insbesondere bei vielen Stakeholder-Gruppen mit dem Projekt auseinandersetzt und Feedback gibt | D |
| Gremium, das bei grösseren Projekten den Auftraggeber bei Entscheidungen unterstützt | C |
| Gremium, das das Projektteam informiert, unterstützt und fachlich berät | A |

29 Seite 110 Das Qualitätsmanagement wirkt sowohl auf der Ebene der Projektprozesse als auch auf der Ebene der Projektergebnisse (z. B. Produkt) und von dessen Merkmalen.

30 Seite 110 Qualitätsmanagement:

| Bereich des Qualitätsmanagements | Ziel |
|---|---|
| Qualitätsplanung | Die Qualitätsplanung hat zum Ziel, die für das Projekt relevanten Qualitätsstandards zu identifizieren und festzulegen, wie diese erreicht werden können. |
| Qualitätslenkung | Die Qualitätslenkung hat zum Ziel, die optimalen Bedingungen für das Erstellen der Ergebnisse mit der erwarteten Qualität zu schaffen. |
| Qualitätsprüfung | Die Qualitätsprüfung hat zum Ziel, die Frage zu beantworten, inwieweit ein Ergebnis bzw. ein Lieferobjekt die damit verbundenen Anforderungen und Vorgaben erfüllt. |

**31** Seite 110 Verifikation oder Validierung?

| Verifikation | Validierung | Massnahme |
|---|---|---|
| ☐ | ☒ | Reviews mit dem Kunden zur Aufdeckung von Unklarheiten und irrtümlichen Annahmen |
| ☐ | ☒ | Inkrementelle Entwicklung für schnelles Kundenfeedback |
| ☒ | ☐ | Formale Reviews von Konzept und Spezifikation |
| ☐ | ☒ | Permanente Anwesenheit des Kunden (Scrum / agile Methoden) |
| ☒ | ☐ | Fehlersuche durch Tests |
| ☒ | ☐ | Lasttests |
| ☐ | ☒ | Erstellen von Prototypen und Funktionsmustern |
| ☐ | ☒ | Nutzerakzeptanztests |
| ☒ | ☐ | 4-Augen-Prinzip |

**32** Seite 110

- Qualitätsschwerpunkte weisen auf Projektziele hin, die für das Erreichen der Erwartungen und Qualitätsziele besonders kritisch sind. Qualitätsschwerpunkte sind in der Qualitätslenkung und -prüfung besonders zu berücksichtigen.
- Beispiel von Qualitätsschwerpunkten sind: Akzeptanz, Leistung, Termin, Kosten und Wirtschaftlichkeit.

**33** Seite 110 Der Hauptunterschied liegt darin, dass es keine Qualitätsmanager oder verantwortlichen Projektleitenden gibt. Die Verantwortlichkeiten sind auf das gesamte Team aufgeteilt respektive qualitätssichernde Aktivitäten finden an verschiedenen Stellen statt.

**34** Seite 121 Finanzierungsarten:

| Finanzierungsart | Quellen |
|---|---|
| Interne Finanzierung | Innerbetrieblicher Umsatz, Auflösung von Gewinnrücklagen oder stillen Reserven |
| Externe Finanzierung | Zuführung von Kapital von Unternehmern und Aktionären, Kredite, Beteiligungen |
| Öffentliche Finanzierung | Zweckgebundene Fördergelder, Bürgschaften, öffentliche Beteiligungsgesellschaften |
| Gruppenfinanzierung | Zuführung von Kapital in Form von Darlehen oder stillen Beteiligungen |

**35** Seite 121

- Puffer: Projektleiter
- Reserve: Auftraggeber

**36** Seite 121 Die Vorgehensweise bei der Kostenplanung geht vom Detail aus, weil nur so sichergestellt werden kann, dass alle Kosten für Personal und Einsatzmittel differenziert erfasst werden. Das schützt davor, dass die Gesamtkosten unterschätzt werden.

**37** Seite 129 Personalressourcen:

| Personalressourcen | Vorteile | Nachteile |
|---|---|---|
| Interne | • Mitarbeitende sind mit dem Unternehmen vertrauter.<br>• Kürzere Einarbeitungszeit.<br>• Projektarbeit als Training on the Job. | • Bei veränderungsintensiven Projekten können interne Beziehungen zu Loyalitätskonflikten führen.<br>• Nach langer Projektarbeit ist die Reintegration in die Linie erschwert, d. h., Entwicklungspfade müssen geklärt werden. |
| Externe | • Experten in spezifischen Themen.<br>• Keine Betriebsblindheit.<br>• Bringt Erfahrungen aus verschiedenen Projekten bzw. Organisationen ein.<br>• Zeitlich befristeter Vertrag. | • Verzögert sich das Projekt, kann es zu vertraglichen Friktionen kommen.<br>• Von den Erfahrungen im Projektmanagement, die während des Projekts gemacht werden, profitieren nach dem Einsatz andere Unternehmen. |

38 Seite 129

Die Infrastruktur ermöglicht die Projektaktivitäten. Zur Infrastruktur gehören Einrichtungen wie das Projektbüro oder auch die Ausstattung mit Informationstechnologie.

39 Seite 129

- Die Sachmittel stehen wegen der langen Lieferzeiten nicht zur Verfügung.
- Das gewünschte Personal ist in anderen Projekten gebunden.

40 Seite 129

- Reservation der Ressourcen für wichtige Projekte.
- Aktuelle und zukünftige nachgefragte Kompetenzen (Skills) sicherstellen.
- Ressourcenengpässe rechtzeitig erkennen und vermeiden.
- Ressourcenkonflikte vermeiden.

41 Seite 139

Phasen des Beschaffungsprozesses:

| Phase | Beschreibung |
|---|---|
| Bedarfsanalyse | In dieser Phase wird analysiert, was und in welchem Umfang beschafft werden soll. Dabei kann es sich um Dienstleistungen oder Produkte oder beides handeln. Das Ergebnis der Analyse beschreibt klar, was, ob etwas beschafft werden muss und in welcher Form, Menge und für welche Zeit. Auch das benötigte Budget wird in dieser Phase festgelegt. In der Praxis ist das Lastenheft eine weitverbreitete Form. |
| Ausschreibung | Basierend auf den Analyseergebnissen werden die benötigten Dienstleistungen bzw. Produkte ausgeschrieben und potenziellen Lieferanten oder Partnern zugänglich gemacht. Die Ausschreibung kann öffentlich oder nur mit einzelnen Lieferanten oder Partnern erfolgen. |
| Bewertung | Die Rückmeldungen der angeschriebenen Lieferanten oder Partner (auch als Pflichtenheft bezeichnet) müssen analysiert und ausgewertet werden. Dazu empfiehlt es sich, einen Kriterienkatalog zu erstellen, der die wichtigsten Kriterien für die Auswahl beinhaltet und gewichtet. Das können z. B. Zertifikate, Berufserfahrung, Referenzen oder Ähnliches sein. |
| Auftrag erteilen | Wurde ein passender Lieferant oder Partner ausgewählt, muss man mit diesen einen Vertrag basierend auf den Ausschreibungsunterlagen ausarbeiten und unterschreiben. |

42 Seite 139

Werkvertrag und Dienstleistungsvertrag:

| Werkvertrag | Dienstleistungsvertrag |
|---|---|
| • Der Auftragnehmer erbringt ein konkretes Werk.<br>• Der Werkvertrag ist ergebnisbezogen.<br>• Das Werk muss die vereinbarte Beschaffenheit haben, das macht den Auftragnehmer ggf. schadensersatzpflichtig. | • Der Beauftragte wird tätig und erbringt eine Dienstleistung.<br>• Der Dienstleistungsvertrag ist prozessbezogen.<br>• Bei einem Dienstleistungsvertrag ist die Schadensersatzpflicht äusserst eingeschränkt, da kein konkretes Werk erstellt wird. |

43 Seite 139

Lieferanten-Controlling:

| Spezifisches Controlling | | Lieferanten-Konstellation |
|---|---|---|
| eher ja | eher nein | |
| ☐ | ☒ | Einsatz von zwei externen Mitarbeitenden über einen Personalverleih-Vertrag |
| ☒ | ☐ | Vergabe der Entwicklung eines Teilergebnisses in einem Innovationsprojekt |
| ☒ | ☐ | Bereitstellung der Infrastruktur für ein grosses Musikkonzert durch einen spezialisierten Lieferanten |
| ☒ | ☐ | Konfiguration und Einführung einer unternehmensumspannenden ERP-Software (Enterprise Resource Planning) durch eine Dienstleistungsfirma |
| ☐ | ☒ | Zusammenarbeit mit einer spezialisierten Consultingfirma zur Optimierung des aktuellen Projektmanagement-Systems im Unternehmen |
| ☐ | ☒ | Ausarbeitung eines externen Gutachtens zum Aufzeigen der relevanten IT-Risiken in einem Unternehmen |

44 Seite 158

| Dimension | Grafische Darstellungen |
|---|---|
| Termin | Meilensteintrend-Grafik |
| Kosten | Earned-Value-Grafik, Relative Slip Chart |
| Fortschritt | Earned-Value-Grafik, Burn-Down-Grafik |
| Ressourcen | Kapazitäts-Diagramm |
| Risiken | Risikomatrix-Grafik, Risikoklassen-Grafik, Risikotrend-Grafik |

45 Seite 158

- Dokumentation aller Änderungen (auch als Nachweis für den Projektleiter für Zielanpassungen)
- Nachvollziehbare Entscheidungen auf bekannten Grundlagen durch zuständige, offizielle Instanzen
- Änderungen geplant in die bestehenden und die zukünftigen Projektergebnisse und -arbeiten einfliessen lassen

46 Seite 158

- Termine und Kosten werden ohne nachvollziehbare Grundlage verlängert bzw. überschritten.
- Die Konsistenz und Machbarkeit von Lösungen kann nicht mehr gewährleistet werden.
- Ein «dauerndes» Ändern von Rahmenbedingungen und Vorgaben lässt das Team am Sinn und an der Stossrichtung des Projekts zweifeln.

47 Seite 158

- Die Einarbeitung von Änderungen wird mit Fortschreiten des Projekts immer teurer.
- Die Gefahr, dass die Änderungen nicht sauber in die bestehenden Ergebnisse integriert werden können, steigt ebenfalls an.

48 Seite 158

Kennzahlen:

| Kennzahl | Berechnung | Feststellung |
|---|---|---|
| Terminabweichung: SV | 400 000 – 500 000 = –100 000 | Das Projekt liegt aktuell hinter dem Plan. |
| Kostenabweichung: CV | 400 000 – 550 000 = –150 000 | Das Projekt hat aktuell das Budget überzogen. |
| Geschätzte Kosten bei Fertigstellung: EAC | $\frac{550\,000}{400\,000} \times 1\,000\,000 = 1\,375\,000$ | Wenn es so weitergeht, wird das Projekt teurer werden. |
| Geschätzte Kostenabweichung Projektabschluss: VAC | 1 000 000 – 1 375 000 = –375 000 | |
| Kosteneffizienz: CPI | $\frac{400\,000}{550\,000} = 0.73$ | |
| Zeiteffizienz: SPI | $\frac{400\,000}{500\,000} = 0.80$ | Wenn es so weitergeht, wird das Projekt länger dauern. |
| Geschätzte Gesamtdauer: ETAC | $\frac{12}{0.8} =$ 15 Monaten | |
| Benötigte Kosteneffizienz: TCPI | $\frac{1\,000\,000 - 400\,000}{1\,000\,000 - 550\,000} = 1.33$ | Um das Projektbudget einzuhalten, brauchte es eine 33%ige Effizienzsteigerung. |

49 Seite 169

- Eintrittswahrscheinlichkeit verringern: Mit einer Massnahme wird versucht, die Wahrscheinlichkeit des Eintretens eines Risikos zu verringern.
- Schadenspotenzial verringern: Mit einer Massnahme wird versucht, den möglichen Schaden beim Eintreten des Risikos so gering wie möglich zu halten.

50 Seite 169

- Bei der Risikoklassen-Grafik werden die einzelnen Risiken den Risikoklassen zugeordnet, bewertet und dann werden die gesamten Risikoklassen dargestellt.
- Bei der Risikotrend-Grafik erfolgt die Bewertung einzelner, sehr kritischer Risiken, die einzeln dargestellt werden.

51 Seite 169 — Der Ablauf ist für beide derselbe, einzig der Fokus der Identifikation, Analyse und Bewertung und Massnahmenplanung wechselt zwischen Chancen und Risiken.

52 Seite 169 — Von der Höhe des Chancen- bzw. Risikopotenzials. Massnahmen sind mit Aufwand und Kosten verbunden. Diese sollten in der Summe geringer sein als der Gewinn aus der Chancennutzung bzw. der Schaden beim Eintreten eines Risikos.

53 Seite 169 — SWOT-Analyse:

| Chance, Risiko | W | G / S | Strategie | Massnahme |
|---|---|---|---|---|
| Ein Schlüsselmitarbeiter im Projektteam ist begeisterter Bungee-Jumper. | 3 | 2 | Mindern | Wissensaufbau bei einem zweiten Mitarbeiter |
| Der Auftraggeber hat erst vage Vorstellungen, wie das Softwareprojektergebnis aussehen soll. | 5 | 3 | Mindern | Agiles Vorgehen wählen. |
| Projekt erkennt im Rahmen der Analyse einen massgeblichen Mehrnutzen, wenn der Projektscope entsprechend erweitert wird. | 4 | 4 | Ergreifen | Dem Auftraggeber Scope-Erweiterung inkl. Mehrnutzen aufzeigen und Änderung beantragen. |
| Dem Projektteam fehlt es an Know-how für das Erarbeiten eines spezifischen Teilergebnisses | 4 | 4 | Verlagern | Erarbeitung des Teilergebnisses an geeigneten Unterlieferanten auslagern. |
| In der Schweiz soll eine weitere bedeutende Skirenndestination aufgebaut werden. Dazu muss eine neue Infrastruktur aufgebaut werden. Der wirtschaftliche Nutzen für die Region ist gross, aber auch sehr wetterabhängig. | 4 | 5 | Versichern | Wetterversicherung abschliessen und in die Projektkosten einbeziehen. |
| Ein junger Projektleiter erhält die Chance, ein grösseres Entwicklungsprojekt zu übernehmen. | 4 | 3 | Mindern | Zur Vermeidung von Fehlern wird der Projektleiter durch einen Coach begleitet. |
| Wegen eines Strategiewechsels im Unternehmen droht einem Projekt der Projektabbruch. | 4 | 5 | Mindern oder akzeptieren | Mindern: Nutzen des Projekts gemessen an der neuen Strategie aufzeigen.<br>Akzeptieren: Abbruch, falls geringer Beitrag zu neuen Strategie bereits erwiesen ist |
| Dem Projektsponsor könnten die Gelder zur Finanzierung des Projekts ausgehen. | 2 | 5 | Akzeptieren | Ohne konkreten Hinweis dazu ist Wahrscheinlichkeit gering und Massnahme lohnt sich nicht. |

Skala für Wahrscheinlichkeit (W): 1 = sehr unwahrscheinlich, 2 = unwahrscheinlich, 3 = wenig wahrscheinlich, 4 = ziemlich wahrscheinlich, 5 = sehr wahrscheinlich

Skala für Gewinn / Schaden (G / S): 1 = unbedeutend, 2 = spürbar, 3 = beträchtlich, 4 = hoch, 5 = sehr hoch

54 Seite 184

- Sie hilft bei der Projektzieldefinition und fördert damit die spätere Integration der Projektergebnisse und deren Nutzung, indem die verschiedenen Sichtweisen der Beteiligten und Betroffenen von Anfang an berücksichtigt werden.
- Sie liefert Informationen zu den Beteiligten und Betroffenen, die bei den Massnahmen des Projektmarketings berücksichtigt werden müssen.
- Sie hilft, Risiken und Konflikte zu vermeiden, indem sie das Kräftefeld aus Stakeholdern und ihre mögliche Einflussnahme auf das Projekt betrachtet und das Projektmanagement dabei unterstützt, proaktiv Massnahmen zu ergreifen.

55 Seite 184

- Sofort die Kommunikation aufnehmen (ggf. unter Einbezug des Projektsponsors).
- Information zum Projekt (Problemstellung, Ziele, Nutzenpotenziale etc.) anbieten.
- Kooperationsmöglichkeiten ausloten, aushandeln und verbindlich vereinbaren.

56 Seite 184 Stakeholder-Matrix:

| Stakeholder-Gruppe | Abk. | Ziele, Anforderungen | Einfluss | Interesse |
|---|---|---|---|---|
| Geschäftsleiter | GL | Einheitliche und transparente Ergebnisse zur übergeordneten Kontrolle und Steuerung der Projekte | 4 | 3 |
| Abteilungsleiter | AL | • Klares Projektmanagement-System, das keinen relevanten Mehraufwand in der Projektabwicklung generiert<br>• Klarheit bezüglich Linien- und Projektfinanzierung<br>• Klar geregeltes System zur Projektauslösung, Phasenfreigaben und Projektabschluss | 3 | 2 |
| Projektleitende | PL | Einfach anwendbares Projektmanagement-System | 2 | 4 |
| Projektmitarbeitende | PM | Keine Störung in der Projektarbeit durch das Projektmanagement-System | 1 | 1 |

Skala für Einfluss: 1 = gering, 2 = eher gering, 3 = eher hoch, 4 = hoch

Skala für Interesse: 1 = gering, 2 = eher gering, 3 = eher hoch, 4 = hoch

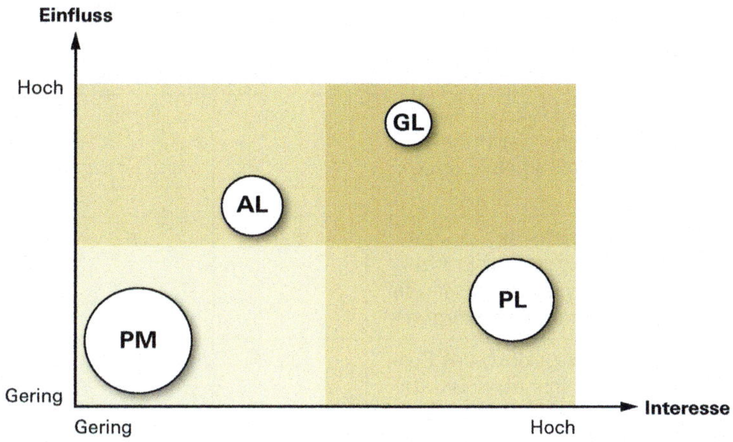


57 Seite 199

- Veränderungsbedarf
- Veränderungsbereitschaft
- Veränderungsfähigkeit

58 Seite 199

- Phase 1: Die Veränderung des Gleichgewichts vorbereiten.
- Phase 2: Die Ist-Situation verändern, um den Soll-Zustand zu erreichen.
- Phase 3: Stabilisierung des erreichten Soll-Zustands.

59 Seite 199 In Phase 2 «Verändern»

60 Seite 200 Phasen des Veränderungsprozesses:

| Phase | Richtig | Falsch | Richtige Phase | Tätigkeit |
|---|---|---|---|---|
| 3 | ☐ | ☒ | 2 | Personelle und finanzielle Ressourcen planen und priorisieren |
| 1 | ☒ | ☐ | | Promotoren identifizieren, evaluieren und mobilisieren |
| 4 | ☐ | ☒ | 1 | Prognosen erstellen |
| 4 | ☐ | ☒ | 5 | Prozessreview durchführen |
| 1 | ☐ | ☒ | 2 | Kritische Erfolgsfaktoren ableiten |
| 2 | ☒ | ☐ | | Globalziele auf Teilziele herunterbrechen |
| 4 | ☒ | ☐ | | Etappenziele auswerten |
| 1 | ☒ | ☐ | | Betroffene Gruppen und Individuen ermitteln |
| 3 | ☐ | ☒ | 2 | Entscheiden, welche Massnahmen umgesetzt werden |

| Phase | Richtig | Falsch | Richtige Phase | Tätigkeit |
|---|---|---|---|---|
| 3 | ☐ | ☒ | 2 | Interne Betroffene gemäss dem Kommunikationskonzept informieren |
| 3 | ☒ | ☐ | | Anreizsysteme schaffen |
| 5 | ☒ | ☐ | | Veränderungsvorhaben abschliessen |
| 2 | ☐ | ☒ | 1 | Daten analysieren |
| 3 | ☒ | ☐ | | Projektorganisation bilden |
| 4 | ☐ | ☒ | 3 | Beteiligte ausbilden |

**61** Seite 200

Die beiden Ebenen korrespondieren im Verlauf des Veränderungsprozesses miteinander und hängen voneinander ab.

**62** Seite 210

Kommunikationstraining, Videoaufnahme zur Selbstreflexion, Feedback bei anderen einholen, Schwächen / Stärken bewusst machen, gezielten Rat von einem Experten einholen, Literaturstudium

**63** Seite 211

Eisenhower-Prinzip:

| Chance, Risiko | Wichtig? | Dringend? | Massnahme |
|---|---|---|---|
| Das Projektteam betont bereits zu Beginn des Grossprojekts, dass es für die Teammitglieder zentral sei, dass der Projektabschluss gebührend gefeiert werde. Der Projektleiter solle einen entsprechenden Anlass organisieren. | Ja | Nein | Kosten und Organisation des Anlasses einplanen. |
| Um gezielt gemeinsam in dieselbe Richtung arbeiten zu können, organisiert der Projektleiter einen Workshop zur Erarbeitung der Projektvision. Dazu muss er für heute eine passende Infrastruktur suchen und das Moderationsmaterial besorgen. | Nein | Ja | Delegieren an Project Management Office. |
| Nachdem der Auftrag mit dem Auftraggeber geklärt, das Projekt genehmigt und der Projektauftrag unterschrieben wurde, kann das Projekt offiziell gestartet werden. Der Auftraggeber möchte den Kick-off in dieser Woche durchführen. Dazu muss der Projektleiter die Ressourcen aus den Abteilungen Marketing, Entwicklung und Betrieb beantragen. | Ja | Ja | Erledigen, da Antwort aus den Abteilungen dauern und der Termin für den Kick-off nahe ist. |
| Das aktuelle Bürogebäude benötigt einen neuen Anstrich der Fassade. Dazu muss ein Maler beauftragt werden. | Nein | Nein | Löschen; nicht Aufgabe des Projektleiters. |
| Im Verlauf des Tages merken Sie, dass Ihr E-Mail-Postfach auf 20 Mails angewachsen ist. | Ja | Nein | Abarbeitung der E-Mails für den Abend oder nächsten Morgen einplanen. |
| Bei Funktionstests einer neu entwickelten Software kamen einige Fehler zum Vorschein. Die Fehler sollen in einem Testbericht zusammengefasst werden. | Nein | Ja | Delegieren an Testteam. |

**64** Seite 211

Intrinsisch und extrinsisch Beteiligte an einem Projekt:

| Intrinsisch motivierte Beteiligte | Extrinsisch motivierte Beteiligte |
|---|---|
| • Klare Aussagen über die Projektziele und die Nichtprojektziele<br>• Wertschätzung von Ideen und Wünschen<br>• Beteiligungsmöglichkeiten schaffen<br>• Regelmässiges Erwartungsmanagement | • Quick Wins<br>• Unverzügliche und sichtbare Anerkennung von grossen und kleinen Erfolgen<br>• Entwicklungspfade aufzeigen und erschliessen |

65 Seite 211 Rollenmodell von E. A. Fox:

| Tätigkeit | Zuordnung | Begründung |
|---|---|---|
| Der Marketingleiter aus dem Mutterkonzern macht schon seit Längerem einen unzufriedenen Eindruck, weil er nicht von Anfang an ins Projekt einbezogen wurde. Nun ist der richtige Moment für ein Treffen mit ihm, damit er wieder besänftigt werden kann. | Liebender | Primär emotionales, beziehungsgeprägtes Thema |
| Die Mitarbeitenden vom Betrieb arbeiten aktuell nicht im Sinn des Projekts. Jeder macht einfach, was er will, und ignoriert die Aufgaben, die der Betrieb gemäss PM-Prozess ganz klar zu erledigen hat. Es ist Zeit, dass hier auf den Tisch geklopft und für Ordnung gesorgt wird. | Krieger | Klare Worte und eindeutiges Auftreten sind gefragt. |
| Kundeninterviews zeigen, dass die Kunden das neue Gadget zwar toll finden, aber der Schuh an einem ganz anderen Ort drückt. Die Kunden möchten kein weiteres Gerät im Haushalt, sondern sie möchten endlich eine Lösung für ihren Kabelsalat. Diesem Umstand muss nun dringend Rechnung getragen werden. | Träumer | Innovation und neue Lösungen werden erwartet. |
| Die verschiedenen Mitglieder des Steuerungsausschusses haben alle ihre persönliche Vorliebe, welcher Lieferant die Ausschreibung gewinnen soll. Da es am Schluss nur einen Sieger geben kann, braucht es hier eine Analyse basierend auf klaren Beurteilungskriterien. | Denker | Fakten und deren Bewertungen stehen im Vordergrund. |

66 Seite 217

- **Einschätzbarkeit:** Ein integer handelnder Projektleiter, der nach seinen eigenen moralischen und ethischen Werten und Prinzipien handelt, ist mit der Zeit stabil einschätzbar. Das Umfeld weiss, welche Erwartungen man hat und nach welchen Werten man handelt.
- **Verständlichkeit:** Idealerweise werden die eigenen Werte und Prinzipien kommuniziert, sodass sie für das Umfeld verständlich sind.
- **Vertrauen:** «Verlässlichkeit» bedeutet, entsprechend dem Vereinbarten und den Erwartungen zu handeln. Das schafft Vertrauen. Der Auftraggeber weiss beispielsweise, dass die Leistung zum vereinbarten Zeitpunkt in der erwarteten Qualität geliefert wird. Er vertraut darauf.
- **Lösungsfindung:** Das Vertrauen beruht auch darauf, dass dem Projektleiter dahin gehend vertraut wird, dass er zeitnah informiert, wenn das Projekt nicht plangemäss abgewickelt werden kann, und dass nach Lösungen gesucht wird.
- **Entscheidungsfindung:** Einen verlässlichen und integren Projektleiter zu haben, bedeutet auch, dass er Entscheidungen, die getroffen werden, zum richtigen Zeitpunkt herbeiführt, auch wenn diese unangenehm sind. Hier fliessen die Werte und Prinzipien ebenfalls ein. Der Projektleiter wägt Entscheide mit den Vor- und Nachteilen gut ab und entscheidet unter Einbezug der jeweiligen Stakeholder nachhaltig.
- **Verantwortung für Entscheide übernehmen heisst auch, dass darauf vertraut werden kann, dass diese auch nach aussen vertreten werden.** Trifft man beispielsweise im Team eine Entscheidung, so vertraut das Team darauf, dass diese auch nach aussen, z. B. gegenüber dem Auftraggeber oder dem Steuerungsausschuss, vertreten wird.
- Entscheide und andere **Kommunikationen** verlaufen **adressatengerecht.**
- Der Projektleiter **fällt seinen Ansprechpartnern nicht in den Rücken.** Das heisst, er kommuniziert ihre Anliegen den anderen Stakeholdern weiter und hält sich an die getroffenen Vereinbarungen, auch wenn es dadurch erst mal zu Widerständen kommen kann, die er dann moderierend löst.

67 Seite 217

- Unzureichende **Qualität** der Arbeitsergebnisse, da im Team viele Missverständnisse vorhanden sind.
- Die Projektmitarbeitenden können Schwierigkeiten haben, ihren **Platz und ihre Rolle** im Projektteam zu finden.
- Höheres Potenzial für **Konflikte,** weil das gemeinsame Verständnis für Normen, Werte und Regeln fehlt.
- Geringere **Produktivität,** da das Team nicht in die «Performing»-Phase kommt.
- Mehr **Abwesenheiten und Fluktuation,** da das mehr durch Probleme als durch Erfolge geprägt und damit die Motivation der einzelnen Mitarbeitenden negativ beeinflusst wird.

68 Seite 224

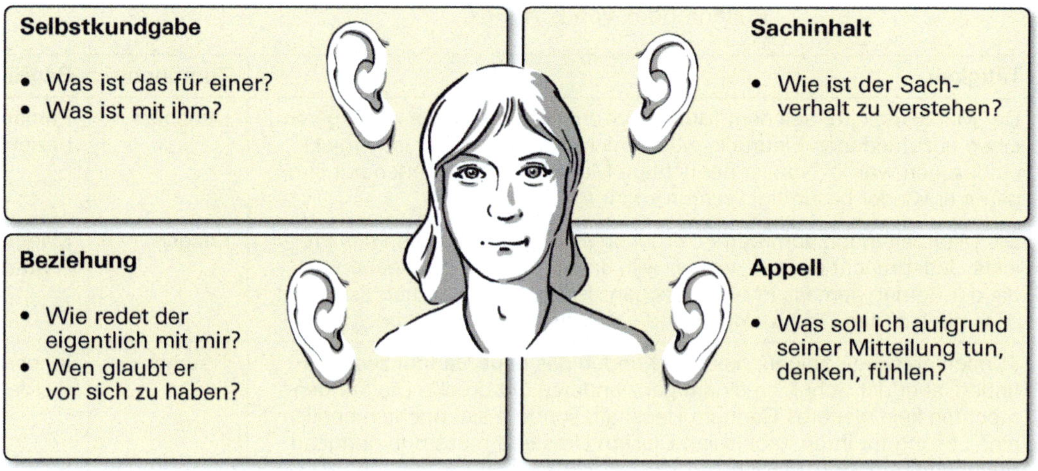


69 Seite 225

Qualität der Kommunikation:

| Chance, Risiko | Güte | Begründung |
|---|---|---|
| Anna steckt in einer schwierigen emotionalen Lage, weil sie sich gerade von ihrem Mann getrennt hat. Aus diesem Grund ist es ihr in den letzten Wochen schwergefallen, sich zu konzentrieren. Die Trennung hat sie noch nicht ganz verarbeitet. Der Projektleiter spricht Anna auf ihre Leistungseinbusse an. Anna beginnt direkt, ihm auf ausschweifende Art von der privaten Situation zu erzählen. Der Projektleiter stellt lediglich Verständnisfragen und lässt Anna 15 Minuten sprechen. | + | Unterbricht nicht und entlastet dadurch. |
| Peter unterstützt sein Team spontan beim Schreiben des Projektabschlussberichts. Ursula redigiert sein Kapitel und kommentiert das Dokument via E-Mail: «Ich bin nicht begeistert, die Qualität stimmt so nicht. Ich höre nun mit dem Lesen auf.» | – | Nicht konstruktiv, emotional und ohne konkrete Verbesserungspunkte |
| Die neue Unternehmensstrategie wurde in einem Video durch den CEO präsentiert. Es wird sich einiges ändern, was auch das Projekt betrifft. Die Änderungen sind allerdings noch nicht vollumfänglich abschätzbar. Der Projektleiter leitet das Video seinem Projektteam unverzüglich per E-Mail weiter. | – | Das Kommunikationsmedium ist inadäquat, die Mitarbeitenden sind allein mit einer unklaren Botschaft. |
| Felicia durfte nach ihrem Doktorat in Elektrotechnik ein anspruchsvolles Kundenprojekt übernehmen, das genau ihr Thema ist, und trifft zum ersten Mal das interdisziplinäre Projektteam. Um Respekt zu erhalten, bereitet sie sich optimal auf das Meeting vor, indem sie ihr jahrelang erarbeitetes Fachwissen in eine Präsentation packt und dem Team sprachgewandt präsentiert. | – | Keine einfache, verständliche Sprache |
| Yolanda erarbeitet mit dem Projektteam die Projektvision und schlägt buchstäblich die Brücke zu «Stellt euch vor, wir bauen gemeinsam ein Schiff. Es bringt uns nicht nur von A nach B, sondern bietet genau die Annehmlichkeiten des Lebens, die man sich auch auf dem offenen Meer vorstellt. Genau das wollen wir mit dem neuen Produkt.» | + | Verwendet Bilder und Metaphern passend. |
| Nach Abschluss der Konzeptphase soll es voller Elan in die Umsetzungsphase gehen. Der Projektleiter hält jedoch inne und führt ein Teamevent durch. Das Team wird im Freien von einer Eventmanagerin in Empfang genommen, die durch den Nachmittag führt. In kleinen Gruppen soll im Winter aus einem Eisklotz ein kreatives Symbol entstehen, das das Team repräsentiert. | + | Fördert den Teamgeist im richtigen Moment auf Basis eines Erfolgs. |
| Alessandro beharrt darauf, dass das Produkt nur dann vertrieben werden kann, wenn es in braunen Kartonschachteln verschickt wird. Das erwecke am besten den Eindruck von Nachhaltigkeit. Das Team ist langsam, aber sicher genervt, weil Alessandro den Fortschritt wiederholt mit seiner Forderung blockiert. Der Projektleiter schlägt vor, dass man dazu Kunden befragt. | + | Fördert den Perspektivenwechsel. |
| Ein schlimmer Fehler muss in der Software dringend behoben werden. Das Projektteam ist mit sämtlichen Kommunikationswegen und -medien ausgerüstet. Hans füttert nach bestem Wissen und Gewissen die Fehlerliste auf dem Projekt-Share mit der Wichtigkeit «hoch» und schickt Lotta dazu noch ein Mail, ebenfalls mit der Wichtigkeit «hoch». | – | Kommunikationswege und -medien müssen insbesondere für Notfälle klar geregelt sein. |

70 Seite 225

- Der Sender will dem Empfänger etwas anderes mitteilen als das, was er sagt.
- Der Empfänger hört etwas anderes, als der Sender mitteilt.

71 Seite 233

- Wertschätzung ist eine positive Haltung und trägt zum Projekterfolg bei.
- Wertschätzung fördert die Kommunikation zwischen den Beteiligten.
- Wertschätzung unterstützt die Verständigung im Projekt.
- Wertschätzung anderen gegenüber hilft, die eigenen Annahmen und Werte zu reflektieren.
- Wertschätzung stärkt die Vertrauensbasis.

72 Seite 233

- Präzise: Die Vision soll das Projektziel genau nennen.
- Inspirierend: Die Vision soll zum Mitmachen anregen.
- Einfach: Die beste Vision hilft nichts, wenn sie niemand versteht.
- Einprägsam: Die beste Vision hilft nichts, wenn sich niemand daran erinnert.
- Glaubwürdig: Die Vision muss zum Unternehmen passen.
- Geteilt: Die beste Vision hilft nichts, wenn der Rest des Projekts und die Stakeholder die Vision nicht kennen bzw. nicht mittragen.

73 Seite 233

Beziehungsgestaltung:

| Aspekte der Beziehungsgestaltung auf der Beziehungsebene | Aussage-Nr. |
|---|---|
| Besonders hohes Investment am Anfang der Beziehung | 3 |
| Interesse an anderen Menschen zeigen | 1 |
| Positives und neutrales Gesprächsklima schaffen | 6 |
| Offene Fragen stellen | 5 |
| Sich öffnen und etwas von sich preisgeben | 8 |
| Präsenz, Respekt und Wertschätzung gegenüber seinem Gesprächspartner zeigen | 4 |
| Wichtige Informationen zum Gesprächspartner sammeln | 7 |
| Beziehungslandkarten zur Visualisierung verwenden | 2 |

74 Seite 242

Damit der Projektleiter seine Führungsaufgabe optimal erfüllen kann, muss er über diverse Kompetenzen wie Teamfähigkeit, Kontaktfähigkeit, Motivationsfähigkeit etc. verfügen. Diese sind für die Führungsaufgabe wichtiger als das Fachwissen. Zudem muss er ein Methodenspezialist für Projektmanagement sein. Das gilt besonders für grössere Projekte.

75 Seite 242

Reifegradmodell:

| Situation | Empfehlung | Begründung |
|---|---|---|
| Die verschiedenen Muster sind eingetroffen. Ich informiere den Mitarbeiter, dass das Muster der Firma AG das Rennen gemacht hat, und erkläre, anhand welcher Merkmale des Musters ich die Entscheidung getroffen habe. | Treffe Entscheidung und liefere Erklärung. | Hohe Mitarbeiterorientierung |
| Um die Industrial Designer zur Erstellung eines Verpackungskonzepts zu instruieren, soll der Mitarbeiter ein Fahrzeug aus der Firmenflotte buchen und zum Verteilzentrum fahren, um die bestehenden Verpackungen zur Ansicht abzuholen. Beim Erstgespräch mit den Industrial Designern erkundige ich mich über den Erhalt und die Nützlichkeit der bestehenden Verpackungen. | Gebe genaue Anweisungen und überwache die Leistung. | Hohe Aufgabenorientierung |
| Bei der Suche nach dem Thema zur Erstellung der nächsten Reportage erwähne ich beim Mitarbeiter, in welche thematische Richtung es gehen könnte, und teile ihm mit, dass ich mich auf seine Auswahl freue. | Teile Ideen mit und ermutige dazu, Entscheidungen zu treffen. | Geringe Mitarbeiterorientierung |
| Wir haben einen Experten ins Team geholt, um einen Lieferanten im Rahmen der Evaluation eines neuen IT-Systems zu bestimmen. | Übergebe die Verantwortung zur Entscheidungsfindung und zur Durchführung. | Hohe Aufgabenorientierung |

**76** Seite 242 Coachinggespräch:

| Frage | Schritt | Reihenfolge |
|---|---|---|
| Wie soll aus Ihrer Sicht der Zielzustand aussehen? | Erfolgskriterien und die Lösung erarbeiten | 5 |
| Ich verstehe Ihre Fragen. Wollen wir diese heute besprechen? | Filtern von Fragen vs. Problemen | 2 |
| Was würde oder wer könnte Ihnen helfen? | Gewünschte Unterstützung definieren | 4 |
| Was werden Sie als Nächstes tun? | Massnahmen erfragen | 6 |
| Was führt Sie heute zu mir? | Programm erfragen | 1 |
| Möchten Sie die anderen Fragen gerne in einem Folgetermin besprechen? | Festlegen des nächsten Termins | 7 |
| Welche Frage ist aus Ihrer Sicht am wichtigsten oder dringendsten? Welche möchten Sie als Erstes angehen? | Priorisierung der Coachingthemen | 3 |

**77** Seite 251 Teamentwicklung nach Tuckman:

| Phase | Tätigkeiten |
|---|---|
| Teambildung | Auswahl der Teammitglieder |
| Orientierung | Kennenlernen der Teammitglieder |
| Konfrontation | Auseinandersetzung mit anderen Teammitgliedern und Festlegung des künftigen Platzes in der Gruppe |
| Organisation | Festlegen von Arbeitsregeln |
| Leistung | Konzentration auf die Aufgabe und Leistungserbringung |
| Auflösung | Auflösung des Teams |

**78** Seite 251 In Projekten fallen viele Aufgaben und Tätigkeiten an, die die Fähigkeiten von einzelnen Personen überschreiten. Gute Projektergebnisse werden von einem Team besser erbracht, das synergetisch arbeitet.

**79** Seite 251

- Verfügbare Ressourcen voll ausschöpfen.
- Die fähigsten Mitarbeitenden können für die jeweilige Aufgabe eingesetzt werden.
- Freiraum schaffen für die anderen (wichtigeren) Führungsaufgaben.
- Die Arbeit wird schneller erledigt.
- Wissen wird an Mitarbeitende weitergegeben.
- Mitarbeitende können sich entwickeln.
- Motivation und Leistungsbereitschaft werden gesteigert.

**80** Seite 251

- Klarstellung, dass das Team grundsätzlich gemeinsam für das Projekt verantwortlich ist, Thematik angehen und Team transparent informieren.
- Engagement als Ganzes beobachten (Lieferobjekte, Meetings, freiwillige Übernahme von Aufgaben, Unterstützung anderer).
- Nach Möglichkeit fachliche Fähigkeiten beurteilen oder Experten ausserhalb des Projektteams hinzuziehen.
- Bei fachlichen Mankos gemeinsam einen Entwicklungsplan aufstellen und das Team miteinbeziehen.
- Motivationale Lage einschätzen, persönliches Gespräch führen.
- Bei motivationsbezogenen Mankos schriftlich festhalten, was sich bis wann ändern soll, und dann jeweils mit Selbst- und Fremdbild arbeiten; allenfalls über Vorgehen des Projektmitarbeiters informieren; allenfalls Projektmitarbeiter aus dem Projekt verabschieden.

81 Seite 251

- Ein **Frühwarnsystem** mit dem Team bereitstellen, damit Abweichungen von Qualität, Kosten und Terminen möglichst rasch identifiziert werden können, sodass grössere Fehler verhindert werden können und man dabei aber sein Gesicht nicht verliert.
- Die Fähigkeit zur **konstruktiven Kritik** fördern, sprich: eine konstruktive Fehlerkultur mit klaren Regeln etablieren. Diese Regeln müssen im Team erarbeitet werden und es muss immer wieder darauf Bezug genommen werden. Das heisst z. B., dass der Projektleiter Projektmitarbeitende ermuntert, etwas auszuprobieren und zu lernen, und dies wertschätzt und auf der anderen Seite Personen mit destruktiver Fehler- und Feedbackkultur klar auf die Regeln der Zusammenarbeit hinweist.
- **Reflexion** über Arbeitsprozesse, Ergebnisse und Zusammenarbeit institutionalisieren z. B. mittels Lessons-Learned-Meetings oder Retrospektiven. Hier geht es gezielt darum, dass die Projektmitarbeitenden buchstäblich erfahren, dass Fehler einen Zweck haben und dass man effektiv daraus lernen kann, indem man dies sehr diszipliniert und strukturiert tut.
- Mit gutem **Vorbild** vorangehen und die Regeln selbst beachten, sprich: z. B. erzählen, dass man einer Schwierigkeit mit dieser oder jener Massnahme begegnet ist, dies aber nichts gebracht hat, sodass man etwas anderes ausprobieren musste, was dann funktioniert hat, und auch erklären, weshalb man denkt, dass dies nun erfolgreich war.

82 Seite 263

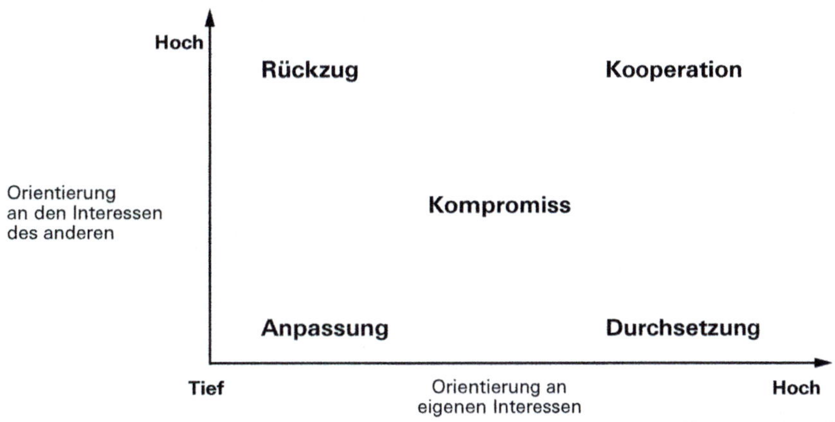


83 Seite 263

Heisse und kalte Konflikte:

| Massnahme | Heiss | Kalt | Massnahmen |
|---|---|---|---|
| Der Teamleiter der Projektleitenden äussert sich über den neu erarbeiteten PM-Leitfaden, der von seinem Vorgesetzten in Auftrag gegeben wurde, lediglich mit den Worten: «Also ich habe mehr erwartet und bin enttäuscht.» | ☐ | ☒ | Mit dem Teamleiter besprechen, ob er das Team dahin gehend unterstützen möchte, dass er ein Review macht, bei dem er seinen Erfahrungsschatz zum Ausdruck bringen kann. |
| Die Entwicklung des neuen Geräts wurde direkt im Produktmanagement gemeinsam mit der IT umgesetzt und soll nun freigegeben werden. Die Freigabe wird von allen gutgeheissen mit Ausnahme des Innovationsmanagements. | ☐ | ☒ | Das Innovationsmanagement bereits jetzt für die Ausarbeitung der Roadmap für die künftige Entwicklung miteinbeziehen und immer wieder über den aktuellen Stand informieren. |
| Tim aus der Marketingabteilung hat eine sehr konkrete Vorstellung davon, wie die Kampagne zur Vermarktung des neuen Produkts aussehen soll, und ist nur bereit, die Vermarktung weiter voranzutreiben, wenn sie genauso umgesetzt wird, wie er es haben möchte. | ☒ | ☐ | Der Marketingmanager wird gebeten, drei verschiedene Vorschläge auszuarbeiten und diese dem Projektteam zu präsentieren sowie dazu Kunden zu befragen. |
| Seit der Inbetriebnahme der neuen Software grüsst der Betriebsverantwortliche das Projektteam nicht mehr. | ☐ | ☒ | Betriebsverantwortlichen zu einem Projektteam-Meeting einladen, sodass er zu seinen Erfahrungen berichten und dem Team seine Wünsche mitteilen kann. |

| Massnahme | Heiss | Kalt | Massnahmen |
|---|---|---|---|
| Der Projektvertreter aus dem Innovationsmanagement reagiert bei Präsentationen von Herstellern im Rahmen des Ausschreibungsprozesses lautstark mit blossstellenden Fragen und Äusserungen. Ausserdem kommuniziert er auch seine Zweifel betreffend Innovationsfähigkeit direkt an den Hersteller. | ☒ | ☐ | Der Projektleiter spiegelt in einem persönlichen Gespräch seine Wahrnehmung über das Verhalten des Kollegen und macht deutlich, dass er an den Präsentationen nur noch dabei sein darf, wenn er den Herstellern mit dem angemessenen Respekt begegnet, und lässt ihm die Entscheidung frei, zu kommen. Seine Bedenken kann er im Projektteam-Meeting äussern und begründen. |
| Als Feedback auf ihren Vorschlag für das neue Verpackungsdesign erhält Bernadette von ihrem Vorgesetzten um 22.45 Uhr das Feedback: «Habe ich dir nicht schon mehrfach gesagt, dass nur zweistufige Designs verwendet werden dürfen? Wie oft muss ich es eigentlich noch sagen? Also ich muss mir nun schon überlegen, wie das mit dir weitergehen soll.» | ☒ | ☐ | Der Projektleiter geht am nächsten Morgen auf Bernadette zu und schaut, wie es ihr geht, und schlägt vor, ein Treffen zu dritt zu machen. |

**84** Seite 263 Massnahmen zur Verhinderung von Konflikten:

| Präventive Massnahme | Beispiel |
|---|---|
| Stakeholder-Management | Die Erwartungen und Wünsche der verschiedenen Stakeholder werden durch den Projektleiter schriftlich festgehalten (nicht öffentlich) und regelmässig in einem persönlichen Gespräch überprüft und Massnahmen ergriffen. |
| Risikomanagement | Als Bestandteil des regelmässigen Reportings an den Sponsor und den Steuerungsausschuss werden Risiken qualifiziert aufgenommen und nach ihrer Eintrittswahrscheinlichkeit und Auswirkung beurteilt sowie die Umsetzung der eingeleiteten Massnahmen verfolgt. |
| Qualifizierte Kommunikation | Wer wann wie oft über welches Medium zu welchem Zweck informiert wird und welche Interaktionsmöglichkeiten mit dem Projektteam möglich sind, wird schriftlich auf der Projektseite im Intranet unter «Kommunikationsplan» publiziert. |

**85** Seite 264 Konflikt oder Krise?

| Konflikt | Krise | Massnahme |
|---|---|---|
| ☒ | ☐ | Uneinigkeit betreffend des Testvorgehens |
| ☐ | ☒ | Der Sponsor möchte, dass der Lieferant mit der Umsetzung beauftragt wird, auch wenn die finanziellen Mittel dafür nicht gesprochen wurden und Uneinigkeit betreffend die Umsetzung im Steuerungsausschuss herrscht. |
| ☒ | ☐ | Der Lieferant kann die Software erst eine Woche später liefern. |
| ☒ | ☐ | Der Projektmitarbeiter aus der IT weigert sich, sich die Businessanforderungen anzusehen, weil der Input aus dem Marketing noch ausstehend ist. |
| ☐ | ☒ | Der Leiter IT-Betrieb stimmt der finalen Freigabe zum Rollout nicht zu, weil der Betrieb zu spät involviert wurde. |
| ☒ | ☐ | In den Medien wird kommuniziert, dass der Kunde von einer anderen Firma aufgekauft wurde, die vorhat, den Bereich, der das Projekt betrifft, auszulagern. |
| ☒ | ☐ | Die Nutzerakzeptanztests verliefen nicht erfolgreich. |
| ☐ | ☒ | Der Sponsor gibt das Projekt ab. |
| ☐ | ☒ | Drei Viertel der Entwickler wurden permanent für andere Projekte abgezogen, sodass sich der Terminplan drastisch verändert und es unklar ist, ob noch das notwendige Know-how für die Umsetzung im Team vorhanden ist. |
| ☒ | ☐ | Der Vertreter aus der Supportunit verkündet laut, dass er nicht mehr bereit ist, weiter im Projekt zu arbeiten, wenn seine Inputs nicht ernst genommen werden. |

86 Seite 274

- Den Standort ändern und die «Sache» beispielsweise von der Vogelperspektive aus betrachten
- Analogien und Metaphern nutzen
- Visualisierung
- Paradoxes Fragen
- Brainstorming
- Brainwriting
- 635-Methode
- Mindmap
- Kreative Räume
- Greenfield Approach

87 Seite 274

Systems Engineering: Sechs Denkhüte:

| Grundüberlegung des Systems Engineering? | Ja | Nein | Begründung |
|---|---|---|---|
| Immer zuerst das Detail genau anschauen. | ☐ | ☒ | Zuerst das Grobe, dann das Detail, sonst kann es passieren, dass man Teile vernachlässigt. |
| Ein Modell von der Realität erstellen. | ☒ | ☐ | Ein Modell schafft Überblick. |
| Nur objektive Erkenntnisse zulassen. | ☐ | ☒ | Die Erwartungen der Beteiligten und Interessengruppen müssen berücksichtigt werden, diese sind subjektiv geprägt. |

88 Seite 274

Sechs Denkhüte:

| Aussage | Hutfarbe | Repräsentiert |
|---|---|---|
| «Wenn das so weitergeht, werden uns die Kunden abspringen.» | Schwarz | Pessimismus |
| «Ich bin mir nicht sicher, wie lange unsere Kunden das noch aushalten. Die Situation ist ja wirklich unerträglich.» | Rot | Subjektivität |
| «Stellt euch vor, wir würden den Kunden nicht erst mit der Bedienungsanleitung führen, sondern er erfährt bereits beim Auspacken Schritt für Schritt, was er tun muss, ganz intuitiv und einfach.» | Grün | Kreativität |
| «Den Kunden gefallen die neuen Funktionen. Wenn erst alles einmal reibungslos funktioniert, wollen sie nie mehr etwas anderes.» | Gelb | Optimismus |
| «Das Ausmass der noch ungelösten Bugs ist bei einer Produkteinführung völlig normal. Wenn man das mit den letzten drei Produkteinführungen vergleicht, schliessen wir vergleichsweise sogar gut ab, zumal es bei uns keine gravierenden Fehler gibt.» | Blau | Metaperspektive |
| «In den letzten 30 Tagen wurden 57 neue Bugs gefunden, von denen 25 gelöst wurden.» | Weiss | Sachlichkeit |

89 Seite 282

Man sollte seine eigene BATNA kennen, also die beste vorstellbare Alternative zur aktuellen Vereinbarung.

90 Seite 282

Verhandlungsstrategie:

| Situation | Strategie | Begründung |
|---|---|---|
| Der langjährige Auftraggeber macht bei der Preisverhandlung für einen neuen Service enorm starken Druck. Die Marge für den Lieferanten würde praktisch auf null sinken. Zusätzlich droht der Auftraggeber mit der Kündigung der bestehenden Verträge, sollte der geforderten Preisreduktion nicht zugestimmt werden. | Konkurrenz | Es soll das Maximum an Gewinn erzielt werden und nicht auf die langfristigen Konsequenzen und die Beziehung geachtet werden. |
| Der potenzielle Lieferant versucht der Thematik des Ausbaus mit der neuen Infrastruktur, die der Kunde gerne anschauen möchte, um ein Initialangebot zu erhalten, auszuweichen. Er bezieht bei der Terminfindung eine äusserst zurückhaltende Position. | Vermeidung | Die für ein Initialangebot notwendig Machbarkeitsstudie von dem Lieferanten ist noch ausstehend. |

| Situation | Strategie | Begründung |
|---|---|---|
| Der Kunde verlangt, dass man für ihn speziell das Subscribermodell einführt, obwohl es nicht im Portfolio ist. Der Aufwand für die Umstellung ist enorm hoch und bringt für den Lieferanten keinerlei Mehrwert. Dennoch lässt er sich auf die Verhandlungen für die Einführung ein. | Anpassung | Die Verbesserung der Beziehung ist das eigentliche Verhandlungsziel. |
| Ein grosses Telekomunternehmen möchte neu auch Smart Metering anbieten. Eine entsprechende Eigenentwicklung würde jedoch zu einem verspäteten Markteintritt führen. Ein kleinerer, unbekannter Marktteilnehmer hat die Technologie bereits entwickelt und könnte nur durch Zusammenspannen mit dem namhaften Telekomunternehmen den Markteintritt vollziehen. | Win-win oder Kooperation | Wenn die Verhandlungspartner stark voneinander abhängig sind und nur eine Kooperation die Erreichung der Maximalziele ermöglicht |
| Ein Projekt braucht dringend einen Logistikpartner, weil der bestehende Lieferant in Konkurs gegangen ist. Aufgrund der aktuellen Markt- und Wirtschaftslage kommt dafür aber nur ein Partner infrage, der noch wenig Branchenerfahrung hat und erst noch Forderungen stellt. Die Partnerschaft wird als «Notlösung» eingegangen. | Kompromiss | Es braucht eine schnelle und effiziente Lösung. Man kann nicht warten. |

**91** Seite 282 Evaluationskriterien:

| Evaluationskriterium | Begründung |
|---|---|
| Grösse des Unternehmens | Ein grosses, solides Unternehmen ist stabiler und man profitiert eher vom Skaleneffekt, d. h., man zahlt z. B. die Weiterentwicklung nicht selbst. |
| Rechtlicher Sitz des Unternehmens | Die rechtlichen Vorgaben des Partners sollen möglichst den eigenen ähneln. Das vereinfacht die Verhandlungen und die Prüfung der Konformität. |
| Standorte des Unternehmens | Es sollte zumindest einen nahen Standort geben, sodass der Support vor Ort während des Projekts und im Betrieb gewährleistet ist. |
| Marktposition | Der Marktführer hat bereits viel Erfahrung und seine Technologie ist entsprechend ausgereift. |
| Referenzkunden | Ist der Partner bereit, Kunden als Referenzkunden anzugeben, spricht das für ihn im Sinne von Überzeugung, dass er beim Kunden gute Arbeit geleistet hat und weiterempfohlen wird.<br>Erfahrungen in derselben Branche sind oft auch wichtig, weil man dadurch den Realisierungsaufwand reduzieren kann. |
| Umsatz über die letzten drei Jahre | Ist der Umsatz stabil? Zunehmend? Abnehmend? Was sagt die Börse? Werden Dividenden bezahlt oder nicht? Solche Signale zeigen den finanziellen Rückhalt und die Strategie eines Unternehmens. Schreibt es solide Zahlen, ist es ein gutes Zeichen. Dividenden können unterschiedlich interpretiert werden. Bei jüngeren Firmen wird es negativ beurteilt, weil es als Signal gesehen wird, dass weniger in Innovation investiert wird. |

**92** Seite 290 Stressmanagement:

| Ebene | Förderliche Faktoren | Belastende Faktoren |
|---|---|---|
| Verhältnisse im Projekt | • Konstruktives Arbeiten im Team.<br>• Möglichkeit zum Feedback und Austausch.<br>• Die Erwartungen an die beteiligten Mitarbeitenden sind herausfordernd, aber nicht überfordernd.<br>• Die Arbeitspakete sind innerhalb der vorgesehenen Zeit machbar.<br>• Es besteht ein positives Einverständnis mit den Projektzielen.<br>• Probleme werden mit Blick auf die Zusammenhänge gelöst. | • Ungünstige Dynamik in der Gruppe.<br>• Es wird nur informiert, aber nicht kommuniziert.<br>• Der enge Zeitrahmen wird auf die Arbeitspakete abgewälzt.<br>• Personalknappheit führt zur Überforderung.<br>• Die Beteiligten sehen kaum Sinn im Projekt.<br>• Probleme werden nicht als Lernchance gesehen, sondern werden individualisiert (Sündenböcke müssen herhalten). |
| Verhalten der Personen | • Projektmitarbeitende sagen frühzeitig, wenn sie ein Problem sehen.<br>• Alle Projektmitarbeitenden sind bereit, von den anderen zu lernen. | • Durchhalteparolen dominieren und Entspannung wird einzig auf den privaten Bereich delegiert.<br>• Jeder grenzt sich vom anderen ab. |

**93** Seite 290 Projektmarketing begleitet und fördert jede Projektphase und nicht nur das Ergebnis (Produkt oder Leistung). Projektmarketing ist projektbezogen, klassisches Marketing ist produktbezogen.

94 Seite 290

| Aktivitäten | Mögliche Instrumente |
|---|---|
| Kontinuierliche Aktivitäten | Projektlogo, Projektflyer |
| Phasenbezogene Aktivitäten | Auftaktveranstaltung, Statusberichte |
| Situative Aktivitäten | Persönliche Gespräche, Pressekonferenz |

95 Seite 300

Ein Projekt sollte sinnvollerweise im Einklang mit der Strategie des Unternehmens stehen und das angestrebte Projektergebnis einen positiven Beitrag leisten.

96 Seite 300

Strategiebeitrag, Nutzen, Ressourcen, Dringlichkeit, Risiko der Nichtumsetzung

97 Seite 300

Anträge auf Erweiterung des Projektumfangs, Hinweis auf Folgeprojekte, gutes Beziehungsnetz zu den relevanten Stellen

98 Seite 300

1. Die Begründung für die Durchführung des Projekts ist nach wie vor gegeben.
2. Die Projektziele sind nach wie vor erreichbar.

99 Seite 300

A] Nein, aber mittels Massnahmen und zielkonformer Projektergebnisse kann ein KEF erfüllt werden.

B] Regelmässig, spätestens am Ende einer Projektphase.

100 Seite 300

Sie machen Projekterfolg messbar.

101 Seite 316

Das Zusammenspiel aller Elemente des Projektmanagements, sprich: der Gesamtheit von Führungsaufgaben, -organisation, -techniken und -mitteln in einer Organisation zur Durchführung von Projekten

102 Seite 316

Management by Projects bedeutet die Übernahme von Methoden oder Denkweisen des Projektmanagements in die Unternehmensführung und -entwicklung.

103 Seite 317

Nutzen des PPP-Managements:

| Nutzen des PPP-Managements – Beispiele | |
|---|---|
| Monetäre Sicht | • Die Bereitstellung von Arbeitshilfen (z. B. Vorlagen) hilft, Doppelarbeit zu vermeiden, und entlastet von zeitraubenden Routinen.<br>• Bestehende Ressourcen werden besser genutzt. Die zentrale Übersicht und Transparenz ermöglicht es, dass beispielsweise zu wenig ausgelastetes Projektpersonal rasch weiteren Einsatz findet. |
| Nichtmonetäre Sicht | • In der Organisation entwickelt sich ein gemeinsames Verständnis der Projektarbeit. Das hilft, Missverständnisse zu vermeiden, und stärkt den Strategiebezug.<br>• In Bezug auf Kunden ist ein standardisiertes und transparentes Vorgehen von Vorteil. Das stärkt das Vertrauen in die Organisation und fördert das Image. |

104 Seite 317

Die Einführung des PPP-Managements ist ein Organisationsprojekt, weil

- organisationsweit eine Standardisierung erfolgt, die mit Veränderungen auf mehreren Ebenen (in den Organisationseinheiten und in der Gesamtorganisation) und auch der Prozesse verbunden ist.
- bei den Veränderungen mit verschiedenen Sichtweisen zu rechnen ist, die offene und verdeckte Widerstände nach sich ziehen können. Das fordert ein auf die Organisation abgestimmtes Veränderungsmanagement.

**105** Seite 317

| Projekt-Controlling | Projektmanagement |
|---|---|
| Projekt-Controlling ist verantwortlich für die erforderliche Transparenz im Projekt und schafft eine Entscheidungsgrundlage für das Managen und Steuern des Projekts. Projekt-Controlling erfüllt damit eine Unterstützungsfunktion. | Projektmanagement ist für die Projektergebnisse verantwortlich und stützt sich auf fortlaufende Berichte des Projekt-Controllings. |

**106** Seite 326

- ☒ Gesundheit ist körperliches Wohlbefinden.
- ☐ Gesundheit ist sportlich sein.
- ☐ Gesundheit ist Leistungsfähigkeit.
- ☒ Gesundheit ist psychisches und soziales Wohlbefinden.

**107** Seite 326

- Arbeitsschutz umfasst alle Aktivitäten zum Schutz der Mitarbeitenden.
- Betriebsschutz umfasst alle Aktivitäten zum Schutz der Organisation.

**108** Seite 326

- Ökologische Nachhaltigkeit
- Ökonomische Nachhaltigkeit
- Soziale Nachhaltigkeit

**109** Seite 326

Benchmarking bezeichnet die vergleichende Analyse von Prozessen und Ergebnissen mit dem Ziel, Kompetenzmängel zu beheben.

**110** Seite 331

- Sofort die Kommunikation aufnehmen (ggf. unter Einbezug des Projektsponsors).
- Information zum Projekt (Problemstellung, Ziele, Nutzenpotenziale etc.) anbieten.
- Kooperationsmöglichkeiten ausloten, aushandeln und verbindlich vereinbaren.

**111** Seite 331

Typen gemäss der Methode HBDI:

| Gelber Typ | Roter Typ |
|---|---|
| Eher intuitiv, denkt ganzheitlich, konzeptionell unterwegs, innovativ, vernachlässigt gerne Details | Emotional, stark aufs Zwischenmenschliche bedacht, mitteilsam, impulsiv, vernachlässigt Details und Gesamtkonzept |

**112** Seite 338

Kultur einer Organisation:

| Richtig | Falsch | Aussage |
|---|---|---|
| ☐ | ☒ | Die Kultur einer Organisation ist für das Projekt unwichtig, da Kultur eine Angelegenheit der Vergangenheit ist. |
| ☒ | ☐ | Die Kultur einer Stammorganisation ist für das Projekt wichtig, denn das Projekt kann auf einen tief greifenden Wandel der Organisation zielen, der auch an der Kultur einer Organisation arbeitet. |
| ☐ | ☒ | Die Kultur einer Organisation zeigt sich einzig und allein in den Symbolen einer Organisation (z. B. Logo). |
| ☒ | ☐ | Die Kultur einer Organisation ist zum grössten Teil nicht sichtbar. Sie gibt sich in den Annahmen, Überzeugungen und der Wertorientierung der Organisationsmitglieder zu erkennen. |

**113** Seite 338

1. Individualismus versus Kollektivismus
2. Machtdistanz
3. Maskulinität versus Feminität
4. Vermeidung von Unsicherheit
5. Lang- oder kurzfristige Ausrichtung

# Glossar

## Numerisch

**635-Methode** Kreativitätstechnik, Brainwriting-Methode (635: sechs Teilnehmende, je drei Ideen, fünfmal weiterreichen).

## A

**Ablaufplan** Zeitlich-logische Anordnung aller Aktivitäten eines Projekts.

**Abnahmekriterium** Legt fest, wann, wie und unter welchen Umständen ein Projektergebnis abgenommen und an den Kunden übergeben wird.

**Abschlussbericht** Zusammenfassender Bericht zum Ende eines Projekts.

**Agil** Eine flexible, interaktive und inkrementelle Methode zur Verwaltung von Aktivitäten im Rahmen eines Projekts.

**Aktives Zuhören** Ist eine Methode in der Kommunikation.

**Änderungsmanagement** Befasst sich mit allen Massnahmen, die zur Bewertung, Steuerung und Dokumentation von angeforderten Änderungen im Projekt erforderlich sind.

**Anforderung** Spezifische Vorgabe, welche Eigenschaft ein Projektergebnis haben soll.

**Anspruchsgruppen** Person, Gruppe oder Organisation, die durch ein Projekt beeinflusst wird oder ein Projekt beeinflussen kann.

**Antizipation** Vorwegnehmende gedankliche Erwartung oder Erwartungshaltung.

**Arbeitspaket** Beschreibt eine Aktivität, eine Aufgabe oder einen Vorgang; wird als ein in sich geschlossenes Ergebnis mit klaren Abgrenzungen und Schnittstellen zu anderen Arbeitspaketen formuliert.

**Arbeitsschutz** Umfasst alle Aktivitäten zum Schutz der Mitarbeitenden vor gesundheitlichen Beeinträchtigungen und Gefahren unter Berücksichtigung von Gesetzen, Richtlinien und Verordnungen.

**Asymmetrische Information** Eine Partei weiss mehr als die andere.

**Auftraggeber** Beauftragt die Projektdurchführung; verantwortlich für die Erreichung des Projektnutzens.

**Aufwand** Anzahl von Arbeitseinheiten, die notwendig ist, um ein definiertes Arbeitsergebnis zu erbringen.

## B

**Balkendiagramm** Dient der Visualisierung der Zeitplanung eines Projekts. Die Dauer eines Arbeitspakets wird durch die Länge des Balkens in der Zeitachse symbolisiert.

**BATNA** Engl. «Best Alternative to a Negotiated Agreement», dt. «beste Alternativoption in Verhandlungen».

**Benchmarking** Vergleichende Analyse von Prozessen und Ergebnissen mit dem Ziel, Kompetenzmängel zu beheben.

**Beschaffungsprozess** Beschreibt die Phasen einer Beschaffung: Bedarfsanalyse, Ausschreibung, Bewertung und Auftrag erteilen.

| | |
|---|---|
| **Brainstorming** | Kreativitätstechnik zum Sammeln von Ideen. Der Moderator notiert die Ideen. |
| **Brainwriting** | Kreativitätstechnik zum Sammeln von Ideen. Die Teilnehmenden notieren die Ideen selbst. |
| **Burn-Down-Chart** | Grafische Darstellung für den verbleibenden Aufwand in einem Projekt in Relation zur verbleibenden Zeit. |
| **Business Case** | Beschreibt ein bestimmtes Geschäftsszenario (Programm, Projekt oder Portfolio) hinsichtlich Zielen, Kosten und Nutzen. |

## C

| | |
|---|---|
| **Chancenmanagement** | Das systematische Führen von positiven Auswirkungen (Chancen) analog dem Risikomanagement. |
| **Change** | Veränderung einer aktuellen Situation unter Beachtung der Vergangenheit. |
| **Change Control Board** | Gremium, das über Anforderungsänderungen entscheidet. |
| | Schriftliche Vereinbarung des Projektteams über Grundsätze und Prinzipien der Zusammenarbeit. |
| **Coaching** | Professionelle Beratungsleistung, die Führungskräfte oder auch Teams im Umgang mit anspruchsvollen Arbeitssituationen und Veränderungsprojekten unterstützt. |
| **Commitment** | Selbstverpflichtung, eine besondere Verpflichtung für ein Anliegen oder Projekt, die Identifizierung damit und die Bereitschaft, sich dafür zu engagieren. |
| **Community of Practice** | Arbeitsgruppe mit einem gemeinsamen Interesse an einem Thema. |
| **Compliance** | Erfüllung aller relevanten Gesetze, Standards und Vorgaben. |

## D

| | |
|---|---|
| **Delegation** | Übertragen einer Aufgabe an eine andere Person. |
| **Distress** | Negativ empfundener Stress mit eventuell negativen körperlichen, geistigen und seelischen Folgen für den Betroffenen. |
| **Driving Forces** | (Dt. «unterstützende Kräfte») Kräfte, die den Wandel vorantreiben. |

## E

| | |
|---|---|
| **Earned Value** | (Dt. «Fertigstellungs-Wert») Methode zur Überwachung des Projektfortschritts. Gibt den Wert der bisher abgeschlossenen Arbeitspakete auf Basis der Plan-Werte an. |
| **Einfluss-Interessen-Matrix** | Grafische Darstellung der Interessen und Einflüsse der jeweiligen Stakeholder. |
| **Eisenhower-Prinzip** | Zeitmanagementtechnik, die Aufgaben nach Wichtigkeit und Dringlichkeit kategorisiert. |
| **Empathie** | Fähigkeit und Bereitschaft, Empfindungen, Gedanken, Emotionen, Motive und Persönlichkeitsmerkmale einer anderen Person zu erkennen und zu verstehen. |
| **Entscheidungsbaum** | Grafische Darstellung von Entscheidungsregeln. |
| **Entscheidungsmatrix** | Ist eine Methode, um über verschiedene Vorgehensweisen zu entscheiden, indem man Alternativen definiert, Entscheidungskriterien ermittelt bzw. gewichtet und bewertet. |

**Erfolgsfaktoren** Eine Bedingung, die die Wahrscheinlichkeit erhöht, dass ein Erfolg erzielt wird.

**Erfolgskriterien** Ein Standard, den eine Person verwendet, um zu entscheiden, ob etwas erfolgreich ist.

**Ethik** Befasst sich mit den Annahmen und Kriterien für gutes bzw. schlechtes Verhalten und den damit verbundenen Werten und Normen.

**Eustress** Positiv wahrgenommener Stress. Löst Euphorie aus.

**Evolutionärer Wandel** Sanfter, kontinuierlicher Wandel, um die Akzeptanz zu sichern.

## F

**Feedback** Rückmeldung über subjektive Wahrnehmung an den Sender einer Nachricht oder Information.

**Feminität** Weiblichkeit; umfasst kulturell und gesellschaftlich der Frau zugeschriebene Eigenschaften.

**Fischgräten-Diagramm** Ursache-Wirkungs-Analyse bzw. Ishikawa-Diagramm.

## G

**Gantt Chart** Dient der Visualisierung der Zeitplanung eines Projekts. Die Dauer eines Arbeitspakets wird durch die Länge des Balkens in der Zeitachse symbolisiert.

**Governance** Ordnungsrahmen für die Leitung und Überwachung von Unternehmen.

## H

**Harvard-Konzept** Methode des sachbezogenen Verhandelns. Ziel ist eine konstruktive und friedliche Einigung mit einem Win-win-Ergebnis.

**HBDI** Herrmann Brain Dominance Instrument; Instrument zur Analyse von Arbeitsstilen.

**Human Resources Management** Dt. «Personalwesen» oder «Personalmanagement».

## I

**Inneres Team** Gemäss Friedemann Schulz von Thun besteht der Mensch aus verschiedenen Persönlichkeitsinstanzen, die als «Inneres Team» bezeichnet werden.

**Interessengruppen** Person, Gruppe oder Organisation, die durch ein Projekt beeinflusst wird oder ein Projekt beeinflussen kann.

**Ishikawa-Diagramm** Ursache-Wirkungs-Diagramm, das als Instrument zur Problemdiagnose genutzt wird. Auch Fischgräten-Diagramm.

**Iterative (agile) Vorgehensmodelle** Wiederholendes, sich schrittweise der Lösung annäherndes Vorgehen.

K

| | |
|---|---|
| **Kanban** | Vorgehensmodell zur Softwareentwicklung oder zur Steuerung des Produktionsprozesses. |
| **Kanban-Board** | Werkzeug zur Umsetzung der Kanban-Entwicklungsmethode. |
| **Kapazitätsdiagramm** | Instrument für die Planung des Ressourceneinsatzes. |
| **Key Performance Indicators (KPI)** | (Dt. «Leistungskennzahlen») Kennzahlen zur Erfolgsmessung. |
| **Kick-off-Meeting** | Zusammenkunft aller Beteiligten zu Beginn eines Projekts. |
| **Kommunikations-kodex** | Definiert die Kommunikationsregeln innerhalb eines Projektteams. |
| **Kommunikationsplan** | Legt die Verteilung der Projektinformationen an die jeweiligen Stakeholder fest. |
| **Komplexität** | Ein System, das aus vielen Teilen besteht und dessen Verhalten schwer zu verstehen und vorhersagbar ist. |
| **Konfigurations-management** | Alle technischen, organisatorischen und beschlussfassenden Massnahmen und Strukturen, die sich mit der Konfiguration (Spezifikation) eines Produkts befassen. |
| **Konfliktstile** | Art der Konfliktbewältigung. |
| **Konfrontationsphase** | Stormingphase nach Tuckman – in der das Team mit der Arbeit beginnt, aber noch keine Einigkeit erzielt hat, wie die Aufgaben angegangen werden. |
| **Konsortium** | Ist eine Form der Allianz. In einem Konsortium sind mehrere selbstständig bleibende Unternehmen für die Erreichung eines gemeinsamen Ziels (Projekts) auf Zeit zusammengeschlossen. |
| **Konstruktive Fehlerkultur** | Fähigkeit zur konstruktiven Kritik. |
| **Krise** | Bedrohliche Situation, problematische, mit einem Wendepunkt verknüpfte Entscheidungssituation. |
| **Krisenmanagement** | Bezeichnet den systematischen Umgang mit Krisensituationen. |
| **Krisenprävention** | Vorgehen, das eine bedrohliche Situation durch vorbeugende Massnahmen zu bekämpfen sucht. |
| **Kritische Erfolgsfaktoren (KEF)** | Auch Schlüsselfaktoren genannt, sind die Voraussetzungen, die wesentlich zum Projekterfolg beitragen. |
| **Kritischer Pfad** | Abfolge von Aktivitäten, die termingerecht erledigt werden müssen, damit das ganze Projekt termingerecht beendet werden kann. |

L

| | |
|---|---|
| **Laterale Führung** | Führung ohne direkte Weisungsbefugnis. |
| **Leidensdruck** | Voraussetzung, um eine Veränderungsbereitschaft zu schaffen. |
| **Leistungsphase** | Performingphase nach Tuckman – in der das Team eigenständig (und effizient) arbeitet. |
| **Leistungsumfang** | (Engl. «scope») definiert, was das Projekt liefert und was nicht. Summe aller Lieferobjekte. |

**Lenkungsausschuss** Entscheidungsgremium, das für die Steuerung von Projekten zuständig ist.

**Lessons Learned** (Dt. «Lektionen») Erfahrungen und Erkenntnisse, die Projekte an zukünftige Projekte weiterreichen.

**Lieferobjekt** Definiertes Ergebnis, das erbracht werden muss, um einen Prozess, eine Phase oder ein Projekt abschliessen zu können.

## M

**Machbarkeitsprüfung** Prüfung zu Beginn des Projekts, ob Projektziele (technisch, organisatorisch, wirtschaftlich) realisierbar sind. Hat die Aufgabe, Risiken zu identifizieren und einzuschätzen und Möglichkeiten für den Umgang mit Risiken zu benennen sowie Erfolgsfaktoren herauszuarbeiten.

**Machtdistanz** (Engl. PDI, «Power Distance Index») Mass zur Akzeptanz der Ungleichverteilung von Macht.

**Magisches Dreieck** Erfolgskriterien eines Projekts: Zeitdauer, Budget und Qualität.

**Make-or-Buy-Betrachtung** Eigenfertigung oder Fremdbezug.

**Management by Exception Approach** (Dt. «Führen nach dem Ausnahmeprinzip») Führungstechnik, bei der die übergeordneten Führungsorgane die Erledigung von Routinefällen den zuständigen Mitarbeitenden zur eigenverantwortlichen Entscheidung überlassen und sich die eigene Entscheidung nur für Ausnahmefälle vorbehalten.

**Management by Projects** Übernahme von Methoden oder Denkweisen des Projektmanagements in die Unternehmensführung und -entwicklung.

**Matrix-Projektorganisation** Organisationsform, in der sowohl die Führungskraft der Linie als auch der Projektmanager gemeinsam verantwortlich für die Zuteilung von Arbeitsaufträgen sind.

**Meilensteintrendanalyse** Methode des Termin-Controllings, um die Termintreue des Projekts zu überwachen.

**Mentoring** Personalentwicklungsinstrument; Wissenstransfer zwischen erfahrenen und weniger erfahrenen Mitarbeitenden.

**Mindmap** Methode zum Strukturieren von Ideen.

**Mission** Definition des Zwecks, der Ausrichtung und der Leistungen einer Organisation als Teil der Gesamtwirtschaft.

## N

**Netzplantechnik** Planungstechnik, in der logische und zeitliche Beziehungen zwischen Vorgängen (Aktivitäten) beschrieben werden.

## O

**Organisationsphase** Normingphase nach Tuckman – das Team beginnt sich zu organisieren, indem Regeln der Zusammenarbeit und Vereinbarungen getroffen werden.

**Orientierungsphase** Formingphase nach Tuckman – das Team wird zusammengestellt.

**Ownership** Verantwortungsgefühl.

## P

| | |
|---|---|
| **Partizipation** | Einbeziehen von Stakeholdern in Entscheidungs- und Willensbildungsprozesse. |
| **Pflichtenheft** | Im Gegenzug zum Anforderungskatalog wird im Pflichtenheft definiert, wie und womit die Anforderungen realisiert werden sollen. |
| **Phasenmodell nach Tuckman** | Modell der Teamentwicklung, die in fünf Phasen unterteilt wird: Forming, Storming, Norming, Performing und Adjourning. |
| **Planungspoker** | Methode zur Aufwandsschätzung in agilen Projekten. |
| **Prävention** | Vorbeugung. |
| **Produkt-Backlog** | Priorisierte Liste von Anforderungen, die kurze Beschreibungen von gewünschten Funktionalitäten des fertigen Produkts enthalten. |
| **Programmmanagement** | Die Gesamtheit von Führungsaufgaben, -organisation, -techniken und -mitteln für die Abwicklung eines Programms. |
| **Programmziele** | Verfolgen immer ein strategisches Ziel einer Organisation oder eines Unternehmens. |
| **Projektabgrenzung** | Dient als Orientierung zum Projektumfang. |
| **Projektauftrag** | Genehmigter Projektantrag. |
| **Projektauswertung** | Betrachtet und bewertet das Projekt zusammenfassend. |
| **Projekterfolg** | Mass, inwieweit Projektergebnis mit dem erwarteten Ergebnis aus der Sicht der jeweiligen Parteien übereinstimmt. |
| **Projektergebnis** | (Engl. «scope») Summe aller Lieferobjekte. |
| **Projekthandbuch** | Beschreibung aller Standards für ein spezifisches Projekt. |
| **Projektmanagement** | Gesamtheit der Elemente, die zur Abwicklung eines Projekts nötig sind. |
| **Projektmanagement-Erfolg** | Mass, inwieweit die Projektmanagement-Ergebnisse durch die jeweiligen Parteien geschätzt werden. |
| **Projektmarketing** | Massnahmen mit dem Ziel, die Akzeptanz und somit die erfolgreiche Abwicklung des Projekts zu fördern. |
| **Projektmitarbeitende** | Alle an einem Projekt beteiligten Personen, auch wenn sie nicht zum Projektteam gehören. |
| **Projektorganisation** | Besteht primär aus dem Auftraggeber, dem Projektleiter und dem Projektteam, kann jedoch den Erfordernissen entsprechend um weitere Kontroll- und Entscheidungsgremien erweitert werden. |
| **Projektphase(n)** | Zeitlich voneinander abgrenzbare Abschnitte im Projektverlauf. |
| **Projektportfolio-management** | Stellt sicher, dass aus Sicht der Unternehmensführung die richtigen Projekte zum richtigen Zeitpunkt im richtigen Umfeld durchgeführt werden. |
| **Projektstatusbericht** | Periodischer Bericht zum Stand des Projekts. |
| **Projektstrukturplan (PSP)** | Gliederung des Projekts in plan- und kontrollierbare Elemente. |

| | |
|---|---|
| **Projektumfeldanalyse** | Methodisch-systematisches Erkennen und Erfassen aller Randbedingungen und Einflussfaktoren für das Projekt, der Interessengruppen und der Art ihrer Interessen. |
| **Projektziel** | Vereinbarte Projektergebnisse, die erfüllt sein müssen, damit ein Projekt als erfolgreich abgeschlossen betrachtet werden kann. |
| **Prototyp** | Herstellen eines Vorabmodells zur Prüfung der Akzeptanz oder der Machbarkeit. |
| **Public Private Partnership (PPP)** | Vertraglich geregelte Zusammenarbeit zwischen öffentlicher Hand und Unternehmen der Privatwirtschaft in einer Zweckgesellschaft für Fragen der Finanzierung. |
| **Puffer** | (Engl. «contingency») Reserven im Projektbudget. |

Q

| | |
|---|---|
| **Qualität** | Ausmass, in dem die Eigenschaften eines Projekts den Anforderungen entsprechen. |
| **Qualitätsmanagement** | Umfasst in Projekten alle Massnahmen und Aktivitäten, mit denen man die Qualitätsziele und -erwartungen erreichen kann. Dazu gehören auch bestimmte Vorgehensweisen zur Qualitätsplanung, Qualitätslenkung, Qualitätsprüfung sowie Qualitätsverbesserung. |
| **Qualitätsplanung** | Diese hat zum Ziel, die für das Projekt relevanten Qualitätsstandards zu identifizieren und festzulegen, wie diese erreicht werden können. Dazu wird ein Qualitätsplan erstellt. |
| **Qualitätssicherung** | Alle Vorgaben und Massnahmen zur Erreichung und zum Nachweis der geforderten Qualität. |

R

| | |
|---|---|
| **Reifegradmodell** | Auch situatives Führungsmodell genannt – beschreibt die verschiedenen Führungstechniken je nach Reifegrad des Mitarbeiters. |
| **Relative Slip Chart** | Methode, um Kostenabweichungen festzustellen. |
| **Release** | Veröffentlichung einer neuen Version einer Ausgabe, z. B. einer Software, die als Ganzes spezifische Anforderungen erfüllt. |
| **Ressourcen** | (Engl. «resources») Einsatzmittel des Projekts. |
| **Restraining Forces** | (Dt. «Widerstand») Kräfte, die den Wandel verhindern. |
| **Return of Investment (RoI)** | Betriebswirtschaftliche Kennzahl zur Messung der Rendite. |
| **Review** | Überprüfung von Arbeitsergebnissen hinsichtlich Funktionserfüllung, Vollständigkeit, Einhaltung von Regeln usw. in Zusammenarbeit mit den Projektbeteiligten. |
| **Revolutionärer Wandel** | Sieht radikale Veränderungen in einem kurzen Zeitraum vor. |
| **Risiko** | Mögliche Ereignisse oder nicht auszuschliessende Entwicklungen, die den geplanten Projektverlauf beeinträchtigen können. |
| **Risikomanagement** | Ist die Tätigkeit des Umgangs mit Risiken. Dies umfasst sämtliche Massnahmen zur Erkennung, Analyse, Bewertung, Überwachung und Kontrolle von Risiken. |
| **Risikomatrix** | Ist eine Darstellungsform der qualitativen Risikoanalyse. |
| **Risikopotenzial** | Risikopotenzial = Eintrittswahrscheinlichkeit × Schadenspotenzial. |

## S

| | |
|---|---|
| **Scope Creep** | Ungewollter und schleichender Anstieg des Leistungsumfangs in einem Projekt. |
| **Scrum** | Vorgehensmodell, insbesondere in der agilen Softwareentwicklung. |
| **Sechs Denkhüte** | Kreative Problemlösungsmethode. |
| **Situativer Führungsstil** | Auswahl des am ehesten geeigneten Führungsstils in Abhängigkeit von der jeweiligen Situation. |
| **Situatives Führungsmodell** | Auch: Reifegradmodell; von Paul Hersey und Ken Blanchard entwickelte Theorie des situativen Führens. |
| **SMART** | Methode der Zielformulierung. |
| **Soziale Netzwerke** | Soziale Netzwerke sind Gruppierungen von Personen, die die gleichen Ideen, Interessen oder Leidenschaften teilen. |
| **Spinnennetz-Diagramm** | Grafische Darstellung von Werten mehrerer gleichwertiger Kategorien in Form eines Spinnennetzes. |
| **Sprint (Backlog)** | Im Sprint befinden sich Arbeitspakete oder User Stories, die in einem bestimmten Zeitraum abgearbeitet werden. Im Sprint Backlog befinden sich nur die Anforderungen, die innerhalb eines Sprints bearbeitet werden. |
| **Stakeholder** | Person, Gruppe oder Organisation, die durch ein Projekt beeinflusst wird oder ein Projekt beeinflussen kann. |
| **Stakeholder-Analyse** | Dient der Identifikation von Stakeholdern, ihren Anforderungen und Zielen, um angemessene Massnahmen ergreifen zu können, die die Zufriedenheit der Stakeholder mit dem Projekt fördern. |
| **Stakeholder Map** | Grafische Darstellung der Stakeholder-Beziehungen zum Projekt und der Vernetzung untereinander. |
| **Strategie** | Art und Weise, die eine Organisation wählt, um sich ihrer Vision zu nähern. |
| **SWOT-Analyse** | SWOT ist ein Akronym für Strengths (Stärken), Weaknesses (Schwächen), Opportunities (Möglichkeiten) und Threats (Gefahren). |
| **Systems Engineering (SE)** | Ansatz für die Analyse von komplexen Systemen. |

## T

| | |
|---|---|
| **Team** | Gruppe, die eigenständig und in Selbstbestimmung zusammenarbeitet und ein für alle verbindliches gemeinsames Ziel verfolgt. |
| **Teamentwicklung** | Modell der Teamentwicklung nach Tuckman. Es enthält fünf Phasen: Forming, Storming, Norming, Performing und Adjourning. |
| **Terminplan** | Benennt die Anfangs- und Endzeitpunkte aller Arbeitspakete eines Projekts. |
| **Total Cost of Ownership** | Dies sind die gesamten Lebenszykluskosten. |
| **Transformationsstrategie** | Die Transformation ist die aus neuen Situationen entstehende Entwicklung, basierend auf einer Zukunftsvision. Die Transformationsstrategie ist die Methode der Umsetzung. |

U

**Umgang mit Fehlern** Ist ein Indikator für die Persönlichkeiten im Projektteam, die Beziehung zum Projekt und ein Teil der Kultur.

**Unternehmenskultur** Gesamtheit der Wertvorstellungen, Leitmotive, Denkhaltungen und Normen in einer Organisation.

**User Stories** (Dt. «Anwender-Erzählung») in Alltagssprache formulierte Anforderung im Rahmen der agilen Softwareentwicklung.

V

**Validierung** Eignungsprüfung.

**Veränderungsbereitschaft** Bedingt eine deutliche Notwendigkeit oder einen deutlichen Nutzen der Veränderung.

**Verhaltenskodex** Sammlung von Verhaltensregeln.

**Versionsmanagement** System zur Erfassung von Änderungen an Dokumenten oder Dateien.

**Vier-Ebenen-Modell** Nach Friedemann Schulz von Thun erfolgt Kommunikation immer auf vier Ebenen: Sache, Appell, Beziehung und Selbstkundgabe.

**Vision** Bild von der Zukunft.

**V-Modell** Erweiterte Variante des Wasserfallmodells.

W

**Walt-Disney-Methode** Kreative Problemlösungsmethode.

**Wasserfall** Lineares (nicht iteratives) Vorgehensmodell, das in aufeinanderfolgenden Projektphasen organisiert ist. Dabei gehen die Phasenergebnisse immer als bindende Vorgaben für die nächste Phase ein.

**Werkvertrag** Der Lieferant verpflichtet sich zur Herstellung eines Werks.

**Win-lose** Eine Partei setzt ihre Position gegen den Widerstand der anderen Partei durch.

**Win-win** Situation, in der alle Beteiligten einen Nutzen ziehen, d. h., keiner verliert.

# Stichwortverzeichnis


**Numerics**
635-Methode 272

**A**
Abnahmekriterien 50
Abschluss des Vertrags 154
Abschlussbericht 156
Abschluss-Workshop 155
Agile Projektvorgehen 105
Agile Vorgehensmodelle 60
AIDA-Formel 180
Aktives Zuhören 221
Aktivitäten 65
Akzeptanz 289
Allianzen 183
Alternativen 277
Alternativszenarien 277
Analytische Techniken 269
Änderungsmanagement 147
Änderungswünsche 284
Anforderungen 315
Anforderungskatalog 46
Anfragearten 134
Anpassung 278
Anspruchsgruppen 171
Antizipation 253
Arbeitspakete 59
Arbeitsschutz 320
Arbeitsstil 330
Arbeitsumgebung 285
Archivierung der Projektdokumente 156
Asymmetrische Informationen 280
Aufgabenorientierter Projektstrukturplan 57
Auflösung 246
Auftraggeber 91, 180
Auftragserteilung 132
Aufwand 66, 147
Aufwandsschätzung 67
Ausrichtung auf den Projekterfolg 284
Ausschreibung 132
Ausschreibungsunterlagen 133
Auswahl von Angeboten 134

**B**
Balken-Diagramm 74
BATNA 277
Bedarfsanalyse 132
Begleitgruppe 93
Benchmarking 325
Benutzer 182
Berichterstattungsstrukturen 313
Berufsvorschriften 322
Beschaffungsbedarf 131
Beschaffungsprozess 132
Bewältigung von Risiken 165
Bewertung 132
Beziehungsdiagramm 228
Beziehungsebene 227
Beziehungslandkarte 227
Beziehungspflege 227
Both-Directions-Ansatz 192
Bottom-up-Ansatz 191
Brainstorming 271
Brainwriting 271
Burn-Down-Chart 80
Business Case 154

**C**
Chancen 164
Chancenmanagement 160
Change Control Board 153
Change Manager 153
Changemanagement 186
Charta 213
Charta der Zusammenarbeit 266
Coaching 237
Commitment 237
Community of Practice 325
Compliance 318
Compliance-Management 319
Crowdfunding 117

**D**
Dauer 66
Delegation 249
Dienstleistungsvertrag 135
Distress 287
Dokumentation 84

**E**
Earned-Value-Analyse 75, 145
Effizienz 289
Eigenverantwortung 237, 287
Einfluss 238
Einfluss auf das Verhalten 336
Einfluss-Interessen-Matrix 175
Einteilung der Ressourcen 285
Eisenhower-Prinzip 208
Elevator Pitch 180
Empathie 229
Entscheidungen 240
Entscheidungsbaum 164
Entscheidungsmatrix 240
Entscheidungsstrukturen 313
Entspannung 286
Entwicklung der Teammitglieder 248
Entwicklung des Projektmanagements 12
Entwürdigung 257
Erfahrungen 204
Erfolgskriterien 26
Ergebnis-Effizienz-Matrix 289
Ergebnisse 289
Erica Ariel Fox 205
Ermitteln von Anforderungen 47
Ethik 213
Eustress 287
Evaluation 133, 134
Eventprojekte 19

Evolutionärer Wandel 192
Externe Finanzierung 116

F
Fachausschuss 92
Fachmedien 324
Fachtagungen 324
Feedback 209
Fehlerfrühwarnsystem 250
Feminität 335
Festlegungsphase 276
Finanz-Controlling 118, 314
Finanzmanagement 117, 314
Firmenkultur 216
Fischgräten-Diagramm 270
Formale Kultur 336
Formelle Auswirkungen 336
Formen der Projektorganisation 87
Formulieren von Anforderungen 48
Forschung-und-Entwicklungs-Projekte 19
Fortschritts-Controlling 75
Friedemann Schulz von Thun 204
Führen nach Ausnahmenansatz 120
Führungsrolle 235
Führungsstil 236

G
Gantt Chart 74
Ganzheitliche Sicht 273
Gebundene Rationalität 28
Gemischtorientierter Projektstrukturplan 58
Genereller Projektmanagement-Ansatz 31
Gesamtkostenschätzung 114
Geschäftsleitung 180
Gesellschaftskultur 333
Gesundheit 321
Gewichtung der Ziele 45
Gewinner-Gewinner-Strategie 258
Gewinner-Verlierer-Strategie 258
Governance 87, 153
Gruppenblindheit 337
Gruppenfinanzierung 117
Guerilla-Marketing 183

H
Harvard-Konzept 279
Human Resources Management 314
Humor 223

I
Identifikation von Chancen und Risiken 161
Individualismus 334
Information 83
Informationsphase 276
Informationsweitergabe 219
Informelle Kultur 336
Informelle organisatorische Auswirkungen 336
Informeller Einfluss 329
Inhaltliche Ebene 227
Innere Rollen 205
Inneres Team 204
Interdisziplinäres Denken 266
Interessen 276, 328
Interessengruppen 171
Interne Finanzierung 115
Investitionsprojekte 18
IPMA Excellence Award 325
IPMA-Delta-Programm 325
Ishikawa-Diagramm 270
Iterative Vorgehensmodelle 60

K
Kanban 60
Kapazitätsplanung 126
Kick-off-Meeting 142
Kodierungssystem 219
Kommunikation 168
Kommunikationsarten 222
Kommunikationsinfrastruktur 94
Kommunikationskanäle 222
Kommunikationskodex 221
Kommunikationsplan 178
Kommunikationsprozess 219
Kommunikationsregeln 221
Kompetenz 8, 86
Komplexität 172
Kompromiss 278
Konfigurationsmanagement 61
Konfliktanalyse 255
Konfliktarten 255
Konfliktbearbeitung 255, 262
Konflikte 253
Konfliktlösung 259
Konfliktsituationen 254
Konfliktstile 258
Konfrontation 246
Konsortium 183
Konstruktive Fehlerkultur 250
Konzeptionelles Denken 268
Kooperation 278
Kooperation und Konkurrenz 257
Kostenarten 112
Kostenplanung 113
Kreative Techniken 271
Kreativität 266
Kreativitätstechniken 248
Krise 255
Krisenbearbeitung 262
Krisenbewältigung 260
Krisenmanagement 260
Krisenprävention 254
Kritische Erfolgsfaktoren 29
Kritischer Pfad 72
Kultur 333
Kulturmodell 334
Kurzfristige Ausrichtung 335

L
Landeskultur 216
Langfristige Ausrichtung 335
Laterale Führung 239
Leidensdruck 187
Leistung 246
Leistungsumfang 55

Leitbild der Organisation 336
Lenkungsausschuss 91
Lernen aus Fehlern 209, 250
Lessons Learned 30
Lessons-Learned-Meetings 215, 248
Lieferanten 182
Lieferanten-Controlling 137
Lieferobjekte 53
Lösungsalternativen 272

M
Machbarkeit 48
Macht 238, 327
Machtdistanz 335
Magisches Dreieck 323
Make-or-Buy-Betrachtungen 132
Management 180
Management by Exception Approach 120
Management by Projects 306
Managementreserve 115
Maskulinität 335
Massnahmen 165
Massnahmen-Controlling 166
Matrix-Projektorganisation 89
Meilensteine 32
Meilensteintrendanalyse 144
Meinungsbildner 329
Menge 124
Mentoring 237
Methode HBDI (Herrmann Brain Dominance Indicator) 330
Mindmap 272
Moderator 96, 247
Multiple-Nucleus-Ansatz 192

N
Nachhaltigkeit 214, 323
Netzplantechnik 72
Netzwerke 183

O
Objektorientierter Projektstrukturplan 56
Offene Kommunikation 221
Offenheit 266
Öffentliche Finanzierung 116
Online-Netzwerk 229
Optionen 277
Organisation 246
Organisation im Projekt 98
Organisationsprojekte 19
Organisatorische Auswirkungen 336
Orientierung 245
Ownership 237

P
Partner 182
Partnerschaft 136
Personaleinsatz 127
Personalkosten 112
Personalverleih 135
Persönliche Ambitionen 328
Persönliche Motivationen 206
Persönlichkeiten 330
Persönlichkeitsinstanzen 204
Persönlichkeitstypen 330
Perspektivenwechsel 223
Phasen- und Projektabschluss 154
Phasenmodell nach Tuckman 245
Phasenorientierter Projektstrukturplan 57
Phasenübergänge 143
Plan der Pläne 55
Plan-Ist-Vergleiche 144
Planung der Übergabe 155
Planungspoker 67
Portfolio 17
Positionen 276
Prävention 253
Problemlösungs-Workshops 248
Produkt-Backlog 60
Programm 16
Programmmanagement 307
Programmorganisation 308
Programmziele 307
Project Management Office (PMO) 324
Projekt 14
Projektabgrenzung 42
Projektänderungen 147
Projektanforderungen 46
Projektarbeit 15
Projektarten 18
Projektauftrag 142
Projektauswertung 155
Projektbudget 114
Projektdesign 26
Projektdokumentation 86
Projektdurchführung 36
Projekterfolg 29, 284
Projektfinanzierung 115
Projekthandbuch 94, 213
Projektkomplexität 30
Projektkosten 112
Projektleiter 92
Projektleitung 153
Projektmanagement 20, 302
Projektmanagement-Erfolg 29
Projektmanagement-Kompetenz 325
Projektmanagement-Plan 141
Projektmarketing 179, 288
Projekt-Meetings 95
Projektmerkmale 15
Projektmitarbeitende 93
Projektorganisation 86
Projektorientierung 306
Projektphasen 68, 143
Projektportfoliomanagement 310
Projektstart 141
Projektstatusbericht 146
Projektstrukturplan (PSP) 55
Projektsupport 312
Projektteamsitzung 247
Projektumfeld 176
Projektvision 231
Projektziele 40
Prozess der Verhaltensänderung 195

Prüftechniken 104
Public Private Partnership (PPP) 116
Puffer 115

Q
Qualität 124
Qualitative Risikoanalyse 163
Qualitätsanforderungen 313
Qualitätsbezogene Berichterstattung 105
Qualitäts-Controlling 108
Qualitätslenkung 102
Qualitätsmanagementplan 102
Qualitätsplanung 102
Qualitätsprüfung 102
Qualitätsschwerpunkte 103
Qualitätsziele 103
Quantitative Risikoanalyse 164

R
RACI-Diagramm 93
Rahmenvertrag 136
Rechtsvorschriften 319
Reflexion 297
Reflexionssitzungen 250
Regelmässige Reflexion 241
Regeln zum Qualitätsmanagement 336
Regulationen 318
Reifegrad 236
Reine Projektorganisation 88
Relative Slip Chart 118
Release 215
Respekt 230
Ressource 123
Ressourcenbeschaffung 125
Ressourcen-Controlling 127
Ressourcenplanung 123
Review 182
Revolutionärer Wandel 192
Risiken 162
Risikoanalyse 161
Risikoklassen-Graph 166
Risikokommunikation 168
Risikomanagement 160
Risikomanager 160
Risikomatrix 163
Risikoprävention 165
Risikotrend-Graph 167
RoI 315
Rollen 90
Rückmeldung 220

S
Sachmittelkosten 113
Sachverständige 93
Schwächen 206
Scope Creep 54
Scrum 60
Sechs Denkhüte 273
Selbsterfüllende Prophezeiung 257
Selbsterkenntnis 206
Selbstorganisation 207
Seminare 324
Sicherheit 320
Situationsanalyse 269
Situatives Führungsmodell 236
SMART 45
Soziale Netzwerke 229
Spinnennetz-Diagramm 166
Sprint 60
Stabsorganisation 88
Stakeholder 171
Stakeholder Map 175
Stakeholder-Analyse 172, 328
Stakeholder-Feedback 155
Stakeholder-Strategie 178
Stakeholder-Übersicht 174
Standards 318, 324, 333
Stärken 206
Status von Konflikten 257
Strategie 165, 293
Stress 286
Stressbewältigung 286
Stressmanagement 286
Stressoren 286
Strukturform 58
SWOT-Analyse 161
Systems Engineering (SE) 268

T
Tagesgeschäft 15
Team 206
Teambildung 245
Teamentwicklung 244
Teamzusammenstellung 244
Tools 324
Top-down-Ansatz 191
Total Cost of Ownership 113
Transformationsmanagement 186
Transformationsstrategie 186
Trends 166

U
Überforderung 287
Überwachung der Vertragserfüllung 137
Umfeldanalyse 328
Umgang mit Fehlern 250
Umweltschutz 322
Umweltverträglichkeitsprüfung (UVP) 322
Unnötige Aufgaben 284
Unternehmenskultur 304
Unternehmerisches Finanzcontrolling 314
User Stories 60

V
Validierung 108, 297
Veränderungen 284
Veränderungsmanagement 186
Veränderungsprozess 194
Veränderungsstrategien 191
Verantwortlichkeiten 90
Verantwortung 216
Verhaltenskodex 322
Verhaltensregeln 322
Verhaltensstil 330

Verhandlungsphasen 276
Verhandlungsstrategie 278
Verifikation 106
Verlierer-Verlierer-Strategie 258
Vermeidung 278
Vermeidung von Unsicherheit 335
Versionsmanagement 85
Verständigungsbrücken 239
Vertragsart 135
Vertragsrecht 319
Vertragsverhandlungen 135
Vertrauen 217, 230
Video-Meeting 222
Vier-Ebenen-Modell 220
Virtuelle Teams 222
Visionen 231
Visualisierung 168
V-Modell 33
Vorgaben 313
Vorgehensmodelle 31

W
Walt-Disney-Methode 273
Wasserfallmodell 32
Wechselwirkung der Ziele 44
Weiterentwicklung 209
Werkvertrag 135
Werte 204, 333
Widerspruchsfreiheit 216
Widerstandskraft 286
Win-win 278

Z
Zeitmanagement 207
Zielarten 42
Ziele 231
Zielfindung 41
Zielhierarchie 43
Zusammenarbeit 247